国家出版基金资助项目

"新闻出版改革发展项目库"入库项目

"十三五"国家重点出版物出版规划项目

国家出版基金项目
NATIONAL PUBLICATION FOUNDATION

钢 铁 工 业 绿 色 制 造
节能减排先进技术丛书

主 编 干 勇

副主编 王天义 洪及鄙
　　　 赵 沛 王新江

烧结球团
节能减排先进技术

Advanced Technology of Energy Saving and
Emission Reduction for Sintering and Pelletizing

叶恒棣 范晓慧 编著

北 京

冶 金 工 业 出 版 社

2020

内 容 提 要

　　本书是一部系统性地介绍我国烧结球团行业绿色制造与节能减排先进技术的学术专著。全书以烧结球团物质流、能量流分析的角度为切入点，从能源消耗与污染物排放规律、源头节能减排技术、过程节能减排技术、末端治理技术、智能控制、新工艺及发展方向等视角全面、系统地论述了烧结球团节能减排先进技术与创新成果及发展方向。全书内容共8章，主要内容包括：概述，烧结球团能源消耗与污染物排放规律，烧结源头节能减排技术，烧结过程节能减排技术，球团源头节能减排技术，球团过程节能减排技术，烧结球团末端治理技术，烧结球团节能减排新工艺与发展方向。

　　本书可供钢铁企业从事绿色制造节能减排技术的相关科研、设计、生产人员阅读，也可供相关专业的高等院校师生参考。

图书在版编目（CIP）数据

　　烧结球团节能减排先进技术/叶恒棣，范晓慧编著 . —北京：冶金工业出版社，2020. 10

　　（钢铁工业绿色制造节能减排先进技术丛书）

　　ISBN 978-7-5024-8604-4

　　Ⅰ. ①烧…　Ⅱ. ①叶…　②范…　Ⅲ. ①烧结—球团—节能减排　Ⅳ. ①TF046. 6

　　中国版本图书馆 CIP 数据核字（2020）第 245979 号

出 版 人　苏长永
地　　　址　北京市东城区嵩祝院北巷 39 号　邮编　100009　电话　(010)64027926
网　　　址　www. cnmip. com. cn　电子信箱　yjcbs@ cnmip. com. cn
策划编辑　任静波
责任编辑　戈 兰　郭雅欣　任静波　美术编辑　彭子赫
版式设计　孙跃红　责任校对　石 静　责任印制　李玉山
ISBN 978-7-5024-8604-4
冶金工业出版社出版发行；各地新华书店经销；三河市双峰印刷装订有限公司印刷
2020 年 10 月第 1 版，2020 年 10 月第 1 次印刷
169mm×239mm；36 印张；697 千字；550 页
159. 00 元

冶金工业出版社　投稿电话　(010)64027932　投稿信箱　tougao@ cnmip. com. cn
冶金工业出版社营销中心　电话　(010)64044283　传真　(010)64027893
冶金工业出版社天猫旗舰店　yjgycbs. tmall. com
　　　　　　　　　（本书如有印装质量问题，本社营销中心负责退换）

丛书编审委员会

丛书出版说明

随着我国工业化、城镇化进程的加快和消费结构持续升级，能源需求刚性增长，资源环境问题日趋严峻，节能减排已成为国家发展战略的重中之重。钢铁行业是能源消费大户和碳排放大户，节能减排效果对我国相关战略目标的实现及环境治理至关重要，已成为人们普遍关注的热点。在全球低碳发展的背景下，走节能减排低碳绿色发展之路已成为中国钢铁工业的必然选择。

近年来，我国钢铁行业在降低能源消耗、减少污染物排放、发展绿色制造方面取得了显著成效，但还存在很多难题。而解决这些难题，迫切需要有先进技术的支撑，需要科学的方向性指引，需要从技术层面加以推动。鉴于此，中国金属学会和冶金工业出版社共同组织编写了"钢铁工业绿色制造节能减排先进技术丛书"（以下简称丛书），旨在系统地展现我国钢铁工业绿色制造和节能减排先进技术最新进展和发展方向，为钢铁工业全流程节能减排、绿色制造、低碳发展提供技术方向和成功范例，助力钢铁行业健康可持续发展。

丛书策划始于 2016 年 7 月，同年年底正式启动；2017 年 8 月被列入"十三五"国家重点出版物出版规划项目；2018 年 4 月入选"新闻出版改革发展项目库"入库项目；2019 年 2 月入选国家出版基金资助项目。

丛书由国家新材料产业发展专家咨询委员会主任、中国工程院原副院长、中国金属学会理事长干勇院士担任主编；中国金属学会专家委员会主任王天义、专家委员会副主任洪及鄙、常务副理事长赵沛、副理事长兼秘书长王新江担任副主编；7 位中国科学院、中国工程院院士组成顾问团队。第十届全国政协副主席、中国工程院主席团名誉主席、中国工程院原院长徐匡迪院士为丛书作序。近百位专家、学者参加了丛书的编写工作。

针对钢铁产业在资源、环境压力下如何解决高能耗、高排放的难题，以及此前国内尚无系统完整的钢铁工业绿色制造节能减排先进技术图书的现状，丛书从基础研究到工程化技术及实用案例，从原辅料、焦化、烧结、炼铁、炼钢、轧钢等各主要生产工序的过程减排到能源资源的高效综合利用，包括碳素流运行与碳减排途径、热轧板带近终形制造，系统地阐述了国内外钢铁工业绿色制造节能减排的现状、问题和发展趋势，节能减排先进技术与成果及其在实际生产中的应用，以及今后的技术发展方向，介绍了国内外低碳发展现状、钢铁工业低碳技术路径和相关技术。既是对我国现阶段钢铁行业节能减排绿色制造先进技术及创新性成果的总结，也体现了最新技术进展的趋势和方向。

丛书共分 10 册，分别为：《钢铁工业绿色制造节能减排技术进展》《焦化过程节能减排先进技术》《烧结球团节能减排先进技术》《炼铁过程节能减排先进技术》《炼钢过程节能减排先进技术》《轧钢过程节能减排先进技术》《钢铁原辅料生产节能减排先进技术》《钢铁制造流程能源高效转化与利用》《钢铁制造流程中碳素流运行与碳减排途径》《热轧板带近终形制造技术》。

中国金属学会和冶金工业出版社对丛书的编写和出版给予高度重视。在丛书编写期间，多次召集丛书主创团队进行编写研讨，各分册也多次召开各自的编写研讨会。丛书初稿完成后，2019 年 2 月召开了《钢铁工业绿色制造节能减排技术进展》分册的专家审稿会；2019 年 9 月至 10 月，陆续组织召开 10 个分册的专家审稿会。根据专家们的意见和建议，各分册编写人员进一步修改、完善，严格把关，最终成稿。

　　丛书瞄准钢铁行业的热点和难点，内容力求突出先进性、实用性、系统性，将为钢铁行业绿色制造节能减排技术水平的提升、先进技术成果的推广应用，以及绿色制造人才的培养提供有力支持和有益的参考。

中国金属学会
冶金工业出版社

2020 年 10 月

总　序

　　党的十九大报告指出，中国特色社会主义进入了新时代，"我国社会主要矛盾已经转化为人民日益增长的美好生活需要和不平衡不充分的发展之间的矛盾"。为更好地满足人民日益增长的美好生活需要，就要大力提升发展质量和效益。发展绿色产业、绿色制造是推动我国经济结构调整，实现以效率、和谐、健康、持续为目标的经济增长和社会发展的重要举措。

　　当今世界，绿色发展已经成为一个重要趋势。中国钢铁工业经过改革开放 40 多年来的发展，在产能提升方面取得了巨大成绩，但还存在着不少问题。其中之一就是在钢铁工业发展过程中对生态环境重视不够，以至于走上了发达国家工业化进程中先污染后治理的老路。今天，我国钢铁工业的转型升级，就是要着力解决发展不平衡不充分的问题，要大力提升绿色制造节能减排水平，把绿色制造、节能环保、提高发展质量作为重点来抓，以更好地满足国民经济高质量发展对优质高性能材料的需求和对生态环境质量日益改善的新需求。

　　钢铁行业是国民经济的基础性产业，也是高资源消耗、高能耗、高排放产业。进入 21 世纪以来，我国粗钢产量长期保持世界第一，品种质量不断提高，能耗逐年降低，支撑了国民经济建设的需求。但是，我国钢铁工业绿色制造节能减排的总体水平与世界先进水平之间还存在差距，与世界钢铁第一大国的地位不相适应。钢铁企业的水、焦煤等资源消耗及液、固、气污染物排放总量还很大，使所在地域环境承载能力不足。而二次资源的深度利用和消纳社会废弃物的技术与应用能力不足是制约钢铁工业绿色发展的一个重要因素。尽管钢铁工业的绿色制造和节能减排技术在过去几年里取得了显著的进步，但是发展仍十分不平衡。国内少数先进钢铁企业的绿色制造已基本达到国际先进水平，但大多数钢铁企业环保装备落后，工艺技术水平低，能源消耗高，对排放物的处理不充分，对所在城市和周边地域的生态环境形成了严峻的挑战。这是我国钢铁行业在未来发展中亟须解决的问题。

国家"十三五"规划中指出，"十三五"期间，我国单位 GDP 二氧化碳排放下降 18%，用水量下降 23%，能源消耗下降 15%，二氧化硫、氮氧化物排放总量分别下降 15%，同时提出到 2020 年，能源消费总量控制在 50 亿吨标准煤以内，用水总量控制在 6700 亿立方米以内。钢铁工业节能减排形势严峻，任务艰巨。钢铁工业的绿色制造可以通过工艺结构调整、绿色技术的应用等措施来解决；也可以通过适度鼓励钢铁短流程工艺发展，发挥其低碳绿色优势；通过加大环保技术升级力度、强化污染物排放控制等措施，尽早全面实现钢铁企业清洁生产、绿色制造；通过开发更高强度、更好性能、更长寿命的高效绿色钢材产品，充分发挥钢铁制造能源转化、社会资源消纳功能作用，钢厂可从依托城市向服务城市方向发展转变，努力使钢厂与城市共存、与社会共融，体现钢铁企业的低碳绿色价值。相信通过全行业的努力，争取到 2025 年，钢铁工业全面实现能源消耗总量、污染物排放总量在现有基础上又有一个大幅下降，初步实现循环经济、低碳经济、绿色经济，而这些都离不开绿色制造节能减排技术的广泛推广与应用。

中国金属学会和冶金工业出版社共同策划组织出版"钢铁工业绿色制造节能减排先进技术丛书"非常及时，也十分必要。这套丛书瞄准了钢铁行业的热点和难点，对推动全行业的绿色制造和节能减排具有重大意义。组织一大批国内知名的钢铁冶金专家和学者，来撰写全流程的、能完整地反映我国钢铁工业绿色制造节能减排技术最新发展的丛书，既可以反映近几年钢铁节能减排技术的前沿进展，促进钢铁工业绿色制造节能减排先进技术的推广和应用，帮助企业正确选择、高效决策、快速掌握绿色制造和节能减排技术，推进钢铁全流程、全行业的绿色发展，又可以为绿色制造人才的培养，全行业绿色制造技术水平的全面提升，乃至为上下游相关产业绿色制造和节能减排提供技术支持发挥重要作用，意义十分重大。

当前，我国正处于转变发展方式、优化经济结构、转换增长动力的关键期。绿色发展是我国经济发展的首要前提，也是钢铁工业转型升级的准则。可以预见，绿色制造节能减排技术的研发和广泛推广应用将成为行业新的经济增长点。也正因为如此，编写"钢铁工业绿色制造节能减排先进技术丛书"，得到了业内人士的关注，也得到了包括院士在内的众多权威专家的积极参与和支持。钢铁工业绿色制造节能减排先进技术涉及钢铁制造的全流程，这套丛书的编写和出版，既是对我国钢铁行业节能环保技术的阶段性总结和下一步技术发展趋势的展望，也是填补了我国系统性全流程绿色制造节能减排先进技术图书缺失的空白，为我国钢铁企业进一步调整结构和转型升级提供参考和科学性的指引，必将促进钢铁工业绿色转型发展和企业降本增效，为推进我国生态文明建设做出贡献。

徐匡迪

2020 年 10 月

序

　　钢铁工业是国民经济的基础性产业。我国是世界上最大的钢铁生产国，2019 年粗钢产量 9.96 亿吨，占世界粗钢总产量的 53.3%。我国钢铁产业不论是规模还是产品质量都取得了巨大进步，已进入高质量发展和绿色转型升级的新时期。

　　钢铁工业因工艺流程长、高温工序多，导致污染物排放量大、排污环节多。烧结球团作为钢铁生产流程首道高温工序，为钢铁生产提供优质炉料的同时，也是能源消耗和污染物排放集中的环节，其污染负荷居钢铁工业首位。根据生态环境部、发展改革委、工业和信息化部、财政部、交通运输部五部委联合印发《关于推进实施钢铁行业超低排放的意见》，烧结球团烟气污染物的控制日趋严苛，颗粒物、SO_2、NO_x 的排放限值降至 $10mg/m^3$、$35mg/m^3$、$50mg/m^3$，并要求 2025 年底前基本完成超低排放改造，任务艰巨而紧迫。目前国内已完成超低排放的成熟案例有限，超低排放改造依然任重道远。

　　烧结球团作为钢铁绿色制造的关键环节，其节能减排已进入新的历史时期，需抓住超低排放改造的有利时机，加快推进污染治理步伐，推动新一轮绿色革命。近年来，诸多节能和余热利用技术，除尘、脱硫、脱硝等减排技术先后投入运行，烧结球团行业节能环保取得了重要进展，但缺乏对先进技术和前沿方向的系统梳理和总结。本书的编写适逢节能环保的历史机遇期，汇聚了设计院所、高等院校、钢铁企业等合力，形写成一部详实反映我国烧结球团节能减排先进技术的著作，将有利于促进节能环保新技术、新工艺、新装备等的推广和工程应用，为烧结球团行业因厂制宜选择先进适用的环保技术提供指导和参考，从而发挥科学技术在污染防治中的支撑作用，树立行业绿色发展新标尺，推动行业整体转型升级。

　　全书从烧结球团工艺过程的能源流分析、污染物生成和排放规律出发，以多污染物全过程控制、超低排放控制为核心，系统地论述了烧结球团源头节能减排技术、过程节能减排技术、末端治理技术等研究成果的开发与应用，围绕先进技术的基础理论、关键技术、核心装备、应用案例等进行总结和阐述，并展望了未来前沿技术的发展方向。本书是一部具备先进性、实用性和指导性的关于烧结球团行业清洁生产与绿色环保的学术专著，为烧结球团行业超低排放提供经济高效的技术路线，为环保技术的升级提供指引，将促进烧结球团行业的绿色发展，助推钢铁绿色制造和行业高质量发展。

中国工程院院士

2020 年 4 月

前　　言

　　钢铁工业是国民经济的支柱性产业，是关系国计民生的基础性行业。我国钢铁工业经过近 20 多年的快速扩张与发展，2019 年粗钢产量已经达到 9.96 亿吨，约占全球产量的 53.3%。同时，伴随而来的高能耗、高污染的问题也日益凸显。随着全民环保意识的不断增强，以及政府对环保整治力度的不断强化，加速钢铁行业绿色转型与可持续高质量发展，实现钢铁强国梦，建设美丽中国，已经成为这个时代的主旋律。近几年，经过钢铁冶金专家和技术人员的不懈努力，我国在节能减排技术研究上取得了一系列重大技术突破。一批具有自主知识产权的创新性成果获得了成功应用。但国内目前尚缺乏全面、系统反映我国钢铁全流程节能减排先进技术研究和应用的学术著作。编写和出版一套高水平的系统、权威地阐述钢铁绿色制造节能减排先进技术的丛书对推动钢铁工业绿色发展具有重大意义。为此，中国金属学会和冶金工业出版社共同策划，组织多位冶金领域的院士和权威专家、学者共同编写了"钢铁工业绿色制造节能减排先进技术丛书"。本书为该丛书之一，由中冶长天国际工程有限责任公司和中南大学联合编写。

　　烧结球团工序作为钢铁流程中的重要一环，经过 100 多年发展仍然是当前主流的含铁原料制备工艺技术，所生产的烧结矿和球团矿占高炉炉料的 80% 以上，但其能耗占钢铁流程 10%~15%，其产生的 SO_x、NO_x 以及二噁英也分别占到了钢铁流程的 70%、48% 和 90% 以上，是钢铁工业节能减排的重点和难点。为了编写一部全面、系统地反映我国烧结球团绿色制造节能减排先进技术的著作，编委会在"创新、协调、绿色、开放、共享"发展理念的指导下，结合中冶长天、中南大学参与的国家重点研发计划、国家重点研发项目、国家自然科学基金等研究工作，梳理和总结了我国近年来在烧结球团绿色制造节能减排领域所开展的理论创新、技术研究、装备开发、工程应用等系列实践活动，归纳和凝练了大量具有"新颖性、先进性、实用性、指导性"的研究成果和应用案例，确保本书出版对当前烧结球团工序面临的现实挑战和节能减排具有较大的指导意义和参考价值。

本书是一部系统性地介绍我国烧结球团行业绿色制造与节能减排先进技术的学术专著。全书以烧结球团物质流、能量流分析的角度为切入点，从能源消耗与污染物排放规律、源头节能减排技术、过程节能减排技术、末端治理技术、智能控制、新工艺及发展方向等视角全面、系统地论述了烧结球团节能减排先进技术与创新成果及发展方向。比如，以氢系燃料喷吹清洁烧结技术为代表的源头节能减排技术，以烟气循环烧结技术为代表的过程节能减排技术，以活性炭法烟气净化技术为代表的末端治理技术，可实现过程智能控制、决策和诊断的正在发展中的烧结球团智能控制技术等；展望了复合造块法，预还原烧结工艺与技术，金属化球团工艺，烧结竖式冷却技术，冶金及市政难处理固废协同处置并资源化技术，烧结烟气脱硝脱 CO 一体化及 CO_2 捕集技术等新工艺与发展方向。这一系列先进技术与创新成果的出版，将有助于烧结球团节能减排先进技术的传播与推广应用，为实现钢铁行业超低排放，打赢蓝天保卫战，推动行业高质量发展提供了强有力的技术支撑。

全书内容共 8 章：第 1 章概述，第 2 章烧结球团能源消耗与污染物排放规律，第 3 章烧结源头节能减排技术，第 4 章烧结过程节能减排技术，第 5 章球团源头节能减排技术，第 6 章球团过程节能减排技术，第 7 章烧结球团末端治理技术，第 8 章烧结球团节能减排新工艺与发展方向。

中冶长天国际工程有限责任公司与中南大学高度重视本书的编著工作，成立了以易曙光董事长为主任委员，姜涛、何国强为副主任委员的编委会，邱冠周院士非常重视该书的出版工作并为本书作序。全书由叶恒棣、范晓慧主持编写，负责全书的整体策划，部分章节的撰写和全书审稿。参与编写的人员还有甘敏、季志云、陈许玲、张元波、魏进超、李宗平、王兆才、胡兵、王建平、冯晓峰、刘再新、刘克俭、周浩宇、周乾刚、刘前、李谦、卢兴福、张震、师本敬、杨本涛、李俊杰、李小龙、康建刚、李曦、李准、孙亚飞、刘文婷等，对本书进行审核的专家有乐文毅、王菊香、李光辉、孙英、储太山、戴传德、张俊涛、贺新华、周志安、黎前程、徐忠、王付其等，《烧结球团》编辑部廖继勇、唐艳云、余海钊对全书进行了编辑、校对及统稿工作。

　　由于本书内容涉及面广，编写工作量大，且时间紧迫，再加上编写人员水平有限，书中不妥之处，敬请读者批评指正。

本书编委会

2019 年 4 月

目　　录

1　概　　述

本章主要介绍了烧结球团在钢铁工业中的作用和地位、烧结球团行业节能环保发展现状，以及烧结球团可持续发展面临的挑战，从行业发展的历史、现状，以及未来的发展趋势概述本书撰写的背景。

1.1　烧结球团在钢铁工业中的作用和地位

1.1.1　烧结球团的作用和地位

现代钢铁生产工艺可以分为以高炉—转炉为主体的长流程和以电炉为中心的短流程，前者以烧结矿和球团矿为主要炉料，后者以废钢和直接还原铁为主要炉料。由于我国废钢和直接还原铁短缺，电炉钢比仅约10%，我国钢铁生产以长流程为主，每年消耗各类含铁原料超过10亿吨，这些原料绝大部分需要经过烧结法或球团法等造块加工后才能进行冶炼生产，使得铁矿造块成为现代钢铁联合企业中物料处理量居于第二位的重要工序。

目前国内外含铁原料加工处理与钢铁生产的原则流程见图1-1。烧结法和球

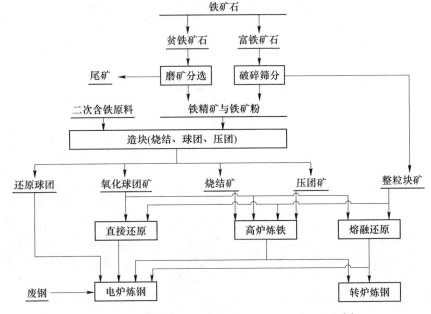

图 1-1　含铁原料加工处理与钢铁生产的原则流程[1]

团法两类造块方式处于矿石破碎、磨矿分选和钢铁冶炼之间，担负着为钢铁冶金提供优质炉料的任务。烧结法是将细粒物料和粉状料进行高温加热，在不完全熔化的条件下烧结成块，所得产品称为烧结矿，是一种由多种矿物组织而构成的多孔集合体，孔隙率在40%~50%。球团法是将细粒物料尤其是细精矿加入适量水分和黏结剂在专门造球设备上滚动制成生球，然后再进行焙烧固结的方法，所得产品成为球团矿，外观呈球形，粒度均匀。图1-2给出了近十年烧结矿球团的产量和占比，可知，两者产量总体呈现逐年增加的趋势，且烧结矿和球团矿的产量比例维持在85%~90%、10%~15%的范围。现代高炉冶炼时为了保证炉内料柱透气性良好和生产效率，要求炉料粒度均匀、粉末少、机械强度高以及含铁品位高、脉石成分和有害杂质少，为了降低炼铁焦比，还需要冶金性能优良。随着全球优质铁矿资源的不断减少，仅有少量的块状富矿经破碎筛分使粒度均匀化后能够直接入炉，绝大部分铁矿石需要深磨细选，致使粒度进一步细化。无论是选后精矿还是经破碎筛分后的筛下富矿粉和天然富矿粉等较细粒级铁原料，只有经过造块工艺才能作为合格高炉入炉原料。

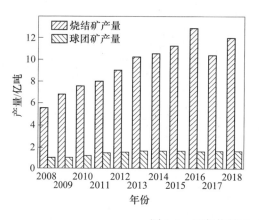 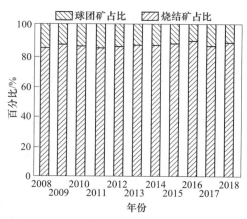

图1-2　历年烧结矿、球团矿产量及比例

　　而对于含碳酸盐（如菱铁矿）、结晶水（如褐铁矿）较多的矿石，以及有害成分硫、砷、氟、钾、钠等多的矿石，造块对脱出挥发分和有害杂质、提高铁品位的意义重大。难还原和还原期间易碎裂或体积膨胀的矿石，经过烧结和造球焙烧后，能够变成冶金性能良好、稳定性高的炉料。此外，还可以通过造块完成对钢铁厂、化工厂以及有色冶炼厂产生的各种含铁废料、含铁烟尘、尘泥与渣等物料的循环与消纳，并回收其中有用成分，实现这些物料综合利用和资源化。现代钢铁企业具备社会废弃物消纳和资源化功能的重要功能，烧结工序作为前端原料处理环节，承载着消纳社会废弃物如市政固废的重任，从而助力实现钢铁企业与生态城市共荣共生。欧洲之所以保留烧结的原因之一就在于，满足冶金性能和环保要求的前提下，烧结能够处理循环料和废料。在能源消耗方面，烧结多采用高炉用块焦的筛下碎焦和无烟煤作为燃料，这样能够降低优质冶金焦在钢铁生产过程中的消耗[1~4]。

因此，烧结和球团用于铁矿造块的作用及优势可以概括如下：（1）将细粒铁矿粉或精矿粉制备成具有一定强度的块状物料；（2）去除原料中的挥发成分和有害杂质；（3）调整化学成分、改善原料的冶金性能；（4）扩大可利用的冶金资源范围；（5）降低钢铁生产过程中燃料的消耗。

烧结法、球团法是两类重要的铁矿造块方法，其在原料条件、冶金性能、冶炼效果、环境保护、厂址和产品商业化等方面有所差异。具体如下[3,5]：

（1）原料条件。球团法主要处理细粒精矿，其粒度-0.074mm含量占85%以上，比表面积大于1500cm²/g；烧结法对原料的适宜性较广，不仅可以处理粒度较粗的粉矿，还可以处理细粒精矿。

（2）冶金性能。球团法用原料比较单一，最多可制造自熔性球团矿，其产品特点为粒度均一，强度高，适合长途运输和贮存，铁分高，还原性好、有利于提高冶炼时料柱透气性和降低焦比。烧结法亦可制造高碱度烧结矿，其冶炼性能虽比天然矿石好，但粒度均匀性相对较差。

（3）冶炼效果。用球团矿和整粒后的烧结矿代替天然块矿进行冶炼均能大幅提高高炉的生铁产量，降低焦比，改善煤气利用率，但要确定两者之间的优劣，尚无定论，这与高炉的炉料结构密切相关。

（4）环境保护。球团和烧结采用的原料、燃料条件决定了两者污染物排放量的差异。球团法生产原料较优，污染物产生量少，而烧结法采用的原料来源广、种类多，致使其过程污染物产生量大。

（5）厂址和产品商业化。国外球团矿生产多建于矿山，因其强度高和能抗天气变化特点，故作业率高，商品向各钢铁公司出售，而烧结矿生产多建于钢铁企业内高炉附近，因其强度差和抗天气变化能力弱，只能就地使用，但也有利于钢铁厂内含铁尘泥的回收利用。

1.1.2 烧结行业发展历程及现状

1.1.2.1 烧结技术的发展

依据固结机理将烧结的发展分为三个阶段[5]：

（1）早期烧结，即发展低铁高硅低碱度烧结。烧结矿中主要黏结相钙铁橄榄石和玻璃质黏结相，固体燃耗高，烧结中FeO含量高，烧结矿还原性差，软熔温度低，高炉冶炼时需要加入大量的熔剂脱硫及造渣，致使高炉产量低、焦比高。

（2）发展普通高碱度烧结。为了改善烧结矿质量，烧结过程主要发展铁酸钙黏结相，铁酸钙含量一般在35%以上，且还含有一定量的钙铁橄榄石和玻璃质。高碱度烧结矿机械强度提高，还原性能改善明显。

（3）第三阶段为发展高铁低硅烧结。铁矿石中的 SiO_2 含量是高炉炉渣最主要的来源，入炉铁矿石中 SiO_2 含量增加，铁品位下降，高炉渣量增加，导致焦比上升、产量下降。因此，入炉矿的 SiO_2 含量是影响高炉冶炼指标的一个重要因素。基于此，国内外学者提出了高铁低硅烧结的概念，即定义烧结矿的 TFe≥58%、SiO_2<5%。高铁低硅烧结矿的固结机理为铁酸钙与铁氧化物的再结晶和重结晶固相固结并存，钙铁橄榄石和玻璃质较少，对烧结矿的强度影响不大。

日本是最早研究低硅烧结的国家，80 年代中后期，烧结矿的 SiO_2 含量已降到 4.8%，90 年代降到 4.5%左右。芬兰科维哈钢铁公司烧结矿的铁含量一般都达到 62%~62.5%，高炉渣比减少到 200kg/t。我国各钢铁厂对高铁低硅烧结技术日益重视，不少烧结厂都在尽可能提高烧结矿的铁品位，如宝钢、上钢一厂、莱钢、太钢等烧结矿品位达到 58%~59%，SiO_2 含量降到 5%以下。但在烧结中由于高铁低硅烧结机理的改变，必须采用与之相适应的一系列技术措施，如理想的碱度制度、高料层和低配炭量烧结、采用优质生石灰做熔剂、适当降低 MgO 含量以及调整 Al_2O_3 含量等，因此除发展铁酸钙液相外还必须发展固相固结，才能保证它具有好的产质量指标。高铁低硅烧结能减少高炉渣量，对改善高炉冶炼条件和技术经济指标具有十分重要的意义，且有助于高炉节能降耗[5~7]。

进入 21 世纪后，钢铁工业进入新一轮高度发展阶段，我国钢铁工业也得到了繁荣发展，装备大型化、烧结优化配矿、蒸汽预热混合料技术、降低烧结系统漏风技术、燃料优化、熔剂结构优化及强化制粒和先进布料技术取得不断发展和进步。在这些强有力的技术支撑下，我国在低碳厚料层烧结技术方面发展迅速，烧结料层厚度由 500mm 逐步提高到目前 700~750mm。2010 年后，300m^2 以上烧结机料层厚度基本实现了 700mm 以上。目前莱钢、首钢京唐公司等企业料层厚度达到 800mm，马钢三铁总厂（2×360m^2）料层厚度高达 900mm，宝钢、湘钢烧结机料层厚度最高可达 950mm，为烧结矿质量改善、烧结工序节能减排做出了重要贡献[8~10]。

1.1.2.2 烧结工艺和装备的发展

自 1905 年 E. J. Savelsberg 首次将 T. Huntington 和 F. Heberlein 发明的烧结锅用于铁矿粉烧结并获得专利以来，烧结工业已经经历了 100 多年的技术发展。

世界上第一台烧结机台车宽度仅为 1m，烧结面积为 6m^2。1936 年，烧结机台车宽度增加至 2.5m，有效烧结机面积达到 75m^2。这种烧结机的问世，在全世界得到了广泛的采用，直至 1952 年烧结机面积才进一步增加至 90m^2，1956 年增加 120m^2。1958 年澳大利亚 BHP 公司和美国琼斯和劳林钢铁公司首先建成台车 4m 宽的烧结机，其抽风面积达到 400m^2。日本于 1971 年率先建成投产台车宽度 5m、面积 500m^2烧结机，1973 年扩大到 550m^2，1975 年又扩大到 600m^2，1976年、1977 年又连续投产 2 台 600m^2烧结机。随后虽有报道德国和日本设计出

1000m²超大型烧结机，但最终未投入建设[1,4 11,12]。

进入 21 世纪后，我国的烧结工业进入了空前高速发展阶段。在此期间，烧结主要工艺设备朝着大型化、高效化、绿色化方向发展，太钢、宝钢建成的660m²超大型烧结机，是世界上单机规格最大的烧结机。与此同时，新型混合装备、新型节能点火保温炉、新型密封装置、竖式冷却装备等一批新装备得到开发和推广应用。

1.1.3 球团行业发展历程及现状

1.1.3.1 球团技术的发展

球团技术发展最初的动因与烧结技术相同，都是处理不断增加细粒铁矿粉的需要。在烧结和球团两类制备炼铁炉料的主要方法中，球团法最显著的优点是能耗低、污染小、产品含铁品位高，其中氧化球团工序能耗仅为烧结工序能耗的一半。由于球团的这些优点，发达国家很早就大力发展球团矿的生产，炼铁炉料中球团矿配比逐渐提高，目前有些高炉甚至采用 100%球团矿入炉炼铁。我国球团技术近十几年来发展速度快，通过优化原料条件、提高生产技术水平、改善球团矿品种等，全方位改进了球团矿的质量，技术进步显著[13]。

A 原料预处理

我国铁精矿的粒度较粗，水分较高，为了造球，往往需要配加大量膨润土，而每增加 1%膨润土，球团矿的含铁品位下降 0.6%～0.7%。为满足生产工艺的需要，润磨、球磨、高压辊磨以及这些方法的联合工艺广泛用于原料预处理。润磨预处理工艺主要应用于我国的竖炉、链算机—回转窑球团厂，用于改善磁铁精矿的成球性和减少膨润土用量。20 世纪 90 年代初后，高压辊磨机开始应用于钢铁行业的球团原料处理，高压辊磨是通过高压对辊对精矿进行挤压，以改变或破坏颗粒的形状，提高原料的比表面积及表面活性，近年来在巴西镜铁矿、硫酸渣等难处理原料方面发挥重要作用。高压辊磨和润磨的作用机理在于提高造球物料比表面积，增大表面能和表面活性，促进固相扩散反应，强化球团固结。国内武钢程潮铁矿、鄂州球团厂、珠海裕丰球团厂、首钢带式焙烧机球团厂等企业均采用了高压辊磨对造球原料进行预处理。

B 提高球团矿品位

国外高炉用球团矿铁品位一般都在 65%以上，而国内生产的球团矿铁品位为62%～63%。球团矿的品位在很大程度上取决于铁精矿的品位，为保证球团矿的质量，应采用高品位的铁精矿。近年来，选矿工艺采取提铁降硅措施，以提高国产精矿品位，是生产优质球团的有效措施。

球团矿铁品位还与膨润土质量和配加量有关。膨润土质量差，配入量就大，对球团矿铁品位影响也大。国内球团生产用铁精矿粒度较粗，需增加膨润土配入量。又由于国内球团用膨润土多为就地取材，质量不高，故配入量较高，一般在2.0%以上，少数厂高达4.0%。为获得高品位球团矿，需严格控制膨润土的质量。

近年来，新型球团黏结剂在球团工业生产中不断得到成功应用。美国 Cliffs 公司的一条链箅机—回转窑球团生产线及 ArcellorMittal 在 AMEM 的带式机上已成功应用100%的有机黏结剂取代膨润土。在国内，中南大学研制了一种基于常规膨润土进行有机小分子插层复合的复合黏结剂并成功应用于武钢、涟钢等球团厂，黏结剂用量由原先的3.0%降低到1.4%，同时爆裂温度提高了150℃，每个焙烧球强度可增加1000N[14,15]。

C　产品多样化发展

当球团矿配比提高时，酸性球团矿难以满足高炉炼铁所需的钙、镁等碱性成分。因此，国外在20世纪60年代就开始研究添加白云石、石灰石、镁橄榄石的熔剂性球团，发现熔剂性球团的冶金性能多优于酸性球团。自20世纪70年代以来欧洲、北美和日本等国家就开始生产和在高炉中应用熔剂性及含镁球团。我国由于历史的原因，高碱度烧结矿生产规模太大，虽然形成了高碱度烧结矿加酸性球团矿的炉料结构，但球团矿比例至今不足20%，提高球团矿碱度的空间有限，致使我国熔剂性球团的发展明显落后于其他国家[16]。

随着钢铁工业快速发展，高炉大型化，在日常生产中，加强炉衬保护，延长炉衬寿命显得尤为必要。将含钛球团矿等物料作为入炉物料生成钛渣是提高高炉寿命的重要措施之一，其原理是 TiO_2 在炉内高温还原气氛条件下，可生成高熔点 TiC、TiN 及其连接固熔体 Ti(C，N)，这些钛的氮化物和碳化物在炉缸周边下部周边低温区结晶和发育，并沉积于侵蚀严重的炉缸、炉底的砖缝和内衬表面，从而起到护炉作用。

含钛球团矿是将含钛铁精矿加入到普通铁矿粉中进行混合造球，经焙烧后得到的球团矿。含钛球团矿作为一种钛渣护炉的含铁物料，具有含铁量高、含钛量高，冶金性能好、用量少的特点。国内宝钢、首钢、鞍钢、武钢、杭钢、酒钢、太钢等一大批大中型高炉以及少量的小高炉都采用过含钛物料进行护炉，并且都取得了明显的效果。

1.1.3.2　球团工艺和装备的发展

在实际生产过程中，球团矿生产工艺主要包括竖炉、链箅机—回转窑、带式焙烧机三类。

A　竖炉生产工艺

竖炉是国外用来焙烧铁矿球团最早的设备。它具有结构简单、材质无特殊要求、投资少，热效率高，操作维修方便等优点，所以自美国伊利公司投产世界上第一座竖炉以来，直到1960年竖炉生产的球团矿占全世界球团矿总产量的70%。国外早期的竖炉为圆形，因料流及气流分布均匀性差，且流料不畅，因而发展了矩形竖炉，最大竖炉横断面积为 2.5m×10.5m。目前，世界上绝大多数竖炉为矩形竖炉。

我国竖炉球团虽起步较晚，第一座 8m² 球团竖炉于 1968 年在济南钢铁厂建成投产。至 20 世纪 70 年代初期，又有承德、杭州、安阳、莱芜、唐山等钢铁厂的多座 8m² 竖炉相继投产。当时竖炉球团以消石灰做黏结剂，制出的生球强度差，爆裂温度低，在干燥床上粉化现象严重，成为限制竖炉产量进一步提高的主要原因。70 年代末期，杭钢首先使用钠基膨润土代替消石灰作为球团黏结剂，使生球强度和爆裂温度大大提高，干燥效果明显改善，加快了排料速度，使竖炉日产量翻了一番，达到 800~1000t 的水平。80 年代在辽宁本溪建成了 16m² 竖炉并投产。因此，自 20 世纪 80 年代起，我国竖炉球团矿生产走上了稳定发展的道路[11,17]。

但竖炉球团工艺的一个显著弱点就是要用磁铁精矿作为球团原料，而目前国内外市场上磁铁精矿资源紧张，已出现供不应求的局面，因而竖炉今后的发展将受到铁矿资源的制约。此外，竖炉的干燥和冷却工序，由于炉体本身结构空间的限制，导致物料的换热过程不能高效地进行，换热面积小，产量小。随我国高炉大型化和高炉合理炉料结构需要配加高质量酸性球团矿，仅靠竖炉球团矿远满足不了高炉的需求，再加上近年来对环境保护力度不断加大，新建大型球团厂即使采用链箅机—回转窑和带式焙烧机工艺也应尽可能地采用先进工艺技术和设备。

B 链箅机—回转窑生产工艺

链箅机—回转窑是一种联合机组，包括链箅机、回转窑、冷却机及其附属设备。这种焙烧方法的特点是干燥、预热、焙烧和冷却分别在三台设备上进行。干燥、预热在链箅机上进行，预热后球团进入回转窑内焙烧，最后在冷却机上冷却。

链箅机—回转窑最早用于水泥工业，美国爱里斯-哈默斯于 1960 年在亨博尔特球团厂建成了世界上第一套生产铁矿球团的链箅机—回转窑。这种新工艺刚问世即得到了世界各钢铁、矿业部门的重视，并获得迅速发展。1960 年链箅机—回转窑的生产能力仅占世界球团总生产能力的 3.7%，1964 年以后就成倍的增长，1971 年该法生产能力 9700 万吨以上，占总生产能力的 33%。在 20 世纪 70 年代末，美国的克利夫兰-克里夫斯公司蒂尔登球团厂投建了当时世界上最大的一套链箅机—回转窑工艺，回转窑的直径为 7.6m，总长 48m，其生产能力达到每年 500 万吨。在现代，国内外的链箅机—回转窑设备单套的年生产能力均能达到 500 万~600 万吨。我国目前生产球团的设备主要为竖炉和链箅机—回转窑。首钢国际工程公司于 2000 年，成功研发了链箅机—回转窑球团技术，并建成了我国第一条链箅机—回转窑球团生产线，在国内球团事业的发展史上具有里程碑的意义，填补了我国大型球团技术的空白，2006 年武钢鄂州、2007 年宝钢湛江年产 500 万吨链箅机—回转窑生产线的建设，标志着近年来我国链箅机—回转窑生产工艺向大型化方向发展[2,3]。

C 带式焙烧机生产工艺

带式焙烧机是国外广泛采用的球团焙烧设备，但目前我国应用较少。带式焙烧机特点：生球料层较薄（200~400mm），可避免料层压力负荷过大，又可保持料层透气性均匀。工艺气流及料层透气性所产生的任何波动只能影响到一部分料层，而且随着台车水平移动，这些波动很快就被消除。可根据原料不同，设计成不同温度、气体流量、速度和流向的各个工艺段，因此带式焙烧机可以用来焙烧各种原料的生球。采用热气流循环，利用焙烧球团矿的显热，球团能耗较低。可以制造大型带式焙烧机，单机能力大。

在国外，近几年来发展最为迅速的球团工艺是带式焙烧机。在 20 世纪 70 年代初，巴西的萨马尔科公司乌布角球团厂在当时投建了有效焙烧面积达到 704m^2 的带式焙烧机，是当时世界上最大的球团生产工艺。不过在最近 10 年，巴西的 CVRD 公司又建成了两台有效面积达到 780.4m^2 的 7 号和 8 号带式焙烧机。这两台带式焙烧机是目前世界上焙烧面积最大、产量最高的球团生产设备。伊朗的 NISCO 公司也拥有一台有效面积为 780m^2 的大型带式焙烧机生产线。球团生产设备的大型化是目前国内外球团技术发展的一个重要趋势，也是未来球团工业发展的方向。设备的大型化在一定程度上反映了当时的球团工艺水平和机械制造水平，同时也体现了当时的球团技术研究水平[18]。

我国包钢于 20 世纪 70 年代从日本引进 162m^2 带式机生产装置，系国内第一台带式焙烧机，于 1973 年建成投产。由于原料含氟及其他原因，直到 1995 年才达到年产 110 万吨球团矿的设计能力，1998 年年产量 118 万吨。1989 年，鞍钢从澳大利亚引进 321.6m^2 带式焙烧机，由于各种原因，直到 1996 年产量才达到 210 万吨。近年来，带式焙烧机在国内得到发展，2010 年首钢京唐公司建成 400 万吨带式焙烧机球团厂，近年来又新增了两条 400 万吨球团生产线；2015 年包钢建成 500 万吨带式球团厂，核心技术与装备也在逐步国产化[19]。

D 三种工艺的比较

三种球团焙烧工艺在设备类型、原料适应性、过程特点、操作特性、生产能力等方面都有各自的特点[13]，见表 1-1。

表 1-1 三种焙烧法比较

工艺名称	优、缺点	生产能力	基建投资	管理费用	耗电量	球团矿质量
带式焙烧机法	优点：设备简单，控制方便，处理事故及时，焙烧周期比竖炉短，可以处理各种矿石 缺点：球团矿上下层质量不均匀，台车易烧损，需要高温耐热合金材料，需铺底、边料，流程较复杂	单机生产能力大，最大单机产量：6000~6500t/d，适于大型生产	中	高	中	良好

工艺名称	优、缺点	生产能力	基建投资	管理费用	耗电量	球团矿质量
链箅机—回转窑法	优点：设备简单，可生产质量均匀的普通球团矿，亦能生产熔剂性球团矿，可处理各种铁矿石，无需耐热合金材料 缺点：操作不当时，回转窑易"结圈"	单机生产能力大，最大单机产量：6500~12000t/d，适于大型生产	高	中	低	好
竖炉球团法	优点：结构简单，维护检修方便，无特殊材料，炉内热效率高 缺点：均匀加热困难，单炉生产能力受限制，当焙烧放热效率低的球团时，产量较低。仅限于处理磁铁矿精矿球团或赤、磁铁矿混合精矿球团	单炉生产能力最大量 2000t/d，适用于中小型企业	低	低	高	一般

1.2 烧结球团行业节能环保发展现状

1.2.1 烧结行业节能环保的发展

1.2.1.1 余热利用技术的发展

烧结余热回收是加强二次能源回收利用、节约能源的有效途径之一。烧结过程可回收利用的余热主要包括对应烧结终点附近的风箱内的烟气余热、热成品矿具有的显热两部分。目前烧结余热利用主要是指烧结矿显热回收利用。烧结机生产时，热烧结矿从烧结机的尾部落下经热破碎后，通过溜槽落到冷却机传送带上，在溜槽部分热矿料温可达 700~800℃，主要以辐射形式向外散热。一般在烧结冷却机下部布置有多台鼓风机，鼓风机使冷却风强制穿过料矿层，经烧结矿加热后，在第一集气罩内热废气温度达 350~400℃，在第二集气罩内热废气温度达 250~300℃，两个集气罩内的热废气显热可回收发电。

20 世纪 80 年代中期，日本烧结厂的余热回收技术就已经得到了广泛应用，其烧结矿冷却机废气余热利用的普及率达到 57%，而烧结机主烟道烟气余热利用的普及率也达到了 26%。世界上最早利用冷却机废气产生蒸汽发电的是日本钢管公司的扇岛厂和福山厂，其余热回收方式是在环冷机高温段输入 100℃的循环空气，该部分空气经环冷机后温度可达 350℃，再经过余热锅炉产生 1.4MPa 的蒸汽用于发电。

2004 年 9 月 1 日，马钢从日本川崎引进余热回收发电全套技术及装备，在第二炼铁总厂两台 300m² 烧结机上开工建设了国内第一套烧结余热发电系统，该系统于 2005 年 9 月 6 日并网发电。在实际运行中，由于闪蒸系统失效和汽轮机进汽温度低等问题造成机组多次减负荷、解列甚至停机等事故。2006 年 5 月 20 日，我国自主设计的济钢 320m² 烧结机余热发电工程开工建设，并于 2007 年 3 月 27 日完成 168h 试运行。该余热电站在废气系统和汽水系统中采用了热风循环技术和双压补汽技术，但运行中蒸汽温度不稳定，不能满足汽轮机正常运转的要求；废气系统漏风降低了余热回收率。武钢的 1 号、4 号、5 号烧结环冷机（435m²）余热发电装置于 2009 年 2 月 18 日并网发电，采用的是日本川崎余热锅炉技术，装备实现了国产化。该余热电站的废气系统把不同品位热废气提取后混合利用，不仅降低了热废气的品位，也降低了余热利用率[20, 21]。

在总结国内外经验教训的基础上，国内逐步开发了余热梯级利用技术，开发了直联炉罩式锅炉技术，余热利用率得到了提高。近年来，烧结矿竖冷窑冷却技术在行业内悄然兴起，它是一种全新的烧结矿密闭冷却工艺，将经过热破碎的烧结矿通过送料小车装入密闭的竖式窑腔内，采用大容量窑腔、小气料比冷却、通过延长冷却时间换取较高热风温度的工艺技术理念。将冷却模式变"穿行"为"静止"（与冷却风进出口装置之间静态连接），就从根源上避免了漏风的产生；变"卧式"为"立式"，就从根源上保证了冷却废气的余热品质，从而有利于后续的余热利用。国内江阴兴澄特钢、天丰钢铁、梅钢、鞍钢、唐山瑞丰等多家钢铁企业也相继在烧结矿冷却上尝试采用竖冷窑技术，节能潜力明显[22]。

1.2.1.2 烧结烟气污染物治理的发展

铁矿烧结是钢铁企业 SO_x、NO_x、颗粒物、PCDD/Fs 等气态、固态、持久性大气污染物的主要排放源。随着大气污染问题的日益突出，烧结烟气污染物的治理也逐渐引起行业的重视，最先开始了粉尘的治理，然后逐步过渡到 SO_x、NO_x 的治理。与此同时，国家也发布了系列烧结污染物排放标准，如表 1-2 所示，国

表 1-2 我国烧结工序大气污染物排放限值相关法律法规

发布时间	发布单位	法规名称	污 染 物		排放限值/mg·m⁻³	
					现有厂	新建厂
1985-1-18	国家环境保护局	钢铁工业污染物排放标准	烧结机头粉尘		300	150
1996-3-7	国家环境保护局	工业窑炉大气污染物排放标准	烧结机头粉尘	一级标准	100	禁排
				二级标准	150	100
				三级标准	250	150
			烧结机头 SO_2	一级标准	1430	禁排
				二级标准	2860	2000
				三级标准	4300	2860

续表 1-2

发布时间	发布单位	法规名称	污染物	排放限值/mg·m^{-3}	
				现有厂	新建厂
2012-6-27	国家环保部和国家质量监督检验检疫总局	钢铁烧结、球团工业大气污染物排放标准	颗粒物	80	50/40
			二氧化物	600	200/180
			氮氧化物（以 NO$_2$ 计）	500	300
			氟化物（以 F 计）	6.0	4.0
			二噁英类（ng-TEQ/m^3）	1.0	0.5
2019-4-28	生态环境部等五部委	关于推进实施钢铁行业超低排放的意见	颗粒物	—	10
			二氧化物	—	35
			氮氧化物（以 NO$_2$ 计）	—	50

家环保局于 1985 年发布的《钢铁工业污染物排放标准》中首次规定了烧结机头的粉尘排放标准，并在 1996 将这一标准进一步缩紧，还增加了 SO$_2$ 的排放标准。2012 年国家环保部发布的《钢铁烧结、球团工业大气污染物排放标准》中进一步缩小了粉尘的排放限值，并且新标准在降低 SO$_2$ 排放限值的同时，还首次规定了氮氧化物、氟化物、二噁英等的排放标准。2018 年 4 月国家环境保护部发布了《钢铁工业大气污染物超低排放（征求意见稿）》，并于 2019 年 4 月发布了《关于推进实施钢铁行业超低排放的意见》，大幅降低了颗粒物、二氧化硫、氮氧化物的排放限值。

随着烧结烟气污染物排放标准的逐年严格，污染物治理也经历了由除尘、脱硫、脱硝单一控制技术向多污染物协同治理技术的发展[23~26]。

A 烧结烟气粉尘治理的发展

烧结厂的粉尘一方面是由穿过烧结机料层的废气带来，另一方面是使用的原料、生产的烧结矿和循环物料在运输和倒运过程中产生的。由于烧结原料种类多、成分复杂，烧结过程经历干燥、预热、燃烧、熔融等高温过程，发生复杂的多元多相反应，产生的粉尘浓度大、性质复杂，除尘难度也最大。

早期烟气除尘采用多管除尘器、旋风除尘器，随着环保标准的逐渐严格，这些除尘器难以满足要求，自 1959 年以来，国内外在新烧结厂的废气除尘逐步过渡到使用电除尘器。到目前为止，国内约有 80% 以上的烧结机采用电除尘器，由于烧结机头废气粉尘属高比电阻且含超细（0.01μm）粉尘。粉尘中由于碱金属的存在，粉尘比电阻较高，一般为 $10^9 \sim 10^{12} \Omega \cdot cm$，导致电极上形成一个绝缘层，降低电除尘器的除尘效率。国内电除尘器主流的配置为三电场，电除尘器除尘系统粉尘排放浓度一般在 $50 \sim 80 mg/m^3$ 的范围内。韩国浦项制铁公司烧结机头废气除尘器配置为五电场，粉尘排放浓度为 $30 mg/m^3$。增加电场数固然对提高粉尘捕集效果有一定的作用，但也必须考虑其经济性和场地条件[4,27]。

国外针对烧结烟气严格的粉尘排放标准，越来越趋于采用布袋除尘器和电袋复合除尘技术，其中美国9个有烧结的钢厂在烧结机头均为袋式除尘，粉尘排放浓度可控制在20mg/m³的范围内。国内尚无采用布袋除尘器净化烧结机头烟气的先例，仅在机头半干法脱硫中有配用布袋除尘器的应用实例，将布袋除尘器和电袋复合除尘技术应用于烧结机头烟气除尘，关键要解决机头烟气温度高且波动大、高湿、含酸腐蚀性气体对布袋除尘滤料的影响等问题。

B 烧结烟气SO_2治理的发展[28~30]

在烧结机烟气污染治理方面，日本居于世界前列，由于严格的环境保护标准，日本早在20世纪70年代就开始建设烧结烟气脱硫设施，多数采用传统的湿法烟气脱硫技术，主要有石灰-石膏法、氨法、镁法等，但是由于湿法烟气脱硫工艺无法解决烧结烟气中二噁英含量过高的问题，同时由于烧结烟气还含有SO_3等酸性物质和重金属污染成分，采用湿法工艺系统不能高效脱除。因此，1989年以后，活性炭吸附工艺渐渐占领了日本烧结烟气净化技术领域。

我国钢铁行业烧结烟气脱硫成为继火力发电机组烟气脱硫之后SO_2排放控制的重点，我国约在2004年开始进行烧结烟气脱硫工作。到目前为止，已经应用的钢铁烧结烟气脱硫技术达十几种，按脱硫过程是否加水和脱硫产物的干湿形态，可分为湿法、半干法、干法三类脱硫工艺，已应用的主要工艺有石灰石-石膏法、氨硫酸铵法、循环流化床法、旋转喷雾干燥法、氧化镁法、双碱法等十多种。

C 烧结烟气NO_x治理的发展[31,32]

氮氧化物脱除技术在国内电厂燃煤锅炉中应用已相对成熟，但烧结烟气氮氧化物控制起步相对较晚。烧结烟气氮氧化物的治理最开始采用的是选择性催化还原法（SCR，selective catalytic reduction），该工艺最早是日本在20世纪70年代发展起来的，与1975年在日本川崎钢铁公司千叶厂建成投产，并逐渐推广至日本Kokan公司Keihin厂，1992年推广至荷兰的霍戈文IJmuiden厂。我国台湾中钢公司在20世纪90年代已经有3座选择性催化还原装置，上海宝钢于2016年建成并投产大陆地区首套烧结烟气脱硝工程，采用选择性催化还原法。由于烧结烟气温度较低，采用SCR脱硝技术时需要先将烟气温度升至220℃以上，能耗高。同时氧化脱硝技术逐步得到关注和应用。

D 烧结烟气多污染物综合治理的发展[33,34]

在逐步严格的烧结烟气大气污染物排放标准下，烧结烟气污染物控制由只控制粉尘颗粒物的排放，逐渐转向同步控制SO_x、NO_x、微细的粉尘颗粒等多污染物的排放，治理技术也由单一污染物控制技术向多污染物协同控制技术发展。从发展趋势来看，开发、高效、经济的多种污染物协同控制技术已成为烟气净化发展的方向。活性炭法因具有多污染物协同高效脱除功能、SO_2 资源化利用、无二次污染等优势，适合处理烟气量及烟气组成波动大、污染物种类多的烧结烟气，因而相对而言，被广泛认为是更具前景的烧结烟气污染物综合治理技术。目前国内太钢、安阳钢铁、宝钢湛江钢铁、宝钢本部、邯钢、武钢、联峰钢铁、日照钢铁等多家钢铁企业烧结机采用活性炭对烟气进行处理。近年来，电除尘+湿法脱硫+氧化脱硝工艺、电除尘+半干法脱硫除尘+中温 SCR 净化工艺也有工业应用的案例。

1.2.2　球团行业节能环保的发展

1.2.2.1　余热利用技术的发展

A　热废气在系统内部的循环利用

目前，氧化球团生产的带式焙烧机和链箅机—回转窑—环冷机工艺的设计和生产设备已趋于成熟，整个系统的热量（高温废气的显热）主要在系统内部循环利用。

焙烧球团在环冷机上采用鼓风冷却，产生高温热废气。环冷机不同段产生废气的温度相差较大。为充分利用废气的显热，工业上将环冷机二段上部的废气引入链箅机预热一段烟罩，作为预热气流介质；环冷一段高温废气直接进入回转窑，供球团高温焙烧固结，并从窑尾进入链箅机预热二段，气体温度可到 $950 \sim 1000℃$；预热二段下部风箱出来的废气由风机引入抽风干燥段作为干燥气流介质；而环冷机中后部的中低温气体作为鼓风干燥段的热气流。

生产实践表明，氧化球团生产工艺的热量利用流程合理，显著降低了球团生产成本。目前，国内外链箅机—回转窑—环冷机工艺多采用该流程进行生产。

B　热废气用于铁精矿的脱水

目前，新建球团厂大部分设有圆筒干燥机，用于含水较高的铁精矿脱水干燥，获得适宜的精矿水分，保证造球过程的顺行。一般球团厂都新建燃烧炉，以提供干燥所需要的热气流，部分球团厂引入链箅机或环冷机的热废气作为精矿干燥的热源，使球团生产的热量利用更合理。

1.2.2.2　球团烟气污染物治理的发展

球团生产工艺与烧结工艺相比，球团矿焙烧产生的烟气中粉尘含量较少，SO_2 及氮氧化物的产生量也相对较少，相对属于环境友好型的生产工艺，但依然存在烟气污染的问题，仍是大气污染的重要源头之一。如今，超低排放全面提速，钢铁工业污染物排放标准日趋缩紧，球团烟气的治理逐步列入议程。现阶段球团烟气 SO_2 的治理已较为成熟，但球团工艺氮氧化物控制尚无经济、成熟的控制技术。

在国外，克鲁斯公司的球团厂使用改进的燃烧器加强了火焰温度分布均匀性，避免局部高温，以减少 NO_x 的生成。在国内，铜陵有色铜冠冶化分公司的链箅机—回转窑球团烟气采用了 SNCR 末端治理技术，在链箅机预热二段与回转窑连接部位喷入浓度 10% 的氨水与烟气中的 NO 反应，脱硝效率约 40%。末端治理 SCR 技术和活性炭技术也逐步在球团工艺中得到关注和应用。

1.3　烧结球团可持续发展面临的挑战

1.3.1　资源面临的挑战

我国工业化进程是一个长期的过程，钢铁行业仍将稳步发展。我国的钢铁生产以烧结—高炉—转炉流程为主的格局在短时期内难以改变。因此，铁矿石在今后相当长的时期内仍会是我国钢铁行业最主要的原料。

我国有丰富的铁矿石资源，虽然国产铁矿石产量稳步增加，但是我国贫矿较多，不能满足我国钢铁企业的需求，仍然需要进口大量的铁矿石，形成了对外矿依存度高的局面，使我国铁矿石资源保障面临巨大的难题。从进出口贸易来看，我国是铁矿石的进口大国和消耗大国。我国钢铁行业对进口铁矿石的依存度长期维持在 60% 以上，居高不下，自身资源的保障能力不足。在此背景下，我国更应当加强自身铁矿石资源供应的保障能力。

伴随铁矿资源消耗量日益增加、优质高品位资源减少，我国钢铁企业越来越多地采用非主流进口矿石、自产铁矿和含铁固废资源等代替优质铁矿组织生产，以降低钢铁生产成本。由于非主流进口铁矿品位低，自产矿 1/3 以上为多金属伴生铁矿，而固废含铁资源成分复杂，其大规模应用造成钢铁生产原料中有害元素含量提升，不但造成钢铁产品质量下降、冶炼难度增加，同时加剧了钢铁冶炼过程的环境污染。因此，非传统铁矿和低品质铁矿资源的清洁利用对我国钢铁工业的持续健康发展具有重大战略意义。

1.3.2　能源面临的挑战

钢铁工业又是工业能耗大户，其工序能耗占全国总能耗的 16.3%。其中炼铁系统能耗占钢铁工业的 70%。烧结工序作为钢铁企业的第一道工序，其过程温度高达 1300℃，导致能源消耗大，工序能耗占钢铁生产总能耗的 10%~15%，其能耗在炼铁系统仅次于高炉炼铁工序能耗。烧结工序能耗主要由固体燃料消耗、电力消耗、点火能耗三部分构成，各自的比例为 75%~80%、5%~10%、13%~20%[35]。从烧结矿的加工费用来看，燃料费用约占 40% 以上。

我国烧结行业的整体能耗水平和日本、德国等先进国家还有较大的差距。日本烧结的固体燃耗指标处于世界领先水平，其固体燃耗平均为 45kg/t[36]，福山制铁所烧结厂实施许多节能措施后，烧结总能源单耗降低到 42kgce/t，达到国际领先水平，并计划将能耗继续降低到 32kgce/t。西欧有些烧结厂的焦粉单耗也降低到了类似的程度。

化石燃料是烧结的主要燃料，也是导致 CO_x、SO_x、NO_x、二噁英等多种污染物的重要原因，如何进一步降低化石燃料的消耗，从源头减少污染物的排放，是我国烧结行业面临的另一挑战。

1.3.3　环保面临的挑战

钢铁工业排放的固体废弃物、废气、废水排放量分别占全国工业污染物排放总量的 17%、16%、14%；烟尘、CO_x、SO_x、NO_x、二噁英排放量分别占全国排放总量的 8.3%、12%、7.4%、6%、32%，是典型的高耗能、高污染产业。进入"十三五"期间，《国民经济和社会发展第十三个五年规划纲要》提出单位 GDP能源消耗降低 15%、主要污染物排放总量减少 10%~15% 的要求。为适应新形势，《钢铁工业"十三五"规划》提出能源消耗总量和污染物排放总量分别下降10% 和 15% 以上的总体目标。为打赢蓝天保卫战，"十四五"会提出更高的减排要求。

随着环境治理的深入，钢铁烧结行业实施超低排放标准列入了日程，标准规定颗粒物 $10mg/m^3$、二氧化硫 $35mg/m^3$、氮氧化物 $50mg/m^3$，且达到超低排放的钢铁企业每月至少 95% 以上时段小时均值排放浓度满足上述要求，是世界上要求最为严格的标准。2019 年 4 月 28 日正式发布《关于推进实施钢铁行业超低排放的意见》，到 2020 年年底前，重点区域钢铁企业超低排放改造取得明显进展，力争 60% 左右产能完成改造，有序推进其他地区钢铁企业超低排放改造工作；到2025 年年底前，重点区域钢铁企业超低排放改造基本完成，全国力争 80% 以上产能完成改造。

因此，烧结行业将面临前所未有的环保压力，需钢铁企业新建或改造环保设备，加大环保投资。

1.3.4　可持续发展的关键

我国的钢铁行业是推动国民经济发展的重要产业，但是由于钢铁的生产过程具有高能耗、高污染、高排放的特点，我国钢铁企业在发展的同时也给环境带来了不少的压力。近几年，我国高度重视环境保护问题，作为污染环境的重要源头之一的钢铁产业受到了社会各界的广泛重视。虽然我国一直在努力提高钢铁产业的技术含量，增大节能减排的力度，然而资源消耗依然严重，污染物的排放量仍然有待减少。

《钢铁工业调整升级规划（2016—2020 年）》提出，钢铁工业要通过实施绿色升级改造、发展循环经济，实现与社会的共融发展。烧结作为钢铁工业污染最为严重的工艺环节，其清洁生产是钢铁绿色制造的关键。

因此，为减轻烧结行业对环境的负荷，对于成熟可靠的节能减排技术和装备，要在行业内全面普及，节能环保装备落后的企业要尽快完成改造。对于节能环保难点技术要开展示范专项活动，加快推广应用。对于环境影响敏感区、环境承载力薄弱的钢铁产能集中区，要推进先进清洁生产技术改造，进一步提升节能减排水平。

参 考 文 献

[1] 姜涛. 铁矿造块学 [M]. 长沙：中南大学出版社，2016.
[2] 姜涛. 烧结球团生产技术手册 [M]. 北京：冶金工业出版社，2014.
[3] 傅菊英，姜涛. 烧结球团学 [M]. 长沙：中南工业大学出版社，1996.
[4] （德）F. 卡佩尔（F. Cappel），H. 文德博恩（H. Wendeborn）. 铁矿粉烧结 [M]. 杨永宜，郭巧玲，等译. 北京：冶金工业出版社，1979.
[5] 王荣成，傅菊英. 高铁低硅烧结技术研究 [J]. 钢铁，2007（6）：17~20.
[6] 胡俊鸽，周文涛，赵小燕. 日本降低生产成本的烧结技术进展 [J]. 冶金丛刊，2010，21（5）：46~50.
[7] 周文涛，胡俊鸽，郭艳玲. 烧结新技术及其在国内的推广前景分析 [J]. 世界钢铁，2011，11（6）：47~52.
[8] 周先武，陈天柱，左江涛. 低温厚料层烧结技术的应用 [J]. 烧结球团，2003，14（3）：34~37.
[9] 李寿宝，任志国. 厚料层烧结技术的完善与小球团烧结工艺的发展 [J]. 烧结球团，1996，7（2）：1~4.
[10] 张波. 改善900mm厚料层烧结透气性的措施 [J]. 烧结球团，2014，39（1）：15~20.
[11] 张一敏. 球团理论与工艺 [M]. 北京：冶金工业出版社，1997.
[12] 潘宝巨，李正廉，张成吉. 国外烧结技术现状及展望 [J]. 钢铁，1994（12）：66~70，74.
[13] 许满兴，张玉兰. 新世纪我国球团矿生产技术现状及发展趋势 [J]. 烧结球团，2017，42（2）：25~30，37.
[14] 范晓慧. 我国球团矿生产技术进展 [C] //2006年全国金属矿节约资源及高效选矿加工利用学术研讨与技术成果交流会论文集. 安徽：中国冶金矿山企业协会矿山技术委员，2006：6.
[15] Sandra Lúcia de Moraes, José Renato Baptista de Lima, Tiago Ramos Ribeiro. Iron Ore Pelletizing Process：An Overview [J]. Iron Ores and Iron Oxide Materials，2018.
[16] 姜涛. 熔剂性球团矿生产的理论与技术 [C] //中国金属学会. 2014年全国炼铁生产技术会暨炼铁学术年会文集（上）. 北京：中国金属学会，2014：9.
[17] 青格勒吉日格乐. 低硅含镁含钛球团矿的成矿基础研究 [D]. 北京科技大学，2017.
[18] 王海风，裴元东，张春霞，等. 中国钢铁工业烧结/球团工序绿色发展工程科技战略及对策 [J]. 钢铁，2016，51（1）：1~7.
[19] 任伟. 带式焙烧机球团技术开发与应用 [N]. 世界金属导报，2017-06-20（B07）.
[20] Dai Y P, Wang J F, Gao L. Parametrie optimization and comparative study of organic Rankine

cycle (ORC) for low grade waste heat recovery [J]. Energy Conversion and Management, 2009, 50 (3): 576~582.

[21] Wei D H, Lu X S, Lu Z, et al. Performance analysis andoptimization of organic rankine cycle for waste heat recovery [J]. Energy Conversion & Management, 2007, 8 (4): 1113~1119.

[22] 廖继勇, 何国强. 近五年烧结技术的进步与发展 [J]. 烧结球团, 2018, 43 (5): 1~11, 19.

[23] Menad N, Tayibi H, Carcedo F G, et al. Minimization methods for emissions generated from sinter strands: a review [J]. Journal of Cleaner Production, 2006, 14 (8): 740~747.

[24] Almeida S M, Lage J, Fernández B, et al. Chemical characterization of atmospheric particles and source apportionment in the vicinity of a steelmaking industry [J]. Science of the Total Environment, 2015, 521~522: 411~420.

[25] GB 28662—2012, 钢铁烧结、球团工业大气污染物排放标准 [S]. 北京: 环境保护部和国家质量监督检验检疫总局, 2012.

[26] 环境保护部. 钢铁行业污染物防治最佳可行技术导则——烧结及球团工艺 [R]. 北京: 环境保护部, 2012.

[27] 朱廷钰, 李玉然. 烧结烟气排放控制技术及工程应用 [M]. 北京: 冶金工业出版社, 2015.

[28] 郜学. 我国烧结球团行业脱硫现状及减排对策 [C]//中国金属学会. 烧结工序节能减排技术研讨会文集. 北京: 中国金属学会, 2009: 6.

[29] 朱彤, 刘延令, 王俩. 湿式镁法脱硫技术治理烧结机烟气的优势 [C]//中国环境科学学会第五届全国大气污染治理创新大会论文集. 深圳: 中国环境科技协会, 2010: 3399~3401.

[30] 刘征建, 张建良, 杨天钧. 烧结烟气脱硫技术的研究与发展 [J]. 中国冶金, 2009, 19 (2): 1~5, 9.

[31] Suzuki G, Ando R, Yoshikos H. A Study of the reduction of NO_x in the waste gas from sinter plant [J]. Tetsu to Hagané, 1975, 61 (13): 2775~2783.

[32] Mo C L. A study of in~plant de~NO_x and de~SO_x in the iron ore sintering process [D]. University of Wollongong, 1997.

[33] 闫晓淼, 李玉然, 朱廷钰, 等. 钢铁烧结烟气多污染物排放及协同控制概述 [J]. 环境工程技术学报, 2015 (2): 4~9.

[34] Lu L M, Ooi T C, Li X. Sintering emissions and their mitigation technologies [M]. Woodhead Publishing, 2015: 551~579.

[35] 王维兴. 2011 年重点钢铁企业能源消耗评述 [N]. 世界金属导报, 2012-03-06 (B11).

[36] Dawson P R. Recent developments in iron ore sintering [J]. Ironmaking and Steelmaking, 1993, 20 (2): 135~143.

2 烧结球团能源消耗与污染物排放规律

烧结和球团生产过程能源的消耗不但影响生产成本，还因主要消耗化石燃料，影响着多种污染物的排放，因此，研究烧结和球团生产过程的物质和能源消耗是节能减排技术开发的基础。烧结排放的烟气中含有细粒粉尘、SO_x、NO_x、CO_x、二噁英、重金属、VOC 等典型污染物，研究其生成行为和排放特征，有助于源头、过程控制技术的开发，以及研发适应性更强的末端治理技术。本章主要分析了烧结和球团过程的物质流、能量流，生产过程各种污染物的产生机理、来源分析以及排放特征。

2.1 烧结球团工艺过程中物质流与能量流分析

2.1.1 烧结工艺过程中物质流与能量流分析

烧结原料主要包括含铁原料、熔剂和燃料。合理配比的原料在高温条件下，经物理化学反应转变为具有一定物理尺寸和良好冶金性能的烧结矿，烧结过程中需要燃料为上述物理化学反应提供热量，需要风来为燃料燃烧提供助燃氧气、为料层升温和烧结矿冷却提供热量传递介质。此外，物料的准备和运输、空气的流动、烧结矿破碎和筛分等都需要电能提供动力。

为了直观地阐述烧结生产过程中物质流与能量流的流动、分析烧结生产节能降耗的潜力所在，以国内某钢铁企业烧结项目为例，对烧结过程中的物质流和能量流进行梳理分析。

2.1.1.1 烧结工艺典型流程基础条件

该烧结机规模为 360m^2，利用系数 1.35t/（m^2·h），作业率 97%。烧结矿生产时所用含铁原料为两种粉矿（配比均为 30%）、三种精矿（配比分别为 7%、20% 和 8%）和粉尘（配比为 5%）组成的混匀矿，所用熔剂为生石灰、石灰石、白云石和轻烧白云石，所用燃料为焦粉。混匀矿和熔剂的化学成分分别如表 2-1 和表 2-2 所示，焦粉的工业分析和部分元素含量如表 2-3 所示，其应用基低位发热值约为 26852kJ/kg。烧结点火温度 1150℃，采用焦炉煤气点火，其成分如表 2-4 所示，发热值为 17756kJ/m^3，密度为 0.44kg/m^3。根据高炉生产对烧结矿产质量指标的要求，烧结矿的碱度设定为 1.9，化学成分如表 2-5 所示。

表 2-1　混匀矿的主要化学成分（质量分数）　（%）

TFe	FeO	CaO	SiO$_2$	Al$_2$O$_3$	MgO	S	结晶水	烧损
59.91	10.38	2.19	5.2	1.96	0.43	0.069	0.58	2.916

表 2-2　熔剂的主要化学成分（质量分数）　（%）

名称	CaO	MgO	Al$_2$O$_3$	SiO$_2$	S	烧损
石灰石	52.50	1.41	1.07	1.70	0.03	40.25
白云石	31.45	19.89	0.61	0.94	0.03	45.25
生石灰	80.00	4.40	0.46	3.50	0.03	11.28
轻烧白云石	53.00	30.00	1.00	2.00	0.03	11.00

表 2-3　焦粉的工业分析和主要化学成分（质量分数）　（%）

名称	固定碳	挥发分	灰分	S	H	O	H$_2$O
焦粉	83.02	1.70	14.98	0.67	0.08	0.25	0.68

表 2-4　焦炉煤气成分（质量分数）　（%）

C$_n$H$_m$	H$_2$	CH$_4$	CO	N$_2$	O$_2$	H$_2$O	CO$_2$
3.00	57.80	25.00	6.00	4.45	0.55	1.00	2.20

表 2-5　烧结矿的目标成分（质量分数）　（%）

TFe	FeO	CaO	SiO$_2$	Al$_2$O$_3$	MgO	残碳	S	R
56.05	8.17	10.35	5.45	2.11	1.85	0.10	0.005	1.85

2.1.1.2　烧结工艺典型流程物质流分析

根据烧结工艺流程，烧结过程的物质收入部分包括：（1）各种烧结原料；（2）返矿；（3）铺底料；（4）混合料水分；（5）点火煤气；（6）烧结空气（包括点火和漏风）；烧结过程的物质支出部分包括：（1）成品烧结矿；（2）返矿；（3）铺底料；（4）点火、烧结过程产生的废气。以物质守恒定律为基础，结合实际生产经验、通过配料计算，可知该烧结机在烧结矿生产中的物质流向，即物料收支状况。

A　物料的收入

a　各种烧结原料、返矿、铺底料和水分的用量

在生石灰配比 3.5%、焦粉配比 3.7%、混合料水分 7.0%、烧结矿碱度 1.9、返矿外配 20% 的配料条件下，经计算获得生产单位质量烧结矿所需的各种原料和返矿、铺底料的用量，如表 2-6 所示。

表 2-6 生产 1t 烧结矿的各种原料用量 （kg）

混匀矿	生石灰	石灰石	白云石	轻烧 白云石	焦粉	返矿	铺底料	水	合计
935.6	55.6	25.1	12.3	10.6	54.6	308.8	93.6	99.8	1625.9

b 点火煤气用量及空气量

点火强度是影响烧结点火效果的主要因素之一，其值与烧结混合料的性质、烧结机的设备状况及点火热效率密切相关。目前，烧结点火煤气消耗国际先进水平为 0.04GJ/t，国内一般大于 0.07GJ/t，该厂取为 0.08GJ/t，换算为所用焦炉煤气后该厂的点火煤气消耗为 $4.51m^3/t$，$G_{煤气}$ 为 1.98kg/t。焦炉煤气空燃比为 1:5，则点火空气消耗量为 $22.25m^3/t$。

c 烧结过程空气消耗量

烧结过程中空气在抽风机的作用下被带入烧结系统。一方面，空气要为燃料的燃烧、含铁原料的氧化等化学反应供氧，另一方面，空气要为烧结过程中的传质传热提供载体。因此，烧结过程空气消耗量由供氧量和传质传热量决定，并取决于二者间的较大值。

烧结过程涉及的氧化反应比较复杂，耗氧量相对较多的反应主要包括：

（1）固体燃料中 C 的燃烧：

$$C + O_2 \rightleftharpoons CO_2 \tag{2-1}$$

$$2C + O_2 \rightleftharpoons 2CO \tag{2-2}$$

（2）烧结原料中 S 的氧化：

$$4FeS_2 + 11O_2 \rightleftharpoons 2Fe_2O_3 + 8SO_2 \tag{2-3}$$

（3）铁氧化物的分解、氧化和还原。在烧结过程中，铁的氧化物中氧的质量分数并不是保持不变的，它们在烧结料层的各个不同的带进行着热分解、还原和氧化反应，包括：

$$6Fe_2O_3 \rightleftharpoons 4Fe_3O_4 + O_2 \tag{2-4}$$

$$4Fe_3O_4 + O_2 \rightleftharpoons 6Fe_2O_3 \tag{2-5}$$

$$6FeO + O_2 \rightleftharpoons 2Fe_3O_4 \tag{2-6}$$

$$3Fe_2O_3 + CO \rightleftharpoons 2Fe_3O_4 + CO_2 \quad （T > 570℃ 时） \tag{2-7}$$

$$Fe_3O_4 + CO \rightleftharpoons 3FeO + CO_2 \quad （T > 570℃ 时） \tag{2-8}$$

$$FeO + CO \rightleftharpoons FeO + CO_2 \quad （T > 570℃ 时） \tag{2-9}$$

综合以上各反应，结合原料条件和烧结矿目标成分，经计算可得出烧结过程空气量约为 606.25kg/t（或 $468.87m^3/t$）。考虑点火所需空气量，则生产每吨成品烧结矿供氧所需理论空气总量约为 $491m^3/t$。

但是，假定烧结过程中的传热只包括烧结矿传热给空气或者烟气传热给混合料，且空气和混合料层之间可进行充分的热交换的情况下，根据计算可知氧化反应理论所需传热空气量约为 $1190m^3/t$，远远大于燃料燃烧及物料氧化所需空气量。对烧结机生产进行实测也进一步证明，烧结过程所需空气量不是由化学反应供氧量决定的，而是由传热所需空气量决定，几乎不随原料条件和烧结工艺参数的变化而变化。此外，由于烧结设备的漏风，大量空气未经过料层而进入烧结烟气。传统烧结设备的漏风率为 35%~45%，而采用先进烧结密封技术的烧结设备漏风率可控制在 25% 以下。该烧结厂使用传统老式烧结机，漏风率约为 40%，漏风量约为 $793m^3/t$（或 $1025.78kg/t$）。据此，烧结过程进入系统的空气为 $1983m^3/t$（或 $2567.99kg/t$）。

B　物料的支出

a　固相物料

固相物料包括成品烧结矿、返矿及铺底料，按平衡原则可知分别为 $1000kg/t$，$308.8kg/t$，$93.6kg/t$。

b　点火废气量

烧结点火时所涉及的氧化反应主要包括：

（1）CO 的燃烧

$$2CO + O_2 \Longrightarrow 2CO_2 \tag{2-10}$$

（2）H_2 的燃烧

$$2H_2 + O_2 \Longrightarrow 2H_2O \tag{2-11}$$

（3）CH_4 的燃烧

$$CH_4 + 2O_2 \Longrightarrow CO_2 + 2H_2O \tag{2-12}$$

（4）C_2H_2 的燃烧

$$C_2H_2 + \frac{5}{2}O_2 \Longrightarrow 2CO_2 + H_2O \tag{2-13}$$

综合以上 4 个反应及焦炉煤气的成分和点火用量，经计算可得点火烟气中的 CO_2、水蒸气、N_2、O_2 量分别为 $G_{CO_2}^{火点} = 3.50kg/t$（或 $1.77m^3/t$），$G_{H_2O}^{火点} = 4.06kg/t$（或 $5.04m^3/t$），$G_{N_2}^{火点} = 28.81kg/t$（或 $23.03m^3/t$），$G_{剩O_2}^{火点} = 6.43kg/t$（或 $4.74m^3/t$），如表 2-7 所示。

c　烧结废气量

通过理想气体状态方程、烧结机面积和利用系数计算可知标况下烟气产生量约为 $2121m^3/t$。其中，按烟气中一般含有 0.5%~1.0% CO 和 $5g/m^3$ 的粉尘，据此计算，烧结废气中 CO 和粉尘的含量分别约为 $18.56kg/t$（$14.85m^3/t$）和 $10.61kg/t$。此外，结合原料条件经计算可知，来源于固体燃料燃烧和碳酸盐分解产生的 CO_2 量约为 $158.74kg/t$（或 $80.3m^3/t$），来源于硫化物氧化的 SO_2 量约为 $1.162kg/t$（或 $0.407m^3/t$）。

结合点火废气量及相关计算，烧结总废气中各成分的含量分别为：G_{N_2} 约为 $2036.51kg/t$，G_{O_2} 约为 $448.98kg/t$，G_{CO_2} 约为 $165.24kg/t$，G_{H_2O} 约为 $110.10\ kg/t$，

G_{SO_2} 约为 1. 162kg/t, G_{CO} 约为 18. 56kg/t, $G_{粉尘}$ 约为 10. 61kg/t。总烧结废气量约为 $G_{废气}$ = 2791. 2kg/t。

除此之外，热烧结矿冷却时，吨烧结饼冷却风量约为 $2200m^3$（标态），折算至吨成品烧结矿约为 $3000m^3$（标态）（烧结饼和成品烧结矿比取 1. 4）；烧结厂扬尘点众多，环境除尘系统还将产生大量的废气，各厂情况差异较大，国内某大型烧结厂 1t 成品烧结矿环境除尘系统产生的废气量约为 $3000m^3$（标态）[1]。

综合烧结过程各物质的收入与支出，结合烧结工艺流程图，单位成品烧结矿烧结过程物质流向如图 2-1 所示。可知：在不考虑烧结矿冷却和全系统环境除尘环节的情况下，生产 1t 成品烧结矿时，在全部所需物质约 4196kg 中，含铁原料占比仅为 22. 31%，含铁原料、熔剂和燃料及水的总量之和占比为 29. 02%，过程返料（铺底料和返矿）占比 9. 56%，烧结消耗空气量占比达 61. 23%，其中漏风量占 24. 49%；而在考虑烧结矿冷却和全系统环境除尘的情况下，烧结生产单位成品烧结矿所需空气量将达到 10308kg/t，在总物质消耗量中的占比达到 86. 36%。因此，对于烧结生产来说，首先应尽量提高烧结矿强度，降低返矿率、提高成品率，减少内部循环量；其次，作为一种人类不可或缺、赖以生存的资源，空气在烧结过程中的消耗量巨大，且会形成成分复杂、体量巨大且难以治理的烧结废气，应采取更先进的技术手段降低烧结空气消耗量，其中降低烧结漏风率是最直接的途径之一。

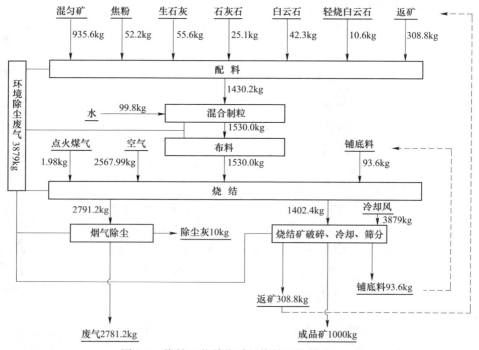

图 2-1　烧结工艺单位质量烧结矿物质走向图

2.1.1.3 烧结工艺典型流程能量分析

根据《粗钢生产主要工序单位产品能源消耗限额》（GB 21256—2007）的规定，烧结工序单位产品能耗包括生产系统（从熔剂、燃料破碎开始，经配料、原料运输、工艺过程混料、烧结机、烧结矿破碎、筛分等到成品烧结矿皮带机进入炼铁厂为止的各生产环节）、辅助生产系统（检修、化验、计量、环保等）和生产管理及调度指挥系统等消耗的能源量，扣除工序回收的能源量，不包括烟气净化消耗的能量。

烧结生产工艺输入的能量主要为电能（电耗）、物理热能和燃料的化学能（固耗）。此外，烧结生产还需要消耗工业用水、压缩空气、电石、乙炔、氧气等耗能工质。上述各项可通过折算转化为标煤以方便统计和比较。

A 烧结环节热量的收入

烧结环节收入的热量主要包括各原料物理热和燃料的化学热两部分，物理热即原料、煤气、空气等带入的热量，化学热即固定碳、煤气等燃烧放热以及硫化物、氧化物等反应热。具体包括如下项目：（1）混合料带入热量 $Q_{混合料}$；（2）铺底料带入热量 $Q_{铺}$；（3）点火煤气带入热量 $Q_{煤气}$；（4）点火煤气燃烧 $Q_{点火}$；（5）烧结空气带入热量 $Q_{烧空}$；（6）固定碳燃烧放热 $Q_{固燃}$；（7）化学反应热（硫化物、氧化物放热、成渣热等）$Q_{反应}$。根据烧结基础条件和相关计算，烧结环节各项热量收入如表 2-7 所示。

表 2-7 烧结环节热量收入

项目	$Q_{混合料}$	$Q_{铺}$	$Q_{煤气}$	$Q_{点火}$	$Q_{烧空}$	$Q_{固燃}$	$Q_{反应}$	合计
热量/kJ·t⁻¹	101500	7832	236	80000	116844	1569757	86850	1963019
百分比/%	5.17	0.40	0.01	4.08	5.95	79.97	4.42	100

B 烧结环节热量的支出

烧结环节支出的热量主要包括：（1）废气带走热 $Q_{废气}$（废气温度取 140℃）；（2）分解反应吸热 $Q_{分解}$，如 $MgCO_3$、$CaCO_3$、$Ca(OH)_2$ 分解吸热；（3）烧结饼带走热量 $Q_{烧结饼}$（烧结饼温度取 680℃）；（4）混合料水分蒸发吸热 $Q_{蒸发}$；（5）化学不完全燃烧热 $Q_{未燃}$；（6）散失热 $Q_{损失}$（包括点火炉散热、烧结矿表面散热、烧结台车散热和水箱管道散热等）。根据烧结基础条件和相关计算，烧结环节各项热量支出如表 2-8 所示。

表 2-8 烧结环节热量支出

项目	$Q_{废气}$	$Q_{分解}$	$Q_{烧结饼}$	$Q_{蒸发}$	$Q_{未燃}$	$Q_{损失}$	合计
热量/kJ·t⁻¹	531444	132437	891653	232792	23603	151090	1963019
百分比/%	27.07	6.75	45.42	11.86	1.20	7.70	100

C 冷却环节热量收入与支出

烧结矿冷却环节采用环冷机作为烧结矿冷却装置，设备漏风率 10%，一、二、三段均匀送风，有效冷却风量均 720m³/t，一、二、三段的废气温度分别为 400℃、200℃和100℃。环冷机热量收入为热烧结矿带入的热量，支出则包括高温废气带走的热量 $Q_高$、中温和低温段冷却空气带走的热量 $Q_{放1}$ 和 $Q_{放2}$，环冷机散热 $Q_散$ 以及烧结矿带走的热量 $Q_{烧结矿}$（烧结矿温度 120℃）。结合理论及现场测试数据计算，在环冷机热量支出中，高温废气带走的热量、直接放散的中、低温废气带走的热量、设备散热及烧结矿带走的热量占比分别为 43.71%、32.78%、10.06%和13.45%。提高高温废气的余热利用效率、开发中低温冷却废气余热的利用技术是烧结工序热量利用效率最主要的方向。

D 电耗

烧结工艺中耗电量最大的设备包括混合机、主抽风机、环冷风机、电除尘风机等，其电能消耗情况如表 2-9 所示，加上其他如烧结机传动电机、给料机、电机、油泵等配套设备及照明设备，烧结工艺从熔剂、燃料破碎环节开始至烧结矿整粒环节，外加除尘和运输环节，总耗能规模约 24789kW。结合烧结工艺参数，按折算系数 0.129 计算，电耗折合标煤约 6.58kgce/t。

表 2-9 主要设备电能消耗

设备名称	能源消耗/kW	数量/个	总耗能/kW
混合机	1952	1	1952
主抽风机	6400	2	12800
环冷风机	710	4	2840
配料电除尘风机	399	1	399
机尾电除尘	905	1	905

E 耗能工质

烧结工序消耗的耗能工质主要为工业用水和压气消耗，全流程生产及辅助系统所需耗能工艺消耗约 0.61kgce/t。

综上，烧结生产工艺所需能量如图 2-2 所示。由图 2-2 可知，在不考虑余热回收的情况下，烧结生产消耗的能量中占比最高的是燃料的消耗，其中固体燃料消耗占比为 83%，煤气消耗占比为 5%，二者合计占比为 88%；其次为电能消耗，其占所有能量的 11%；占比最小的是耗能工质消耗，占比仅为 1%。

烧结—冷却环节的热量流动如图 2-3 所示。可知：烧结工序最主要的热量来源是燃料的燃烧（包括点火煤气的燃烧和固体燃料的燃烧），其占比达 84.05%；烧结环节的热量支出中，烧结饼带走的热量占比最高，为 45.42%，其次是废气带走的热量，其占总热量支出的 27.07%；冷却环节中，高温废气带走的热量占

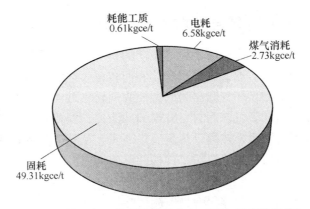

图 2-2　烧结生产工艺所需能量分布（不包括余热回收）

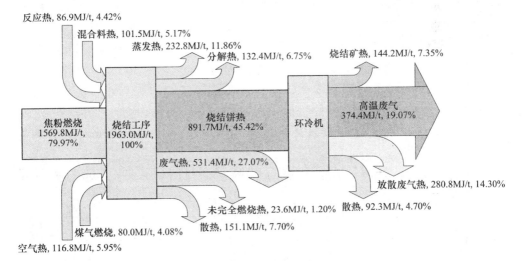

图 2-3　烧结—冷却环节热量流动

烧结总热量的 19.07%，直接放散的中低温段废气放散带走的热量占总热量的 14.30%，而冷却后的烧结矿带走的热量占烧结总热量的 7.35%。

　　从烧结生产工艺典型流程需要的能量分布和热量流动来看，烧结工艺实现节能减排的途径包括：（1）采取更先进的技术手段降低燃料和电能消耗。降低包括固体燃料和煤气在内的燃料消耗和设备电能消耗，是烧结节能的最直接有效的途径；（2）加强烧结矿余热回收，提高现有余热回收装置的能源效率和能量回收率；（3）开发中低温废气的余热回收技术。目前，烧结矿环冷第二、三段的冷却废气大部分为无组织排放，其中含有的能量白白浪费。此外，随着烧结机设备的大型化，烧结矿在冷却过程中产生的高温废气量也越来越多，回收和利用这部分余热也是节约能源、加强二次能源回收利用的有效措施。

2.1.2 球团工艺过程物质流与能量流分析

链箅机—回转窑—环冷机球团生产工艺的原料主要为铁精矿和黏结剂，一定配比的原料先后经圆盘造球、链箅机预热和回转窑焙烧成具有一定粒度的成品球团。生产过程中主要依靠煤气和煤粉的燃烧为回转窑球团焙烧提供热量，需要风来为燃料燃烧提供助燃氧气、为料层升温和球团冷却提供热量传递介质，回转窑排出的热风为链箅机球团预热提供热量。生产工艺从精矿进入球团厂原料堆场至球团成品矿输出，包括主线、料场及其辅助设施以及链箅机、回转窑、环冷机等专有设备。

为了详细阐述球团生产过程中物质流与能量流的流动、分析球团生产节能降耗的发展方向，以国内某钢铁企业所用链箅机—回转窑球团生产线为例，对链箅机—回转窑—环冷机球团生产过程的物质流与能量流进行梳理。

2.1.2.1 球团工艺典型流程基础条件

该链箅机—回转窑生产线生产规模为 120 万吨/年，基准作业率 90.4%，三大主机主要基准参数分别为：

链箅机：4m×35m，有效面积 140m²，利用系数 25.97t/（m²·d），料层高度 180mm；

回转窑：ϕ5.0m×33m，有效容积 520m³，利用系数 7t/（m³·d），停留时间 30min；填充率 8%；

环冷机：ϕ12.5m×2.2m，有效面积 68m²，利用系数 54.2t/m²，料层高度 760mm。

该球团生产线所用原料为两种精矿（精矿 1：精矿 2 = 3：1）构成的混匀矿、粉尘和膨润土（配比 2%），所用燃料为焦炉煤气。其中，原料的主要化学成分如表 2-10 所示，球团矿的目标化学成分如表 2-11 所示。

表 2-10 原料的主要化学成分（质量分数）   （%）

原料	TFe	FeO	SiO₂	Al₂O₃	CaO	MgO	P	S	Ig
混匀矿	67.08	23.96	5.00	0.48	0.13	0.34	0.02	0.03	0.55
膨润土	1.86	0.13	61.08	13.16	3.06	2.82	0.015	0.010	12.58

注：烧损扣除了 FeO 的氧化增重。

表 2-11 球团矿的目标化学成分（质量分数）   （%）

TFe	FeO	SiO₂	Al₂O₃	CaO	MgO
64.68	0.50	6.10	0.75	3.66	1.50

2.1.2.2 球团工艺典型流程物质流分析

A　原料准备环节

原料准备环节一般包括精矿的干燥和高压辊磨，该厂的混匀矿需由11.5%干燥至8.5%，比表面积由1000cm²/g经高压辊磨提高至1400cm²/g。干燥设备采用圆筒干燥机，由高炉煤气热风炉供热，介质温度700~800℃。从干燥机排出的含尘废气经电除尘器净化处理后排放。经计算，干燥环节发生的物质流动为含水量为11.5%的混匀矿1115.55kg/t经干燥变为含水量为8.5%的混匀矿1078.97kg/t混匀矿和36.58kg/t水蒸气；高压辊磨环节未发生物质流的质量改变。

B　造球环节

造球环节为了保证微量黏结剂能与精矿和返料充分混匀，采用进口立式强力混合机进行混合料的混匀，然后进行圆盘造球，造球和布料系统产生的返料直接返回造球，生球水分9.5%。经计算，造球环节发生的物质流动可简述为含水量为8.5%的混匀矿1078.97kg/t、膨润土20.66kg/t、25kg/t粉尘和外加水16.72kg/t转变为1141.35kg/t生球。

C　链箅机、回转窑和环冷机环节

按照一般要求，磁铁矿在链箅机上氧化70%、回转窑上氧化15%、环冷机上氧化15%；链箅机上的散料为3%、环冷机的散料为2%，均外送烧结厂使用；物料烧损基本发生在链箅机上。在上述条件下，经计算，链箅机、回转窑和环冷机各个环节的物料收支平衡如表2-12~表2-14所示。

表 2-12　链箅机物料收支平衡表

收　入				支　出			
符号	项目	质量/kg·t⁻¹	百分数/%	符号	项目	质量/kg·t⁻¹	百分数/%
$G_{生球}$	生球	1141.35	98.48	$G_{预热球}$	预热球团矿	1012.57	87.36
$G_{氧-链}$	FeO增氧量	17.56	1.52	$G_{水汽}$	水蒸气	108.43	9.36
				$G_{烧}$	烧损（含脱硫）	7.91	0.69
				$G_{返-链}$	散料	30	2.59
	总和	1158.91	100		总和	1158.91	100

表 2-13　回转窑物料收支平衡表

收　入				支　出			
符号	项目	质量/kg·t⁻¹	百分数/%	符号	项目	质量/kg·t⁻¹	百分数/%
$G_{预热球}$	预热球团矿	1012.57	99.63	$G_{焙烧球}$	焙烧球	1016.34	97.97
$G_{氧-回}$	FeO增氧量	3.77	0.37	$G_{脱硫}$	硫脱除量	0.11	
	总和	1016.34	100		总和	1016.23	100

表 2-14 环冷机物料收支平衡

收　入				支　出			
符号	项目	质量/kg·t^{-1}	百分数/%	符号	项目	质量/kg·t^{-1}	百分数/%
$G_{焙烧球}$	焙烧球	1016.23	99.63	$G_{球}$	成品球	1000	98.04
$G_{氧-环}$	FeO 增氧量	3.77	0.37	$G_{返-环}$	不合格球	20.0	1.96
	总和	1020.00	100		总和	1020.00	100

此外，对于链箅机—回转窑球团生产工艺中的热风流动，该生产线中链箅机—回转窑—环冷机气流分布为：链箅机分鼓风干燥、抽风干燥、过渡预热段、预热段；环冷机分为三段：环冷一段热废气进入回转窑，环冷二段热废气进入过渡预热段，环冷三段热废气进入鼓风干燥；回转窑窑尾热废气进入预热段，抽出的热废气提供给抽风干燥；目前，使用先进密封技术的环冷机漏风率可控制在10%以内，该厂使用的是传统老式环冷机，漏风率约20%，热空气管道输送热量损失约10%。由生产数据可知该球团生产线的热风流动情况，如图 2-4 所示。可知，不考虑精矿干燥环节所需，链箅机—回转窑—环冷机球团工艺中生产单位球团矿所需空气的消耗量为2304m³/t。

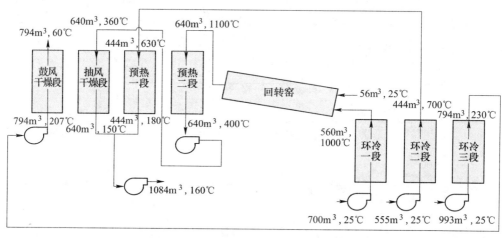

图 2-4 单位球团矿生产热风流动情况

综合球团生产过程各物质的收入与支出，结合链箅机—回转窑—环冷机球团生产工艺流程图，单位成品球团矿生产过程物质流向如图 2-5 所示。可知，在不考虑全系统环境除尘环节的情况下，生产 1t 成品球团矿所需要的全部物质原料约4197kg，其中铁精矿、膨润土和粉尘的占比约为 28.62%，空气（风）的占比约为 70.98%。因此，作为一种资源，空气在球团矿生产中的消耗量与烧结矿生产类似，在所有物质消耗中占比最高。如何提高风的利用效率、降低设备漏风量

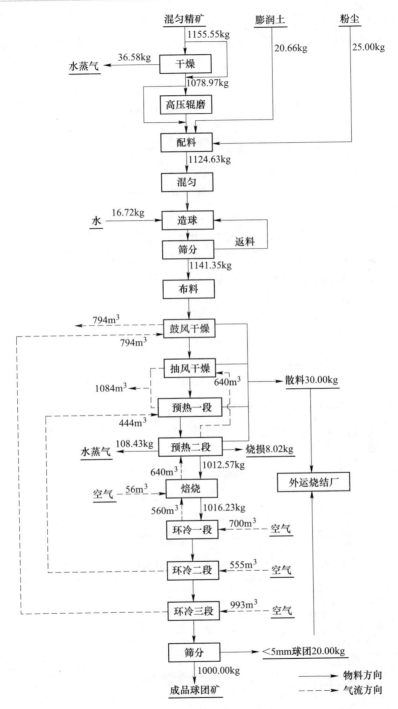

图 2-5 链算机—回转窑球团工艺的物质流向

(FeO 氧化增重：链算机 17.56kg，回转窑 3.77kg，环冷机 3.77kg)

以降低空气的消耗量，是球团生产工艺发展的重要方向之一。此外，球团生产工艺中还产生 5% 的散料（包括不合格球团）。除少数球团生产厂家将此部分散料经细磨处理后返回配料再次进入球团矿生产系统外，大部分厂家均将其外运至烧结厂进入烧结矿生产系统。提高生球、预热球和质量，降低在链箅机预热和回转窑焙烧环节产生的粉末量从而减少循环，也将有利于提高球团生产工艺中的资源利用效率。

2.1.2.3 球团工艺典型流程能量流分析

根据《粗钢生产主要工序单位产品能源消耗限额》（GB 21256—2007），球团工序单位产品能耗包括生产系统（从铁精矿预处理，经配料、原料运输、混料造球、链箅机—回转窑—环冷机、筛分等到成品球团矿经皮带机进入炼铁厂为止的各生产环节）、辅助生产系统（检修、化验、计量、环保等）和生产管理及调度指挥系统等消耗的能源量，扣除工序回收的能源量。球团生产工序的能量消耗主要包括燃料消耗、电耗及耗能工质消耗。

A 原料准备环节热量收入与支出

在球团生产原料准备环节中，考虑到当地气候因素，为满足后续工艺对精矿水分的严格要求，该球团生产线配备了干燥设施，且流程上设置了旁通系统，可根据来料选择少干燥或不干燥（旁通）的生产流程，以降低能耗节约生产成本。干燥设备采用传统的顺流式圆筒干燥机，干燥热源采用热风炉（焦炉煤气）供热，干燥介质温度 800~850℃。从干燥机排出的废气含大量水分，直接外排至空气中。根据生产数据计算，干燥室耗费的热量约为 5436kJ/t，折合标煤 0.19kgce/t。

B 链箅机—回转窑—环冷机工艺热量收入与支出

根据实际生产数据，假设热空气管道输送热量损失为 10%，链箅机、回转窑、环冷机的热量收入与支出如表 2-15~表 2-17 所示。可知，链箅机—回转窑—环冷机工艺的热量来源为焦炉煤气的燃烧，耗能约为 22.73kgce/t。

表 2-15 链箅机热量收支平衡

收入项目	比热容/kJ·(m³·℃)⁻¹ 或 kJ·(kg·℃)⁻¹	质量/kg·t⁻¹ 或 体积/m³·t⁻¹	温度/℃	热量/kJ·t⁻¹	百分比/%
热 量 收 入					
生球带入热量	0.701	1032.92	25	18101.92	1.50
	4.183	108.43	25	11339.07	
台车带入热量	0.489	700	80	27384	1.39
鼓干热风带入热量	1.065	794	207	175041.27	8.91
抽干热风带入热量	1.084	640	360	249753.6	12.72

续表 2-15

热　量　收　入				
收入项目	比热容/kJ·(m³·℃)⁻¹ 或 kJ·(kg·℃)⁻¹	质量/kg·t⁻¹或 体积/m³·t⁻¹	温度/℃	热量 /kJ·t⁻¹	百分比 /%
过渡预热段热风热量	1.135	444	630	317482.2	16.17
预热段热风带入热量	1.195	640	1100	841280	42.84
FeO 氧化放热	链算机氧化70%	—	—	321314.21	16.27
硫氧化放热	—	—	—	2070.4	0.01
总收入	—	—	—	1963766.67	100

热　量　支　出				
支出项目	比热容/kJ·(m³·℃)⁻¹ 或 kJ·(kg·℃)⁻¹	质量/kg·t⁻¹或 体积/m³·t⁻¹	温度/℃	热量 /kJ·t⁻¹	百分比 /%
预热球带走热量	1.051	1012.46	850	904481.14	46.06
散料带走热量	1.124	30	500	16860	0.86
台车带走热量	0.489	700	110	37653	1.92
鼓干热废气带走热量	1.012	794	60	48211.68	2.46
抽干热废气带走热量	1.037	640	150	99552	5.07
过渡预热段废气热量	1.06	444	180	84715.2	4.31
预热段热废气热量	1.093	640	400	279808	14.25
水分蒸发	—	—	—	244834.94	12.47
热损失	—	—	—	247650.71	12.61
总支出	—	—	—	1963766.67	100

表 2-16　回转窑热量收支平衡

热　量　收　入				
收入项目	比热容/kJ·(m³·℃)⁻¹ 或 kJ·(kg·℃)⁻¹	质量/kg·t⁻¹或 体积/m³·t⁻¹	温度 /℃	热量 /kJ·t⁻¹	百分比 /%
预热球带入的热量	1.051	1012.46	850	904481.14	38.62
热风带入的热量	1.185	560	1000	663600	28.33
补风热量	1.005	56	25	1407	0.06
煤气燃烧热	17756	37.5	—	665850	28.43
FeO 氧化热	回转窑氧化15%	—	—	67916.5	2.95
硫氧化放热	—	—	—	1380.2	0.01
成渣热	—	—	—	37542.73	1.53
总收入	—	2342177.572	—	2455944.05	100

续表 2-16

| 热 量 支 出 | | | | |
支出项目	比热容/kJ·(m³·℃)⁻¹ 或 kJ·(kg·℃)⁻¹	质量/kg·t⁻¹或 体积/m³·t⁻¹	温度 /℃	热量 / kJ·t⁻¹	百分比 /%
球团矿带走热量	1.069	1016.23	1250	1357937.34	57.98
热废气带走热量	1.195	640	1100	841280	35.92
热损失	—	—	—	142960.23	6.10
总支出	—	—	—	2342177.57	100

表 2-17　环冷机热量收支平衡

| 热 量 收 入 | | | | | |
收入项目	比热容 /kJ·(m³·℃)⁻¹ 或 kJ·(kg·℃)⁻¹	质量/kg·t⁻¹或 体积/m³·t⁻¹	温度 /℃	热量 / kJ·t⁻¹	百分比 /%
球团矿带入的热量	1.069	1016.23	1250	1357937.34	91.52
FeO 氧化放热	环冷机氧化15%		—	69296.7	4.67
环冷一段冷风带入热量	1.005	700	25	17587.5	1.19
环冷二段冷风带入热量	1.005	555	25	13944.38	0.94
环冷三段冷风带入热量	1.005	993	25	24949.13	1.68
总收入冷风带入热量	—	—	—	1483715.04	100

| 热 量 支 出 | | | | | |
支出项目	比热容 /kJ·(m³·℃)⁻¹ 或 kJ·(kg·℃)⁻¹	质量/kg·t⁻¹或 体积/m³·t⁻¹	温度 /℃	热量 / kJ·t⁻¹	百分比 /%
球团矿带走热量	0.78	1020	100	79560	5.36
环冷一段废气带走热量	1.185	560	1000	663600	44.73
环冷二段废气带走热量	1.146	444	700	356176.8	24.01
环冷三段废气带走热量	1.071	794	230	195586.02	13.18
热损失	—	—	—	188792.22	12.72
总支出	—	—	—	1483715.04	100

C　电耗

链算机—回转窑—环冷机球团生产工艺中耗电量最大的设备包括高压辊磨机、主抽风机、环冷风机及电除尘风机，其电能消耗情况如表 2-18 所示，加上其他如混合机、运输电机、油泵等配套设备及照明设备，球团工艺总耗能规模约 6993kW。结合球团生产工艺参数，按折算系数 0.129 计算，单位球团矿耗电折合标煤约 5.95kgce/t。

表 2-18　主要设备电能消耗

设备名称	能源消耗/kW	数量	总耗能/kW
高压辊磨机	832	1	832
主抽风机	820	1	820
鼓风干燥段排风机	439	1	439
预热二段高温风机	384	1	384
鼓风干燥段供热风机	296	1	296
环冷机风机	435	1	435
除尘风机	385.48	1	385.5

D　耗能工质

球团生产消耗的耗能工质主要为工业用水和压气消耗，全流程生产及辅助系统所需耗能工艺消耗约 1.12kgce/t。

综上，链箅机—回转窑—环冷机工艺生产球团消耗的能量如图 2-6 所示。可知，在该球团生产工艺消耗的能量中占比最高的是燃料的消耗，其在球团工序能耗中的占比为 76%。其次为电能消耗，其占球团工序能耗的 20%；占比最小的是耗能工质消耗，占比仅为 4%。

链箅机—回转窑—环冷机球团生产工艺中热量的流动如图 2-7 所示。

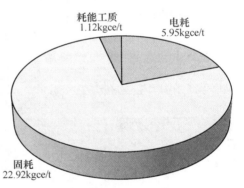

图 2-6　球团矿生产工艺所需能量分布

可知，该工艺稳定生产时工序的外部热量来源为煤气的燃烧，其供热量占回转窑全部热量的 28.43%，而其余热量大部分来自生产系统内部循环的预热球热量和热风热量（占比约为 66.95%）热量；链箅机的热量来源主要为生产系统内部循环的热量，包括来自回转窑和环冷机二段、三段的废气热及 S、FeO 氧化放热，热量占比分别为 80.64% 和 16.47%；环冷机的热量来源主要为焙烧球团的热量（占比为 91.52%）和 FeO 氧化放热（占比为 4.67%），热量支出中约有 81.92% 的热量返回生产系统，其余为球团矿物理热和设备散热等损失热。该球团生产线的铁原料主要为磁铁矿，FeO 氧化放出的热量共计约 442.0MJ/t，相当于外部燃料燃烧放出热量的 2/3。因此，当使用赤铁矿为主要原料进行球团矿生产时，燃料的消耗量将增加。此外，由输气管道的热损失和设备本体散热引起的全流程热损失为 579.5MJ/t，放散废气带走的热量和水分蒸发带走的热量之和约为

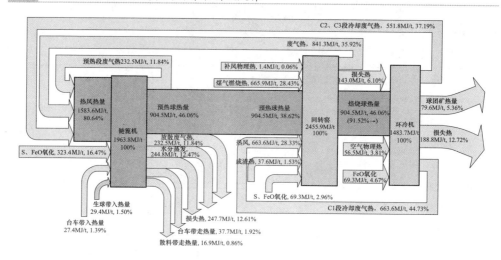

图 2-7 链箅机—回转窑—环冷机球团生产工艺中热量流向

477.3MJ/t。因此，降低管道运输距离和设备漏风率、增加高温废气的循环比例以及在不影响生球质量的前提下控制球团水分，对球团生产的节能降耗有促进作用。同时，通过保证生产稳定、保持较高的生产台时产量，也可以有效降低电能和燃料单耗。

2.2 SO_x 的产生与排放

2.2.1 SO_x 生成机理

烧结和球团生产过程 SO_x （主要是 SO_2）的来源主要是铁矿石和料中的硫与氧反应产生的，还有部分来自硫酸盐的高温分解产生。铁矿石中的硫通常以 FeS_2、$CuFeS_2$ 等硫化物和 $BaSO_4$、$CaSO_4$、$MgSO_4$ 等硫酸盐的形式存在，而燃料（如焦粉、无烟煤等）带入的硫多以单质硫或有机硫的形式存在。

硫化物和有机硫分解后很快和 O_2 反应被氧化为 SO_2，硫酸盐在分解反应中释放出 SO_2。烧结和球团过程 85%~95% 的有机硫或硫化物、80%~85% 的硫酸盐可转换为 SO_2。虽然燃料中的硫元素含量比混匀铁矿中的硫含量高，但由于铁矿在烧结料或球团料中占主导，因此烟气中的 SO_2 主要来源于混匀铁矿中硫的氧化[2]。

铁矿石和燃料中的 FeS_2 在 280~556℃ 的低温下，主要发生反应式（2-14）；当温度大于 556℃ 时，FeS_2 进行分解，并伴随着硫的燃烧，见反应式（2-15）~式（2-19）。当温度小于 1350℃，以生成 Fe_2O_3 为主，见反应式（2-16）；当温度大于 1350℃，以生 Fe_3O_4 成为主，见反应式（2-17）。温度在 550~850℃ 范围内，FeS_2 和 FeS 还可能与 Fe_2O_3 作用生成 Fe_3O_4：见反应式（2-20）和式（2-21）。热力学上，FeS、ZnS 和 PbS 中的硫是比较容易释放的，而 $CuFeS$、Cu_2S 的氧化需要较高的温度，因为这些化合物的稳定性比较高。

$$3FeS_2 + 8O_2 = Fe_3O_4 + 6SO_2 \qquad (2\text{-}14)$$

$$FeS_2 = FeS + S \qquad (2\text{-}15)$$

$$2FeS + \frac{7}{2}O_2 = Fe_2O_3 + 2SO_2 \qquad (2\text{-}16)$$

$$3FeS + SO_2 = Fe_3O_4 + 3SO_2 \qquad (2\text{-}17)$$

$$S + O_2 = SO_2 \qquad (2\text{-}18)$$

$$SO_2 + \frac{1}{2}O_2 = SO_3 \qquad (2\text{-}19)$$

$$FeS_2 + 16Fe_2O_3 = 11Fe_3O_4 + 2SO_2 \qquad (2\text{-}20)$$

$$FeS + 10Fe_2O_3 = 7Fe_3O_4 + SO_2 \qquad (2\text{-}21)$$

固体燃料中的硫大多以有机硫的形式存在，这种硫的分解需要在较高的温度下进行。一般焦粉中的含硫量比无烟煤低，且焦粉中的硫主要为有机硫，比较易于除去。在干燥预热带锋面上焦粉经历迅速升温的热解过程，相当量的硫分已经析出。其中一部分有机硫以 CS$_2$ 和 H$_2$S 类气体析出，一部分无机硫以元素硫的形式随着焦粉燃烧而同步析出，然后和 O$_2$ 立即反应变为 SO$_2$ 气体[3]。此类反应所产生的 SO$_2$ 被称为燃料型 SO$_2$，且基本产生于燃烧前沿。

硫酸盐的分解需要较高的温度及较长的时间，烧结过程中，其分解一般发生在熔融带的界面，但是 CaSO$_4$ 在 Fe$_2$O$_3$、SiO$_2$ 等存在，BaSO$_4$ 在有 SiO$_2$ 存在的情况下，可以大大改善其分解的热力学条件。硫酸盐中硫的分解反应如式（2-22）~式（2-24）所示。随着燃料的燃烧，料层温度升高，当料层温度升高至1200℃以上时，产生液相。此时，烧结料层中的含硫化合物（如 CaSO$_4$ 等），在料层液相中 Fe$_2$O$_3$、SiO$_2$ 等的组分作用下加速分解释放出 SO$_2$。

$$CaSO_4 + Fe_2O_3 = CaO \cdot Fe_2O_3 + SO_2 + \frac{1}{2}O_2 \qquad (2\text{-}22)$$

$$CaSO_4 + SiO_2 = CaO \cdot SiO_2 + SO_2 + \frac{1}{2}O_2 \qquad (2\text{-}23)$$

$$BaSO_4 + SiO_2 = BaO \cdot SiO_2 + SO_2 + \frac{1}{2}O_2 \qquad (2\text{-}24)$$

CaSO$_4$ 等含硫化合物的热分解会随着烧结料层温度、高温持续时间以及液相量等的升高而加速分解，同时较低的氧分压有利于反应平衡向右进行。原料中还有一部分 S 以 CaS$_2$ 形式存在，性质稳定，不易氧化生成 SO$_2$ 释放出来。

2.2.2　SO$_x$的排放规律

2.2.2.1　烧结过程SO$_x$的排放规律

烧结料层垂直方向上温度和 SO$_2$ 浓度的分布曲线如图 2-8 所示，按烧结烟气中 SO$_2$ 的行为来区分，整个过程自上而下可以分为 SO$_2$ 燃烧析出区、SO$_2$ 扩散析

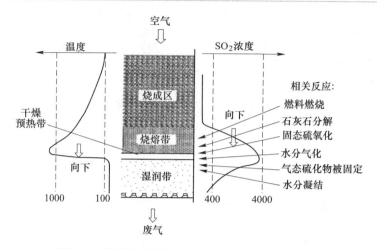

图 2-8   烧结料层高度方向上温度和 SO_2 浓度曲线

出区和 SO_2 吸收区三个区域。SO_2 燃烧析出区是产生 SO_2 气体的主要区域，它与干燥预热带和燃烧熔融带相对应。以单质和硫化物形式存在的硫在干燥预热带发生的氧化反应中以气态硫化物的形式释放，以硫酸盐形式存在的硫在燃烧带和熔融带发生的分解反应中也以气态硫化物的形式释放。

SO_2 吸收区与湿润带相对应，在该区域由于烧结原料中碱性物质和液态水的存在，大部分 SO_2 被吸收。烧结料层中存在的 CaO、$Ca(OH)_2$ 和 H_2O 等物质，在吸收区与 SO_2 发生式（2-25）~式（2-27）反应时而被吸附。但随着烧结过程的推进，该区域的上端面下移，使其吸收能力和容纳能力逐步降低，在烧结末期该区域消失。SO_2 在该区域被吸收后生成的亚硫酸盐或硫酸盐在通过干燥预热带和烧熔带时会发生分解，再次释放出 SO_2。

$$SO_2 + CaO \longrightarrow CaSO_3 \tag{2-25}$$

$$SO_2 + Ca(OH)_2 \longrightarrow CaSO_3 + H_2O \tag{2-26}$$

$$SO_2 + H_2O \longrightarrow H_2SO_3 \tag{2-27}$$

随着烧结过程的进行，下部料层的厚度逐渐缩小，此时，上部料层高温带产生的 SO_2 与下部料层受热分解出来的 SO_2 一同释放出来进入大烟道。图 2-9 是典型的烧结机各风箱烟气中 SO_2 浓度的变化曲线。

烧结工序每吨烧结矿 SO_2 产生量为 0.8~2.0kg/t，排放浓度一般为 300~10000mg/m^3。对国内 38 台烧结机 SO_2 排放浓度进行调研，SO_2 平均排放浓度为 1575mg/m^3，最大排放浓度为 6000mg/m^3，最小排放浓度为 450mg/m^3。SO_2 排放浓度≤2000mg/m^3 的有 32 台，占比为 84%[2]。

2.2.2.2   球团过程 SO_x 的排放规律

以某钢铁厂年产 120 万吨的链箅机—回转窑—环冷机为对象，考察其生产过程 SO_x 排放规律。将链箅机炉罩及风箱对应分为四段，即鼓风干燥段、抽风干燥

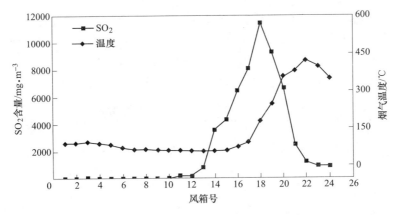

图 2-9   烧结机各风箱烟气中 SO$_2$ 浓度的变化曲线

段、过渡预热和预热段。鼓风干燥段、抽风干燥段、预热一段以及预热二段的风箱个数分别为 2 个、3 个、3 个和 6 个，如图 2-10 所示。鼓风干燥段用热气来自环冷机三段，通过环冷机三段回热风机引至鼓风干燥段，环冷机三段的冷却气体来自空气。

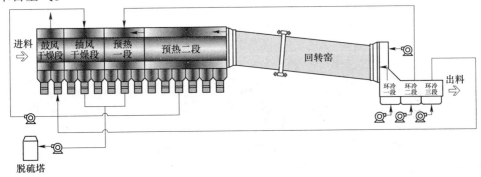

图 2-10   链算机—回转窑—环冷机风系流程图

球团生产过程，SO$_2$ 主要在链算机预热一段、预热二段和回转窑焙烧过程释放。检测了回转窑尾气、链算机各段烟罩中气体中 SO$_2$ 浓度，如表 2-19 所示（风箱排序从进料口开始）。可知：从回转窑出来的尾气含有一定的 SO$_2$，主要是链算机中为完全脱除的硫在回转窑高温段继续氧化释放出来，同时燃料燃烧释放出来的 SO$_2$ 也进入尾气。

表 2-19   链算机各段烟罩烟气 SO$_2$ 含量

检测位置	窑尾与链算机连接处	预热二段烟罩（12 号风箱）	预热一段烟罩（6 号风箱）	抽风干燥段烟罩（4 号风箱）
SO$_2$/mg·m^{-3}	394	1909	857	1131

检测了链箅机各段风箱中 SO_2 排放浓度,如表 2-20 所示。可知:在链箅机的预热一段风箱中,从 7 号风箱到 8 号风箱,SO_2 排放浓度明显上升,表明在预热二段球团的硫开始氧化;预热二段 10 号和 12 号风箱 SO_2 浓度最高,表明在该段区域释放的 SO_2 速度最快,硫的氧化最为剧烈,其尾气中 SO_2 浓度高达 $1000mg/m^3$ 以上。

表 2-20 链箅机各段风箱废气 SO_2 含量

位 置	预热二段			预热一段			抽风干燥段		
	14	12	10	8	7	6	5	4	3
$SO_2/mg \cdot m^{-3}$	566	1629	1171	843	186	377	854	834	414

2.3 NO_x 的产生与排放

2.3.1 NO_x 生成机理

工业排放的 NO_x 绝大部分源于燃烧过程。燃烧过程中 NO_x 的生成机理比 SO_2 复杂得多,其生成量与燃烧方式密切相关。根据燃烧条件和生成途径的不同,生成的 NO_x 分为三种类型。

2.3.1.1 热力型 NO_x

热力型 NO_x(Thermal NO_x)是空气中的 N_2 在 1800K 以上的高温下被氧化而成的 NO,其反应机理见式(2-28)~式(2-30)[4]。热力型 NO_x 的浓度随温度的升高和氧浓度的增大而增加。热力型 NO_x 主要在火焰带的高温区生成,其生成速率缓慢。因此,降低氧浓度、降低火焰带温度以及缩短高温停留时间是降低热力型 NO_x 排放的基本原理[4]。在工程实践中,利用上述原理控制热力型 NO_x 生成的主要技术有:烟气再循环技术、低氮燃烧技术、水蒸气喷射技术以及先进的高温空气燃烧技术[5]。

$$N_2 + O_2 \Longrightarrow NO + N \tag{2-28}$$

$$N + O_2 \Longrightarrow NO + O \tag{2-29}$$

$$N + OH \Longrightarrow NO + H \tag{2-30}$$

2.3.1.2 瞬时型 NO_x

瞬时型 NO_x(Prompt NO_x)又称快速型 NO_x,在空气过剩系数小于 1 时,当碳氢化合物燃料燃烧充足的条件下,NO_x 在火焰面内快速生成,其生成量很少,在 NO_x 发生总量中占有不到 5%[4]。其反应过程主要是碳氢化合物分解生成的 CH、CH_2、C_2H、C 等基团与空气中的 N_2 反应生成中间产物 N、CN 和 HCN 等,这些中间产物再被活性氧化基(O、O_2、OH 等)氧化生成 NO_x[3],其生成途径见图 2-11。研究表明:瞬时型 NO_x 只有在燃料量充足,碳氢化合物较多、氧浓度较低的条件下才发生,只要供给足够的氧气,减少中间产物 HCN、NH 等的产生

就可以降低瞬时型 NO_x 生成。瞬时型 NO_x 对温度的敏感性很弱，一般情况下，对碳氢燃料在低温时燃烧才会重点考虑瞬时型 NO_x[4~8]。

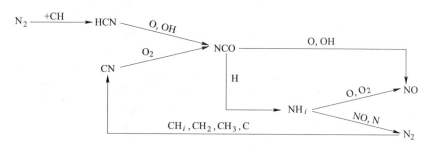

图 2-11　快速型 NO_x 生成途径

2.3.1.3　燃料型 NO_x

燃料型 NO_x（Fuel NO_x）指燃料中的氮在燃烧过程中经过一系列的氧化-还原反应而生成的 NO_x，它是煤燃烧过程产生 NO_x 的主要来源，约占 NO_x 生成总量的 80%~90%[8]。

煤中的氮几乎全部以有机物的结构形式存在，主要来自于植物和菌种中的蛋白质、叶绿素、氨基酸等。研究发现，从褐煤到无烟煤中都有吡咯型氮的存在，占氮总量的 50%~80%；吡啶型氮随煤阶的增加而增加，占氮总量的 20%~40%，季氮占氮总量的 0~20%。在一些低级煤中有少量氨基官能团。根据煤的种类不同，煤中氮的含量在 0.4%~4% 的范围内变化，氮与碳氢化合物结合成含氮的杂环芳香族化合物或链状化合物。煤中含氮有机化合物的 C—N 结合能为 253~630kJ/mol，比空气中氮分子的 N—N 键能 941kJ/mol 小得多。从 NO_x 生成的角度看，氧容易首先破坏 C—N 键，与其中氮原子结合生成 NO_x[9,10]。

燃料型 NO_x 的生成机理比较复杂，其生成和破坏历程与燃料受热分解后，氮元素在挥发分和焦炭中的分配比例有关，且其生成量与温度和氧浓度等燃烧条件密切相关。含氮有机化合物在燃烧受热后被首先分解成 HCN 和 NH_3，以及一些 CN 类中间产物。它们随挥发分释放出来，系列反应便由此开始。在化合物中，如果氮是与芳环结合的，主要初始产物为 HCN；如果氮是以胺的形式存在的，则主要初始产物是 NH_3。燃料中随同挥发分析出的含氮化合物，称为挥发分氮，其余留在燃料中的含氮化合物则称为焦炭氮。当温度升高和燃料粒度减小时，挥发分氮的比例增大，而焦炭氮的比例减小。在燃烧温度 1200~1350℃ 下，燃料中氮约有 70%~90% 呈挥发态。通常情况下，60%~80% 的燃料型 NO_x 来源于挥发分氮的转化，其余来源于焦炭氮[11,12]。

挥发分氮的主要存在形式为 HCN 和 NH_3，它们遇到氧时，HCN 首先被氧化，生成 NCO 基团，在氧化气氛中该基团会进一步被氧化成 NO，在还原气氛中该基团会转化为 NH 基团；NH 基团在氧化气氛可以被氧化成 NO，同时也可以将已生成的 NO 还原成 N_2。化学转化途径见图 2-12 和图 2-13[7]。

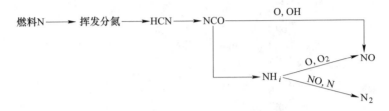

图 2-12 挥发分氮中 HCN 的氧化途径

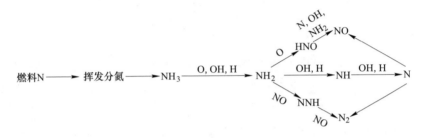

图 2-13 挥发分氮中 NH_3 的主要反应途径

由焦炭氮生成的 NO_x 占燃料型 NO_x 的 20%～40%，与其在焦炭中 N—C、N—H 之间的结合状态有关[13]。有人认为焦炭氮可以直接通过表面多相化学反应生成 NO_x，也有人认为焦炭氮的转化类似于挥发分氮的转化，即先以 HCN 或 CN 的形式析出，然后经过氧化还原反应生成 NO_x。在固定床燃烧试验中，焦炭中的 N 有 35%～80% 转化为 NO，有不到 6% 的焦炭 N 转化为 N_2O；在流化床燃烧试验中焦炭中 N 有 20%～70% 转化为 NO，有 12%～16% 转化为 N_2O。焦炭燃烧过程中焦炭 N 主要通过式（2-31）～式（2-33）反应生成 NO[14]。C( )、C(N)、C(NO)、C(O) 分别表示焦炭表面、吸附了 N、NO 和 O 的焦炭表面，燃烧过程中燃料 N 向 N_2 转化主要通过式（2-34）～式（2-37）反应进行[7]。焦炭燃烧过程中氮氧化物的生成包括许多均相反应和异相反应。一般很难将均相反应和异相反应效应分开，因此确定各个反应对氮氧化物生成的贡献是非常困难的。

$$C(N) + C(O) \longrightarrow C( ) + C(NO) \tag{2-31}$$

$$C( ) + NO \longrightarrow C(NO) \tag{2-32}$$

$$C(NO) \longrightarrow C( ) + NO \tag{2-33}$$

$$C(NO) + C(NO) \longrightarrow 2C( ) + N_2 + O_2 \tag{2-34}$$

$$C(N) + C(N) \longrightarrow 2C( ) + N_2 \tag{2-35}$$

$$N_2O + C( ) \longrightarrow N_2 + C(O) \tag{2-36}$$

$$N_2O + C(O) \longrightarrow N_2 + CO_2 \tag{2-37}$$

综上所述，NO$_x$的类型及其产生条件见表 2-21。

表 2-21　NO$_x$的类型及其产生条件

NO$_x$类型	来　源	产生温度	产生条件
热力型 NO$_x$	空气中的 N$_2$ 被氧化	1800K 以上	在火焰带的高温区生成，需要高温及高氧化性气氛
瞬时型 NO$_x$	碳氢化合物分解产物被活性氧化基（O、O$_2$、OH 等）氧化		碳氢化合物燃料燃烧不充分
燃料型 NO$_x$	燃料 N 被氧化	燃料燃烧温度	燃料中的 N 在燃烧过程中从含氮官能团中分解出

2.3.1.4　烧结 NO$_x$ 生成行为

烧结过程 NO$_x$ 主要为燃料型 NO$_x$，来自固体燃料燃烧和高温反应过程，燃料中含有的氮化物在高温下热分解，再和氧化合生成 NO$_x$。热力型 NO$_x$ 和快速型 NO$_x$ 生成量很少，生成的 NO$_x$ 以 NO 为主，占 90% 左右，NO$_2$ 占 5% ~ 10%，N$_2$O 占 1% 左右。

烧结过程 NO$_x$ 的形成机理较为复杂，在燃料 N 氧化生成 NO 的同时，亦会在料层中发 NO 的还原反应。图 2-14 描述了燃料型 NO$_x$ 的形成/还原机理。

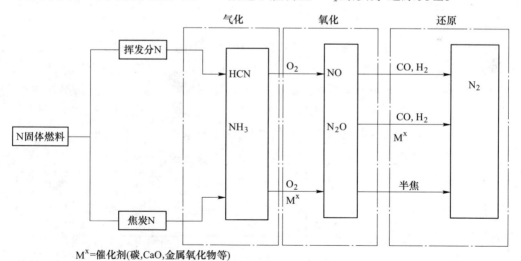

M^x=催化剂(碳,CaO,金属氧化物等)

图 2-14　燃料型 NO$_x$ 的形成/还原机理

在烧结过程中，在燃烧带和熔融带（烧结料层内 1000 ~ 1300℃的区域），焦粉等固体燃料与 O$_2$ 发生剧烈燃烧反应，O$_2$ 被不断消耗而浓度逐渐降低，不完全燃烧反应的程度加大而形成 CO；而完全燃烧反应生成的 CO$_2$ 亦会在高温下与固体燃料中的 C 反应而生成 CO。因此，这个区域的氧分压相对低、CO 浓度较高，存在 NO 被 CO 还原成 N_2 的化学反应。该反应属于同相（气相-气相）还原反应，动力学条件优越，且在烧结料层的燃烧带，特别是在燃烧的固体燃料颗粒近旁，气相中 CO/NO 的浓度比值较大，有助于 CO 还原 NO 反应的有效进行。

另一方面，在烧结料层的燃烧带和熔融带，NO 被固体燃料颗粒表面的 C 及铁的低价氧化物 Fe_3O_4、FeO 还原成 N_2[15]。在实际烧结过程中，由于烧结料层整体为氧化性气氛，铁的低价氧化物 Fe_3O_4、FeO 的数量很少，致使铁的低价铁氧化物还原 NO 的效果不明显。另外，虽然 C 还原 NO 的热力学条件较 CO 优越，但是其属于异相（固相-气相）还原反应，且烧结工艺固体燃料的配加量很少，故存在反应表面积小的不足，影响其还原反应效率。

2.3.1.5 球团 NO_x 生成行为

在我国，铁矿球团矿的生产通常是在链算机—回转窑工艺过程中进行的。链算机—回转窑球团生产过程中 NO_x 的主要来源有：燃料带入的 NO_x（煤气）、原燃料的氮燃烧产生的 NO_x、空气中的氮气和氧气高温下焙烧产生的 NO_x。在此工艺过程中加热球团所需的全部热量是通过在回转窑中燃烧煤粉或者煤气产生，形成悬浮的火焰，同时有大量的空气被引入窑中将球团氧化，空燃比一般为 4~6，空气能够被加热到 1300℃以上甚至更高的温度。高温和大量过量空气促进了 NO_x 的形成，球团烟气 NO_x 来源于燃料型还是热力型，与燃料氮含量、球团焙烧温度等密切相关，每个厂家会存在差异。

以某年产 120 万吨链算机—回转窑球团厂的球团生产线为例，其 NO_x 产生情况见表 2-22[16]。由表 2-22 可知，在链算机—回转窑球团生产过程中，球团烟气中的 NO_x 以热力型 NO_x 产生为主，其次为燃料型 NO_x。回转窑中球团高温焙烧产生的氮氧化物是热力型 NO_x，当采用燃气进行加热时，燃气实际温度在 1600~1850℃之间，燃烧温度稍有增减，其温度热力型 NO_x 的生成量变化很大。

表 2-22 某链算机—回转窑球团生产过程 NO_x 的来源

项　目	焦炉煤气带入量	高炉煤气带入量	燃烧产生量	总量
质量分数/kg·h⁻¹	4.3	5.1	47.8	57.2
比例/%	7.5	8.9	83.6	100.0

有资料表明[17]，在烟气温度为 1300~1350℃的条件下，当温度每变化 10℃时，则 NO_x 的质量浓度变化值高达 $30mg/m^3$。NO_x 质量浓度与燃气燃烧温度的关系见表 2-23。从表 2-23 可以看出，燃气的燃烧温度是产生 NO_x 的关键所在，选择不同的燃气时，燃烧所达到的火焰温度不同，所产生的 NO_x 含量差异较大。因此，在生产过程中，尽量降低燃烧温度，特别是局部高温火焰的温度，通过其他方式补充热量，以减少热力型 NO_x 的产生。

表 2-23　NO$_x$体积分数与燃气燃烧温度的关系

烟气温度/℃	燃气燃烧温度/℃		NO$_x$质量浓度/mg·m^{-3}	
	焦炉煤气	贫煤气	焦炉煤气	贫煤气
不小于 1350	不小于 1800	不小于 1700	小于 800	约 500
约 1325	1780~1790	1680~1690	约 650	约 400
1300	1775	1670~1680	约 600	不大于 400
1250	不大于 1750	不大于 1650	不大于 500	不大于 350

球团生产过程烟气中 NO$_x$ 的生成行为非常复杂,受到多种因素的制约:原料种类,煤气种类、质量、喷加量,球团产量,空燃比,回转窑的温度分布等,其中煤气以及球团生产条件对 NO$_x$ 排放的影响尤为重要。

2.3.2　NO$_x$的排放规律

2.3.2.1　烧结过程 NO$_x$ 排放规律

在烧结过程,产生的 NO$_x$ 不会被下部料层吸附或还原,而是在抽风作用下,随烧结烟气直接进入大烟道。所以,在达到烧结终点前,烧结烟气中 NO$_x$ 的排放浓度比较稳定。图 2-15 是不同烧结风箱中 NO$_x$ 的排放浓度随烟气温度变化的规律。

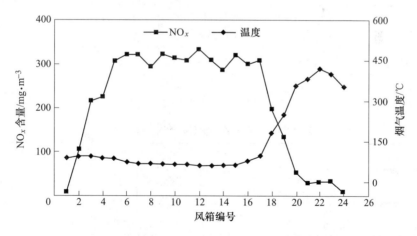

图 2-15　不同烧结风箱中 NO$_x$ 的排放浓度变化规律

烧结工序每吨烧结矿 NO$_x$ 产生量为 0.4~0.7kg/t,排放浓度一般为 200~350mg/m^3。新颁布的超低排放标准,NO$_x$ 的限值降低至 50mg/m^3。但目前国内各大钢企脱硝后烟气中 NO$_x$ 质量浓度仍为 50~150mg/m^3,与超低排放标准仍有差距。对国内 25 台烧结机进行调研，其 NO_x 排放浓度如图 2-16 所示。可知，NO_x 平均排放浓度为 224mg/m³，最大排放浓度为 600mg/m³，最小排放浓度为 89mg/m³。NO_x 排放浓度 ≤ 300mg/m³ 的有 21 台，占比为 84%；排放浓度为 300~500mg/m³ 的有 3 台，占比为 12%；排放浓度 ≥ 500mg/m³ 的有 1 台，占比为 4%。

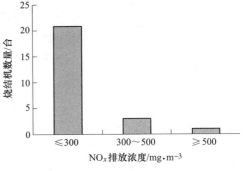

图 2-16 25 台烧结机 NO_x 排放浓度

2.3.2.2 球团生产过程 NO_x 排放规律

仍以图 2-10 的年产 120 万吨的链算机—回转窑—环冷机为对象，考察其生产过程 NO_x 排放规律，见表 2-24 和表 2-25。可知：球团产生的烟气中 NO_x 以 NO 为主，NO_2 的含量非常少；NO_x 主要在回转窑中产生，比较链算机预热二段烟罩和风箱中 NO_x 浓度的变化，可知在预热二段产生 NO_x 的可能性相对较小；在预热一段，7 号风箱的 NO_x 浓度最低，而 6 号和 8 号风箱由于和抽风干燥段、预热二段有串风，其 NO_x 的浓度也相对较高；在抽风干燥段，4 号和 5 号风箱的 NO_x 浓度较高，3 号风箱与鼓风干燥段存在串风，其浓度有所下降。

表 2-24 链算机各段烟罩烟气 NO_x 含量

检测位置	窑尾与链算机连接处	预热二段烟罩（12 号风箱）	预热一段烟罩（6 号风箱）	抽风干燥段烟罩（4 号风箱）
NO 含量/mg·m⁻³	340	403	236	281
NO₂ 含量/mg·m⁻³	4	0	8	4

表 2-25 链算机各段风箱废气 NO_x 含量

位　置	预热二段			预热一段			抽风干燥段		
	14	12	10	8	7	6	5	4	3
NO 含量/mg·m⁻³	91	429	492	359	94	155	339	301	157
NO₂ 含量/mg·m⁻³	0	10	16	8	0	0	0	8	0

2.4 CO_x 的产生与排放

2.4.1 CO_x 生成机理

烧结过程 CO_x 主要来自固体燃料的燃烧产物和熔剂中碳酸盐的分解产物，而

球团过程 CO_x 主要来源于回转窑中燃料的燃烧。根据烧结工序生产过程，对含碳原料进行物质流分析，可知，碳源包括固体燃料、点火燃料、铁料和熔剂 4 部分；碳排放包括除尘灰、烧结返矿和烧结烟气 3 部分。通过企业实地调研结果，烧结工序中来自固体燃料的碳元素为 38.57~52.90kg/t（烧结矿），占碳源的主要部分；而碳排放中除尘灰和烧结返矿循环利用，碳排放的主要表现形式为烧结烟气 CO_x 排放。

烧结料中的固体炭在温度达到 700℃ 以上即着火燃烧，生成 CO_x，发生的反应如下：

$$2C + O_2 \rule[0.4ex]{1em}{0.4pt}\rule[0.1ex]{1em}{0.4pt} 2CO \tag{2-38}$$

$$C + O_2 \rule[0.4ex]{1em}{0.4pt}\rule[0.1ex]{1em}{0.4pt} CO_2 \tag{2-39}$$

$$2CO + O_2 \rule[0.4ex]{1em}{0.4pt}\rule[0.1ex]{1em}{0.4pt} 2CO_2 \tag{2-40}$$

$$C + CO_2 \rule[0.4ex]{1em}{0.4pt}\rule[0.1ex]{1em}{0.4pt} 2CO \tag{2-41}$$

式（2-38）是燃料的不完全燃烧反应，高温条件会强化该反应过程；式（2-39）称为完全燃烧反应，是烧结料层中碳燃烧的基本反应，易发生，且受燃烧带温度影响较小；式（2-40）是 CO 的二次燃烧反应；式（2-41）称为歧化反应或布多尔反应。烧结过程 CO 主要是固体燃料的不完全燃烧生成，即式（2-38）。当烧结气氛中有 CO_2 气体存在时，料层中的歧化反应式（2-41）加剧，使得燃烧产生的 CO 增加。

在实际烧结过程中很难量化生成 CO 的哪个反应占据主导地位。最终烧结排放 CO 的量应是各个反应综合的结果。只有通过对影响反应的烧结原燃料和工艺参数进行调整，结合烧结机废气中 CO 含量监测的变化，才能看出在烧结机一定工况下影响废气 CO 的主要因素[18,19]。影响 CO 浓度的因素有：固体燃料配比、点火燃料性质、燃料反应性。

从烧结工艺角度，为保证烧结矿的粘结和强度，普通烧结混合料中配加固体燃料比例约 3%~4%，折算到烧结矿的固体燃料消耗在 45~60kg/t 水平。按烧结燃料燃烧动力学分析及对实际烧结机的热工测试分析，基本上 15%~25% 的固体燃料会燃烧生成 CO，其余为 CO_2。按固体燃料消耗较好的水平 45kg/t，以生成 CO 15% 计，则固体燃料中会有 6.75kg/t 的 C 生成 15.75kg/t 的 CO，按烧结过程产生废气量 2000m³/t（标态）计，则理论上最终烧结废气中的 CO 含量为 7875mg/m³（标态）。

除了固体燃料外，就点火用燃料而言，如果烧结点火用燃料是高炉或转炉煤气，考虑这些煤气中含较多 CO，若点火过程不充分燃烧则也有 CO 进入烧结料层的风险。以高炉 CO 含量 25% 和密度 1.25kg/m³（标态），按点火煤气消耗 30m³/t 计，假设 CO 全部未燃烧进入 2000m³/t（标态）的废气中，则煤气未燃前贡献 CO 含量 4687.5mg/m³（标态）。实际上煤气是燃烧过的，难免有不完全燃烧发生，即便是有 1% 的煤气未燃烧进入料层并进入大烟道，则贡献废气中 CO 含量为 46.9mg/m³（标态），若有 10% 的煤气未燃烧则贡献 469mg/m³（标态）。因此，提高煤气点火的完全燃烧程度也对降低烧结废气 CO 排放有利。

此外，烧结固体燃料反应性越好，越易与 CO_2 快速反应，生成大量的 CO，使更多的 CO 来不及燃烧而进入烧结烟气，导致燃料的不完全燃烧程度高，从而使烟气中 CO 浓度升高。

2.4.2 CO_x 的排放规律

2.4.2.1 烧结过程 CO_x 排放规律

烧结料层产生的 CO_x 在抽风作用下，往下部料层迁移，随烧结烟气直接进入大烟道。图 2-17 是不同烧结风箱中 CO_x 的排放浓度随烟气温度变化的规律。在烟气温度开始升高时，烧结烟气中 CO_x 的排放浓度逐渐降低，直至为零。

烧结烟气中 CO_x 含量为 120~160g/m³（标态），排放量达 200kg/t。CO_x 的排放量是与碳的消耗成正比的，因此，对于钢铁行业的烧结领域来说，要减少铁矿烧结 CO_2 的排放量，首要的是提高能量利用效率和转化效率，降低烧结固体燃耗。

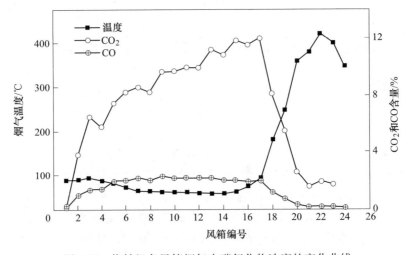

图 2-17 烧结机各风箱烟气中碳氧化物浓度的变化曲线

2.4.2.2 球团生产过程 CO_x 排放规律

以图 2-10 的年产 120 万吨的链算机—回转窑—环冷机为对象，考察其生产过程 CO_x 排放规律，见表 2-26 和表 2-27。可知，球团产生的过程燃料燃烧较为充分，主要生成 CO_2，而 CO 的生成量很少。CO_x 主要来源于回转窑中燃料的燃烧。

表 2-26　链箅机各段烟罩烟气 CO_x 含量

检测位置	窑尾与链箅机连接处	预热二段烟罩（12 号风箱）	预热一段烟罩（6 号风箱）	抽风干燥段烟罩（4 号风箱）
CO 含量/mg·m^{-3}	84	156	156	0
CO_2 含量/%	1.8	2.0	1.1	1.4

表 2-27　链箅机各段风箱废气 CO_x 含量

位　置	预热二段			预热一段			抽风干燥段		
	14	12	10	8	7	6	5	4	3
CO 含量/mg·m^{-3}	0	45	156	0	0	0	156	0	0
CO_2 含量/%	0.4	2.2	2.3	1.7	0.5	0.7	1.7	1.3	0.7

2.5　颗粒物产生与排放

2.5.1　颗粒物的生成机理

铁矿烧结采用的原料种类多、来源广，烧结过程物理化学反应复杂，这使得颗粒物生成机理更为复杂。

铁矿石是主要的烧结原料，分析了铁矿颗粒在烧结高温作用下发生的结构破坏对颗粒物生成的影响，结果表明，铁矿产生颗粒物的机理主要有三类：（1）机械破损 MD（mechanical degradation）；（2）受热破损 TD（thermal degradation）；（3）还原破损 RD（Reduction degradation）[20,21]。对于铁矿颗粒的受热破损，对比分析了赤铁矿（烧损 LOI 为 0.85%）和褐铁矿（LOI 为 9.53%）受热产生颗粒物的特性，表明褐铁矿因含有较高比例结晶水，其在受热过程中表面会产生裂纹，从而导致结构发生破坏（如图 2-18 所示），这些破坏区域将会在颗粒经受机械力作用或还原性气氛时容易产生更大的破坏，从而形成更微细的颗粒物，而赤铁矿因 LOI 低，在受热过程中结构不会发生破坏。在此基础上，研究了结晶水含量、球形系数不同的三类铁矿颗粒在流化床中发生机械破损、受热破损、还原破损时对产生细颗粒的作用效果，结果表明，球形度仅在发生机械破损时对细颗粒产生有较大影响，球形度越低的铁矿颗粒经机械破损时产生的细颗粒物量多；结

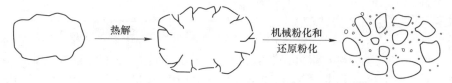

图 2-18　铁矿颗粒受热、机械力及还原性气氛下的破损机理示意图

晶水含量仅在受热破损的条件下对细颗粒的产生量有影响，结晶水含量越高，铁矿颗粒受热产生细颗粒的比例越高；铁矿颗粒在还原性气氛下发生晶型转变导致结构破坏而产生的细颗粒在三种破损中起主要作用，典型赤铁矿颗粒在三种破损作用中产生细颗粒的比例分别为 MD：TD：RD＝36：11：53，典型褐铁矿颗粒为 MD：TD：RD ＝30：33：37[21~23]。

结合烧结过程总粗粒颗粒物的理化特征以及烧结过程的物理化学变化，烧结烟气中的总颗粒物主要由底部物料经抽风引入、干燥预热带制粒小球的破损、黏附粉脱落以及燃烧带中焦粉燃烬时导致颗粒流态化而脱落，且烧结过程排放的颗粒物主要在燃烧带产生[24~26]。

烧结过程除了排放危害性、脱除难度较小的粗颗粒粉尘外，还存在一类危害性大、脱除难度大的超细颗粒污染物（PM_{10} 和 $PM_{2.5}$）。综合不同高温过程超细颗粒物的特点及高温过程所发生的物理化学反应，揭示了烧结高温过程 PM_{10} 和 $PM_{2.5}$ 的主要形成机理。烧结过程 PM_{10} 和 $PM_{2.5}$ 主要经由微细粒级铁矿、熔剂颗粒脱落、矿物熔融及有害元素气化-凝结三种途径形成。有害元素气化后会通过两种形式向 PM_{10} 和 $PM_{2.5}$ 转化：（1）通过异相凝结黏附在微细粒级铁矿、熔剂颗粒及熔融过程形成的铁酸钙（$CaO \cdot Fe_2O_3$）颗粒表面；（2）通过均相凝结形成 KCl 等颗粒[27]。

2.5.2　颗粒物的排放特征

烧结烟气颗粒物排放特征包括总颗粒物的排放特征和难以脱除的超细颗粒物排放特征。针对烧结过程烟气中粉尘的排放特性，采用孔径为 $200\mu m$、$10\mu m$ 的不锈钢筛对烧结烟气中排放的粉尘进行了采样分析，表明湿料层对颗粒物具有较强的吸附作用，颗粒物主要是在干燥带达到料层底部时排放出来[28]。在此基础上采用陶瓷滤膜、小型布袋对烧结过程中产生的总颗粒物进行采样，研究发现，烧结过程排放的总颗粒物粒径大多为-1.18mm，料层煅烧区与干燥区为其主要产生区域，且大多数颗粒物是在过湿带消失以后进入烧结烟气，且提高混合料水分会降低总颗粒物排放量[29,30]。

在烧结杯试验的基础上，沿台车运行方向检测了不同风箱中总颗粒物的排放浓度，结果如图 2-19 所示。由图可知：颗粒物主要在废气温度上升的区域集中释放至烟气中，其中 6 号~8 号风箱对应湿料带的消失过程，此时颗粒物排放浓度开始升高（见图 2-19（a））[31]；烟气中的粉尘浓度在混合料布到台车上时达到最大（见图 2-19（b）），随着台车前移，颗粒物排放浓度降至较低水平，而后又逐渐增加，在烧结终点附近时达到最大值[32]，粉尘的高浓度排放区出现在废气温度升温段对应的风箱[33]。据此可知，针对烧结烟气总颗粒物的排放特性，烧结杯试验和工业现场检测结果具有一致性。

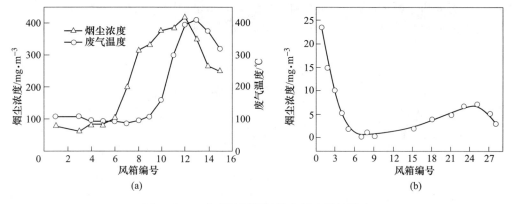

图 2-19　工业现场不同风箱中粉尘排放浓度

在烧结杯试验和工业现场检测的烧结过程各阶段 PM_{10} 和 $PM_{2.5}$ 的排放浓度如图 2-20 所示。可知：点火段烟气中 PM_{10}、$PM_{2.5}$ 的排放浓度最低；随着烧结过程的进行，中间段 1 至中间段 3 烟气中 PM_{10}、$PM_{2.5}$ 的排放浓度逐渐升高，且在中间段 3 烟气中排放浓度较中间段 1、中间段 2 有明显提高；升温段 1 烟气中 PM_{10}、$PM_{2.5}$ 的排放浓度达到最大值；而升温段 2 烟气中 PM_{10}、$PM_{2.5}$ 的排放浓度较升温段 1 有所降低，PM_{10} 排放浓度仍保持较高值，而 $PM_{2.5}$ 排放浓度下降明显。PM_{10} 和 $PM_{2.5}$ 均出现高浓度排放区，其中 PM_{10} 的高浓度排放区间为中间段 3 至升温段 2，$PM_{2.5}$ 为中间段 3 至升温段 1，PM_{10}、$PM_{2.5}$ 在高浓度排放区域的排放量占总量的比例分别为 63.5%、47.9%[34~36]。

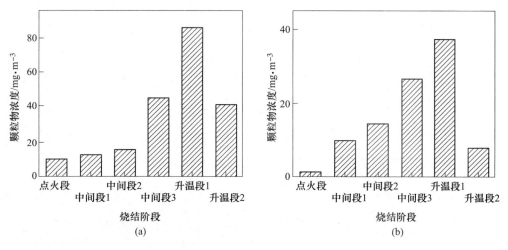

图 2-20　烧结过程不同阶段 PM_{10} 和 $PM_{2.5}$ 的排放浓度

（a）PM_{10}；（b）$PM_{2.5}$

由此可知, 烧结过程总颗粒物以及难以脱除的超细颗粒物排放规律类似, 存在高浓度集中排放至烧结烟气的特征, 在湿料带消失前, 颗粒物排放浓度均较低, 而在湿料带消失过程以及废气升温过程排放浓度明显提高。

研究了烧结过程中排放的颗粒物粒径分布, 结果如图 2-21 所示[37]。可知: 不同粒径颗粒物排放浓度呈现双峰分布, 其中粒径较粗的颗粒来自于台车前端、混合料中原有的细粒级部分及下部料层, 而粒径较小的颗粒物产生于料层中水分被完全蒸发后的区域。粗粒级颗粒物可被静电除尘器高效脱除, 而细粒级颗粒物因含有碱金属/铅的氯化物, 其具有较高比电阻 ($10^{12} \sim 10^{13}\Omega \cdot cm$, 如图 2-22 所示), 会在电极上产生绝缘层从而使外排烟气中的颗粒物浓度难以降到 $100mg/m^3$ 以下, 致使烟气中颗粒物排放量在 $40 \sim 559g/t$。经过电除尘, 外排烟气中的 PM_{10} 占总颗粒物的比例高达 95% 左右, $PM_{2.5}$ 的比例高达 90% 左右 (如图 2-23 所示)[38]。对机头外排烟气中颗粒物的分析时发现, 外排烟气中颗粒物中仅有 7% 为大于 $10\mu m$ 的颗粒物, PM_{10} 中 $PM_{2.5}$ 的比重占到 75% (PM_1 为 58%), 表明随烧结烟气外排的颗粒物主要为 PM_{10}、$PM_{2.5}$[39]。

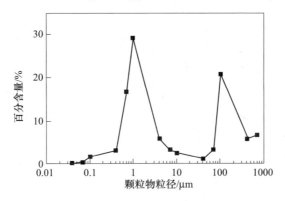

图 2-21 大烟道烟气中的颗粒物粒度分布

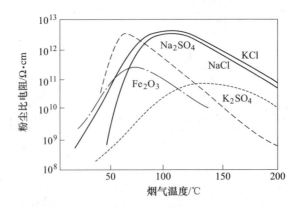

图 2-22 不同化学组成的粉尘的比电阻[37]

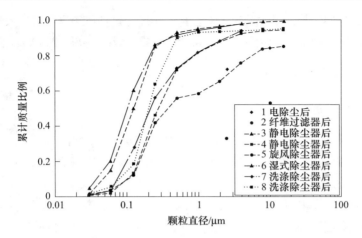

图 2-23　除尘后的烧结烟气中颗粒物的粒度累计含量[38]

对烧结机头、机尾烟气中的颗粒物进行采样分析后发现，机头与机尾排放的 PM_{10} 在 TSP 中比例很高，尤其是机头烟气，原因在于烧结机头烟气颗粒物主要来自于燃烧过程，烧结机尾烟气中颗粒物来源于烧结结束时烧结矿经机械破碎、转运产生的粉尘，从而说明燃烧过程是产生 PM_{10} 的重要过程；静电除尘器对颗粒物的除尘效率由高到低依次为粗粒的烟（粉）尘、PM_{10}、$PM_{2.5}$，烧结厂机头、机尾除尘器后 $PM_{2.5}$ 在 PM_{10} 中的质量百分比为 85.61%、84.38%[39~44]。

球团工艺生产过程颗粒物产生量以及排放量明显少于烧结工艺。根据图 2-24 列出的我国重点大中型钢铁企业各工序废气颗粒物平均排放比例可知，相较于烧结工艺颗粒物 42.83% 的高排放比例，球团工艺颗粒物排放比例仅为 5.04%。

球团过程原料种类相对较少，且生产过程气氛单一，物理化学反应简单，生产工艺过程颗粒物主要来源于两方面：（1）干燥预热过程球团表面破损脱落的颗粒物，在回转窑球团与球团间、球团与窑壁间发生摩擦脱落的颗粒物；（2）链箅机—回转窑生产工艺中喷吹的煤粉燃烧产生的灰分类颗粒物。

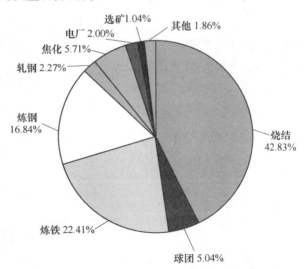

图 2-24　钢铁厂烧结球团工序颗粒物排放比重

预热二段风箱中排放的颗粒物相对较高，热风经过抽风干燥段后汇入烟道进入静电除尘过程。因球团生产过程原料品质高，主要成分以 Fe、Si、Al 的氧化物为主。

2.6　碱、重金属的产生与排放

2.6.1　碱、重金属产生机理

烧结工序不仅是钢铁冶炼流程中颗粒物最主要的排放源，还是重金属、碱金属、二噁英等的主要排放源，而重金属、二噁英易于负载在超细颗粒物上[45]。对外排烟气中的超细颗粒物进行分析时发现，颗粒物主要由 K^+、Cl^- 组成，此外还含有 Fe、NH_4^+、Ca、Na、Pb 等，相关研究还表明，颗粒物除含有大量 K、Cl 外，还负载有一定比例的 PAH（多环芳烃）、PCDD/Fs（二噁英），在静电除尘器入口，68.8% 的 PCDD/Fs 分布于颗粒相，31.2% 的 PCDD/Fs 分布于气相，且经过静电除尘后，可脱除 44.3% 的颗粒相 PCDD/Fs[46~48]。

常规烧结生产中，碱金属由含铁杂料、燃料、返矿、铁矿石及熔剂以水溶态氯化物、硫酸盐、碳酸盐、硅酸盐、氧化物及难溶态复杂铝硅酸盐形态带入；锌主要以矿石中的硫化锌、二次资源中的氧化锌及铁酸锌形式进入烧结生产工序；铅由矿石中的硫化铅及二次资源中的氧化铅、硫酸铅进入烧结生产工序。在点火及燃烧带被 C 高温还原成蒸汽，大部分碱金属蒸气在下移过程中，与碳氧化物、Al、Si 等反应再氧化富集于下部料层，随着燃烧带及干燥预热带的移动，碱金属反复发生还原及再氧化反应，最终大量进入烧结矿，降低烧结矿品质。少量气化脱除后被除尘系统捕获，进入机头灰和机尾灰中，降低除尘效率。此外，也有少量碱金属进入排空颗粒物中。

图 2-25 给出了烧结过程碱、重金属对颗粒物外排的浓度。可知，从阶段 1

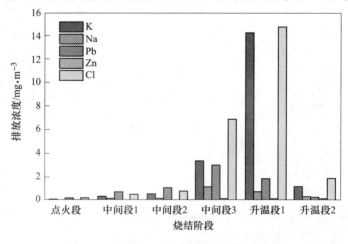

图 2-25　烧结过程碱、重金属的排放浓度

（点火结束后、烧结初始阶段）至阶段 3（升温前烟气），碱、重金属排放浓度均较低，而到中间段 3，碱、重金属排放浓度明显提高，且在烟气升温段 1 达到最大值。烧结过程碱、重金属这一排放特征与颗粒物类似，存在高浓度排放区域，在湿料带逐渐消失的中间段 3 以及升温段排放浓度明显高于其他阶段[49]。

2.6.2　碱、重金属排放规律

烧结过程不同阶段排放的碱、重金属经由风箱汇入大烟道后，先后经过除尘、脱硫等烟气净化过程，最终排入大气。分析了碱、重金属在整个烧结工艺流程的平衡走向，在烧结过程中，大部分碱、重金属均留在烧结矿中，其中 Pb、K 脱除率相对较高，留在烧结矿中的比例分别为 49.60%、77.14%。烧结过程脱除的碱、重金属主要进入机头灰、机尾灰以及排放颗粒物，其中进入机头灰中的 K、Na、Pb 比例相对较高。对机头烟气排放的颗粒物化学组成分析可知，K 的百分含量分别为 21.10%、22.58%、23.07%，Cl 的百分含量分别为 7.56%、8.37%、8.38%，经过电除尘之后的烟囱里面的颗粒物则主要是由 K、Cl 组成。对颗粒物逐个进行 SEM-EDS 检测，然后对结果分层聚类分析发现：KCl、NaCl 以规则的立方体、长方体状形态赋存，少量以表面光滑的不规则形状赋存（见图 2-26 和图 2-27）；Pb 主要形成 $PbCl_2$，也有部分会形成 $PbCO_3$，其中，$PbCl_2$ 赋存于规则多面体颗粒（见图 2-27）[50~54]。

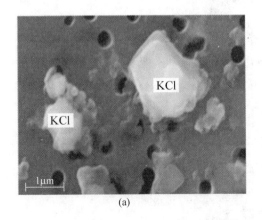
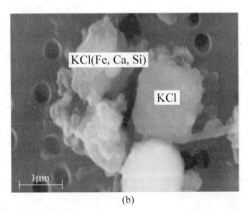

（a）　　　　　　　　　　　　　（b）

图 2-26　排空颗粒物中碱金属形成的颗粒物形貌特征

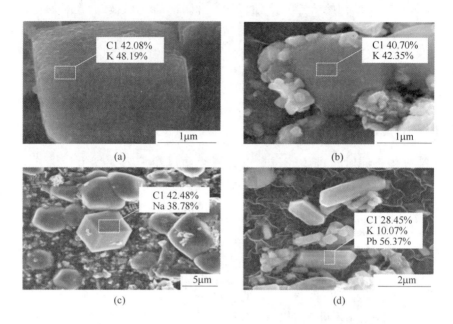

图 2-27   排空颗粒物中碱、重金属形成的颗粒物形貌特征

2.7   二噁英的产生与排放

2.7.1   二噁英的生成机理

二噁英（包括多氯代二苯并-对-二噁英（简称 PCDDs）、多氯代二苯并呋喃（简称 PCDFs））和多氯联苯（简称 PCBs）是两类重要的持久性有机污染物（简称 POPs）[55]。PCDDs/Fs 为白色晶体，是一种非常稳定的化合物，熔点 303~306℃、沸点 421~447℃，具有致癌、致突变、致畸作用，对热稳定（850℃以上才会被完全破坏，垃圾焚烧要求的最低温度），对酸、碱、氧化剂稳定，易溶于脂肪和大部分有机溶剂，是无色无味的脂溶性物质，因而易在生物体内累积[56]。

我国是二噁英排放大国，根据《国家实施计划》（NPI）估算结果，2004 年我国大气中排放的二噁英为 10236.8g TEQ（Toxic Equivalent Quantity）。钢铁行业（不含焦化）二噁英排放量为 2648.8g TEQ，占钢铁行业和其他金属行业这一大类的 56.8%。钢铁行业二噁英主要来源于烧结机、电炉炼钢过程，根据《中国二噁英类排放清单研究》表明，烧结工序是我国二噁英的主要来源之一，是仅次于城市垃圾焚烧炉的第二大毒性污染物排放源[57]。

二噁英的生成机理可分为四类[58]：（1）由前驱体化合物经有机化合反应生成；（2）碳、氢、氧和氯等元素通过基元反应生成 PCDDs/PCDFs，即"从头合成"；（3）高温热分解生成；（4）固体废弃物本身可能含有痕量的二噁英类[59,60]。

烧过程中二噁英的生成途径主要有两种：高温气相合成和低温异相合成。高温气相合成主要是指不完全燃烧所产生的大量氯代环状前驱物，如PCBs（多氯联苯）、CPhs（氯酚）、CBzs（氯苯）等通过分子的解构或重组在高温气相中反应生成二噁英，其最佳反应温度为$500\sim800℃$。只有当燃烧条件恶化，烟气中才会产生大量二噁英前驱物，此时高温气相合成二噁英占据主导地位。而对大多数燃烧条件良好的焚烧过程，高温气相合成二噁英相对低温异相合成简直微乎其微[60,61]。

随着研究的深入，二噁英的低温异相合成途径有从头合成和前驱物合成两类：（1）从头合成是指残碳、炭黑、含氯烃或一些无氯的芳香族化合物，例如聚苯乙烯、纤维素、木质素、煤等通过催化剂催化氧化逐步生成二噁英的过程；（2）前驱物合成是指一些存在于气相或固相中与二噁英化学结构相似的前驱物在飞灰表面发生异相催化氧化反应生成二噁英。二噁英前驱物主要包括多氯联苯、氯酚、氯苯，苯酚、苯和未氯代的二噁英等（DD和DF），其中氯苯和氯酚被国内外学者研究较多，这两者通常被作为二噁英排放浓度的指示物[60~63]。

从头合成和前驱物合成这两种二噁英低温异相合成途径相互关联，从头合成过程中也会生成部分二噁英前驱物，例如氯苯、氯酚等。

2.7.2　二噁英的排放规律

沿烧结台车运行方向，对不同风箱烟气中的二噁英进行采样和分析发现，二噁英主要产生于烧结床干燥区，并随气流向下移动，如图2-28所示，当它们向下移动时，二噁英会被吸附在湿区，因此几乎不会从烧结床释放出来。只有当干

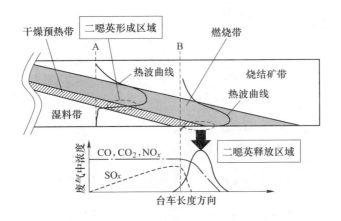

图 2-28　烧结过程污染物排放特性示意图

燥区到达炉箅时，随着烧结的进行，才会释放到烧结废气中[64]。图 2-29 显示了释放的二噁英和呋喃的分布。二噁英和呋喃在 19 号风箱中均表现出较高的峰值。呋喃从 13 号风箱释放到 21 号风箱，在 17 号风箱有一个中等峰值。图 2-29 的下半部分显示了从原料混合料进料侧的风箱中释放出的二噁英的累积量。由此可知，截至第 17 位的风箱中释放的二噁英量（含）占总释放二噁英量的 37%，其余的 63% 在其余风箱中释放。图 2-30 显示了释放的二噁英和呋喃的分布，按氯的数量分类。对于呋喃来说，不同的风箱中氯的数量是不同的：主要是 17 号风箱中的 4-氯型，19 号风箱中的 6-氯型。对二噁英而言，在 19 号风箱中出现 6~8 种氯的含量较高，且有一个峰值[65]。

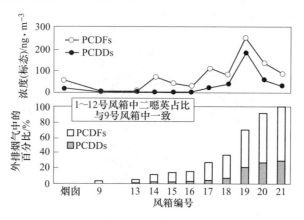

图 2-29 烧结过程不同风箱二噁英的排放浓度

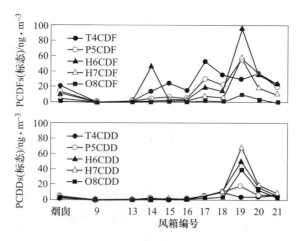

图 2-30 烧结过程不同风箱不同二噁英同系物排放浓度

据此可知，二噁英在烧结烟气中存在集中排放的区域，主要在干燥预热带消失过程集中释放至烧结烟气。

2.8 VOCs 的产生与排放

2.8.1 VOCs 的生成机理

挥发性有机化合物（Volatile Organic Compounds，简称 VOCs）为一系列沸点在 50~260℃ 之间、容易挥发的有机化合物的总称。VOCs 的典型特性表现为饱和蒸汽压较高（标准状态下超过 13.33Pa）、沸点较低、分子量小、常温状态下易挥发（图 2-31）。大多数 VOCs 具有较强的刺激性和毒性，对人体健康会造成危害，且排放到大气中的 VOCs 可与 SO_x、NO_x、颗粒物等污染物在一定条件下发生化学反应，产生二次污染，致使光化学烟雾、二次有机气溶胶和大气有机酸的浓度升高，对环境具有巨大的潜在危害[66,67]。

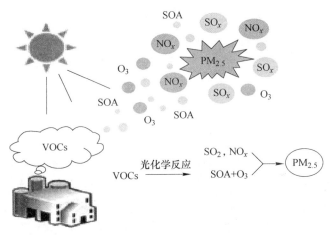

图 2-31　VOCs 与大气其他污染物的作用示意图

VOCs 的排放源很多，人为排放主要有移动源排放和固定源排放，其中移动源包括机动车、轮船、飞机等尾气的排放，固定源包括石油石化、涂料、印刷、金属冶炼等为代表的工业源和建筑装饰、油烟等为代表的生活源。相比较而言，工业生产过程具有 VOCs 排放强度大、排放浓度高、排放组分复杂、持续时间长等特点，是最大的 VOCs 排放源。虽然当前还没有针对钢铁领域 VOCs 排放浓度的相关标准，但随着烧结烟气粉尘、SO_x、NO_x 等常规污染物控制的逐步完成，VOCs、二噁英类等非常污染物将是未来治理的重点[68]。

由于烧结过程使用燃料，因而不可避免地会产生 VOCs。烧结过程中，VOCs 是由焦炭、含油氧化铁皮等中的挥发性物质形成的，以气体形式排放，在某些操作条件下同时形成二噁英和呋喃。烧结预热带温度范围基本为 100~900℃，厚度大约为 100~200mm，持续时间为 10min 左右。随烧结进行，燃料颗粒温度升高，内部有机挥发物呈气态挥发到气流中，随气流向下运动，下部温度较低，含有机挥发物的气流热交换后温度降低，其中有机挥发物根据沸点高低逐步冷凝（图 2-32）。由于冷凝速度较快，形成许多微小颗粒，这也是粉尘形成的原因之一[69]。

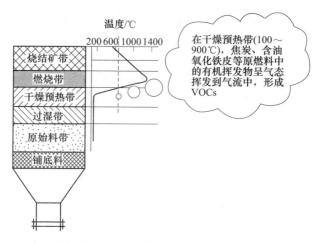

图 2-32 VOCs 在烧结过程中的生成机理

2.8.2 VOCs 的排放规律

研究表明，烧结过程 VOCs 的排放特性与 NO 较为类似，在烧结中间过程排放浓度较高且比较稳定（见图 2-33），且排放浓度的数量级与 NO 相同，表明烧结过程 VOCs 排放量较高。表 2-28 为试验过程采用的两种燃料，当完全采用挥发分较高的煤作为烧结燃料时，烟气中 VOCs 的排放浓度最高，逐渐降低煤占总燃料的比例，VOCs 排放浓度呈降低趋势，由此可以推断，燃料中的挥发分与 VOCs 形成密切相关，且燃料挥发分越高，形成的 VOCs 量越大[70]。

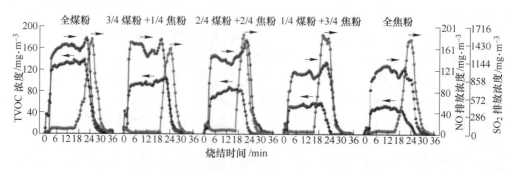

图 2-33 烧结过程 TVOC、NO 和 SO_2 的排放曲线

表 2-28   焦粉和煤的工业分析（质量分数）   （%）

燃料类别	固定碳	挥发分	灰分
煤	79.64	9.98	10.38
焦粉	84.51	1.44	14.05

在研究烧结过程 VOCs 排放规律的基础上，检测了某钢铁企业烧结机脱硫设施出口 VOCs 的排放特征[71]，共检出 65 种 VOCs，检出的 VOCs 可以分为 9 个类别，见表 2-29、图 2-34 和图 2-35，可知：

（1）多环芳烃仅剩下萘一种，说明多环芳烃和含氮、氧、硫的杂环芳烃混合物已经完全氧化。单环芳烃、含氧化合物和卤代芳香族化合物可以理解为未燃烧（氧化）完全的剩余 VOCs。

表 2-29   检出 VOCs 的种类

化合物种类	数　量	浓度/mg·m⁻³	占比/%
脂肪族烃类	5	0.098	7.54
单环芳烃	10	0.333	25.72
含氧化合物	13	0.334	25.79
含硫化合物	1	0.316	24.42
熏蒸剂	4	0.005	0.36
卤代脂肪族化合物	21	0.149	11.51
卤代芳香族化合物	6	0.008	0.59
三卤代甲烷	4	0.007	0.54
多环芳烃	1	0.046	3.54
合　计	65	1.295	100

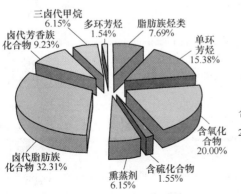

图 2-34   不同种类 VOCs 的数量分布

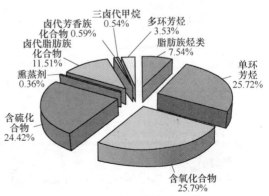

图 2-35   不同种类 VOCs 的浓度分布

（2）煤焦油主要是多环芳烃和含氮、氧、硫的杂环芳烃混合物，一般而言不含有卤代脂肪族化合物，因此大量卤代脂肪族化合物（21 种）的存在说明在多环芳烃和含氮、氧、硫的杂环芳烃混合物在燃烧（氧化）反应过程中，其降解产物与氯自由基发生了激烈的反应，并有少部分未彻底氧化的产物排入大气。

（3）大量含硫组分得到彻底氧化，仅检出二硫化碳，从一个侧面说明部分含氯化合物的热稳定性高于含氮、氧、硫的杂环芳烃。

（4）单环芳烃（25.72%）、含氧化合物（25.79%）、含硫化合物（24.42%）、卤代脂肪族化合物（11.51%）浓度共占总浓度的 87.44%，其中单环芳烃和含氧化合物的浓度分布与种类分布基本吻合，即排放的种类多，同时排放浓度占比较高。

（5）卤代脂肪族化合物尽管排放种类多，但是排放浓度占比较低。

（6）含硫化合物尽管只有一种二硫化碳，但在 65 种 VOCs 中其浓度最高，达到了 0.316mg/m^3，占到了所有 VOCs 排放浓度 1.295mg/m^{3}的 24.4%。

参 考 文 献

[1] 叶恒棣. 钢铁烧结烟气全流程减排技术 [M]. 北京：冶金工业出版社，2019：29，64.

[2] 朱廷钰. 烧结烟气净化技术 [M]. 北京：化学工业出版社，2008：178~179.

[3] 吴复忠. 钢铁生产过程的硫素流分析及软锰矿、菱锰矿烟气脱硫技术研究 [D]. 沈阳：东北大学，2008.

[4] Liu H，Chaney J，Li J，et al. Control of NO$_x$ emissions of a domestic/small~scale biomass pellet boiler by air staging [J]. Fuel，2013，103：792~798.

[5] 马晓茜，梁淑华. 燃气火焰中热力型 NO$_x$ 的生成与控制 [J]. 环境导报，1997，2：17~20.

[6] 杨飏. 氮氧化物减排技术与烟气脱硝工程 [M]. 北京：冶金工业出版社，2007：28~29.

[7] 苏亚欣，毛玉茹，徐璋. 燃煤氮氧化物排放控制技术 [M]. 北京：化学工业出版社，2005：13~15.

[8] Baukal C E，Eleazer P B. Quantifying NO$_x$ for industrial combustion processes [J]. Journal of the Air & Waste Management Association，2005：481.

[9] 朱廷钰，李玉然. 烧结烟气排放控制技术及工程应用 [M]. 北京：化学工业出版社，2014.

[10] 张乐. 氮氧化物产生机理及控制技术现状 [J]. 广东化工，2014（1）：117，119.

[11] Zhong B J，Roslyakov P V. Study on prompt NO$_x$ emission in boilers [J]. Journal of Thermal Science，1996：52.

[12] Liu J Y，Sun F Z. Research Advances of NO$_x$ Emissions Control Technologies of Stoker Boilers [J]. Advanced Materials Research，2012（62）：1087~1090.

[13] 杜维鲁，朱法华. 燃煤产生的 NO$_x$控制技术 [J]. 中国环保产业，2007，12：42~45.

［14］ Tsubouchi N, Ohshima Y, Xu C, et al. Enhancement of N_2 formation from the nitrogen in carbon and coal by calcium ［J］. Energy and Fuels, 2001, 15（5）: 158~162.

［15］ Thomas K M. The release of nitrogen oxides during char combustion ［J］. Fuel, 1997, 76（6）: 457~473.

［16］ Song T, Shen L, Xiao J, et al. Nitrogen transfer of fuel-N in chemical looping combustion ［J］. Combustion and Flame, 2012, 159（3）: 1286~1295.

［17］ Sun S, Cao H, Chen H, et al. Experimental study of influence of temperature on fuel-N conversion and recycle NO reduction in oxy fuel combustion ［J］. Proceedings of the Combustion Institute, 2011, 33（2）: 1731~1738.

［18］ 张秀霞. 焦炭燃烧过程中氮转化机理与低 NO_x 燃烧技术的开发 ［D］. 杭州: 浙江大学, 2012.

［19］ 潘凤萍, 罗嘉, 张煜枫, 等. 钙及其赋存形态对煤热解过程中氮转化的影响 ［J］. 洁净煤技术, 2019, 25（1）: 95~100.

［20］ Strezov V, Evans T J, Zymla V, et al. Structural deterioration of iron ore particles during thermal processing ［J］. International Journal of Mineral Processing, 2011, 100（1~2）: 27~32.

［21］ Chung U C, Lee I O, Kim H G, et al. Degradation characteristics of iron ore fines of a wide size distribution in fluidized-bed reduction ［J］. ISIJ International, 1998, 38（9）: 943~952.

［22］ Ariyama T, Isozaki S, Matsubara S, et al. Fluidization and degradation characteristics of iron ore fines in prereduction fluidized bed ［J］. ISIJ International, 1993, 33（12）: 1220~1227.

［23］ Azevedo T, CardosoA L. Decrepitation of iron ores: a fracture-mechanics approach ［J］. Ironmaking Steelmaking, 1983, 10（2）: 49~53.

［24］ Khosa J, Manuel J, Trudu A. Results from preliminary investigation of particulate emission during sintering of iron ore ［J］. Mineral Processing & Extractive Metallurgy Transactions, 2003, 112（112）: 25~32.

［25］ Nakano M, Okazaki J. Influence of operational conditions on dust emission from sintering bed ［J］. ISIJ International, 2007, 47（2）: 240~244.

［26］ Debrincat D, Eng L C. Factors influencing particulate emissions during iron ore sintering ［J］. ISIJ International, 2007, 47（5）: 652~658.

［27］ 季志云. 铁矿烧结过程 PM_{10}、$PM_{2.5}$ 形成机理及控制技术 ［D］. 长沙: 中南大学, 2017.

［28］ 穆固天, 春铁军, 朱梦飞, 等. 铁矿烧结过程微细颗粒物排放行为 ［J］. 钢铁, 2019, 54（7）: 23~30, 40.

［29］ Morten Schioth. 降低烧结厂粉尘的排放 ［C］// 2003 年地球环境与钢铁工业国际研讨会会议论文集. 中国金属学会. 北京, 2003: 204~207.

［30］ ［作者不详］. 铁矿石烧结过程中 $PM_{2.5}$ 和 PM_{10} 排放的影响因素 ［J］. 邢丽娜（译）, 甘晓靳（校）. 太钢译文, 2018（2）: 1~10.

［31］ 江荣才. 三钢 $2^\#$ 烧结机烟道废气余热的选择性利用 ［J］. 烧结球团, 2009, 34（4）: 17~20.

［32］ Yang P A. The generation and treatment of sinter plant dusts ［C］//Proc. Conf. of Blast furnace, coke oven and raw materials. New York: A I M E, 1962: 299~313.

[33] Okada T, Nakano M, Kono et al. Proc. the 4th ICSTI, Tokyo: Iron and Steel Institute of Japan, 2006: 644.

[34] Gan M, Ji Z Y, Fan X H, et al. Emission behavior and physicochemical properties of aerosol particulate matter ($PM_{10/2.5}$) from iron ore sintering process [J]. ISIJ International, 2015, 55 (12): 2582~2588.

[35] 尹亮. 铁矿烧结过程超细颗粒物的排放规律及其特性研究 [D]. 长沙: 中南大学, 2015.

[36] 春铁军, 宁超, 王欢, 等. 铁矿烧结过程微细颗粒物 ($PM_{10}/PM_{2.5}$) 排放特性及研究进展 [J]. 钢铁研究学报, 2016, 28 (9): 1~5.

[37] Remus R, Monsonet M A A, et al. Best Available Techniques (BAT) Reference Document for Iron and Steel Production [R]. Spain: Publications Office of the European Union, 2012.

[38] Lanzerstorfer C, Fleischanderl A, Plattner T. Efficient Reduction of PM emissions at Iron Ore Sinter Plants [C] //Dustconf. 2007. Maastricht: International Programme Committee, 2007: 1~6.

[39] Sammut M L, Noack Y, Rose J, et al. Speciation of Cd and Pb in dust emitted from sinter plant [J]. Chemosphere, 2009, 78 (4): 445~450.

[40] 马京华. 钢铁企业典型生产工艺颗粒物排放特征研究 [D]. 重庆: 西南大学, 2009.

[41] 刘道清, 季学礼. 钢铁企业典型污染源颗粒物污染特征研究 [J]. 环境科学与管理, 2006, 31 (4): 53~55.

[42] 刘道清. 微细颗粒物检测与控制——PM 冲击采样器研制与钢铁企业颗粒物污染特征研究 [D]. 上海: 同济大学, 2005.

[43] 王凤岩, 杜立新. 烧结烟尘中 PM_{10} 含量分析及控制对策分析 [C] //2008 中国环境科学学会学术年会优秀论文集 (中卷). 重庆: 中国环境科学学会, 2008: 916~918.

[44] 李依丽, 钱文娇, 李晶欣, 等. 首钢烧结厂 PM_{10} 治理技术与经济分析 [J]. 环境工程学报, 2009, 3 (7): 1299~1302.

[45] 赵亚丽, 赵浩宁, 范真真, 等. 烧结机细颗粒物 $PM_{2.5}$ 排放特性 [J]. 环境工程学报, 2015, 9 (3): 1369~1375.

[46] Ooi T, Lu L. Formation and mitigation of polychlorinated dibenzo-p-dioxins and polychlorinated dibenzofurans in iron ore sintering [J]. Chemosphere, 2011, 85 (3): 291~299.

[47] Guerriero E, Guarnieri A, Mosca S, et al. PCDD/Fs removal efficiency by electrostatic precipitator and wetfine scrubber in an iron ore sintering plant [J]. Journal of hazardous materials, 2009, 172 (2): 1498~1504.

[48] Shih M, Lee W J, Shih T S, et al. Characterization of dibenzo-p-dioxins and dibenzofurans (PCDD/Fs) in the atmosphere of different workplaces of a sinter plant [J]. Science of the total environment, 2006, 366 (1): 197~205.

[49] 范晓慧, 尹亮, 何向宁, 等. 铁矿烧结过程烟气中微细颗粒污染物特性的研究 [J]. 钢铁研究学报, 2016, 28 (5): 19~24.

[50] Sammut M L, Rose J, Masion A, et al. Determination of zinc speciation in basic oxygen fur-

nace flying dust by chemical extractions and X-ray spectroscopy [J]. Chemosphere, 2008, 70 (11)：1945~1951.

[51] Hleis D, Olmo I F, Ledoux F, et al. Chemical profile identification of fugitive and confined particle emissions from an integrated iron and steelmaking plant [J]. Journal of hazardous materials, 2013, 250 (2)：246~255.

[52] Tsai J H, Lin K H, Chen C Y, et al. Chemical constituents in particulate emissions from an integrated iron and steel facility [J]. Journal of Hazardous Materials, 2007, 147 (1)：111~119.

[53] 刘飞, 薛志钢, 续鹏, 等. 钢铁行业典型烧结机污染物排放特征对比研究 [J]. 环境科学研究, 2020, 33 (4)：849~858.

[54] Fan X, Ji Z, Gan M, et al. Participating patterns of trace elements in $PM_{2.5}$ formation during iron ore sintering process [J]. Ironmaking & Steelmaking, 2018, 45 (3)：288~294.

[55] 邢颖, 吕永龙, 史雅娟, 等. 我国二噁英和多氯联苯的研究现状及对策分析 [J]. 环境保护科学, 2006, 32 (5)：33~35.

[56] 程琳. 二噁英污染控制是钢铁行业减排的重要任务——烧结烟气脱硫应兼顾多种污染物的综合协同治理 [J]. 冶金环境保护, 2011 (4)：28~32.

[57] 王梦京, 吴素愫, 高新华, 等. 铁矿石烧结行业二噁英类形成机制与排放水平 [J]. 环境化学, 2014, 33 (10)：1723~1732.

[58] 舒型武. 钢铁工业二噁英污染防治 [J]. 冶金信息导刊, 2007 (4)：40~43.

[59] 史祥利. 二噁英形成机理及有机物参与气溶胶成核机理研究 [D]. 济南：山东大学, 2018.

[60] 龙红明, 吴雪健, 李家新, 等. 烧结过程二噁英的生成机理与减排途径 [J]. 烧结球团, 2016, 41 (3)：46~51.

[61] 贾汉忠, 宋存义, 戴振中, 等. 烧结过程中二噁英的产生机理和控制 [J]. 烧结球团, 2008, 33 (1)：25~30.

[62] Wang T S, Anderson D R, Thompson D, et al. Studies into the formation of dioxins in the sintering process used in the iron and steel industry [J]. Characterisation of isomer profiles in particulate and gaseous emissions. Chemosphere, 2003, 51 (7)：585~594.

[63] Suzuki K, Kasai E, Aono T, et al. De novo formation characteristics of dioxins in the dry zone of an iron ore sintering bed [J]. Chemosphere, 2004, 54 (1)：97~104.

[64] Kuo Y C, Chen Y C, Yang C W, et al. Identification the Content of the Windbox Dust Related to the Formation of PCDD/Fs during the Iron Ore Sintering Process [J]. Aerosol and Air Quality Research, 2011 (11)：351~359.

[65] Shunji K, Yuichi Y, Kazuomi W. Investigation on the Dioxin Emission from a Commercial Sintering Plant [J]. ISIJ International, 2006, 46 (7)：1014~1019.

[66] Aydin Berenjian N C, Malmiri H J. Volatile Organic Compounds Removal Methods：A Review, American Journal of Biochemistry and Biotechnology, 2012 (8)：220~229.

[67] Bloemen J B. Chemistry and Analysis of Volatile Organic Compounds in the Environment [J]. Springer Science & Business Media, New Delhi, 1993, 10~40.

［68］朱学诚. 适用于过滤催化复合材料的锰基催化剂低温氧化挥发性有机物的机理研究
［D］. 杭州：浙江大学，2019.

［69］邹明，关克静，王策军. 论限定烧结燃料挥发分含量对污染减排的重要意义［J］. 浙江
冶金，2015（3）：6.

［70］Li J X，He H P，Pei B，et al. The ignored emission of volatile organic compounds from iron
ore sinter process［J］. Journal of environmental sciences，2019，77：282~290.

［71］苗沛然. 钢铁工业挥发性有机物（VOCs）排放特性研究［J］. 环境与发展，2017（2）：
79~86.

3 烧结源头节能减排技术

从源头减少能源的消耗和污染物的形成，是高效节能减排的重要途径。烧结的源头减排，主要通过优化含铁原料和燃料的结构，减少能源消耗和污染物的产生。本章针对含铁原料种类多、品质复杂的特征，通过优化铁矿石的配矿结构，减少固体燃料的消耗，从而减少污染物的产生；针对烧结以化石燃料为主的结构，通过研究清洁能源生物质燃料、含氢燃气替代部分化石燃料，实现节能减排。

3.1 优化配矿技术

钢铁产能不断提高必然消耗大量的铁矿石资源，随着优质高品位铁矿资源的日益减少，烧结生产所用的含铁原料品种日益繁杂、品质不断下降，且难处理铁矿配比增加，致使烧结矿质量下降、工序能耗升高，环保压力持续攀升。优化配矿技术可以使烧结原料在低温下充分发展黏结相，形成具有良好强度的烧结矿，实现低水低碳烧结，从而减少烧结污染物排放，同时有效降低烧结矿杂质元素，提升高炉铁水品质[1,2]。

3.1.1 烧结配矿原理

铁矿石种类繁杂、变化频繁，优质资源逐年减少，如何在有限资源条件下快速、准确、高效地获得性价比最优的生产方案，是钢铁工作者始终追求的目标。因此，烧结优化配矿的科学内涵是依据原料供应条件，在满足烧结矿化学成分要求和供矿条件的基础上，通过优化配矿使烧结原料具有良好的制粒性能和成矿性能，从而获得高产、优质、低耗且具有优良冶金性能的烧结矿，并使综合经济、技术、环保指标最优。如图3-1所示。

优化配矿的关键科学问题：查明烧结混合料的制粒行为和成矿行为，揭示影响烧结性能的主要因素，建立混合料性能与烧结技术、经济和环保指标之间的内在关系；在此基础上，快速准确获取性价比最优的配矿方案。

所以，烧结配矿是一项系统工程，在技术上既要考虑混匀矿的化学成分和物理性能，还要考虑混合料各种性能对烧结矿产量和质量的影响；在经济上既要考虑原料采购成本，也要考虑烧结过程的生产成本，同时还要考虑产品的效益；此外还要考虑固体燃耗和污染物排放等环保指标。只有将原料、烧结和排放结合起

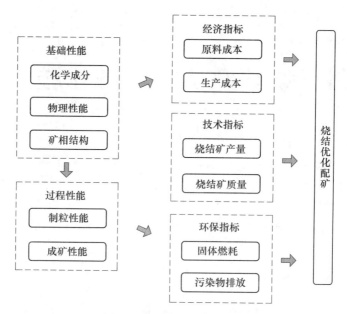

图 3-1 烧结优化配矿内涵

来，综合考虑技术经济环保指标，建立完整的配矿体系，才能真正实现烧结生产的整体优化[1~4]。

3.1.1.1 混合料制粒行为

制粒是烧结混合料在水分的作用下细颗粒黏附在粗颗粒上或者细颗粒之间相互聚集而长大成制粒小球的过程，目的是改善混合料的粒度组成、减少混合料中细粒级颗粒的含量，以改善烧结料层透气性，提高烧结矿产量[5~7]。因此混合料制粒是铁矿石烧结的一个重要的环节。

A 制粒小球的结构模型

混合料制粒后小球颗粒群的剖面图如图 3-2 中（a）所示。可见，制粒小球主要有 3 种类型的结构：（1）大部分制粒小球的内部有一较大的核颗粒，周围被粒度较细的颗粒包裹，即构成细颗粒黏附核颗粒的结构，如图 3-2（a）中的 1 号小球，其显微结构见图 3-2（b）；（2）少量制粒小球只有核颗粒而无黏附粉，为单独的核颗粒结构，如图 3-2（a）中的 2 号小球，其显微结构见图 3-2（c）；（3）还有少量只有黏附粉而无核颗粒的结构，如图 3-2（a）中的 3 号小球，其显微结构见图 3-2（d）。分析各种以黏附粉包裹核颗粒结构的制粒小球，核颗粒种类包括：铁矿石、返矿、焦粉，以及石灰石、白云石等熔剂，黏附层为细粒铁矿石、焦粉、返矿、熔剂等的混合物。

制粒小球的典型结构是：制粒小球由黏附层和核颗粒构成，-0.5mm 颗粒起黏附粉作用，+0.5mm 颗粒作为核颗粒。核颗粒种类包括铁矿石、返矿、熔剂、

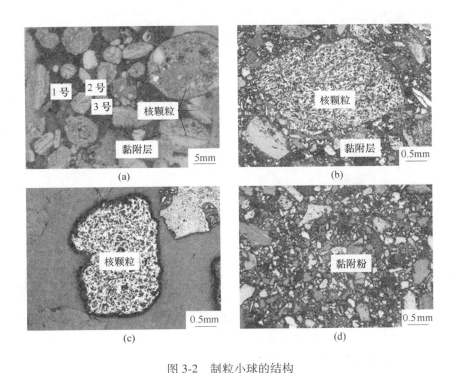

图 3-2 制粒小球的结构
(a) 制粒小球颗粒群剖面；(b) 黏附层包裹核颗粒结构；(c) 独核结构；(d) 无核结构

燃料等。黏附层由细颗粒的铁矿石、焦粉、返矿、熔剂等的混合物组成，在黏附层中，铁矿石、熔剂、焦粉分布相对比较均匀[8]。

B 制粒的影响因素

制粒是混合料中细颗粒在水分和黏结剂的作用下黏附粗颗粒长大的过程，因此黏附粉与核颗粒相对比例、黏附粉的性质、黏结剂用量和性质是影响制粒的关键因素[9,10]。因此，研究黏附粉含量、黏附粉比表面积对制粒效果的影响。

在各自适宜的水分条件下制粒，黏附粉比例对制粒的影响见图 3-3。可见：随着黏附粉比例的增加，制粒小球的平均粒径、形状系数先增大后减小，制粒小球中-1mm 粒级含量逐渐增加，增幅先小后大。在黏附粉比例为 40%~50% 时，平均粒径和形状系数都达到最大值，平均粒径大于 5mm，形状系数接近 0.88；且-1mm 粒级含量不高，低于 5%。

随着黏附粉比例的提高，压力降先降低后升高，黏附粉含量为 40%~50% 时压力降达到最低。主要原因是：当黏附粉太少时，包裹核颗粒的黏附粉太薄，导致小球长大不显著，使得小球粒径较小，且小球的形状和原矿形状相似，外形较不规则，导致形状系数较小；而黏附粉含量太高时，黏附粉之间易聚集形成大量的母球，小球也难以长大。因此黏附粉的含量在 40%~50% 时比较合适。

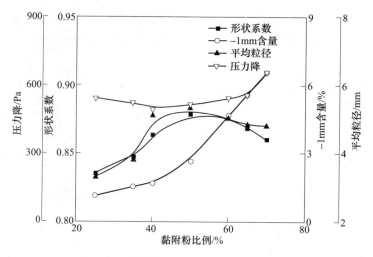

图 3-3　黏附粉比例对混合料制粒的影响

　　黏附粉比表面积对制粒的影响见图 3-4。可见，在适宜制粒水分条件下，黏附粉比表面积越大，制粒后混合料中粉末含量减少；而制粒小球形状系数随着比表面积的增大而增大，主要原因是由于比表面积大的黏附粉，其制粒小球表面相对光滑，使得形状系数增大。当黏附粉比表面积达到 $1000cm^2/g$ 时，混合料平均粒径提高到 5mm 以上，−1mm 含量降低到 5% 以下，形状系数可提高到 0.88 以上。而料层压力降随着黏附粉比表面积的增加而减小。

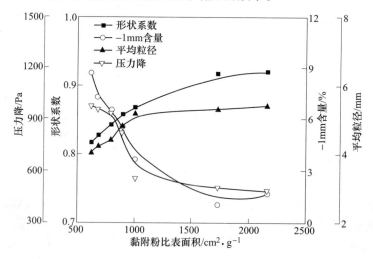

图 3-4　黏附粉比表面积对混合料制粒的影响

C　适宜制粒水分
吕学伟等人提出了湿容量的概念[11,12]，它是指单位质量的矿物在自然堆积的状态下所能保持的最大含水量与矿物干料的比值。其数学表达式为：

$$m_c = \frac{M_w}{M_i} \times 100\%$$ （3-1）

式中　m_c——矿物的湿容量；

　　　M_w——饱和吸水量；

　　　M_i——干燥状态的质量。

　　研究了混合料湿容量与适宜制粒水分的关系，通过对混合料的配水量与料层透气性的二次曲线拟合（如图 3-5 所示），当回归表达式的相关系数的平方超过 0.8 时，最佳配水量即为回归关系式的最小值；当回归关系的相关系数的平方小于 0.8 时，最佳配水量为该组实验点中负压最小时的配水量。

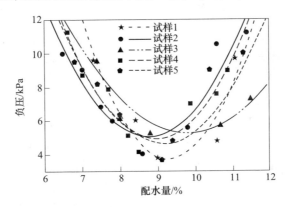

图 3-5　配水量和原料抽风负压的关系

　　根据制粒小球的典型结构分析，制粒小球中水分主要包括核颗粒、黏附粉自身吸收水分（含表面吸附水），以及黏附粉颗粒孔隙间的填充水分，如图 3-6 所

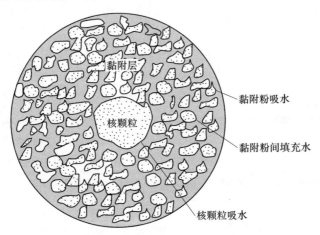

图 3-6　水分在制粒小球中的分布

示。适宜的制粒水分就是要满足颗粒充分吸水之后，有合理的水分填充在黏附粉孔隙间，使得产生足够的毛细力，抵抗制粒时小球间的摩擦力以及与圆盘碰撞时产生的剪应力，使黏附粉颗粒牢固黏附在小球表面而长大成更大的小球[13]。因此，影响适宜制粒水分的因素有：黏附粉与核颗粒的相对比例、黏附粉的持水量、核颗粒的持水量。

核颗粒在适宜制粒水分下所持有的水分主要由颗粒内部孔洞吸水及其表面吸附水构成，其持水量可采用离心法将颗粒在一定的离心力下，脱除与其结合力较差的自由水而测得。采用饱和吸水法检测黏附粉自然堆积状态下的最大毛细水，其检测的是黏附粉自身吸水以及颗粒间孔隙完全被水分充填的总含水量。可以根据混合料+0.5mm 的含量、核颗粒持水量以及黏附粉持水量构建如下模型预测制粒所需的适宜水分量：

$$W = x_{+0.5} \cdot W_c + 0.72(1 - x_{+0.5}) \cdot W_p \tag{3-2}$$

式中 $x_{+0.5}$——混合料中+0.5mm 颗粒的含量，%；

W_c——核颗粒的持水量，%；

W_p——黏附粉最大毛细水，%。

3.1.1.2 烧结成矿行为

烧结成矿是在焦粉燃烧产生的高温条件下，部分铁矿石与熔剂之间发生复杂的化学反应形成液相，液相黏结未熔矿石，冷凝固结后形成具有一定块度和强度的烧结矿。烧结成矿影响着烧结矿的结构和矿物组成，因此烧结矿的产量、质量和能耗等指标很大程度上取决于高温状态下铁矿的成矿性能[14]。

A 铁矿高温成矿性能

固相反应性：是指物料在没有熔化之前，两种固体在它们的接触界面上发生的化学反应，反应产物也是固体。铁矿石固相反应能力主要指铁矿石与 CaO 之间的反应，主要类型有 Fe_2O_3 与 CaO 生成铁酸钙、CaO 与 SiO_2 生成硅酸盐。固相反应性评价主要包括铁矿石与 CaO 之间的反应类型和反应程度。

液相生成特性：主要是指生成液相的难易程度，包括液相开始生成温度、液相生成平均速度、液相生成量等[15]。

液相流动性：在烧结过程中铁矿粉与 CaO 反应而生成液相的流动能力，它表征的是黏结相的"有效黏结范围"。一般而言，铁矿粉的液相流动性较高时，其黏结周围铁矿粉的范围也较大，从而提升烧结矿的固结强度。铁矿粉的液相流动性也不宜过高，否则其黏结周围物料的黏结层厚度会变薄，易形成烧结体的薄壁大孔结构，而使烧结矿固结强度降低。

液相黏结特性：烧结矿块度和强度不仅取决于烧结过程中形成液相的数量，同时还取决于液相黏结未熔铁矿石的性质，因为液相与未熔粗粒铁矿石之间的黏结能力决定了两者之间的接触强度（相间强度）。吴胜利等人[16,17]采用黏结相强度来表征铁矿粉在烧结过程中形成的液相对其周围的核矿石进行固结的能力。

液相冷凝结晶特性：由于铁酸钙是熔融区的主要黏结相，其含量和形态对烧结矿强度影响大[18]。烧结矿中主要以四元复合铁酸钙为主。根据铁酸钙晶粒粒径和自范性的区别，复合铁酸钙可分为板状、片状、柱状、针状四类结构。采用断裂韧性来衡量各种结构的铁酸钙微观强度。从力学性能的角度，断裂韧性能客观地衡量裂纹在矿物中扩展的难易程度，反映矿物的抗断裂性能。不同形态铁酸钙强度由高到低的顺序为：针状>柱状>片状>板状，且片状和板状铁酸钙的强度相当，针柱和柱状铁酸钙的强度相当，其微观强度的规律与宏观强度的规律一致。

未熔矿石固结特性：未熔矿石主要是粗粒赤铁矿、褐铁矿在烧结过程中未成矿而残留下来的，但经过了高温过程，发生了固结反应。赤铁矿在烧结过程由于赤铁矿再结晶而致密化，而褐铁矿由于结晶水的脱除，易形成裂纹和孔洞，其赤铁矿晶粒较为细小，再结晶程度较低。

综上所述，烧结成矿性能主要评价指标包括液相生成量、液相类型（针柱状铁酸钙生成量）以及未熔核固结强度。

B 影响成矿的因素

烧结矿是由熔融液相黏结未熔矿石而形成，熔融区化学成分对烧结矿熔融区液相和物相起着极为重要的作用[19,20]。熔融区的化学成分可通过式（3-3）计算。

$$w(Q) = \frac{\sum x_i \cdot x_i^{-0.5} \cdot w_i^Q + \sum x_j \cdot w_j^Q}{(\sum x_i \cdot x_i^{-0.5} + \sum x_j)(1 - \sum x_i \cdot x_i^{-0.5} \cdot w_i^{LOI} - \sum x_j \cdot w_j^{LOI})}$$

(3-3)

式中　$w(Q)$ ——熔融区化学成分 Q 的含量，%；

　　　x_i ——第 i 种铁矿石的配比，%；

　　　$x_i^{-0.5}$ ——第 i 种铁矿石的-0.5mm 粒级含量，%；

　　　$x_j^{-0.5}$ ——第 j 种熔剂、燃料的-0.5mm 粒级含量，%；

　　　w_i^Q ——第 i 种铁矿石-0.5mm 粒级中化学成分 Q 的含量，%；

　　　w_i^{LOI} ——第 i 种铁矿石-0.5mm 粒级中的烧损，%；

　　　x_j ——第 j 种熔剂、燃料的配比，%；

　　　w_j^Q ——第 j 种熔剂、燃料中化学成分 Q 的含量，%；

　　　w_j^{LOI} ——第 j 种熔剂、燃料中的烧损，%。

研究了 CaO/Fe_2O_3 摩尔比对烧结矿熔融区液相生成特性和铁酸钙生成特性的影响，结果见图 3-7。可知，随着 CaO/Fe_2O_3 摩尔比的提高，混合料的液相开始生成温度降低，液相生成的速度加快。当 CaO/Fe_2O_3 摩尔比达到 0.7~1.0 时，

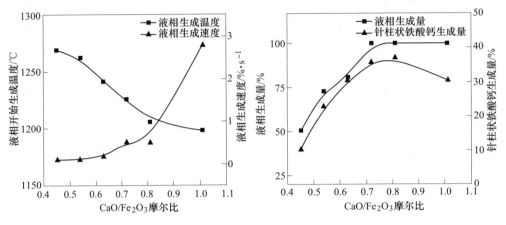

图 3-7　CaO/Fe_2O_3 对熔融区液相生成和铁酸钙生成的影响

在 1300℃ 的温度下能完全生成液相。随着 CaO/Fe_2O_3 比例的增加，铁酸钙总量增加，针柱状铁酸钙的含量先增加后减少。当 CaO/Fe_2O_3 较低时，主要形成板块状铁酸钙；当 CaO/Fe_2O_3 达到 $0.6 \sim 0.8$ 时，针柱状铁酸钙的含量达到最大值；继续提高 CaO/Fe_2O_3 到 1.0，针柱状铁酸钙的含量反而降低，互连型的片状铁酸钙大量形成。因此，CaO/Fe_2O_3 摩尔比在 $0.6 \sim 0.8$ 的范围内时，能生成较多的液相，且形成的针柱状铁酸钙含量最高。

在 CaO/Fe_2O_3 摩尔比为 0.6 的条件下，SiO_2 对烧结矿熔融区液相生成特性及铁酸钙生成特性的影响见图 3-8。可知：随着 SiO_2 含量的提高，液相生成温度、生成速度、生成量刚开始变化不大，但当 SiO_2 含量提高到 5.5% 以后，液相开始生成温度提高，液相生成速度减慢，而液相生成量减少。由 SiO_2 对针柱状铁酸钙的影响可知，当 SiO_2 从 4.3% 提高到 5.0%，针柱状铁酸钙含量增加，SiO_2 作

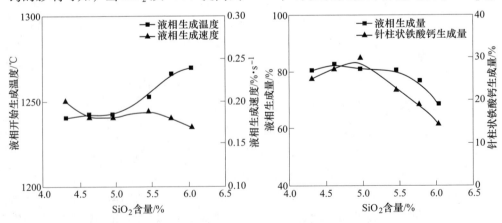

图 3-8　SiO_2 对熔融区液相生成和铁酸钙生成的影响

为复合铁酸钙的组元参与铁酸钙的形成，在此范围内有助于铁酸钙从短柱状或板状向针柱状结构发展；而当 SiO_2 从 5.0%继续提高到 6.0%时，由于 $CaO-SiO_2$ 间的亲和力大于 $CaO-Fe_2O_3$，使得 CaO 更容易形成硅酸钙，使黏结相由铁酸钙向硅酸盐转变。当 SiO_2 含量为 5.0%时，针柱状铁酸钙含量最大。由于 SiO_2 一方面参与复合铁酸钙的形成，其含量关系着铁酸钙结构，另一方面 SiO_2 反应生成硅酸盐将消耗 CaO，这也将影响着铁酸钙的生成。根据 SiO_2 对混合料成矿、熔融区矿物组成与微观结构的影响规律，SiO_2 为 5.0%时，其液相生成性能较好，且有利于针柱状铁酸钙的生成。因此，SiO_2 含量以 5.0%为宜。

在 CaO/Fe_2O_3 为 0.6 的条件下，Al_2O_3 含量对烧结矿熔融区液相生成特性和铁酸钙生成特性的影响见图 3-9。可知：随着 Al_2O_3 含量的增加，液相开始生成温度呈上升趋势，Al_2O_3 含量 1.0%时液相生成温度为 1238℃，含量 1.8%与 2.6%时分别提高至 1248℃和 1261℃；液相生成速度在 Al_2O_3 含量 1.0%~1.8%的范围内变化不大，但继续提高 Al_2O_3 含量，液相生成速度减慢。液相生成量随着 Al_2O_3 含量的增加总体呈下降趋势，但在 Al_2O_3 含量 1.8%以下时降幅较缓，超过 2.0%时急剧减少。Al_2O_3 含量 1.0%时的液相生成量为 81.27%，含量 2.6%时其降幅达 14.85%。Al_2O_3 含量自 1.0%提高到 2.6%时，铁酸钙总量呈增加的趋势；但 Al_2O_3 不仅影响铁酸钙的生成量，而且对铁酸钙的结构也有影响：当 Al_2O_3 含量自 1.0%提高到 1.8%时，针柱状铁酸钙含量略有降低；而当 Al_2O_3 含量自 1.8%提高到 2.6%时，铁酸钙由针柱状向板块状结构发展。由于 Al_2O_3 过高时，不仅提高了熔体的熔化温度，还将导致液相的黏度增大而使液相流动性较低，使得结晶过程单向延伸型的铁酸钙析出受到限制。

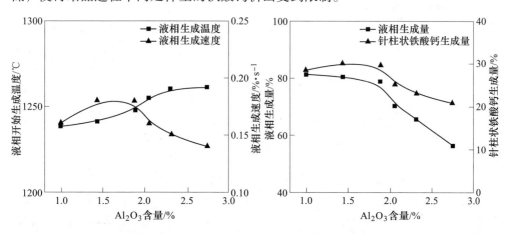

图 3-9 Al_2O_3 对熔融区液相生成和铁酸钙生成的影响

上述研究说明 Al_2O_3 是形成复合铁酸钙的重要元素，它不仅影响复合铁酸钙的生成量，而且对铁酸钙的结构也有重要影响。Park J H 等[21]的实验表明，

SFCA 在无 Al_2O_3 的环境下无法生成。Dawson P R 等[22]认为 SFCA 形成的初始反应是 Al_2O_3 与 CaO 反应形成 $CaO \cdot Al_2O_3$，它溶入 $CaO \cdot Fe_2O_3$ 形成固溶体，使铁酸钙熔点降低，并能稳定铁酸钙，避免受 SiO_2 影响而造成的分解，有利于铁酸钙在液相中稳定存在。此外，含 Al_2O_3 的铁酸钙还能吸收相当数量的 SiO_2，使铁酸钙生成量增加。综合 Al_2O_3 对混合料液相生产特性的影响，以及对熔融区矿物组成、微观结构的影响，烧结矿熔融区的 Al_2O_3 含量不宜超过 1.8%。

MgO 含量对烧结矿熔融区液相生成特性和铁酸钙生成特性的影响见图 3-10。可知：液相生成温度随着 MgO 含量的提高而增大，液相生成速度降低。随着 MgO 含量的提高，液相生成量呈下降趋势，MgO 含量从 1.38% 提高到 6.48% 时，液相生成量从 100% 降低到 67.24%。这与成矿过程生成一些含镁高熔点矿物（镁橄榄石（熔点 1890℃）、钙镁橄榄石（熔点 1454℃）、镁蔷薇辉石（熔点 1570℃）、镁黄长石（熔点 1454℃））等有关。由 MgO 含量对熔融区铁酸钙生成的影响可知，随着 MgO 含量的提高，铁酸钙含量降低，主要是由于 Mg^{2+} 离子进入磁铁矿晶格，形成了镁尖晶石 $[(Fe,Mg)O \cdot Fe_2O_3]$，稳定了磁铁矿晶格，使得磁铁矿氧化为赤铁矿的反应受阻而抑制了铁酸钙的生成。当 MgO 含量从 1.38% 提高到 6.48%，针柱状铁酸钙含量从 34.67% 下降到 18.17%。因此对于高铁低硅的烧结来说，应尽量降低 MgO 含量[23]。

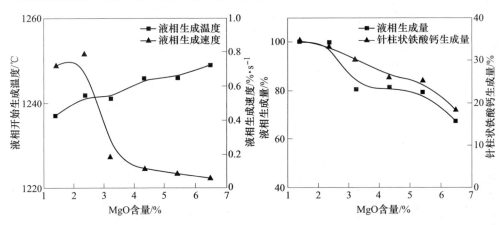

图 3-10 MgO 对熔融区液相生成和铁酸钙生成的影响

综合 MgO 对混合料液相生成特性、熔融区矿物组成等影响可知，低 MgO 含量有利于混合料成矿，同时有利于针柱状铁酸钙的生成，因此对于高铁低硅的烧结来说，应尽量降低 MgO 含量，但高炉造渣需要一定的 MgO，所以 MgO 含量在保证高炉造渣的条件下应尽量低。

综合 CaO/Fe_2O_3、SiO_2、Al_2O_3、MgO 等对液相和针柱状铁酸钙生成量的影响，熔融区适宜化学成分为：CaO/Fe_2O_3 的摩尔比值为 0.6~0.8、SiO_2 含量 5% 左右、Al_2O_3 含量小于 1.8%、MgO 含量在保证高炉造渣的条件下应尽量低。

3.1.2 优化配矿方法

3.1.2.1 基于能值优化的配矿方法

能值的概念是陆钟武和蔡九菊引入到冶金工业[24]，严格来说铁矿石并不属于载能体，但从系统节能的角度，可以采取载能体的方式对其进行处理，Liu Changxin 等人[25]以烧结矿能值最小为目标，对配矿方案进行优化。根据烧结过程的物料平衡与热量平衡，其能值平衡可以表示为如图 3-11 所示。

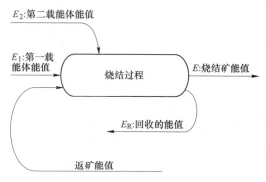

图 3-11　烧结过程的能值平衡关系

从系统节能的角度出发，烧结过程的第一载能体包括了铁矿石、熔剂以及其他辅助物料，第二载能体主要是燃料，它们的能量值分别表示为 E_1 和 E_2。烧结矿和返矿的能值分别表示为 E 和 E_R，烧结过程的能值平衡表示为：

$$E_1 + E_2 = E + E_R \tag{3-4}$$

将铁矿石、熔剂、燃料等配比代入式中，则烧结矿能值为：

$$
\begin{aligned}
E(X) &= \sum e_{i,\text{ore}} \times m_{i,\text{ore}} + \sum e_{i,\text{flux}} \times m_{i,\text{flux}} + \\
&\quad \sum e_{i,\text{other}} \times m_{i,\text{other}} + e_{\text{coke}} \times m_{\text{coke}} + E_A - E_R \\
&= \sum_{i=1}^{n} e_i \times x_i + E_A - E_R
\end{aligned}
\tag{3-5}
$$

为了实现系统节能，则在满足烧结矿质量要求、燃料消耗约束和余热回收率的基础上，降低烧结矿能值。烧结矿质量要求主要包括化学成分和碱度，其约束可以表示为：

$$d_j \leqslant \sum_{i=1}^{n} x_i \times a_j^i \leqslant b_j \tag{3-6}$$

$$d \leqslant \frac{\sum\limits_{i=1}^{n} x_i \times a_{\text{CaO}}^i}{\sum\limits_{i=1}^{n} x_i \times a_{\text{SiO}_2}^i} \leqslant b \tag{3-7}$$

该模型采用了经验公式计算燃料配比，如式（3-8）所示：

$$m_{coke} = \frac{0.06KML}{v\rho q} \tag{3-8}$$

式中 K ——燃料燃烧速率，$mol/(m^3 \cdot s)$；

M ——碳的摩尔质量，g/mol；

L ——烧结机长度，m；

v ——烧结台车速度，m/s；

ρ ——烧结混合料密度，t/m^3；

q ——烧结厂成品率，%。

基于 Chen Lingen 等人[26]对烧结过程的热力学分析结果认为燃料提供的热量约占烧结过程总热量的70%，除燃料以外的其他能源所产生的热值为：

$$E_A = m_{coke} \, e_{coke} \frac{100 - \eta}{\eta} \tag{3-9}$$

式中 η ——燃料提供的热值占烧结热值总收入的比例，%。

烧结过程可回收利用的热量主要是烧结矿显热和烟气热量，它们分别占总热量支出的63.27%和26.01%，两者分别有55.46%和20%的热量可以回收利用，因此烧结过程的能源回收效率为：

$$E_R = \frac{m_{coke} \, e_{coke}}{\eta} (\eta_1 \varepsilon_1 + \eta_2 \varepsilon_2) \tag{3-10}$$

式中，η_1 和 η_2 分别表示烧结矿显热和烟气余热占烧结总热量输出的比例，%；ε_1 和 ε_2 分别表示烧结矿显热和烟气余热的可利用率，%。

综上所述，基于烧结矿能值最低的优化配比模型如式（3-11）所示。该模型为典型的线性约束优化问题，通过线性规划法即可实现快速求解。

$$\min E(X) = \sum_{i=1}^{n} e_i x_i + E_A - E_R$$

$$\text{s. t.} \begin{cases} d_j \leqslant \sum_{i=1}^{n} x_i \times a_j^i \leqslant b_j \\ d \leqslant R \leqslant b \\ x_{10} = \dfrac{0.06KML}{v\rho(76.9515 - 2.9740R)} \times 10^{-3} \\ E_A = x_{10} e_{10} \dfrac{100 - \eta}{\eta} \\ E_R = \dfrac{x_{10} e_{10}}{\eta}(\eta_1 \varepsilon_1 + \eta_2 \varepsilon_2) \\ X_{li} \leqslant x_i \leqslant X_{ui} \\ \sum_{i=1}^{n} x_i = 1 \end{cases} \tag{3-11}$$

3.1.2.2 基于成矿性能优化的配矿方法

传统的烧结配矿只注重铁矿粉的化学成分、粒度组成等常温基础性能，但是烧结原料变得越来越复杂，同时高炉容量不断增大对烧结矿性能提出了更高的要求，因此在优化配矿过程中必须重视铁矿的高温性能。张建良等人[27,28]建立了兼顾烧结原料常温性能和高温性能的优化配矿模型，模型框架如图 3-12 所示。

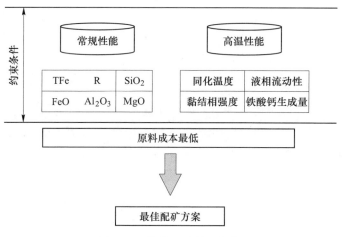

图 3-12 优化配矿模型框架

优化配矿模型的目标函数是原料成本最低：

$$\min G = P_1 \cdot C_1 + P_2 \cdot C_2 + \cdots + P_j \cdot C_j + \cdots + P_k \cdot C_k + \cdots + P_n \cdot C_n$$

$$(3\text{-}12)$$

式中，P_j $(j = 1, 2, \cdots, n)$ 为烧结原料 j 的质量百分比，%，其中 1，2，$\cdots$，k 表示的是铁矿石，$k+1$，$\cdots$，n 表示的是其他含铁原料；C_j $(j = 1, 2, \cdots, n)$ 为各种原料的单价，元/t；G 为烧结原料总成本，元/t。

优化模型的约束条件主要包括化学成分约束、高温性能约束、原料配比约束和质量守恒约束。其中烧结矿化学成分约束包括 TFe、SiO_2、CaO、MgO、Al_2O_3、P 和 S，通用的约束关系如下所示：

$$\min[w(i) \cdot M_{\text{sinter}}] \leqslant \sum_{j=1}^{n} [w(i)_j \cdot P_j] \leqslant \max[w(i) \cdot M_{\text{sinter}}]$$

$$i = 1, 2, \cdots, m; \ j = 1, 2, \cdots, n \qquad (3\text{-}13)$$

式中，$w(i)_j$ 为烧结原料 j 的化学成分 i；$\min[w(i)]$ 和 $\max[w(i)]$ 分别表示烧结矿化学成分 i 的最小值和最大值；i 为 TFe、SiO_2、CaO、MgO、Al_2O_3、P 和 S；

M_{sinter} 为烧结矿质量。

高温性能约束考虑了同化温度、液相流动性、黏结相强度和复合铁酸钙生成量，研究者认为同化温度和液相流动性的适宜值分别为 1300℃ 和 4.0，而黏结相强度和复合铁酸钙生成量则越高越好，因此高温性能约束可用下式表示：

$$\text{s. t.} \begin{cases} \min T \leqslant \sum_{j=1}^{k} T_j \cdot O_j \leqslant \max T \\ \min f \leqslant \sum_{j=1}^{k} f_j \cdot O_j \leqslant \max f \\ \min I \leqslant \sum_{j=1}^{k} I_j \cdot O_j \\ \min S \leqslant \sum_{j=1}^{k} S_j \cdot O_j \end{cases} \tag{3-14}$$

式中，T_j、f_j、I_j 和 S_j 分别表示铁矿石 j 的同化温度、液相流动性、黏结相强度和复合铁酸钙生成量，min 和 max 分别表示最小值和最大值；O_j 为铁矿石 j 在全部铁矿石中的质量百分比，计算公式如下：

$$O_j = \frac{P_j}{\sum_{j=1}^{k} P_j} \times 100\% \tag{3-15}$$

原料配比约束和质量守恒约束可用式（3-16）和式（3-17）表示：

$$\min P_j \leqslant P_j \leqslant \max P_j \tag{3-16}$$

$$\sum_{j=1}^{n} P_j = 100\% \tag{3-17}$$

上述优化配矿模型同样为线性约束优化问题，可采用线性规划法等最优化方法进行求解。

3.1.2.3 基于多目标优化的配矿方法

要实现技术、经济、环保等多目标优化的合理配矿，单纯依靠理论计算或线性规划法是无法做到的，而常规烧结配矿试验的方法，又存在工作量大、周期长、外延性差等问题。因此，将烧结理论、数学模型和最优化理论相结合，采用计算机技术，构建烧结优化配矿技术经济系统[29~31]。其流程如图 3-13 所示。

首先根据烧结矿碱度 R 和化学成分（TFe、SiO_2、CaO、MgO、Al_2O_3、P、S等）的要求、制粒性能（黏附粉含量和比表面积）的要求、各种铁矿的供应量以及原料成本，采用配矿模型寻优计算出满足技术指标要求、原料成本低的初始配矿方案组。初始方案组由几十甚至上百个配矿方案组成，不同的配矿方案具有不同的适宜工艺参数（烧结能耗）、烧结矿产量与质量指标以及污染物排放。所

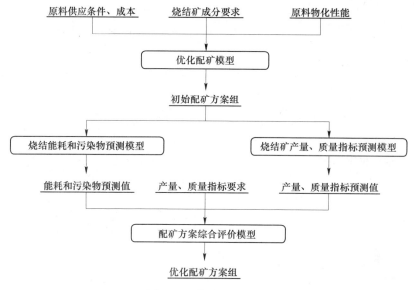

图 3-13　优化配矿流程

以，烧结能耗污染物预测模型和产量、质量预测模型分别计算出不同配矿方案的适宜水分和焦粉配比（能耗）、烧结矿转鼓强度（质量）、利用系数（产量）和 SO_x、NO_x 排放浓度等。根据烧结能耗、产量与质量指标和污染物排放浓度的预测结果，按照烧结矿产量和质量指标的要求，采用配矿方案综合评价模型计算出技术、经济和环保指标最优的最终配矿方案组，供用户选择和生产应用。

　　A　优化配矿模型

以 $x = [x_1, x_2, \cdots, x_n]$ 表示各种原料的配比，优化配矿模型的目标函数如式（3-18）所示，其中 p_i 表示原料单价。

$$f_c(x) = \sum x_i \cdot p_i \tag{3-18}$$

根据 3.1.2.1 小节的分析可知，制粒小球结构主要包括黏附粉和核颗粒，而黏附粉主要由 $-0.5mm$ 的颗粒组成。黏附粉含量对制粒性能有重要影响，其适宜范围为 40%~50%。因此，通过黏附粉含量的约束可保证混合料具有较好的透气性，黏附粉含量约束如式（3-19）所示。

$$C_{min, -0.5mm} \leqslant \sum_{i=1}^{n} x_i \cdot c_{i, -0.5mm} \leqslant C_{max, -0.5mm} \tag{3-19}$$

根据 3.1.2.2 小节的分析可知，熔融区的 CaO/Fe_2O_3 摩尔比、SiO_2、Al_2O_3、MgO 对混合料成矿性能有重要影响。因此，在优化配矿过程中，添加熔融区化学成分约束，可保证混合料具有良好的高温成矿性能，进而可获得较好的烧结产量、质量指标。熔融区化学成分约束如式（3-20）所示，熔融区化学成分计算公式见式（3-21）。

$$C_{\min,\text{melt},Q} \leqslant C_{\text{melt},Q}(x) \leqslant C_{\max,\text{melt},Q} \tag{3-20}$$

为了达到高炉炼铁过程的要求，烧结矿需要有适宜的化学成分及二元碱度（CaO/SiO_2），烧结矿化学成分的约束表达式如下：

$$C_{\min,Q} \leqslant \frac{\sum\limits_{i=1}^{n} c_{i,Q} \cdot x_i}{\sum\limits_{i=1}^{n} (1 - c_{i,\text{LOI}}) \cdot x_i} \leqslant C_{\max,Q} \tag{3-21}$$

结合各矿种的配比范围约束及总配比约束，优化配矿可表示为：

$$\min f_{\text{c}}(x)$$

$$\text{s. t.}\begin{cases} C_{\min,-0.5\text{mm}} \leqslant \sum\limits_{i=1}^{n} x_i \cdot c_{i,-0.5\text{mm}} \leqslant C_{\max,-0.5\text{mm}} \\[2mm] C_{\min,\text{melt},Q} \leqslant C_{\text{melt},Q}(x) \leqslant C_{\max,\text{melt},Q} \\[2mm] C_{\min,Q} \leqslant \sum\limits_{i=1}^{n} c_{i,Q} \cdot x_i \bigg/ \sum\limits_{i=1}^{n} (1 - c_{i,\text{LOI}}) \cdot x_i \leqslant C_{\max,Q} \\[2mm] x_i \in [x_{i,\min}, x_{i,\max}], \quad \sum\limits_{i=1}^{n} x_i = 1 \end{cases} \tag{3-22}$$

上述模型为典型的约束优化问题，对于这类问题的求解，线性规划的研究十分成熟，将其应用于烧结配料优化的例子也很多，但该方法要求约束条件为线性。遗传算法是一种较为成熟的随机化搜索技术，因具有较强的全局搜索能力而得到了广泛的研究应用。但由于配矿优化问题所涉及的自变量和约束条件较多，若随机化地产生初始配矿方案，其求解效率较低。本研究采用线性规划对模型进行初步求解，获得可行的配矿方案，然后以该方案作为遗传算法的初始个体，参与并引导遗传进化，算法流程如图 3-14 所示。

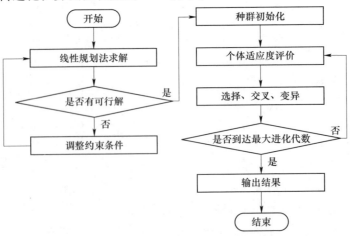

图 3-14 原料配比优化模型的求解流程

B 烧结指标预测模型

对于非线性回归，支持向量机的基本思路是先通过非线性映射 $x \rightarrow \phi(x)$，将输入空间映射成高维的特征空间（Hilbert 空间），然后在特征空间中进行线性回归[32]。

假设非线性模型为：

$$f(x) = \omega \cdot \phi(x) + b \tag{3-23}$$

式中　$f(x)$——回归函数；

　　　ω，b——分别为权重系数和偏置系数；

　　　$\phi(x)$——非线性映射。

设 SVM 的核函数 $K(x_i, x_j)$ 满足：

$$K(x_i, x_j) = \phi(x_i) \cdot \phi(x_j) \tag{3-24}$$

非线性拟合问题可以转化为以下对偶优化问题：

$$\min \frac{1}{2} \sum_{i,j=1}^{m} (a_i - a_i^*)(a_j - a_j^*) K(x_i, x_j) + \sum_{i=1}^{m} a_i(\varepsilon - y_i) + \sum_{i=1} a_i^*(\varepsilon + y_i) \tag{3-25}$$

$$\mathrm{s.\,t.} \begin{cases} \sum_{i=1}^{m} (a_i - a_i^*) = 0 \\ a_i, \ a_i^* \in [0, \ C] \end{cases} \tag{3-26}$$

式中　a_i，a_i^*——Lagrange 乘子；

　　　ε——不敏感系数；

　　　y_i——训练样本集输出；

　　　C——惩罚因子。

最终可得回归函数如式（3-27）所示。

$$f(x) = \sum_{i=1}^{m} (a_i - a_i^*) \cdot K(x_i, x_j) + b \tag{3-27}$$

预测模型结构如图 3-15 所示。其中，x_1，x_2，$\cdots$，x_m 为输入参数，$K(x_i, x)$，$i = 1$，2，$\cdots$，SV 为支持向量机模型的核函数。

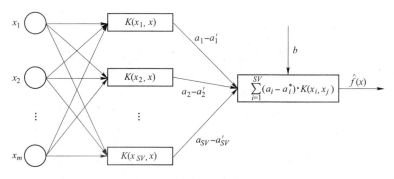

图 3-15　支持向量机结构示意图

　　基于该模型的适宜制粒水分、适宜焦粉配比、垂直烧结速度、成品率、转鼓强度和利用系数的预测效果分别如图 3-16~图 3-21 所示。

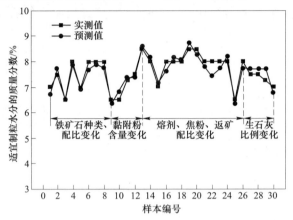

图 3-16　制粒适宜水分模型预测效果

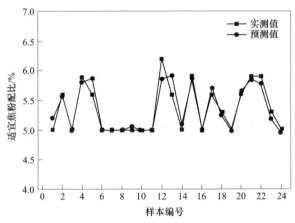

图 3-17　适宜焦粉配比模型预测效果

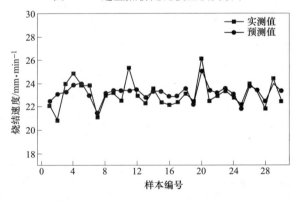

图 3-18　烧结速度模型预测效果

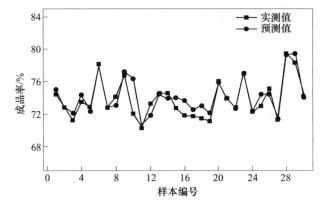

图 3-19　成品率模型预测效果

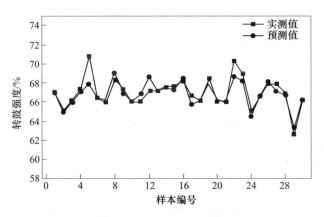

图 3-20　转鼓强度模型预测效果

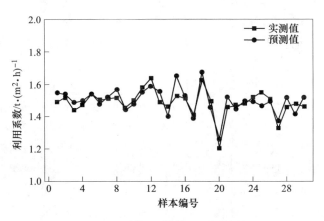

图 3-21　利用系数模型预测效果

3.1.3 优化配矿系统开发与应用

3.1.3.1 烧结优化配矿系统

基于技术、经济、环保多目标优化需求，采用 Visual C#开发了烧结优化配矿系统，主要包括原料性能数据库、烧结指标预测子系统、烧结优化配矿子系统等三个功能模块，系统结构如图 3-22 所示。

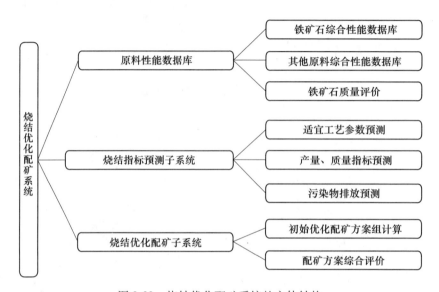

图 3-22 烧结优化配矿系统的主体结构

原料性能数据库包括铁矿石综合性能数据库和其他原料综合性能数据库。铁矿石综合性能数据库由铁矿石的基本信息、化学成分、物理性能、成矿性能、制粒性能及总体评价 6 个方面构成；其他原料综合性能由原料的基本信息、化学成分、物理性能等 3 个方面构成。数据库界面如图 3-23 所示，通过操作界面，操作人员能够方便地实现原料基础性能数据的管理，例如查询、添加、删除或修改。

烧结指标预测界面如图 3-24 所示。

（1）配料计算：为了预测烧结工艺参数和产量与质量指标，需要明确烧结混合料的各种性能，所以要对配矿方案进行配料计算。因为每个配矿方案的铁矿配比已经确定，那么混匀矿的 TFe、SiO_2、Al_2O_3 含量确定，所以按照烧结矿的 R 和 MgO 含量要求，用理论配料方法进行配料计算。

（2）指标预测：根据每种配矿方案对应的混合料各种性能，应用预测模型，对烧结适宜水分、适宜焦粉配比、垂直烧结速度、烧结矿转鼓强度、成品率、利用系数、污染物排放浓度等进行预测。

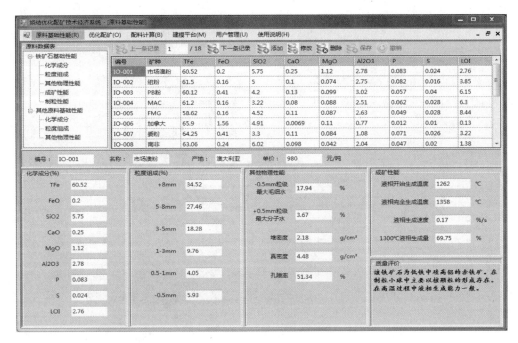

图 3-23 系统数据管理平台

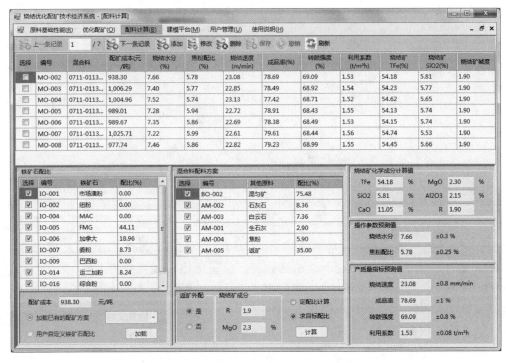

图 3-24 烧结工艺参数和产量与质量指标预测

优化配矿界面如图 3-25 所示。

（1）系统根据烧结矿化学成分要求，混合料粒度要求，以及铁矿石配比约束，计算出几十种配矿方案。

（2）根据各配矿方案的工艺参数和产量和质量指标的预测结果，应用综合评价模型计算出每种方案的评价指数，再根据烧结矿产量和质量指标的要求，剔除不满足要求的方案，给出最终的优化配矿方案组。

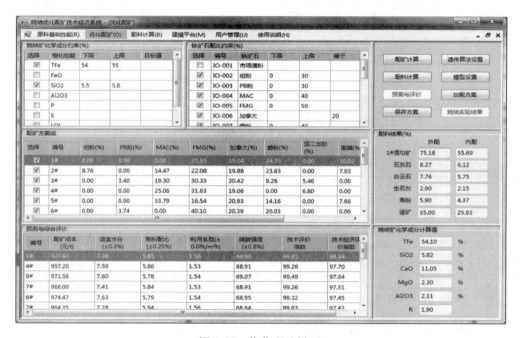

图 3-25   优化配矿界面

3.1.3.2   烧结优化配矿实践

针对制粒难、成矿难的褐铁矿、钒钛磁铁矿等非传统铁矿资源，通过优化配矿，匹配性能互补的配矿方案，解决了难处理铁矿资源规模利用导致烧结矿产量、质量下降的问题，显著提升了铁矿资源的利用水平[33~35]。

（1）针对 Al_2O_3 高（1%~3.5%）、LOI 高（>5%）、粒度较粗、质地疏松、孔隙发达、密度低、吸水能力强的褐铁矿，通过优化配矿调控混合料-0.5mm 含量，保证混合料中-0.5mm 的含量为 40%~45%，并配入 20%~35%的磁铁矿比例（FeO 含量）优化铁矿石结构，消除了褐铁矿未熔矿石固结强度差以及结晶水脱除吸热等负面影响，优化配矿后，在固体燃耗增加不大的条件下，实现了高比例褐铁矿的应用（见表 3-1）。

（2）针对 TiO_2、MgO、Al_2O_3 含量较高，而 TFe 和 SiO_2 较低，粒度粗、比表

面积小，特征水低、成球性指数差的钒钛磁铁精矿，通过优化配矿降低混合料中 $-0.5mm$ 的含量、提高 $-0.5mm$ 粒级的比表面积以改善混合料的制粒性能，并降低烧结矿熔融区的 $CaO/(TiO_2 + SiO_2)$ 摩尔比、提高 CaO/Fe_2O_3 摩尔比以增加熔融区的液相生成量和铁酸钙生成量[28~32]，优化后各项烧结指标均明显改善（见表 3-1）。

表 3-1　高比例褐铁矿、钒钛磁铁矿的优化配矿烧结效果

难处理铁矿类型	难处理铁矿比例/%	是否优化配矿	适宜焦粉配比/%	烧结速度/mm·min^{-1}	成品率/%	利用系数/t·(m²·h)$^{-1}$	转鼓强度/%
褐铁矿	10	—	5.00	22.46	72.20	1.49	66.13
	55	优化前	5.90	23.89	73.88	1.52	64.47
	55	优化后	5.30	23.25	73.78	1.53	66.80
钒钛磁铁矿	55	优化前	4.00	18.21	69.11	56.80	1.22
	55	优化后	4.25	21.23	71.49	58.65	1.38

（3）针对精矿粒度微细、精矿比例高的烧结厂，因精矿比例的提高，混合料 $-0.5mm$ 含量提高，导致熔融区 CaO/Fe_2O_3 摩尔比降低，烧结指标降低。提出了精矿预制粒技术[33]：将一部分精矿与生石灰、燃料一起预先制成 3mm 左右的小球作为核，然后预制粒小球与剩余铁矿石、熔剂、燃料和返矿等一起再进行制粒（见图 3-26）。一方面预制粒增加了核颗粒的比例，改善透气性；另一方面提高了主体物料熔融区的 CaO/Fe_2O_3 摩尔比，提高液相生成量，进而改善烧结矿强度。经预制粒优化制粒过程的配矿结构，烧结指标改善显著。

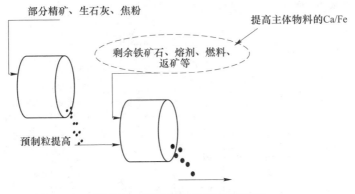

图 3-26　精矿预制粒工艺示意图

3.2　生物质能烧结减排技术

焦粉和无烟煤等化石燃料是烧结过程 CO_x、SO_x、NO_x 等污染物生成的主要来

源。通过生物质能等可再生清洁能源替代化石燃料，是烧结污染物源头减排的重要途径。生物质具有低硫、低氮的特点，且产生的 CO_2 参与大气的碳循环，其代替化石能源作为烧结燃料，可降低 CO_x、SO_x、NO_x 排放。

生物质能源来源广泛，资源丰富，我国可开发为能源的生物质资源可达 3 亿吨标煤，大多为农作物秸秆、林业加工废料、甘蔗渣等废弃物，其利用率不足 10%，大量宝贵的生物质能源被浪费。将生物质制备成烧结所能利用的燃料，既可以缓解我国能源供应的紧张局面，还可降低多种污染物的排放，是今后烧结清洁生产的重要发展方向。

3.2.1 生物质燃料特性

荷兰 Corus 技术与发展中心研究了葵花籽壳、杏仁壳、橄榄渣等原始生物质替代焦粉对烧结的影响，其替代比例低，烧结矿质量下降，表明原始生物质不适合直接用于烧结。澳大利亚 CSIRO 研究了炭化得到的木炭替代焦粉应用于烧结，结果表明，生物质经炭化后，其应用于烧结的效果改善、替代比例提高[34~36]。因此，应用于烧结的生物质燃料一般为生物质炭化后的产品。

分别由木质生物质、秸秆、山楂果核为原料经炭化而制得木质炭、秸秆炭、果核炭三种炭化产品，研究了三种生物质燃料与焦粉在物化性质方面的差异，其工业分析见图 3-27。可知，相比焦粉，生物质燃料的灰分低、挥发分高。灰分和挥发分含量最低的为木质炭，其次为果核炭，再次为秸秆炭；而木质炭、果核炭的固定碳焦粉高，秸秆炭的固定碳最低。三种生物质燃料的热值分别为 30.77MJ/kg、24.79MJ/kg、28.96MJ/kg，木质炭和果核炭的热值比焦粉（26.84MJ/kg）高。

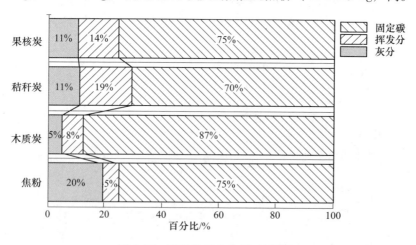

图 3-27 燃料的工业分析（干基）

生物质燃料的 N、H、O、S 等元素含量见图 3-28。可知，相比常规燃料焦粉，生物质燃料的 H、O 含量高，而 S、N 含量低，尤其 S 含量，生物质的 S 含量均低于 0.1%，而 N 含量仅为焦粉的 1/4~1/2。

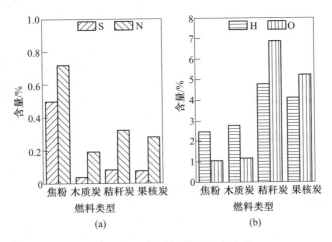

图 3-28　生物质燃料的元素含量

（a）不同燃料的 S、N 含量；（b）不同燃料的 H、O 含量

生物质燃料和焦粉的微观结构见图 3-29。可见，与焦粉相比，木质炭、秸秆

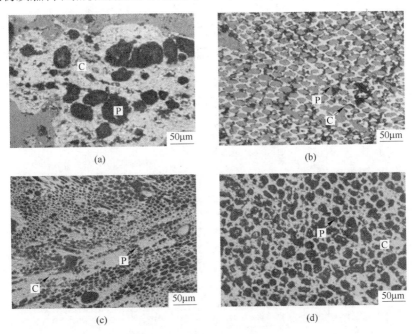

图 3-29　固体燃料的显微结构

（a）焦粉；（b）木质炭；（c）秸秆炭；（d）果核炭

C—碳；P—孔洞

炭、果核炭等生物质燃料的孔隙较多，且以微孔为主，孔洞分布比较均匀。在光学显微镜下统计生物质燃料和焦粉的孔隙率，并采用 BET 氮吸附法检测生物质燃料和焦粉的比表面积，结果表明生物质燃料具有较大的孔隙率和比表面积。木质炭、秸秆炭、果核炭的孔隙率分别为 58.22%、62.19%、52.48%，比焦粉 45.75% 分别高 12.47%、16.44%、6.73%；而比表面积分别达 54.76m²/g、60.82m²/g、22.55m²/g，分别为焦粉 6.00m²/g 的 9.13 倍、10.14 倍、3.76 倍。

采用 TG-DSC 非等温热分析研究燃料燃烧特性，见图 3-30。四种燃料在空气中加热主要经历干燥段、升温段和燃烧段等三个阶段。生物质燃料与焦粉相比，其差异主要在燃烧段。生物质燃料在较低的温度下就能开始发生反应，其反应起始温度 T_s、着火温度 T_i、反应终止温度 T_e 比焦粉低 72℃、97℃、210℃以上。三种生物质燃烧反应温度由低到高的顺序为秸秆炭、木质炭、果核炭。生物质燃料的失重速率（DTG）曲线和吸放热（DSC）曲线主要出现尖峰，表明在升温过程中生物质燃料不等速燃烧，且峰的宽度较窄，说明持续燃烧的时间短，而对于焦粉，当温度超过 600℃后，其燃烧放热 DSC 曲线及 DTG 曲线相对平缓，表明焦粉以相对均衡的速度持续燃烧。因此，相比焦粉，生物质燃料的燃烧更为快速。

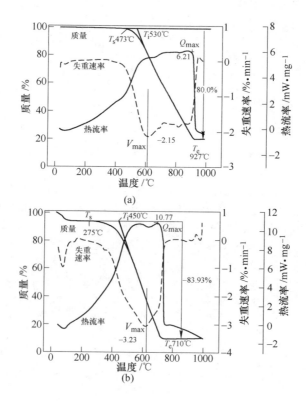

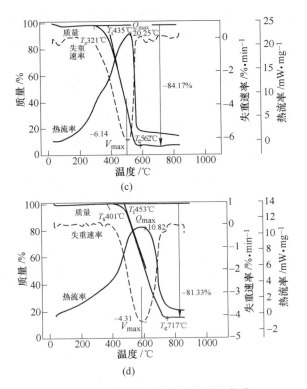

图 3-30　燃料的非等温燃烧热重曲线

（a）焦粉；（b）木质炭；（c）秸秆炭；（d）果核炭

3.2.2　生物质燃料影响烧结的机理

三种生物质炭替代焦粉对烧结矿产量和质量的影响见表 3-2。随着替代比例的增加，烧结速度加快，但成品率、转鼓强度和利用系数都呈降低的趋势。当替

表 3-2　生物质替代焦粉对烧结指标的影响

燃料种类	取代比例焦粉 /%	烧结速度 /mm·min⁻¹	成品率/%	转鼓强度/%	利用系数 /t·(m²·h)⁻¹
焦粉	—	21.94	72.66	65.00	1.48
木质炭	20	24.58	68.69	64.40	1.52
木质炭	40	24.73	65.30	63.27	1.43
木质炭	60	27.20	55.35	54.67	1.32
木质炭	100	27.17	41.11	23.87	0.93
秸秆炭	20	24.05	66.12	63.52	1.42
果核炭	40	23.67	67.32	63.76	1.46

代焦粉比例相对较低时，成品率、转鼓强度和利用系数降低的幅度相对较小，当替代比例超过一定值后，烧结矿产量和质量指标将大幅恶化。因此，生物质替代焦粉比例有适宜值。当木质炭替代焦粉比例超过40%时，烧结矿产量和质量指标迅速下降，因此替代比例40%是产量和质量指标大幅变化的拐点。三种生物质燃料秸秆炭、木质炭、果核炭替代焦粉的拐点分别为20%、40%和40%，此时烧结矿产量和质量指标比较相近。这主要与燃料自身的性质有关，果核炭、木质炭、秸秆炭的燃烧性、反应性与焦粉的性质相差依次增大。

通过研究生物质燃料替代焦粉对燃烧前沿、燃烧效率、料层热状态、成矿行为等的影响，揭示了生物质影响烧结的机理[37~52]，见图3-31。由图可知，生物质由于挥发分高、孔隙率高、比表面积大导致其燃烧性、反应性好，在烧结过程中燃烧速度过快，使得燃烧前沿和传热前沿不匹配，且由于反应性好使得不完全燃烧程度增加，造成烧结料层温度低、高温时间短、还原性气氛增强而不利于烧结成矿，烧结矿铁酸钙生成量降低、孔洞增多，从而降低了烧结矿的成品率和转鼓强度。

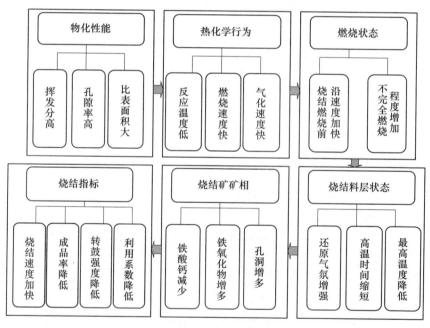

图 3-31　生物质影响铁矿烧结的机理示意图

3.2.3　生物质烧结强化技术

3.2.3.1　生物质型焦制备技术

将生物质与烟煤共同热解制备生物质型焦，使两种燃料在料层中燃烧时能够相互影响，从而改善两种燃料独立燃烧的状况，达到强化烧结燃料制备的目的[43]。

生物质与烟煤混合后成型为生物质型煤，然后将型煤炭化而成生物质型焦。在成型压力、成型时间分别为180MPa、1min的适宜常温成型条件下将粉状秸秆与粉状烟煤预先压缩成型，然后在炭化温度分别为500℃、700℃的两段炭化条件下将型煤热解制备生物质型焦。型焦中生物质比例指生物质型焦中由秸秆炭化所得的产物质量占生物质型焦总质量的百分比。生物质炭化产率为25%左右，烟煤的炭化产率以70%进行计算。

研究了不同秸秆炭比例型焦的物化特性，如表3-3所示。可知，制备所得型焦挥发分含量均降低到5%以下，满足烧结对燃料挥发分的要求；随着秸秆炭所占比例的提高，型焦挥发分含量小幅增加、固定碳含量逐渐降低、密度减小，当秸秆炭比例由0上升到60%后，挥发分由4.21%逐渐增加到4.70%，固定碳由80.51%降低到77.20%，密度由1.32g/cm³降低到0.97g/cm³。

表3-3 不同秸秆炭比例型焦的物化特性

秸秆炭比例/%	灰分/%	挥发分/%	固定碳/%	型焦密度/g·cm⁻³
0	15.28	4.21	80.51	1.32
20	16.40	4.28	79.31	1.20
40	16.81	4.40	78.80	1.08
60	18.03	4.70	77.28	0.97
100	20.10	4.42	75.48	0.71

分析了生物质型焦的显微结构，如图3-32所示。可知：当全部使用烟煤制

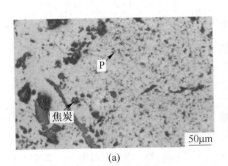

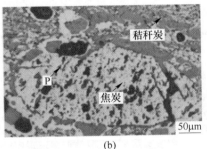

(a)　　　　　　　　　　(b)

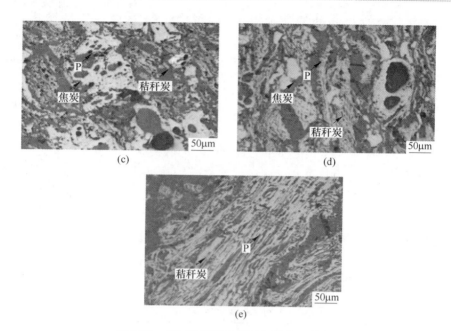

图 3-32　不同秸秆炭比例型焦的微观结构

（a）0%秸秆炭；（b）20%秸秆炭；（c）40%秸秆炭；（d）60%秸秆炭；（e）100%秸秆炭

P—孔洞

备型焦时，其挥发分在干馏过程中所形成的黏结性物质充足，内部结构比较致密；加入生物质后，所制备型焦为生物质脱除挥发分后所成秸秆炭与烟煤脱挥发分后所成焦炭交叉分布的结构，当秸秆炭比例为20%时，型焦内部以烟煤炭化所成焦为主，焦炭周围分布着少量秸秆炭，部分秸秆炭与焦炭紧密黏结在一起；当秸秆炭比例提高到40%~60%后，秸秆所成秸秆炭与烟煤所成焦炭相互交叉的结构更加明显，烟煤在高温下热解时会产生黏结性胶质体，其在将自身所成炭紧密黏结成大颗粒的同时还将秸秆所成炭黏结起来。

采用 TG-DSC 方法对常温成型预处理制备的型焦进行热分析，燃烧特性如图3-33 所示。可知：相比全部使用生物质制备秸秆炭的情况，除型焦最大失重速率 V_{max} 呈小幅变化外，其着火点 T_i 明显提高，最大释热量 Q_{max} 明显下降，当秸秆炭比例为40%时，型焦着火点由秸秆炭的435℃提高到516℃；当秸秆炭比例为60%，着火点为496℃，但仍比秸秆炭的高很多。生物质型焦燃烧开始温度及燃尽温度比秸秆炭高，说明生物质型焦的整体燃烧温度比秸秆炭有所提高。

对秸秆炭比例为40%的型焦、40%秸秆炭与60%焦粉直接混合燃料进行热分析，燃烧特性如图3-34 所示。可知：秸秆炭与焦粉直接混燃时，DTG 与 DSC 均有两个明显的变化峰，为秸秆炭与焦粉先后独立燃烧形成；而生物质与烟煤制成由生物质炭与焦炭相互交叉黏结而成的生物质型焦后，DTG 和 DSC 均只有一个变

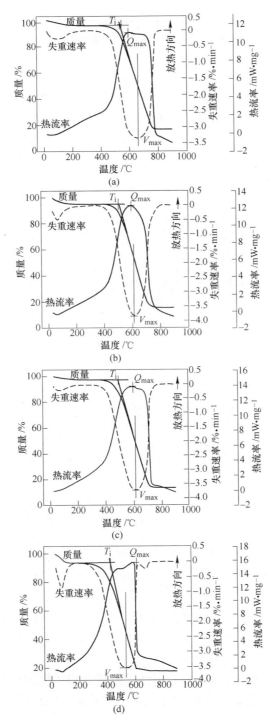

图 3-33 生物质比例对燃料燃烧特性的影响

(a) 焦粉；(b) 秸秆炭比例40%；(c) 秸秆炭比例60%；(d) 秸秆炭比例100%

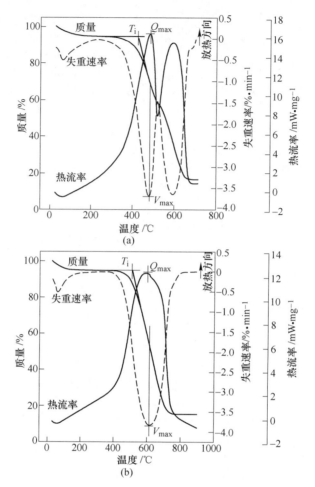

图 3-34　秸秆炭与焦粉不同方式混合燃料的燃烧特性差异

（a）秸秆炭与焦粉机械混合；（b）生物质型焦

化峰，说明生物质型焦中生物质炭与焦炭分别燃烧的状况得到很大程度改善，型焦整体燃烧过程更为平稳，过程持续时间长。由图 3-34 可知，40%秸秆炭与焦粉直接混合燃烧时，其着火点仅为 419℃，而生物质炭比例为 40%的型焦燃烧时，其着火点高达 516℃。表明将秸秆与烟煤混合制备成型焦后，秸秆炭着火点低、燃烧过程持续时间短、释热不均匀性的特点在制备成型焦后得到改善，从而缩小了其与焦粉燃烧过程的不同步性。

　　研究了秸秆炭比例分别为 40%、60%的型焦替代焦粉的烧结应用效果，生物质型焦的配入量由等热量替代焦粉计算得到。替代焦粉对烧结的影响见表 3-4。当使用秸秆炭比例为 40%的型焦全部替代焦粉时，烧结速度有所提到，但是提高幅度较小，由 22.01mm/min 提高到 22.25mm/min，成品率、转鼓强度、利用系数等指标与使用焦粉时相当；当使用秸秆炭比例为60%的型焦全部替代焦粉用作烧结燃料时，烧结速度进一步得到提高，达到 23.12mm/min，成品率、转鼓强度、利用系数等指标均比使用焦粉时有所降低，除成品率降低较多，转鼓强度及利用系数降低幅度较小。

表 3-4　生物质型焦的烧结效果

燃料种类	秸秆炭比例/%	混合料适宜水分/%	烧结速度/mm·min⁻¹	成品率/%	转鼓强度/%	利用系数/t·(m²·h)⁻¹
焦粉	0	7.25	22.01	73.30	65.32	1.51
生物质型焦（秸秆炭占40%）	100	7.50	22.25	72.18	65.01	1.50
生物质型焦（秸秆炭占60%）	100	7.70	23.12	70.05	64.87	1.48
秸秆炭	40	7.75	23.65	69.15	64.46	1.48
	60	8.00	25.77	62.11	60.56	1.18

使用生物质型焦的烧结效果同使用生物质炭与焦粉直接混合的烧结效果相比，在秸秆炭比例相同的情况下，生物质型焦对燃烧速度的影响比直接混燃时小，从而对燃烧前沿速度与传热前沿匹配性影响的程度低，成品率、转鼓强度、利用系数的降低幅度明显减小；使用生物质型焦用作烧结燃料，秸秆炭替代焦炭的适宜比例可达到60%，而秸秆炭直接替代焦粉用于烧结的适宜比例为40%。

美国钢铁公司研究与技术中心研究了生物质用于焦炭和烧结生产的实验室评价[11]，生物质对炼焦生产的实用性研究如下：将1%～5%的木质生物质或是焙烤（轻度热解）的木质生物质作为部分高挥发性煤的替代物添加至配合煤中，在实验室焦炉中进行碳化试验。试验结果表明，当把粉碎的生物质加入到配合煤后，焦化压力显著降低，同时焦炭的硫含量下降，但是焦炭的高温强度和力学性能亦有轻微下降，但这种实测强度的降低需要进一步的研究。另外，在一系列独立试验中，通过利用生物质（分别是锯末、粉碎的玉米芯、树皮、木炭等）作为烧结用粉焦的替代燃料在实验室烧结锅进行评估。试验中，燃料用10%、20%、30%、40%的生物质代替。试验结果显示，烧结混合料的堆密度和烧结时间都有下降，添加了生物质的烧结矿质量没有显著恶化。这些试验表明，在实际的炼焦与炼铁生产中生物质很有可能作为一种可再生能源替代部分传统的化石燃料。

3.2.3.2　生物质烧结成矿强化技术

目前高生物质替代量下铁矿石因欠熔而导致烧结矿强度迅速恶化是生物质烧结最主要的问题之一。对此，西安交通大学王秋旺教授使用燃气喷吹技术对烧结料层熔化特性进行调控，以达到高比例生物质烧结的目标[45]。

分别对焦粉烧结、60%木质炭烧结和0.5%甲烷喷吹烧结进行了红外热像测试，与焦粉烧结相比，60%木质炭烧结的熔化区厚度明显变薄。针对此现象，在60%木质炭基础上，喷吹 CH_4 燃气，当 CH_4 燃气浓度为0.5%时，烧结料层的熔化区厚度明显拓宽，高温带上沿拓宽了60%（见图3-35）。

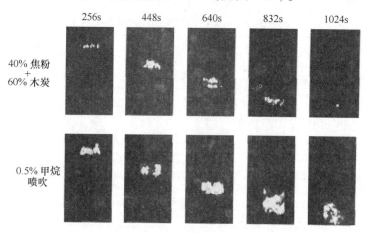

图 3-35   喷吹甲烷对高比例生物质烧结高温区的影响

分析了喷吹甲烷拓宽高比例生物质烧结高温区的机理，见图3-36。当甲烷与空气预混后通入料层，在靠近固体燃料燃烧区的位置达到着火温度，形成二次燃烧区，在空间上拓宽了高温区的厚度。在时间上也延长了烧结矿的熔化温度保持时间，降低了其冷却速率，这均有利于提高烧结矿质量。

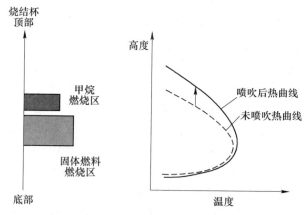

图 3-36   喷吹甲烷拓宽高比例生物质烧结高温区的机理分析

在木质炭替代60%焦粉的条件下，随着甲烷喷吹浓度的提高，熔化温度保持时间延长，烧结矿转鼓强度也有显著改善。此外，当喷吹浓度达到0.4%时，烧结矿强度已经高于焦粉烧结强度，见图3-37。进一步提高喷吹浓度至0.5%，烧结强度的增幅有所减缓，烧结时间也已经超过焦粉烧结时间。建议最佳甲烷喷吹浓度为 0.4%~0.5%。

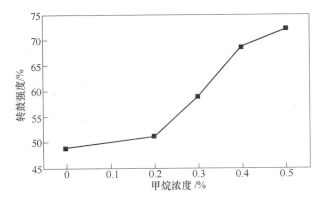

图 3-37 甲烷喷吹浓度对生物质烧结指标的影响（木质炭替代 60%焦粉）

研究了不同甲烷喷吹浓度（等热值基准）对烧结熔化区特性的影响规律。喷吹浓度分别为其他操作参数与喷吹浓度 0%保持一致。在相同的热量输入，喷吹浓度提高意味着固体燃耗的下降，如图 3-38 所示。

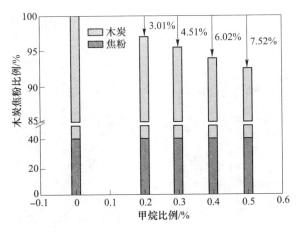

图 3-38 甲烷喷吹浓度与木质炭配加量的关系

3.2.4 生物质应用于烧结的减排效果

生物质替代焦粉对 CO_x、SO_x、NO_x 减排的影响见图 3-39。当木质炭取代 40%焦粉、秸秆炭取代 20%焦粉、果核炭取代 40%焦粉时，CO_x 的总排放量分别减少 18.65%、7.19%、22.31%；SO_x 减排分别可达 38.15%、31.79%、42.77%；NO_x 减排分别可达 26.76%、18.31%、30.99%[4]。

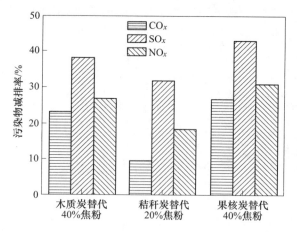

图 3-39　生物质替代焦粉对 CO_x 排放的影响

　　将生物质和煤粉制备成生物质型焦，在燃烧过程，其有利于进一步减少 NO_x 的生成[10]。生物质型焦燃烧过程 NO_x 抑制机理如图 3-40 所示。在生物质型焦燃烧时，由于生物质炭反应性好，燃烧过程产生的 CO 可为焦炭燃烧提供还原性气氛，焦炭燃烧产生的 NO_x 可以被 CO 还原成 N_2，从而进一步减少 NO_x 的产生。当生物质型焦中含生物质炭 40% 时，其完全替代焦粉，NO_x 的减排程度达到 35%。

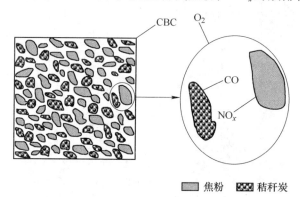

图 3-40　生物质型焦燃烧过程 NO_x 抑制机理

3.3　氢系燃料喷吹清洁烧结技术

3.3.1　燃气喷吹清洁烧结技术

3.3.1.1　燃气喷吹烧结的原理

　　在常规烧结生产过程中，料层内上层物料对下层物料的加热（传导、辐射）和上层物料对通向下层物料的气流的预热作用，使下层物料获得比上层更多的热量，越是接近料层底部，料层积蓄的热量越多，这是烧结过程固有的蓄热作用。而正因这种蓄热作用，烧结料层高度方向呈现出了热量分布的不均匀性，通常表现为"上欠下过"。热量的不均匀性直接影响到不同料层高度处成矿的不均匀性，最终导致烧结矿质量的不均匀性。单纯通过增加固体燃料的用量虽然可以一定程度上弥补上部料层热量供应的不足，但会加剧下部料层热量过剩，造成烧结矿过熔，不利于烧结矿质量的提升。

比较合理的方法是依据烧结料层不同高度处蓄热量的差异来调控燃料在各层的分布，从而实现均热烧结。理论上要求料层各单元燃料配比自上而下按照图3-41中曲线规律依次下降，实现均热烧结[5,46]。针对此现状，国内外开展了很多关于烧结料层燃料偏析布料的工艺探索，提出了很多实现燃料偏析分布的方案，如采用不同配料比的双层布料（上层燃料多）工艺，利用燃料在烧结料中粒度差异自然偏析的特点进行的烧结料粒度偏析布料的方案等。但这些措施有的工艺过于复杂不能实际应用，有的偏析效果达不到工艺要求，很难达到理想状态。

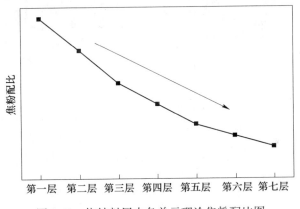

图 3-41　烧结料层中各单元理论焦粉配比图

燃气喷吹的技术原理是向烧结料面喷加可燃性气体介质，在料面的抽风负压作用下将可燃气体带入料层燃烧供热，可以从根本上解决料层热量分布不均的问题。与此同时烧结工序可按照料层中下部实际需要热量来减少烧结料层内整体固体燃料比例，从而使得中、下部料层的分布热量趋于合理，而上部料层需要补充的热量则由煤气燃烧放热提供，这样就实现了烧结料层的燃料合理偏析分布，成功弥补了现有技术当前缺陷，技术原理示意图如图3-42所示。

日本 JFE、西安交通大学采用透明烧结杯以及红外热像仪分析了燃气喷吹对燃烧带厚度的影响，结果分别如图3-43、图3-44所示。可以看到，JFE 在料面喷吹 LNG 后，红层厚度从没有喷吹时的 60mm 大幅提高到 150mm；西安交通大学程志龙等人的研究更为明确的揭示出没有喷吹甲烷时，沿料层高度方向红层厚度差异较为明显，而喷吹甲烷后，红层厚度更为均匀。日本 JFE、中南大学、西安交通大学分别喷吹 LNG、焦炉煤气、甲烷对料层温度的影响如图3-45所示。可

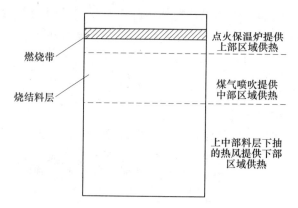

图 3-42 燃气喷吹烧结技术原理示意图

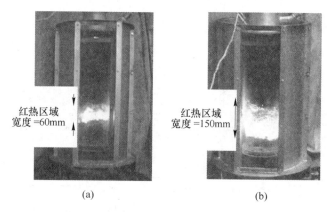

图 3-43 喷吹 LNG 对燃烧带厚度的影响

（a）未喷 LNG；（b）喷吹 LNG

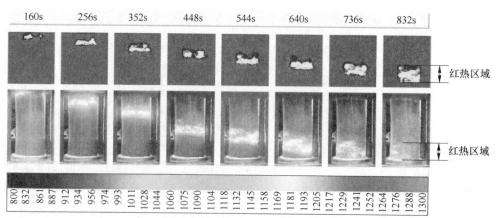

温度范围：800～1300℃

（a）

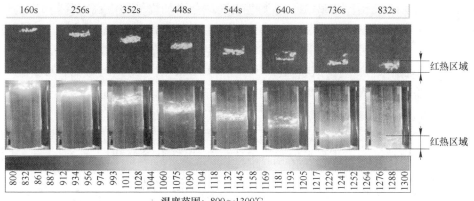

温度范围：800~1300℃

(b)

图 3-44 喷吹甲烷对燃烧带厚度的影响

（a）喷吹甲烷前；（b）喷吹甲烷后

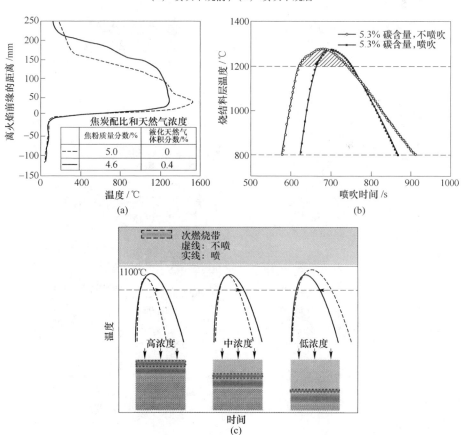

图 3-45 喷吹 LNG 对料层温度的影响

（a）喷吹 LNG；（b）喷吹焦炉煤气；（c）喷吹甲烷

知，与未喷吹燃气相比，喷吹不同类型燃气均会增加烧结料层高温保持时间，但料层最高温度变化不明显；从温度曲线图中还可以看到，喷吹燃气后，料层温度下降过程变化较为缓慢，这为烧结矿提供了充足的冷却结晶时间[47,48]。

图 3-46 给出了烧结料面喷吹焦炉煤气对烧结矿微观结构的影响，由此可知，在焦粉比例为适宜值 5.60% 时，烧结矿为铁酸钙与磁铁矿形成的交织结构，这种结构已经被证实具有良好的机械强度，而喷吹了焦炉煤气后，烧结矿中出现了大量的再生赤铁矿，这种矿物硬度差，原因在于喷吹燃气后使得料层热量供应过量，温度过高导致磁铁矿高温分解。由此可知，在喷吹燃气时，需要同步减少焦粉配比，在补充上部料层所需热量的同时控制下部料层热量的供应量。从图 3-47 还可以看到，焦粉比例降低至 5.30% 时，铁酸钙分布区域减少，同时出现了少量大孔，这也与焦粉比例降低烧结矿质量降低有很好的对应性；在焦粉比例为 5.30% 的条件下同步喷吹燃气时，烧结矿形成铁酸钙与磁铁矿形成的交织结构，气孔较小，且分布均匀。

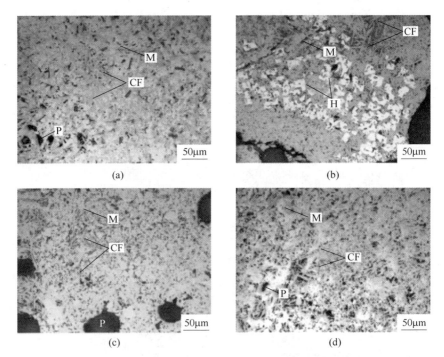

图 3-46 喷吹焦炉煤气对烧结矿微观结构的影响
(a) 焦粉比例 5.60%，不喷燃气；(b) 焦粉比例 5.60%，喷吹燃气
(c) 焦粉比例 5.30%，不喷吹燃气；(d) 焦粉比例 5.30%，喷吹燃气

综上可知，燃气喷吹影响烧结过程的作用机理主要为气体燃料的燃烧供热弥补了上部料层热量供应不足的缺陷，而喷吹过程实现了固体燃料比例的降低，从

而使得整体料层高度方向热量的分布较为均匀，尤其是采用燃气梯级喷吹后，料层热量分布更为均匀合理（见图3-47）；喷吹燃气后，上部料层高温保持时间充足，烧结矿冷却速度下降，这为黏结相的形成和结晶成机械强度好的矿物创造了条件，从而使得整体烧结矿成品率、转鼓强度提升。日本 JFE 的分析还指出，LNG 气体燃料喷吹因其削减了烧结矿的碳料比，从而降低了料层内的最高温度，抑制了铁矿的自致密性，残存了大量的 $1\mu m$ 以上微细气孔（见图3-48），改善了铁矿石的还原性[48]。

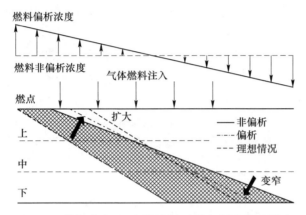

图 3-47　燃气喷吹对不同料层高度处红层变化的影响

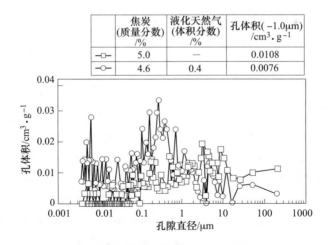

	焦炭 (质量分数) /%	液化天然气 (体积分数) /%	孔体积$(-1.0\mu m)$ /cm³·g⁻¹
—□—	5.0	—	0.0108
—○—	4.6	0.4	0.0076

图 3-48　喷吹 LNG 对烧结矿孔径分布的影响

3.3.1.2　燃气及工艺参数对料层喷吹烧结的影响

A　烧结料面喷吹液化天然气

烧结料面喷吹燃气的技术思想最早是日本 JFE 钢铁公司和九州大学研究人员提出的，料面燃气喷吹也被称为"Super-sinter"，希望通过燃气的喷加减少焦粉的用量,从而实现 CO_2 的减排。试验采用的燃气介质为液化天然气(LNG),方案如表 3-5 所示,所用的焦粉热值为 27.1MJ/kg,LNG 热值为 41.6MJ/m³(标态),喷吹的体积浓度为 0.4%,喷吹区间为点火后 60s 开始喷加至烧结终点,试验结果如表 3-6 所示。可知:在焦粉配比为 4.6%、LNG 喷吹浓度为 0.4% 的条件下,烧结时间并未有明显的变化,成品率从 69.0% 提升到 72.8%,强度从 70.7% 提升到 72.9%,还原度从 64.5% 提升到 70.4%,低温还原粉化率从 36.1% 下降到 28.3%,利用系数从 1.56 提升到 1.64,相比全焦粉烧结,喷吹 LNG 0.4% 后,成品率、利用系数、转鼓强度均有所提高,分别从 69.0%、1.56t/(h·m²)、70.7% 提高至 72.8%、1.64t/(h·m²)、72.9%;低温还原粉化性指数(JIS-RDI)明显改善,从 36.1% 大幅降低至 28.3%,还原度也由 64.5% 大幅提高至 70.4%。由此可知,烧结过程喷吹 LNG 后,烧结矿各项性能指标均有所改善[48,49]。

表 3-5　烧结杯试验条件

项　目	传统方法	LNG 喷入方法
焦粉配比(质量分数)/%	5.0	4.6
LNG(体积分数)/%	0.0	0.4

表 3-6　烧结矿产量和质量及冶金性能指标

指　标	未喷吹 LNG	喷吹 0.4%LNG
烧结时间/min	16.0	16.7
成品率/%	69.0	72.8
利用系数/t·(m²·h)⁻¹	1.56	1.64
转鼓强度/%	70.7	72.9
JIS-RI/%	64.5	70.4
JIS-RDI/%	36.1	28.3

B　烧结料面喷吹焦炉煤气

考虑到烧结料面喷吹 LNG、甲烷的经济性和气源供应问题,国内钢铁企业在日本 JFE 研究的基础上开展了烧结料面喷吹焦炉煤气的探索。因焦炉煤气是炼焦时的副产品,大多数钢铁企业均有这种气源,且部分企业因焦炉煤气富余而直接空燃,造成了严重的资源浪费。

宝钢梅山钢铁技术中心于 2013 年开始研究烧结料面喷吹焦炉煤气对烧结的影响,所采用的焦炉煤气成分如表 3-7 所示,焦炉煤气中的可燃气体主要为 H_2、CH_4、CO,分别为 54.68%、24.13%、7.94%,热值为 16.79MJ/m³(标态),可以看到,焦炉煤气的热值明显低于 LNG、甲烷。

表 3-7 梅钢焦炉煤气成分及热值

气体成分/%										发热值(标态) /MJ·m⁻³
CO_2	C_nH_m	C_2H_6	C_3H_6	O_2	CO	H_2	CH_4	N_2	H_2O	
2.86	1.89	0.78	0.20	0.44	7.94	54.68	24.13	4.78	2.31	16.79

喷吹焦炉煤气对烧结矿产量和质量指标的影响如表 3-8 所示。可知:当喷吹强度提高至 $6.6m^3/(m^2·h)$ 时,转鼓强度、落下强度均有小幅提高,分别由 68.45%、62.45% 提高至 70.14%、63.00%,固体燃耗降幅明显,由 52.87kg/t 降低至 46.77kg/t;提高喷吹强度至 $8.8m^3/(m^2·h)$,成品率、转鼓强度、利用系数增幅明显,分别提高至 79.77%、71.20%、$1.710t/(m^2·h)$,固体燃耗降低至 45.54kg/t;进一步提高喷吹强度值 $13.2m^3/(m^2·h)$ 时,成品率、转鼓强度、利用系数均出现不同程度降低,由此可知,烧结料面焦炉煤气喷吹存在适宜值。在此基础上,进一步研究了烧结料面焦炉煤气梯级喷吹对烧结产量和质量指标的影响,结果如表 3-9 所示。可知:与等强度喷吹模式相比,采用 2:2:1 的变强度喷吹模式后,成品率升高、固体燃耗降低,采用 3:2:1 的变强度喷吹后,烧结矿各项指标均相对较优[50]。

表 3-8 COG 不同喷吹强度对烧结指标的影响

喷吹强度 /m³·(m²·h)⁻¹	成品率/%	转鼓强度/%	利用系数 /t·(m²·h)⁻¹	固体燃耗 /kg·t⁻¹
0	78.32	68.45	1.590	52.87
6.6	78.11	70.14	1.591	46.77
8.8	79.77	71.20	1.710	45.54
13.2	79.37	71.07	1.566	45.71

表 3-9 梯级喷吹模式对烧结指标的影响

编号	试验条件	COG/m³·t⁻¹	成品率/%	转鼓强度/%	固体燃耗/kg·t⁻¹
1	C 4.5%;未喷吹	0.00	81.44	68.70	54.40
2	C 4.2%;未喷吹	0.00	77.93	67.07	52.82
3	C 4.2%;1:1:1	1.30	78.60	68.90	52.40
4	C 4.2%;2:2:1	1.22	79.48	68.74	51.98
5	C 4.2%;3:2:1	1.26	79.45	69.07	52.05

C 喷吹工艺参数的优化

2014 年相关单位开展了烧结料面喷吹焦炉煤气的研究,包括喷吹时间、喷吹浓度、喷吹区间、喷吹高度等工艺参数的优化,以及焦气置换率、最大允许喷吹量。

表 3-10 和表 3-11 为改变煤气喷吹持续时间从 $0 \sim t_5$（t_1 至 t_4 喷吹时间逐渐延长）的成品矿强度及粒度组成指标的比对分析。可知，随着喷吹时间的延长，成品率、转鼓强度、利用系数总体上呈现出逐渐升高的趋势，当喷吹时间增加至 t_3 时，成品率、转鼓强度、利用系数均较优，分别为 71.68%、66.47%、1.43t/（$m^2 \cdot h$），继续延长喷吹时间后，各项烧结指标均降低。因此，适宜的喷吹时间为 t_3。

表 3-10 焦炉煤气喷吹时间对烧结指标的影响

喷吹时间/min	烧结速度/mm·min^{-1}	成品率/%	转鼓强度/%	利用系数/t·(m²·h)$^{-1}$
0	23.28	68.81	64.93	1.34
t_1	23.22	69.01	65.70	1.34
t_2	23.78	69.70	66.23	1.36
t_3	24.13	71.68	66.47	1.43
t_4	24.53	70.48	64.86	1.41

表 3-11 焦炉煤气喷吹时间对烧结矿粒度组成的影响

喷吹时间/min	粒度组成/%						平均值/mm
	+40mm	25~40mm	16~25mm	10~16mm	5~10mm	-5mm	
0	5.92	11.85	16.02	17.37	21.04	27.80	14.73
t_1	5.95	12.29	16.57	16.89	20.61	27.69	14.90
t_2	6.30	13.01	17.75	16.37	19.67	26.90	15.34
t_3	6.77	13.56	19.02	15.98	18.54	26.14	15.79
t_4	6.50	13.75	19.23	15.44	19.37	25.70	15.76

由表 3-11 可知：喷吹时间从 0 逐渐延长至 t_3 时，烧结矿 -5mm 含量逐渐降低，从 27.80% 降低至 26.14%，平均粒径由 14.73mm 增加至 15.79mm；进一步延长喷吹时间至 t_4 时，-5mm 含量进一步降低，但平均粒径小幅减小，5~10mm 含量增加。

表 3-12 和表 3-13 给出了喷吹焦炉煤气对烧结产量和质量指标的影响。可知：随着喷吹浓度的提高（w_1 至 w_5 喷吹浓度逐渐增加），成品率、转鼓强度总体呈升高的趋势，且当喷吹浓度为 $w_3 \sim w_4$ 时，各项指标相对较优，进一步提高喷吹浓度至 w_5 时，成品率、转鼓强度均有明显降低；随喷吹浓度从 0 提高至 w_4，烧结矿 -5mm 粒级的比例从 27.80% 降低至 25.65%，烧结矿平均粒径由 14.73mm 提高至 16.06mm，进一步增加喷吹浓度至 w_5，-5mm 含量增加，烧结矿平均粒径减小。

表 3-12　焦炉煤气喷吹浓度对烧结成品指标的影响

喷吹浓度/%	烧结速度 /mm·min^{-1}	成品率/%	转鼓强度/%	利用系数 /t·(m^2·h)$^{-1}$
0	23.28	68.81	64.93	1.34
w_1	23.58	68.98	65.67	1.37
w_2	23.75	69.80	66.10	1.39
w_3	24.13	70.68	66.47	1.41
w_4	23.83	71.05	67.50	1.40
w_5	23.47	69.76	65.27	1.38

表 3-13　焦炉煤气喷吹浓度对烧结矿粒度组成的影响

喷吹浓度 /%	粒度组成/%						平均值 /mm
	+40mm	25~40mm	16~25mm	10~16mm	5~10mm	-5mm	
0	5.92	11.85	16.02	17.37	21.04	27.80	14.73
w_1	6.09	12.22	16.91	16.89	20.26	27.63	14.97
w_2	6.25	12.90	17.69	16.26	19.63	26.97	15.25
w_3	6.77	13.56	19.02	15.98	18.54	26.14	15.79
w_4	7.06	13.88	19.87	15.52	18.02	25.65	16.06
w_5	6.57	12.85	17.58	16.49	19.59	26.91	15.37

图 3-49 所示为试验中选择的三套不同起始点喷吹制度，对其进行了烧结矿指标和粒度组成的比对分析，如表 3-14 和表 3-15 所示。可知：与喷吹区间 3 相比，采用喷吹区间 1、喷吹区间 2 时，成品率、转鼓强度较没有喷吹燃气时提升的幅度更大，且喷吹区间 1 的更优；采用喷吹区间 1 时，烧结矿-5mm 含量降

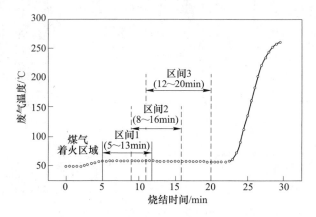

图 3-49　不同起始点的煤气喷吹制度

幅最大，从 27.80% 降低至 25.23%，平均粒径增幅最为明显，从 14.73mm 增加至 16.3mm。据此可知，喷吹区间越靠前，对烧结矿产量和质量指标的提升作用越大，但为了保证试验过程的安全性、可操作性，气体喷吹起始位置也不可太过靠前，由图 3-50 所示，点火后 1.5min 时，烧结料面还存在火红色颗粒，而到点火后 3min 时，烧结料面火红色颗粒才消失。

表 3-14   焦炉煤气喷吹区间对烧结指标的影响

焦粉配比/%	喷吹区间	烧结速度/mm·min^{-1}	成品率/%	转鼓强度/%	利用系数/t·(m^2·h)$^{-1}$
5.6	未喷吹	23.22	70.70	65.37	1.38
5.3	未喷吹	23.28	68.81	64.93	1.34
5.3	1	24.05	71.84	68.40	1.44
5.3	2	24.13	70.68	66.47	1.41
5.3	3	23.76	70.19	64.93	1.36

表 3-15   焦炉煤气喷吹区间对烧结矿粒度组成的影响

喷吹区间	粒度组成/%						平均值/mm
	+40mm	25~40mm	16~25mm	10~16mm	5~10mm	−5mm	
—	5.92	11.85	16.02	17.37	21.04	27.80	14.73
1	7.28	15.06	19.35	15.34	17.74	25.23	16.36
2	6.77	13.56	19.02	15.98	18.54	26.14	15.79
3	5.87	13.06	18.35	16.34	19.14	27.23	15.28

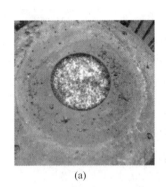 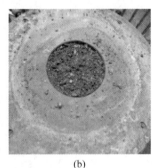 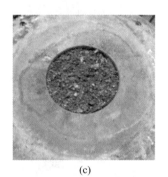

(a)   (b)   (c)

图 3-50   点火后不同时间烧结表层形貌
(a) 点火后 0min；(b) 点火后 1.5min；(c) 点火后 3min

喷吹高度是喷吹装置中的一项重要参数，高度太低易导致煤气没有足够时间与罩内大气混合均匀而直接冲入料层，高度太高易导致煤气无法受到料面负压影响稳定下行。针对应用较多的 H_1、H_2、H_3 三个高度（H_1~H_3 喷吹高度依次提高）进行模拟比对分析。

图 3-51 为三种方案的氢气体积浓度云图。由图可以看出：当喷吹管距离料面高度为 H_1 时，煤气出口距离烧结料面过近，从管中喷出的燃料气体没来得及与环境气体扩散混合即被吸入料层，导致料层上方煤气浓度场分布不均，影响喷吹效果；当喷吹管距离料面高度为 H_3 时，煤气出口距离烧结料面过远，料面负压不足以提供煤气向下的抽力，煤气在浮力作用下向上漂浮，导致少量煤气从喷吹罩顶部逃逸，存在安全隐患；当喷吹管距离料面高度为 H_2 时，煤气全部被抽入烧结料层，同时，煤气在进入料层之前具有足够的时间与环境气体扩散混合，在料层附件各处，煤气浓度已趋于均匀。综上，仿真实验表明，喷吹管高度设置为 H_2 时，煤气喷吹效果最好[51]。

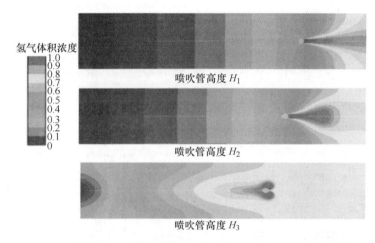

图 3-51　三种喷吹管高度下的氢气浓度云图对比

通过改变烧结料层内的制粒水分，形成了从高到低不同透气性指标的多种混合料（如表 3-16 所示），试验中以装置顶部氢气检测仪检测到的氢气浓度超过 0.06% 为煤气逃逸的判断依据（根据焦炉煤气中氢气量约为 CO 量的 12 倍，CO 报警浓度为 0.005% 推出），摸索出各个不同透气性指标的料层对应的煤气逃逸浓度值（即发生煤气逃逸时当前的煤气喷吹体积浓度），并拟合出了两者的关联曲线，如图 3-52 所示。

表 3-16　混合料水分对透气性的影响

编　号	制粒水分/%	透气性/Pa	煤气逃逸浓度/%
透气性-1	6.25	530	1.07
透气性-2	6.50	450	1.12
透气性-3	6.75	365	1.17

续表 3-16

编　号	制粒水分/%	透气性/Pa	煤气逃逸浓度/%
透气性-4	7.00	278	1.27
透气性-5	7.50	210	1.43
透气性-6	7.75	168	1.52
透气性-7	8.00	102	1.81

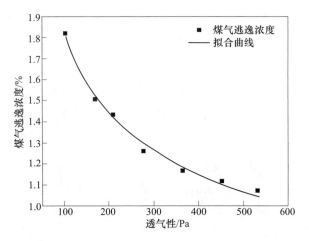

图 3-52　料层透气性与煤气逃逸浓度值关联曲线图

从表 3-16 和图 3-52 可看出：随着料层透气性的逐渐变差（气阻逐渐变大），喷吹煤气生产时的煤气逃逸浓度值随之逐渐变低，这说明在生产时，料层透气性越差，煤气越难被吸入，煤气向上逃逸的可能性就越大，换句话说，此时煤气允许的最大喷入量 Q_{max} 就越小，而反之，则煤气允许的最大喷入量 Q_{max} 就越大。

3.3.1.3　燃气喷吹技术方案及节能减排效果

A　燃气喷吹烧结技术方案

燃气喷吹烧结技术示意图如图 3-53 所示。烧结含铁原料、熔剂、固体燃料等经过混合和制粒后，布于烧结台车上，然后点火烧结。待料面经点火炉和保温炉后，通过间隔布置在烧结机料面上方一定高度处的燃气管道上的喷嘴，将燃气引入到烧结料面上。在负压的作用下，空气和燃气一并被吸入到烧结料层，燃气在达到燃烧带上方着火点区域开始燃烧。

由上述燃气喷吹烧结原理以及工艺参数对烧结指标的影响可知，喷吹位置和浓度对效果的影响至关重要。传统烧结过程中，由于自蓄热作用，往往引起严重的热偏析，也就是上部料层热量过小，欠熔明显，下部热量过剩，造成过熔，这两者都会恶化烧结矿质量。因而，越是上部的料层越需要更多的热量，同理，越

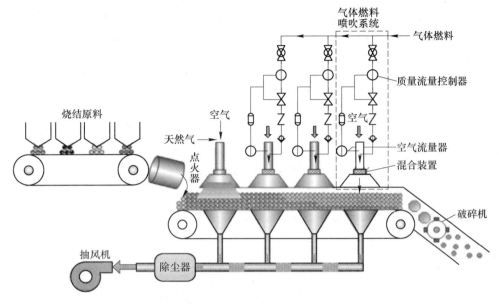

图 3-53　燃气喷吹烧结技术示意图

是下部的料层，越不需要更多的热量。因此，在保证安全的条件下应尽量按照如下两个原则实施该技术：（1）应该尽可能将燃气喷入的位置向保温炉靠近；（2）越是上部的料层，也就是越靠近保温炉的位置，喷入的燃气浓度应当适当增加。把握好这两个原则，燃气喷吹技术才能最大化降低固体燃料消耗，同时最优化改善烧结矿质量。

　　B　燃气喷吹对污染物排放影响的工艺研究

　　烧结烟气中的 SO_x、NO_x、CO_x 等污染物均主要来源于固体燃料的燃烧，因此，减少烧结固体燃料消耗是减少这些污染物排放的有效途径。国内外的研究结果均证实烧结料面喷吹氢系燃气可以减少固体燃耗，相应的带来了污染物排放量的降低。以烧结工序常用的焦炉煤气、无烟煤和焦粉为例，其热值如表 3-17 所示，可以在烧结生产时，每配入 1m³ 焦炉煤气，按照热量等值置换的原则，即可减少焦粉配入量 0.54kg，或是减少无烟煤配入量 0.67kg。

表 3-17　燃料热值表

燃 料 种 类	综合热值/MJ·kg⁻¹
焦粉	31.38
无烟煤	25.10
焦炉煤气	16.74

　　日本 JFE 的研究表明，烧结料面喷吹 LNG 后，每吨烧结矿固体燃料消耗量约降低 3kg，年减少 CO_2 排放近 6 万吨；西安交通大学的程志龙等人通过烧结料

面喷吹甲烷，实现生物质炭和氢系燃气替代 60% 焦粉，如图 3-54 所示。案例 1 为全部采用焦粉时 NO_x 的排放浓度，其他方案为焦粉占总燃料比例 40% 时 NO_x 的排放浓度，可以看到，NO_x 的排放浓度较基准方案大幅降低。该研究中虽然没有给出 SO_x、CO_x 的减排效果，依据焦粉比例的大幅降低可以推断出这些污染物排放比例也会大幅降低[46,47]。

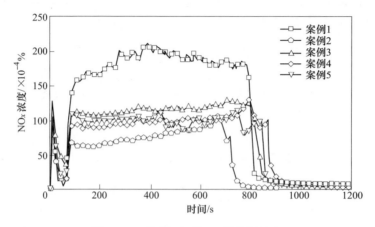

图 3-54　不同方案下 NO_x 的排放浓度

烧结料面喷吹焦炉煤气对污染排放的影响表明（见图 3-55）：喷吹浓度为 0.6% 的焦炉煤气，焦粉配比从 5.60% 降至 5.30%，NO_x 平均排放浓度可从 0.0218% 降低至 0.0193%，SO_2 的峰值浓度从 0.1286% 降至 0.116%[52]。

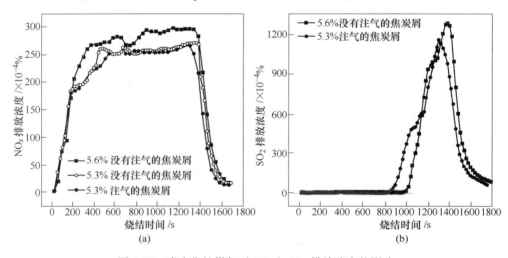

图 3-55　喷吹焦炉煤气对 NO_x 和 SO_2 排放浓度的影响

J. A. de Castro 等人[53~56]采用数值模拟的方法分析了燃气喷吹对烧结过程污

染物排放的影响，模拟结果如表 3-18 所示。由模拟结果可知，烧结料面喷吹燃气后，SO_x 排放量明显降低，NO_x、PCDD/Fs 均不同程度下降，在喷吹生物燃气时，PCDD 排放量明显降低，颗粒物也较未喷吹时下降。

表 3-18 污染物减排效果

项 目	比碳强度 /kg·t^{-1}	SO_x (SO+SO$_2$) /×10^{-4}%	NO_x (NO+NO$_2$) /×10^{-4}%	PCDD （标态） /ng·m^{-3}	PCDF （标态） /ng·m^{-3}	颗粒物 （标态） /mg·m^{-3}
基准方案						
焦粉	68.45	35.32	23.34	0.44	0.91	15.45
分析方案						
混合燃气	73.11	1.25	20.45	0.34	0.65	16.95
生物质燃气	80.75	1.24	22.13	0.01	0.86	11.28
生物质（微球）	51.45	0.17	18.23	0.32	0.88	8.57

3.3.1.4 燃气喷吹烧结应用案例

A 工程概况

2016 年 6 月，燃气喷吹清洁烧结技术在韶关松山钢铁股份有限公司 5 号烧结机（400m^2）上成功投运。通过调试与优化，现场燃气喷吹量达到工况允许最佳范围值，气焦置换率可达 1:1.7（即每喷入 1m^3 煤气，可减少配碳 1.7kg/t），且运行稳定安全，无煤气着火和严重逃逸的事件发生，其安全性、稳定性和经济性得到了韶钢业主的认可，现已立项将其移植至 6 号烧结机。

B 技术方案

韶钢 5 号烧结机（400m^2）上料量为 810t/h，成品矿产量为 520t/h，烧结台车料层厚度为 710mm，台车机速为 1.91m/min，台车宽度为 4.5m，物料配比如表 3-19 所示。

表 3-19 韶钢 5 号烧结机物料配比

矿 种	原料配比/%
巴西粗粉	25.5
伊朗精粉	3.3
PB 澳粉	20.0
宾利粉	12.0
郴州高硅精粉	3.2
怀集低硅精粉	7.5
筛下粉	10.0
渣铁混合粉	2.5
外购氧化铁皮	1.5
高炉瓦斯灰	1.5
烧结返矿	13.0
合 计	100

　　该技术工程应用现场如图 3-56 所示。在烧结机点火炉后部一定范围的台车上部安装喷吹稳流罩，并在罩内设置多排开有一定角度一定孔径喷孔的煤气喷吹管。煤气喷吹装置分为 5 段，分别对应烧结机的若干个风箱。为确保生产时喷吹罩内的流场稳定有序及喷吹至料面上方的燃气浓度值均匀合理，避免韶关地区较大的海风对烧结流场过大的影响，在喷吹罩顶部设计安装了百叶窗式稳流导流装置，在空气进入喷吹罩时起到稳流、导流的效果。为降低环境侧风对罩内流场的影响，提高燃气喷吹装置的稳定性，设计一种半渗透多层排布式防侧风装置。

图 3-56　技术现场生产图

　　图 3-57 和图 3-58 分别为稳流用顶部百叶窗板装置在安装前和安装后的流场空气浓度云图。从两幅图的比对可看出：在安装装置前，一旦遇到从上方斜下吹的风流时，罩内区域易形成空气的浓淡分流，从而导致空气在到达料面附近区域的时候浓度不均，进而造成煤气混匀后的体积浓度不均，严重影响技术辅助效果；而在安装装置后，即使遇到上方斜下吹的风流时，通过稳流板也能将其稳流从而确保料面附近区域的空气浓度基本均匀，从而保证技术辅助效果不受影响。

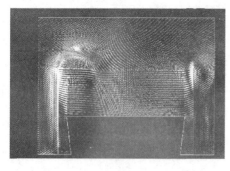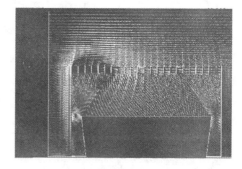

图 3-57　安装前流场空气浓度云图　　　　图 3-58　安装后流场空气浓度云图

　　图 3-59 和图 3-60 分别为半渗透式挡风板装置安装前后的流场流线图。从两幅图的比对可看出：在安装装置前，遇到较大风速的侧风（风速大于 5m/s）时，

罩内区域形成了涡流，严重干扰了原本稳定下行的层流流场，在此情况下罩内 H_2 会大量逃逸；而在安装装置后，即使侧风风速加大，罩内也仅在迎风内壁面形成反射流，而不会影响罩内的下行层流场，从而不会影响煤气正常下抽。

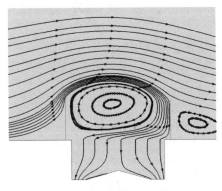
图 3-59 装置安装前流场流线图

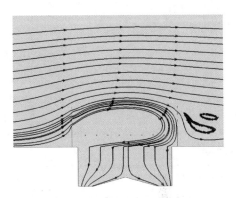
图 3-60 装置安装后流场流线图

C 技术效果

a 节能效果

在韶钢 5 号机（400m² 烧结机）料种和工况条件下，煤气料面顶吹强化烧结技术的节能效果分析数据表明：平均每喷入 1m³ 焦炉煤气，可减少烧结焦粉用量 1.4～1.7kg，提高成品率 0.2%～0.3% 左右。经计算：该技术产生的吨经济效益为 0.809 元，年度经济效益约为 300 余万元。此外，在节能指标方面，喷入的煤气与节省的焦粉的热量置换率可达 2.8，节能效果非常明显。

b 减排效果

煤气料面顶吹强化烧结技术的减排效果分析如表 3-20 所示。对比技术应用前后的 SO_2、NO_x、CO_2 排放量可知：煤气料面顶吹强化烧结技术可实现每立方米烧结烟气中 SO_2 生成量减少 145mg、NO_x 生成量减少 35mg，烟气中 CO_2 的含量降低 0.29%。

表 3-20 减排效果分析表

项　目	SO_2（质量浓度）/mg·m⁻³	NO_x/mg·m⁻³	CO_2（体积分数）/%
改造前	2462	308	14.612
改造后	2317	273	14.322
前后比对	-145	-35	-0.29

c 提质效果

煤气料面顶吹强化烧结技术带来的提质效果分析如表 3-21 所示。对比技术

应用前后的 SO_2、NO_x、CO_2 排放量可知：技术改造后，韶钢烧结矿的转鼓强度增加 0.15%，筛分指数增加 0.12%，烧结矿中 FeO 的含量降低 0.03%，烧结矿的强度和还原性有一定程度的提高；5~10mm 粒径的烧结矿比例降低 1.46%；40mm 粒径的烧结矿比例降低了 3.11%，烧结矿的平均粒径增加 0.53%，减少了烧结矿的返矿率。

表 3-21   提质效果分析表

项 目	转鼓强度/%	筛分指数/%	5~10mm 占比/%	>40mm 占比/%	平均粒径/mm	FeO 含量/%
改造前	76.89	4.79	17.36	14.93	21.83	8.84
改造后	77.04	4.91	15.9	18.04	22.36	8.81
前后比对	+0.15	+0.12	−1.46	+3.11	+0.53	−0.03

除该工程应用案例外，类似的技术在 JFE 钢铁公司京滨第一烧结厂以及上海梅山钢铁也有同样的应用。

JFE 与九州大学合作率先研发了烧结料面液化天然气（LNG）喷吹技术，并于 2009 年成功商业化应用于 JFE 钢铁公司京滨第一烧结厂（见图 3-61），喷吹位置为烧结机前半部分 1/3 处，工业应用结果如表 3-22 所示。可知，与未喷吹相比，喷吹 LNG 后，在热量输入总量明显降低的条件下，获得烧结矿产量相当、烧结矿转鼓强度提高、JIS-RI 由 63% 明显提升至 67% 的指标，烧结矿质量和冶金性能得到改善。喷入 LNG 与传统方法相比，固体燃耗单耗降低 3kg/t，总热量单耗降低 63MJ/t，约占总热量的 4.3%，CO_2 减排量约 60000t/a[57]。

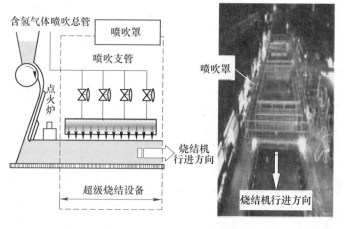

图 3-61   日本 JFE 烧结厂喷吹 LNG

表 3-22　京滨 1 号烧结机喷吹 LNG 工业试验结果

指　标	未喷吹 LNG	喷吹 LNG
固体燃料/%	5.3	5.0
LNG 喷吹量（标态）/m³·h⁻¹	0	250
热量输入总量/MJ·t⁻¹	1544	1481
产量/t·h⁻¹	500	500
JIS 转鼓强度/%	68	69
JIS-RI/%	63	67

　　上海梅山钢铁技术中心在 JFE 采用高热值 LNG 作为喷吹燃气的基础上，以钢铁厂内富余的富氢焦炉煤气作为喷吹燃气，并于 2014 年起开始工业应用（见图 3-62），工业试验结果如表 3-23 所示。可知，与基准期相比，试验期喷吹焦炉煤气后，烧结矿转鼓指数提高了 0.31%，5~10mm 烧结矿的比例降低 2.11%，烧结矿平均粒径从 19.09mm 提高至 20.17mm，固体燃耗明显降低，从 45.68kg/t 降低至 41.00kg/t，高炉槽下返矿率降低 0.48%，综合成品率提高 0.90%，还原度指数提高 3.19%，低温还原分化性指数 $RDI_{+3.15}$ 提高 1.40%，实现烧结固体燃耗、产量和质量指标、冶金性能的全面改善[58,59]。

图 3-62　梅钢焦炉煤气喷吹工业应用

表 3-23　烧结矿主要指标

指标	转鼓强度/%	5~10mm 占比/%	平均粒径/mm	固体燃耗/kg·t⁻¹	内返矿率/%	槽下返矿率/%	成品率/%	RI/%	$RDI_{+3.15}$/%
基准期	78.79	23.00	19.09	45.68	23.32	10.96	66.11	81.26	57.00
试验期	79.10	20.89	20.17	41.00	23.45	10.48	67.01	84.45	59.30
比较	+0.31	-2.11	+1.08	-4.68	+0.13	-0.48	+0.90	+3.19	+1.40

韶钢燃气喷吹清洁烧结技术工程应用与日本新日铁喷吹 LNG 的技术指标综合对比如表 3-24 所示。

表 3-24 韶钢燃气喷吹技术与国外 Super-sinter 技术综合对比表

指 标	Super-sinter 技术	韶钢燃气喷吹技术	对比结果
配气模式	常规配气	基于料层透气指标的精准最大配气技术 基于料层蓄热模型的分段梯级配气技术	最优配气
减碳模式	常规减碳	基于工艺实验的气焦置换率计算技术	最优减碳
燃气防着火措施	天然气浓度控制 天然气流速控制	燃气浓度+流速控制 管排高度与孔径参数寻优技术 多角度喷孔交错排布式管排技术 自适应型燃气防着火控制策略技术	更难着火
燃气防侧风措施	—	半渗透多层排布式防侧风板技术 百叶窗式稳流导流板技术	更均匀
燃气防窜气措施	—	防窜气式异型隔断板技术	
燃气防逃逸措施	—	翼型防逃逸板技术 多层联动式侧密封板技术 桩机式料面松料器技术 动态风压式防逃逸装置技术	更难逃逸
焦气热量置换率	2.83∶1	2.98∶1	置换率高
NOₓ减少量	—	35g/m³（12%）	减 NO_x 效果好
事故停机频率	2~3 周	2 个月以上	稳定性高
施工方式	停产安装	基于高架平台法的在线式施工安装	施工更便捷

3.3.2 蒸汽喷吹清洁烧结技术

3.3.2.1 蒸汽喷吹烧结的原理

蒸汽喷吹烧结技术是依据加湿燃烧的机理而提出的，利用水蒸气催化碳燃烧、提高料面空气吸入速度及改变氯的形态等作用，在显著降低烧结废气 CO 和二噁英含量的同时，改善烧结矿的产量和质量，实现污染物的过程控制。

传统烧结过程空气中的氧与燃料中的碳发生反应如反应式（3-28）~式（3-31）所示；在应用烧结料面蒸汽喷吹技术，往料面喷吹水蒸气后，增加的反应有反应式（3-32）~式（3-35）。

$$C + O_2 \xlongequal{\quad} CO_2 + 33685kJ/kg \qquad \Delta G = -94200 - 0.2T \qquad (3-28)$$

$$2C + O_2 \xlongequal{\quad} 2CO + 10104kJ/kg \qquad \Delta G = -53400 - 41.9T \qquad (3-29)$$

$$2CO + O_2 \xlongequal{\quad} 2CO_2 + 23616kJ/kg \qquad \Delta G = -40800 + 41.7T \qquad (3-30)$$

$$CO_2 + C \xlongequal{\quad} 2CO - 13816kJ/kg \qquad \Delta G = 13500 - 41.5T \qquad (3-31)$$

水蒸气与碳反应 $\Delta G\text{-}T$ 图如图 3-63 所示[60]，烧结过程中，当温度达到 900℃ 和 1000℃ 以上后，反应式（3-32）和式（3-33）的 ΔG 小于 0，两个反应均可以 发生；在 900~1100℃ 反应式（3-33）略强，在 1100℃ 以上则反应式（3-32）略强。

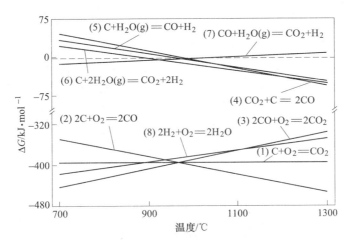

图 3-63　碳氧燃烧反应和水蒸气与碳反应 $\Delta G\text{-}T$ 图

$$C + H_2O(g) \xlongequal{\quad} CO + H_2 - 131.5kJ/mol \qquad (3-32)$$

$$C + 2H_2O(g) \xlongequal{\quad} CO_2 + 2H_2 - 90kJ/mol \qquad (3-33)$$

反应式（3-33）在低于 1100℃ 时，其 ΔG 值为负，可以进行；而且低于 900℃ 时反应式（3-34）较反应式（3-32）和式（3-33）更易发生。

$$CO + H_2O(g) \xlongequal{\quad} CO_2 + H_2 + 41kJ/mol \qquad (3-34)$$

反应式（3-32）~式（3-34）的产物 CO 和 H_2 则极易与 O_2 反应生成 CO_2 和 H_2O 而放热，分别如反应式（3-30）和反应式（3-35）所示。

$$2H_2 + O_2 \xlongequal{\quad} 2H_2O(g) \qquad (3-35)$$

因此水蒸气从热力学上是可以参与烧结燃烧反应的，总反应式为反应式（3-32）和反应式（3-35）或者反应式（3-33）和反应式（3-35）的综合反应，如反应式（3-36）或反应式（3-37）所示。

$$C + H_2O(g) + O_2 \xlongequal{\quad} CO_2 + H_2O(g) \qquad (3-36)$$

$$C + 2H_2O(g) + O_2 \xlongequal{\quad} CO_2 + 2H_2O(g) \qquad (3-37)$$

而在氧不足的条件下（烧结高温带氧分压低）也有反应式（3-34）和反应

式（3-35）的综合反应式（3-38）。

$$CO + H_2O(g) + \frac{1}{2}O_2 =\!=\!= CO_2 + H_2O\ (g) \tag{3-38}$$

因此，整体上看水蒸气在热力学上可参与碳的燃烧过程，而且从反应式的两端看，水蒸气起到了类似"催化剂"的效果。

碳的燃烧属多相反应，其特点是在燃料的表面、缝隙上进行。反应后在相界面充满气幕，影响了碳氧接触，尤其烧结过程很多燃料被矿粉包裹，这使得燃料的燃烧并不完全，但当烧结料面喷吹水蒸气后：

（1）H_2O 与燃料碳的气化反应能扩大燃料的孔隙度，增加碳氧反应面积，有利于燃料燃尽。

（2）H_2 和 H_2O 能增强烟气的扩散能力和传热。H_2、H_2O、CO 和 CO_2 的扩散系数如表 3-25 所示。由于分子量小，同温度下分子的平均移动速度大，扩散系数都比 CO 和 CO_2 高，因此，它们的存在有利于燃料缝隙中的烟气扩散，便于碳氧接触和快速燃烧和传热。

表 3-25　标准大气压下几种物质的扩散系数　　　　　　（cm^2/s）

温度/K	H_2	H_2O	CO	CO_2
278	0.611	0.216	0.185	0.16
800	4.74	1.52	1.19	0.97

（3）激活的氢原子引起碳和 CO 燃烧的链锁反应和分支链锁反应（水蒸气助燃主要机理）；H_2O 可加快 CO 的燃烧。

以氢为活化核心的链锁反应和分支链锁反应如图 3-64 所示。当燃料附近有充足氧时，若两个激活了的氢原子（H^+）来不及充分地结合成氢分子便遇到了空气中的氧，则生成活性氢氧游离基（OH）和活性原子氧（O^-），它们与碳和 CO 起反应，则可降低化学反应所需要的活化能，引起碳和 CO 燃烧的链锁反应，即爆燃效应，这使化学反应速度加快。

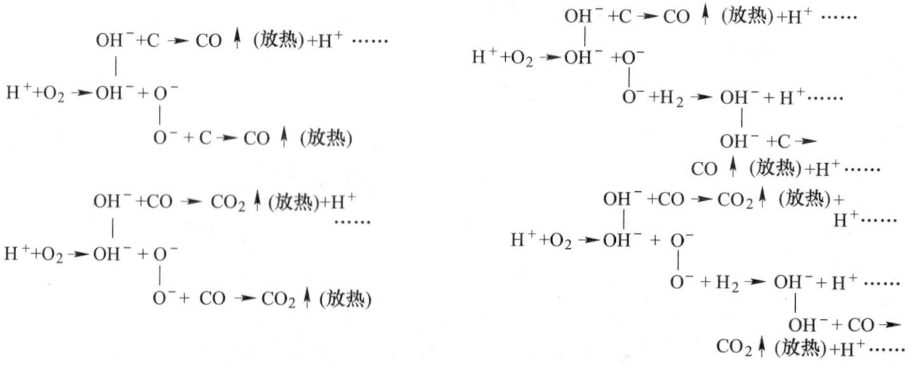

图 3-64　以氢为活化核心的链锁反应和分支链锁反应

其总反应式是：$2H^+ + 2O_2 + 2C \rightarrow 2CO_2 + 2H^+$，即两个 H^+ 快速地燃烧了两个碳原子，同时又生成两个活性 H^+ 继续这种链锁反应。如果链锁反应遇到了已经结合的氢分子，则可引起碳和 CO 燃烧的分支链锁反应，其结果为又分别增加了两个链头继续分支链锁反应。由此可见，水蒸气在燃烧过程中只是一种"催化剂"。

当燃料附近氧不足时，如果 H_2O 进入焦炭层的缝隙或其高温带的缺氧空间而与高温 CO 相遇，还可按反应式（3-35）生成 CO_2 和 H_2，即在缺氧的地方只要有水蒸气的存在，同样可以"燃烧"碳和 CO。这一定程度上减轻了碳燃烧对氧的依赖，提高了燃料的完全燃烧程度。

综上，在烧结料面喷吹蒸汽后，由于提高了碳的燃尽程度，最终提高了碳和 CO 的燃烧速度且减轻了对氧的依赖。

3.3.2.2 蒸汽喷吹主要工艺参数

A 喷吹位置与最佳范围

在蒸汽喷吹烧结生产时，其喷吹位置 ξ 对于强化效果有直接影响。适宜蒸汽喷吹的范围为点火后一段时间到废气升温点前。这是由于：喷吹位置 ξ 过于靠前，此时料层刚被点火，形成的高温带较薄，喷吹蒸汽容易使水煤气反应的吸热量占高温带热量的权重过大，导致有"灭火"效果。喷吹位置过于靠后，不仅蒸汽进入剩余未烧结料层的路径过长，可能变成水残留起负面作用，更主要的是，烧结料层大多已烧结完毕转化成烧结矿，蒸汽不再参与高温反应，难以起到原设计强化烧结的作用。图 3-65 所示为喷吹位置与喷吹效果示意图。

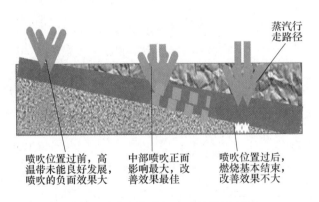

图 3-65 喷吹位置与喷吹效果示意图

考虑到前 10% 位置为烧结点火位置（加保温炉），点火后 5min 也占据烧结机 10%~15% 的位置。因此，确定较佳喷吹位置为烧结机长度方向 30% 到废气升温点前。以 100m 长度的烧结机为例，即第 30~70m 为较佳喷吹范围。

B　喷吹量

在确定好合适喷吹位置参数的基础上，进一步摸索较优的蒸汽喷吹量 $Q_{蒸汽}$ 参数范围，对于强化该技术效果极其重要。蒸汽喷吹量 $Q_{蒸汽}$ 过少，无法达到技术强化的效果；蒸汽喷吹量 $Q_{蒸汽}$ 过多，则多余的水汽容易在料层内吸热并加重过湿层，反而对生产能耗和污染物排放量等指标造成负面影响。通过多次现场试验，摸索出蒸汽喷吹量 $Q_{蒸汽}$ 和烧结固耗之间的关系如图 3-66 所示。

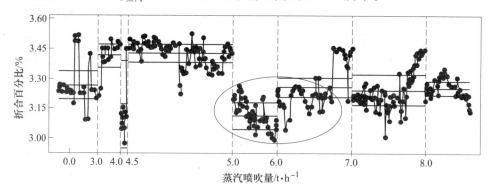

图 3-66　燃料配比折合百分比与蒸汽喷吹量的关系图

从图中可看出，对于 $550m^2$ 的烧结机，在适宜喷吹位置的喷吹量 $Q_{蒸汽}$ 不宜超过 $7t/h$，以 $5\sim6.5t/h$ 为宜。同时值得注意的是，当喷吹蒸汽量 $Q_{蒸汽}$ 提高到 $5\sim6t/h$ 时，烧结二混的蒸汽量 $Q_{蒸汽}$ 应相应地从 $6t/h$ 降到 $4t/h$ 或 $5t/h$，保证蒸汽喷吹的持续优化效果。

C　喷吹强度

依据工业试验情况，在采用蒸汽料面顶吹技术生产时，蒸汽空气体积比不宜超过 8%。在保证此条件下，分别计算烧结料面喷吹蒸汽量从 $2t/h$ 到 $8t/h$ 时的蒸汽管道数量，并推算出其喷吹强度。计算结果如表 3-26 所示。

表 3-26　不同蒸汽喷吹量配套参数表

喷吹量 /t·h⁻¹	喷吹管个数/个	喷吹管覆盖长度/m	喷吹宽度/m	喷吹面积/m²	料面风速/m·s⁻¹	空气量/m³·min⁻¹	蒸汽占空气比例/g·m⁻³	烧结总配水量/t·h⁻¹	喷吹蒸汽占总水比例/%	喷吹强度/kg·(m²·min)⁻¹
2	60	30	5	150	0.3	2700	12.3	68.25	2.9	0.22
2	8	4	5	20	0.3	360	92.6	68.25	2.9	1.67
2	30	15	5	75	0.3	1350	24.7	68.25	2.9	0.44
3	30	15	5	75	0.3	1350	37	68.25	4.4	0.67
3.3	60	30	5	150	0.3	2700	20.4	68.25	4.8	0.37

喷吹量 /t·h⁻¹	喷吹管个数/个	喷吹管覆盖长度/m	喷吹宽度 /m	喷吹面积 /m²	料面风速 /m·s⁻¹	空气量 /m³·min⁻¹	蒸汽占空气比例 /g·m⁻³	烧结总配水量 /t·h⁻¹	喷吹蒸汽占总水比例 /%	喷吹强度 /kg·(m²·min)⁻¹
4.5	60	30	5	150	0.3	2700	24.7	68.25	5.9	0.44
3.3	80	40	5	200	0.3	3600	15.3	68.25	4.8	0.28
4	60	30	5	150	0.3	2700	24.7	68.25	5.9	0.44
5.5	60	30	5	150	0.3	2700	34	68.25	8.1	0.61
6	60	30	5	150	0.3	2700	37	68.25	8.8	0.67
8	60	30	5	150	0.3	2700	49.4	68.25	11.7	0.89

分析表 3-26，在满足蒸汽管道数量与蒸汽喷吹量相匹配、蒸汽空气体积比不超过 8% 的条件下，适宜的蒸汽喷吹强度应在 $0.2 \sim 0.6 kg/(m^2 \cdot min)$。

3.3.2.3 蒸汽喷吹节能减排效果

蒸汽喷吹烧结技术是通过提高烧结料层中燃料的燃烧效率和燃尽程度来实现节能减排的[61]。

烧结烟气中的 CO 主要是燃料燃烧不充分、燃烧效率低造成的。尽管烧结过程整体上为氧化性气氛，O_2 较碳呈现过剩状态，但在高温区由于有碳的燃烧，局部的 O_2 量不足，存在还原性气氛，反应产物将生成较多的 CO[62]。采用蒸汽喷吹技术后，H_2O 与碳和 O_2 反应，将 CO 转化为 CO_2，从而达到降低 CO 的目的。

采用蒸汽喷吹技术后，由于燃料燃烧更充分，在保证同等热量供入条件下可降低固体燃料的消耗，进而从源头实现了 SO_2 和 NO_x 的减排。按喷吹蒸汽提高燃烧效率 5% 有助于降低固体燃耗 $2 \sim 2.5 kg/t$（平均值 2.25kg/t）来分析，固体燃料的 S 含量 0.8%，脱硫率 90%，烟气单耗 2000m³/t，则 SO_2 降低量计算如下：

$$\Delta Q_{SO_2} = 2.25 \times 0.8/100 \times 1000000/2000 \times 0.9 \times 2 = 16.2 mg/m^3 \quad (3-39)$$

蒸汽喷吹技术降低烧结二噁英排放，主要是从碳源控制和氯源控制两方面来实现的[63]。烧结料面喷吹蒸汽后，水蒸气会在燃烧带发生反应加速烧结燃烧带中碳的燃烧，使得碳充分燃尽，由燃烧带进入干燥带的残碳将会有所减少，从而从源头上减少了二噁英从头合成反应所需的碳源，有利于减少二噁英排放。此外，喷吹水蒸气同料层中的碱金属和碱土金属按照反应式（3-40）和式（3-41）反应，反应后游离的单质 Cl_2 转变为以 HCl 的形成存在。HCl 气体同 Cl_2 气相比，HCl 气体结合苯环的能力比 Cl_2 气体的结合能力小。已有研究表明，氯气容易形成氯的自由基，易于苯环结合形成二噁英。因此，将单质 Cl_2 转变为 HCl 气体的化学反应是抑制二噁英形成的重要原因。

$$MeCl_n + H_2O \Longrightarrow MeO + 2HCl_{n/2} \tag{3-40}$$

$$Cl_2 + H_2O \Longrightarrow 2HCl + \frac{1}{2}O_2 \tag{3-41}$$

综上，在应用蒸汽喷吹技术后，其理论节能、减排、提产效果如表 3-27 所示。

表 3-27   蒸汽喷吹理论技术效果

节　能	减　排	提　产
吨矿节约焦粉量： 2~2.3kg/t 吨矿喷入蒸汽量： 10~11m³/t 热量置换比：1∶22	CO 排放量： 在原基础上降低 20%~25% 左右 二噁英排放量： 在原基础上降低 45%~50% 左右	可在原基础上提升产量 2%~2.5% 左右

3.3.2.4   蒸汽喷吹烧结应用案例

A   工程概况

2015 年 5 月，蒸汽喷吹烧结技术在首钢京唐钢铁联合有限责任公司 1 号烧结机（550m²）上成功投运。通过调试与优化，得到最优蒸汽喷吹量和喷吹范围，燃耗降低 1.64kg/t，二噁英在喷吹蒸汽后减排率 46.2%，且运行稳定，其经济性和稳定性得到了业主的认可，正在京唐 2 号机和首钢控股的迁安钢铁厂 360m² 烧结机推广。

B   技术方案

京唐烧结 1 号机 2015 年 5 月开始喷吹蒸汽工业试验，如图 3-67 所示。蒸汽喷吹管道使用了 15 排管道中的后九排，主要分布在烧结机的中后部。喷吹蒸汽时烧结所用混匀料为 13 号堆，于 5 月 20-7 点至 23-9 点的一段时间停止了蒸汽喷吹以作为基准期，此后继续进行蒸汽喷吹试验。为便于分析，以 5 月 20-7 点~23-9

图 3-67   技术现场生产图

点的数据为基准期，5 月 23-9 点~25-全天为试验期，喷吹蒸汽前后烧结过程参数如表 3-28 所示。

表 3-28 烧结矿成分指标 （%）

项 目	TFe	FeO	CaO	SiO$_2$	Al$_2$O$_3$	MgO	碱度
基准	57.71	9.04	10.17	5.02	1.85	1.30	2.02
试验期	57.89	8.87	10.01	4.99	1.85	1.21	2.01
变化	0.2	-0.2	-0.2	0.0	0.0	-0.1	0.0

C 技术效果

a 节能效果

在京唐 1 号烧结机（550m^2）料种和工况条件下，蒸汽喷吹前后的烧结矿质量指标如表 3-29 所示。数据表明：蒸汽喷吹 2t/h 后，起到了提产降耗的效果，1 号机固体燃耗降低了 1.64kg/t，返矿率降低 0.4%，转鼓指数提高，5~10mm 比例降低了 0.8%。可见喷吹蒸汽有助于改善烧结矿质量和降低固体燃耗。

表 3-29 烧结矿质量指标 （%）

项 目	转鼓强度 /%	返矿率 /%	固体燃耗 /kg·t^{-1}	>40 mm	40~25 mm	25~16 mm	16~10 mm	10~5 mm
基准	82.59	25.82	50.21	7.87	17.90	35.60	20.47	15.85
试验期	82.74	25.44	48.57	7.54	17.81	36.43	20.86	15.10
变化	0.15	-0.38	-1.64	-0.3	-0.1	0.8	0.4	-0.8

b 减排效果

料面喷吹蒸汽降低了烧结残碳和减少了单质氯源，对降低烧结二噁英有显著效果。京唐 1 号烧结机（550m^2）喷吹不同蒸汽量（0t/h，1.5t/h，3t/h，4.5t/h）对烧结二噁英产生量的影响进行了分析，发现当蒸汽量由 0t/h 增加至 4.5t/h 时，烧结废气中二噁英量由 0.3661ng/m^3 降低至 0.1282ng/m^3（标态），降低幅度达到 65%，其中 PCDFS 的生成量远大于 PCDDS 的生成量。随着喷吹蒸汽量的增加，PCDFS 的量由 0.308ng/m^3 降低至 0.0939ng/m^3（标态），降幅达 69.5%，而 PCDDS 的量由 0.0581ng/m^3 降低至 0.0343ng/m^3（标态），降幅仅 40.9%，可见喷吹蒸汽对降低二噁英中的 PCDFS 更为有效，进一步说明了喷吹蒸汽可以通过控制从头合成反应（控制 PCDFS 的生成反应），来达到抑制二噁英生成的作用，上述结果如图 3-68 所示。

c 提质效果

京唐 1 号烧结机（550m^2）在投入料面喷吹蒸汽工艺前，烧结矿中铁酸钙含量在 46.31%，投入料面喷吹蒸汽工艺后，铁酸钙含量 49.53%，提高幅度为

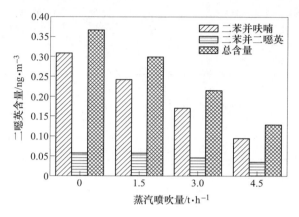

图 3-68   烧结料面喷吹蒸汽对二噁英排放的影响

3.22%。而未实施该工艺的 2 号机的铁酸钙含量分别为 41.44% 和 36.85%，同期反而降低了 4.6%。料面喷吹蒸汽对提高铁酸钙含量、改善烧结矿质量有促进作用。

参 考 文 献

[1] 范晓慧. 铁矿烧结优化配矿原理与技术 [M]. 北京: 冶金工业出版社, 2013.

[2] Chen X, Chen X X, Wu M, et al. Modeling and optimization method featuring multiple operating modes for improving carbon efficiency of iron ore sintering process [J]. Control Engineering Practice, 2016 (54): 117~128.

[3] 范晓慧, 姜涛, 李光辉, 等. 炼铁原料的整体优化 [C]//2004 年度全国烧结球团技术交流年会论文集. 2004: 4~9.

[4] 范晓慧, 甘敏, 袁礼顺, 等. 烧结铁矿石成矿性能评价方法的研究 [C]//2010 年度全国烧结球团技术交流年会. 连云港, 2010: 11~14.

[5] 叶恒棣. 钢铁烧结烟气全流程减排技术 [M]. 北京: 冶金工业出版社, 2019: 29, 64.

[6] Ellis B G, Loo C E, Witchard D. Effect of ore properties on sinter bed permeability and strength [J]. Ironmaking Steelmaking, 2007, 34 (2): 99.

[7] 习乃文, 黄天正, 谢良贤. 烧结技术 [M]. 昆明: 云南人民出版社, 1993.

[8] 李文琦. 优化烧结料层透气性和温度场的研究 [D]. 长沙: 中南大学, 2012.

[9] Yuan L S, Fan X H, Gan M, et al. Structure model of granules for sintering mixtures [J]. Journal of iron and steel research, international, 2014, 21 (10): 905~909.

[10] Gan M, Fan X H, Ji Z Y, et al. Optimizing method on improving granulation effectiveness of iron ore sintering mixture [J]. Ironmaking and steelmaking, 2015, 42 (5): 351~357.

[11] 吕学伟, 白晨光, 邱贵宝, 等. 铁矿粉湿容量的概念及其在制粒过程中的应用 [J]. 重庆

大学学报, 2011, 34 (9): 54~60.

[12] 吕学伟. 炼铁流程中铁矿石评价体系构建 [D]. 重庆: 重庆大学, 2010.

[13] 范晓慧, 甘敏, 李文琦, 等. 烧结混合料适宜制粒水分的预测 [J]. 北京科技大学学报, 2012, 34 (4): 373~377.

[14] Gan M, Fan X H, Chen X L, et al. High temperature mineralization behavior of mixtures during iron ore sintering and optimizing methods [J]. ISIJ international, 2015, 55 (4): 742~750.

[15] Li N, Li J X, Long H M, et al. Optimization method for iron ore blending based on the sintering basic characteristics of blended ore [J]. TMS, 2018: 455~464.

[16] 吴胜利, 苏博, 宋天凯, 等. 铁矿粉烧结优化配矿技术的研究进展 [C]//第十届中国钢铁年会暨第六届宝钢学术年会论文集Ⅲ, 2015.

[17] Wu S L, Zhai X B, Song T K. A sintering burden blending model based on one-step optimization method and high-temperature characteristics of iron ore [J]. Metall. Res. Technol. , 2019, 211: 116.

[18] Fan X H, Hu L, Gan M, et al. Crystallization behavior of calcium ferrite during iron ore sintering [C]//2nd International Symposium on High-Temperature Metallurgical Processing, TMS, 2011: 389~396.

[19] 范晓慧, 孟君, 陈许玲, 等. 铁矿烧结中铁酸钙形成的影响因素 [J]. 中南大学学报 (自然科学版), 2008, 39 (12): 1125~1131.

[20] Lv W, Fan X H, Gan M, et al. High temperature mineralization mechanism of granules during iron ore sintering process [C]//8th International Symposium on High-Temperature Metallurgical Processing. 2017: 359~369.

[21] Park J H, Cho Y J, Yoon S S, et al. Effect of Al_2O_3, SiO_2 and MgO on the formation of calcium ferrites in sinter using X-ray diffraction method [J]. J. Korean Inst. Met. Mater. , 2002, 40 (7): 811~817.

[22] Dawson P R, Ostwald J, Hayes K M. Influence of alumina on development of complex calcium ferrites in iron ore sinter [J]. Trans. Inst. Min. metal. , Sect. C, 1985, 94 (6): 71~78.

[23] 范晓慧, 李文琦, 甘敏, 等. MgO 对高碱度烧结矿强度的影响及机理 [J]. 中南大学学报 (自然科学版), 2012, 43 (9): 3325~3331.

[24] 陆钟武, 蔡九菊. 系统节能基础 [M]. 北京: 科学出版社, 1993.

[25] Liu C X, Xie Z H, Sun F R, et al. Optimization for sintering proportioning based on energy value [J]. Applied Thermal Engineering, 2016, 103.

[26] Chen L G, Yang B, Shen X, Xie Z H, Sun F R. Thermodynamic optimization opportunities for the recovery and utilization of residual energy and heat in China's iron and steel industry: A case study [J]. Applied Thermal Engineering, 2015, 86.

[27] 闫炳基, 张建良, 姚朝权, 等. 基于铁矿粉液相生成特性互补优化配料模型 [J]. 钢铁, 2015, 50 (6): 40~45.

[28] Li K, Zhang J L, Liu Z J, et al. Optimization model coupling both chemical compositions and high-temperature characteristics of sintering materials for sintering burden [J]. International Journal of Minerals Metallurgy and Materials, 2014, 21 (3): 216~224.

[29] 李云涛. 烧结优化配矿模型的研究 [D]. 长沙：中南大学, 2004.

[30] 袁晓丽. 烧结优化配矿综合技术系统的研究 [D]. 长沙：中南大学, 2007.

[31] 黄晓贤. 铁矿烧结优化配矿数学模型的研究 [D]. 长沙：中南大学, 2013.

[32] Vapink V. N. The nature of statistical learning theory [M]. New York：Springer-Verlag, 1995；张学工译. 统计学习理论的本质 [M]. 北京：清华大学出版社, 2000.

[33] 苏道. 褐铁矿烧结行为特性的研究 [D]. 长沙：中南大学, 2012.

[34] Lovel R, Vining K, Dell'Amico M. Iron ore sintering with charcoal [J]. Mineral Processing and Extractive Metallurgy, 2007, 116 (2)：85~92.

[35] Mohammad Z, Maria M P, Trevor A T F. Biomass for iron ore sintering [J]. Minerals Engineering, 2010 (7)：1~7.

[36] Tze Chean O, Eric A. The study of sunflower seed husks as a fuel in the iron ore sintering process [J]. Minerals Engineering, 2008 (21)：167~177.

[37] 甘敏. 生物质能铁矿烧结的基础研究 [D]. 长沙：中南大学. 2012.

[38] 季志云. 应用秸秆制备铁矿烧结用生物质燃料的研究 [D]. 长沙：中南大学, 2013.

[39] Gan M, Fan X H, Chen X L, et al. Reduction of pollutant emission in iron ore sintering process by applying biomass fuels [J]. ISIJ International, 2012, 52 (9)：1574~1578.

[40] Gan M, Fan X H, Ji Z Y, et al. Investigation on the application of biomass fuel in iron ore sintering：influencing mechanism and emission reduction [J]. Ironmaking and Steelmaking, 2015, 42 (1)：27~33.

[41] Fan X H, Ji Z Y, Gan M, et al. Influence of preformation process on combustibility of biochar and its application in iron ore sintering [J]. ISIJ International. 2015, 55 (11)：2342~2349.

[42] Fan X H, Ji Z Y, Gan M, et al. Preparation of straw char by preformation-carbonization process and it application in iron ore sintering. In：Drying, Roasting, and Calcing of Minerals [J]. USA：TMS. 2015：233~240.

[43] Fan X H, Ji Z Y, Gan M, et al. Characteristics of prepared coke-biochar composite and its influence on reduction of NO_x emission in iron ore sintering [J]. ISIJ International, 2015, 55 (3)：521~527.

[44] Thomas S, Mc Knight S J, Serrano E J. 生物质用于焦炭和烧结生产的实验室评价 [J]. 世界钢铁, 2012 (6)：8~17.

[45] 程志龙, 杨剑, 魏赏赏, 等. 燃气喷吹技术调控铁矿烧结熔化特性的实验研究 [J]. 工程热物理学报. 2017, 38 (5)：1044~1049.

[46] Cheng Z L, Wei S S, Guo Z G, et al. Improvement of heat pattern and sinter strength at high charcoal proportion by applying ultra-lean gaseous fuel injection in iron ore sintering process [J]. Journal of Cleaner Production. 2017：161.

[47] Cheng Z L, Wang J Y, Wei, S S, et al. Optimization of gaseous fuel injection for saving energy consumption and improving imbalance of heat distribution in iron ore sintering [J]. Applied Energy, 2017.

[48] Oyama N, Iwami Y, Yamamoto Y, et al. Development of secondary-fuel injection technology for energy reduction in the iron ore sintering process [J]. ISIJ International. 2011, 51

（6）：913～921．

［49］ Oyama N, Iwami Y, Machida S, et al. 烧结工艺使用气体燃料喷入技术减少 CO_2 排放［J］. 世界钢铁，2013，13（1）：16～22．

［50］ 韩凤光，许力贤，吴贤甫，等. 焦炉煤气强化烧结技术研究［J］. 烧结球团，2016，41（2）：12～16，20．

［51］ 周浩宇，李奎文，雷建伏，等. 烧结燃气顶吹关键装备技术的研发与应用［J］. 烧结球团．43（4）：25～29，35．

［52］ Huang X X, Fan X H, Ji Z Y, et al. Investigation into the characteristics of H_2-rich gas injection over iron ore sintering process：Experiment and modelling［J］. Applied Thermal Engineering 2019（157）：113709．

［53］ de Castro J A. Model predictions for new iron ore sintering process technology based on biomass and gaseous fuels［J］. Advanced Materials Research，2014：136～144．

［54］ Adilson D C J, Mendes D O E, Flavio D C M, et al. Analyzing cleaner alternatives of solid and gaseous fuels for iron ore sintering in compacts machines. Journal of Cleaner Production，2018，198：654～661．

［55］ de Castro J A, Nath N, Franca A B, et al. Analysis by multiphase multicomponent model of iron ore sintering based on alternative steelworks gaseous fuels［J］. Ironmaking and Steelmaking，2012，39（8）：605～613．

［56］ de Castro J A, Pereira J L, Guilherme V S, et al. Model predictions of PCDD and PCDF emissions on the iron ore sintering process based on alternative gaseous fuels［J］. Journal of material research technology，2013，2（4）：323～331．

［57］ Oyama N, Iwami Y, Yamamoto Y, et al. Development of secondary-fuel injection technology for energy reduction in the iron ore sintering process［J］. ISIJ International，2011，51（6）：913～921．

［58］ 程乃良，李和平，韩凤光，等. 焦炉煤气强化烧结技术开发与应用［J］. 中国冶金，2018，28（8）：87．

［59］ 李和平，聂慧远，韩凤光，等. 焦炉煤气强化烧结技术在梅钢的应用［J］. 烧结球团，2015，40（6）：1～3；35．

［60］ 刘精宇，蔡九菊，杨靖辉. 钢铁工业蒸气介质能量流网络的动态分析研究［J］. 中国冶金，2013，23（4）：47～50．

［61］ 胡金良，李志全. 优化烧结配料节能降耗减污［J］. 冶金环境保护，2001（6）：24～27．

［62］ 孟凡凯，陈林根，谢志辉，等. 余热回收过程的热力学分析模型与用能合理性评价［C］// 2015 年中国工程热物理学会热力学学术年会，2015．

［63］ 苏步新，张建良，常健，等. 铁矿粉的烧结特性及优化配矿试验研究［J］. 钢铁，2011，46（9）：22～28．

4 烧结过程节能减排技术

烧结烟气具有排放量大、污染物成分复杂、伴随大量的余热资源等特点，且由于烧结工艺自身的不稳定，所产生的烟气流量、温度、污染物浓度会有大幅度变动，这都导致其末端治理和余热回收难度较大。在保证烧结矿产量和质量的前提下，采用创新的烧结过程控制技术，减少污染物总量和减少被污染空气的总量，提高系统余热品质和回收利用效率，对减轻末端治理的成本和降低烧结工序能耗具有重要意义。

4.1 烧结低能耗点火技术

烧结矿的点火是炼铁原料处理流程中一个极其重要的核心环节。在炼铁原料处理过程中，经过配料、混合后的烧结粉矿被均匀铺放在烧结台车上，铺料厚度一般为 550~1100mm 不等。在经过点火设备时，炉膛内的高温烟气（约 1150℃）将料面中的固体燃料点燃从而形成燃烧带，进而使得表层混合料在点火炉高温烟气与固体燃料燃烧放热作用下烧结。同时，通过抽风机抽风提供充分的氧量与负压将表层所积蓄的热量传递至下一层混合料，促使下一层的固体燃料继续燃烧，从而使得烧结过程迅速向下进行，进而完成整个烧结过程[1]。

4.1.1 参数优化低能耗点火技术

为了达到点火的目的，烧结点火应该满足如下要求：足够高的点火温度、有一定点火时间、适宜的点火负压、点火烟气中含氧量要充足、沿台车宽度方向点火要均匀。参数优化低能耗点火技术能保证烧结质量符合生产需要的前提下，点火能耗尽可能降低，其优化的参数包括点火强度、点火负压、点火介质温度和点火介质氧浓度。

4.1.1.1 点火强度优化

为了将混合料中的碳点燃，必须将混合料中的碳加热到燃点以上，并且在烧结料层中形成稳定的燃烧带以保证烧结过程的进行，但是如果点火强度过大，导致燃烧带过厚，也会造成能量的浪费。因此，点火强度对烧结生产具有重要的影响，必须实现对点火强度的精准控制，这是实现烧结低能耗点火技术的基础[2]，点火强度主要与点火温度、点火时间和点火保温时间等参数相关。

A 点火温度

在焦粉配比 4.25%、混合料水分 7.50%、点火时间 1min、点火负压 5kPa 的条件下，点火温度对烧结矿产量、质量指标的影响如图 4-1 所示。点火温度在 950~1200℃ 的范围内变化时，随着点火温度的降低，烧结矿的各项质量指标整体上都呈现下降的趋势，点火温度在 1200℃ 时，烧结矿的各项质量指标达到最优，成品率达到 74.83%，转鼓强度为 61.46%，利用系数 1.52t/(m²·h)。而 950℃ 烧结矿的成品率仅为 70.2%，转鼓强度和利用系数也分别下降到 56.04% 和 1.36t/(m²·h)，并且，试验过程中发现，当点火温度低于 950℃ 时，表层混合料不能被点燃，烧结过程无法发生。

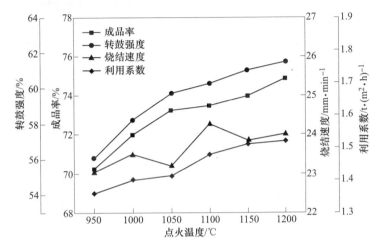

图 4-1　点火温度对烧结矿各质量指标的影响

点火效果包括料面表层的温度、点火深度、点火强度以及点火燃耗等四项指标。点火温度对点火效果各项指标的影响如表 4-1 所示。随点火温度降低，表层最高温度、点火深度、点火燃耗均不断下降，且当点火温度由 1200℃ 降低至 950℃ 时，三者分别由 1275℃、33~35mm、0.16GJ/t 降低至 1072℃、16~18mm、0.08GJ/t。点火温度在超过 1200℃ 以后，会在料层表面形成融熔层，从而对成品率和烧结速度、利用系数造成负面影响。

表 4-1　点火温度对点火深度和点火燃耗的影响

点火温度/℃	表层温度/℃	点火深度/mm	点火强度/MJ·m⁻²	点火燃耗/GJ·t⁻¹
950	1072	16~18	79.36	0.08
1000	1125	17~19	110.35	0.09
1050	1169	18~20	126.84	0.10
1100	1228	26~28	140.22	0.12
1150	1239	30~32	152.79	0.14
1200	1275	33~35	168.50	0.16

B 点火时间

在焦粉配比 4.25%、混合料水分 7.50%、点火温度 1050℃、点火负压 5kPa 的条件下,点火时间对烧结矿产量、质量指标的影响如图 4-2 所示。点火时间在 0.75~2.5min 的范围内,随点火时间缩短,烧结矿的各项质量指标逐渐降低,尤其当点火时间低于 1.0min 时,转鼓强度、成品率均出现明显降低。当点火时间为 2.5min 时,烧结矿质量最好,烧结矿成品率达到 75.18%,转鼓强度为 62.02%,烧结速度为 24.70mm/min,利用系数为 1.51t/(m² · h),当点火时间缩短到 0.75min 时,各项质量指标都降到了最低,另外,试验过程中还发现,当点火时间低于 0.75min,表层混合料不能被点燃,烧结过程无法发生。

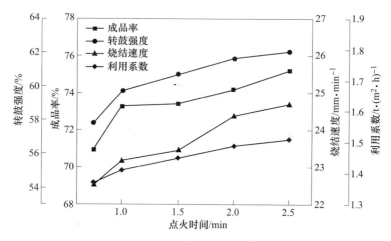

图 4-2 点火时间对烧结矿各质量指标的影响

点火时间对点火效果的影响如表 4-2 所示,缩短点火时间,表层最高温度、点火燃耗均下降,点火深度减小,且当点火时间由 2.5min 减少至 0.75min 时,表层最高温度、点火深度、点火燃耗分别由 1295℃、32~34mm、0.17GJ/t 下降至 1082℃、16~18mm、0.07GJ/t。

表 4-2 点火时间对点火效果的影响

点火时间/min	表层温度/℃	点火深度/mm	点火强度/MJ · m⁻²	点火燃耗/GJ · t⁻¹
0.75	1082	16~18	95.90	0.07
1.0	1169	18~20	126.84	0.10
1.5	1259	20~22	188.34	0.12
2.0	1272	26~28	255.92	0.15
2.5	1295	32~34	310.70	0.17

C 点火保温时间

在焦粉配比 4.25%、混合料水分 7.50%、点火温度 1050℃、点火时间 1min、点火负压 5kPa 的条件下,研究了保温时间对烧结矿产量、质量指标的影响,结果如图 4-3 所示。与无点火保温时相比,增加保温过程可提高烧结矿成品率、转鼓强度、利用系数等指标。且当保温时间从 1min 逐渐增加至 2min 时,烧结各指标均呈逐渐提高的趋势;当保温时间增加为 2.5min 时,各指标出现小幅降低,进一步延长保温时间至 5min,各指标下降较为明显。因此,适当延长保温时间对改善烧结指标有利,超过一定值时则会产生不利影响,最合适的点火保温时间为 2min,在此保温时间下,烧结矿的各项质量指标都达到最高,其中烧结矿成品率达到 77.12%,转鼓强度为 63.60%,烧结速度 25.26mm/min,利用系数为 1.49t/(m² · h)。

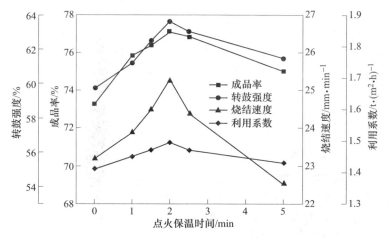

图 4-3 点火保温时间对烧结矿各质量指标的影响

4.1.1.2 点火负压优化

烧结点火炉生产时,炉膛内压力需要微压运行,当炉膛内的压力处于正压时,炉膛内的高温烟气会溢出炉膛,造成能量浪费和周围环境温度升高,同时因负压不足使料层高温区下移速度变慢,点火深度不足,台车中下部物料缺乏足够的热量,影响烧结矿产量;负压过大时,冷风会被吸进炉膛,不利于高温气氛的保持,降低点火效率。此外,负压过大,会将铺设在烧结机台车上的烧结料层抽实,降低烧结料层的透气性,影响烧结料层的垂直燃烧速度,导致烧结矿质量降低。因此,在烧结系统中,烧结机的风箱需要设压力调节装置以保证点火炉炉膛压力处在微负压状态,达到节能和科学烧结的目的。

A 微负压工艺制度

图 4-4 展示了宝钢炼铁厂 3 号烧结机的点火炉下 1 号和 2 号风箱负压对点火

能耗的影响，图中 1 号和 2 号风箱的负压变化范围均为 -12kPa、-9kPa、-6kPa 和 -3kPa。从图中可以清晰地看出：点火能耗随着两个风箱的抽风负压变大而明显增加，当 1 号和 2 号风箱负压均为 -12kPa 时，点火能耗最大达到了 56.5MJ/t；当负压减小时，点火能耗不断降低，当 1 号和 2 号风箱均减小为 -3kPa 时，点火能耗最低仅为 35.29MJ/t。因此，为了达到节能降耗的目的，点火负压应该控制在较小的状态下。

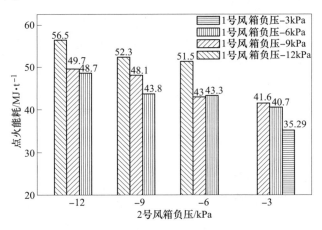

图 4-4　点火风箱负压对点火能耗的影响关系

B　微负压点火装备

目前，炉膛压力调节主要通过装在风管上的双道翻板式阀门来实现的。在调小阀门的翻板时，阀板与风管之间的开度缝隙变小后，局部会产生高速含尘烟气，此时烧结含尘烟气对阀板和风箱支管管壁的冲刷具有很大破坏力；阀板在受烟气冲刷磨损后会大降低调节精度，而且阀板的这种结构形式，不具备微压调节功能，阀板略微的翻动都会形成比较大的缝隙，造成很大的压力变化；因而，该翻板式阀门调节精度低，很难保证点火炉在微压条件下稳定运行。

为了解决上述技术问题，中冶长天国际工程有限责任公司提出了一种烧结点火炉微负压调节系统[3]。微负压点火装置结构如图 4-5 所示，在现有技术的点火炉下部风箱管一侧设置振动电机，另一侧设置"倒 L"形的抽风旁路管道，管道竖直部分安装阻力平衡阀，用以控制抽风负压，这种低负压点火装置能够实现点火炉下部风箱的气、物分离，有效控制点火炉炉内负压，降低点火能耗指标。

C　技术效果

通过使用烧结点火炉微压调节系统，合理分配了烧结机风箱支管中的含尘烟气和固体颗粒，避免了含尘烟气对风箱支管的破坏，提高了风箱支管的使用寿命；微压调节阀提高了烧结点火炉炉膛内压力的调节精度，有效地保证了点火炉在微压状态下稳定运行，通过控制烧结点火炉稳定在微压状态下运行，点火炉的

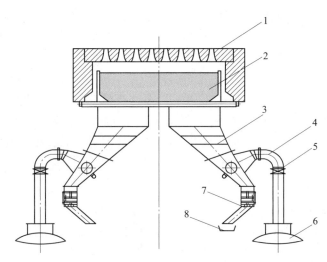

图 4-5　微负压点火结构装置

1—点火炉；2—烧结机台车；3—风箱管；4—倒 L 形抽风旁路管道；
5—阻力平衡阀；6—大烟道；7—双层卸灰阀；8—皮带输送机

能耗和生产成本都得到有效降低。

4.1.1.3　点火介质温度优化

点火介质主要是空气，提高点火空气的温度即采用热风点火技术。目前国内炼铁厂的烧结机点火炉普遍采用冷风点火方式，点火温度一般在 1150℃ 上下。但是部分烧结厂的煤气热值较低，点火温度很难达到要求，尤其是在煤气热值波动较大的情况下，如果热值大幅降低，有可能会造成烧结点火困难，造成烧结料面点火不充分，从而直接影响烧结产量和质量。有些烧结厂虽然点火煤气热值能够满足要求，但是随着烧结成本控制越来越严格，对点火煤气节能降耗的需求也日益增大，采用烧结热风点火技术则是解决上述问题的有效途径。

A　技术原理

理论研究表明，当不考虑散热损失、不完全燃烧损失，并忽略数值较小的燃料热分解耗热时，点火炉内燃料的理论燃烧温度计算公式为：

$$t_r = \frac{Q_h + Q_w}{cV_n} \tag{4-1}$$

式中　t_r——理论燃烧温度，℃；

Q_h——燃料发热量，kJ/m^3；

Q_w——空气、煤气的物理热；

c——燃烧产物的比热容，$kJ/(m^3 \cdot ℃)$；

V_n——燃烧烟气量，m^3/m^3。

从式（4-1）可知，理论燃烧温度 t_r 与空、煤气的物理热 Q_w 成正相关，而 Q_w 则与空气、煤气的温度正相关。如果燃料热值大幅降低时，Q_h 降低，要保持理论燃烧温度 t_r 不变，则可以提高空气介质的温度，经计算，如助燃空气温度提高 300℃，理论燃烧温度可提高 100℃ 以上。在这样的助燃空气温度条件下，就能将点火温度稳定保持在工艺要求的 1150~1200℃ 范围以内，从而克服因煤气热值波动带来的不利影响；另一方面，在 Q_h、c 和 V_n 等值一定时，提高空气温度，能有效提高燃烧温度，降低煤气消耗。

B 技术方案

提高点火空气温度有多种方式。一种是利用保温炉料面余热，为了防止出点火炉后烧结料面冷却过快，点火炉后通常设置有保温炉，将空气管道埋入保温炉炉体，利用保温下烧结矿的余热对空气进行加热；另一种方式是利用烧结矿带式或环式冷却机的冷却风余热。国内某炼铁厂分别对 $320m^2$ 和 $400m^2$ 烧结机实施了热风点火工程改造，先后提出了两种烧结余热回收助燃的方法来提高烧结点火温度的技术方案：带冷机热废气预热点火助燃空气方案和带冷机热废气直接用于烧结机点火助燃方案[4]。

利用带冷机热废气预热点火助燃空气的方案，在废气温度 350℃ 左右的条件下，采用热管换热器将助燃空气预热后用于烧结热风点火。经投运后测试，当废气温度为 380~400℃ 时，换热器出口温度约 250℃，从而改善了燃烧，强化和稳定了点火过程，提高了烧结矿质量，该方法在实际生产应用中取得了初步成效。

带冷废气直接进行热风点火助燃方案的具体做法是在带冷机上方的余热锅炉后部设计安装分流集气抽烟罩，所收集的废气经多级除尘后用热风机输送到烧结点火炉作为点火助燃热风，系统工艺流程见图 4-6。由于点火炉采用的是幕帘多缝式点火烧嘴，内部结构狭窄（通道最窄处只有 5mm），如果热风含尘过高即会堵塞烧嘴，从而影响生产。为此，方案实施中主要采取了以下几种措施：

（1）设计制作了用于废气除尘的低温降高效除尘系统，并重点考虑了除尘系统内部元件的耐磨、耐热、耐腐和绝热保温问题，以确保该系统长期稳定工作。为延长高温风机和系统的使用寿命，除尘器采取多级串联的方式，以保证在

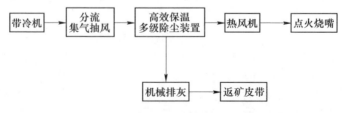

图 4-6 带冷废气直接用于烧结点火助燃工艺流程图

足够的温度条件下将热风含尘量降低到点火器烧嘴允许的范围内，并能够长期低功耗稳定运行。

（2）对现有点火炉炉型及烧嘴进行改造，以适合热风条件下的点火生产和操作调节。

（3）设计符合带冷机热风气流分布特点的分流集气抽风烟罩。该烟罩能在保证集气的条件下使风罩下方的负压合理分配，尽量减少冷风吸入，以免兑低热风温度，影响热风助燃效果。

（4）为减少管程散热，对系统设备和管路都采取了更加有效的保温措施。

C　技术效果

生产实践表明，采用热风点火助燃是提高点火温度和改善点火质量的最直接有效的方法。当废气温度为350℃时，该系统可使助燃热风稳定保持在300℃左右的较高水平，从而可使点火温度提高100℃以上。助燃空气温度的提高，不仅因带入部分物理热而使燃烧温度得以提高或节约能源，还可使点火过程中的空煤气混合后的点火浓度极限范围变宽，从而改善了燃烧，强化和稳定了点火过程。这对于使用高炉煤气等低热值燃气点火的烧结机而言就显得尤为重要。同时，由于助燃空气温度的提高，提高了烧嘴的喷出速度，增加了火焰的出口动能，增强了烧嘴火焰的穿透能力，使高温区更加贴近或侵入点火料面，加快了垂直点火过程，提高了上层料面保温蓄热能力，这对于促进铁酸钙的生成和厚料层操作是十分有利的。

据现有效果和预测分析，采用带冷废气热风助燃点火技术后，可取得产量提高2%，转鼓指数提高约1.5%，成品率提高2%，降低燃气单耗12%～14%和固定碳消耗降低2%～4%的显著效果。热风点火投用前后具体的烧结参数及指标如表4-3所示[4]。

表4-3　热风点火投用前后烧结参数及指标

项目	点火温度/℃	煤气消耗/$m^3 \cdot t^{-1}$	固体燃耗/$kg \cdot t^{-1}$	利用系数/$t \cdot (m^3 \cdot h)^{-1}$
投用前	1072	15.28	56.42	1.17
投用后	1122	12.21	55.99	1.19

4.1.1.4　点火介质氧浓度优化

提升点火介质的氧浓度即采用富氧进行点火，可以提高烟气中的氧气含量，降低了燃料的着火温度，可以充分利用表层的固体燃料，提高烧结生产率的同时降低了燃耗[4~6]。梅钢、长钢等钢铁公司通过生产实践证明，富氧烧结点火能够解决高炉煤气燃烧不充分，点火温度低的问题，而且能够提高烧结矿的产量与质量，同时降低点火能耗和烟气排放量[6,7]。

A　技术原理

烧结富氧点火技术简单而言就是将氧气吹入点火炉烧嘴前的助燃空气管道

中，提高助燃空气的氧气含量。从上文中热风炉理论燃烧温度计算公式（4-1）可知，理论燃烧温度与煤气的低位发热量、燃烧用空气和燃烧用煤气带入的物理热成正比，与燃烧生成物量和燃烧生产物的平均热容成反比。提高助燃空气中的氧气含量（富氧量），即降低了燃烧产物的体积量，使理论燃烧温度上升。按富氧4%算，燃烧每立方高炉煤气或转炉煤气可减少燃烧烟气产物15%～20%。预计富氧后能提高料面温度约40℃左右。

B 技术方案

国内某烧结厂利用厂内富余的氧气，通过设置富氧装置，对烧结点火炉进行富氧点火，富氧率控制在2%～4%，具体氧气浓度配比及流量见表4-4。经过初步核算，富氧浓度为24%时，用氧量为124m³/h（标态）。点火富氧率为2%～4%时，既能减少氧气的放散问题，又能通过富氧点火技术，提高热风温度。富氧系统的设计可根据现场实际情况，在氧气总管和点火炉之间设置减压阀组及流量调节阀组，调压调流后的氧气经止回阀，然后进入助燃风机送风总管。

表 4-4 烧结富氧点火氧气配比

序号	最大风量/m³·h⁻¹（标态）	富氧浓度/%	氧气纯度/%	用氧量/m³·h⁻¹
1	3200	22	99.5	42
2	3200	23	99.5	83
3	3200	24	99.5	124
4	3200	25	99.5	165

C 技术效果及分析

a 富氧点火对燃烧温度的影响

为了考查富氧点火对燃烧温度的影响，根据质量和能量守恒定律以及燃烧过程物质的物理化学变化，在试验条件的基础上进行理论计算。通过计算得到在不同氧气过剩系数 α 和氧气瓶配入的氧气占助燃风中总氧的体积分数（用 γ 表示）改变的情况下，点火烟气温度的变化情况见图4-7[8]。

从图4-7可以看出：随着氧气过剩系数的提高，点火烟气的温度是逐渐降低的；在氧气过剩系数不变的情况下，增加助燃风中氧气的配比，可以提升烧结点火的温度。在空气作为助燃风进行烧结点火的时候，一般要求烟气温度为（1100±50）℃，此时氧气过剩系数小于1.3，尽管在较低的氧气过剩系数下达到了点火的温度，然而从这时候烟气中氧气的体积分数小于4.27%，使得表层的固体燃料不能得到充分燃烧。如果把 γ 提高到50%，氧气过剩系数为1.9，烧结点火的温度可以达到1186℃，同时烟气中的氧气的体积分数提高到14.28%，可以实现高温富氧烧结点火目标。

南通宝钢采用富氧点火之后，富氧流量120m³/h，富氧浓度为22%～24%，随着点火助燃空气中含氧浓度的提高，煤气燃烧条件改善，燃烧效率提高，点火

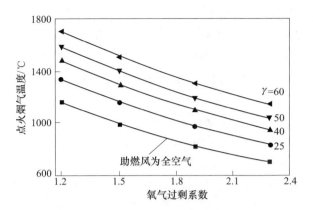

图 4-7 氧气过剩系数对烧结点火温度的影响

温度及料面温度同步上升。加快点火烟气与混合料之间的热交换，改善了混合料的点火状况，减速点火器区域内烧结料层表面的固体燃烧，点火温度比预期提高50℃以上[9]。

b 富氧点火对烟气排放量的影响

图 4-8 为氧气过剩系数对烧结点火烟气的影响。从图 4-8 可以看出：随着氧气过剩系数的提高，点火所排放的烟气是逐渐增加的，但如果在助燃风中增加氧气的配比，则可以明显减少烟气排放量。同时可以看出，在烧结点火可行的条件下，适当降低天然气流量，不但可以降低点火能耗，而且烟气排放量降低的幅度很大。当天然气流量为 $3m^3/h$ 时，氧气过剩系数为 1.2，助燃风全为空气的情况下，烟气中的氧气的体积分数仅为 3.06%，烟气排放量为 $39.15m^3/h$；如果把 γ 提高到 50%，天然气流量为 $2m^3/h$，氧气过剩系数为 1.9，烟气中的氧气的体积分数提高到 14.28%，烟气排放量只有 $25.14m^3/h$。

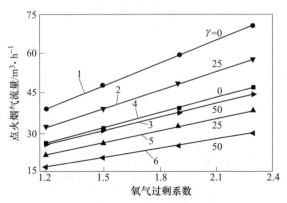

图 4-8 氧气过剩系数对烧结点火烟气的影响

1~3—天然气流量 $3.0m^3/h$；4~6—天然气流量 $2.0m^3/h$

c　富氧点火对烧结矿质量的影响

胡兵等人[6]的实验研究表明，随着氧气过剩系数增大，在助燃风全为空气的情况下，烧结转鼓强度呈先升后降趋势，天然气流量越大越有助于转鼓强度的提高；同时，当氧气浓度提高到50%时，烧结转鼓强度提升幅度很大，而且随着氧气过剩系数的提高而增大。显然，在助燃风中配入一定量的氧气，可以明显提高烧结矿的质量。

富氧点火后，烧结点火温度提高，更重要的是点火强度增大，点火质量明显改善，烧结料层表面点火效果得到强化，表层松散料结块成形。长钢烧结厂在24m^{2}烧结机上采用富氧点火技术以后，上层烧结矿强度的改善，促成了成品烧结矿强度的改善，转鼓指数由原来的74.96%上升到76.53%。南通宝钢烧结厂采用富氧点火以后，烧结内部返矿大幅度下降100kg/t左右，烧结转鼓强度提高了1.52%[14]。

d　富氧点火对烧结生产率的影响

烧结生产率主要表现在垂直烧结速度和烧结矿的成品率方面。从图4-9可以看出：在空气作为助燃风时，随着氧气过剩系数的增大，烟气中的氧气含量有所提高；适当提高氧气过剩系数可以提高烧结矿的利用系数，但进一步提高氧气过剩系数会使点火温度降低，同时烟气总量增加造成废气携带的热量也增加，以至于烧结矿的利用系数出现先升后降的趋势。然而把 γ 提高到50%，烧结矿的利用系数则随着氧气过剩系数的增大而得到提高，只是上升的幅度越来越小；在天然气流量为3m^3/h，空气作为助燃风，α 为1.9时，烧结矿的利用系数为1.37t/(m^2·h)；当 γ 值提高到50%，天然气流量降低到2m^3/h，α 为1.9时，烧结矿的利用系数提高到1.44t/(m^2·h)。

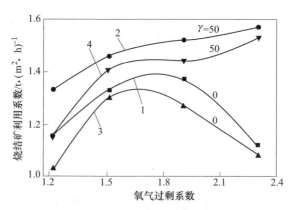

图4-9　氧气过剩系数对烧结矿利用系数的影响

1，2—天然气流量3.0m^3/h；3，4—天然气流量2.0m^3/h

长钢采用富氧点火后，消除了台车表层的松散料，随着垂直烧结速度的提高，烧结机台车速度加快，使烧结台时产量大幅度增加，返矿率明显下降，烧结生产率上升。烧结生产率的有关指标列于表 4-5。而南通宝钢采用富氧点火后，烧结产能提高约 100t/d[9]。

表 4-5　长钢采用富氧点火前后烧结生产率指标

项　目	台时产量/t	垂直烧结速度/mm·min^{-1}	返矿率/%
富氧前	42.88	28.40	22
富氧后	46.86	33.23	17
比较	+3.98	+4.83	−5

4.1.1.5　点火深度

在铁矿烧结点火中，点火温度、点火时间、点火强度、点火负压、点火介质氧浓度（空煤比）等多项控制参数均会对点火质量和点火能耗造成影响。为了有效判断这些点火参数是否处于一个最优耦合的工况状态，需要一个更高层面的概念来表征定义烧结点火完成度的好坏。基于此，中冶长天首次提出"点火深度"的概念。

所谓"点火深度"，即是指烧结矿在点火炉内形成的燃烧层初始厚度，如图 4-10 所示，高度 H 即为点火深度。点火炉内形成的点火深度过低，红带在烧结区易被抽熄，烧结无法正常进行；点火炉内形成的点火深度过高，造成点火能耗升高，不利于节能生产。

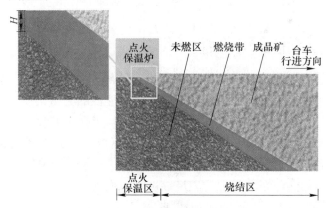

图 4-10　点火深度概念示意图

在工程生产中，有必要探究最优点火深度，以同时确保点火工序的高质量和低能耗。以某厂料种为例，其点火深度对点火燃耗及成品率的影响如表 4-6 和图 4-11 所示。可看出：烧结矿转鼓强度及成品率均随点火深度的增加而提高，且当点火深度由 17mm 提高至 20mm 时，转鼓强度和成品率均明显提高，在 22mm 后继续增加点火深度，转鼓强度和成品率进一步提高，但幅度不大。因此，该料种的最优点火深度以达到 20~22mm 为宜。

表 4-6 点火时间和点火深度对点火燃耗的影响

点火深度/mm	点火强度/MJ·m^{-2}	点火燃耗/GJ·t^{-1}	成品率/%
32~34	310.70	0.41	75.18
26~28	255.92	0.37	74.17
20~22	188.34	0.34	73.39
18~20	126.84	0.19	73.25
16~18	95.90	0.15	70.94

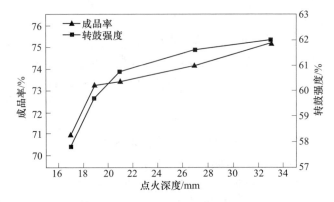

图 4-11 点火深度对整体烧结矿成品率和转鼓强度的影响

4.1.2 低热值煤气用双预热点火技术

我国钢铁工业发展迅速，但目前在运行的烧结厂基本上为高热值燃气点火，低热值燃气基本都是燃烧外排，这样不但导致了能源的大量浪费，而且导致了烧结厂周边环境的急剧恶化。在此背景下，研究工作者研制开发了低热值燃气用双预热式点火保温技术，研发了一套低热值燃气用机下立式双预热烧结点火炉装备[10,11]。低热值燃气用机下立式双预热烧结点火炉是通过预热点火炉的助燃空气和燃气，提高低热值燃气的理论燃烧温度，从而提高点火炉的炉膛温度，以达到烧结点火所需要（1150±50）℃的温度要求。

低热值燃气用机下立式双预热烧结点火炉是由点火炉，预热炉，复合换热器及空、燃气管道系统组成[12]。其中预热炉和点火炉采用分体式结构，更易于大型化。采用助燃空气和燃气分别独立的预热模式，更易于操作控制，检修。采用复合换热器，有效提高换热器的使用寿命，极大提高换热效率，节能减排。采用专家控制系统，精确控制，保证安全，节约劳动力。

相比传统的点火炉，低热值燃气用机下立式双预热烧结点火炉成功解决了低热值燃气不适用烧结点火炉或者采用了预热模式无法使用在大型烧结工程上的问题，使得钢铁厂预热点火技术往前迈出了一大步，且机下立式双预热点火炉显著有效地提高了换热器寿命，在节约检修维护时间的同时也降低了维检成本。迄今为止该炉型已成功应用在国内外多家 $300m^2$、$360m^2$ 的大型烧结工程上。工业生产时将低热值燃气及助燃空气分别进行预热到 $150 \sim 350℃$ 范围内，则点火炉炉膛温度可以提升至 $1100 \sim 1200℃$，从而达到与高热值燃气同样的点火效果进而满足烧结工艺要求。预热炉内换热器经实践证明其工作寿命可达 $4 \sim 5$ 年之久。

4.1.2.1 技术原理

烧结点火保温炉在生产运行时，其炉膛内部的热流分布如图 4-12 所示。

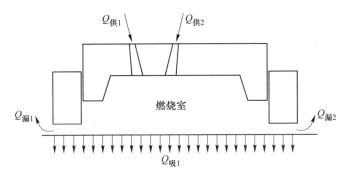

图 4-12 生产工况下点火炉炉膛内部热流分布简图

$Q_{供1}$，$Q_{供2}$—双斜式点火炉第一排、第二排烧嘴供入炉膛的热量；$Q_{漏1}$，$Q_{漏2}$—双斜式点火
炉前端、后端漏出的热风带走的热量；$Q_{吸1}$—点火炉覆盖范围内的烧结机料面吸走的热量

将 $Q_{供1}$ 与 $Q_{供2}$ 合称为 $Q_{供}$，将 $Q_{漏1}$ 与 $Q_{漏2}$ 合称成为 $Q_{漏}$，则有：

$$Q_{供} = Q_{漏} + Q_{吸} \tag{4-2}$$

点火炉在生产时，其每小时需往炉膛内供入的热量由入炉燃气显热、入炉空气显热与入炉燃气化学热三部分构成，则根据燃烧学基本方程可知：

$$Q_{供} = F_{煤}(T_{煤} c_{煤} + kT_{空} c_{空}) + F_{煤} q_{煤} \tag{4-3}$$

式中　$Q_{供}$——每小时往点火炉炉膛内供入热量，kJ；

　　　$F_{煤}$——每小时进入点火炉炉膛内的燃气流量，m^3/h（标态）；

$T_{煤}$，$T_{空}$——进入点火炉炉膛内的燃气、空气的温度，℃；

$c_{煤}$，$c_{空}$——进入点火炉炉膛内燃气、空气的比热容，当燃气种类固定时 $c_{煤}$ 可
　　　　　　视为常数，$kJ/(m^3 \cdot ℃)$（标态）；

　　　$q_{煤}$——进入点火炉炉膛内燃气的化学热，当燃气种类固定时可视为常数，
　　　　　　kJ/m^3（标态）；

　　　k——进入点火炉炉膛内燃气的空煤比系数，当燃气种类固定时可视为
　　　　　　常数。

在式（4-3）中，倘若把 $T_煤$ 与 $T_空$ 看成同一个未知数，即介质被预热到的温度 T 介质时，则式（4-3）可转化为：

$$Q_供 = (F_煤 c_煤 + kF_煤 c_空)T_{介质} + F_煤 q_煤 \qquad (4-4)$$

联立式（4-2）与式（4-4），可得：

$$Q_吸 = (F_煤 c_煤 + kF_煤 c_空)T_{介质} + F_煤 q_煤 - Q_漏 \qquad (4-5)$$

在一般生产情况下，点火炉炉内压力与前后端墙距离烧结机料面的距离不会发生改变，可视作常数，从而 $Q_漏$ 亦可视为常数。如此一来则式（4-5）方程为典型的一次线性函数方程，其中 $T_{介质}$ 为自变量，$Q_吸$ 为因变量，其线性关系如图4-13 所示。

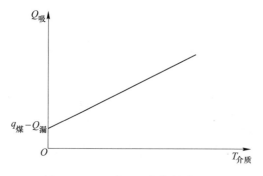

图 4-13　$T_{介质}$ 与 $Q_吸$ 的线性关系图

从图4-11 可看出：当燃气化学热 $q_燃$ 不变时，燃烧介质（燃气与空气）被预热到的温度 $T_{介质}$ 越高，则烧结机料面吸收到的热量 $Q_吸$ 越大；反言之，当使用低热值燃气点火，即燃气化学热 $q_燃$ 降低时，为求保持原有的点火供热量即 $Q_吸$ 值，只需将进入炉膛的燃烧介质温度 $T_{介质}$ 提高即可。这就是低热值燃气用空燃气双预热点火的技术原理。

4.1.2.2　技术方案

空燃气双预热点火技术是一项优秀的节能减排技术，它成功地将原钢铁厂外排的废弃低品质燃气加以利用，创造了可观的经济效益与环境效益。但要使得点火质量、煤气单耗、炉体寿命均达到理想状态，还需要合理的工艺方案与之配合。某公司结合钢铁厂已有低热值燃气的物化特性与现有烧结机的技术指标，成功研发出一种机下立式独立双预热点火保温系统。其工艺配置图见图4-14 所示。

该系统将预热炉与点火保温炉独立分隔开，在厂房±0.0m 平面单独设置空气预热炉与煤气预热炉，预热炉选用立式结构，采用低热值燃气作为燃料燃烧产生高温烟气，待预热的空气、煤气与高温烟气间接换热从而提高其入炉显热。该工艺方案优点有以下4 点：

（1）可适用于大型烧结机点火保温炉系统。

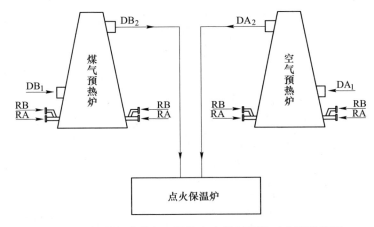

图 4-14　机下立式独立双预热点火保温系统工艺配置简图

DB₁—常温态点火煤气，一般为 35~50℃；DB₂—预热态点火煤气，一般为 250~300℃；

DA₁—常温态点火空气，一般为 25~35℃；DA₂—预热态点火空气，一般为 250~300℃；

RA，RB—加热空气、加热煤气

（2）预热炉本体立式结构决定其可选用复合式对流-辐射换热器，较其他换热器而言换热效果更好、换热效率更高。

（4）换热器使用寿命长。

（5）空气、煤气独立预热，换热器可独立在线更换，在更换一台换热器时，另外一台可以继续工作以保证点火炉生产的不间断从而确保烧结机的连续生产。

4.1.2.3　关键组成装备

低热值燃气用机下立式双预热烧结点火炉是由点火炉，预热炉，复合换热器及空气、燃气管道系统组成。其中预热炉和点火炉采用分体式结构，更易于大型化。采用助燃空气和燃气分别独立的预热模式，更易于操作控制，检修。采用复合换热器，有效提高换热器的使用寿命，极大提高换热效率，节能减排。采用专家控制系统，精确控制，保证安全，节约劳动力。图 4-15 为分体立式并联双预热烧结点火炉预热炉及换热器配置图。

A　双斜带式烧结点火炉

双斜式点火保温炉通过 2 排烧嘴倾斜交叉布置，使得炉内温度场分布合理，高温区集中，点火强度高，可以满足低负压、大风量、厚料层点火烧结工艺要求，也可以满足精矿配比过多透气性差时的高负压点火烧结的工艺要求。

B　助燃空气预热炉及燃气预热炉

预热炉由燃气预热炉和助燃空气预热炉组成。与点火炉分体布置，一般布置与烧结厂房旁。每个预热炉在筒型炉膛的炉墙上类切向布置烧嘴（燃烧器）。分别设置燃烧系统，可对预热炉的炉膛温度分别进行调节，以产生最佳温度和流量

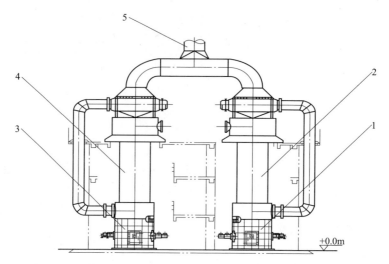

图 4-15 分体立式并联双预热烧结点火炉预热炉及换热器配置图

1—燃气预热炉；2—烟气复合换热器；3—空气预热炉；4—空气复合换热器；5—烟囱

的烟气和复合换热器进行热交换，预热出合适温度的燃气和助燃空气，进入点火炉进行燃烧，保证系统的节能。两个预热炉独立布置互不影响，方便检修及维护。在一台预热炉或者其上的换热器需要检修的时候，另外一台预热炉仍可以正常工作，保证在检修期间有一种介质在预热。

C 复合换热器

立式复合换热器是由筒式辐射换热区和多管对流管换热区组成。本换热器在预热炉产生烟气的流动方向上进行布置，辐射换热区布置在高温区，多管对流换热区布置在烟气低温区。多管对流换热区采用错流换热，辐射换热区本身采用顺流换热，这样充分利用两种换热区的传热特点，保证高效传热。综合传热系数可以达到 23.5J/（m² · h · K）。

D 空气、燃气管道系统

点火炉每个烧嘴前空气、燃气管道分别设置了空气蝶阀和不锈钢煤气球阀，便于调节烧嘴，使烧嘴火焰长度适应料面高度，点火强度分布均匀。煤气、空气总管分别设置自动调节阀，配合智能自动控制系统，达到空气、煤气自动调节。煤气总管设置快速切断阀，通过空气、煤气管道上压力检测装置在煤气或者空气压力过低时自动切断煤气管道。空气管道末端设置防爆阀，增加了点火保温炉操作安全性。热煤气管道上均设置有紧急放散阀，避免快速切断阀关闭后换热器干烧，保护换热器。换热器进出口分别设置有压力自动检测，可以检测换热器工作状况。进行预热的空气、煤气换热器组的进、出口阀上均设置有旁通管路，在换热器检修时以保证点火炉正常生产。

E 自动控制系统

点火炉和预热炉炉膛设有温度、压力在线检测装置。空气、燃气管道上设置有温度、压力、流量检测装置。燃气管道上设有流量调节或安全保护快速切断的执行机构。利用"带热工数学模型的新型温度调节方法"及 PLC 集中控制,可以保证系统调节过程中的稳定性、达到稳定的快速性及稳定后的准确性;采集快速切断阀可以保证安全连锁关断煤气管道。

4.1.2.4 技术效果

2007 年 12 月,昆明钢铁股份有限公司烧结机改造工程($3 \times 20m^2$ 改 $1 \times 300m^2$)采用了机下立式双预热点火保温炉,该工程于 2008 年 7 月开工 10 月投产,历时 3 个月。该点火保温系统将用于烧结点火的助燃空气和高炉煤气以间接换热的形式分别预热到 250℃ 和 220℃,烧结点火温度达 1150℃,每吨烧结矿的系统高炉煤气耗量低于 40m³(标态),换热器使用寿命大于 4 年。

机下立式双预热炉,采用独立布置型式。空气、煤气换热器分别由两个相对较小的热风炉独立供热,换热器组对应独立布置。换热器组采用对流管式与辐射筒式相组合结构,兼顾高换热效率和高的热利用率。每台换热器进出口之间均设旁通。如某一换热器故障检修,另一换热器可临时提高预热温度,维持检修期间的生产。系统设置完善的检测、控制及安全防护设施,可实现远程全自动控制,在确保安全稳定生产的前提下,无需增配人员。整套系统的生产操作比较灵活,生产调控及检修也较为方便。

昆钢 $3 \times 20m^2$ 改 $1 \times 300m^2$ 烧结机配套的高炉煤气机下立式双预热点火保温炉系统,设置每套换热器组中,筒式辐射换热器直径 $\phi 1.6m$,换热面积约 29.3m²;管式对流换热器换热面积约 59.2m²。换热器组的压力损失约 2300Pa。点火助燃空气预热后的温度可控制在 150~320℃ 之间;点火高炉煤气预热后的温度可控制在 150~260℃ 之间。烧结点火温度可控制在 1100~1250℃ 之间。

目前,昆钢 $3 \times 20m^2$ 改 $1 \times 300m^2$ 烧结机改造工程机下立式双预热点火保温炉使用已达 5 年,系统运行正常,烧结点火质量和使用寿命均超过预期水平,点火温度稳定,未出现异常情况,烧结料面点火质量良好;完全替代高热值煤气,节能减排效果显著。

双预热点火系统运行期间平均每吨烧结矿消耗高炉煤气 37.7m³(标态),系统平均每小时将 17000m³(标态)的高炉煤气用于烧结点火,相比较以往的高炉煤气燃烧外排,该系统能大大提高炼铁厂能源利用率,降低炼铁厂整体能耗指标。采用热风烧结技术后烧结矿成品率较其他几台烧结机显著提高,且减少了粉尘外排量。

4.1.3 基于点火深度控制的低耗点火技术

4.1.3.1 技术工艺

虽然我们提出了"点火深度"的新概念,但在烧结机生产中,如何在线测量点火深度，进而控制点火炉是一个技术难点。中冶长天在经过大量前期试验研究后发现，烧结机的料面点火图像状态会随点火深度改变而改变，也就是说点火料面就是一张可反映当前点火深度的全息照片。基于此，中冶长天通过研究料面点火图像状态和点火深度的对应关系，建立两者间的软测量模型，并应用视觉识别和模糊神经网络对刚出点火炉的料面点火图像状态进行实时监测和分析，实现对点火深度的实时监测与闭环控制，进而开发出一整套基于点火深度控制的智能低耗点火技术。如图 4-16 所示为某厂烧结机料面点火图像状态与其点火深度的对应关系示意图。

(a)　　　　　　　　　　(b)　　　　　　　　　　(c)

图 4-16　料面点火状态与点火深度对应关系示意图
（a）过生料面（点火深度<20mm）；（b）正常料面（点火深度 20~30mm）；
（c）过熔料面（点火深度>30mm）

如图 4-17 所示为料面点火状态全息信息示意图。料面点火图像状态记录了当前点火结果的全息信息，包括点火深度、料面图像颜色、料面图像灰阶、孔隙度、颗粒均匀度、点火负压等。利用模糊神经网络找出难以直接测量的点火深度与容易测量的料面颜色、料面灰阶、点火负压之间的数学关系，建立点火深度软测量模型，实现对点火深度的测量。如图 4-18 所示为点火深度软测量模型示意图。通过视觉识别技术，以大量图像数据为基础，实现对料面颜色和灰阶的测量，结合点火负压测量数据，利用点火深度软测量模型即可得到点火深度。

图 4-17　料面点火状态全息信息示意图

在测得点火深度之后，可通过研究台车速度（点火时间）、炉膛负压、料层厚度、焦粉配比、点火温度、点火深度和点火质量的关系，建立基于点火深度的

图 4-18 点火深度软测量模型示意图

多因素智能控制模型。通过控制点火炉多因素变化，使点火达到最优工况，确定最优点火深度，再以此反馈控制多因素变化，实现多因素智能控制，达到低耗高质点火的目的。如图 4-19 所示为基于点火深度的多因素智能控制模型示意图。

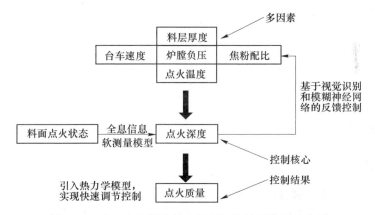

图 4-19 基于点火深度的多因素智能控制模型示意图

4.1.3.2 装备与控制

系统装置结构示意图如图 4-20 和图 4-21 所示，该系统包括烧结机台车 1、

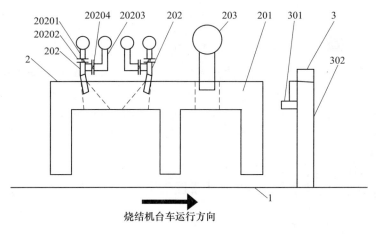

图 4-20 装置结构平面二维示意图

图 4-21   装置结构立体三维示意图

点火炉 2 和视觉识别装置 3，点火炉 2 包括炉体 201、点火烧嘴 202 和保温烧嘴 203，点火烧嘴 202 为对称交叉布置的两排烧嘴，煤气管道 20201 及其煤气调节阀 20202 与空气管道 20203 及其空气调节阀 20204 在点火烧嘴 202 汇集，视觉识别装置 3 的钢架 302 上安装有工业摄像头 301，沿烧结机台车运行方向上的点火炉 2 和视觉识别装置设置在烧结机台车 1 上方。

系统控制流程图如图 4-22 所示，步骤如下：

（1）系统通过工业摄像头获得了料面图像。

（2）将图像通过线缆传输到中控计算机。

（3）中控计算机上的诊断系统对图像进行分析，并与智能诊断自适应数据库中的基础数据库和自适应数据库进行比对。

（4）若系统识别料面过生或过熔，则进一步计算料面过生或过熔程度，输出空煤气阀门开度控制量，系统调节空煤气调节阀门开度，转到步骤（1）；若系统识别料面正常，则结束当前控制流程。

通过监测、分析、控制，开发基于点火深度的全区域多因素智能控制型低耗点火技术，可有效降低点火能耗值，实现从源头因素控制到表观结果控制的模式升级和从局部单因素常规控制向全区域多因素智能控制的低耗点火技术的突破。

值得一提的是，最优点火深度值与烧结机关键工况参数（如原料、溶剂配比、焦粉配比）相关。国内各烧结机在应用点火深度进行低耗点火生产前，应通过前期试验摸索出本厂工况参数所对应的最佳点火深度，从而实现烧结机全工序的节能高质化生产。

4.1.4   超低能耗长寿型烧结点火技术工程应用

4.1.4.1   工程概况

2013 年 11 月，超低能耗长寿型烧结点火技术在上海宝山钢铁股份有限公司

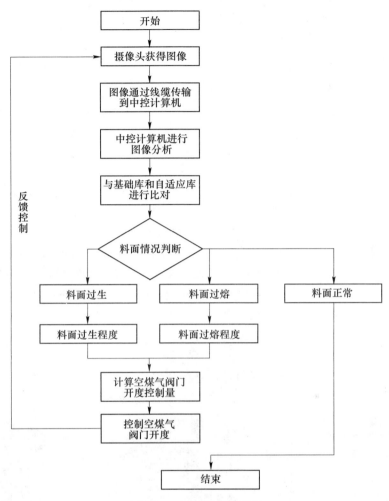

图 4-22　系统控制流程图

（简称宝钢）4 号烧结机上成功投运。4 号烧结机面积为 $600m^2$，成品矿小时产量为 848t，经过现场调试与优化，烧结点火吨矿热耗仅为 0.027GJ，达到世界先进水平。目前，宝钢 4 号烧结机点火保温炉已经使用达到 6 年，系统运行正常，烧结点火能耗和寿命均超过预期水平，节能减排效果显著。

4.1.4.2　技术方案

经过对宝钢 4 号烧结机点火保温工艺制度进行优化，该点火保温系统采用了热风和微负压点火技术，将用于烧结点火的助燃空气预热到 300℃，烧结点火温度达到 1150℃，对点火负压进行了精准控制，保证点火处于微负压的状态，有效降低了点火热损失。宝钢 4 号烧结机设备的主要运行参数如表 4-7 所示。

表 4-7　宝钢 4 号烧结机设备主要运行参数

项　　目	数　　值
烧结机面积/m²	600
成品矿产量/t·h⁻¹	848
台车数量/个	178
点火炉面积/m²	38.5
保温炉面积/m²	15
热风温度/℃	300
点火介质	焦炉煤气
燃料热值（标态）/kJ·m⁻³	17440
点火负压/Pa	−3~0

　　该技术工程应用现场如图 4-23 所示。为了降低烧结点火能耗，该技术优化了炉型结构，采用了单旋流半预混式点火烧嘴结构技术，通过设计合适的燃料喷吹速度和旋流片角度，保证了空气与燃料的充分混匀。采用了梯形矩阵烧嘴交叉布置技术，纠正实际烧结进程燃烧锋面，形成单驼峰式的气氛温度场，实现高强度、均匀点火。为了延长点火炉的使用寿命，充分结合预制式和现浇式点火保温炉内衬的优势，优化炉膛内空间布局，开发了专用烘炉制度和烘炉设备，对烘炉过程进行精准控制，同时采用了内置水冷梁装置、伞骨式模具装置、柔性锚固装置，炉体使用寿命大大提高。

图 4-23　工程示范现场照片

4.1.4.3　技术效果

　　本技术工程通过委托具有中国计量认证资质（China Metrology Accreditation，CMA）的第三方能源检测机构对现场进行标准化客观检测，得出点火炉和烧结机的主要能耗指标如表 4-8 所示。从表 4-8 中可以看出：通过采用烧结点火工艺优化之后的宝钢 4 号烧结机的点火能耗达到了 0.027GJ/t，较现有技术能耗降低了

30%～40%，每吨烧结矿点火燃料消耗为 0.94kg 标准煤，能耗指标在国内外烧结点火炉技术中处于领先地位，为烧结厂节约了生产成本，创造了巨大的经济效益。

表 4-8　工程应用主要技术指标

项　　目	常规技术	本技术
煤气消耗量（标态）/m³·t⁻¹	>3.37	1.53
烧结点火能耗/GJ·t⁻¹	>0.06	0.027
烧结机整体工序能耗/kgce·t⁻¹	>43	<42
使用寿命/年	<5	>10

4.2　低碳厚料层烧结技术

从烧结工艺能流和物流分析结果可知，按标准煤折算，固体燃料消耗占烧结工序能源消耗的 70%以上。烧结常用固体燃料有焦炭和无烟煤两种，固体燃料除了固定碳外，还含有一定量的硫、氮、VOCs 等，是烧结烟气污染物的主要来源。因此，从烧结工艺本身和生产过程出发，即通过清洁生产，从源头和过程减少能源消耗、降低污染物排放变得越来越重要。

4.2.1　厚料层烧结的自蓄热原理

厚料层烧结技术是从 20 世纪 80 年代初发展起来的重要成果，其原理是基于铁酸钙固结理论、低温烧结理论及烧结过程的自动蓄热作用。进入 21 世纪以来，我国多数烧结厂料层厚度处于 700～750mm，新近建设的宝钢本部 600m² 烧结机料层厚料高达 900mm。

将料高为 680mm 的烧结料层平均分为 4 层，对每层料层中心位置（分别为85mm、255mm、425mm、595mm 处）的热曲线进行检测，结果见图 4-24 所示。料层各位置的温度随着烧结的进行先升高后降低，料层从上往下各层最高温度逐渐增大，最上层和最下层的温度相差 119℃，这是由于穿过烧结料层的空气经热烧结矿层被预热到较高温度后，参加燃烧带燃烧，燃烧后的废气又将下层的烧结混合料预热，料层越往下，热量积蓄的越多，使得烧结料层各层的最高温度随着燃烧带的下移而逐渐升高，该现象称之为烧结料层的"自蓄热"效应。计算烧结料层的蓄热量、查明其沿料层的分布规律是合理利用蓄热的前提。由于烧结料层的蓄热量与烧结原料种类、性质、各种物料配比、料层高度等因素有关，不同烧结厂料层蓄热率和蓄热特点是不同的（见图 4-25）[13]以宝钢本部烧结原料和700mm 烧结料层为例，所计算出的料层高度方向蓄热率及均热烧结所要求的各单元理想的燃料量。研究表明，烧结料层每一单元的总热量收入（或支出）不同，

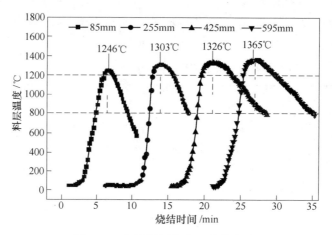

图 4-24 烧结料层各位置的热曲线

料层蓄热量自上而下不断升高，料层为 700mm 的第七单元总蓄热率达 72.99%，可利用蓄热率达 58.39%。为合理利用蓄热、节约固体燃料，要求料层燃料配比自上而下依次降低。燃料配加量降低：一方面使最高烧结温度下降，有利于燃烧带变薄，料层热态透气性改善，氧化性气氛增加，烧结矿 FeO 含量降低；另一方面有助于烧结从高温向低温发展，促进优质铁酸钙黏结相生成，抑制了烧结料层的过烧和轻烧等不均现象，从而改善烧结矿冶金性能。料层厚度的增加，使烧结高温氧化区保持时间延长，烧结矿结晶充分，结构得以改善，固体强度提高，同时有利于褐铁矿分解后产生的裂纹和空隙的弥合及自致密，从而提高褐铁矿用量，扩大铁矿石资源范围。此外，料层厚度增加使得强度低的表层烧结矿和使用的优质铺底料数量相对减少，有利于提高烧结矿的成品率和入炉比例。

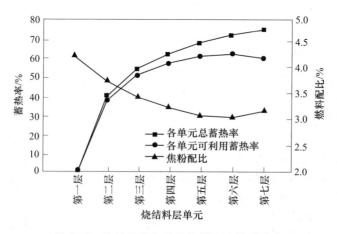

图 4-25 烧结料层各单元焦粉配比及蓄热率

宝钢生产实践表明，料层每提高 10mm，料层阻力升高 163Pa，风量下降 1.28m³/t，固耗降低 0.104kg/t，煤气消耗下降 0.06m³/t，FeO 降低 0.06%，成品率明显提高，返矿量下降。

4.2.2 厚料层烧结集成技术

虽然厚料层烧结具有一系列的优势，但实际生产中一味盲目的加厚料层又存在一定的不足之处。其中最突出的问题是：

（1）采用厚料层烧结后料层气流阻力增加，空气通过料层的路径延长，压力损失增大；在料层的重力作用下，下部料被压紧，阻力增加，为了保证足够的有效烧结风量 Q，必须提高抽风负压。负压提高使风机电耗大幅提高，负压提得过高，使料层透气性恶化，反而会降低生产率。此外，随着料高的增加，在上部料层重力和下部抽风的双重影响下，水分冷凝加剧，过湿带加厚，料层透气性也变差。料层阻力增加会加大烧结抽风负压，进而增加烧结机的漏风率。

（2）料层越高，烧结自蓄热越强，料层高度方向热量梯度越大。在无燃料偏析的情况下，将导致上部料层热量不足而未烧透，强度较差，下部料层温度过高而出现过熔现象，燃烧带变宽，热态透气性恶化[14]，导致烧结速度降低，产量下降。

因此，实施厚料层烧结的制约环节在于料层透气性不佳和热量分布不均。通常所说的烧结料层的透气性，实际上应包含原始料层和烧结过程料层的透气性。料层原始透气性，是指点火前料层的透气性，其好坏主要取决于制粒小球的粒度组成和分布，其改善措施包括：原料条件优化、强化混匀、强化制粒、粒度偏析等。料层过程透气性，是指点火后料层的透气性，烧结料层各带的压力降研究表明，过程透气性主要取决于过湿带和燃烧带的厚度，其改善措施包括：提高混合料温度、燃料偏析。烧结温度场主要取决于高度方向燃料分布和蓄热量，其调控措施主要为燃料偏析。

由上分析可知，影响厚料层烧结的关键因素是料层透气性和燃料偏析分布，而影响料层透气性的主要因素包括：

（1）原料粒度的影响。制粒是烧结混合料在水分的作用下，细颗粒黏附在粗颗粒上或者细颗粒之间相互聚集而长大成制粒小球的过程。制粒小球的结构一直是研究制粒的热点[14~17]，研究表明，制粒小球由成核粒子和黏附粉构成，黏附粉包裹成核粒子形成准颗粒，成核粒子和黏附粉粒子的粒度界限是 0.5mm，随着黏附粉比例的增加，制粒小球的料层阻力先降低后升高，当黏附粉太少时，包裹核颗粒的黏附粉太薄，导致小球长大不显著，且形状系数较小；而黏附粉含量太高时，黏附粉之间易聚集形成大量的母球，小球也难以长大。如图 4-26 所示，粒度小于 0.5mm 的黏附粉含量占比在 40%~50% 时最有利于制粒，料层阻力最小。

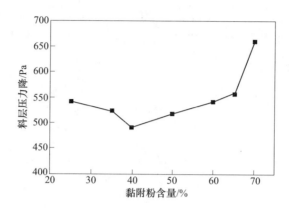

图 4-26　黏附粉比例对混合料制粒的影响

（2）制粒水分的影响。图 4-27 为某物料成球性与含水量的关系[13]。水的添加有利于混合料成球，当水分不足时，不能使散状物料聚集成球粒，难以制粒。随着水量的增加，粒子间开始充满毛细水，在毛细力作用下，细颗粒物开始黏附在核颗粒上形成黏附层，并不断长大形成"准颗粒"，从而改善料层透气性。当水分继续增加时，小球粒将会发生变形和兼并，使烧结料层孔隙率下降，透气性恶化。水分的存在除使物料成球、改善粒度组成外，水分覆盖在颗粒表面，还起一种润滑剂的作用，使得烧结气流通过颗粒间孔隙时所需克服的阻力减小。例如，将混合料制粒后的烧结料烘干至含水 2.3% 再进行烧结，烧结生产率由原来的 1.11t/(m² · h) 下降到 0.66t/(m² · h)。此外，水的导热系数远高于矿石的导热系数，烧结混合料中水分的存在，改善混合料的导热性，使料层中的热交换速率加快，这有利于使燃烧带限制在比较狭窄的区间内，减少了烧结过程中料层的阻力，同时保证了在燃料消耗较少的情况下获得必要的高温。

针对四组配矿方案（其中方案 A 和方案 B 以褐铁矿为主，方案 C 和方案 D 以赤铁矿为主），研究了制粒水分对制粒后料层压力降和烧结速度的影响（见图 4-28）。可见，方案 A、方案 B、方案 C 和方案 D 的适宜水分分别为 9.50%、8.50%、6.50% 和 7.00%，一方面说明适宜制粒水分与原料类型关系很大，松散多孔的褐铁矿所需的适宜制粒水分比赤铁矿高，另一方面也说明不同的配矿方案，其适宜的制粒水分也不同。随着水分的增加，烧

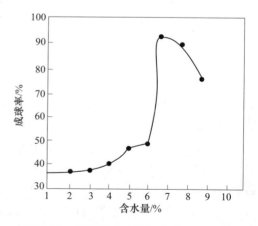

图 4-27　某物料成球性与含水量的关系

结速度先加快后减慢，在适宜制粒水分条件下烧结速度达到最大值。

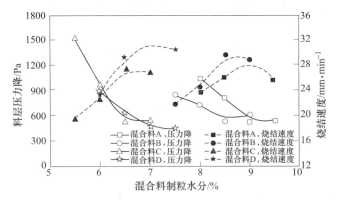

图 4-28　水分对制粒后料层压力降和烧结速度的影响

分析烧结混合料的适宜水分与黏附粉和核颗粒的持水能力之间的关系，核颗粒所持有的水量与它自身的吸水能力相关，核颗粒在适宜制粒水分条件下，所持有的水分主要由颗粒内部孔洞吸水及其表面吸附水构成；黏附粉所持有的水量不但与自身吸水能力相关，还与颗粒间水分填充有关。因此，核颗粒和黏附粉的持水量是不相同的。对于适宜制粒水分来说，当黏附粉比例较低时，适宜制粒水分较低，而黏附粉超过40%时，适宜制粒水分明显升高（如图4-29所示）。

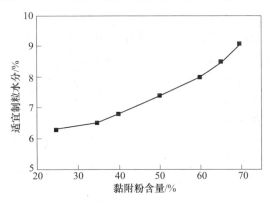

图 4-29　黏附粉比例对混合料制粒的影响

（3）黏结剂的影响。在混合料中添加如膨润土、消石灰、生石灰及某些有机黏结剂可提高混合料成球性能，目前，烧结厂较为普遍的采用生石灰做黏结剂。生石灰消化后再制粒，混合料>3mm 的粒级增加了10%以上，且在一定范围内，随着生石灰添加量的增加，混合料>3mm 的粒度相应也增加，如图 4-30 所示。这是由于生石灰打水消化后，呈粒度极细（粒径约为 1μm）的消石灰 $Ca(OH)_2$，具有较强的亲水性，产生的毛细力有利于混合料成球，且由于消石灰

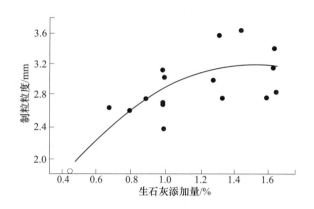

图 4-30   制粒粒度与生石灰添加量的关系

胶体颗粒具有较大的比表面积（高达 $30cm^2/g$），可增大混合料的最大湿容量和分子吸引力，料球的强度和热稳定性更好，在转运输送和受热干燥过程中不易被破坏。此外，生石灰消化过程中释放的热量还有助于提高混合料的温度，进一步减轻过湿带对料层透气性的负面影响。理论上可以提高料温 50℃ 左右，但由于消化加水量大以及存在热量散失，故在正常的用量下，料温一般只能提高 10~15℃。

4.2.2.1   生石灰消化技术

生石灰作黏结剂时必须在制粒前得以充分消化，否则残留的生石灰颗粒不但起不到制粒黏结剂的作用，而且在制粒过程中继续吸水消化产生较大的体积膨胀，很容易使料球破坏，反而恶化料层透气性。此外，生石灰消化环境十分残酷，粉尘量大、粒度细，碱性强，极易危害人体呼吸道，作业区几乎待不住人。受限于环保的压力，如宝钢、湛江钢铁等很多烧结厂选择不设专门的生石灰消化器，依赖混匀和制粒环节及皮带运输过程中消化，消化时间得不到保证，使得消化效果大打折扣。而正在运行的烧结用生石灰消化器也普遍存在消化时间短、消化能力差、除尘效率低、系统运行不畅等问题，大多成为摆设。

传统的单级单螺旋生石灰消化器受搅拌桨长度和驱动力的限制，存在消化时间过短（不超过 30s），搅拌不充分等问题，消化率不足 50%。针对于此，中冶长天在研究水灰比、消化水温、生石灰粒径、搅拌转速等因素对生石灰消化特性影响的基础上，开发了双级双螺旋生石灰消化器[18~21]。将整个消化过程分两级进行：一级预消化，二级充分消化，其结构示意如图 4-31 所示。主要由六部分组成，包括进料口、一级消化系统、二级消化系统、集尘罩、驱动装置、出料口。具有以下技术特点：（1）采用双级消化，生石灰整体消化时间延长，消化过程更充分，消化效率更高；（2）在生石灰消化器进料口与消化箱之间设计密封输送段，其采用连续的螺旋输送叶片输送，如图 4-32 所示，只允许生石灰向前推进进入消化段箱体，进而有效防止蒸汽反窜，保证密封效果，改善了工作环境；（3）采用桨叶式搅拌工具，如图 4-33 所示，提高生石灰的搅拌效果，改变生石灰运行轨迹，使生石灰与水能够均匀混合，加快反应速度，使消化效果得到提升，且搅拌工具具有搅拌、粉碎结块和自清理等多重作用与功效。桨叶的外圆端部采用高碳、高铬的铁基耐磨材料，桨叶使用寿命显著提高。

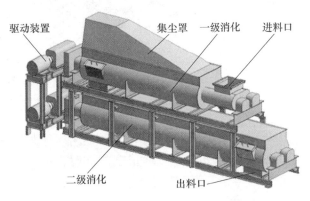

图 4-31　生石灰双级双螺旋消化器

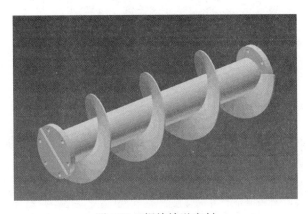

图 4-32　螺旋输送密封

针对生石灰消化系统传统湿式除尘所存在的问题，结合水浴洗涤除尘机理和过滤式净化技术，开发了复合湿式除尘器，其结构及原理示意图如图 4-34 所示[22,23]。工作过程中，含尘烟气以一定的速度从喷头处喷进液面，颗粒较粗的粉尘由于惯性作用冲进水中，进行第一级水浴除尘，此时大部分粗颗粒粉尘被除去，少部分细颗粒粉尘从水中逃逸后进入下一级除尘，由于除尘器上方设有过滤网，过滤网上有一定规格的网孔，过滤网上方设有喷头，水喷到过滤网上形成水膜，因此细颗粒粉尘从水中逃逸后在通过过滤网时被水膜捕捉，从而实现第二级

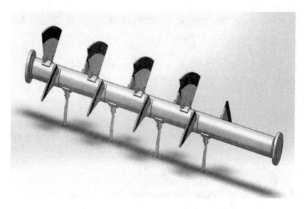

图 4-33　桨叶式搅拌工具

过滤除尘，经过滤除尘后的净化气体从烟囱排出。采用烟气粉尘的分级处理技术后，除尘效率大大提高，在降低粉尘排放浓度的同时，还保护了风机的正常运行，避免了风机因黏结物板结而引起的振动。

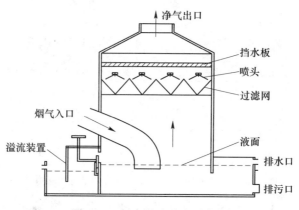

图 4-34　复合湿式除尘示意图

此外，还采用了短流程循环加热水技术。将经过计量的热水加入水幕除尘，经过水幕除尘后水的温度进一步升高，直接进入消化器，使生石灰消化过程加快，消化更完全，实现废水"零"排放，同时可以减少热量的散失，提高混合料温度。

开发的双级双螺旋消化器及配套复合湿式除尘器于 2016 年底在新余 6 号烧结机投入运行，如图 4-35 所示，与烧结机同步运行，消化效率提高，混合料制粒效果得到明显改善，料层透气性提高，烧结机利用系数提高，粉尘排放浓度低至 9.87mg/m^3，改造前后效果对比见表 4-9，配料室环境明显改善。

图 4-35　新余 6 号烧结机消化器现场安装图

表 4-9　生石灰消化及除尘系统改造前后效果对比

项目	成品率/%	利用系数/t·(m²·h)⁻¹	固体燃耗/kg·t⁻¹	粉尘排放浓度/mg·m⁻³
改造前	78.62	1.254	61.06	210
改造后	79.78	1.275	60.88	9.87

4.2.2.2　强化混匀技术

混合是烧结工艺的重要工序，其作用是将配比好的原料、燃料、熔剂、水分等进行混匀，使烧结料的成分均匀，水分合适，易于造球，从而获得粒度组成良好的烧结混合料。加强烧结混合料的混匀效果，既可使有限的水分和黏结剂与其余物料充分接触，作用最大化；也可使粗粒级核颗粒和细粒级黏附粉充分接触，更易于成球。

A　混匀设备比较

在烧结生产中，常见的混匀设备有圆筒混合机、强力混合机，强力混合机又分为立式和卧式两种。

圆筒混合机结构简单，操作维护方便，设备作业率高，被烧结企业普遍采用。圆筒混合机是以旋转筒壁的摩擦力将物料提升至一定高度再分层滑落来实现对烧结混合料混匀。由于部分烧结细粉的亲水能力较差，很难保证水分均匀的分散，导致制粒效果不佳。而强力混合机借助高速旋转的搅拌，使物料在强迫扰动下产生剧烈的对流混合，混匀效果更好。

卧式强力混合机结构如图 4-36 所示，其包含筒体和搅拌装置。卧式强力混合机工作过程中，筒体固定，搅拌装置通过主轴旋转带动犁头运动，一方面推动物料往前走，另一方面使筒体内物料产生最大范围的翻动，从而实现对流、剪切、扩散三种形式的混合，强化混匀效果。但由于搅拌装置卧式安装，其旋转速度受混匀机理的限制一般小于 60r/min，相应的速度-弗劳德数偏小。

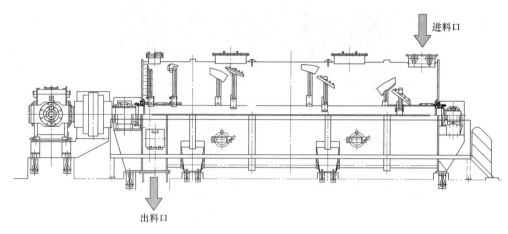

图 4-36 卧式强力混合机

立式强力混合机结构如图 4-37 所示，混合机工作过程中，桶体和搅拌装置一起转动并相互配合，使混合料进行剧烈的对流、剪切、扩散运动，实现混合料高效、强力混匀。由于搅拌装置立式安装，转速可达 500r/min，其速度-弗劳德数大。

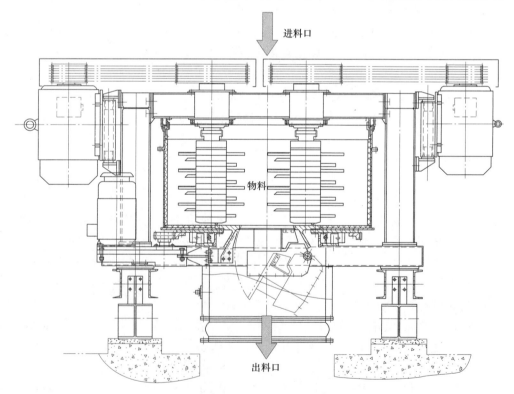

图 4-37 立式强力混合机

早在 20 年多前，日本住友、新日铁、安赛乐米塔尔等钢铁公司已有强力混合机混合烧结料的应用先例[24]。表 4-10 是强力混合机替代传统圆筒混合机的综合效果对比，从表中可知，强力混合机混匀效果明显大于圆筒混合机。

表 4-10　传统圆筒混合机与强力混合机综合效果对比（用于 1200t/h 烧结机产能）

序号	比较内容	传统滚筒混合	爱立许强力混合	节约
1	安装占地	大　需要约一台直径 4.5m 的滚筒混合机，占地约为 7m×25m，总占地 175m²，总高度 7.5m	小　需要约一台爱立许 DW40 混合机，占地约为 7m×7m，总占地 50m²，总高度 4m	占地节约 70%
2	重量	重　滚筒混合机重量为 400~500t，只能安装在地面	轻　DW40 混合机重量 42t，带料重量为 58~60t，可以安装在钢结构上，安装简便快捷	节约土地和地基成本
3	基础	适合动载，安装成本高	适合静载，安装成本低	安装成本节约
4	内部面积	滚筒混合机内部面积达 300m² 相比 10 倍以上的面积意味 10 倍以上可能黏料，烧结工艺未来发展将会使用更多的细料（0.15~3mm），更多细料的使用黏料量更大	DW40 底部面积 12m²，壁部面积 13m²，设备具有自清洁功能	
5	速度-弗劳德数	滚筒混合的制造原理限制其混合速度，滚筒混合机弗劳德数小于 1，即没有在物料中输入足够的机械能，导致混合效果差，物料黏壁	爱立许混合机的混合原理（旋转混合盘，壁部底部刮板和高能转子的安排）大大提高弗劳德数得到更佳的混合效果。优势：最佳混合均匀度	
6	焦粉消耗	高消耗 4.5%（根据配比不同可能有差异）	低消耗 4.0%，因为焦粉能够被更换地分散，降低焦粉用量 0.5%	节约焦粉用量
7	混合均匀度	低	高	
8	能量传输	混合机只有一个电机驱动，如遇到电机故障，整个系统瘫痪	混合机由 4 个主轴电机，2 个盘电机分别驱动，如遇到一个电机故障，混合机仍然可以工作	
9	烧结矿强度	强度低	强度高，因为原料更好地被分散	
10	烧结机能力	烧结机能力低	烧结能力高，因为细粉更好地被包覆在颗粒表面，提高了烧结矿的透气性	提高烧结矿利润
	结　论			降低生产成本，增加利润

B   立式强力混合机开发[24~26]

a   立式强力混匀机理研究

采用 EDEM 建立立式强力混合机仿真模型分析混合机混合过程中混合物料的运动情况，结果如图 4-38 所示。在高速旋转的搅拌浆与低速运转的混合桶共同作用下，混合机中的物料由于所处位置不同分为浆叶影响区、湍流区和桶壁层流区三个不同的区域。在浆叶影响区内，单个粒子的运动性最强。当浆叶影响区外围的物料流进入浆叶影响区时，与浆叶发生逆流碰撞；当物料进入浆叶影响区时，物料被浆叶冲击抛射，如图 4-39 所示。两者共同作用使物料分散、掺混，从而形成强烈的对流混合，该区域混匀作用最强烈。湍流区内，物料流比较紊乱，且具有随机性，在混合桶和搅拌浆运动的影响下，使物料不仅有水平面内的移动，同时物料也会在湍流区域内产生对流、剪扩和散切混合作用。筒壁层流区内物料相对筒体没有运动，混合效果最差，主要起运输物料的作用。

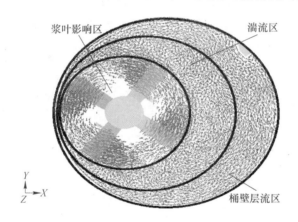

图 4-38   混合桶内物料运动分布图

图 4-39   物料冲击抛射

立式强力混合机工作过程中，物料由进料口进入混合腔后，首先进入桶壁层流区，然后进入湍流区和桨叶作用区快速混合，而后一部分物料下落一定高度后再次进入层流区；另一部分物料仍位于湍流区和桨叶区继续混合。物料在整个下落过程中，不断地在各个区域间循环传递与进出，最终达到混匀的效果。

在桨叶影响区之外，物料随筒壁和料盘转动过程中，由于下层物料对上层物料的支撑作用，物料几乎没有向下的沉降。而在桨叶影响区，由于桨叶的高速冲击，物料非常松散，容易下落，但由于搅拌轴转速很高，因此，多数物料并不能直接下落至料盘，而是在不断地抛射过程中出现螺旋下降，如图 4-40 所示，并流出桨叶影响区，进入筒壁影响区，随筒壁及料盘做圆周运动。当物料再次进入桨叶影响区之后，又会下降，然后再次进入筒壁圆周运动区域。如此循环往复，直至最终排出混合桶。

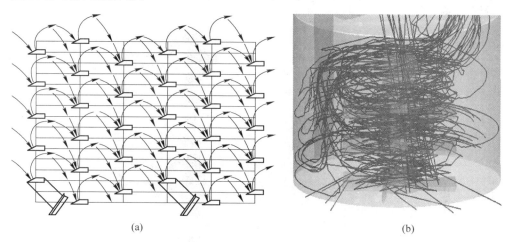

(a)   (b)

图 4-40 混合机垂直面内物料的运动

(a) 抛射运动；(b) 螺旋运动

b 立式强力混合机的失效形式分析

立式强力混合机工作时，搅拌桨每转一周，相应的搅拌桨会沿混合桶桶体回转方向偏转一定角度 γ，桨叶作用区同步移动，偏转角度 γ 的大小与搅拌桨及桶体的转速相关。桨叶的运行轨迹是一条连续的盘绕线，盘绕线的瞬间中心落于桨束中心圆上，如图 4-41 所示。从图中可知立式强力混合机工作过程中，桨叶作用区在不断移动，最先进入新桨叶作用区的是桨叶端部。一般而言，桨叶作用区内的物料因桨叶的抛射与切割，相对比较松软，且物料稀疏，因此，桨叶作用区内物料对桨叶的磨损强度较低，桨叶作用区之外，特别是桶壁层流区，物料会沉积、结硬（如图 4-42 所示），相对比较密实，具有较强的磨损能力。根据混合桶内物料的状态，可将物料对混合机部件磨损分为两种：一种是软磨损，一种是硬磨损。软磨损是指运动的松散物料对设备构件的磨损，此部分的磨损量主要由混

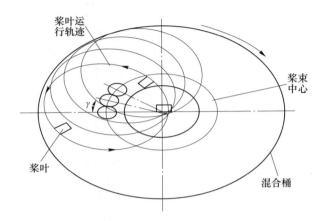

图 4-41   搅拌桨运行轨迹

图 4-42   搅拌桨积料结硬层

合原料硬度和搅拌速度决定，混合原料颗粒越硬，磨损速率越快；搅拌速度越大，磨损速率越快。硬磨损是指板结的物料对设备构件的磨损，沉积结硬层越密实，磨损速率越快。

混合过程中由于桨叶端部总是最先进入新的桨叶作用区，即最先接触桨叶作用区之外的区域，所以，桨叶的磨损主要发生在端部，桨叶的失效形式一般也表现为桨叶端部磨损变短，失去混合能力而失效。图4-43是某混合机工作一段时间后搅拌桨桨叶的磨损情况，从图中可知，由于混合桶底部物料比上端物料密实，下部桨叶磨损更快。

图 4-43   搅拌桨磨损情况

　　c 立式强力混合机结构组成

立式强力混合机主要结构如图4-44所示，其主要由七部分组成，包括混合桶、进料口、搅拌桨、除尘口、支撑架、支撑座、排料门。混合过程物料从顶部进料口进入混合桶，在混合桶内聚集并持续保持一定的填充率，一般为60%~80%。同时搅拌桨高速旋转，剧烈地切割物料，迫使物料产生切割、对流及扩散混合，将物料混匀，混匀后的物料经混合桶底部的排料口排出，混合时间一般为50~70s。

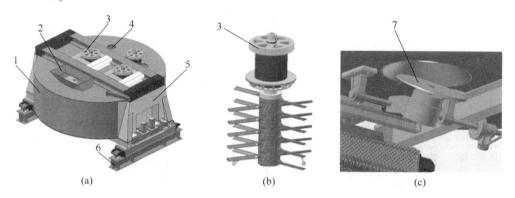

图4-44 立式强力混合机主要结构组成

（a）主体；（b）搅拌桨；（c）卸料结构

1—混合桶；2—进料口；3—搅拌桨；4—除尘口；5—支撑架；6—支撑座；7—排料门

d 新型立式强力混合机特点

（1）微孔射流防磨降磨。射流防磨降磨的原理如图4-45所示，在混合过程中搅拌桨叶端部向外物料喷射高压气体，并作用在桨叶附近的物料上，对物料进行冲击、疏松，在桨叶气流出口附近气体会比较集中，物料中气体含量高形成富气层，富气层的物料比较松散，可减少与叶片的摩擦，从而降低"软磨损"，同时在一定条件下，喷射的部分气体受物料阻挡，会在搅拌桨重磨损区域形成气垫，气垫将搅拌桨上的叶片与物料隔开，防止搅拌桨叶片与物料直接接触，从而降低磨损，提高搅拌桨的使用寿命，提高设备的生产作业率。

（2）结硬边界控制磨损。结硬边界控制主要是降低硬磨损，原理为将相对高速的桨叶磨损转化成相对低速桶壁刮刀的磨损，如图4-46所示，即通过固定悬挂的桶壁刮刀将沉积料结硬层控制在一定的区域内，使其与高速旋转的搅拌桨桨叶隔离，从而减轻桨叶的硬磨损。

在相同工况条件下，与进口爱立许立式强力混合机相比，新型国产化立式强力混合机一次性投资成本可降低40%，运行成本可降低20%，且耐磨件使用寿命更长，完全可替代进口产品。

4.2.2.3 强化制粒技术

制粒的目的是改善混合料的粒度组成，减少混合料中细粒级颗粒的含量，提

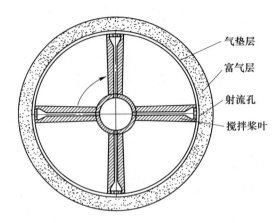

图 4-45　搅拌桨叶片高压气流喷射示意图

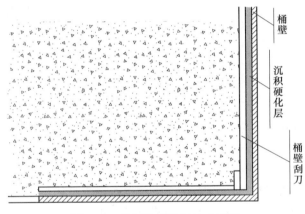

图 4-46　结硬边界控制技术原理

高烧结料层透气性，从而提高烧结矿的产量和质量并降低烧结能耗。

A　现有制粒工艺的改进

传统的烧结原料混匀制粒工艺都是由两个串联式圆筒混合机来完成的，第一段混合机主要完成烧结料的混匀，第二段混合机主要完成混合料的制粒[27]。随着强力混匀装备的发展、烧结原料粒度的下降及原料品种的增加，传统的二段式混匀制粒工艺已经满足不了烧结机大型化厚料层发展的需要。采用了强力混合机后的混匀制粒新工艺，主要包括：

（1）强混→圆筒。如图 4-47 所示，将传统混匀制粒工艺中的第一段圆筒混合机由强力混合机取代，第二段仍采用圆筒混合机进行制粒。台湾龙钢采用此工艺来处理百分之百的烧结原料，包括钢厂回收的废料。

（2）强混→圆筒→圆筒。如图 4-48 所示，该工艺是在传统的二段圆筒混合

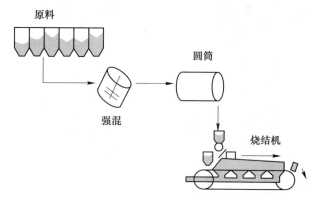

图 4-47　二段式强力混匀制粒工艺

机之前外加强力混合机，将两段混合制粒工艺改为三段混合制粒工艺，第一段采用强力混合机混匀，第二段和第三段采用圆筒混合制粒，延长了制粒时间。本钢在 566m^2 新建烧结工程采用了立式强混→圆筒→圆筒的三段混合制粒工艺，使用后，制粒小球中 3mm 以上的粒度提高 20%，主抽风压降低 1000Pa，降低了烧结厂能耗，提高了烧结厂利润。宝钢 600m^2 新建烧结工程采用了卧式强混→圆筒→圆筒的三段混合制粒工艺，使用后，料层厚度达 900mm 以上。

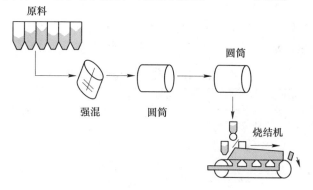

图 4-48　三段式混匀制粒工艺

B　返矿分流制粒技术

返矿作为烧结料制粒时的成核粒子，可在一定程度上改善制粒效果。但是，对于粒度较粗的粉矿为主的烧结原料，黏附粉含量过低而核颗粒过剩，制粒时返矿充当造粒核心的功能有所弱化。返矿自身粒度大一方面使湿混合料混匀效果变差，另一方面在一定程度上会破坏制粒过程中小球的正常长大，造成成分和粒度偏析严重，对烧结矿质量造成较大影响。通过返矿分流技术，粗粒返矿不参与制粒，而是在制粒后期加入，可不破坏细粒物料成球，对于提高当前制粒效果有利，同时可发挥支撑作用，从而增加料层的透气性[28,29]。

返矿分流烧结流程简图如图 4-49 所示。铁矿石、焦粉、熔剂经一混混匀后入二混制粒，在完成制粒前均匀给入返矿，使返矿与制粒小球混合均匀，然后进行烧结。

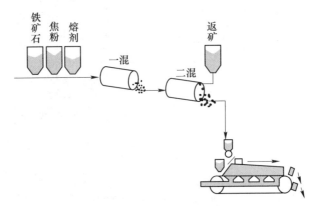

图 4-49   返矿分流烧结流程简图

采用国内某烧结厂物料为试验原料，通过烧结杯试验，研究了返矿分流对制粒效果、烧结矿产质量指标的影响。含铁原料中粉矿占比 77%、烧结返矿外配 18%、高炉返矿外配 12%。两种返矿的粒度组成如表 4-11 所示。烧结返矿平均粒度为 2.29mm，其粒度以 <5mm 为主；高炉返矿的平均粒度为 5.36mm，其粒度以 3~8mm 为主，占比达 96.45%。可见将粒度相对较粗的高炉返矿进行分流更为合适。

表 4-11   返矿粒度组成

矿 种	粒度组成/%							平均粒度/mm
	>8mm	5~8mm	3~5mm	1~3mm	0.5~1mm	0.25~0.5mm	<0.25mm	
烧结返矿	0.00	2.62	23.65	52.14	15.08	5.13	1.38	2.29
高炉返矿	1.12	55.09	41.36	1.56	0.00	0.00	0.86	5.36

高炉返矿分流对制粒效果的影响，如表 4-12 和图 4-50 所示。可知，通过返矿分流，制粒混合料的平均粒度由 4.27mm 提升至 4.58mm，混合料中粒度为 3~8mm 的比例较分流前有明显增加，粒度 1~3mm 的比例大幅减少。

表 4-12   高炉返矿分流对制粒效果的影响

返矿是否分流	制粒水分/%	粒度组成/%							平均粒度/mm
		>8mm	5~8mm	3~5mm	1~3mm	0.5~1mm	0.25~0.5mm	<0.25mm	
是	7.75	10.96	28.42	34.02	23.47	3.03	0.10	0.00	4.58
否	7.75	10.54	25.34	28.86	29.48	4.74	1.03	0.00	4.27

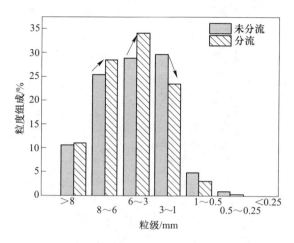

图 4-50　返矿分流对制粒后混合料粒度组成的影响

　　将高炉返矿进行分流后，由于制粒效果和料层透气性得以改善，为厚料层烧结的实施打下了基础。返矿分流条件下不同料层高度对烧结指标的影响结果如表4-13所示，可知：在抽风负压不增加的前提下，料层厚度由基准值700mm提高至780mm后，在保证烧结速度、利用系数不变的同时，烧结矿成品率和转鼓强度显著提高。

表 4-13　返矿分流条件下不同料层高度对烧结指标的影响

返矿是否分流	料层高度/mm	烧结速度 /mm·min⁻¹	成品率/%	转鼓强度/%	利用系数/t·(m²·h)⁻¹
否	700	21.66	76.22	63.67	1.46
是	700	23.86	74.65	63.27	1.54
是	740	22.57	77.74	63.53	1.51
是	780	21.54	77.35	64.60	1.47
是	820	19.75	78.19	64.27	1.34

　　取不同冶金原料装入混合桶，填充高度100mm，搅拌桨转速800r/h，混合桶转速5r/h，连续运行8h，然后测定最底层桨叶的减轻重量，结果如图4-51所示。研究表明，相比燃料、烧结原料、球团原料，烧结返矿对桨叶的磨损最为显著。因此，对于烧结混合料混匀制粒工艺中设置了强力混合机的情况，采用返矿分流技术后有助于延长桨叶使用寿命。

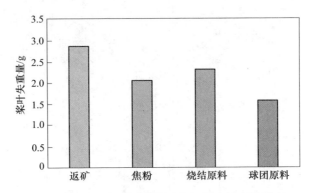

图 4-51   不同冶金原料对混合机桨叶的磨损程度

C   精矿分流制粒技术

对于以粒度较细的精矿为主的含铁原料，由于制粒时黏附粉含量过高，核颗粒量不足，制粒小球中小于 3mm 的细颗粒量升高，料层透气性变差。

通过精矿分流制粒技术，将一部分成球性较差的细颗粒原料单独分出，配加一定量的生石灰作黏结剂，烧结返矿作制粒的成核粒子，并配入部分燃料，单独制粒成小球，而剩余的含铁原料、熔剂、燃料、高炉返矿另行制粒成小球，最后将两种制粒小球混匀后参与烧结，工艺流程如图 4-52 所示。两部分物料分流的原则：确保分流后剩余物料的粒度组成（核颗粒含量和黏附粉含量的比例）更适宜制粒；将大部分生石灰加入到被分流的细颗粒物料中，以提高该部分物料的成球效果；烧结返矿作为被分流的细颗粒物料的成核粒子，高炉返矿则加入到剩余物料中。

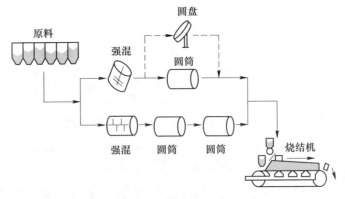

图 4-52   精矿分流制粒工艺流程图

采用国内某烧结厂物料为试验原料，含铁原料中精矿占比 70%，通过烧结杯试验，研究了精矿分流对制粒效果、烧结矿产质量指标的影响。试验时，被分流的物料采用圆筒制粒的方法。在保证烧结混合料总水分8%的基础上，改变两部分物料制粒水分，返矿分流对制粒效果的影响如表4-14所示。可知，要想实现精矿分流强化制粒的目的，需调整两部分物料的制粒水分，应适当增加细颗粒物料中的水分，但也应保证剩余粗颗粒物料制粒对水分的要求。试验条件下，最佳水分配比为细颗粒物料水分8.25%、粗颗粒物料水分7.75%，相比未分流制粒的基准方案，虽然平均粒径相当，但分流制粒所得混合料中3~5mm粒级小球占比提高，从40.06%提高到49.22%，而+8mm的粗粒级小球和<3mm的细粒级小球均有所减少，表明制粒后混合料粒度分布更为合理。

表4-14 精矿分流对制粒效果的影响

细颗粒为主物料水分%	粗颗粒为主物料水分%	粒度组成/%							平均粒度/mm
		>8 mm	5~8 mm	3~5 mm	1~3 mm	0.5~1mm	0.25~0.5mm	<0.25 mm	
未分流（水分8.0%）		11.39	26.42	40.06	21.76	0.35	0.03	0.00	4.67
8	8	7.53	27.82	39.08	25.25	0.31	0.00	0.00	4.48
8.25	7.75	6.40	29.22	49.22	14.30	0.78	0.08	0.00	4.67
8.5	7.5	9.32	28.95	26.45	35.15	0.13	0.00	0.00	4.39

4.2.2.4 偏析布料技术

烧结混合料的粒度范围较宽，约在1~10mm之间。在均匀料层中，小粒级物料会填充于较大粒级物料之间的孔隙中，减小料层孔隙率，进而降低料层的透气性；在偏析料层中，物料根据其粒级呈规律性分布，小粒级物料位于料层上部而大粒级物料集中在料层下部，因此可减少能够填充于大粒级物料之间的小粒级物料的数量，增大料层孔隙率，进而提高料层的透气性，如图4-53所示。大颗粒在下，小颗粒在上；上部料层燃料多，下部料层燃料少的料层结构最佳。

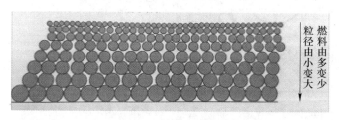

图4-53 合理料层结构

对烧结混合料中各粒级制粒小球的焦粉含量进行检测，结果见表 4-15。可知，粗粒级制粒小球中的焦粉含量比细粒级小球低，特别是>8mm 的小球，其焦粉含量比<5mm 的小球低 1% 以上。因此，通过粒度偏析，可实现燃料在料层中的偏析。

表 4-15   各粒级制粒小球中的焦粉含量（质量分数）   （%）

项　　目	>8mm	5~8mm	3~5mm	1~3mm	<1mm
C 含量	3.06	3.31	4.18	4.16	5.07

各粒级制粒小球的 CaO 含量见表 4-16，可知，粗粒级制粒小球中 CaO 含量低，而细粒级小球中 CaO 含量高，>8mm 小球 CaO 含量只有 7.29%，而<5mm 粒级的 CaO 含量大于 10.5%。因此，混合料粒度偏析后，不但对燃料在料层中的分布造成影响，同样影响着熔剂在料层中的分布。

表 4-16   各粒级制粒小球中的 CaO 含量（质量分数）   （%）

项　　目	>8mm	5~8mm	3~5mm	1~3mm	<1mm
CaO 含量	7.29	7.77	10.54	10.90	12.00

将烧结料层分为四层，依次增加料层的偏析程度设计 3 个偏析方案，研究偏析布料对燃料和 CaO 分布及对烧结过程的影响。每个方案各个料层的粒度组成见表 4-17，未偏析的料层孔隙率为 41.45%，偏析程度最大的方案其孔隙率提高到 43.47%，而料层压力降从 759Pa 降低到 595.34Pa。

表 4-17   偏析方案各层的粒度组成

| 条件 | 偏析方案各层的粒度组成（质量分数）/% | | | | | | 调和平均粒度/mm | 加权平均粒度/mm | 料层孔隙率/% | 料层压力降/Pa |
	α+5mm	>8 mm	5~8 mm	3~5 mm	1~3 mm	<1 mm				
未偏析	0	8.26	30.93	39.38	14.44	6.99	3.35	4.61	41.45	759.00
偏析 1	−21.40	6.49	24.31	44.81	16.42	7.96	3.13	4.30	41.78	738.00
	−7.13	7.67	28.72	41.19	15.09	7.31	3.28	4.50		
	7.13	8.85	33.14	37.57	13.79	6.67	3.43	4.71		
	21.40	10.03	37.55	33.95	12.46	6.02	3.60	4.91		
偏析 2	−42.80	4.72	17.69	50.24	18.41	8.92	2.94	3.99	42.73	680.34
	−14.27	7.08	26.52	43.00	15.77	7.63	3.20	4.40		
	14.27	9.44	35.34	35.76	13.11	6.35	3.51	4.81		
	42.80	11.80	44.17	28.52	10.47	5.06	3.89	5.22		

条件	偏析方案各层的粒度组成（质量分数）/%						调和平均粒度 /mm	加权平均粒度 /mm	料层孔隙率 /%	料层压力降 /Pa
	$\alpha+5\text{mm}$	>8 mm	5~8 mm	3~5 mm	1~3 mm	<1 mm				
偏析3	−64.21	2.96	11.07	55.67	20.42	9.88	2.77	3.69	43.47	595.34
	−21.40	6.49	24.31	44.81	16.42	7.96	3.13	4.30		
	21.40	10.03	37.55	33.95	12.46	6.02	3.60	4.91		
	64.21	13.56	50.79	23.09	8.46	4.10	4.23	5.52		

不同粒度偏析方案下，料层中燃料的分布见表 4-18。可知，随着偏析程度的增大，上部料层的焦粉含量增加，而下部料层的焦粉含量减少。进而检测四种偏析方案下烧结过程中各料层温度，结果见表 4-19。可知，随着偏析程度的增加，表层温度逐渐增加，而底层温度逐渐降低，中间两层的温度变化相对不大，整个料层的温度趋于均衡化。

表 4-18　偏析布料对料层焦粉分布的影响　　　　　　　　　（%）

条件	第一层	第二层	第三层	第四层
未偏析	3.85	3.85	3.85	3.85
偏析1	3.95	3.89	3.83	3.78
偏析2	4.03	3.92	3.81	3.70
偏析3	4.11	3.95	3.78	3.61

表 4-19　偏析布料对各层最高温度的影响　　　　　　　　　（℃）

条件	第一层	第二层	第三层	第四层
未偏析	1246	1303	1326	1365
偏析1	1257	1315	1331	1344
偏析2	1273	1309	1320	1332
偏析3	1285	1318	1313	1319

通过偏析后，料层中 CaO 的分布见表 4-20。可知，随着偏析程度的增大，上部料层的 CaO 含量增加，而下部料层的 CaO 含量减少。CaO 含量对混合料液相生成特性的影响如图 4-54 所示。随着 CaO 含量的提高，混合料开始生成液相的温度降低。因此，对于 CaO 含量高的物料，可以在相对较低的温度下进行烧结，偏析后上部料层所需的烧结温度比下部料层低。

表 4-20　偏析布料对料层 CaO 分布的影响　　　　　　　（％）

条　件	第一层	第二层	第三层	第四层
未偏析	9.60	9.60	9.60	9.60
偏析 1	9.88	9.73	9.59	9.44
偏析 2	10.10	9.80	9.51	9.22
偏析 3	10.32	9.88	9.44	9.00

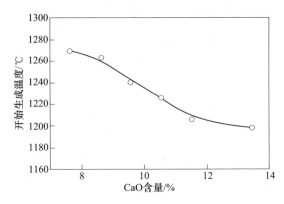

图 4-54　CaO 含量对混合料液相生成特性的影响

　　偏析布料对烧结矿产质量的影响见表 4-21。可知，随着偏析程度的增加，表层烧结矿成品率、转鼓强度得到明显改善，这是由于偏析布料改善了上层烧结矿液相量不足的缺点，提高了上层烧结矿的强度。但偏析过度后，中下层烧结矿的成品率、转鼓强度有所降低，这是由于下部料层透气性太好，烧结速度过快，导致高温保持时间不足进而影响烧结矿质量。

表 4-21　偏析布料对料层各层烧结矿成品率和转鼓强度的影响

料　层	未偏析		偏析 1		偏析 2		偏析 3	
	成品率/%	转鼓强度/%	成品率/%	转鼓强度/%	成品率/%	转鼓强度/%	成品率/%	转鼓强度/%
第 1 层	59.26	44.65	63.69	47.32	68.84	52.55	75.08	53.90
第 2 层	71.46	59.90	71.88	60.38	70.08	62.10	72.97	65.85
第 3 层	76.64	67.00	73.56	66.35	71.20	66.00	66.10	63.40
第 4 层	78.41	67.45	74.19	66.28	68.57	65.55	64.15	64.90

　　综上所述，料层偏析的适宜程度应由料层透气性、温度场和料层各层的成矿性能共同决定。温度场和成矿性能之间存在着相互适应性，并非料层温度越均衡越好，而是在改善温度场的同时，使其与成矿性能相适应。因此，对于偏析料层

来说，上部料层温度要略低于下部料层温度是比较适宜的，如偏析方案2。

　　针对混合料层结构的偏析，有反射板型、筛子型等偏析布料技术。为了进一步提高偏析效果，近年来开发了磁辊偏析布料、条筛式偏析布料、气流偏析布料和辊式偏析布料技术。

A　磁辊偏析布料

　　磁辊布料法是在普通圆辊布料器内固定安装一个由若干交变极性的永久磁铁组成的磁系，见图4-55。磁场强度一般为55704~71620A/m之间，布料时辊筒旋转，磁系固定不动。当磁辊转动出料时，混合料受磁场的作用，粒度粗、质量大、磁性弱的物料随辊子转动快速抛离辊筒表面，而粒度细、质量轻、磁性强的粉料则被吸附在辊筒表面上一起转动，到达磁系边缘下部才脱落，而介于两者之间的物料落在粗、细物料之间，实现混合料偏析。磁辊布料器只适用于以磁铁矿为主要成分的混合料，对

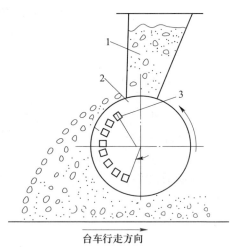

图4-55　磁辊偏析布料
1—混合料仓；2—圆辊给料器；3—磁系

其他矿石则效果不明显，且磁场强度不易过大，否则会使聚集的料层与辊面产生相对移动，靠近辊面的料层内料粒产生破碎，导致细粒级增多，反而影响透气性。

B　条筛式偏析布料

　　条筛式偏析布料装置见图4-56，混合料从圆辊给料器落下后经助走板进入棒

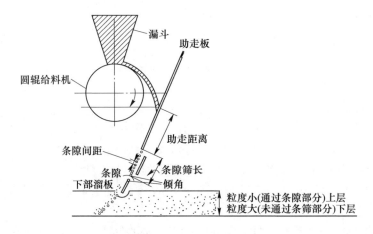

图4-56　条筛式偏析布料装置

条筛段，小颗粒混合料通过棒条筛间隙落下，并在筛下导流板的引流下落到台车料层的上层，而未通过筛条间隙的粗粒级部分溜下落至台车底部，从而形成粒度偏析。

在条筛式布料器的基础上将棒条布置方向变成沿料流方向，则形成强化筛分布料器，如图 4-57 所示。该装置的棒条下端自由，上端有轴承支撑，棒条可以转动以防止黏料堵塞筛孔。棒条与棒条之间的距离即为筛隙（筛孔）。棒条设置成上部筛隙小，下部筛隙大，棒条下端交错成上中下三层。当混合料由圆辊给料器给出时，首先落在助走板上，然后溜到棒条筛上，由于上部筛隙小可使混合料中的细粒级物料首先被筛出落到料层的上部，下部筛隙大，粗粒料则落到料层的下部和底部。由于棒条间隙从上至下连续由小变大，因而可产生连续的粒度偏析作用。由于筛子的筛分和分级作用使物料分散落下，减小了烧结料层的堆积密度，增大了孔隙率。在粒度偏析的同时，焦粉含量也产生了偏析。这种布料技术不仅具有较好的偏析效果，而且棒条具有松散物料的作用，而使得混合料的透气性得到改善。

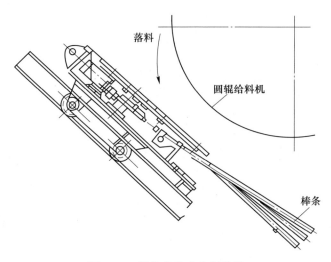

图 4-57　强化条筛式布料装置

C　气流偏析布料

气流偏析布料装置如图 4-58 所示，在反射板与料面之间施加与料流相反的气流。混合料从反射板落下后，首先经过气流流场，再布到台车上，利用气流的作用，使具有不同粒级及物化性质的物料产生偏析。

混合料颗粒沿反射板迎着空气流移动的速度取决于重力（作为推动力 $F_{推}$）与摩擦力和运动阻力（统称为制动力 $F_{制}$）之比。当 $F_{推} = F_{制}$ 时，则混合料颗粒保持相对静止。粗细不同的颗粒保持相对静止时的气流速度是不同的。如果从混

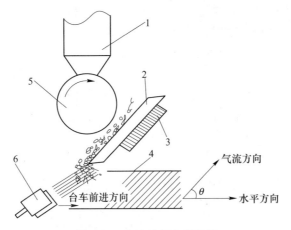

图 4-58 气流偏析布料装置

1—混合料仓；2—反射板；3—磁系；4—烧结料层；5—圆辊给料机；6—气流喷嘴；θ—气流夹角

合料下层向上层逐步降低空气流的速度，则混合料的各种颗粒就会在不同位置按照粒度和比重大小不同发生堆集。这样混合料中的小粒度和比重小的燃料会停留在上层，而大颗粒和比重大的物料会滚落到下层，这就达到了理想的偏析。对于烧结混合料而言，在气流的作用下，密度大的粗粒级矿石下落速度较快，首先布到料层的底部，而细粒级物料，特别是密度较小的焦粉等固体燃料下落速度较慢，被铺在上部料层，因此这种方法不仅可以实现粒度偏析，而且可使燃料偏析。但是由于气流布料是利用粗细不同的颗粒分别在不同气流速度下保持相对静止进行偏析布料的，因此要求混合料粒度组成必须保持相对稳定，否则气流速度无法控制，就会影响偏析效果。

D 辊式偏析布料

辊式布料器（见图 4-59）利用粗、细粒级所受摩擦力不同，产生不同的加

图 4-59 辊式布料装置

速度来使物料粒级偏析。布料过程中，布料辊向上旋转，使粗粒级的混合料加速度大于细粒级的混合料加速度，从而实现混合料产生有益偏析和料面平整。目前国内烧结厂普遍采用圆辊给料机和多辊布料器作为烧结偏析布料系统，通过变频器控制圆辊和多辊转速，在一定程度上解决了烧结台车烧结料面不平整均匀、粒度偏析不合理等问题，但尚未达到理想状态，或对某些物料的偏析效果较差。

4.2.2.5 提高料温技术

从水分的冷凝机制来分析，冷凝水量与气体和混合料的温度差成正比，气体和混合料的温度差越大，过湿带冷凝水量含量就越多。提高混合料料温，使其达到露点温度以上，可以显著的减少料层中水汽冷凝而形成的过湿现象，相应的冷凝水量越少，过湿带越薄，料层透气性越好。废气冷凝的前提条件是其水蒸气分压大于物料表面上的饱和蒸汽压，冷凝水的数量取决于两者的差值，而水蒸气分压取决于废气中的水分含量，饱和蒸汽压取决于料层的原始温度，温度越高则饱和蒸汽压越大。例如，对于含水汽 $120g/m^3$ 的烟气，根据饱和蒸汽压图表，可以查得其相应露点温度为 54℃，如果将混合料料温预热至 54℃ 以上时，理论上即可消除过湿带。提高混合料料温可以采用蒸汽预热混合料、生石灰消化预热混合料等方法。

蒸汽预热混合料主要是在二次混合机或者混合料槽内通入蒸汽来提高混合料温度和物料表面的饱和蒸汽压，从而防止烧结料层过湿，提高料层透气性。生产实践证明，蒸汽压力越高，预热效果越好，如鞍钢在二次混合机内使用蒸汽压力为 $(1\sim2)\times10^5Pa$ 时，可提高料温 4.2℃。当压力增加到 $(3\sim4)\times10^5Pa$ 时，可提高料温 14.8℃。

混合机内蒸汽预热混合料系统如图 4-60 所示，其优点是既能提高混合料料温又能进行混合料润湿和水分控制，保持混合料的水分稳定，同时也可以改善混合料的粒度组成，见表 4-22。但是混合机内蒸汽预热利用率一般只有 20%~30%，混合料预热温度也不高，热利用率低。

表 4-22 蒸汽预热对混合料粒度组成的影响

粒级/mm	混合机前/%	混合机后/%
+10	$\dfrac{9.1}{8.8}$	$\dfrac{21.2}{15.5}$
5~10	$\dfrac{13.0}{13.3}$	$\dfrac{14.3}{25.4}$
3~5	$\dfrac{13.2}{12.9}$	$\dfrac{20.2}{20.3}$
0~3	$\dfrac{64.7}{65.0}$	$\dfrac{44.3}{35.8}$

注：分子表示未加入蒸汽；分母表示加入蒸汽。

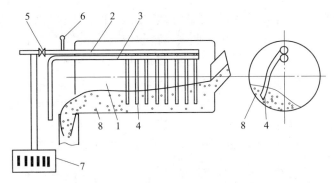

图 4-60　混合机内蒸汽预热系统

1—混合机圆筒；2—蒸汽总管；3—给水管；4—蒸汽支管；
5—电动阀；6—压力表；7—流量计；8—混合料

　　矿槽内蒸汽预热混合料系统如图 4-61 所示。蒸汽经主管运送至烧结机平台，在主管上设置水汽分离器，冷凝水从底部管道排入管网，保证预热温度和减少蒸汽含水量，避免混合料水分的波动。水汽分离后，将蒸汽分三段输送到混合料仓周边，三段蒸汽围绕料仓一周，在料仓四周均匀设置一组喷嘴，蒸汽经蒸汽喷嘴进入混合料仓，预热后的混合料经泥辊布到烧结机上进行烧结。湘钢新二烧采用 6t/h 的蒸汽量，预热 710t/h 的混合料，可以将混合料温度从 55℃ 提高到 79.4℃，提高了 24.4℃，热利用效率达 80%。

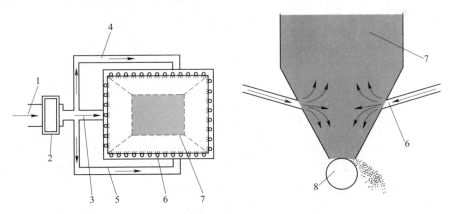

图 4-61　矿槽内蒸汽预热装置图

1—低压蒸汽主管；2—水汽分离器；3—混合料仓方向蒸汽支管；4—混合料仓方向蒸汽支管；
5—混合料仓方向蒸汽支管；6—蒸汽喷嘴；7—混合料仓；8—泥辊

4.2.3　低碳厚料层烧结技术应用及节能减排效果

　　宝钢本部 3 号 600m² 烧结机工程于 2016 年 10 月 28 日建成投产，是当时应用先进节能减排技术最全面的烧结工程，烧结机的设计利用系数为 $1.485t/(m^2·h)$，工序能耗≤46kgce/t，该工程采用的低碳厚料层烧结技术主要包括：

（1）1+2 的强力混匀技术。为了加强混合料的混匀和制粒，改善混合料的透气性，满足超高料层烧结的需要，设计采用三段混合制粒工艺，一混为卧式强力混合机（如图 4-62 所示），规格为 $\phi3m×8m$，主轴转速：约 67r/min，混合机正常给料量：约 1472t/h，主要作用是混匀、提前加水润湿（30%～50%）、生石灰预消化。出料端部设清料犁头，筒体采用剖分式，采用变频调速，混合时间达到 45s。

图 4-62 卧式强力混合机

二、三次混合机采用圆筒混合机，主要作用是制粒并调整混合料水分，规格均为 $\phi5.1m×24.5m$，安装倾角 $\alpha=2.0°$，筒体转速（正常）6r/min，填充率约 12%，二、三段制粒时间超过 8min。

（2）偏析布料技术。机头布料采用圆辊、磁性偏析、九辊组合方式[30]（如图 4-63），偏析效果良好，上部料层平均粒径约 2.8mm，燃料量约 4.1%，下部料层平均粒径约 4.3mm，燃料量约 3.2%，实现了上部料层粒度小燃料多，下部料层粒度大燃料少的合理料层结构（如图 4-64 所示）。为防止混合料落下时压紧密实，设置有透气棒装置[31]。透气棒由四排交错排列的加长钢管组成，使台车上的混合料内部形成空隙，提高烧结料层的透气性，从而改善烧结效果。

综上，在三段混合制粒工艺、机头组合偏析布料、专用通气棒装置等技术支撑下，实现了超高料层烧结目标，烧结料层从传统的 700mm 左右逐步提升至 900mm，最高已经达到 1m，抽风负压 19500Pa，台车运行速度 2.6m/min。在含铁原料中褐铁矿比例高达 40% 以上的情况下，年产烧结矿量达 766 万吨，相比设计值平均超产 5%，工序能耗低于 45kgce/t。以宝钢 3 号烧结机为典型工程业绩的"高效节能环保烧结技术及装备"技术成果荣获 2017 年国家科技进步奖二等奖。

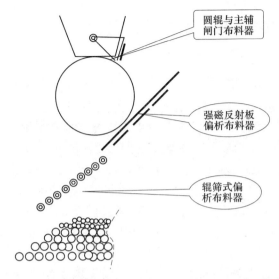

图 4-63 圆辊+磁性偏析+九辊组合式偏析布料结构示意图

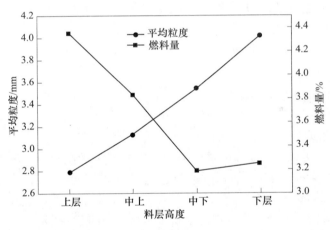

图 4-64 偏析布料后不同料层混合料平均粒度和燃料量

4.3 低 NO$_x$ 烧结过程控制技术

从烧结烟气排放特征来看，我国多数烧结企业烟气中 NO$_x$ 排放质量浓度在 $200\sim500\text{mg/m}^3$（标态）之间，离超低排放标准 NO$_x \leqslant 50\text{mg/m}^3$ 有很大的差距，减排压力巨大。当前烧结烟气 NO$_x$ 减排主要依赖末端脱硝技术，主要有 SCR 法、活性炭法、臭氧氧化法等，但均存在流程复杂、投资大、成本高等问题。基于烧结过程中 NO$_x$ 的生成行为和影响因素分析，开发低 NO$_x$ 烧结过程控制技术，对实现经济性绿色烧结具有重要意义。

4.3.1 NO$_x$排放的影响因素

4.3.1.1 燃料性质的影响

燃料型 NO$_x$ 的大部分为挥发分 N 所生成，随着燃料挥发分含量的增加，燃料 N 的转化率和 NO$_x$ 排放总量也随之增大。焦炭氮向 NO 的转化率随着煤阶程度的增高而增高，这是因为在煤阶程度高的煤中，氮一般以六元环的吡啶型氮存在，吡啶型氮的释放较为困难，经历高温热处理后更多的氮会残留在焦炭结构边缘或转化为镶嵌在焦炭大分子内部的质子化吡啶氮；另一方面随着煤阶程度的增高，煤中的挥发分减少，使得热解过程中挥发分的释放导致的煤焦颗粒发生二次破碎的几率减少，所得煤焦活性弱，在焦炭颗粒孔隙内部发生异相还原的 NO 量降低。焦炭氮向 NO 的转化率与焦炭氮含量之间的关系尚未有统一结论，有些研究认为煤中的焦炭氮含量越高，燃烧过程中生成的 NO 便越多，有些研究则认为两者之间并没有太大的相关性。通常情况下，与无烟煤相比，焦粉中的含氮量较低，所以以焦粉为固体燃料时，烧结烟气中 NO$_x$ 量低。因此，梅钢、宝钢、石钢、安钢等烧结企业将"优化燃料结构，选用含氮量低的焦粉或煤粉"作为控制 NO$_x$ 排放的主要措施之一。

燃料粒度对 NO$_x$ 排放浓度的影响机理比较复杂，NO$_x$ 的排放浓度受燃料 N 的氧化与 NO$_x$ 的还原二者双重影响。随着燃料粒度的减小，单位质量焦炭参与化学反应的比表面积相应增大，燃料反应性提高，有利于 C 的燃烧反应进行，进而促进燃料 N 向 NO$_x$ 的转化；但与此同时，挥发分氮含量增加，导致着火提前，耗氧速度加快，因而炭粒表面极易形成还原性气氛，且 NO$_x$ 与焦炭接触面积增大，这可以促进 NO$_x$ 的还原反应。将焦粉分为五个粒级，各个粒级焦粉燃烧过程燃料 N 的转化率见图 4-65。可知，燃烧过程中燃料 N 的转化率随着粒度的增大呈现先降低后升高的趋势。粒度为<0.5mm 的焦粉燃烧过程中 N 的转化率较高，为 53.26%；粒级 0.5~1mm 和 1~3mm 的焦粉燃烧燃料 N 的转化率较低，分别为 48.75% 和 45.27%；粒度 3~5mm 的焦粉燃烧时燃料 N 的转化率较高，达到 55.41%；粒度>5mm 的焦粉燃烧时燃料 N 的转化率稍低于 3~5mm 的焦粉，为 53.62%。

4.3.1.2 燃料配比的影响

由于烧结烟气中的 NO$_x$ 主要是由燃料燃烧产生的，燃料配比的增加即意味着烧结原料中 N 含量的增加，在空气量足够的情况下，随着碳燃烧反应的进行，燃料 N 与 O$_2$ 的结合也相应增加，导致燃料转化率上升；但燃料用量继续上升使得其需要更多的氧气来进行燃烧反应，在空气流量一定的情况下，烧结过程中空气过剩量减少，燃料不完全燃烧程度增大，产生大量 CO，还原气氛增强，抑制了燃料 N 向 NO$_x$ 的转化。综上，燃料用量对 NO$_x$ 氧化反应的生成量与还原反应的消耗量均有影响。

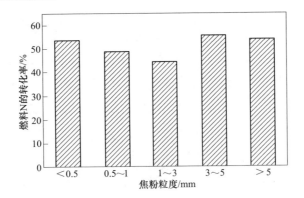

图 4-65　燃料粒度对燃烧过程中 N 的转化率的影响

4.3.1.3　碱度及 CaO 含量的影响

由图 4-66 可知，随着生石灰配比增加，燃料 N 的转化率呈降低趋势。当不添加生石灰时，燃料 N 的转化率为 68.55%，当生石灰配比增加为 1.5% 时，燃料 N 的转化率明显降低。随着碱度升高，燃料 N 的转化率降低。碱度由 1.8 降至 2.0 时，燃料 N 的转化率由 63.77% 降至 54.78%，降低幅度较大，这是由于 CaO 能参与到燃料的燃烧反应中，燃料氮与 CaO 反应生成易分解的 Ca-N 中间产物，Ca-N 在一定条件下又与 O$_2$ 进一步反应生成 N$_2$，从而降低了 NO$_x$ 的生成量，反应如下所示。

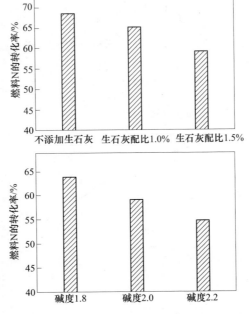

图 4-66　生石灰配比和混合料碱度对燃料 N 转化率的影响

$$CaO + fue\text{-}N \xrightarrow{\quad\quad} CaC_xN_y + CO$$

$$CaC_xN_y + O_2 \xrightarrow{\quad\quad} CaO + CO + N_2$$

从上述反应中可以看出 CaO 作为催化剂促进了燃料 N 向 N_2 的转化。此外，CaO 还能与铁矿石中的 Fe_2O_3 反应生成铁酸钙，铁酸钙作为催化剂能促进 CO 还原 NO 反应的进行[32,33]，从而减小 NO_x 的生成量，发生的反应如下所示。

$$CO + NO \xrightarrow{\text{铁酸钙催化}} CO_2 + \frac{1}{2}N_2$$

由于 CaO 在燃料燃烧过程中的直接催化作用和与其他反应物生成的催化剂的间接催化作用，促进了 CO 还原 NO 反应的进行，降低了烧结过程中 NO 的生成量，因此，提高混合料的碱度有利于烧结 NO 的减排。

4.3.1.4 燃烧温度及气氛的影响

将燃料、铁矿石、熔剂等制成小球，研究了温度对制粒小球焙烧过程 NO_x 排放浓度的影响，结果见图 4-67。可知，随着温度的升高，焙烧过程中 NO_x 释放速

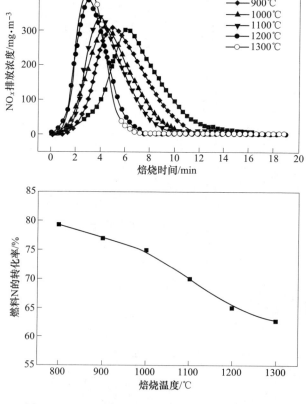

图 4-67 温度对燃料燃烧过程中 NO_x 排放的影响

率加快，当焙烧温度为800℃时，在6min左右NO$_x$排放浓度达到峰值，增至1300℃时，在3min左右NO$_x$浓度排放就达到了峰值，且NO$_x$浓度排放峰值随着温度的升高而显著上升。随着温度的升高，燃料N的转化率呈现下降的趋势，在较高的温度下燃料N的转化率下降，可能的原因是在高温下烧结物料反应生成的产物对燃料N的转化具有抑制作用。

研究O$_2$含量对制粒小球焙烧过程中NO$_x$排放的影响，结果见图4-68。可知，O$_2$含量为5%时，NO$_x$释放非常缓慢，随着O$_2$含量的增加，NO$_x$释放速率逐渐加快，排放浓度峰值也显著上升，燃料N的转化率随着O$_2$含量的增加而升高。

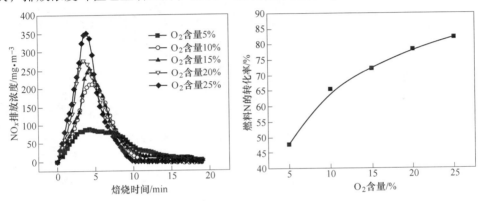

图4-68　O$_2$含量对燃料燃烧过程中NO$_x$排放的影响

4.3.1.5　烧结原料及生成物对NO$_x$生成的影响

分别在焦粉表面黏附5%Fe$_2$O$_3$、5%Fe$_3$O$_4$，燃烧过程NO$_x$排放浓度见图4-69。相比单一焦粉，黏附铁矿石的焦粉，其燃烧NO$_x$生成被抑制；当焦粉黏附相同量的Fe$_2$O$_3$、Fe$_3$O$_4$时，黏附Fe$_3$O$_4$的抑制作用更明显，燃料氮的转化率下降到49.5%。

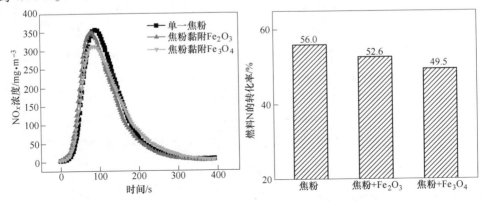

图4-69　铁矿类型对焦粉燃烧过程NO$_x$排放的影响

在焦粉表面分别黏附10%、20%、50%的CaO，燃烧过程NO_x生成浓度见图4-70。燃料表面黏附CaO可抑制燃料N向NO_x的转化，随着CaO黏附量的增加，NO_x排放峰值下降，N的转化率降低。在50%CaO黏附量时最低，为54.5%。

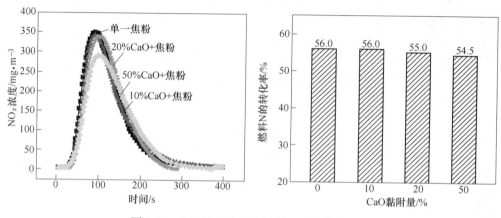

图4-70 CaO对焦粉燃烧过程NO_x排放的影响

在烧结过程中，由于烧结料的组成成分较多，颗粒间相互紧密接触，当加热到一定温度时，物质之间开始发生固相反应，生成新的化合物，在这些化合物之间，化合物与原烧结料之间，以及原烧结料各成分之间，都存在低共熔点物质，使得液相在相对较低的温度下开始生成并共融，如图4-71所示。在生产高碱度烧结矿时，生成物主要为铁酸钙矿物（$CaO \cdot Fe_2O_3$、$2CaO \cdot Fe_2O_3$、$CaO \cdot 2Fe_2O_3$），其次为钙铁橄榄石体系矿物（$CaO \cdot FeO \cdot SiO_2$）和铁橄榄石（$2FeO \cdot SiO_2$）。

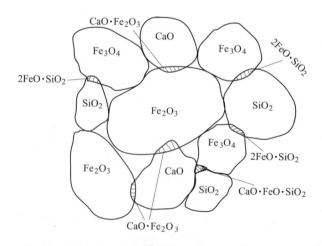

图4-71 烧结过程物料反应示意图

在1100℃、空气气氛下，研究了铁酸钙对燃料燃烧过程NO$_x$排放的影响，见图4-72。可知，焦粉黏附不同类型铁酸钙后，燃烧过程NO$_x$生成都可得到抑制，燃料氮的转化率降低。抑制燃料氮转化的能力大小依次为：铁酸二钙>铁酸钙>铁酸半钙。对应燃料氮的转化率由单一焦粉燃烧时的56.0%分别降低至50.9%、43.8%和41.7%。由此表明，铁酸钙对燃料燃烧时NO$_x$排放有抑制作用，且铁酸二钙的抑制效果最佳。

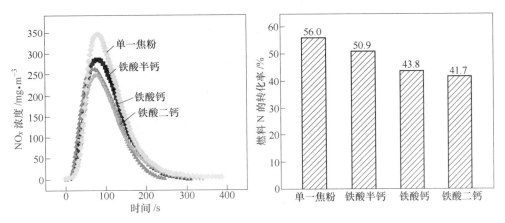

图4-72　铁酸钙对焦粉燃烧过程NO$_x$排放的影响

4.3.1.6　燃料分布状态的影响

A　制粒小球中燃料的几种分布状态

燃料在制粒小球中的分布状态对其燃烧状态有重要影响，而燃料燃烧状态直接影响着NO$_x$的排放。无论粗颗粒状还是细颗粒状的燃料，其在制粒小球中有三种基本的分布状态（见图4-73）：（1）焦粉在小球中均匀分布，见图4-73（a）；（2）焦粉黏附在小球外层或以单独颗粒形式存在，即燃料未被包裹，见图4-73（b）；（3）焦粉被其他物料包裹在小球内部，见图4-73（c）。

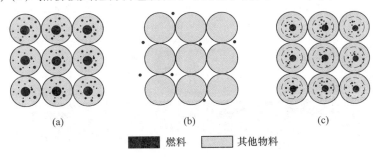

■ 燃料　□ 其他物料

图4-73　燃料在制粒小球中的分布状态

（a）燃料均匀分布；（b）燃料暴露在外层；（c）燃料被包裹

B　燃料分布对燃烧的影响

燃料分布对其燃烧行为的影响见图4-74，当燃料均匀分布时，燃烧效率为92.17%，当燃料黏附在制粒小球表面时，燃烧效率为90.33%，当燃料被包裹时，燃烧效率可达95.21%。结果表明，当燃料被包裹在制粒小球内部时，可以提高其燃烧效率，是由于燃料被包裹在内部，不能直接与空气接触，其燃烧速度变慢，燃烧时间延长。因此，燃料包裹在制粒小球内部可以提高燃烧效率，但影响烧结速度。

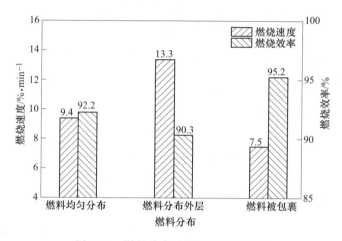

图 4-74　燃料分布对燃料燃烧的影响

C　燃料分布对 NO_x 生成的影响

三种燃料分布状态下小球焙烧过程中释放的 NO_x 浓度变化见图4-75。可知，燃料分布在小球外层或以单独形式存在时，NO_x 排放的浓度最高，最低为燃料分布在小球内部的情况。当焦粉被包裹在制粒小球内部时，燃料 N 释放速率较低，

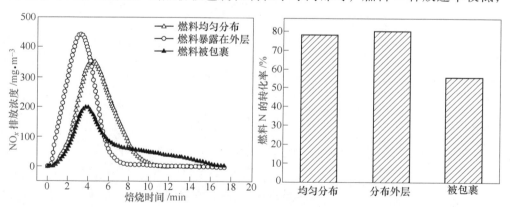

图 4-75　燃料分布状态对 NO_x 排放浓度和燃料 N 的转化率的影响

反应过程中 NO_x 排放浓度上升较慢，排放的最高浓度为 $200mg/m^3$，且整个过程 NO_x 排放总量和燃料 N 的转化率也都明显降低。这表明燃料分布在制粒小球内部有利于 NO_x 减排。

当燃料被黏附在制粒小球表面或以单独颗粒形式存在时，燃料在烧结过程中能够与足够的空气充分接触而完全燃烧，因此燃料 N 也被充分氧化生成 NO_x。当燃料包裹在制粒小球内部时，受空气扩散控制的影响，小球内部 O_2 浓度相对较低，可抑制燃料 N 被氧化成为 NO_x，同时内部产生的 CO 在周边物料的催化作用下将 NO_x 降解，二者的协同作用可使烧结过程中 NO_x 排放总量减少。

4.3.2 燃料预处理技术

4.3.2.1 燃料预处理技术原理

烧结烟气中 NO_x 主要来自于固体燃料，以燃料型为主，排放量与燃料的燃烧环境密切相关。基于以上研究结果，提出一种燃料预处理技术，即利用生石灰消化产生的黏度极强的石灰乳对疏水性较差的燃料进行表面预处理，并在焦粉表面黏附少量细粒级含铁物料，形成以燃料为核、石灰乳挂浆、含铁物料裹覆的燃料结构。一方面，通过改善燃料在烧结制粒小球中的分布状态，降低燃料燃烧时表面气氛中的氧势；另一方面，促使燃料表面快速形成异相还原反应的催化剂，即铁酸钙系物质。最终在保证烧结指标不降低的前提下，综合利用两者的特点实现烧结烟气 NO_x 的减排。

4.3.2.2 石灰乳黏附量的影响

将生石灰与水按 1:1 的配比制成石灰乳后，加入燃料中进行搅拌，再按生石灰与燃料 1:4、1:2、3:4 的质量比对燃料预处理，而后进行烧结杯试验，研究不同石灰乳黏附量对混匀料制粒效果的影响，结果见表 4-23。可知，随石灰乳黏附比例的增加，制粒后小球的平均粒度呈增加趋势，烧结制粒效果得以改善，细粒级（<1mm）颗粒量明显减少，混合料各粒级分布更加合理，更有利于烧结。

表 4-23　不同石灰乳黏附量对制粒效果的影响

水:生石灰:燃料	粒度组成/%							平均粒度/mm
	>8 mm	5~8 mm	3~5 mm	1~3 mm	0.5~1 mm	0.25~0.5 mm	<0.25 mm	
基准（未处理）	10.54	25.34	28.86	29.48	4.74	1.03	0.00	4.27
1:1:4	11.42	20.91	32.16	36.48	2.54	0.03	0.00	4.31
1:1:2	10.02	24.37	32.16	31.98	1.27	0.20	0.00	4.32
3:3:4	10.83	25.95	28.88	32.99	1.28	0.07	0.00	4.38

不同石灰乳黏附量对烧结指标和 NO$_x$ 排放的影响如表 4-24、图 4-76 和图 4-77 所示。可知，随着石灰乳黏附量的增加，各烧结指标呈先增高后降低的趋势，水与生石灰与燃料比例为 1：1：2 时最佳。NO$_x$ 的排放浓度则随着石灰乳黏附量的增加而呈降低趋势，特别是水与生石灰与燃料比例提高至 1：1：2 时，排放浓度下降较快，NO$_x$ 平均浓度降低至 179mg/m^3，继续提高黏附量，NO$_x$ 排放浓度变化不明显，在水与生石灰与燃料比例为 3：3：4 时，N 的转化率低至 46.7%。综合可知，在水与生石灰与燃料比例为 1：1：2 时，烧结指标和 NO$_x$ 减排整体效果最佳。

表 4-24   不同石灰乳黏附量对烧结指标的影响

水：生石灰：燃料	烧结速度 /mm·min^{-1}	成品率 /%	转鼓强度 /%	利用系数 /t·(m^2·h)$^{-1}$	烟气 NO$_x$ 平均浓度/mg·m^{-3}
基准（未处理）	21.66	76.22	63.67	1.47	220
1：1：4	21.95	76.95	63.67	1.50	184
1：1：2	22.93	77.41	65.02	1.54	179
3：3：4	22.61	76.14	64.27	1.52	180

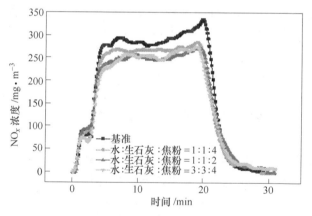

图 4-76   不同石灰乳黏附量对 NO$_x$ 排放浓度的影响

进一步研究了石灰乳预处理对燃料表面形貌的影响，图 4-78（a）、（b）所示为普通燃料表面形态，图 4-78 中（c）、（d）为燃料表面黏附 CaO 形态。可见，燃料表面黏附 CaO 后，气孔被 CaO 填充，表面气孔明显减少，可阻碍燃料与 O$_2$ 的充分接触，从而降低燃烧过程中 NO$_x$ 的生成。

4.3.2.3　铁矿粉与石灰乳混合黏附的影响

同时采用石灰乳与赤铁矿粉的混合物对燃料预处理，而后进行烧结杯试验，研究预处理工艺对烧结 NO$_x$ 排放的影响。由表 4-25、图 4-79 和图 4-80 可知，燃

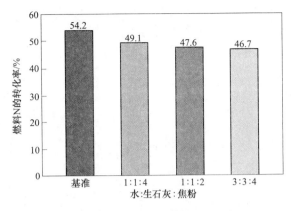

图 4-77 不同石灰乳黏附量对燃料 N 的转化率的影响

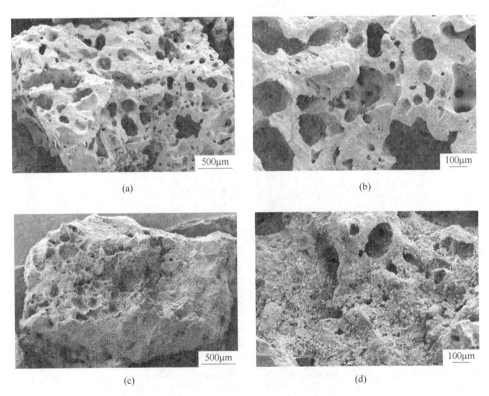

图 4-78 燃料表面黏附生石灰前后的形态变化

（a），（b）普通燃料表面形态；（c），（d）燃料表面黏附 CaO 形态

料预处理时，石灰乳中加入赤铁矿后，NO$_x$排放浓度明显降低，在水：生石灰：赤铁矿：燃料为 1：1：1：2 时，减排效果最好，NO$_x$排放浓度可降到 166mg/m^3，燃料 N 的转化率为 40.9%，较大程度降低了 NO$_x$排放。

表 4-25 燃料黏附含有铁精矿的石灰乳对烧结指标的影响

水：生石灰：赤铁矿粉：燃料	烧结速度/mm·min⁻¹	成品率/%	转鼓强度/%	利用系数/t·(m²·h)⁻¹	烟气 NOₓ 平均浓度/mg·m⁻³
基准（未处理）	21.66	76.22	63.67	1.47	220
1：1：0：2	22.93	77.41	65.02	1.54	179
1：1：0.5：2	23.37	76.76	65.62	1.59	176
1：1：1：2	23.54	77.34	64.05	1.62	166
1：1：2：2	23.32	77.01	64.72	1.53	168

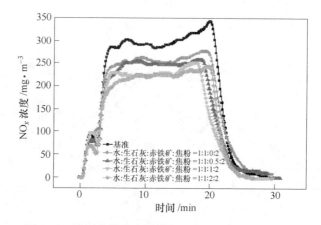

图 4-79 燃料黏附含有铁粉的石灰乳时 NOₓ排放情况

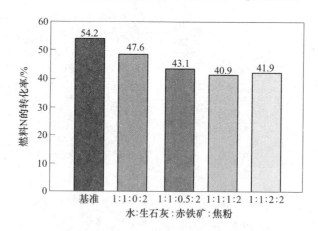

图 4-80 燃料黏附含有铁粉的石灰乳时 N 的转化率情况

4.3.3 燃料预处理工艺流程及节能减排效果

为了实现上述燃料预处理的目的，提出两种工艺流程。

工艺流程 1 如图 4-81 所示，首先将生石灰和水在制浆罐内充分搅拌，使生石灰过渡消化而形成黏度极强的石灰乳，石灰乳通过浆液缓冲罐和浆液循环泵，连续稳定的输入至裹覆筒内，与定量的燃料在裹覆筒内充分搅拌，搅拌过程中再配入一定量的铁矿粉，从而实现燃料的预处理。

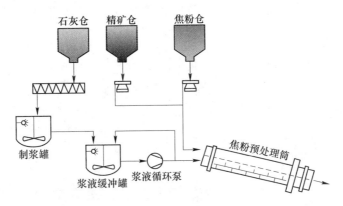

图 4-81　燃料预处理工艺流程 1

工艺流程 2 如图 4-82 所示，是借鉴现有烧结用生石灰双级消化工艺流程的基础上提出的。生石灰在一级消化器中过渡消化而形成石灰乳，并被输送至二级

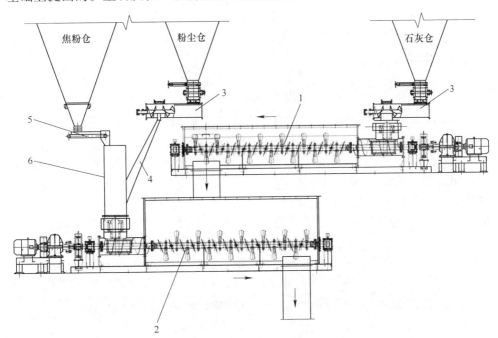

图 4-82　燃料预处理工艺流程 2

1—消化器；2—裹覆装置；3—带阀门输料装置；4—粉尘落料溜管；5—燃料称重秤；6—大溜槽

裹覆装置内。经称重后的燃料由溜槽进入二级裹覆装置被预处理,利用石灰仓就近的粉尘仓中的含铁原料代替铁矿粉。

燃料预处理工艺目前仍处于开发和推广阶段,改性后的燃料易参与制粒,均匀分布于制粒小球内部,一方面可改善烧结料的制粒效果,提高料层透气性;另一方面可调控燃料的燃烧环境,减少烧结 NO_x 的产生,预期可降低 NO_x 生成量 15%~20%。

4.4 烟气循环烧结技术

烟气循环烧结是将一部分烧结烟气返回至烧结机台车料面再次利用的烧结方法,一方面可以明显减少废气的排放量,使部分粉尘吸附滞留于烧结料层中,部分 PCDD/Fs 和 NO_x 被分解,SO_2 得以富集,有助于降低脱硫脱硝装置的投资和运行成本;另一方面可回收利用烧结烟气中携带的部分显热和潜热(CO),有助于节能降耗。

烟气循环烧结技术在国外一些钢铁企业已经广泛投入使用,主要包括[34~38]:荷兰艾默伊登钢厂的 EOS 工艺、德国 HKM 的 LEEP 工艺、奥钢联林茨钢厂的 EPOSINT 工艺、日本新日铁区域性废气循环工艺。2013 年我国第一套烟气循环系统在宁波钢铁 $430m^2$ 烧结机上正式投运,近年来我国相继投入和在建的烧结烟气循环工程约 20 余套,包括宝钢、沙钢、燕钢、安钢等,烧结烟气循环比例设计值基本为 20%~30%。2019 年 4 月 28 日我国生态环境部公布的《关于推进实施钢铁行业超低排放的意见》明确鼓励实施烧结机头烟气循环,将其列为钢铁行业清洁生产的重点推广技术[39]。

4.4.1 烟气循环烧结基础

相比常规烧结的空气,烧结烟气具有氧含量低、湿度大、温度高、污染物成分复杂等特点。将烧结烟气作为烧结气流介质有可能存在以下问题:(1) 当循环烟气选择区域不当时,由于烟气氧含量较低,影响烧结矿的产、质量指标;(2) 由于抽入的是热风,降低了空气密度,增加了抽风负荷,气流的含氧量也相对降低,使烧结速度受到一定的影响;(3) 烧结烟气中含有大量的水蒸气,循环使用后将增加料层的过湿现象;(4) 若循环烟气中的 SO_2 浓度过高,在烧结过程中部分硫可能会残留于烧结矿中,从而增加后续高炉工序的硫负荷。

合理的烟气循环方式,是确保烧结指标不受影响的关键。为此,针对不同烧结原料结构,研究了烟气成分(O_2、CO、CO_2、$H_2O(g)$、SO_2 和 NO_x 等)、温度对烧结产质量指标的影响规律,以及烟气污染物在循环过程中的减排行为。

4.4.1.1 气流介质条件对烧结过程的影响[40]

A 氧气含量的影响

循环烟气 O_2 含量对烧结矿产量、质量的影响见图 4-83。可知,随循环烟气

中 O_2 含量降低，烧结速度变慢，利用系数减小，烧结矿成品率和转鼓强度降低。当 O_2 含量从 21% 降低至 18% 时，烧结速度由 26.15mm/min 下降至 25.80mm/min，利用系数由 1.69t/(m²·h) 下降至 1.58t/(m²·h)，成品率由 69.24% 下降至 66.02%，转鼓强度由 52.7% 下降至 48.3%；当 O_2 含量继续降低至 18% 以下时，烧结矿产量、质量指标急剧下降，此氧含量为烧结指标明显受到影响的临界值。对于以赤铁矿为主、磁铁矿为主、褐铁矿为主的不同烧结铁原料，该临界值又有所差异。磁铁矿氧化需要额外氧消耗量，褐铁矿因燃料用量高而氧消耗量大，氧含量临界值更高。烧结实验证明，三种原料体系的氧含量临界值分别为 15%、17%、18%。因此，通常情况下要求循环至烧结料面的气流介质中 O_2 含量不宜低于 18%。

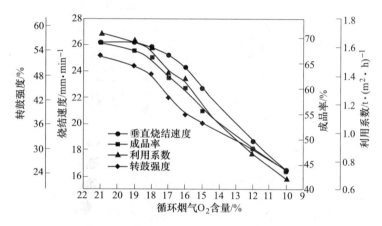

图 4-83　循环烟气 O_2 含量对烧结指标的影响

循环烟气中 O_2 含量对料层（距离料面 185mm）温度曲线的影响见图 4-84。可知，常规烧结（O_2 为 21%）的料层最高温度为 1294℃，当循环烟气中 O_2 含量

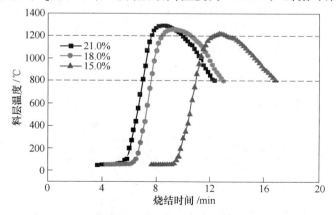

图 4-84　循环烟气中 O_2 含量对料层温度的影响

为 18%时，料层最高温度为 1256℃，且料层温度曲线后移，烧结速度减慢；O_2 含量继续降低到 15%时，料层温度曲线后移幅度增大，料层温度降低到 1220℃，且高温（>1200℃）持续时间显著缩短，对烧结矿强度产生不利影响。

B　一氧化碳的影响

循环烟气 CO 含量对烧结指标的影响见图 4-85。可知，随着循环烟气中 CO 含量从 0%增加到 2%，烧结矿转鼓强度由 52.70%提高到 57.45%，得到明显改善，而烧结速度、成品率和利用系数随 CO 含量增加无明显变化。这是由于循环烟气中的 CO 经过烧结料层高温带时会发生二次燃烧反应，释放热量，在改善烧结矿产量、质量指标的同时，降低烧结固体燃烧。

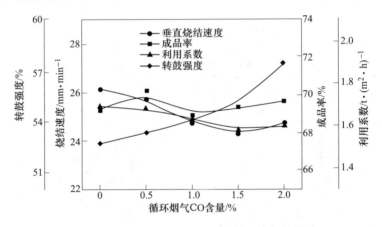

图 4-85　循环烟气 CO 含量对烧结矿指标的影响

将烧结矿沿料层垂直方向（从上到下）等距离分为四层，分别检测在循环烟气中有、无 CO 的条件下，各层烧结矿的成品率及转鼓强度如图 4-86 所示。可知，与无 CO 相比，CO 含量为 2%时，第一、第二层烧结矿质量得到明显改善，

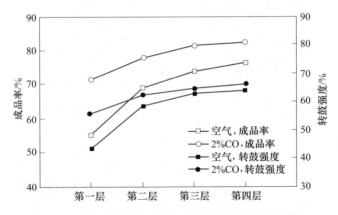

图 4-86　循环烟气 CO 含量对各层烧结矿质量的影响

第一层烧结矿成品率由 55.15% 升高至 71.36%，烧结矿转鼓强度由 43.52% 升高至 55.31%；第三、四层烧结矿质量也有所改善，但改善效果并无第一、二层明显。

图 4-87 表示的是在有、无 CO 气体条件下，烧结料层（第一、二层）温度的分布情况。可知，当循环烟气中 CO 含量为 2% 时，第一层的料层最高温度由 1288℃ 提升至 1294℃，料层的高温持续时间由 1.3min 延长至 2.5min，且冷却速度降至 108℃/min。循环烟气中 CO 的存在使得烧结料层温度的升高，有利于改善烧结矿质量。

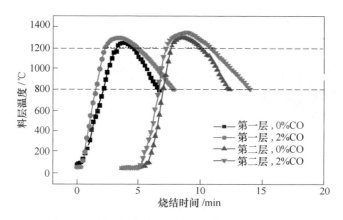

图 4-87　循环烟气中 CO 含量对料层温度的影响

C　二氧化碳的影响

循环烟气中 CO_2 含量对烧结矿指标的影响见图 4-88，可知，当循环烟气中 CO_2 含量从 0% 增加到 6% 时，垂直烧结速度和利用系数逐渐增加，而烧结矿转鼓强度和成品率则逐渐降低，但幅度较小；当 CO_2 含量继续增加至 9%~12% 时，烧结矿的转鼓强度、成品率和利用系数等指标持续显著降低，而垂直烧结速度仍继续增加。这是由于烧结气流介质中 CO_2 在高温下可与燃料发生布多尔反应，促进燃料的燃烧，但 CO_2 含量太高，燃料的不完全燃烧程度增加，导致燃料的热利用效率下降。因此，循环烟气中 CO_2 不宜超过 6%。

图 4-89 是循环烟气 CO_2 含量对料层温度的影响。可知，当循环烟气中 CO_2 含量增加时，料层的温度曲线前移，表明烧结速度加快；同时，当 CO_2 含量由 0% 上升至 6% 时，料层的最高温从 1294℃ 下降至 1280℃，且高温持续时间缩短，继续提高 CO_2 含量至 12% 时，料层最高温下降明显，不利于烧结过程物料成矿及冷凝结晶。由于同一温度下，CO_2 气体的体积比热容明显大于空气的体积比热容，循环烟气中 CO_2 的存在有利于料层的热传导，加快烧结速度，但过量的 CO_2

会导致料层温度降低，对烧结矿强度产生恶化影响。

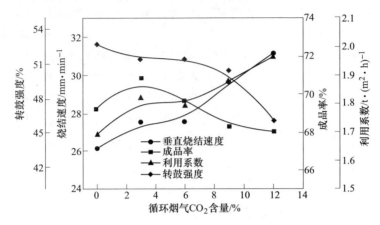

图 4-88　循环烟气 CO_2 含量对烧结矿质量的影响

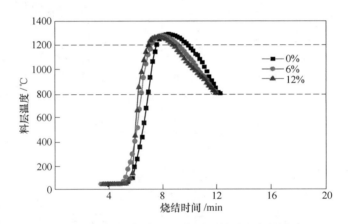

图 4-89　循环烟气中 CO_2 含量对料层温度的影响

D　二氧化硫的影响

图 4-90 为循环烟气中 SO_2 含量对烧结矿产质量指标的影响规律。可知，当循环烟气中 SO_2 含量从 $0mg/m^3$ 增加到 $1430mg/m^3$ 时，烧结各项指标相对变化不大。当循环烟气中 SO_2 含量继续升高时，烧结矿指标开始有所降低。循环烟气 SO_2 含量对烧结矿残硫量的影响见图 4-91，烧结矿中的残硫量随着循环烟气中 SO_2 含量的增加而增加，与常规空气介质（无 SO_2 气体）获得的烧结矿相比，硫在成品烧结矿中发生了富集。当循环烟气中 SO_2 的含量为 $1430mg/m^3$ 时，烧结矿中的残硫量不足 0.04g，S 在烧结矿中的富集程度相对较弱；而当循环烟气中 SO_2 含量增加至 $2860mg/m^3$ 时，烧结矿中的残硫量激增至 0.08g，比常规烧结矿的残硫量升高了 6 倍，且主要富集在上、中层烧结矿内。由循环烟气带入 SO_2 绝

大部分在烧结烟气中富集并排出,这在另外的烧结试验中得到证明(结果如图4-92所示)。

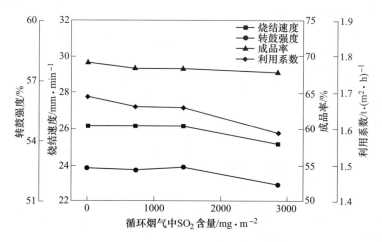

图 4-90 循环烟气 SO_2 含量对烧结矿指标的影响

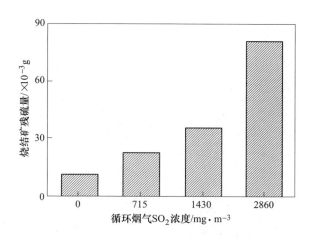

图 4-91 循环烟气中 SO_2 含量对烧结矿残硫量的影响

E 水蒸气的影响

循环烟气 $H_2O(g)$ 含量对烧结指标的影响,见图4-93。可知,循环烟气中 $H_2O(g)$ 含量逐渐增加时,烧结速度、成品率、转鼓强度和利用系数等烧结指标呈现先增加后降低的趋势。这是由于烧结气流介质中水蒸气在高温下会与燃料发生水煤气反应而起促燃作用,可以一定程度减轻烟气氧含量下降对燃料燃烧的不利影响,少量的水蒸气对烧结过程有促进作用。但水蒸气含量过高,会增加烧结过程料层的过湿程度,对各项烧结指标不利。烧结实验表明:以赤铁矿为主、磁

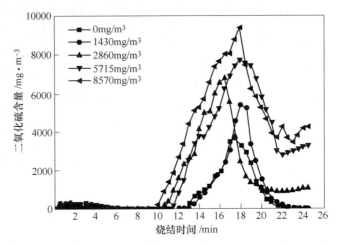

图 4-92 循环烟气中 SO_2 含量对烧结烟气中 SO_2 含量的影响

铁矿为主、褐铁矿为主的原料，各自的水蒸气含量临界值不同。由于磁铁矿主要以精矿为主，其制粒水分相对较高，而褐铁矿在烧结过程结晶水脱除会增加烟气中的水蒸气含量，使得磁铁矿和褐铁矿更容易过湿，其对烧结气流介质中水蒸气含量的要求更为严格。三种原料条件下的水蒸气含量临界值分别为 8%、6%、6%。因此，通常情况下循环烟气中 $H_2O(g)$ 含量不宜超过 8%。

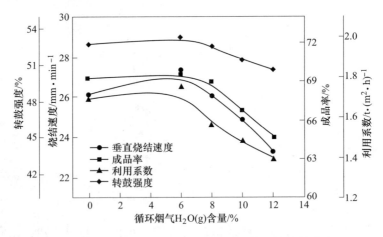

图 4-93 循环烟气 $H_2O(g)$ 含量对烧结矿指标的影响

图 4-94 为 $H_2O(g)$ 含量对料层温度的影响规律。可知，当 $H_2O(g)$ 含量由 0%增加到 8%时，料层的最高温度基本不变，且高温持续时间维持在 1.5min。当 $H_2O(g)$ 含量继续增加到 12%时，料层的温度曲线明显后移，且烧结料层的最高温度降低，高温持续时间缩短。产生此现象的主要原因是，当 $H_2O(g)$ 含量过高

时，大量的水蒸气会在烧结料底层冷凝，料层出现过湿现象，对烧结料层透气性产生不利影响，同时烧结料层中水分的增加，导致蒸发所需的热量增加，使得料层温度降低。

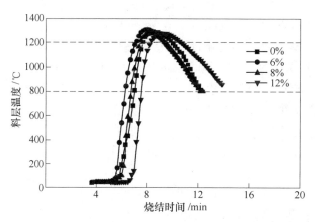

图 4-94 循环烟气中 $H_2O(g)$ 含量对料层温度的影响

此外，研究发现：随着循环烟气中水蒸气含量的增加，一方面循环烟气中 SO_2 在烧结矿中的富集现象加重；另一方面在烧结机长度方向上烧结烟气中 SO_2 含量的峰值逐渐提高，这是由于水蒸气含量增加后过湿带的持水量相应增加，较多的 SO_2 被吸附在过湿带。当过湿带消失时，被吸附的 SO_2 在短时间内被再次释放出来，从而出现了 SO_2 含量较高的峰值，但总量有所减少。

F 氮氧化物的影响

循环烟气中 NO_x 含量对烧结矿产质量的影响如图 4-95 所示。可知，随循环烟

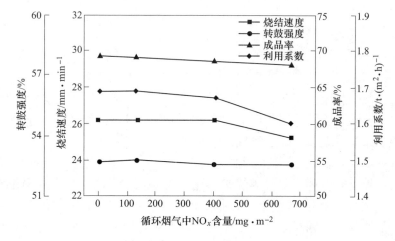

图 4-95 循环烟气 NO_x 含量对烧结矿指标的影响

气中 NO_x 含量从 0 增加到 400 mg/m^3，烧结指标变化不大；继续增加 NO_x 含量至 670 mg/m^3，烧结指标开始略有下降。与循环烟气中 SO_2 类似，循环烟气 NO_x 含量较低，对烧结矿产质量指标无明显影响。

　　图 4-96 是循环烟气 NO_x 含量对烧结过程 NO_x 平均排放浓度和 NO_x 减排率的影响（NO_x 含量全部以 NO 含量表征，忽略 NO_2 含量）。可知，随着循环烟气中 NO_x 含量增加，烧结烟气中 NO_x 的排放浓度逐渐增加，当循环烟气中 NO_x 浓度为 670 mg/m^3 时，烧结烟气中 NO_x 平均排放浓度达到 883 mg/m^3，比常规烧结条件下 NO_x 排放浓度（365 mg/m^3）高出了 518 mg/m^3。值得注意的是，尽管大部分循环烟气中 NO_x 被富集在新的烧结烟气中，仍有一部分 NO_x 得以分解，在循环烟气中 NO_x 浓度为 670 mg/m^3 时，循环烟气带入的 NO_x 中有 41.46% 在烧结过程中被分解。

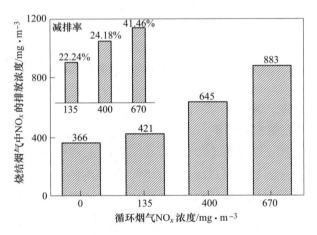

图 4-96　循环烟气 NO_x 含量对烧结过程 NO_x 减排率的影响

G　气体温度的影响

　　循环烟气温度对烧结指标的影响如图 4-97 所示。当循环烟气温度在 200℃ 范围内逐渐升高时，烧结矿转鼓强度得到改善，降低了氧含量下降对烧结指标的负面作用。但当烟气温度超过 200℃ 时，除烧结矿转鼓强度外其他烧结指标均开始下降，这主要是因为在等压条件下，根据理想气体状态方程（$pV = nRT$），气体受热体积膨胀，导致通过料层的气体量减少。

　　在 150℃ 热风条件下，对烧结矿进行分层采样并检测各层烧结矿成品率及转鼓强度，结果见图 4-98。与常规烧结相比，当导入 150℃ 热风时，可改善上部料层（第一、二层）烧结矿的成品率和转鼓强度，对下部料层（第三、四层）烧结矿质量的改善效果相对较小。循环烟气温度对各层烧结矿质量的影响与 CO 含量相似。

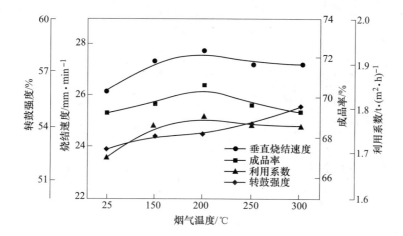

图 4-97　循环气体温度对烧结矿指标的影响

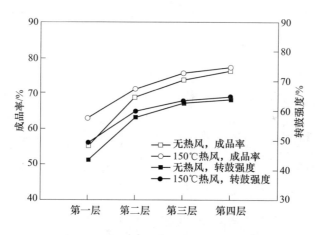

图 4-98　热风对各层烧结矿质量的影响

　　由于直接抽入冷空气导致表层烧结矿冷却速度过快，易形成骸晶状赤铁矿和玻璃质，同时易产生热应力而形成烧结矿裂纹，不利于烧结矿强度。当高温热废气循环至烧结料层表面时，可有效地改善表层烧结矿的热状态。热风温度对上部料层温度的影响见图 4-99。

　　可知，当导入热风后，上部料层的温度提升，且高温持续时间延长，料层冷却速度下降。当导入的热风温度提高到 150℃时，第一层料层最高温度由 1240℃上升至 1262℃，表层烧结矿的高温持续时间延长 0.5min，且冷却速度降低至110℃/min 以下。因此，当引入热风，可提高烧结上部料层温度，延长高温区间，进而改善烧结矿质量。

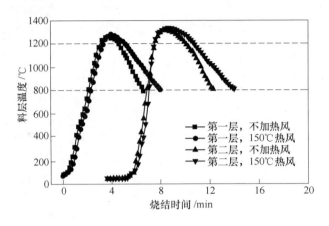

图 4-99   热风对料层曲线的影响

H   综合影响

烟气循环工艺下，烧结气氛由室温空气转化为高温多组分循环烟气，总结循环烟气中 O_2、CO_2、CO、$H_2O(g)$、SO_2 和 NO_x 等成分及烟气温度对烧结指标的影响机理见图 4-100。烧结空气中 O_2 含量降低后，燃料燃烧速度和效率降低，料层温度逐渐降低，烧结指标逐渐恶化。循环烟气显热（高温烟气）和潜热（CO 气体）可提高料层温度、延长高温时间、降低冷却速度，有利于改善烧结矿强度和成品率；循环烟气中 CO_2 和 $H_2O(g)$ 的存在，在高温下与焦粉发生水煤气和 C 的气化反应，加快燃烧速度，同时，CO_2 和 $H_2O(g)$ 气体热容值较高于空气，使传热前沿速度加快，有利于烧结速度提高，但当 CO_2 和 $H_2O(g)$ 含量太高时，会导致烧结料层温度降低，影响烧结矿强度。

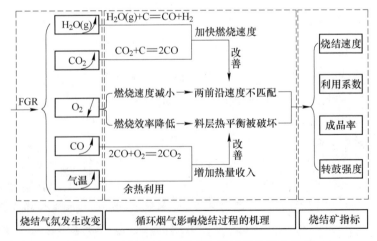

图 4-100   循环烟气品质对烧结过程的影响机理

4.4.1.2 烟气循环对污染物减排的影响

根据烧结烟气排放特征，从长度方向可将烧结机划分为Ⅰ、Ⅱ、Ⅲ、Ⅳ、Ⅴ五个区域，如图 4-101 所示。根据循环烟气中 O_2 含量尽可能高、SO_2 含量尽可能低的原则，在固定选取Ⅰ、Ⅴ两区域烟气的基础上，有选择性地搭配使用Ⅱ、Ⅲ和Ⅳ三区域烟气，并引入环冷机热废气使得循环烟气温度控制为 200℃ 左右，O_2 含量高于 18%，烟气循环烟罩全覆盖于烧结台车。

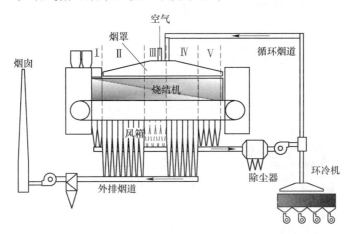

图 4-101 区域选择性烟气循环烧结工艺流程图

表 4-26 是常规烧结与三种区域选择性烟气循环烧结烟气排放的平均浓度。可知，当采用区域选择性烟气循环烧结工艺，烧结烟气中的 O_2 逐渐降低，而其他烧结烟气成分均有一定的富集。

表 4-26 常规烧结与区域选择性烟气循环烧结烟气排放平均浓度

循环比例/%	循环模式	O_2 浓度/%	CO_2 浓度/%	CO 浓度/%	NO_x 浓度/mg·m⁻³	SO_2 浓度/mg·m⁻³
0	—	12.95	9.41	0.92	364	666
41.9	Ⅰ+3/4Ⅲ+Ⅴ	9.09	14.29	1.19	448	1051
40.9	Ⅰ+1/4Ⅱ+Ⅴ	9.34	13.69	1.15	433	1080
37.2	Ⅰ+1/6Ⅳ+Ⅴ	10.40	11.47	1.12	417	1000

图 4-102 为区域选择性烟气循环烧结工艺下，烧结过程烟气减排量以及 CO、NO 减排效率[29]。可知，当采用区域选择性烟气循环工艺后，烧结烟气外排量可减少 30% 以上，且烧结烟气中的 CO、NO_x 排放总量明显减少。四种烟气循环模式中，当采用"Ⅰ+Ⅴ"模式时，烧结过程 CO 和 NO_x 减排效率最低；当"Ⅰ+3/4Ⅲ+Ⅴ"和"Ⅰ+1/4Ⅱ+Ⅴ"模式下，CO 和 NO_x 减排效率较高；当采用"Ⅰ+1/6Ⅳ+Ⅴ"模式时，除了可实现 CO、NO_x 减排外，还能同时有效地减少烧结烟气中粉尘、二噁英类及重金属等污染物。

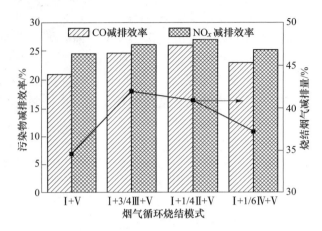

图 4-102　区域选择性烟气循环烧结过程烟气减排量以及 CO、NO_x 和 SO_2 减排效率

此外，俞勇梅、李咸伟等人[41]将高浓度二噁英的烧结风箱支管的烟气返回至烧结料面进行循环使用，借助烧结过程1200℃左右的高温，烟气中不同形态的二噁英都有不同程度的分解，相对于基准实验，烟气中的二噁英排放减少了35.2%。研究还发现循环烟气的温度是影响二噁英排放的重要因素，循环烟气温度越高，越利于二噁英的形成；降低循环烟气的氧含量可减少二噁英的生产量，但应注意氧含量降低对烧结产质量的不利影响。欧洲克鲁斯烧结机采用烟气循环技术后，二噁英减排量达到70%。

4.4.2　烟气循环烧结工艺流程

风量和氧量平衡控制是烟气循环烧结工艺方案制定的关键环节。由于烧结机运行过程中存在大量漏风，烧结产生的烟气量要明显高于台车面的有效进风量，采用烟气循环工艺时应选取适宜的烟气循环率。循环率过高会导致循环至台车上部密封罩中的烟气量过饱和，烟气无法被全部有效利用，由密封罩外溢；循环率过低则节能减排效果不明显。为了保证循环至烧结料面的气流介质中氧含量达18%以上，烧结烟气中可配加富氧气体提高含氧量，例如纯氧或空气。目前，烧结系统环冷机前段250℃以上的热废气通常由余热锅炉产生蒸汽，然后推动汽轮发电机组发电；而剩余的大量尾段热废气则开发利用困难，基本外排。但外排部分废气温度仍为180℃左右，成分近似于空气，且有害气体及粉尘浓度较低，可以考虑将其作为烧结循环烟气的富氧气体加以使用，不仅实现了富氧的目的，而且带入了大量的物理热。

4.4.2.1　烟气循环烧结遵循的原则

结合前述试验研究成果及烧结生产经验，制定烟气循环烧结工艺方案时应注意以下原则：

（1）烟气循环烧结设计应以烧结机设计为依据，与烧结主系统相匹配。

（2）循环至烧结料面的气流介质条件应根据不同烧结原料通过烧结试验确定，一般要求氧含量应不低于18%、SO_2不高于$700mg/m^3$、CO_2含量不高于6%、水蒸气含量不高于6%、烟气温度宜为120~250℃。对于赤铁矿为主的含铁原料，可适当放宽烧结气流介质中氧含量的要求，不宜低于15%；而对于磁铁矿和褐铁矿为主的含铁原料，烧结气流介质中氧含量不宜低于17%和18%。且对于烧结料中含湿量较高的磁铁矿和褐铁矿，应严格控制烧结气流介质中水蒸气含量，不宜高于6%。

（3）烟气循环烧结工艺的循环风量大小应在满足风量平衡和氧量平衡的前提下确定，应充分考虑烧结机漏风对风量平衡产生的影响。

（4）采用烟气循环烧结工艺，应保证烟气循环罩中为微负压，烟气循环罩与烧结机台车之间应采取密封措施。

（5）烧结生产过程中，烟气循环比例会随工况条件波动而变化，宜采用变频可调速的循环风机。

（6）将部分烧结烟气循环使用后，外排系统除尘装置入口烟气温度应高于露点温度。

（7）循环烟罩宜采用可移动的分段结构，其长度应根据循环烟气量来确定，并应留出台车检修空间。

4.4.2.2　烟气循环烧结工艺分类

烧结烟气循环工艺分为两种，即内循环和外循环（如图4-103所示）。内循环是从主抽风机前的风箱支管分流烟气进行循环烧结的方法；外循环是从主抽风机出口烟道分流烟气进行循环烧结的方法。

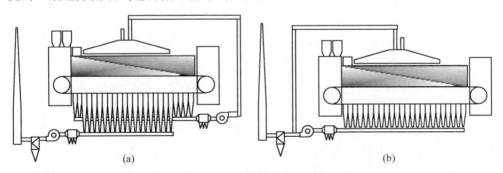

图 4-103　烧结烟气循环模式
(a) 内循环；(b) 外循环

4.4.2.3　烟气循环烧结风氧平衡研究

常规烧结总烟气量为$Q_{总}$，假设烧结机漏风率为η，烧结烟气中水蒸气含量

为 λ ，则烧结机台车面有效进风量 $Q_{有效风}$ 为：

$$Q_{有效风} = Q_{总} \times (1 - \eta) \times (1 - \lambda) \tag{4-6}$$

A   氧量平衡

为了保证烧结矿质量，烧结过程要求助燃空气的氧含量不低于 h ，此时需要在烧结循环烟气中兑入部分富氧气体，以提高循环气体中的氧含量。假设富氧气体中氧含量为 β ，则至少需兑入的富氧气体量 $Q_{富氧}$ 满足式（4-7）。

$$Q_{烧结循环} \times \alpha + Q_{富氧} \times \beta = (Q_{烧结循环} + Q_{富氧}) \times h \tag{4-7}$$

式中，$Q_{烧结循环}$ 为被循环使用的烧结烟气量；α 为循环使用的烧结烟气中 O_2 体积含量。

B   风量平衡

循环烟罩所覆盖的所有风箱支管烟气量 $\sum Q_{覆盖}$ 之和满足：

$$Q_{烧结循环} + Q_{富氧} = \sum Q_{覆盖} \times (1 - \eta) \times (1 - \lambda) \tag{4-8}$$

需要循环使用的烧结烟气量 $Q_{烧结循环}$ 为：

$$Q_{烧结循环} = \frac{\sum Q_{覆盖} \times (1 - \eta) \times (1 - \lambda)}{1 + \dfrac{h - \alpha}{\beta - h}} \tag{4-9}$$

需要循环使用的富氧气体量 $Q_{富氧}$ 为：

$$Q_{富氧} = \frac{\sum Q_{覆盖} \times (1 - \eta) \times (1 - \lambda) \times \dfrac{h - \alpha}{\beta - h}}{1 + \dfrac{h - \alpha}{\beta - h}} \tag{4-10}$$

循环比例，即循环使用的烧结烟气量占烧结总烟气量的比例 $\varphi(\%)$ 为：

$$\varphi = \frac{Q_{烧结循环}}{Q_{总}} \times 100\% = \frac{\sum Q_{覆盖} \times (1 - \eta) \times (1 - \lambda)}{\left(\dfrac{h - \alpha}{\beta - h} + 1\right) \times Q_{总}} \times 100\% \tag{4-11}$$

由式（4-11）可知，烧结烟气循环比例与循环烟罩所覆盖的长度范围、烧结循环烟气氧含量、烧结机漏风率、烧结烟气含湿量及富氧气体氧含量等参数有关[42,43]。除了要避开点火保温炉罩、机尾罩外，设置循环烟罩时，还应留出台车检修空间。对于内循环工艺，为了避免循环气流短路、重复循环，某风箱烧结烟气被循环使用时，相对应的台车料面处不宜被循环烟罩所覆盖。烧结循环烟气和富氧气体氧含量越高，烧结机漏风率越低，烧结烟气中含湿量越低，烧结烟气循环比例越高。在烧结循环烟气氧含量为 16%，烧结机漏风率为 30%，烧结烟气含湿量为 10% 的基准条件下，以空气或环冷机热风作为富氧气体时，烧结烟气循环比例约为 30%；而以纯氧作为富氧气体时，烧结烟气循环比例可提高至 45%。

4.4.2.4 烟气循环烧结工艺方案及配置

A 内循环工艺方案及配置

图 4-104 为内循环工艺示意图，选择头尾部风箱烟气进行循环，其中，温度和氧含量均较高的倒数两个风箱烟气固定汇入循环烟道，其余被循环的风箱支管上设置切换阀，其烟气可选择性地进入循环系统或净化系统。为了保证循环至料面气体氧含量满足烧结的要求，取适量的环冷机热风作为富氧气体[44,45]。内循环工艺配置如图 4-105 所示，包含烧结循环风机、循环烟道、烧结烟气除尘器、混气装置、烟气分配器、循环烟罩及相应的调节装置。两股气流经混气装置混匀后，再由分配器在烧结机长度方向上按需送至循环烟罩内，在抽风负压下再次参与烧结。内循环工艺的烧结循环烟气取自主抽风机前的风箱支管，故烧结烟气循环风机进口负压应克服烧结料层阻力、烧结烟气除尘器阻力及进口循环烟道阻力，宜取 $-17 \sim -19\text{kPa}$；出口正压应克服出口循环烟道、混气装置及烟气分配器阻力，宜取 $1.0 \sim 2.0\text{kPa}$。冷却循环风机进口负压应克服冷却机取风点至风机入口间的阻力，宜取 $-1.0 \sim -2.0\text{kPa}$；出口正压应克服出口循环烟道、混气装置及烟气分配器阻力，宜取 $1.0 \sim 2.0\text{kPa}$。循环风机的选择应根据循环烟气的风量、温度及压力确定。

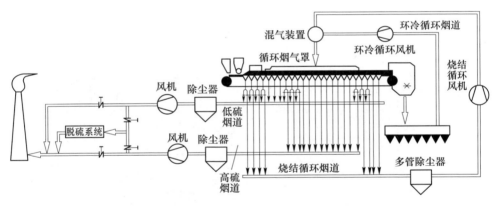

图 4-104 内循环工艺示意图

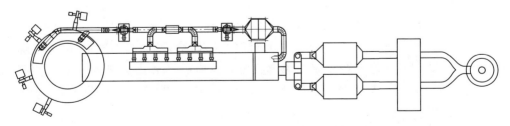

图 4-105 内循环工艺系统配置图

B　外循环工艺方案及配置

图 4-106 为外循环工艺示意图，从主抽风机后烧结烟道分流适量的烧结烟气循环使用，同样取适量的环冷机热风作为富氧气体，两股气流的循环使用模式同内循环工艺。图 4-107 为外循环工艺系统配置图，包含烧结循环风机、循环烟道、混气装置、烟气分配器、循环烟罩及相应的调节装置[46]。外循环工艺的烧结烟气循环风机进口负压只需克服进口循环烟道阻力，宜取 -0.5 ~ -2.0kPa；出口正压应克服出口循环烟道、混气装置及烟气分配器阻力，宜取 1.0 ~ 2.0kPa。冷却循环风机进口负压和出口正压与内循环工艺类似。

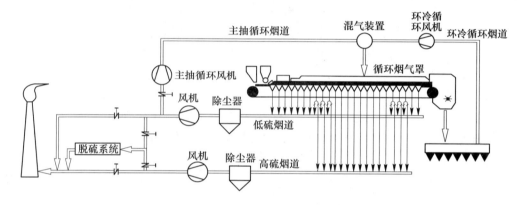

图 4-106　外循环工艺示意图

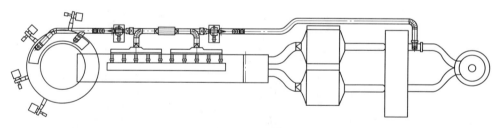

图 4-107　外循环工艺系统配置图

4.4.3　烟气循环系统关键装置设计

为了保证整个烟气循环系统中烧结烟气与环冷废气混合均匀，管路气流稳定、循环烟气按需进入烧结料面，并为管路系统耐磨设计提供依据，以国内某 $600m^2$ 大型烧结机内循环烧结工艺为研究对象，借助 ANSYS 模拟软件，对循环系统的烟气混合器、分配器及循环罩三大核心部件进行建模、流场仿真及结构优化[47]。

图 4-108 为循环系统的物理模型，烧结循环烟气由管道 1 经过除尘后与来自

管道2的环冷循环废气在烟气混合器内混匀后由管道3送往烟气分配器,最后再按需分布于烟气循环罩内。针对建立的烟气循环系统三维模型,采用六面体网格划分,将模型离散化。

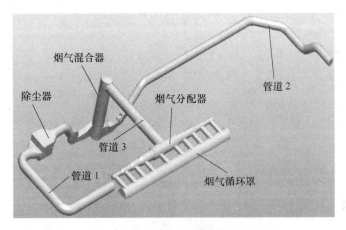

图 4-108　循环系统的物理模型

4.4.3.1　烟气混合器

混合器采用立式圆筒结构(如图4-109所示),内部设置锥形导流筒,烧结循环烟气与环冷循环废气由混合器底部进入,二者入口错位180°,两股气流在圆筒侧板内壁与锥形导流筒之间混合、高速旋转,形成旋流,混匀后的循环烟气由混气装置上部排出。混气装置内部喷涂耐热耐磨防腐涂料,并设置检修人孔,用于检修时清灰[48]。

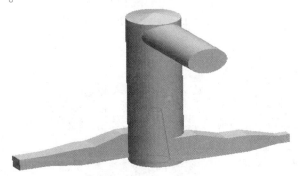

图 4-109　烟气混合器结构

烟气混合器的流速云图如图4-110所示,压降云图如图4-111所示,中间区域风速基本为0,圆周附近风速较大,旋流效果明显,但出口烟气流速不够均匀。为此,将原烟气混合器的结构和进出口过渡段进行优化,优化后烟气混合器的流速云图如图4-112所示,压降云图如图4-113所示,出口流场明显得以改善,烧结循环烟气压降和环冷循环废气压降相比优化前减小 30~50Pa。

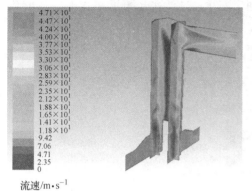

图 4-110   优化前混合器流速云图

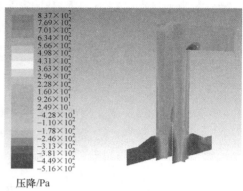

图 4-111   优化前混合器压降云图

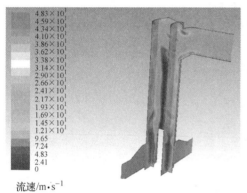

图 4-112   优化后混合器流速云图

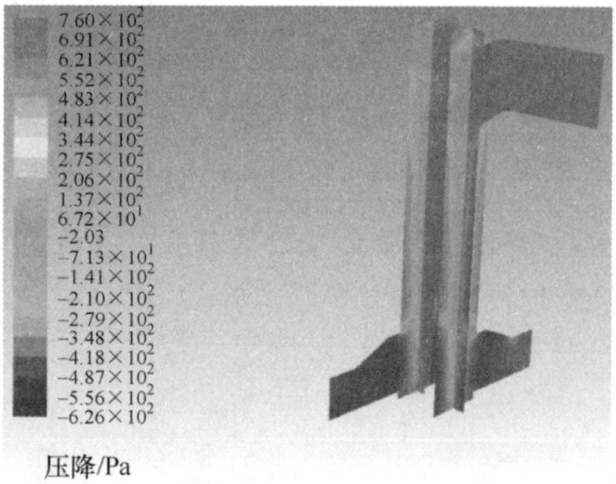

图 4-113   优化后混合器压降云图

烟气混合器出口的氧气含量分布如图 4-114 所示，混合前烧结循环烟气氧含量约 15%，环冷循环烟气氧含量约 21%，烟气混合器出口截面氧浓度较为均匀，均为 18.5%。

混合器内灰尘浓度分布如图 4-115 所示，在螺旋沉降作用下，混合器有较好的除尘效果。灰尘在混合器中上部位置处流线断裂，灰尘基本清除干净。因此，需要在烟气混合器的中下部设置耐磨涂层。

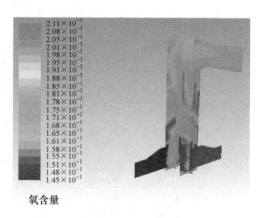

图 4-114   烟气混合器氧气含量图

4.4.3.2 烟气分配器

烟气分配器的结构如图 4-116 所示[49,50]。烧结循环烟气和环冷循环废气经烟气混合器混匀后进入烟气分配器，烟气分配器由主管和支管构成。主管段根据通风管道设计原理，采用变径式的管状结构，并在中间位置增设导流板，以保证烟气分配器各支管出口流量相对均匀。支管段可采用圆形或矩形断面，在烧结机长度方向上的布置根据现场实际情况而定。

多次改变主管段变径参数，优化

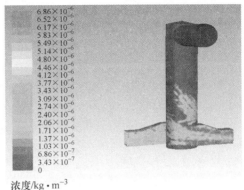

图 4-115　混合器灰尘浓度图

烟气分配器的流量分布，结果如图 4-117 所示，基本实现了各支管出口流量相对均匀的目标，各支管上仍需增设调节阀对气流进行微调。

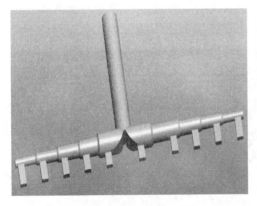

图 4-116　烟气分配器结构

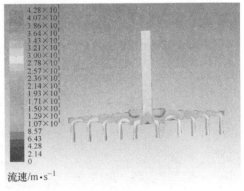

图 4-117　优化后烟气分配器流速云图

4.4.3.3 烟气循环罩

烟气循环罩为拱形结构，如图 4-118 所示，主要由拱形罩体、支架、进风口支管法兰、罩体两端的端部密封、压力补偿装置、台车栏板密封装置等组成。烟气循环罩通过立柱支撑在烧结机骨架上，罩于台车栏板上部。混合后的循环烟气内含有 SO_2、粉尘，并具有一定的温度。基于环保要求，烟气循环罩与烧结机台车间采取密封措施，在纵向要求与台车栏板密封，在端部要求与料面密封，从而避免气体外泄。

图 4-119 为烟气循环罩内初始流速云图，可见烟气在循环罩内有一定的扩散，但不够均匀，受分配器支管出口流速的影响，明显偏向于一侧。为了解决以

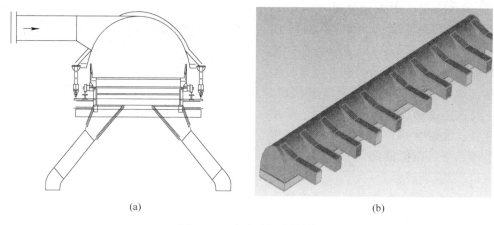

(a)   (b)

图 4-118 烟气循环罩结构

(a) 横截面；(b) 三维示意图

上问题，将烟气循环罩顶端进一步适当抬高，烟气循环罩进气口改为喇叭式，并在罩内增设导流板。优化后烟气罩出口流速如图 4-120 所示，可见，烟气循环罩内背风一侧流速明显改善，气流分布在台车宽度方向上相比优化前更为均匀。

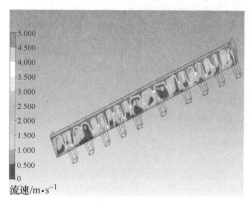

流速/m·s⁻¹

图 4-119 优化前烟气罩出口流速云图

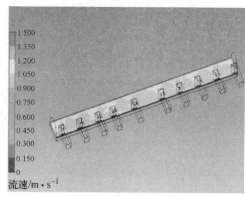

流速/m·s⁻¹

图 4-120 优化后烟气罩出口流速云图

4.4.4 烟气循环烧结技术应用及节能减排效果

宝钢本部 2 号 600m² 烧结工程采用了烟气循环工艺，该工程已于 2018 年 11 月 14 日建成投产。工程三维模型如图 4-121 所示，工程应用实景图如图 4-122 所示。

如图 4-123 所示，有选择性地将 6~10 号、27~30 号等 9 个风箱支管烟气抽入循环烟道，剩余风箱支管烟气则进入两个烧结烟道（共 30 个风箱）。循环的烧结烟气量约占常规烧结烟气量的 25%，风温约 190℃，O_2 含量约 17%。回收部分

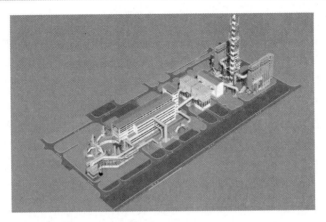

图 4-121　烟气循环烧结工程三维模型

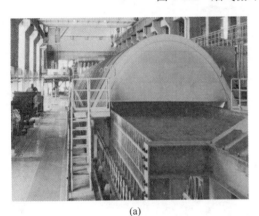

(a)

(b)

图 4-122　烟气循环烧结工程应用图

（a）烟气循环罩；（b）烟气混合器

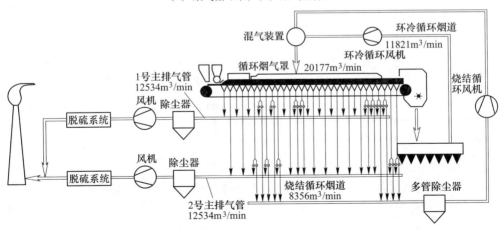

图 4-123　烟气循环烧结工艺（内循环）系统流程图

环冷机中低温段热废气（氧含量21%，温度约115℃）作为烧结烟气的富氧气体，保证循环至烧结料面的气流介质中氧含量达18%以上。烧结循环烟气经多管除尘器除尘后（粉尘浓度小于150mg/m³），通过烧结循环风机送至烧结室旁的烟气混匀器，在混气装置内与环冷回收废气充分混匀。混匀后的循环烟气再由烟气分配器分成若干进入循环烟气罩内，而后参与烧结。循环烟气罩的覆盖长度由总的循环烟气量来决定，1~5号为点火保温炉罩住的风箱，30号为机尾除尘罩罩住的风箱，再预留28~29号风箱上的空间来检修台车，烟气循环罩从6号风箱开始，罩住的风箱为6~27号。

由于将25%烧结烟气进行循环使用，理论上烧结主抽风机只需考虑剩余75%的抽风量。考虑烧结生产波动和烟气循环故障，烧结主抽风机按烧结总烟气量85%来选型，为2台功率11000kW变频风机。由于烟气外排量减少，电除尘器由常规的2台560m²降为2台470m²。

从宝钢烟气循环系统运行来看：（1）烧结过程脱硫效率不变，通往净化系统的烧结烟气总SO_2量保持不变，浓度富集约20%，富集量与烟气循环率大小有关；（2）循环烟气中携带的NO_x在循环利用过程中部分分解，通往净化系统的烧结烟气总NO_x量减少约10%；（3）通往净化系统的烧结烟气总H_2O量保持不变，浓度上升约2%；（4）在不增大烟气净化装置规模的前提下，实现烧结烟气的高性价比超低排放；（5）在循环烧结气流介质O_2含量过低时（<18%），烧结矿产质量将受一定的影响，垂直烧结速度略有下降，FeO含量略有升高，成品矿中小粒级含量略有增加，但残硫量基本不变。

4.5 烧冷系统漏风治理技术

4.5.1 烧结机漏风治理技术

4.5.1.1 烧结机漏风原因及影响[51]

A 烧结机漏风原因分析

烧结机一般采用抽风烧结，工作过程中，风流系统流向如图4-124所示。在主抽风机作用下，大部分风透过料层为烧结燃料燃烧带来助燃氧气，同时也为烧结混合料传递热量，这两者共同作用使烧结过程得以完成，因此这部分风称为有效风（$Q_{有效}$）。同时会有一部分风未透过料层而从间隙处直接进入风箱内部，这部分风对烧结生产有害无益，称之为无效风，俗称漏风（$Q_{漏}$）。

烧结机漏风量的大小与抽风系统的内外压差Δp及结构间隙δ有关，Δp是产生漏风的动力，δ是漏风产生的条件。当设备规格结构一定时，Δp和δ越大，漏风越严重，漏风量越大。Δp的大小主要决定于烧结混合料的料层阻力；δ的大小主要决定于设备的机械性能[52]。

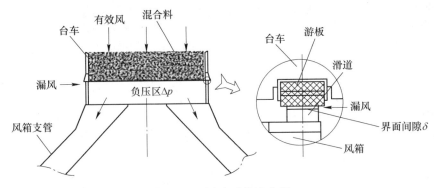

图 4-124 风流系统流向图

烧结机作为可移动的烧结反应器，间隙 δ 主要有两方面：一是保证设备正常工作而设计的运动件与运动件、运动件与非运动件之间的预留间隙 δ′，这部分间隙包括台车与风箱结合面头尾端部的间隙、台车与风箱结合面两侧部的间隙、相邻台车端部之间的间隙；二是设备工作时，运动件与运动件、运动件与非运动件之间的磨损以及设备热疲劳变形及裂纹所产生的动态间隙 Δδ，Δδ 除发生在预留间隙 δ′ 处外，还包括台车端部起拱变形导致台车之间的间隙、风箱管道磨损导致的间隙、双层卸灰阀阀芯磨损导致的间隙，具体如图 4-125 所示。此时，烧结机总的漏风间隙

$$\delta = \delta' + \Delta\delta$$

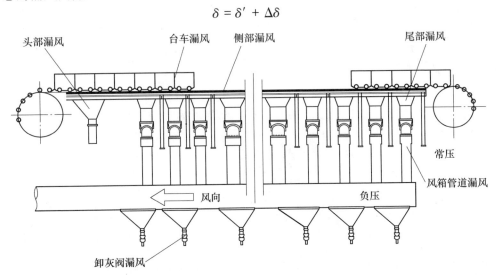

图 4-125 烧结机主要漏风部位

B 烧结机漏风对烧结烟气量的影响

烧结过程的有效风、漏风以及烧结过程中物理化学反应产生的气体共同组成

烧结烟气，此时，烧结过程的总烟气量

$$Q_总 = Q_{有效} + Q_漏 + \Delta Q_{反应}$$

若烧结系统漏风率 η 为：

$$\eta = \frac{Q_漏}{Q_{有效} + Q_漏 + \Delta Q_{反应}} \tag{4-12}$$

则烧结总烟气量满足：

$$Q_总 = \frac{Q_{有效} + \Delta Q_{反应}}{1 - \eta} \tag{4-13}$$

在已知 $Q_{有效}$、$\Delta Q_{反应}$ 的前提下，可由式（4-13）得出不同漏风率下单位烧结面积单位时间通过主抽风机的烧结烟气工况量，如表 4-27 所示。计算时 $Q_{有效}$ 按烧结理论有效风量取值为 $28\mathrm{m}^3/(\mathrm{m}^2 \cdot \mathrm{min})$（标态），忽略烧结物理化学反应产生的气体对传热的贡献；$\Delta Q_{反应}$ 按烧结料产生的水汽量取值为 $3.46\mathrm{m}^3/(\mathrm{m}^2 \cdot \mathrm{min})$（标态），忽略其他物理化学反应消耗或产生的气体量。烟气温度 T 统一假定为 $140℃$，忽略漏风率对烧结烟气温度的影响；烟气压力 p 统一假定为 $-16\mathrm{kPa}$。

$$Q_{总(工况)} = \frac{Q_{有效} + \Delta Q_{反应}}{1 - \eta} \times \frac{101 \times (T + 273)}{273 \times (101 - p)} \tag{4-14}$$

表 4-27　漏风率与总烟气工况量之间的关系

漏风率/%	0	20	25	30	35	40	45	50
总工况风/m³·(m²·min)⁻¹	57	71	75	81	87	94	103	113

由表 4-27 可知，通过技术和管理手段降低烧结机系统漏风率，可大幅降低烧结工况总烟气量。

C　烧结机漏风的危害

（1）烧结机漏风加大主抽风机功耗。烧结机生产时，主抽风机的功率消耗为：

$$N = \frac{1000 Q_总 P_抽}{102 \times 60} = 0.1635 Q_总 P_抽 \tag{4-15}$$

式中　N——主抽风机有效功率，W。

若烧结料层工况条件相同，即抽风机抽风负压不变，且穿过料层的有效风量不变，则主抽风机功耗与烧结系统漏风量成正相关关系，即烧结系统漏风量越大，主抽风机功率越大，能耗越高。

（2）烧结机漏风加大末端治理难度。烧结烟气排入大气之前须进行除尘、脱硫、脱硝处理，这些末端处理设备的治理效果都与烟气的流速有密切的关系。流速越大，治理效果越差。或者为了保证治理效果，就得加大处理装置的规模，增加投资成本。

（3）烧结机漏风加大风箱管道的磨损。烧结机管道内负压在 16～18kPa 之间，一旦出现漏风，漏风点风速可达 20m/s 以上，对漏风部位可造成巨大磨损。

（4）烧结机漏风加大设备的腐蚀。烧结机属于高温设备，烟气温度高，通常在 150℃ 左右，湿度大，一般达 13%～15%，当漏风较大时，大烟道内温度降低，漏风处会出现结露，烟气中的酸性气体如 SO_2 等遇水会形成强腐蚀性物质，腐蚀设备构件。

（5）烧结机漏风降低烧结机生产的质量和产量。烧结机漏风造成烧结机不同区段风压风速的巨大变化，工艺过程不稳定、产品质量波动大。

烧结机生产时，烧结机利用系数与烧结系统漏风量的关系为：

$$r = \frac{60Q_{有效}k}{Q_s A} = \frac{60k(Q_{总} - Q_{系统漏} - \Delta Q_{反应})}{Q_s A} \tag{4-16}$$

式中　r——烧结机利用系数，$t/(m^2 \cdot h)$；

　　　Q_s——烧结每吨混合料所需空气量，m^3/t；

　　　k——烧结矿成品率，%；

　　　A——烧结机有效面积，m^2。

从式（4-16）中可知，烧结机利用系数与系统漏风率成负相关关系，即当烧结料层工况条件相同、主抽风机总风量一定时，烧结机系统漏风率增大，相应的烧结机利用系数降低。

4.5.1.2　烧结机综合密封技术

烧结机综合密封技术是指从设备结构设计、材料选型等角度出发，针对烧结机不同的漏风部位，采取不同的密封结构和密封材质，系统性地降低或减小各漏风部位的漏风间隙，以达到最优的密封效果，使烧结机总的漏风量最少，从而降低烧结机漏风率[53]。

A　台车与风箱结合面端部密封技术

烧结机端部漏风位于烧结机头部与尾部，在烧结机两端风箱与台车底部之间的间隙处。端部密封需要在台车整个宽度方向与台车底面保持良好贴合，如图 4-126 所示。由于烧结台车宽度方向跨距较大，上部还要承受数吨的混合料重与抽风压力，且长期工作在高温环境下，因此设计时须考虑台车在宽度方向的机械变形和热变形，在端部（烧结机头、尾部）台车底部与密封板之间预留间隙，并设置补偿变形装置。实际运行时，由于工况条件复杂、恶劣，变形难以控制，补偿装置容易失效，从而使台车和密封板出现较大缝隙，最大时达到 30mm 以上，从而造成此处大面积漏风，这是烧结机主要漏风部位，也是漏风治理的难点。

传统头尾端部密封采用的是分块式刚性密封技术，其主要由顶部密封板、浮动装置、支座及散料收集系统组成（见图 4-127）。密封板沿台车宽度方向分为多块（3～6 块），各块可通过独立的调节机构自行调整，配重用于在密封板上施

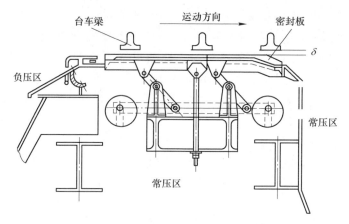

图 4-126   烧结机尾部与风箱的结合面示意图（头部结构相似）

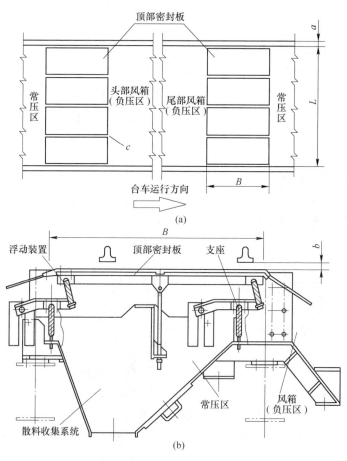

图 4-127   分块式刚性密封装置

（a）俯视图；（b）断面图

加贴合力，使密封板尽量与台车底板贴合，提高密封效果。

分块式刚性密封技术漏风量由三部分组成：第一部分为密封板顶部与台车底部之间的漏风，第二部分为密封板侧部与风箱梁之间的漏风，第三部分为各块密封板之间的漏风。其漏风量的计算公式为：

$$Q = 0.083 \frac{L}{B} \frac{b^3 \Delta p}{\mu} + 0.01 \frac{L}{B} \frac{a^3 \Delta p}{\mu} + (n-1)0.005 \frac{L}{B} \frac{c^3 \Delta p}{\mu} \qquad (4-17)$$

式中　L——台车宽度，m；

　　　B——密封体长度，m；

　　　a——侧部间隙，m；

　　　b——顶部间隙，m；

　　　c——分块密封体之间间隙，m。

针对烧结机传统头尾端部密封装置存在密封效果欠佳等问题，近年来开发了负压吸附式端部密封、自适应柔性端部密封等技术。

a　负压吸附式端部密封技术

负压吸附式端部密封技术原理如图 4-128 和图 4-129 所示，其顶部密封板为一整块弹性板，下面设有上浮装置，当烧结机台车通过时，顶部密封板可以随着台车的底梁一起变形，使得台车的底梁与顶部密封板能很好地贴合，起到密封作用，这种结构不需要在顶部预留间隙，提高了密封效果，同时也可防止台车上的烧结灰从间隙中落下，从而省去了灰箱。在侧部密封板和端部密封板上设有柔性密封件，柔性密封件在压力差的作用下，紧贴在侧部密封板与侧梁衬板的连接处以及端部密封板与横梁框架的连接处，进一步提高烧结机端部密封装置的整体密封性能。

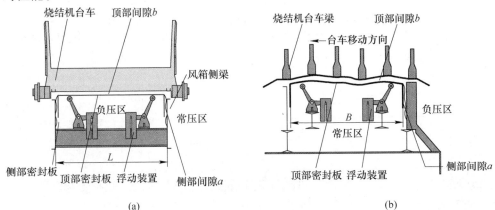

(a)　　　　　　　　　　　　(b)

图 4-128　负压吸附式端部密封原理图

（a）密封装置横向断面图；（b）密封装置纵向断面图

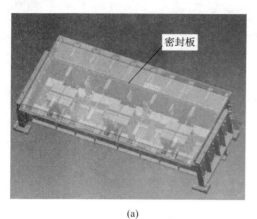
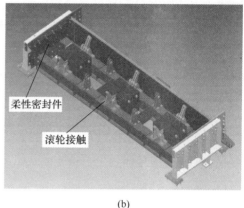

(a)   (b)

图 4-129   负压吸附式密封装置三维图

（a）密封板；（b）柔性密封件

　　负压吸附式端部密封技术漏风量的计算公式为：

$$Q = 0.083 \frac{L}{B} \frac{b^3 \Delta p}{\mu} + 0.01 \frac{L}{B} \frac{\left(\alpha - 0.06 \frac{BL\Delta p}{k}\right)^3 \Delta p}{\mu} \tag{4-18}$$

式中 k——负压吸附式密封装置中柔性密封件的刚度。

　　从式（4-18）中可知：（1）负压吸附式端部密封技术采用整体结构，消除了分块式刚性密封技术中密封体之间的间隙 c 导致的漏风；（2）侧部间隙 a 由于柔性密封件的存在使其漏风量与烧结压差成负指数关系，即负压越大，漏风越少；（3）顶部密封体采用柔性结构，使顶部间隙 b 趋于 0 时也不会影响烧结机的正常运行，从而降低了顶部间隙 b 的漏风。因此可见负压吸附式密封装置能够有效降低烧结机端部（头、尾部）的漏风，且其以烧结机抽风负压为动力，负压越大，贴合越严密，密封效果越好，从而有效地克服传统端部密封技术的不足，提高了密封效果。

　　b 自适应柔性端部密封技术

　　自适应柔性端部密封技术原理如图 4-130 和图 4-131 所示，其由密封板、密封座、波纹板、柔性密封件、拉杆、调节装置等部分组成。密封板由整块弹性板和多块衬板通过螺钉拧紧固定，并通过调整装置使其可以随着台车的底梁一起变形，这使得台车的底梁与顶部密封板能很好地贴合，也能使衬板之间不产生过大的间隙引起异物卡住破坏设备，起到很好的密封作用。密封座主要起受力、固定、调节的作用；弹簧在长期使用过程中有"老化"现象时，可以通过调节装置保证弹簧的刚度。波纹板是主要密封件，它将密封板和密封座很好地连接起来，使设备形成一个箱式密闭空间，构成第一道机械密封。同时在端部密封板上设有柔性密封件，柔性密封件在压力差的作用下，紧贴在密封座横板上，进一步提高烧结机风箱端部密封装置的整体密封性能，形成第二道密封，强化密封效果。

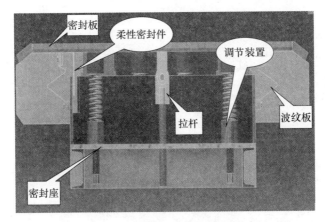

图 4-130　自适应柔性端部密封

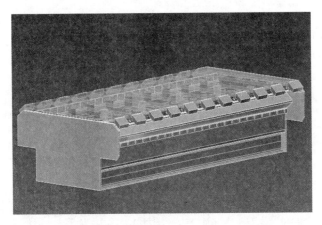

图 4-131　自适应柔性密封装置三维模型

B　台车与风箱结合面侧部密封技术

烧结机侧部漏风位于风箱两侧台车与风箱的结合面处，滑道密封用来减少侧部漏风。在烧结台车两侧设置台车密封装置，在风箱两侧设置滑道，台车上的密封装置与滑道紧密结合并相对滑动。通常台车密封装置用螺栓装配在台车体两侧的下部，密封滑板采用高强耐磨碳钢制作，用销轴及弹簧将其装入密封槽中，其中弹簧以适当的压力将密封滑板压于风箱滑道上，以确保台车与风箱滑道之间的密封效果，如图 4-132 所示。

滑道密封装置漏风量主要由两部分组成：第一部分为密封装置与槽体之间的

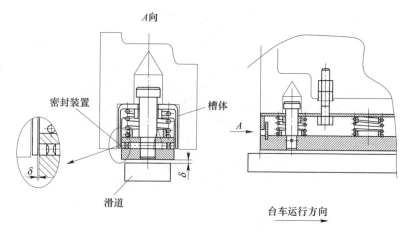

图 4-132   滑道密封装置

间隙导致的漏风；第二部分为滑道与密封装置之间由于不均匀变形和磨损引起密封体之间不均匀接触而导致的漏风。为了尽可能地减少漏风，提高密封效果，开发了板弹簧柔性密封、波纹弹性滑道密封等新型技术。

a   板弹簧柔性密封技术

板弹簧柔性密封技术原理如图 4-133 所示，其包括密封槽、滑板、销和弹性部件。弹性部件（板弹簧）和销设在密封槽内，密封槽内的弹性部件上端压在槽体的顶面，下端压在密封滑板上平面，滑板紧靠着槽体两侧内壁，销轴通过密封槽顶部的孔进行定位和限位，并与滑板连接。销轴一方面可控制滑板跑偏，另一方面也能防止板弹簧发生移动，使其影响密封效果。

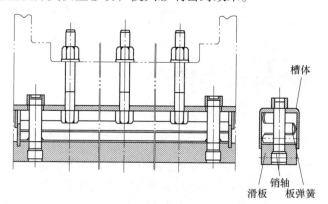

图 4-133   板弹簧柔性密封结构示意图

板弹簧柔性密封技术利用弹性部件板弹簧直接作用在滑板上，板弹簧消除了传统密封装置与槽体之间的间隙，同时可使滑板受力均匀，进而消除滑板和滑道之间的间隙，从而减少台车与风箱结合面侧部的漏风。

b 波纹弹性滑道密封技术

波纹弹性滑道密封技术原理如图 4-134 和图 4-135 所示，密封装置由密封槽、波纹板、滑板、导向销轴、柱销弹簧等组成。密封槽上表面用螺栓装配在台车车体两侧的下部凹槽内并贴合严密，两者之间运行时无相对运动，形成静密封。而密封装置的底面即滑板的下表面与固定在左右风箱侧梁上的滑道面贴合，两者之间运行时产生相对滑道，形成动密封。槽体内侧沿长度方向各设置一块波纹板，波纹板上、下表面分别固定在上部槽体与下部滑板上，运行时滑板的下表面与固定滑道间由打入的润滑脂所形成的油膜保持密封，同时槽体与滑板之间放置有可以自由伸缩的柱销弹簧，通过弹簧的压缩可以确保工作中滑板始终以一定的压紧力与固定滑道贴合，从而消除烧结机的侧部漏风。

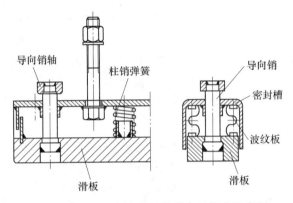

图 4-134 波纹弹性滑道密封技术示意图

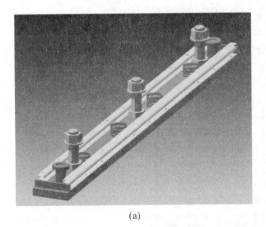 

(a) (b)

图 4-135 波纹弹性滑道密封装置
(a) 三维模型图；(b) 实物图

另外，波纹弹性滑道密封工作时，槽体在导向销下可以使其在极小的周向间隙上运动，从而减小两端上下挡板之间的运动间隙，降低密封装置两端的漏风量。

C　台车与台车之间密封技术

烧结机是由许多个台车组成的一个敞开式反应器，其台车车体、台车栏板均为金属结构，由于加工制造精度原因，以及台车之间连续运行的要求，台车之间的接合部往往存在一定的间隙。同时台车长时间在温度 200~500℃之间反复变化，为适应热膨胀要求，相邻烧结台车的栏板之间在设计时也要求保留了一定的间隙。另外台车反复热胀冷缩会出现热疲劳，导致不均匀热变形和裂纹。上述三种情况均可造成相邻烧结台车之间出现漏风。

a　烧结机尾部动密封技术

烧结机尾部动密封技术主要解决台车在受热后的膨胀问题。目前主要有两种形式：一种是尾部摆架式，一种是尾部水平移动架式。移动架由于平衡锤的作用，始终被拉向尾部方向，使台车之间不产生间隙。其拉力可通过调节重锤的重量得到最佳的数值。这样，台车在温度作用下产生的热膨胀即被吸收了，而且不会发生任何障碍。对于大型烧结机，一般都采用尾部水平移动架式动密封技术。

尾部水平移动架结构如图 4-136 所示，其由尾部星轮、移动架托轮组、尾部弯道和平衡锤等装置组成。整个移动架是通过左右挂架上的托轮组坐落在尾部机架上，整个移动架可以沿轨道前后移动，平衡锤通过配重向头部星轮方向拉紧移动架，使台车靠紧，以减少台车之间的漏风。

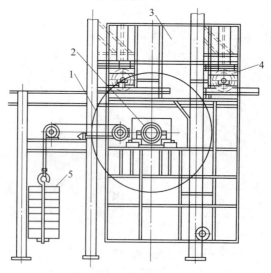

图 4-136　尾部水平移动架结构示意图

1—尾部星轮；2—轴承座；3—移动架；4—车轮；5—平衡锤

b 重力自适应台车栏板密封技术

重力自适应台车栏板密封装置如图 4-137 所示，包括活动密封板、导向柱、导向槽、限位板，活动密封板位于烧结机台车栏板上的一端，用来封闭相邻烧结机台车之间的缝隙。活动密封板上开设有导向槽，导向柱插入导向槽内并与烧结机台车栏板相连，活动密封板固定在导向槽上，可随导向槽一起沿导向柱滑动，导向柱的一端通过限位板与烧结机台车栏板相连，导向柱焊接于限位板上，限位板固定于烧结机台车栏板上。限位板一方面可以起到防止活动密封板掉落的现象，另一方面可以用来紧固导向柱。

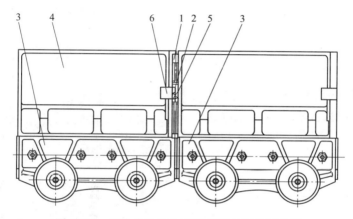

图 4-137　重力自适应台车栏板密封结构示意图

1—活动密封板；2—导向柱；3—烧结机台车；4—烧结机台车栏板；5—导向槽；6—限位板

烧结机台车通过头部星轮进入上水平轨道运行时，活动密封板利用自重可做垂直和水平两个方向的运动，即斜面运动，其水平方向运动产生的移动可消除烧结机台车栏板之间的缝隙，从而起着密封作用。当烧结机台车在水平轨道运行时，其一直起密封作用。当烧结机台车通过进入尾部星轮以及烧结机台车在下水平轨道运行时，活动密封板利用自重可回到原来的位置。该技术的特点在于，在满足烧结机运行要求的台车间隙前提下，实现台车栏板之间的有效密封。

另外，栏板材质中加入适量的钼，可改善栏板的高温稳定性，强化结构强度，减小不均匀变形，台车栏板合理结构设计也可减少栏板受热时热应力的不均匀分布，有效防止开裂，减少漏风。

c 星轮齿板齿形修正技术

烧结机在运行过程中，会出现台车的后轮往上抬，与轨道不接触，其高度在 5~60mm 不等，使回程道上的台车形成锯齿形，即台车起拱，见图 4-138。台车起拱现象会加剧台车端部的磨损，增大台车与台车之间的间隙，使漏风量加剧。

针对台车起拱导致的台车端部易磨损加大漏风的难题，通过对烧结机进行动力学仿真分析与优化，仿真模型如图 4-139 所示，开发出了星轮齿板齿形修正技术。

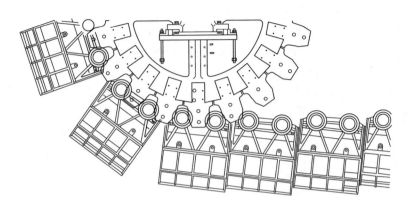

图 4-138　台车起拱

星轮齿板齿形修正技术（见图 4-140）在传统齿板三种节圆直径的基础上，保持分界圆、节圆、卡轮圆三个同心圆的直径不变，将星轮齿板上的外圆直径适量减小并做一直径小于节圆直径的辅助圆，然后对齿弧曲线半径和过渡曲线半径进行优化。按本方法修正加工的星轮齿板与现有星轮齿板相比显得瘦小，安装于台车运行尾部，可显著减少

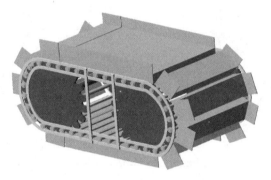

图 4-139　烧结机动力学仿真模型

台车起拱，减少烧结台车耐磨板的磨损速度，从而减少漏风。实践证明该齿板和弯道能使台车顺利运行，并能基本消除台车的起拱现象，起拱量达到不超过 5mm。可有效减少台车间的磨损，提高使用寿命。

D　风箱管道密封技术

在烧结机抽风系统中，烧结风流经台车箅条进入风箱，再由各风箱支管汇集于大烟道。大烟道内局部风温高达 400℃，风速在 16m/s 左右，气流裹夹着粉尘和有尖角的颗粒在抽风管道内高速运动，遇到转弯或变径时，由于固体颗粒运动方向速度发生改变，对管壁产生强烈冲刷，造成严重磨损，直至管道穿孔或出现沙眼，引起漏风，影响管道系统的密封效果。

烧结机风箱管道漏风主要发生在弯管转折处的管体外壁，一般通过焊接一个由钢板组成的盖罩来减少磨损，降低漏风。盖罩与外壁内腔装有填充材料，即在弯管转折处，形成一个加厚的耐温、耐磨保护层，使它的使用寿命延长到与其他管壁同步，不需为转折处的磨损而中途检修，如图 4-141 所示。

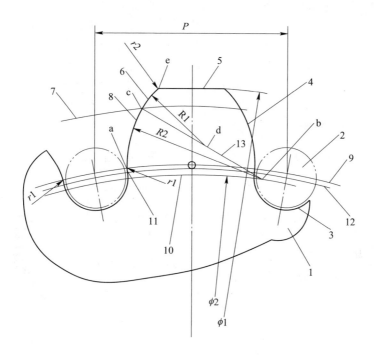

图 4-140　烧结机尾部星轮齿板图

1—星轮齿板；2—台车卡轮；3—齿根部圆弧线；4—由第一齿弧曲线与第二齿弧曲线组成的齿弧曲线；
5—星轮齿板外圆；6—第一齿弧曲线；7—分界圆；8—第二齿弧曲线；9—节圆；
10—辅助圆；11—直线；12—卡轮圆；13—辅助线

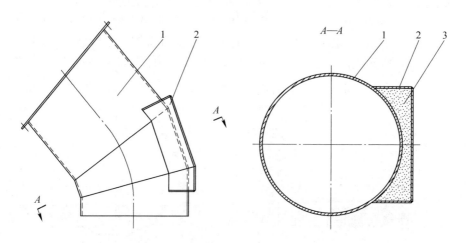

图 4-141　弯管转折处的管体外壁

1—弯管体；2—盖罩；3—填充材料

a　易检修式弯管耐磨技术

易检修式弯管耐磨技术结构示意如图 4-142 所示，包括弯管体和盖罩，盖罩由箱盒和盖板组成，箱盒一端与弯管体外壁固接，另一端设有法兰接口，盖板与箱盒的法兰接口端通过紧固件连接，并形成填充腔，填充腔内装填有耐高温、耐磨填充材料，可延长耐磨弯管的使用寿命。同时在耐磨弯管使用一段时间以后，可以拆下盖板对填充腔内的填充材料进行检查，必要时可对填充材料进行更换，并且可以取出填充材料后对弯管进行检修。

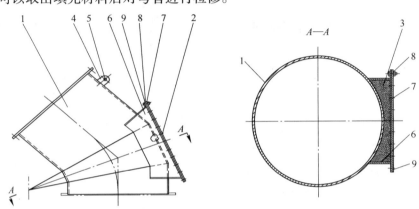

图 4-142　耐磨弯管装置简图

1—弯管体；2—盖罩；3—填充材料；4—吊装板；5—吊装孔；6—箱盒；

7—盖板；8—密封垫；9—法兰

b　双胞弯管防磨技术

双胞弯管防磨技术结构示意如图 4-143 所示，即在风箱弯管体外壁的大弯径侧和小弯径侧同时设置局部保护，弯管体的大弯径侧和小弯径侧转折处的耐磨、耐高温能力同时提高，提高使用寿命。其主要包括弯管体、弯管体外壁的大弯径侧、小弯径侧和固定盖罩组成，大弯径侧和小弯径侧分别固定有一件盖罩，各盖

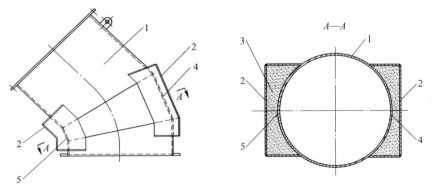

图 4-143　双胞耐磨弯管

1—弯管体；2—盖罩；3—填充材料；4—大弯径侧；5—小弯径侧

罩由多块钢板组焊而成，且与弯管体通过焊接相连，两个盖罩分别与弯管体围成一腔体，各腔体内均装填有耐磨、耐高温的填充材料。

E 双层卸灰阀密封技术

烧结机工作过程中，大量的细颗粒灰尘穿过台车算条间的空隙落入风管，如不及时排出，就会堵塞风管，造成通风不畅，严重时甚至引起烧结机停机。由于风管内部长期处于负压状态，排放风管中的积灰时，势必造成短时间风管内部与外部大气短路，空气通过放灰口进入风管，引起漏风。理想的排灰方法必须满足一方面可将风管中的积灰排出，另一方面，又不至于造成风管内部与大气短路，引起漏风。

双层卸灰阀（见图 4-144）是用于烧结机大烟道灰箱排灰的设备。双层阀的排灰过程分两步进行，第一步，开启上层阀，下层阀保持关闭，积灰从大烟道进入阀体内部的灰仓；第二步，关闭上层阀，开启下层阀，灰仓中的灰从阀体内排出，完成一个排灰过程，过程中，始终有一层阀门处于关闭状态，阻止了空气在灰箱排灰过程中进入大烟道。非排灰状态下，双层阀上下层均处于关闭状态。

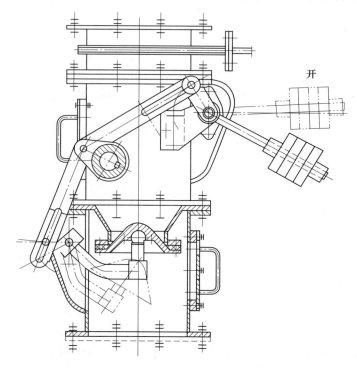

图 4-144 传统双层卸灰阀结构示意图

对于双层卸灰阀自身而言，其漏风主要是由于阀芯在含尘气流冲刷作用下出现磨损，导致阀芯与阀座之间出现间隙所致。

　　针对传统双层卸灰阀阀芯易磨损的问题，开发了分相密封技术，其将排灰作业中的气相和固相分别进行密封，阀门结构如图4-145所示，其核心构件主要包括双层碗状阀芯和环状阀座。其中双层碗状密封的上座用于固相密封，下层用于气相密封。该技术不会因为固相物料在阀芯上粘黏、卡堵导致阀门气密封效果下降，确保可靠的气密封。

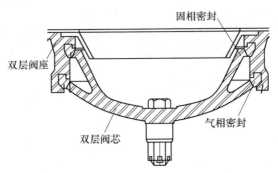

固相密封

双层阀座

气相密封

双层阀芯

图4-145　分相密封技术阀门结构示意图

　　独立气密封双层卸灰阀由于实现了固相与气相分开密封，固相密封只需阻断物流，理论上无需气密封要求，即便防漏部受物料磨损或其他原因密封不好，气封部依旧密封严密。由于上层固相密封阻断了物料流，下层气密封不受固相物料的干涉与影响，密封严密，密封性显著提高，图4-146为独立气密封双层卸灰阀结构图。

　　独立气密封双层卸灰阀也可配备专有的智能控制系统可自主识别和排除阀门的大块卡阻，形成智能双层卸灰阀，如图4-147所示，通过检测与控制手段进一步确保阀门的密封效果，从而减少漏风。

4.5.2　环冷机漏风治理技术

4.5.2.1　环冷机漏风原因及影响

A　环冷机漏风原因分析

　　烧结矿一般采用鼓风冷却设备进行强制冷却，冷却风从风箱系统进入，在鼓风机压力作用下穿过热烧结矿层将热量带走，以实现热烧结矿的冷却。鼓风环式冷却机简称环冷机（如图4-148所示）作为一个错流换热设备，应用最为广泛。冷却过程中，环冷机风流系统流向如图4-149所示，鼓风机将常温空气（Q）鼓入风箱，其中一部分空气（Q_1）与台车上的热烧结矿发生热交换以达到冷却烧结矿的目的，另一部分空气（Q_2）通过静止风箱与运动台车之间的间隙漏到环冷机外；而热交换后的空气 Q_1 带着热量和粉尘，一部分（Q_4）通过炉罩收集进行余热回收利用，另一部分（Q_3）则通过静止集气罩与运动台车之间的间隙漏

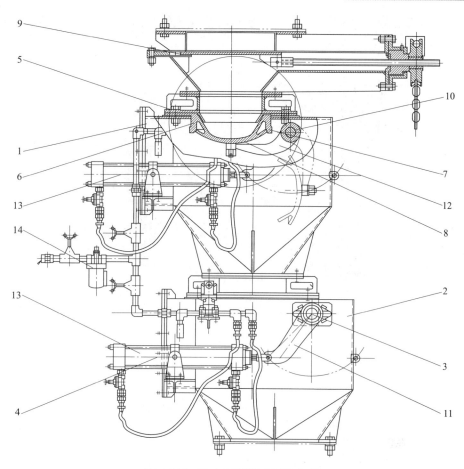

图 4-146 独立气密封双层卸灰阀

1—上阀体；2—下阀体；3—阀门传动装置；4—阀门驱动装置；5—支撑环；6—锥形挡板；7—密封环；
8—密封阀门；9—插板阀；10—转轴；11—传动臂；12—阀门连杆；13—气缸；14—管路控制阀

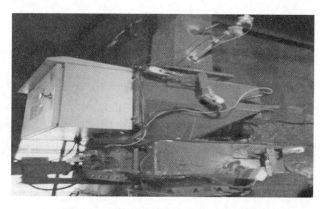

图 4-147 独立气密封智能双层卸灰阀

入外部环境。因此，环冷机的漏风主要包括静止风箱与运动台车之间漏风、静止集气罩与运动台车之间漏风、冷却区端部的漏风以及风箱系统双层卸灰阀的漏风。

图 4-148　环冷机

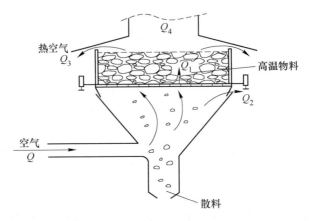

图 4-149　环冷机风流系统流向图

环冷机的漏风量与鼓风系统的内外压差 Δp 及间隙 δ 有关，内外压差 Δp 主要取决于料层厚度，是漏风产生的外在条件；结构间隙 δ 主要取决于动静结合部的密封技术，是漏风产生的内因。实际生产中，由于环冷机回转半径大，大中型环式冷却机的回转半径一般在 $30\sim60m$ 之间，导致静止风箱与台车之间动密封结合面大，且其内外压差也最大，使其成为最主要的漏风部位，是漏风治理的重点。

B　环冷机漏风的危害

（1）环冷机漏风增大风机的电耗。冷却风机的电耗是环冷机的主要能耗，静止风箱与运动台车之间漏风直接影响到环冷机的能耗指标。漏风增加会使烧结矿的冷却效果变差，为保证冷却效果，只有将鼓风机的能力加大，从而引起风机运转负荷增大，电耗增加。当风机容量一定时，环冷机漏风越少，穿过热矿层的风量就越多，冷却效果越好，能耗就越低；漏风越多，穿过热矿层的风量就越少，冷却效果越差，能耗就越高。

（2）环冷机漏风降低余热回收效率。经过与烧结矿进行热交换后，烧结矿所携带的部分显然传递给冷却空气，冷却空气温度升高，在集气罩的作用下进行余热回收利用。由于静止集气罩与运动台车之间漏风，导致热风外溢，吸冷风、辐射散热等而浪费部分热气所携带的余热资源，从而使热风烟气温度下降，余热回收效率降低。

（3）环冷机漏风使环境污染严重。环冷机冷却过程中冷却风经料层换热后吹出料面，携带了大量的超细粒烧结粉，环冷机的漏风使粉尘外溢，污染烧结厂的工作环境。

4.5.2.2 传统环冷机漏风治理技术

A 风箱与台车之间密封技术

传统环冷机结构如图 4-150 所示，其静止风箱与台车之间的动密封结构放大图见图 4-151，其采用两道面接触式机械密封结构。内侧密封橡胶的一端与台车连接，另一端紧贴在锥形密封板上，在接合面处形成第一道锥面动密封。外侧密封橡胶的一端与风箱连接，另一端紧压在台车密封板上，依靠橡胶的压紧力在接合处形成第二道平面密封。实际过程中，由于台车在运行过程中不可避免地会出现跑偏，导致锥面动密封橡胶的一侧脱离锥形密封钢板，增大漏风；而与其对称

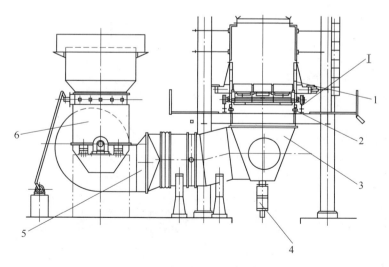

图 4-150　传统环冷机结构示意图

1—台车；2—动密封装置；3—风箱；4—双层卸灰阀；5—风箱管道；6—冷却风机

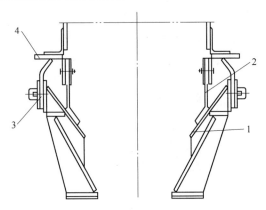

图 4-151   传统环冷机锥面动密封结构示意图
1—锥形密封板；2—内侧密封橡胶；3—外侧密封橡胶；4—台车密封板

的另一侧则过度紧压在锥形密封钢板上，加速密封橡胶的磨损。另外锥形密封板的制造和安装难度大，一般都达不到设计要求，导致锥面密封橡胶与锥形密封钢板的锥面不能很好地贴合，也使漏风加大。平面动密封（如图 4-152 所示）可以解决台车跑偏和锥面密封板的加工安装问题，使传统环冷机的漏风得到一定改善，但由于平面密封面是由各台车轴端下部密封板、栏板下侧密封板现场拼焊而成，使密封面的平面度很难保证，相应的密封橡胶板与密封面不能按要求贴合，从而形成间隙导致漏风。因此，不论锥面动密封还是平面动密封，台车运行时，总会在密封面处形成缝隙，所以，传统环冷机漏风率很高，达到 30%~40%。

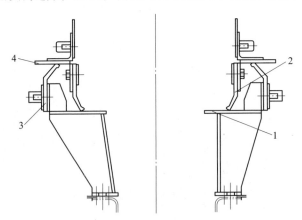

图 4-152   传统环冷机平面动密封结构示意图
1—平面密封板；2—内侧密封橡胶；3—外侧密封橡胶；4—台车密封板

B   集气罩与运动台车之间密封技术

集气罩与运动台车之间密封也称为上部密封，有机械密封、沙封以及水密封等多种形式。机械密封中的密封板要在冷热环境下交替连续工作，很容易产生热变形，加上机械密封板与台车栏板采用接触式密封磨损严重，使集气罩与运动台车之间密封不严，漏风严重。沙封的结构示意如图4-153所示，由于固定集气罩与回转体之间用细沙作为密封介质，其导热和散热性能差，在温差交替作用下沙封槽容易变形，使热风渗透外泄，致使其漏风。水密封则是将沙封中的密封介质细沙换成水，因水的散热、传热性能好，在生产中虽然环冷机各段温度交替变化，整个水封槽都处于相对较低的工作温度，有助于设备稳定运行，密封性能得到显著提高，是一种理想的高效密封方式[54]。

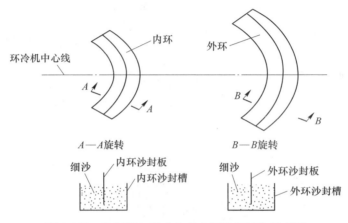

图4-153 集气罩与运动台车之间沙封结构示意图

C 冷却区端部密封技术

在环冷机冷却区的两端卸料区和装料区为阻断风箱内部与大气的连通，设置有端部密封。端部密封采用固定式密封装置，如图4-154所示，固定式密封装置在周向的长度约1.5~2个台车，顶部为一密封整板，其与台车底面间预留有一定的间隙，利用台车与密封板间形成的细小缝隙，形成流体阻力，减少冷却区端部的漏风。密封板与台车间的预留间隙是为了保证台车通过端部密封时，底面与端部密封不会出现刮擦。这种密封形式结构简单，无需维护，但缝隙间的漏风不可避免。为了进一步降低端部漏风，在固定式密封的基础上发展出了柔性密封装置及柔磁密封装置，如图4-155所示，柔性密封装置是在固定密封盖板上部安装了柔性密封材料，柔性密封材料与台车底面紧密贴合并可适应台车底部的不平，从而达到接触式密封的效果，但柔性密封材料本身存在间隙，不能完全避免漏风。柔磁式密封装置，如图4-156所示，是在柔性密封装置的密封盖板下部间隔性的安装磁性材料，利用磁性材料对含铁粉尘的吸附，进一步减少密封体柔性部分的自身漏风，达到更好的密封效果[55]。

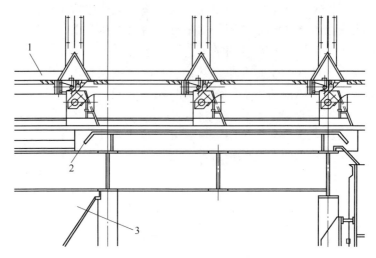

图 4-154   传统端部密封装置示意图

1—台车；2—密封板；3—风箱

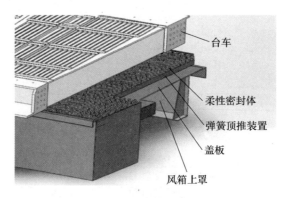

图 4-155   柔性端部密封装置示意图

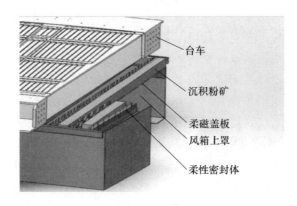

图 4-156   柔磁式密封装置示意图

D 双层卸灰阀密封技术

传统环冷机运行时，从台车算板缝隙中掉落的散料经风箱收集后通过双层卸灰阀进入散料回收系统。环冷机设置有多个双层卸灰阀，若卸灰阀密封不严或自身出现漏风，也会造成环冷机漏风率的上升。环冷机风箱系统双层卸灰阀的漏风治理与烧结机双层卸灰阀的漏风治理相同，本节不再叙述。

4.5.2.3 转臂式环冷机漏风治理技术

转臂式环冷机是在球团环冷机的基础上发展而来，同时其骨架及风箱等主体结构与传统环冷机接近，如图 4-157 所示，因此集气罩与运动台车之间的密封、端部密封、双层卸灰阀密封与传统环冷机相同，但静止风箱与运动台车之间漏风得到显著改善，使设备整体漏风率降低至 10% 左右。转臂式环冷机风箱与台车之间密封结构如图 4-158 所示，其采用两道平面动密封，与密封橡胶相接处的为回转框架。回转框架刚度大，底面光滑平整，并采用模块化设计加工制造方法，通用性和互换性强，可保证回转框架底面平面度高，使密封橡胶与回转框架之间紧密贴合，密封效果相对传统环冷机得到明显改善。但密封橡胶的老化或磨损会导致密封效果下降，为了进一步提高密封效果，出现了复合式密封技术，其结构如图 4-159 所示，第一道密封仍采用平面动密封结构，但第二道密封采用水槽密封，其采用连通器原理，以液态水作为密封介质将进入台车的冷却空气与大气隔离，实现密封。第一道密封主要是防止粉尘、散料进入密封槽，影响水槽密封的密封效果，第二道密封起主要密封作用。

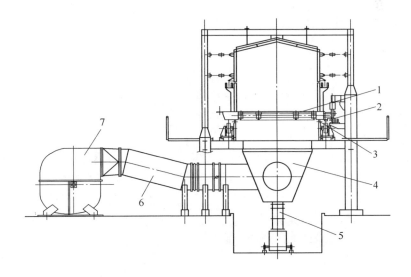

图 4-157 转臂式环冷机示意图

1—台车；2—回转框架；3—动密封装置；4—风箱；5—双层卸灰阀；6—风箱管道；7—冷却风机

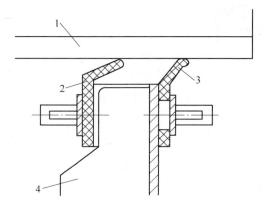

图 4-158 转臂式环冷机平面动密封结构示意图
1—回转框架；2—外侧密封橡胶；3—内侧密封橡胶；4—风箱

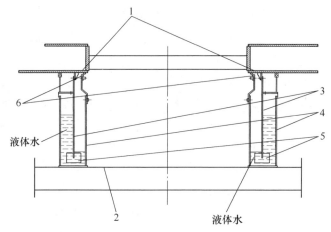

图 4-159 转臂式环冷机复合密封结构示意图
1—回转框架；2—风箱；3—密封板；4—密封槽；5—刮板；6—密封橡胶

4.5.2.4 液密封环冷机漏风治理技术

液密封环冷机（如图 4-160 所示）是中冶长天研发的新一代冷却设备，其集气罩与运动台车之间的密封结构同样与传统环冷机相同，但静止风箱与运动台车之间的密封结构完全摒弃了锥面动密封和平面动密封的双层密封结构形式，重新构造了一个以台车为单元的静密封系统和一个气液两相动平衡的动密封系统，且风箱系统取消了双层卸灰阀的排灰作业，使液密封环冷机的总漏风率小于 5%，甚至更低。

A 以台车为单元的静密封技术

以台车为单元的静密封装置如图 4-161 所示，其由多功能双层台车、两个异

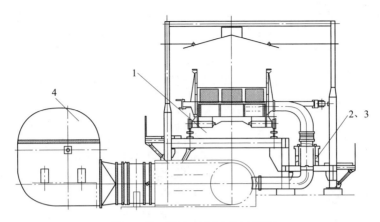

图 4-160 液密封环冷机示意图

1—双层台车；2—气液两相动平衡密封装置；3—气液两相端部密封装置；4—风机

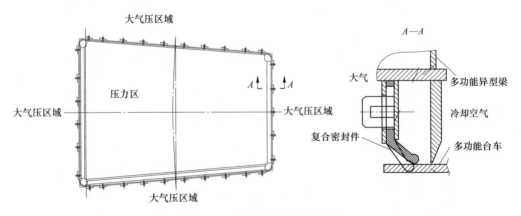

图 4-161 静密封结构示意图

形梁、复合静密封件和内、外两侧栏板组成。多功能双层台车下层平板向四周延伸，起着密封板的作用。栏板和异型梁与台车下层平板之间安装有复合静密封件，由于复合静密封件中的密封橡胶是一种柔性材料，在冷却空气的作用下，密封橡胶的向下倾斜段被压紧在台车下层平板上，从而形成以台车为单元的静密封单元区。为解决环冷机运行过程中高温物料损伤复合静密封件，减少漏风和粉尘外溢，开发了多重迷宫密封技术，如图 4-162 所示，其是在传统静密封技术的基础上增加压板，形成第三道密封。多重迷宫密封技术第三道密封的设置使挡板破损、密封胶件老化破损的情况下，进一步承担密封功能，同时也可防止大粒散料被漏风吹出，降低粉尘排放。回转台车整体则形成了一个由多个静密封单元组成的静密封装置，其密封性不受台车跑偏、轨道偏差和台车水平精度的影响，使静密封漏风率小于 4.5%[56]。

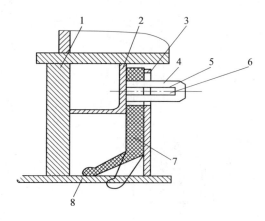

图 4-162　多重迷宫密封结构示意图

1—挡板；2—角钢；3—压板；4—楔座；5—楔孔；6—楔块；7—密封橡胶；8—台车下层平板

B　气液两相动平衡密封技术

气液两相动平衡密封装置是一种用液体作密封介质将进入台车的冷却空气与大气隔离的动密封装置，其结构如图 4-163 所示，运动件在液体中运行且与固定件之间有足够的距离，无漏风、无磨损，可容纳台车的运行偏差。动平衡密封装置由移动门型密封装置、静止环形液槽、阻尼装置和密封介质组成，两个连通的环形液槽与插入环形液槽的环形密封板组成了环型风道密封系统。门型密封板通过通风管与台车相连并随台车同步运动，只要向环形液槽内注入液体密封介质（或水），就将环形风道与外界大气隔开，形成密封，此时风道的风压由门型密封装置两边的液面差来平衡。气液两相动平衡密封的密封性不受门形密封板上下

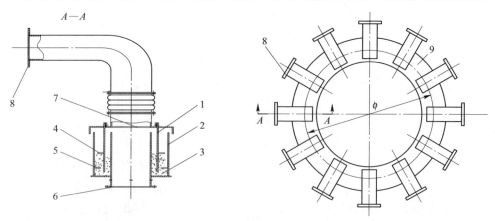

图 4-163　气液两相动平衡密封装置整体结构示意图

1—门型密封装置；2—环形液槽；3—密封介质；4，5—阻尼装置；6—进风口；
7—出风口；8—台车接口；9—环形风道

运动和径向偏移的影响，即使是台车跑偏和因为组装误差而引起的台车轨道椭圆偏差都不会影响环形风道的密封性能[57]。此外，还在门型密封板两侧液体可能振动的通道上环向布置了阻尼装置，冷却作业时，阻尼装置浸入在密封介质内，当液体有上下振动趋势时，就会受到阻尼装置的反向作用力而减小振动幅度，从而保证密封液面的稳定性。

环冷机从卸料区开始到复位装料前的整个区段里，从环形风道的内侧到台车进风口是与大气直接相通的，此时需要在环形风道液体介质（水）密封的基础上设置两个端部密封，用来切断环形风道与大气连通的主通道，其结构如图4-164所示。端部密封采用多向恒压技术，其定距传力机构（技术原理如图4-165所示）使密封部件与门型密封装置在恒定作用力下贴紧，保持稳定的密封效果；端部密封中的支撑组件滚珠与支座为球面运动副，使其在支撑密封体的同时，也能使其在密封体与门型密封盖板间有相对运动的情况下建立一个可靠的动密封，解决密封体与门型密封装置的自适应问题，提高端部密封效果。

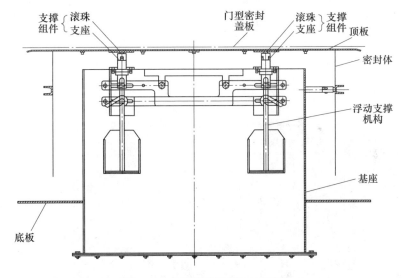

图 4-164 端部密封结构示意图

最终，气液两相动平衡密封技术在水密封和多向恒压端部密封作用下，实现动密封漏风率约为 0.5%。

4.5.3 烧结机、环冷机漏风治理技术应用及效果

4.5.3.1 烧结机漏风治理技术应用及效果

A 工程概况

宝钢湛江钢铁基地是宝钢"二次创业"的核心项目（图4-166），中冶长天承担了2台550m² 烧结机的建设任务，正常情况下处理量（含铺底料）1337t/h，

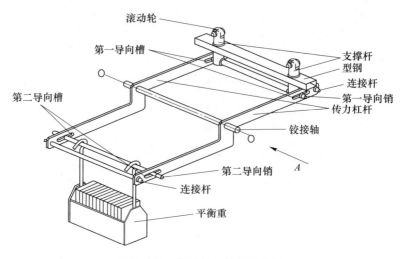

图 4-165　定距传力机构示意图

最大处理量达到 1800t/h，台车栏板高 800mm，并在设计上预留了 150mm 的升高空间，台车宽 5m，台车上料层总厚约为 800mm，台车运行速度 1.5~4.5m/min 可调，正常运行速度为 3.09m/min。烧结机配套两台主抽风机，额定工况下风门开度为 50%，负压为 17.8kPa，流量为 25000m³/min。

图 4-166　湛江烧结工程

B　技术方案

湛江烧结机采用了负压吸附式端部密封技术、板弹簧柔性滑道密封技术、重力自适应台车栏板密封技术、星轮齿板齿形修正技术、易检修式弯管耐磨技术、双层阀技术的低漏风综合密封技术来减少漏风（图 4-167 和图 4-168），从而减少能耗。

图 4-167 压吸附式端部密封

图 4-168 齿形修正齿板

C 技术效果

2016 年 11 月，湛江钢铁和中冶长天联合委托具有检测资质的中南大学能源环境检测与评估中心，采用静态流量测定方法对 550m² 烧结机进行了漏风检测。经测定，当烧结系统主抽风机在额定负载（-17.8kPa）左右工作时，烧结机本体的漏风率为 17.59%，电除尘设备漏风率为 2.96%，烧结系统总漏风率为 20.03%（见检测报告图 4-169），远低于传统密封技术的漏风率，达到国际先进水平，节能减排效果显著，为宝钢践行"湛江蓝"提供了重要支撑。

4.5.3.2 环冷机漏风治理技术应用及效果

A 工程概况

2010 年 3 月，中冶长天承建了安阳钢铁股份有限责任公司 3 号烧结机配套 550m² 液密封环冷机总承包项目，经过两年多的研究、设计、制造、现场安装调

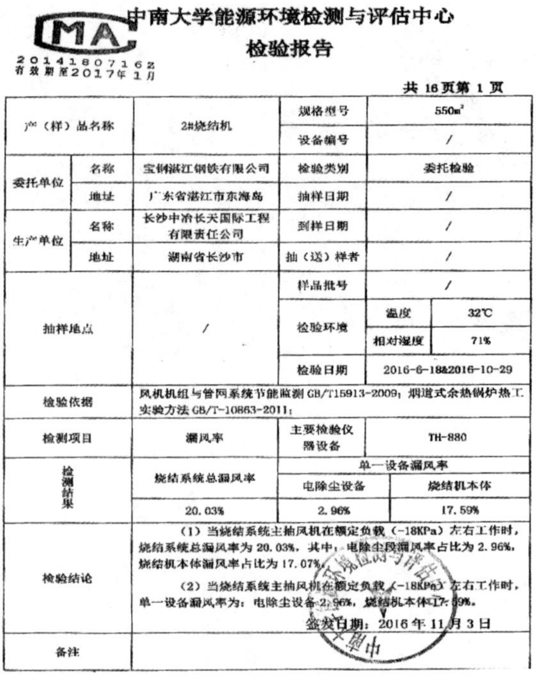

中南大学能源环境检测与评估中心

检验报告

CMA 2014180716Z 有效期至2017年1月

共 16 页第 1 页

产（样）品名称		2#烧结机	规格型号	550m²	
			设备编号	/	
委托单位	名称	宝钢湛江钢铁有限公司	检验类别	委托检验	
	地址	广东省湛江市东海岛	抽样日期	/	
生产单位	名称	长沙中冶长天国际工程有限责任公司	到样日期	/	
	地址	湖南省长沙市	抽（送）样者	/	
抽样地点		/	样品批号	/	
			检验环境	温度	32℃
				相对湿度	71%
			检验日期	2016-6-18&2016-10-29	
检验依据		风机机组与管网系统节能监测 GB/T15913-2009；烟道式余热锅炉热工实验方法 GB/T-10863-2011；			
检测项目		漏风率	主要检验仪器设备	TH-880	
检测结果		烧结系统总漏风率	单一设备漏风率		
			电除尘设备	烧结机本体	
		20.03%	2.96%	17.59%	
检验结论		（1）当烧结系统主抽风机在额定负载（-18KPa）左右工作时，烧结系统总漏风率为 20.03%，其中，电除尘段漏风率占比为 2.96%，烧结机本体漏风率占比为 17.07%。 （2）当烧结系统主抽风机在额定负载（-18KPa）左右工作时，单一设备漏风率为：电除尘设备 2.96%，烧结机本体 17.59%。 签发日期：2016 年 11 月 3 日			
备注					

图 4-169　湛江烧结机漏风检测报告

试，液密封环冷机（见图 4-170）于 2012 年 6 月正式投产，设备连续正常运转，技术性能稳定，密封效果良好。

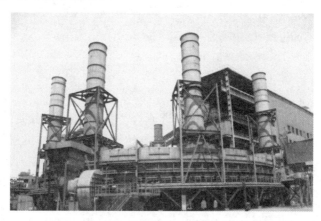

图 4-170　安阳液密封环冷机工程实景

B　技术效果

2013 年 8 月，安阳钢铁和中冶长天联合委托国家有色冶金机电产品质量监督检验中心对安阳钢铁具有相同工况的传统环冷机与液密封环冷机进行性能对比检测（检测报告见图 4-171），1t 烧结矿从 600℃冷却到 70℃所需标况风量由传统环冷机 2499. 34m³ 降为 1814. 47m³，节约风量 27. 4%，密封效果显著提高，节能效果明显。

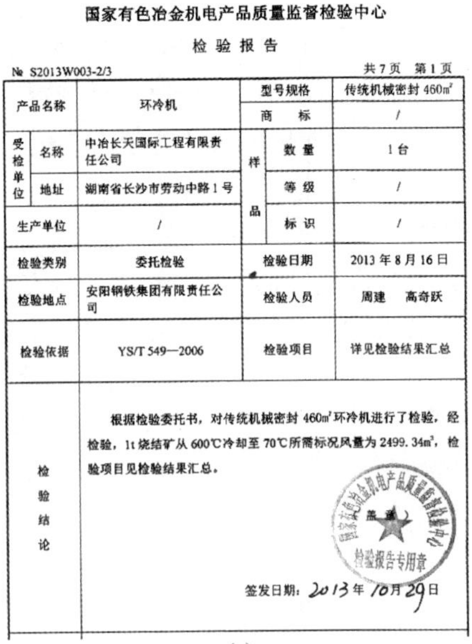

国家有色冶金机电产品质量监督检验中心

检 验 报 告

№ S2013W003-2/3　　　　共 7 页　第 1 页

产品名称	环冷机		型号规格	传统机械密封 460m²
			商　标	/
受检单位	名称	中冶长天国际工程有限责任公司	样品 数 量	1 台
	地址	湖南省长沙市劳动中路 1 号	等 级	/
生产单位	/		标 识	/
检验类别	委托检验		检验日期	2013 年 8 月 16 日
检验地点	安阳钢铁集团有限责任公司		检验人员	周建　高奇跃
检验依据	YS/T 549—2006		检验项目	详见检验结果汇总
检验结论	根据检验委托书，对传统机械密封 460m² 环冷机进行了检验，经检验，1t 烧结矿从 600℃冷却至 70℃所需标况风量为 2499. 34m³，检验项目见检验结果汇总。 签发日期：2013 年 10 月 29 日			

(a)

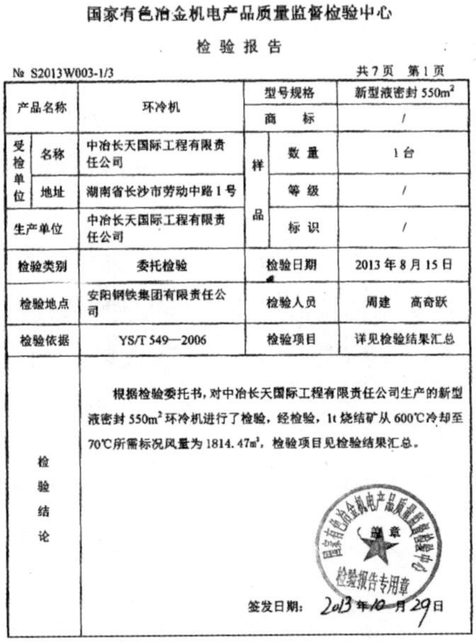

国家有色冶金机电产品质量监督检验中心

检 验 报 告

№ S2013W003-1/3　　　　共 7 页　第 1 页

产品名称	环冷机		型号规格	新型液密封 550m²
			商　标	/
受检单位	名称	中冶长天国际工程有限责任公司	样品 数 量	1 台
	地址	湖南省长沙市劳动中路 1 号	等 级	/
生产单位	中冶长天国际工程有限责任公司		标 识	/
检验类别	委托检验		检验日期	2013 年 8 月 15 日
检验地点	安阳钢铁集团有限责任公司		检验人员	周建　高奇跃
检验依据	YS/T 549—2006		检验项目	详见检验结果汇总
检验结论	根据检验委托书，对中冶长天国际工程有限责任公司生产的新型液密封 550m² 环冷机进行了检验，经检验，1t 烧结矿从 600℃冷却至 70℃所需标况风量为 1814. 47m³，检验项目见检验结果汇总。 签发日期：2013 年 10 月 29 日			

(b)

图 4-171　安阳钢铁环冷机密封性能检测报告

（a）传统环冷机检测报告；（b）液密封环冷机检测报告

4.6 烧冷系统余热回收利用技术

烧结矿的生产中伴随大量的余热资源，烧结工序中烧结烟气和冷却废气显热约占烧结矿烧成系统热耗量的 50%，气量大但温度低。烧结烟气平均温度一般在 150℃左右，其中高温段达 300~400℃，冷却机高温段废气温度达 350~450℃。烧结机烟气和冷却机废气属中低温余热资源，余热回收技术难度较大，各国对其回收利用开展了大量研究[58]。目前我国大中型钢铁企业基本实现冷却废气余热回收，主要有三种方式：一是直接将热废气经过净化后作为点火炉的助燃空气或用于预热混合料，以降低燃料消耗，这种方式较为简单，但余热利用量有限，一般不超过废气量的 10%；二是将废气通过热管装置或余热锅炉产生蒸汽，并入全厂蒸汽管网，替代部分燃煤锅炉；三是将余热锅炉产生蒸汽用于驱动汽轮机组发电。

从已建的国内烧结余热利用项目来看，烧结余热利用主要存在以下问题：

（1）传统冷却机的冷却方式不利于烧结废气余热高效利用。传统冷却机的设计和运行以达到烧结矿的冷却效果为目的，未考虑冷却机冷却方式对余热回收的影响。传统的环冷机切向上冷风量相等，烧结矿高、中、低温区冷却风速一致，此种冷却方式属均匀送风，采用此方式，冷却机废气余热利用效果不佳。

（2）余热锅炉取风量选择不合理。由于对烧结矿高温物料的气-固换热原理未进行深入的研究，以及对烧结生产工艺的不了解，余热锅炉取风量仅根据取热段部位鼓风机的风量加上一定的漏风来选取。例如，$360m^2$ 烧结机余热锅炉取 $76×10^4m^3/h$（标态）的高温废气量，显然过大。如按此流量设计，进入余热锅炉冷风增加，废气温度降低，造成余热锅炉蒸汽量下降，循环风机电耗过高。

（3）对于冷却机冷却风温对取热量的影响未加重视。采用热风循环技术可减少烧结矿急冷的概率，改善烧结矿粒度，提高废气温度，增加余热利用率和发电量。目前冷却机废气余热利用的系统中，通常停开取热段的鼓风机（停 1 台或 2 台），用循环风机将经锅炉回收后的热废气取代鼓风机的风量再次送入冷却机。而对低温废气的串级利用和冷却机冷却风温对取热量的影响未加重视，实际上冷却风温仍有提高的空间。

（4）未对冷却机进行密封改造，漏风率大，影响换热效果。密封性能差，漏风多，换热恶化，所取废气温度低，从而导致余热利用项目，蒸汽产量或发电量达不到设计值。

（5）烧结烟气余热利用存在困难。烧结机烟气余热利用，国内只有部分企业采用，主要原因是未很好解决以下问题：1）烧结烟气平均温度一般不超过 150℃，利用高温部分烟气将可能打破烧结机原有热平衡，高温烧结烟气选取量过大时，会导致剩余烧结烟气温度过低，存在酸露腐蚀问题，影响烧结的正常生产；2）烧结机烟气粉尘量大，余热锅炉受热面磨损严重。

（6）烧结余热资源未实现综合高效利用。由于对烧结工艺的能源形态需求的多样性缺乏全面的、系统的理解，往往对于烧结余热只强调单一形态的利用，产蒸汽或者发电，烧结余热利用的不充分。

4.6.1 烧结工序余热资源特性分析

烧结工序余热资源具有以下特性：

（1）烧结余热源品位整体较低，低温部分所占比例大。烧结工序余热资源分布如图 4-172 所示，烧结机烟气和冷却机废气温度在 50~450℃ 之间。其中温度在 300~450℃ 之间的废烟气占整个余热量的 30%~40%，低于 300℃ 的废烟气占所有余热量的 60% 以上。

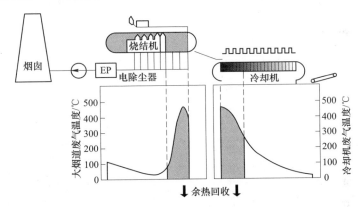

图 4-172 烧结工序余热资源分布图

（2）废气温度波动大和热源不稳定。由于烧结配料成分和烧结终点有变化，冷却过程产生的废气温度波动大。而且受烧结设备故障、检修的影响，难免出现停机，物料中断的情况，引起废气温度的较大变化，造成余热利用设备的运行不稳定。

（3）烧结机烟气对金属换热壁面具有腐蚀性和磨损性。冷却机废气主要成分与空气相同，但烧结机烟气具有不同特性。首先，烧结烟气中含有粉尘和 SO_x 气体，对余热锅炉金属壁易产生磨损和腐蚀。烟气温度低于酸露点时，会产生低温腐蚀，烟气中的粉尘冲刷金属壁面造成磨损，且积灰时会加速腐蚀速率。其次，烧结烟气利用必须首先保证烧结系统长期稳定运行，即尾部高温烟气量的提取与锅炉排气温度必须保护大烟道外排烟气温度高于酸露点温度。不同的矿石和燃料条件使烧结烟气具有不同的结露特性。

4.6.2 烧结机烟气余热利用技术

烧结机烟气余热利用分三种方式：外置式余热锅炉+引风机、外置式余热锅炉+大烟道风阀和内置式余热锅炉方式，不同的方式具有不同的特点，企业可根据自己的实际情况合理选择不同方式。

4.6.2.1　外置式余热锅炉+引风机回收烟气余热方式

工艺流程及配置如图 4-173 和图 4-174 所示，将烧结机尾部几个风箱内的高温烟气引至一个大烟道内，然后由大烟道上引出一个烟风管道，在烟风管道上设有闸阀，高温烟气首先通过烟风管道进入沉降室除尘，再进入布置在烧结车间外部地面上的余热锅炉（简称：外置式余热锅炉）换热，再由引风机送回至烧结机大烟道前段，引风机只克服余热利用系统的阻力（约 1000Pa）。引风机采用变频调节，可以根据大烟道进入静电除尘器前的温度来调节进余热锅炉的烟气量，控制余热锅炉的蒸汽产量，保证静电除尘器前的温度高于酸露点温度。该方式只要将"烧结机烟气余热利用工艺热平衡"做好后，不会影响烧结工艺的正常生产，不会增加主抽风机的电耗。安装时，只需在大烟道上开 2 个孔，安装时间短，仅需烧结生产停机约 2 天。

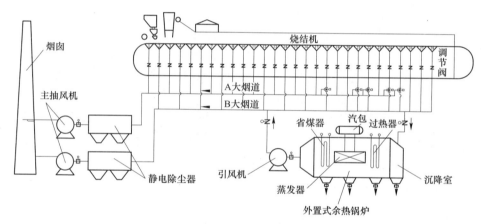

图 4-173　外置式余热锅炉+引风机方式烟风流程图

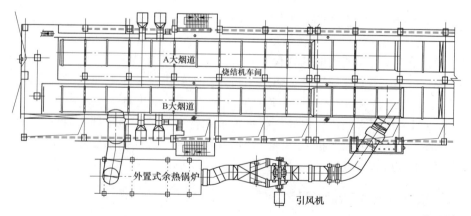

图 4-174　外置式余热锅炉+引风机方式布置图

4.6.2.2 外置式余热锅炉+大烟道风阀回收烟气余热方式

工艺流程及配置如图 4-175 和图 4-176 所示，与外置式余热锅炉+引风机回收烟气余热方式类似，不同之处为：没有引风机，增加了大烟道风阀，采用调节大烟道风阀的开度，使大烟道风阀前后形成一定的压力差，克服余热利用系统的阻力，将大烟道风阀前烧结机尾部几个风箱内的高温烟气引至外置式余热锅炉换热，然后烟气回至大烟道风阀后的大烟道内，调节大烟道风阀的开度的大小来改变进余热锅炉的烟气量，来控制大烟道进入静电除尘器前的温度。该方式不会有引风机的电耗，但要增加一根大烟道的烟气阻力（约 1000Pa），引起一台主抽风机的电耗增加；另外要在大烟道上装风阀，打破原有大烟道风压平衡，影响烧结的生产，风箱至大烟道的调节阀需要重新调整。安装时，除了在大烟道上开 2 个孔，还需在大烟道上安装风阀，需烧结生产停机约 7 天。

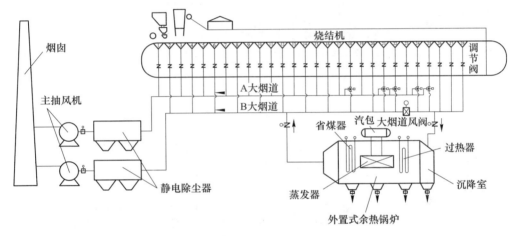

图 4-175 外置式余热锅炉+大烟道风阀方式烟风流程图

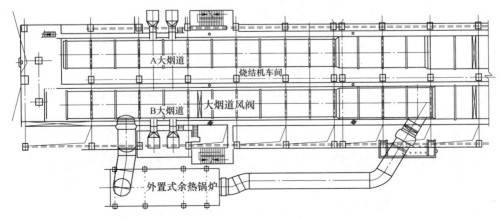

图 4-176 外置式余热锅炉+大烟道风阀方式烟风布置图

4.6.2.3 内置式余热锅炉回收烟气余热方式

工艺流程及配置如图 4-177 和图 4-178 所示,将热管式余热锅炉布置在烧结车间内,把余热锅炉的各级受热面直接布置在烧结机尾部大烟道内,通过热管或螺旋翅片管与大烟道内的烟气进行换热。该方式进一步简化了余热利用系统,不需设置引风机和大烟道风阀和烟气管道,不额外占地,降低了投资成本,成为目前应用较多的大烟道余热回收方式。但该方式要增加 2 根大烟道的烟气阻力(约400Pa)和主抽风机的电耗,且存在热负荷的调节性较差的问题,不易控制大烟道进入静电除尘器前的温度,不易检修,热管易爆管,热管磨损穿孔后不能更换,施工需烧结停机时间长(一般 8~12 天)等问题。

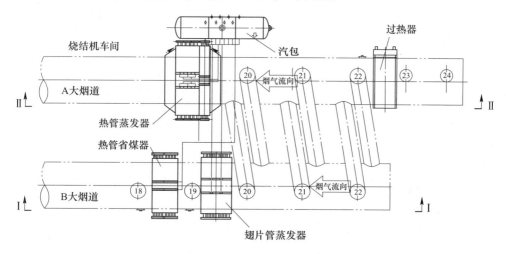

图 4-177 方式 3 内置式余热锅炉方式平面布置图

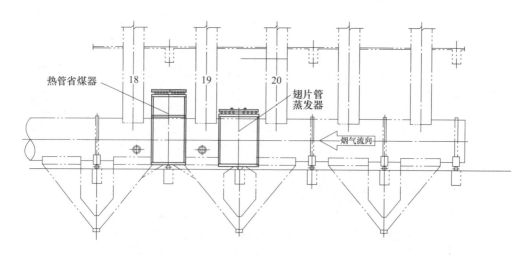

图 4-178 方式 3 内置式余热锅炉方式 I —I 图

产生相同的蒸汽量，三种方式的能耗是一个很重要的指标。以一台 360m² 烧结机大烟道烟气的余热利用为例进行比较，2 台主抽风机，单台工况风量 18000m³/min，全压 18000Pa，余热利用前主抽风机入口烟气温度 150℃，余热利用后主抽风机入口烟气温度大于 120℃。利用后 5 个风箱的余热，烟气量取 16.5× 10^4 m³/h（标态），平均温度 350℃，余热锅炉产汽 13t/h，压力 1.6MPa，温度 320℃。外置式余热锅炉+引风机回收烟气余热方式的能耗为 102kW；外置式余热锅炉+大烟道风阀回收烟气余热方式的能耗为 372kW；内置式余热锅炉回收烟气余热方式的能耗为 298kW。

上述三种回收烧结烟气余热方式，都有生产应用实例，各有利弊，如表 4-28 所示。企业可根据自己的实际情况选择适合自己的最佳方式。

表 4-28   三种方式优缺点的比较

类 别	方式 1	方式 2	方式 3
对烧结工艺生产的影响	最小	较小	较大
能耗	最小	最大	较大
负荷的调节性	最好	较好	不好
余热利用系统的寿命	余热锅炉、引风机需做防腐防磨、寿命长	余热锅炉需做防腐防磨、寿命长	余热锅炉需做防腐防磨、寿命短
余热利用系统的检修	方便	较方便	不方便
工程投资	高	较高	最低
占地	有	有	无
安装时需停产时间/d	2	9	8~12

4.6.3　冷却机废气余热利用技术

如何提升冷却机废气余热品质并进行梯级利用是实现余热资源高效利用的关键。以下是中冶长天在冷却机废气余热利用方面，取得的一些专有技术和成果[59,60]。

4.6.3.1　参数的合理选取

A　废气量的选取

冷却机排出的废气温度为 150~500℃，如用于发电，一般取 250~500℃的废气，这部分的废气占整个废气量的 40%~45%，根据不同类型冷却机的冷却风量和漏风率来确定所取的废气量。

B　余热锅炉蒸汽压力和温度的选取

冷却机排出的废气温度为 340~360℃时，余热锅炉最佳的高参数压力（主蒸汽压力）等级为 1.6~1.8MPa，高参数温度（主蒸汽温度）为 320~340℃；低参数压力（补汽压力）为 0.4MPa，低参数温度（补汽温度）为 180℃；考虑汽轮机排汽干度的限制和管道阻损，汽轮机进汽主蒸汽压力等级为 1.0~1.6MPa，主蒸汽温度为 300~330℃，补汽压力为 0.2MPa，补汽温度为 160℃。

　　C　循环风机的风压选取

　　循环风机的风压=冷却机的料层阻力+余热锅炉阻力+废气管道阻力，一般为 5000~6000Pa。

4.6.3.2　梯级给风技术

　　传统冷却机的设计和运行方式是以烧结矿冷却为目的，将环境温度的冷风均匀送入冷却台车各个风箱，尽管冷却速度和温度得到了保证，但未考虑不同工况对冷却风量和风温的需求形态，导致高温区温度差梯度过大，烧结矿易粉化，收得率下降；同时吨矿冷却风量需求量过大，余热烟气品质不佳，造成大量扬尘无组织排放。研究和试验证明，在气-固换热过程中，冷却风速和烧结矿平均最大矿块热传导速度有关。风速与烧结矿大块换热系数的关系如图 4-179 所示。当穿过料层的风速在 0~2m/s 时，换热系数的变化率最大，当风速达到一定值以后，增加风速将不再加快冷却速度。均匀给风时，穿过料层的平均风速一般为 1.54m/s。从图 4-179 中可以看出，将风速提高至 2m/s 时，换热系数有很大提高，增加风速能够强化传热。为此，提出了梯级送风技术，将冷却机的送风量，从前到后（运行方向），送风量由大到小，增加余热锅炉取热段的给风量，降低非取热段的给风量，使取热段料层的穿透风速达到 2m/s。采用此方式后，取热段废气温度变化、废气总热量变化及烧结矿冷却效果，如图 4-180~图 4-182 所示，可见梯级给风后取热段的废气温度和总热量有较大提升，相应的余热锅炉产汽量和发电量也有较大幅度提高，且不会影响烧结矿的冷却效果。

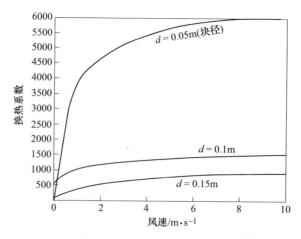

图 4-179　风速与烧结矿大块换热系数关系

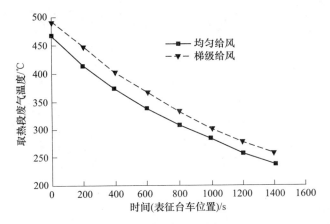

图 4-180　梯级给风与均匀给风时余热锅炉取热段废气温度变化

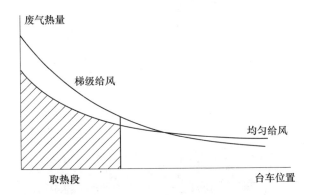

图 4-181　梯级给风与均匀给风时取热段废气热量变化图

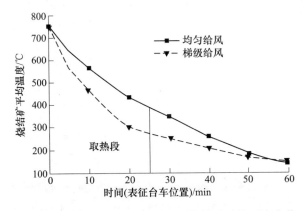

图 4-182　梯级给风和均匀给风时烧结矿平均温度变化

均匀送风（图 4-183）和梯级送风（图 4-184）方式的对比如下：

烧结矿量：

$$W = W_T$$

均匀送风给风量：

$$Q_0 = Q_1 + Q_2 + Q_3 + \cdots + Q_i$$
$$Q_1 = Q_2 = Q_3 = \cdots = Q_i$$

梯级送风给风量：

$$Q_{T0} = Q_{T1} + Q_{T2} + Q_{T3} + \cdots + Q_{Ti}$$
$$Q_{T1} \geqslant Q_{T2} \geqslant Q_{T3} \geqslant \cdots \geqslant Q_{Ti}$$

总风量：

$$Q_0 \geqslant Q_{T0}$$

环冷机料层高度：

$$H > H_T$$

环冷机运行速度：

$$V < V_T$$

净发电量指标：

$$J_T > J$$

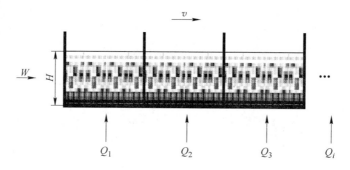

图 4-183   烧结矿冷却传统均匀给风技术

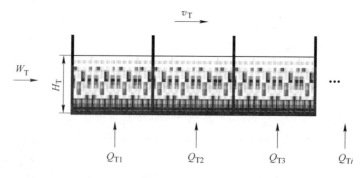

图 4-184   烧结矿冷却梯级给风技术

为了验证梯级给风技术的效果，对某烧结余热发电项目的一台 360m² 烧结环冷机余热锅炉进行了测试。余热锅炉为双温双压双通道锅炉，环冷机共有 5 台鼓风机，正常运行时开 3 台。采用均匀给风方式时，开 1 号、3 号、5 号风机，停 2 号、4 号风机，鼓风机风箱连通阀开启；采用梯级给风方式时，开启 1 号、2 号、5 号风机，停 3 号、4 号风机，连通阀关闭，使取热段给风量加大。采用均匀给风方式时，进入余热锅炉一段、二段的废气温度见图 4-185。一段的平均温度为 339.82℃，二段的平均温度为 314.5℃，余热锅炉平均产汽量为 42.37t/h + 17.84t/h = 60.21t/h。

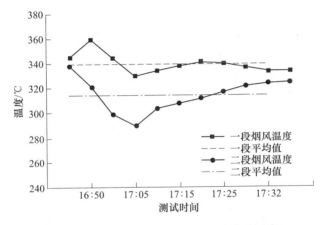

图 4-185　均匀给风下一段、二段烟气温度图

采用梯级给风方式时，进入余热锅炉一段、二段的废气温度见图 4-186。一段的平均温度为 366.47℃，二段的平均温度为 328.13℃，余热锅炉平均产汽量为 44.98t/h + 19.62t/h = 64.6t/h。

可知，采用梯级给风方式时，蒸汽产量比均匀给风约增加 7%，证明梯级给风方式能够有效提高环冷机的废气余热利用率。对于新设计的冷却机，可直接通过设备选型来实现。如将取热段的风机型号加大，非取热段的风机型号变小，取热段和非取热段风箱连通管之间设隔板。对于已建成的冷却机，则可从运行管理上进行调整，加大取热段的给风量。采用梯级给风技术，并不增加投资和消耗，但能够产生很好的效果，是一种提高余热品质及余热量的有效方法。

4.6.3.3　热风叠加技术

目前普遍采用热风循环技术提高余热锅炉取热段废气温度，如图 4-187 所示。热风循环技术即：余热锅炉出口的废气不外排，经循环风机全部送入环冷机风箱，作为冷却烧结矿的介质。一般情况，余热锅炉排气温度在 130℃ 左右。

由于冷却机低温段废气仍有 100℃，可将这部分废气与余热锅炉排气一起作为高温段或中温段冷却风，如图 4-188 所示。这种技术手段相当于把环冷机低温

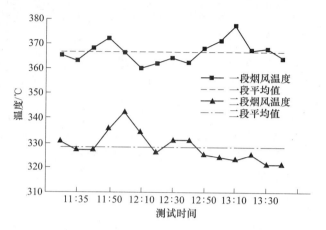

图 4-186 梯级给风下一段、二段烟气温度

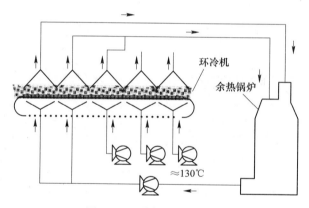

图 4-187 热风循环原理图

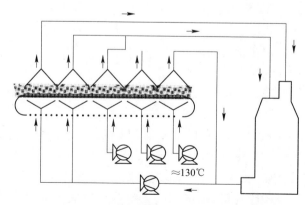

图 4-188 基于热风循环的热风叠加原理图

取热段的热量叠加到高温取热段，提高了高温取热段的废气温度，增加了净发电量，无需附加动力设备，不会影响烧结矿冷却效果。

4.6.3.4 过热器前置技术

如图 4-189 所示，过热器前置技术是将余热锅炉的高参数过热器布置在冷却机上方，在冷却机废气较高温度风罩前段上直接布置过热器，冷却机风罩前段上的废气通过风罩引至前置式过热器进行热交换，换热后的废气与较低温度段或后段的废气进行混合，废气进行混合后再通过管道引至余热锅炉进行换热，换热后的废气通过循环风机引至烧结冷却机进行循环利用。由于直接将过热器布置在冷却机风罩前段上方，过热器废气进口前无废气管道，无温降和散热损失，高温的废气直接进入过热器换热，高参数蒸汽温度高于国内常用的双压双温双通道余热

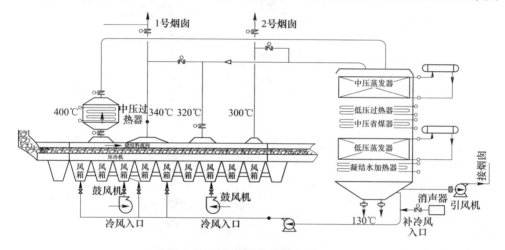

图 4-189　过热器前置技术原理图

发电技术 20℃。该技术提高了余热锅炉的过热蒸汽温度，减少了汽轮发电机组停机次数或不停机，提高了余热发电效率 1%。

4.6.3.5 直联炉罩式余热锅炉技术

以日本技术为代表的烧结余热发电技术主要采用闪蒸式余热发电系统，但由于自身消耗较高，国内烧结余热利用技术并没有采用，而是采用双温双压、双通道形式的余热锅炉，其原理见图 4-190。

传统的余热锅炉整体外置式技术的不足之处：

（1）未利用烧结冷却机矿料的"辐射热"。将冷却机废气通过烟气管道引入到距离冷却机较远的余热锅炉上方，然后通过受热面进行换热，产生蒸汽。由于有烟气管道的阻挡，余热锅炉无法利用 700℃ 左右的烧结矿的辐射热。烧结矿的辐射热散发到周围的空气中，这部分热量占烧结矿热量的 10%。

（2）散热损失大。由于冷却机与余热锅炉间有较长的烟气管道，因而不可

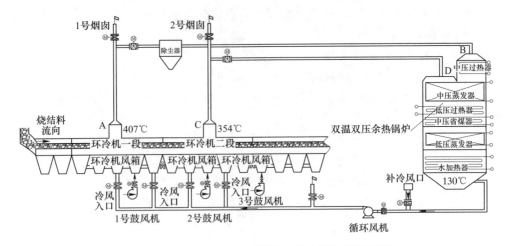

图 4-190　双温双压双通道锅炉余热利用原理示意图

避免地造成散热损失，导致进入余热锅炉的废气温度降低（一般有 15~30℃ 的温降）。

（3）阻力损失大。由于烧结冷却机废气为中低温废气，废气量大，需用烟气管道输送，并且烟气管道长度长，引起烟气管道阻力增加，循环风机电耗高。

（4）工程造价较高。由于需用烟气管道输送，烟气的比容大，造成烟道尺寸大，引起工程施工不便，投资增加。

（5）占地面积大。由于余热锅炉布置在冷却机的外侧，需用烟气管道输送，工程的占地大。

针对以上不足，开发了一种高效的冷却机废气余热利用技术——直联炉罩式余热锅炉技术，该技术充分利用烧结生产过程中冷却机上烧结矿的辐射热和废气显热，减少废气余热的散热损失，见图 4-191。直联炉罩式余热锅炉技术由高参数 1 段、高参数 2 段、高参数 n 段、电动插板阀和低参数段构成。高参数 1 段、高参数 2 段、高参数 n 段布置在冷却机上，低参数段布置在冷却机外面的地面上；温度较高的废气通过电动插板阀后进入高参数 1 段的高参数过热器、高参数蒸发器、高参数省煤器进行换热；温度较低的废气通过电动插板阀后进入高参数 2 段的高参数蒸发器、高参数省煤器进行换热，换热后的两股废气采用管道送至低参数段的低参数过热器、低参数蒸发器、凝结水加热器进行换热。

直联炉罩式余热锅炉技术的优点：

（1）将双温双压余热锅炉高参数换热组件直接布置在冷却机的风罩上，离余热资源——烧结矿最近，能够充分利用烧结矿的辐射热，辐射热能提高产汽量 2% 以上。

（2）无冷却机与余热锅炉高参数间的烟气管道，无烟气管道散热损失，提

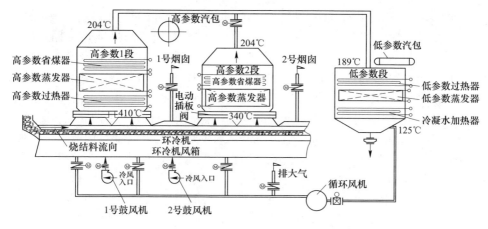

图 4-191 直联炉罩式余热锅炉余热利用原理示意图

高进入余热锅炉的废气温度 20~30℃，增加产汽量 7% 以上。

（3）余热锅炉高参数过热器直接处于烧结矿温度最高部位，提高主蒸汽温度 20~30℃ 以上，进一步提高发电效率，降低汽耗率 2.5%。

（4）经过换热以后，降低废气温度，相同质量的废气体积也缩小，可减少烟气阻力损失，可降低循环风机能耗 4% 以上。

（5）减少占地面积，并降低工程投资。

4.6.3.6 风机串、并联技术

国内传统的烧结冷却机余热利用技术中，采用单台循环风机的方式将余热锅炉排出的废气全部送至冷却机循环利用，如图 4-192 所示。由于循环风机需要克服余热锅炉的废气阻力（1100Pa）、废气管道阻力（900Pa）和冷却机料层阻力（4000Pa），循环风机的全压一般达到 6000Pa 左右，加上引出的余热锅炉废气量大，引起循环风机电耗大。

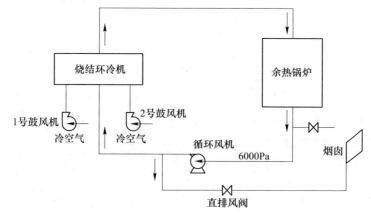

图 4-192 余热锅炉的排气利用方式

为了减少循环风机的电耗，解决现有技术存在的上述问题，开发了一种烧结冷却机余热利用风机串、并联技术，该系统包括：冷却机、余热锅炉、循环风机、引风机、冷却机的鼓风机、电动补冷风阀、废气排空调节阀等（见图 4-193）。所述的并联是指余热锅炉排出的废气分别由循环风机和引风机用两根废气管道送至冷却机和所述冷却机的鼓风机入口；所述的串联是指引风机送出的废气进入鼓风机入口，与冷空气混合后由鼓风机送入冷却机。余热锅炉后的排气管道连接有电动补冷风阀，用于循环风机和引风机调试时使用，引风机后的管道连接有废气排空调节阀，用于控制进入冷却机的鼓风机废气量，能够不影响冷却机的冷却效果，使冷却机的卸料温度控制在 150℃ 以下。该技术既能减少余热利用时风机的电耗（传统自用电率在 30% 左右，而风机串、并联技术可做到 20% 以内），又能充分利用冷却机的废气余热资源。

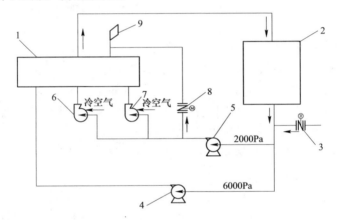

图 4-193　冷却机余热利用风机串、并联技术示意图

1—冷却机；2—余热锅炉；3—电动补冷风阀；4—循环风机；5—引风机；
6—1 号鼓风机；7—2 号鼓风机；8—废气排空调节阀；9—烟囱

4.6.4　全流程余能高效利用技术

图 4-194 为烧结全系统能源平衡示意图。可见，在生产所消耗能源不变的前提下，要想降低进入烧结系统的一次能源和二次能源，就要减少能源散失量和二次能源的直接放散量，增加对二次能源在本系统内的直接再利用，控制二次能源的外销量。针对目前我国烧结余热回收存在的回收区域过窄、利用形式单一、回收利用率低等问题，依据吴仲华先生"分配得当、各得所需、温度对口、梯级利用"原则，蔡九菊等专家学者提出了分级回收与梯级利用技术。它是对冷却废气和烧结烟气按其能级进行分级回收，在优先用于改善烧结工艺条件的前提下，梯级利用不同品质的余热：（1）对温度较高的余热实施动力回收，即生产高品质蒸汽而后发电；（2）对温度居中的余热，实施动力回收，或实施直接热回收；

（3）对温度较低的余热实施直接回收，即热风烧结、点火助燃及干燥烧结混合料。烧结过程余热分级回收与梯级利用技术的工艺流程图如图 4-195 所示[61]。

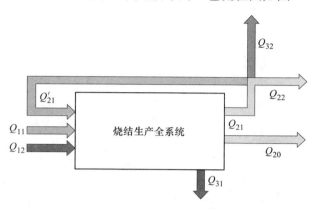

图 4-194　烧结全系统能源平衡示意图

Q_{11}—进入系统一次能源；Q_{12}—进入系统二次能源；

Q_{21}—系统产生的二次能源；Q'_{21}—系统自身所循环利用的二次能源；Q_{20}—生产产品所消耗的能源；

Q_{22}—系统产生二次能源中被回收的部分；Q_{31}—生产过程造成能源散失；Q_{32}—二次能源的散失

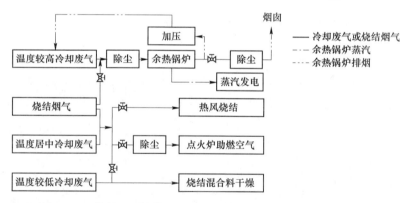

图 4-195　烧结过程余热分级回收与梯级利用技术的工艺流程图

中冶长天在热风叠加和余热梯级回收技术理念的基础上，分析了烧结反应过程中能源输入与转化规律，研究了烧-冷系统各环节能源需求形态的特征，开发了全流程余能高效利用技术，加强烧结系统各环节之间的衔接，减少能源转换次数，实现烧结系统热能高效循环利用。如图 4-196 所示。由图可知：（1）将 200℃以下的低温热废气循环至环冷机中温烧结矿区作为冷却风循环使用，实现串级利用；（2）对于采用余热锅炉回收经济性较差的 200~300℃间的中温烟气余热采取直接利用的方式，返回至烧结料面用于热风烧结，该部分烟气需求量较大；（3）将一部分 300℃左右的中高温热废气直接用作助燃风或预热助燃风，将另外一部分中温环冷热废气用于余热锅炉产蒸汽或热水后再用于烧结混合料预热；（4）将剩余高温段 400~500℃的余热烟气用做产蒸汽和发电，经余热锅炉换热后约 150℃的低温废气再返回至环冷机高温烧结矿区作为冷却风循环使用。

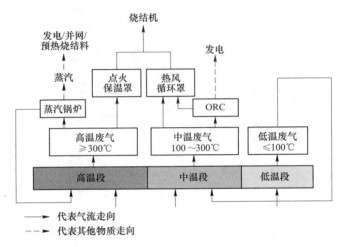

图 4-196 全流程余能高效利用技术路线图

4.6.5 余热回收利用技术应用及节能减排效果

宝钢本部 3 号 600m² 烧结机，相应配套 700m² 环冷机，冷却风量设计值 306.34×10⁴m³/h（标态）。沿台车运转方向，环冷机热废气共分余热锅炉产蒸汽、热风点火、热风循环（包含 ORC 低温余热发电）、串级利用四部分进行利用，如图 4-197 所示[62]。

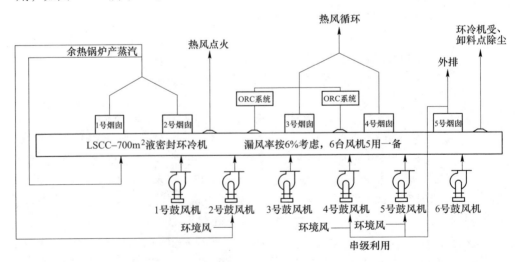

图 4-197 环冷废气综合利用技术流程图

（1）余热锅炉产蒸汽：环冷机高温段热废气（1号、2号烟囱）采用直联炉罩式余热锅炉来回收热能产生蒸汽。锅炉为双压立式无补燃自然循环锅炉，自带除氧器。平均烟风温度约350℃，锅炉排气温度约133.5℃。为提高余热利用效率，同时降低自用电率，采用烟气部分循环系统，约78%排气经循环风机直接返回环冷机母管，约22%排气经引风机进入原2号环冷鼓风机进口提高进口风温。

（2）热风点火及保温：剩余300℃左右高温废气通过有动力的方式收集后送到烧结机平台用于点火助燃及热风保温，其中，热风保温是对点火炉的烧结矿保温5~6min。

（3）ORC低温发电及热风循环：环冷机中温段（3号烟囱）废气的热量采用ORC低温余热发电技术回收热能，回收前烟气温度约为180℃，余热回收后的废气温度约115℃，汇合环冷机低温段（4号烟囱）烟气温度约75℃，通过轴流风机、均匀送风装置送到烧结机台车面上的热风循环烟气罩内进行烧结。

（4）串级利用：剩余的低温段烟气通过5号排气筒上的旁路管道引入4号、5号环冷鼓风机循环利用。

采用以上的余热回收利用技术后：（1）余热锅炉约产生1.8MPa、280℃的高参数过热蒸汽60~80t/h及0.5MPa、180℃的低参数过热蒸汽15~20t/h；（2）环冷机直接助燃可降低燃气单耗9%~11%；（3）表4-29为新技术前后烧结及冷却消耗新鲜空气量与外排废气对比，其中，将部分中低温废气用于烧结，烧结时可减少新鲜空气消耗量约$60×10^4\,m^3/h$（标态）；将蒸汽锅炉回收利用后废气作为冷却机高温段冷却风进行循环利用，将低温段热废气作为冷却机中温段冷却风进行串级利用，热烧结矿冷却时可减少新鲜空气消耗量约$154×10^4\,m^3/h$（标态）；冷却区域无组织含尘废气实现近"零"排放。

表4-29　新技术前后烧结及冷却消耗新鲜空气量与外排废气量对比

内　　容	常规技术	新技术	备　　注
烧结消耗有效新鲜空气量/$×10^4\,m^3·h^{-1}$（标态）	108	48	利用系数1.485t/（m²·h）
冷却消耗有效新鲜空气量/$×10^4\,m^3·h^{-1}$（标态）	306	152	最大处理能力时（烧结饼1400/h）
冷却含尘废气无组织排放量/$×10^4\,m^3·h^{-1}$（标态）	306	0	热风叠加＋热风循环＋串级利用＋布袋除尘

参 考 文 献

[1] 程峥明，潘文，宁文欣，等. 烧结点火制度研究与应用 [J]. 烧结球团，2018，43（6）：54~58.

［2］李谦，周浩宇，刘前．烧结点火炉工艺参数的寻优与应用［J］．工业炉，2019，41（03）：17～22.

［3］牟乃剑，丁智清．用于烧结点火炉的微压调节系统：中国．CN103017528A［P］．2013-04-03.

［4］夏世元，申爱民，潘玉斌，等．热风点火技术在济钢400m² 烧结机的应用［J］．山东冶金，2013（1）：46～47.

［5］黄亚蕾，黄柱成，毛晓明，等．铁矿石微波热风烧结点火研究［J］．矿冶工程，2008，28（5）：64～67.

［6］胡兵，黄柱成，姜涛，等．铁矿石富氧烧结点火试验研究［J］．钢铁研究学报，2010，22（12）：17～21.

［7］黄亚蕾．微波热风烧结点火技术及机理研究［D］．长沙：中南大学，2008.

［8］沈小峰．梅钢富氧烧结技术的研究与应用［J］．中小企业管理与科技，2009，30：238.

［9］彭坤，张永亮，鲍家全，等．南通宝钢烧结富氧点火生产实践［C］//2011 全国中小高炉炼铁学术年会论文集．南通宝钢钢铁有限公司，2011：312～314.

［10］周浩宇，朱飞．低热值燃气烧结点火技术的应用与发展［J］．工业炉，2014，36（1）：9～12.

［11］曾文波．烧结点火炉的节能设计及应用［J］．工业炉，2017，39（3）：56～58.

［12］何森棋，王跃，朱飞，等．国内烧结点火炉的发展及趋势［J］．工业炉，2014，36（6）：21～24.

［13］姜涛．烧结球团生产技术手册［M］．北京：冶金工业出版社，2014.

［14］冯根生，吴胜利，赵佐军．改善厚料层烧结热态透气性的研究［J］．烧结球团，2011，36（1）：1～5.

［15］古井健夫．烧结料造块的作用［J］．烧结球团，1983，9（6）：69～75.

［16］V. 埃里戈．测定细粒物料制粒的新方法［C］//第三届国际造块会议论文文选．长沙：烧结球团，1983：46～58.

［17］Peter K H．烧结混合料组分特别是焦粉粒度的制粒特性及其对铁矿石烧结过程的影响［C］//第五届国际造块会议论文文选．北京：冶金工业出版社，1991：66～89.

［18］周志安，李文林，苏道，等．一种高效生石灰消化及除尘系统：中国，106007414A［P］．2016-10-12.

［19］周志安，李文林，李康，等．生石灰消化及除尘装置：中国，105948540A［P］．2016-09-21.

［20］邹斌，王龙岗，李靖，等．生石灰消化、除尘和污水污泥处理装置和方法：中国，105800968A［P］．2016-07-27.

［21］张扬，陈宇，黎前程，等．一种生石灰消化、除尘和污水污泥处理工艺：中国，106082714A［P］．2016-11-09.

［22］陈鹏，李洁，张尚中，等．一种生石灰消化水浴除尘装置：中国，105854466A［P］．2016-08-17.

［23］周晓青，邹忠明，李铁辉，等．一种水浴除尘器、除尘方法以及生石灰消化和除尘装置：中国，105833627A［P］．2016-08-10.

［24］刘文权．强力混合机在烧结中的应用和创新［C］//第九届中国钢铁年会．北京：2014.

［25］周志安，李康，李文林，等．用于烧结生产的强力混合工艺及其装置：中国，107304461A［P］.2017-10-31.

［26］卢兴福，刘克俭，戴波．立式强力混合机及其在烧结工艺中的应用［C］//第一届中国钢铁年会论文集．北京：中国金属学会，2017：232~237.

［27］陈鹏．烧结混合制粒工艺的比较［J］.中国设备工程，2017（8）：75~76.

［28］王兆才，周志安，何国强，等．基于返矿分流的烧结强化制粒技术研究［J］.烧结球团，2018，43（4）：12~16.

［29］王兆才，甘敏，贺新华，等．一种低粘附粉铁料的烧结方法、烧结系统及其使用方法：中国，110004287A［P］.2019-07-12.

［30］王跃飞，张永忠，姜伟忠，等．烧结机头部组合偏析布料装置及布料方法：中国，104180659A［P］.2014-12-03.

［31］王旭明，王跃飞，张龙来，等．一种通气棒装置：中国，204043396U［P］.2014.

［32］Wu S L, Sugiyama T, Morioka K, et al. Elimination reaction of NO gas generated from coke combustion in iron ore sinter bed［J］. Tetsu-to-Hagané, 1994, 80: 276.

［33］Koichi M, Shinichi I, Masakata S, et al. Primary application of the "in-bed-de NO$_x$" process using Ca-Fe oxides in iron ore sintering machines［J］. ISIJ, 2000, 40（3）：280~285.

［34］卡佩尔F, 韦塞尔H. EOS废气循环优化烧结法-增强环境保护的铁矿石烧结新工艺［J］.烧结球团，1993，4：33~36.

［35］郑绥旭，张志刚，谢朝明．烧结烟气循环工艺的应用前景［J］.中国高新技术企业，2013，252（9）：62~64.

［36］Fleischanderl A, Aichinger C, Zwittag E. New developments for achieving environmentally friendly sinter production-eposint and MEROS［C］//5th China International Steel Congress, Shanghai, China, 2008: 102~108.

［37］Fleischanderl A, Fingerhut W. MEROS-latest state of the air in dry sinter gas cleaning［C］//2007年中国钢铁年会论文集．北京：中国金属学会，2007：453~460.

［38］Ikehara S, Kuba S, Tarada Y, et al. Application of exhaust gas recirculation system to Tobata No. 3 sinter plant［J］. Jouranal of the Iron and Steel Institute of Japan, 1995, 81（11）：49~52.

［39］中华人民共和国生态环境部．关于推进实施钢铁行业超低排放的意见．环保大气函［2019］35号．

［40］余志元．高比例烟气循环铁矿烧结的基础研究［D］.长沙：中南大学，2016.

［41］俞勇梅，李咸伟，王跃飞．烧结烟气二噁英减排综合控制技术研究［C］//第十届中国钢铁年会暨第六届宝钢学术年会论文集．上海：中国金属学会，2015：1~8.

［42］王兆才，周志安，胡兵，等．烧结烟气循环风氧平衡模型［J］.钢铁，2015，50（12）：55~61.

［43］胡兵，贺新华，王兆才，等．烟气循环烧结过程风氧平衡［J］.钢铁，2014，49（9）：15~20.

［44］王龙岗，周晓青，谭诚，等．烧结烟气循环工艺在某钢厂烧结中的应用［J］.节能，2018（1）：72~74.

[45] 景涛，肖业俭，周志安，等. 基于测试的烟气循环烧结工艺 [J]. 中国冶金，2016，26
(9)：42~47，66.

[46] 景涛，周志安，周晓青，等. 基于风氧平衡的烧结机烟气循环新技术的研究 [C]//
2014 年全国冶金能源环保生产技术会文集. 武汉：中国金属学会，2014：78~84.

[47] 杨正伟，王兆才，温荣耀，等. 烧结烟气循环系统仿真模拟研究 [J]. 烧结球团，2018，
43 (3)：63~68.

[48] 景涛，周志安，李文林，等. 一种气体混合方法：中国，105688697A [P]. 2016.

[49] 黄淑云，景涛，李洁，等. 一种烟气分配器及烧结烟气循环装置：中国，105758199A
[P]. 2016.

[50] 周志安，苏道，张思平，等. 烧结余能高效循环利用技术研究与应用 [J]. 烧结球团，
2019，44 (2)：69~73.

[51] 叶恒棣. 钢铁烧结烟气全流程减排技术 [M]. 北京：冶金工业出版社，2019.

[52] 叶恒棣，王兆才，杨本涛，等. 铁矿烧结烟气超低排放技术 [N]. 世界金属导报，
2018-12.

[53] 刘波，叶恒棣，卢兴福，等. 烧结机漏风综合密封技术及其在宝钢湛江的应用 [J]. 烧
结球团，2018，43 (2)：48~52.

[54] 张忠波，杜武男. 浅谈多功能高效烧结环冷机设计 [J]. 矿业工程，2016，14
(1)：32~35.

[55] 高显丰. 烧结环冷机或带冷机磁性钢刷式柔性密封装置：中国，201420185395. 2 [P].
2014-04-17.

[56] 罗可，汤清铭. 液密封环冷机台车密封单元串风问题的改进与探讨 [J]. 烧结球团，
2010，35 (4)：10~11.

[57] 郭清，高德亮. 液密封环冷机风道水密封镇波装置的研究与应用 [J]. 烧结球团，2012，
37 (3)：19~21.

[58] 许满兴，张天启. 烧结节能减排实用技术 [M]. 北京：冶金工业出版社，2019.

[59] 徐忠. 一种烧结冷却机废气余热梯级利用方法及其装置：中国，104833216A [P]. 2015.

[60] 周志安，李洁，李康，等. 环冷机废气综合利用的方法和装置：中国，106931792A
[P]. 2015-12-30.

[61] 蔡九菊，董辉，杜涛，等. 烧结过程余热资源分级回收与梯级利用研究 [J]. 钢铁，
2011，9 (4)：88~92.

[62] 邹忠明. 烧结工程超低排放与节能措施 [J]. 工程建设，2019，51 (5)：63~67.

5 球团源头节能减排技术

球团的源头减排，主要手段有优化原料结构、优化燃料结构、新型黏结剂的开发与应用、开发新的球团品种等，本章主要介绍四个方面的技术，分别是基于球团原料优化的低温焙烧技术，通过降低球团的焙烧温度，降低能源消耗和污染物排放；基于内配碳的减排技术，通过在球团内配加燃料，优化球团过程的供热，实现节能减排；开发新型的球团黏结剂，降低膨润土用量，提高球团矿的铁品位，实现球团和炼铁系统的节能降耗；开发熔剂性球团制备技术，优化球团矿的冶金性能，降低炼铁系统的燃耗。

5.1 基于球团原料优化的低温焙烧技术

随着炼铁生产对球团矿质量和品种要求的不断提高以及我国铁矿资源日渐贫杂化、多样化，我国以磁铁矿为主要原料生产普通酸性氧化球团矿的模式也随之转变，生产球团的原料范围也逐渐拓宽。对于难利用的铁矿资源，用其制备球团矿，通常存在焙烧温度高的问题，不但导致能耗升高，同时增加了热力型的 NO_x 大量生成的风险。因此，如何降低球团焙烧温度，实现球团矿的低能耗、低污染生产，对于球团行业的绿色发展具有重要意义。

5.1.1 球团低温固结机理

目前，生产球团矿所用的含铁原料主要有磁铁矿和赤铁矿两大类，这两类铁矿球团的高温固结方式有所不同。

对于磁铁矿球团来说，当磁铁矿球团在氧化性气氛下焙烧时，$200 \sim 300℃$ 即逐渐开始氧化，到 $800℃$ 形成 Fe_2O_3 的外壳，在这一过程中 Fe_3O_4 被氧化生成 Fe_2O_3 微晶，新生成的 Fe_2O_3 微晶中，部分粒子具有较高的迁移能力，可促使微晶长大，形成连接桥（Fe_2O_3 微晶键），使生球中颗粒互相黏结起来，当温度达到 $1100℃$ 以上时，Fe_3O_4 被完全氧化，并且再结晶，使互相隔开的微晶，长大连接成一片的赤铁矿晶体，从而使球团矿获得了最高的氧化度和较大的机械强度。

磁铁精矿球团氧化属气-固二相反应，主要历程如下：（1）氧气从气流中向球团表面扩散；（2）氧气从球团表面沿着球团中的气孔向磁铁矿颗粒表面扩散；（3）氧气在磁铁矿颗粒表面吸附，获得 Fe^{2+} 转变成 Fe^{3+} 释放出的电子，而被电离成 O^{2-}；（4）Fe^{3+} 与 O^{2-} 在磁铁矿颗粒产物层内扩散；（5）氧化反应在颗粒内部的氧化反应界面上发生。其氧化过程呈环状由外向内推进，反应速度受气体边界层扩散、化学反应及产物层扩散控制，因此，采用"单界面未反应核"收缩模型进行磁铁矿球团氧化动力学研究，反应速度如下：

$$n = \cfrac{4\pi c_b}{\cfrac{1}{ar_i^2} + \cfrac{1}{D_e}\left(\cfrac{1}{r_i} - \cfrac{1}{r_0}\right) + \cfrac{1}{kr_i^2}} \tag{5-1}$$

当氧化反应进入到球团内部时，球团内出现明显的未反应核，未反应核向中心收缩速度可由下式得出：

$$n = \frac{4\pi \rho_B r_i^2}{b M_B} \times \frac{\mathrm{d}R_1}{\mathrm{d}t} \tag{5-2}$$

因式（5-1）与式（5-2）相等，联立后积分可得：

$$\frac{r_0 x_B}{3a} + \frac{r_0^2}{6D_e}\left[1 + 2(1 - x_B) - 3(1 - x_B)^{2/3}\right] + \frac{r_0}{3k}\left[1 - (1 - x_B)^{1/3}\right] = \frac{bc_b M_B t}{\rho_B} \tag{5-3}$$

其中　r_0——球团半径，cm；

r_i——t 时刻反应界面半径，cm；

c_b——气氛中氧的浓度，mol/cm^3；

k——化学反应速度常数，cm/s；

D_e——扩散系数，cm^2/s；

a——传质系数，cm/s；

b——化学计量系数；

ρ_B——Fe$_3$O$_4$ 的密度，g/cm^3；

M_B——Fe$_3$O$_4$ 的相对分子质量；

x_B——氧化率。

又可知氧化率为：

$$x_B = 1 - \left(\frac{r_i}{r_0}\right)^3 \tag{5-4}$$

对于磁铁矿球团一般要求在温度为 800~950℃ 阶段，即预热阶段完成氧化。在此条件下，与传质系数 a 相比，扩散系数 D_e 及化学反应速度常数 k 很小，气体边界层阻力可以忽略不计，此时可将式（5-3）进行简化，可得：

$$\frac{t}{1 - (1 - x_B)^{1/3}} = \frac{\rho_b r_0^2}{6b D_e C_b M_B} \times \frac{1 + 2(1 - x_B) - 3(1 - x_B)^{2/3}}{1 - (1 - x_B)^{1/3}} + \frac{r_0 \rho_B}{3b k c_b M_B} \tag{5-5}$$

对式（5-5）进行变形后求关于 r_i 的导数，可得：

$$-\frac{\mathrm{d}t}{\mathrm{d}r_i} = \frac{\rho_B r_i^2}{bar_0^2 c_b M_B} + \frac{\rho_B(r_0 r_i - r_i^2)}{br_0 D_e c_b M_B} + \frac{\rho_b}{bk c_b M_B} = \frac{\rho_B}{bc_b M_B}\left(\frac{r_i^2}{r_0^2 a} + \frac{r_0 r_i - r_i^2}{r_0 D_e} + \frac{1}{k}\right)$$

$$(5\text{-}6)$$

式（5-6）反映了氧化过程中的阻力情况，其中 $\frac{r_i^2}{r_0^2 a}$ 为传质阻力，$\frac{r_0 r_i - r_i^2}{r_0 D_e}$ 为扩散阻力，$\frac{1}{k}$ 为界面化学反应阻力。不同温度下，一定温度范围内化学反应阻力总是大于反应产物层的扩散阻力，化学反应占据主导地位，当温度升高时，化学反应阻力会大幅降低，由化学反应控制逐步转向由反应产物层的扩散控制。

因此，要实现磁铁矿球团的低温氧化焙烧，即需要在相对较低的温度下减少化学反应阻力和扩散阻力，促进反应的进行。

对于赤铁矿球团而言，当其在氧化性气氛下焙烧时，与磁铁矿球团的氧化过程不同，其氧化过程不会发生放热反应，球团内部的固结形式是晶粒长大和高温再结晶，这一过程所需的热量均由外部提供，因此，赤铁矿球团的固结强度一般在 1000℃ 以上时才会上升，在 1300～1350℃ 时才能有效固结，而当温度高于 1350℃ 时赤铁矿发生分解反应 $6Fe_2O_3 \rightarrow 4Fe_3O_4 + O_2$，破坏了 Fe_2O_3 的高温再结晶过程，发生 Fe_3O_4 再结晶固结，该再结晶固结强度比 Fe_2O_3 再结晶固结强度低，此外，分解产生的 Fe_3O_4 或 FeO 会与脉石成分反应、固结，渣相增多，成为液态黏结物，对球团强度不利。

通过上述分析可知，若要实现磁铁矿球团的低温氧化焙烧，则需要在相对较低的温度下减少化学反应阻力和扩散阻力，使氧化反应得以被促进。对于扩散阻力的降低，根据式（5-6）可知，通过优化调整铁精矿粒度和球团矿粒径的方式实现。对于化学反应阻力的降低，则需通过外配添加剂实现。与磁铁矿相比，赤铁矿的高温固结机理大不相同，要实现赤铁矿球团的低温氧化焙烧，可以通过优化配矿、机械力化学预处理、外配添加剂等方式实现。

5.1.2 球团低温焙烧强化技术

5.1.2.1 原料预处理

铁精矿粒度组成的调整、成球性能的改善均可通过机械化学预处理的方式实现[1]。机械化学亦称为机械力化学或力化学，是指因机械力作用导致矿物晶体结构和物理化学性质的变化，其中机械力既可以是粉磨固体过程施加的作用力也可以是冲击波产生的力等。采用机械力化学作用改善赤铁矿球团质量的工艺主要有球磨、润磨和高压辊磨，通过以上三种磨矿方式既可以提高混合料的细度和增大比表面积，增加矿物的晶格缺陷和表面活性，又可以使混合料通过被搓揉、挤压，增大其塑性，增大黏结剂与矿物间的附着力，从而改善混合料的成球性，达到减少膨润土用量，降低原料成本，提高球团质量的目的。此外，膨润土用量的减少不仅降低了球团中 SiO_2 的含量，也可有效抑制高温固结过程中液相生成带来的负面影响。

高压辊磨法预处理赤铁精矿粉后能显著提高微细颗粒含量，特别是粒度小于 $5\mu m$ 的百分含量显著提高，是改善赤铁矿粉球团预热及焙烧性能的主要原因。在高温焙烧过程中，微细颗粒有利于加快矿物粒子的扩散以及固相结晶反应，使焙烧球团矿内的 Fe_2O_3 晶粒形成了大片的连接，从而提高焙烧球团矿的抗压强度。

范建军等[2]通过高压辊磨处理赤铁矿粉后，在获得基本相同预热球及焙烧球抗压强度的情况下，其预热温度及焙烧温度可分别降低70℃和50℃，如表5-1所示。同时，对球团矿的冶金性能基本不产生影响。

表 5-1   高压辊磨对赤铁精矿球团预热焙烧特性的影响

预处理方式	预热温度/℃	预热球强度/N	焙烧温度/℃	焙烧球强度/N
未处理	1070	412	1250	2707
辊磨 1 次	1070	429	1200	2254
辊磨 2 次	1040	437	1200	2654
辊磨 3 次	1020	455	1200	3014
辊磨 4 次	1000	417	1200	3110

焦国帅等[3]针对链算机—回转窑工艺，研究了磨矿方式对赤铁精矿生球的预热焙烧性能的影响。赤铁矿球团预热焙烧需要温度高、时间长，在预热温度1075℃、预热时间12min、焙烧温度1280℃、焙烧时间12min的热工制度下才可以生产出满足链算机—回转窑和大型高炉生产要求的球团。以同一批铁矿粉为原料，进行了湿式球磨、高压辊磨以及润磨，磨矿时间均控制为5min。通过对赤铁矿进行磨矿处理，可以明显降低预热温度、缩短预热时间、焙烧时间，如表5-2和表5-3所示。采用不同的磨矿方式对铁矿粉进行处理后，铁矿颗粒比表面积提高，粒径小于 $0.075mm$ 的含量提升，球团的质量也得到一定程度改善。其中，高压辊磨处理改善效果较高，湿式球磨次之，润磨效果较弱。

表 5-2   不同磨矿方式对赤铁矿粒度组成及比表面积的影响

磨矿方式	粒度组成/%						比表面积 /$cm^2 \cdot g^{-1}$
	+1mm	0.15~1mm	0.105~0.15mm	0.075~0.105mm	0.046~0.075mm	-0.046mm	
未处理	0.12	4.63	5.63	21.93	34.22	33.47	884.1
湿式球磨	0	1.03	2.74	17.29	35.19	43.75	1352.3
润磨	0	1.62	4.11	18.13	37.72	38.42	1302.5
高压辊磨	0	0.02	1.14	13.21	28.32	57.31	1976.8

表 5-3 不同磨矿方式对赤铁矿球团预热、焙烧参数的影响

磨矿方式	预热温度/℃	预热时间/min	预热球强度/N	焙烧温度/℃	焙烧时间/min	焙烧球强度/N
未处理	1075	12	424	1280	12	2732.6
湿式球磨	1050	12	418	1280	12	2631.2
润磨	1050	12	435	1250	10	2598.3
高压辊磨	1000	10	422	1220	10	2643.4

白国华等学者对润磨预处理对天然磁铁矿生球质量影响和作用机理做了相关研究，认为作为一种机械活化作用能够将一部分机械能转化为自由能，通过结构的破坏，如物料的非晶化，表面积、晶粒大小和强度的改变以及相位转变，内部破裂形成了大量的晶格缺陷使物料的表面活性增强，从而降低了反应所需的活化能，促进了焙烧过程中的质点迁移和连接颈的形成，降低球团与生产能耗。刘承鑫等[4]对磁铁矿进行润磨预处理后，对生球和焙烧球性能进行检测，发现磁铁精矿经润磨预处理后，其颗粒粒度变细，粒度分布更为合理，表面形貌发生变化，表面裂纹增多，比表面积和表面活性显著提高，成球性得到改善。润磨预处理后，磁铁精矿微细粒质量分数增加，生球中颗粒堆积得更加紧密，减少了球团内部孔隙度，增大了接触面积，同时表面不规则程度增加，固相扩散反应更易进行。利用润磨预处理的磁铁矿造球，在较低的焙烧温度和较短的焙烧时间下可以获得优质的球团矿，如图 5-1 所示。在成品球抗压强度达到 2500N 的条件下，磁铁精矿采用润磨预处理工艺后，可降低焙烧温度，缩短焙烧时间，提高生产效率，同时能够降低球团生产能耗。

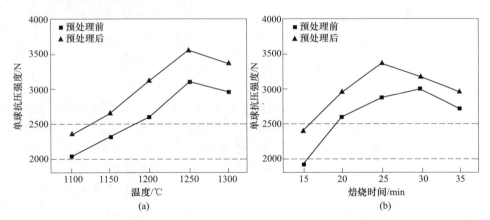

图 5-1 润磨预处理前后，焙烧球强度变化情况

5.1.2.2 赤/磁铁精矿优化配置

磁铁精矿球团在氧化焙烧过程中，Fe_3O_4 转化为 Fe_2O_3 时发生放热反应，产生的热量相当于球团焙烧时所需热量的 40%[5]，因此通过磁铁矿和赤铁矿的合理

搭配，可以实现焙烧温度的降低。

朱德庆等[6]研究了分别以西澳磁铁精矿、西澳磁铁精矿配加国产磁铁精矿、西澳磁铁精矿配加巴西赤铁精矿为原料制备球团矿时，球团矿的预热和焙烧特性。结果表明，以100%西澳超细磁铁精矿为原料制备氧化球团矿时，球团预热及焙烧性能较差，在预热温度为1050℃，预热时间20min及焙烧温度1300℃、焙烧时间40min的条件下，预热球团和焙烧球团矿抗压强度分别为每个502N和2313N。西澳超细粒磁铁精矿配加40%国产磁铁精矿或20%巴西赤铁精矿时，球团适宜预热温度由1050℃分别降低到950℃和975℃，适宜的焙烧温度由1300℃分别降低到1250℃和1280℃；而且焙烧球团矿的抗压强度分别提高到2746N和2630N，这主要是由于赤铁矿晶粒长大与良好发育，使得孔隙率降低，颗粒间固结紧密，如图5-2所示。

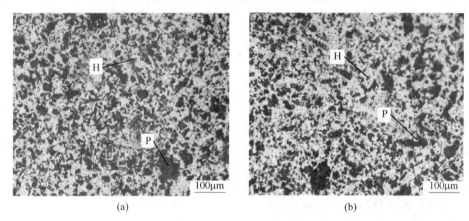

图 5-2　配矿前后，焙烧球团微观结构变化情况
（a）未配矿时，焙烧温度1300℃，焙烧时间40min；
（b）配加20%巴西赤铁精矿时，焙烧温度1280℃，焙烧时间15min
H—赤铁矿；P—孔洞

黄柱成等[7]研究了赤铁矿配加磁铁矿制备氧化球团的主要影响因素，结果表明，赤铁矿添加30%磁铁矿后，球团矿适宜预热温度由980℃降低到880℃，焙烧温度由1330℃降低到1280℃，且成品球团抗压强度明显提高。模拟扩大试验研究表明：当预热温度为900℃、预热时间10min、焙烧温度为1280~1300℃、焙烧时间20min时，磁铁矿配比从0提高到30%，预热球团单球抗压强度从377N提高到966N，成品球团单球抗压强度从2509N提高到3045N，氧化球团矿的冶金性能也得到改善，主要结果如图5-3所示。

王宾等[8]进行了以巴西赤铁矿为主要原料，配加磁铁矿、硼铁矿对球团矿质量及热工制度的影响，结果表明，配加20%磁铁矿或10%硼铁矿均能降低焙烧温度，缩短焙烧时间，且预热球和焙烧球抗压强度得到明显提高，而以配加硼铁矿的效果最为显著，如图5-4所示。

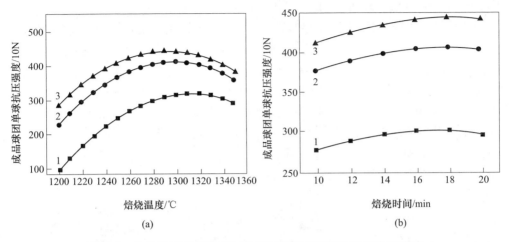

图 5-3　焙烧温度和焙烧时间对不同配矿方案焙烧球强度的影响

（a）焙烧时间 15min；（b）焙烧温度 1275℃

1—单一巴西赤铁矿；2—巴西赤铁矿：秘鲁磁铁矿（8∶2）；3—巴西赤铁矿：秘鲁磁铁矿（7∶3）

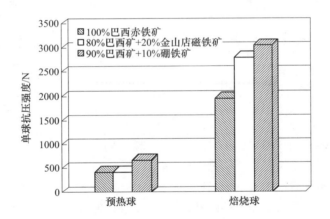

图 5-4　磁铁矿及硼铁矿对巴西赤铁矿球团强度的影响

　　由此可见，通过优化配矿的方式降低焙烧温度是可行的，这一方式在实际工业生产中也多有应用。

5.1.2.3　添加剂

　　球团中镁质熔剂的添加虽然有助于后续高炉工序燃料比的降低，对高炉技术经济指标的改善有重要意义，但是对于球团矿的焙烧固结却有一定的不利影响，这主要是因为含镁熔剂在球团预热阶段都不能够矿化，未矿化的 MgO 分布在赤铁矿、磁铁矿颗粒之间，阻碍赤铁矿和磁铁矿颗粒之间的微晶连接，而且白云石、菱镁石这类碳酸盐类含镁熔剂在球团预热过程中分解同样影响预热球强度[9~11]。为了降低 MgO 的添加对球团强度造成的负面影响，在镁质球团中添加适量的硼，可以明显改善其焙烧特性，使球团矿的焙烧温度降低、焙烧温度的区间扩大，便于焙烧操作，而且有助于镁质球团矿抗压强度的增加，这是因为在焙烧过程中低熔点物质 B_2O_3 与 $CaO \cdot Fe_2O_3$ 一样会以液相形式存在，能促进高熔点的镁铁橄榄石液相生成，少量的液相可以使颗粒聚拢，使球团矿致密化；并且可以使 Fe^{3+} 和 Mg^{2+} 有更强的迁移能力，加快了固体质点的扩散和高熔点物质铁酸镁的生成，提高了相邻质点间接触点的扩散速度，促进了 Fe_2O_3 晶粒的再结晶长大和互连以及 MgO 的矿化，从而有利于球团矿固结[12~17]，如图 5-5 所示，球团中加入含硼物质后，赤铁矿晶粒发育良好，赤铁矿晶粒大且相互连成一片，MgO 完全矿化，球团中没出现未矿化的 MgO。

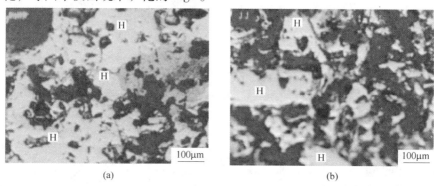

图 5-5　镁质球团添加含硼物质后的显微结构

H—赤铁矿

　　而对于含硼添加剂的来源，可以采用工业废弃物——硼泥，硼泥是硼化工厂以硼镁石和硼镁铁矿石为原料制取硼砂（$Na_2[B_4O_7] \cdot 10H_2O$）或硼酸（$H_3BO_3$）的残余物，是多种无机化合物的混合化硼泥的主要成分是 $Mg(OH)_2$ 和 $3MgCO_3 \cdot Mg(OH)_2$，主要矿物有方解石、镁橄榄石、磁铁矿和蛇纹石等；硼泥中含有一定数量的 B_2O_3，含 MgO 很高，其中含 CaO、MgO、Fe_2O_3 等对铁矿粉造块有用的矿物可达 50% 以上。镁铁矿石经过高温焙烧，矿物结构发生变化，脱去结晶水形成疏松多孔的物质，因此使硼泥具有较高的活性，其 pH 值为 9.8，呈碱性；硼泥的比表面积为 $0.35 \sim 0.48 m^2/g$，具有较好的可塑性和黏结性；硼泥的粒度很细，但在露天存放时常因风干结成硼泥块，故在使用前需细磨至 $-74\mu m$ 粒级达到 80% 以上才可用作球团添加剂。国内部分企业使用硼泥作为生产氧化球团的添加剂，并取得了很好的效果，既能改善球团矿质量，又能使硼泥作为冶金资源得以综合利用。

5.1.3　低温焙烧的节能减排作用

　　链箅机—回转窑生产氧化球团过程中，烟气中的 NO_x 以热力型为主，其生成反应式如式（5-7）所示。

$$N_2 + O_2 \Longrightarrow 2NO, \qquad 178kJ/mol \qquad (5-7)$$

其反应速率表达式如式（5-8）所示。

$$\frac{d[NO]}{dt} = 3 \times 10^{14} [N_2] [O_2]^{\frac{1}{2}} \exp\left(-\frac{542000}{RT}\right) \qquad (5-8)$$

式中　$[NO]$，$[N_2]$，$[O_2]$ ——分别为 NO、N_2、O_2 的浓度，mol/cm^3；

　　　　　T ——绝对温度，K；

　　　　　t ——时间，s；

　　　　　R ——通用气体常数，$J/(mol \cdot K)$。

由上可知，温度、空气过剩系数是影响热力型 NO_x 生成量的主要因素，其中 NO_x 生成量与温度呈指数关系，分别如图 5-6 和图 5-7 所示。

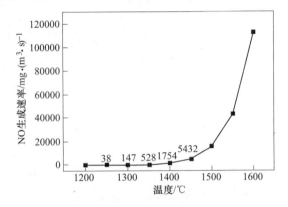

图 5-6　温度与热力型 NO_x 生成速度的关系

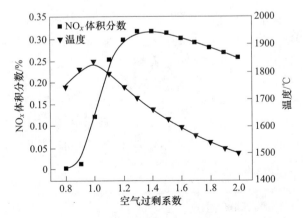

图 5-7　空气过剩系数对 NO_x 含量和温度的影响

由图 5-6 和图 5-7 可知，当燃烧温度低于 1300℃时，热力型 NO_x 生成量较少。当采用气体燃料进行加热时，燃气实际火焰温度一般在 1600~1850℃，此时会产生大量热力型 NO_x。NO_x 质量浓度与烟气温度及燃烧室温度的关系如表 5-4 所示。由表可知，燃气的燃烧温度是产生 NO_x 的关键，不同燃气燃烧时火焰温度不同，产生的 NO_x 含量差异也较大，因此，在生产过程中，应尽量降低燃烧温度，减少热力型 NO_x 的产生，这一点与低温焙烧的核心思想不谋而合。

表 5-4　NO_x 体积分数与烟气温度及燃烧室温度的关系

烟气温度/℃	燃气燃烧温度/℃		NO_x 质量浓度/mg·m^{-3}	
	焦炉煤气	贫煤气	焦炉煤气	贫煤气
≥1350	≥1800	≥1700	<800	约 500
约 1325	1780~1790	1680~1690	约 650	约 400
1300	1775	1670~1680	约 600	≤400
1250	≤1750	≤1650	≤500	≤350

5.2　球团内配碳技术

赤铁矿作为另一种铁含量较高的含铁资源，由于赤铁矿氧化结晶所需预热、焙烧温度高，同时其高温焙烧固结性能差，导致了现有链箅机—回转窑生产工艺容易结圈的问题，因而其利用受到了极大限制[18~25]。为了降低赤铁矿氧化焙烧所需温度，国内外专家学者开展了一系列研究，在赤铁矿中添加煤粉/焦粉以生产氧化球团，在常规球团生产工艺条件下，发现总的燃耗和电耗均降低。由此可见，通过球团内配碳降低球团焙烧温度是可行的。

5.2.1　内配碳球团固结机理

在赤铁矿球团中配加碳粉，利用高温条件下，含碳球团的"自还原"和"再氧化"可以实现赤铁矿球团的低温焙烧，减少外部能量供应，达到节能降耗、减少污染的目的。主要机理如下：升温过程中，内配的碳粉发生热解反应，析出挥发分，挥发分中的 CO 和 H_2 与赤铁矿反应将少部分 Fe_2O_3 还原生成 Fe_3O_4；同时碳粉燃烧使氧分压发生变化，由于 O_2 扩散作用的影响，球团内部的碳难以完全燃烧，产生了一定量的 CO，将 Fe_2O_3 还原成 Fe_3O_4 和 FeO[26]，当球团内部的碳被完全消耗后，生成的 Fe_3O_4 和 FeO 发生再氧化，释放出热量促进 Fe_2O_3 的再结晶，同时生成次生赤铁矿，次生赤铁矿的活度大于原生赤铁矿，因此提升了球团矿强度。通过"还原—氧化—高温再结晶"实现了赤铁矿球团的低温焙烧，同时也保证了球团强度。

赤铁矿球团焙烧温度的降低是通过配加碳粉后，使未加碳粉时的"高温再结晶"过程转变为加碳粉后的"还原—氧化—高温再结晶"，这一过程表明，内配碳赤铁矿球团焙烧过程中存在赤铁矿先被还原成磁铁矿或浮士体，然后再氧化成赤铁矿的现象。

球团焙烧温度高于 570℃，赤铁矿的还原是逐级进行的：$Fe_2O_3 \rightarrow Fe_3O_4 \rightarrow FeO \rightarrow Fe$，对于氧化球团而言，球团内部 FeO 增多表明氧化不充分，对球团强度产生负面影响，因此，为了减少球团内部自由 FeO 含量增多带来的负面影响，应确保碳粉添加量适宜，保证适度"还原"，便于后续"氧化"。

在配碳量适宜的情况下，加快"还原—氧化"阶段的反应进程，更有利于节能降耗，因此，结合实际的反应动力学过程，提出适用的反应促进方法具有实际意义。在内配碳球团中实际的反应动力学过程以下方式为主：

$$6FeO + O_2 = 2(Fe_2O_3 \cdot FeO) \tag{5-9}$$

$$4(Fe_2O_3 \cdot FeO) + O_2 = 6Fe_2O_3 \tag{5-10}$$

$$C + O_2 = CO_2 \tag{5-11}$$

$$3Fe_2O_3 + CO = 2(Fe_2O_3 \cdot FeO) + CO_2 \tag{5-12}$$

$$(Fe_2O_3 \cdot FeO) + CO = 3FeO + CO_2 \tag{5-13}$$

$$C + CO_2 = 2CO \tag{5-14}$$

$$6Fe_2O_3 + C = 4Fe_3O_4 + CO_2 \tag{5-15}$$

$$2Fe_3O_4 + C = 6FeO + CO_2 \tag{5-16}$$

由上述反应可知，含碳物质对赤铁矿还原过程的限制环节是碳的气化反应，即式（5-14），式（5-14）的加快会促进式（5-12）和式（5-13）反应的进行。由于固-固反应的动力学条件较为苛刻，因此反应（5-15）和反应（5-16）的反应速率较慢，还原主要还是以式（5-12）和式（5-13）反应为主。含碳物质的燃烧和被还原物质的再氧化以式（5-9）~式（5-11）反应为主，因为生产的是氧化球团，球团中碳的配加量有限，不会将球团中的 Fe_2O_3 全部还原为 FeO，而被还原出的 FeO 多出现在矿粉颗粒的表面，同时具有较大的活性。当氧化过程由球团外部向内部推进时，FeO 与 O_2 快速反应，此时限制氧化速度的环节即为 O_2 向球团内的扩散速度。

当碳的气化反应提供的 CO 分压达到铁氧化物还原所需的最低 CO 分压时，还原反应才能发生，而碳的气化主要受反应体系总压、温度以及碳自身特性的影响。总体而言，体系总压和温度的升高有利于反应的进行。碳自身特性对反应的影响主要涉及碳的粒度组成等物理特性，以及碳的活化能等化学特性。Fung 等[27]和 Miura 等[28]均指出煤（碳）的气化反应活性随煤的变质程度，即煤化程度的上升而下降。Kovacik 等[29]指出，对于烟煤而言，其气化反应的活性随着颗粒粒径的增大而降低。邹晓鹏等研究了不同煤阶的煤焦在不同粒度下的气化反应活性，指出高阶煤气化反应的加快可通过提高气化温度，减小大颗粒比例的方式提高，对于低阶煤而言，其活性较高，对温度和粒径的变化不如高阶煤敏感。由此可以发现，对于活性较低即活化能高的碳源，可以采用机械活化法对其进行处理，使其粒度细化，除了能提升气化反应速率外，还能有效改善碳粉添加对成球性能的影响。

5.2.2 内配碳球团制备技术

球团矿的生产是为给后续冶炼工序提供质量合格的原料，内配碳时如何保证球团的强度是具有实际意义的。根据球团生产主要工艺流程，以固定碳含量85%，灰分13%的焦粉为主要原料，研究了内配碳对赤铁矿球团性能的影响。

在焙烧温度1280℃，焙烧时间10min条件下，研究了碳的添加量对球团强度及冶金性能的影响，结果分别如表5-5和图5-8所示。碳含量的增加对于生球强度没有明显恶化，碳粉本身虽然疏水，但由于粒度较细，适当增加碳粉用量，有利于改善混合料的成球性，保证生球强度。但值得注意的是若生球经过干燥处理后，碳粉含量较高的干燥球强度相对较低。

表 5-5   碳含量变化对生球强度的影响

序号	碱度	含量/%		膨润土/%	单个生球抗压强度/9.8N	生球落下强度/(0.5m)·次$^{-1}$	单个干燥球抗压强度/9.8N
		MgO	C				
1	0.25	1.0	0	0.3	1.3	8	5.5
2	0.25	1.0	1.0	0.3	1.4	8	4.7
3	0.25	1.0	2.0	0.3	1.3	9	4.2
4	0.25	1.0	3.0	0.3	1.3	8	4.2

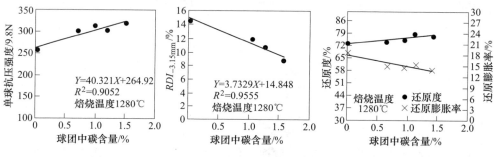

图 5-8   碳含量变化对焙烧球强度及冶金性能的影响

碳含量由0增加到1.5%时，对于焙烧球强度和 RDI、RI 产生有利影响，对 SI 有着不利影响。低温还原粉化的产生主要是由于还原过程中以三方晶系六方晶格形式存在的 $\alpha\text{-}Fe_2O_3$ 转变成等轴晶系立方晶格的 $\gamma\text{-}Fe_3O_4$，使得体积膨胀，晶格扭曲，产生极大的内应力所致，因此还原前赤铁矿的结晶形态对于低温还原粉化性有着直接影响。球团预热焙烧而黏结的方式主要有3类，即铁氧化物高温再结晶、硅酸盐黏结和铁酸盐黏结。赤铁矿的高温再结晶黏结是最常见也是强度最高的，但在还原过程中却并不稳定，相反硅酸盐黏结相在赤铁矿还原成磁铁矿时可保持不变，因此，随着配碳量的增多，引入的灰分也随之增加，从而强化了硅酸盐的黏结作用。此外，配碳量的增加使得燃烧后球团中的孔隙率有所增加（如图5-9所示），对于赤铁矿还原过程中体积的膨胀有一定的缓冲。

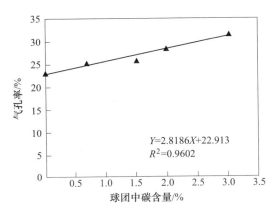

图 5-9 碳含量变化对气孔率的影响

配碳量增加产生了更多气体，从而使得大孔数增多，内部孔隙率增加，如图5-10所示。孔隙的增多利于还原过程中还原气体的扩散，从而提高了还原度。

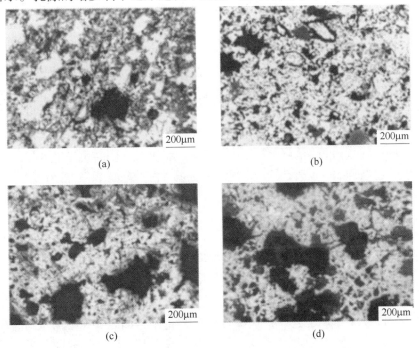

图 5-10 配碳量对球团微观结构的影响

（a）配碳量 0%；（b）配碳量 0.7%；（c）配碳量 1.5%；（d）配碳量 3%

　　碳粉的添加是为了降低球团的焙烧温度，因此需要明确进一步研究碳含量继续提升是否会更有利于焙烧球强度的提升，从而提供温度降低的空间，结果如图5-11所示。由图可知，当球团碳含量为2%时，其焙烧球强度随着焙烧温度的提升而提升；当碳含量为3%和5%时，焙烧温度的提升会对焙烧球的强度产生不利影响。这主要是由于碳含量继续增加使得焙烧过程中产生了更多的孔隙结构，同时更高的还原温度和更低的氧分压虽然促进了赤铁矿的还原反应，但也抑制了再生磁铁矿的再氧化，使得重结晶被弱化，降低了球团强度。所以相比而言，当配碳量提升至2%时相对适宜，能够有效保证球团的强度。

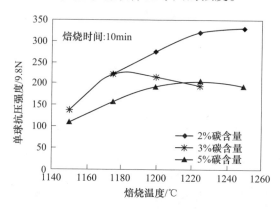

图 5-11　焙烧温度对不同碳含量球团焙烧球强度的影响

　　目前，氧化球团的生产工艺主要有竖炉法、链箅机—回转窑法以及带式焙烧机法。对于赤铁矿球团的生产，以链箅机—回转窑工艺生产全赤铁矿氧化球团的生产线全球仅有委内瑞拉 FMO、巴林 GIIC、美国 Tilden、珠海裕嘉球团厂[29,30]、太钢岚县矿业公司。国外采用链箅机—回转窑工艺生产全赤铁矿球团的以巴西 VBS 公司的生产线进行简要介绍。该公司通过链箅机—回转窑工艺生产全赤铁矿熔剂球团，将铁原料、熔剂（石灰石、白云石）、内配燃料（无烟煤）、钢厂废料在一台球磨机内进行开路混磨，确保原料粒度满足要求。实际运行效果良好，所得球团矿碱度 CaO/SiO$_2$ 为 0.69，SiO$_2$ 含量 4.1%，MgO 含量 0.58%，单球抗压强度（ISO 4700）平均 4000N，单球小于 1500N 球团的比例仅占 5%，转鼓指数（+6.3mmm，ISO 3271）97%，抗磨指数（-0.5mm，ISO 3271）1.8%，筛分指数-5mm 占 4.5%，产品粒度 9~18mm 占 95%，日平均产量 4519t，各项指标均符合设计要求[31,32]。

　　主流的赤铁矿生产工艺以带式焙烧机工艺为主，如表5-6所示。结合上述链箅机—回转窑生产工艺中会通过内配碳的方式来降低能耗，部分国家地区带式焙烧机生产线也会配加一定量的碳，减少能源消耗，实际应用中发现，除达到节能降耗的目的外，还增加了产能，如表5-7所示。

表 5-6　世界大型带式焙烧机主要情况

公司	地点	投产年份	年设计能力/万吨	年实际能力/万吨	设计商	矿种	年运行天数/天	焙烧机面积/m²
MBR	Vargem Grande	2009	700	548	Outotec	赤铁矿	345	768
Samarco	Ponta Ubu	1977	500	676	Metso	赤铁矿	350	704
Samarco	Ponta Ubu	1997	600	720	Metso	赤铁矿	350	744
Samarco	Ponta Ubu	2008	725	875	Outotec	赤铁矿	350	768
Samarco	Ponta Ubu	2014	925	925	Outotec	赤铁矿	350	816
Vale	Sao Luis	2001	600	705	Outotec	赤铁矿	337	768
Vale	Tubarao	2014	750	—	Outotec	赤铁矿	345	768

表 5-7　内配碳对带式焙烧机产能的影响

球团厂	年能力/万吨		原料	内配碳量/%	利用系数/t·(m²·d)⁻¹		增产/%（设计）
	设计	实际			设计	实际	
巴西	2.5	4.7	赤铁矿	1.44	15.9	巴西	2.5
CORUS	2.5	4.3	赤+磁	1.28	17.6	CORUS	2.5
委内瑞拉	3.3	4.0	赤铁矿	0.85	19.3	委内瑞拉	3.3
巴西	3.5	4.2	赤+磁	1.02	20.1	巴西	3.5

根据相关生产报道可知，球团矿原料中添加 0.8%~0.9% 固体燃料，可以代替燃油 34%~35%，总燃耗降低 11.9%~18.7%，同时提高球团矿的成品率和生产率，改善球团矿的质量和冶金性能。日本的高炉使用内配碳球团矿后，煤气的利用率提高了 8%，每吨生铁焦比降低 60kg，高炉利用系数提高了 17.4%，同时炉料顺行，炉况稳定[33]。

生产内配碳球团时，除了配碳量对球团性能影响较大外，适宜的配碳类型和粒度组成也是影响球团性能的关键。对于传统内配碳球团的生产，所配碳多为无烟煤、烟煤等常规化石燃料，化石燃料的添加虽然降低球团焙烧温度，减少了能源消耗，但值得注意的是，常规化石燃料的引入会带来新的气体污染，因此，为了能有效减少化石燃料燃烧产生的污染，可以考虑采用生物质燃料进行替代。

日本的东北大学通过生物质炭对含碳球团反应性的研究发现[34]，生物质炭的气化反应速度比焦炭快 20 多倍，可极大提升碳的气化速度，此外，相比于焦炭气化反应受粒度的影响，生物质炭由于多孔性结构，气化反应的速度几乎不受粒度的影响。

利用生物质炭是加快气化反应的途径之一，除此之外，通过改变铁矿粒度以提高内配碳球团的反应性也是可行的，日本的东北大学设计了一种新型含碳球团结构，在利用生物质炭的基础上，再利用超细氧化铁粉的催化作用，提高含碳球团的反应性。用圆筒混合机先将生物质炭和超细氧化铁粉混合，使生物质炭颗粒表面黏上超细氧化铁粉，然后再与球团粉混合制成含碳球团。由于超细氧化铁粉作为催化剂直接黏附在生物质炭上，可大大提高内配碳球团的反应性。

另外，球团内配碳技术不仅可以解决常规铁矿氧化或者还原所需温度高的问题，还能实现低价的高结晶水铁矿和钢铁生产过程中收集的含铁粉尘的利用，所以球团内配碳技术对于降低用矿成本和环保也有重要意义。

球团内配碳技术不仅在氧化球团的生产上得以应用，在高炉、直接还原工艺中也有广泛的应用。同样，球团中内配碳可以显著降低还原过程的反应平衡温度，从而降低焦比，实现低燃料操作，减少 CO_2 的排放。目前，以生物质炭替代焦粉参与还原过程的相关研究也在开展[35~40]。

5.2.3   内配碳的节能减排作用

对比未配碳时的适宜焙烧条件 1280℃、10min，球团内配 2% 焦粉时，能在 1200℃、10min 的条件下达到相当的球团强度，这无疑可以降低焙烧温度，减少燃料消耗。

通过内配碳是否达到效果需要通过整个过程的热平衡来判断。需要明确的是，不同的碳源（焦炭、无烟煤、木炭、石油焦等）由于燃烧性能、灰分、挥发分等不同使得它们对于球团性能的影响和在相同 C 含量下供热量也不尽相同。此处仍以 4.2.1 节所述的焦炭进行说明。主要计算式如下：

（1）蒸发水分所需的热量：

$$\Delta H = m \int_{298}^{373} c_p dT + m L_{vap} \tag{5-17}$$

式中 m——混匀料中添加的水量；

　　　 L_{vap}——水分蒸发带来的潜热。

（2）升温至球团焙烧温度时所需吸收的热量：Fe_2O_3、Al_2O_3、MgO、CaO、SiO_2 和 C 等所有出现在混匀料中的主要成分由室温加热至 1200℃吸收的所有热量通过下式计算。

$$\Delta H_{T2}^0 = \Delta H_{T1}^0 + \int_{T_1}^{T_2} \Delta c_p dT \tag{5-18}$$

$$c_p = a + bT - cT^{-2} \tag{5-19}$$

式中 c_p——各组分的热容；

　　　 T_1——室温；

　　　 T_2——球团焙烧温度。

（3）石灰石煅烧所需温度：为了保持球团碱度，石灰石被添加，因此需要考虑其受热分解所需的热量。

$$CaCO_3 = CaO + CO_2 \qquad \Delta H^0 = 179kJ/mol \qquad (5\text{-}20)$$

（4）熔融相所需的熔化热：该部分热量主要用于 $CaFeO_4$ 和 $CaFeSiO_4$ 的熔化，通过查询热力学数据获取。

（5）焦粉燃烧释放的热量：

$$C + \frac{1}{2}O_2 = CO(g) \qquad \Delta H^0 = -110.5kJ \qquad (5\text{-}21)$$

$$C + O_2 = CO_2 \qquad \Delta H^0 = -393.5kJ \qquad (5\text{-}22)$$

（6）物相的生成热：

该部分主要是指 $CaFeO_4$、$CaFeSiO_4$ 以及 $MgFeAlO_4$ 在焙烧温度下的生成热，查找热力学数据即可。

（7）铁氧化物的还原热：

$$3Fe_2O_3 + CO = 2Fe_3O_4 + CO_2 \qquad \Delta H^0_{1473} = -48.26kJ \qquad (5\text{-}23)$$

由上述各式计算可得表 5-8。

表 5-8　1kg 配碳量为 2%的球团焙烧所需热量和提供的热量（理论计算）

项　目	所需热量		项　目	提供热量	
	需要热量/kJ	占比/%		产生热量/kJ	占比/%
生球水分蒸发	57	2.9	C 的氧化放热	373	18.8
加热至焙烧温度（1200℃）	1708	85.9	铁氧化物还原后再氧化	48.3	2.4
石灰石分解	20	1.0	复杂氧化物生成	65.5	3.3
渣相潜热	202	10.2	外部供热	1573.2	75.5
合　计	1987	100	合　计	1987	100

对于 1kg 未配碳球团，其焙烧温度为 1280℃时所需热量为 2060kJ。对于配碳量为 2%球团，其焙烧温度为 1200℃，此时需要热量 1987kJ，其中依靠外部供热 1573.2kJ，占比达 75.5%，内配碳提供热量 421.3kJ，占比达 21.2%。对比可知，未配碳时，球团焙烧所需热量几乎全由外部供热提供，其能耗远高于配碳后外部供热提供的 1573.2kJ，由此可知，通过内配碳降低了焙烧温度和减少了能耗。值得注意的是，表 5-8 并不是实际球团矿焙烧过程的热平衡计算，由于实际生产过程中涉及许多因素，如热废气用于球团的干燥、预热以及固化，辐射传热和热传导过程中的热损失等，这些参数由实际生产流程所决定，以某厂现场生产的相关参数及数据为例进行计算，热废气温度为 50℃，各项热损失之和占总热需求量的 25%，最终计算可得配碳量 2%的球团较未配碳时可降低 42%~45%的燃料消耗。

5.3   球团新型黏结剂开发

提高球团矿的铁品位是实现炼铁节能减排的重要手段，铁品位的提高有利于提高综合入炉品位，对减少渣量起着根本性的作用。根据经验数据：入炉铁品位提高1%，高炉渣量减少30kg/t，焦比下降0.8%~1.2%，产量增加1.2%~1.6%，增加喷煤量15kg/t。这一效果对我国这个钢铁产量大国来说是十分惊人的，对企业的经济效益也是十分可观的。

黏结剂作为球团矿生产过程中重要的原料之一，其性能对球团矿质量影响巨大。性能优异的黏结剂，需具备用量少，球团性能好，成本低等优点，能够提高球团矿的铁品位，改善球团矿质量指标。由此可见黏结剂优化也是实现球团提质、高炉节能减排的一种有效手段。

由于无机黏结剂性能好，价格便宜，经济效益高，因此成为球团生产工艺中使用最为广泛的黏结剂。尤其是膨润土，由于其分散性好，比表面积大、亲水性强，具有很好的成球性能，且因其吸水能力强，在干燥过程中起到缓冲作用，能够明显的提高生球爆裂温度，球团强度也能满足生产要求，其成功取代生石灰，成为使用最为广泛的球团黏结剂。

我国膨润土的总储量占世界总量的60%，位居世界第一位，种类齐全，分布广，遍布26个省市。据不完全统计，目前我国膨润土年产量已超过350万吨，累计探明储量50.87亿吨以上，保有储量大于70亿吨，现已探明的100多个膨润土矿产地主要集中分布于新疆、广西、内蒙古以及东北三省。由于其资源充足，成本低廉，性能优良，膨润土已成为现阶段球团矿生产过程中最常用的无机黏结剂。

目前，国内各球团矿生产厂家大都采用膨润土作为造球黏结剂，其用量一般为2%左右。生产实践证明，球团生产中添加的膨润土经过焙烧后约有90%左右仍残留在成品球团矿中，由于膨润土的成分主要是SiO_2和Al_2O_3，球团生产中膨润土配比每降低1%，可增加球团矿铁品位0.6%~0.7%左右，可见提高球团矿品位对于高炉冶炼有着极为重要的作用。因此开发性能优异的改性膨润土和新型黏结剂是提高炼铁综合效益的有效途径。

5.3.1   膨润土改性技术

蒙脱石的主要成分为二氧化硅和三氧化铝，并含有少量的镁、钙、钾、钠、铁等离子，其化学式为：$(Na,Ca)_{0.33}(Al,Mg,Fe)_2[(Si,Al)_4O_{10}](OH)_2 \cdot nH_2O$。蒙脱石为层状结构硅酸盐矿物，其结构是由两个硅氧四面体夹一层铝氧八面体组成的2:1型晶体结构，如图5-12所示。蒙脱石的结构特征决定了膨润土具备以下性质：

（1）阳离子交换性：硅氧四面体中的 Si^{4+} 可小部分被 Al^{3+} 置换，而铝氧八面体中的 Al^{3+} 可被 Mg^{2+}、Na^+、Ca^{2+} 等置换。通过这种置换使蒙脱石晶胞带负电荷，成为一个大的负离子，从而使它具有吸附某些阳离子的能力，但这些阳离子与晶体的结合不牢固，易被其他低价离子所置换。

（2）膨胀性：膨润土层间吸附的阳离子具有较强的水合作用，能够在层间吸附相当于自身体积 8~20 倍的水而膨胀至 30 倍，在水介质中分散呈胶体状悬浮液，因此在水中具有较大的膨胀性。

（3）吸附性：由于蒙脱石矿物晶粒细小，其结构层只有 1nm 左右，因此是天然的纳米结构矿物材料，具有较大的比表面积，且层间作用力较弱，在溶剂作用下易发生剥离、膨胀、分离而形成更薄的单晶片，使蒙脱石具有较大的内表面积，因此膨润土具有较高的吸附能力。加入膨润土会改善物料的亲水能力，增大表面张力，使毛细力作用增强。物料被润湿后，膨润土与矿物颗粒之间发生吸附黏结，依靠范德华力、静电作用和氢键将相邻的矿物颗粒结合在一起。

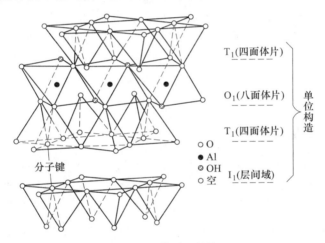

图 5-12 蒙脱石结构

膨润土层间的 Ca^{2+} 被 Na^+ 取代时称为钠基膨润土，相较于钙基膨润土，钠基膨润土和经钠化改性的膨润土膨胀倍数更大，具有更大的内、外表面积，为膨润土的层间复合或插层反应提供了有利的条件。钠化改性后，膨润土呈海绵状结构，有较多的微孔，增加了吸附点，且层间距有所增大，这些都有利于其吸附性能的提高。

钠化改性在工业上常用湿挤压法，挤压作用使得膨润土颗粒之间、晶层之间产生相对运动而分离，化学键遭到破坏产生断键，增大了与 Na^+ 接触面积，利于吸附具有相反电荷的 Na^+，使钠化反应充分进行。同时挤压过程中的摩擦产生热能加速粒子运动速度，增加离子交换概率与速度。常用的钠化剂有 $NaNO_3$、

NaCl、Na_2SO_4 和 Na_2CO_3 等，在钠化过程中同时添加少量单宁酸可改善钠化效果。改性过程的最佳加碱量是保证钠化反应顺利进行的必要条件，添加量必须大于 Ca^{2+}、Mg^{2+} 等的浓度才能使钙基膨润土钠化完全，但 Na^+ 浓度过大时，将导致增加滤失量和降低视黏度。

钠基膨润土相对于普通的钙基膨润土，在用量更少的情况下能获得质量指标合格的生球与成品球，利于球团矿铁品位的提高，在实际生产中已有广泛的应用。

杨永斌等[41]分析了膨润土流变特性与生球强度的关系，并探究 K^+、Na^+ 等对膨润土流变特性的影响，解释了不同种类膨润土对生球强度指标影响的差异。结果表明：膨润土塑性黏度越大，生球落下强度越好；离子对膨润土流变特性影响很大，K^+ 特别是 Na^+ 显著提高膨润土的塑性黏度，提升膨润土的流变特性，改善生球落下强度；而 Mg^{2+} 和 Ca^{2+} 降低了膨润土的塑性黏度。Cl^- 能保证膨润土具有较好的流变特性，CO_3^{2-} 使膨润土的塑性黏度、屈服强度和表观黏度均减小，SO_4^{2-} 和 HCO_3^- 则使膨润土的流变特性大幅度地下降。

任瑞晨[42]等采用半干法对钙基膨润土进行钠化改性制备钠基膨润土，并研究改性前后膨润土对所制备球团性能的影响。试验结果表明，膨润土经钠化改性后能有效地降低其使用量，在钠基膨润土添加量为 1.7% 时所制备球团的各项指标均高于原土添加量为 2.0% 时所制备球团的指标。

5.3.2 新型有机黏结剂

单一的膨润土原料，不但资源消耗量大，而且使球团产品品位低，焦比和冶炼残渣高，从而使钢铁产量降低。国际上高炉用球团矿铁品位一般为 ≥65%（我国目前为 ≥64%）。同时 SiO_2 含量要在 2%~3%。为达到这一质量指标必须严格控制入厂铁精矿的品位，同时应选用优质黏结剂，严格控制膨润土的加入量，国外一般为 0.6%~0.8%。为此，开发低比、低残留量的球团生产用新型高效节能黏结剂，取代或部分取代常规的膨润土，是提高入炉球团矿 TFe 品位，实现节能减排、节约膨润土资源、提高产量的有效途径，能显著提高钢铁企业的整体经济效益。

国内外研究者在开发新型黏结剂方面已做了大量研究，并且已有研究证明使用有机黏结剂可以生产出满足工业要求的生球，同时阐明了有机黏结剂改善生球性能的机理[43~46]。

5.3.2.1 羧甲基纤维素钠黏结剂

羧甲基纤维素钠简称 CMC，是葡萄糖聚合度为 100~2000 的纤维素衍生物，为白色纤维状或颗粒状粉末。无臭，无味，有吸湿性，不溶于有机溶剂，易于分散在水中成透明胶状溶液。1% 水溶液 pH 值为 6.5~8.5，当 pH>10 或 pH<5 时，

胶浆黏度显著降低，在 pH＝7 时性能最佳。其热稳定表明，在 20℃以下黏度迅速上升，45℃时变化较慢，80℃以上长时间加热可使其胶体变性而黏度和性能明显下降。在碱性溶液中很稳定，遇酸则易水解，pH 值为 2～3 时会出现沉淀，遇多价金属盐也会反应出现沉淀。佩利多就是一种以羧甲基纤维素钠为主的有机黏结剂，其分子结构如图 5-13 所示。

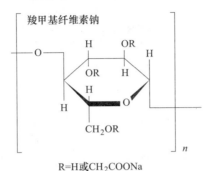

图 5-13　羧甲基纤维素钠分子结构

巴西里奥多斯铁矿公司球团厂生产表明，添加 0.7‰佩利多时，单个生球抗压强度为 9.31N，单个干球抗压强度为 16.5N，落下强度为 2.7 次/(0.5m)，单个成品球抗压强度为 3675N。荷兰恩卡公司为了验证加佩利多的球团矿用于欧洲高炉是否与美国有相同的优越性，将佩利多与膨润土的添加量分别保持在 0.08%和 0.8%条件下进行对比试验，其结果表明，加佩利多的球团矿与加膨润土的球团矿相比，SiO_2 低 0.3%～0.4%，成品球团矿含铁量提高 0.6%～0.8%；添加佩利多的生球抗压强度比配加膨润土的球团矿低，但仍能符合生产要求，且继续增加佩利多的添加量，就可获得较高的生球强度；添加佩利多的生球爆裂温度比配加膨润土的球团高得多。焙烧后，添加佩利多的成品球团矿强度比配加膨润土的球团矿低，但比较接近。添加佩利多的球团矿在 950℃和 1050℃温度下的还原度比配加膨润土的球团矿高；低温还原粉化指标，两者没有明显差别，软熔性能两者没有明显差别[47]。

魏玉霞等[48]对 CMC 的黏结机理进行了研究，原矿添加羧甲基纤维素钠压球后经红外光谱和射线光电子能谱分析可知，羧甲基纤维素钠通过—OH 和—COOH 与原矿发生化学吸附作用，原矿颗粒间依靠羧甲基纤维素钠高分子有机链结合起来，通过黏结剂颗粒间的黏附能力形成具有一定强度的"连接桥"网状结构，因此加入羧甲基纤维素钠后球团强度得到大幅提高。

武汉理工大学成功开发出新型羧甲基纤维素黏结剂[49]。研究证明采用此新型有机黏结剂取代或者部分取代膨润土，在满足生球强度、爆裂温度和焙烧球强度的基础上，可达到降低膨润土用量，提高球团矿铁品位的目的。新型黏结剂制备反应流程见图 5-14。在有机纤维素单体的乙醇溶液中，加入催化剂，在一定温度条件下加入交联剂进行交联反应，然后再羧甲基化，出料干燥得到有机球团黏结剂 GPS。有机黏结剂 GPS 是以纤维素为基质，通过引入黏结活性基团、搭桥聚合反应等，合成出具有较高分子量、较强黏结活性和一定热稳定性的有机黏结剂物质。该黏结剂为白色粉末，略带微黄色，含有大量羧基（—COOH）、羟基（—OH）、醚键（—O—）等亲水基团，因此水溶性较好，相对密度 0.9 左右。

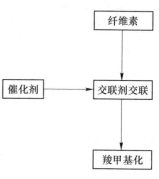

图 5-14 GPS 制备反应流程图

通过比较新型黏结剂和膨润土造球效果可知，有机黏结剂 GPS 用量为 0.2% 时，在生球强度、热稳定性等方面都能达到膨润土用量为 1.5% 时的效果，证明有机黏结剂替代膨润土不会对铁精矿造球产生不利的影响。这是因为有机黏结剂 GPS 中含有大量的（—COO⁻）和（—OH）基团，其中（—COO⁻）是较理想的极性基团，可和铁精矿表面发生离子键合，（—OH）是良好的亲水基团，能大大改善黏结剂的亲水性。且其含有环状结构，能构成理想的黏结剂链架。造球过程中，黏结剂通过其极性使颗粒表面的亲水性增强，使毛细引力，黏滞力增大，而且在黏结剂溶液中，环状分子所形成的发达而连续的网状结构，可将矿粉颗粒紧密连接和包裹，起到一种较为牢固的"桥链"作用，使矿粉颗粒紧密地聚结在一起，从而使生球强度得以提高。GPS 具有极高的黏结性，因而能明显提高生球爆裂温度。但若使用过量，过高的溶液黏度将对提高生球爆裂温度产生负作用。

5.3.2.2 腐植酸黏结剂

腐植酸多为具有芳香型苯环结构、羧基和酚羟基的长链大分子有机物，其作为黏结剂时，与天然矿物表面发生的主导作用力为化学作用力，图 5-15 为腐植酸分子结构。

姜涛等[50]以 F 黏结剂的开发特点及其应用经验为基础，发明了一种适用于氧化球团矿生产的新型 MHA 复合黏结剂。MHA 黏结剂以国内储量丰富的年轻褐煤和风化煤为主要原料，来源广泛。采用助剂 AQ 强化碱性提取过程，过滤、干燥后得到固体产品，MHA 主要由有机组分和无机组分构成。其有机物部分是由分子结构相似的高分子羟基、芳香族及羧酸类等结构单元构成的复合体，每一个结构单元又由核、桥键和活性基团 3 部分组成[51]。

测得 MHA 和膨润土的主要化学成分及烧损如表 5-9 所示。从表 5-9 可以看出：MHA 的 *LOI* 较大，为 52.50%，主要是由 MHA 中的有机组分在高温加热后分解或挥发所致。高温焙烧过程中，该部分有机物质将从球团中挥发脱除。比较来看，膨润土的 LOI 仅 11.80%，低于 MHA。结果表明，采用 MHA 为球团黏结

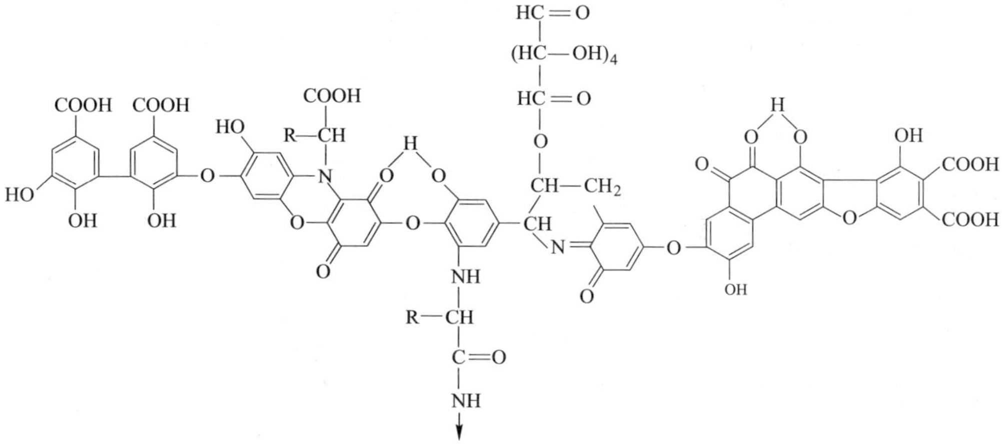

图 5-15 Stevenson 的腐植酸结构

剂，高温焙烧后其残留量比膨润土明显要低，这对提高成品球团矿的 TFe 品位非常有利。

表 5-9 **MHA 和膨润土的主要化学成分及烧损量**（质量分数）　（%）

黏结剂	Fe_2O_3	K_2O	Na_2O	SiO_2	Al_2O_3	CaO	MgO	P	LOI
MHA	6.08	0.55	3.82	20.62	11.98	0.50	0.33	0.096	52.50
膨润土	3.13	0.95	2.55	58.36	15.15	2.70	4.28	0.14	11.80

MHA 黏结剂中含有较多的羧酸根、酚羟基等含氧官能团，表明其具有较强的亲水性。其中羧基与总酸基的摩尔比为 10.24%。由于羧基能与金属离子和金属氢氧化物发生络合或螯合反应[52]，这有助于 MHA 与铁精矿颗粒表面之间形成化学吸附，产生较强的黏结作用力，从而提高生球团强度。

研究表明，在优化试验条件下，采用中南大学已发明的 MHA 作为球团黏结剂，可获得高强度的钒钛磁铁矿氧化球团。研究对两种黏结剂条件下获得的氧化球团矿性能进行了综合比较，如表 5-10 所示。两种球团在相同的预热及焙烧制度下获得：预热温度 950℃，预热时间 10min，焙烧温度 1250℃，焙烧时间 10min。

表 5-10 **两种黏结剂球团的性能比较**

黏结剂	MHA 与铁矿质量比/%	生球落下强度/次·(0.5m)$^{-1}$	单个生球抗压强度/N	爆裂温度/℃	单个预热球抗压强度/N	单个焙烧球抗压强度/N	TFe 含量/%
MHA	0.25	4.9	13.6	>600	522	3702	55.36
膨润土	2.0	4.1	13.5	>600	601	3854	54.25

比较 0.25% MHA 黏结剂与 2.0% 膨润土的生球团，前者的落下强度比后者的要高 0.8 次/(0.5m)，这是因为 MHA 黏结剂在铁矿颗粒表面形成作用力较强的化学吸附，而膨润土在铁矿颗粒表面为作用力较弱的物理吸附[53]。尽管膨润土球团的预热球和成品球抗压强度略高，但是 MHA 黏结剂的单个预热球和焙烧球抗压强度分别达到 500N 和 3700N 以上，完全满足球团生产的要求。

从产品的 TFe 品位看，使用 0.25% MHA 黏结剂的成品球团矿比 2.0% 膨润土球团的铁品位提高了 1.11%。因此，采用 MHA 黏结剂完全替代膨润土制备钒钛磁铁矿氧化球团时，具有明显提高成品球团矿铁品位的效果，这对高炉炼铁生产的"节能减排"非常有利。

两种黏结剂成品球团矿的冶金性能，主要包括：还原度、低温还原粉化指数和还原膨胀率。两个方案球团矿的还原性能测定结果分别列入表 5-11 中。从中可知：MHA 球团矿的还原性能与目前使用的膨润土球团矿接近，均可作为优良的高炉冶炼原料。因而，MHA 黏结剂在钒钛磁铁矿氧化球团矿生产中具有良好的应用前景。

表 5-11　两种黏结剂成品球团矿还原性能比较

黏结剂	RDI/%		RI/%	RSI/%
	<0.5	>3.15		
MHA	1.05	96.23	67.69	17.78
膨润土	1.68	95.37	67.22	17.32

5.3.2.3　木质素磺酸钠

木质素磺酸钠结构复杂，其由大约 50 个苯丙烷单元连接成一种三维网络状的结构体，没有磺酸基的部分在结构体内部，磺酸基分布在结构体的外部。木质素磺酸钠具有较多的羧基、磺酸基、羟基等亲水性基团，因此其具有良好的亲水性；自身包含许多带负电性的亲水基团，当遇上带正电的颗粒时，会产生静电吸引力，使颗粒黏结在一起；在植物中，木质素把纤维素黏合在一起，木质素磺酸盐也具备这种黏合力，图 5-16 为木质素磺酸钠分子结构。丁斌[54]采用工业的副产物木质素磺酸钠作为球团矿黏结剂，结果表明，木质素磺酸钠能明显地改善铁精矿原料的成球性，在用量较少的情况下能获得较高的球团强度，提高成品球的铁品位。

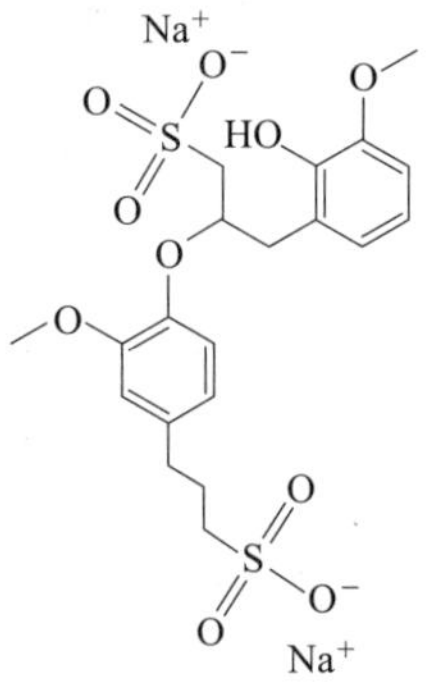

图 5-16　木质素磺酸钠结构

木质素磺酸钠是造纸工业废液的副产物，其市场价格约为 1000 元/吨，其价格约为羧甲基纤维素（CMC）价格的 1/10，工业淀粉价格的 1/4。木质素磺酸钠是一种天然高分子化合物，分子结构中含有大量的羟基、羧基、磺酸基等官能团，符合众多学者提出的理想有机黏结剂的分子构型。此外，木质素磺酸钠是阴离子型聚合物，能与矿物表面的金属离子产生静电吸引力，其分子结构中含有大量的羟基、羧基及磺酸基等功能基团能与金属离子产生螯合作用，具有强烈的吸附力。丁斌[54]通过球团试验与膨润土球团进行对比，研究木质素磺酸钠对不同阶段的球团强度影响，并对木质素磺酸钠的黏结机理进行研究，提出了使用木质素磺酸钠部分替代膨润土或木质素磺酸钠与碳酸钙组成复合黏结剂完全替代膨润土。由于木质素磺酸钠价格低廉，且来源广泛，若能应用在球团工业生产上，将可以提升球团矿质量和降低生产成本。

通过研究黏结剂种类及用量对球团强度的影响可以发现：木质素磺酸钠球团和膨润土球团及生球的落下强度及抗压强度均随着黏结剂的用量增加而增加，如图 5-17 所示。木质素磺酸钠用量为 0.75% 时，木质素磺酸钠球团生球落下强度为 4.2 次/(0.5m)，单个生球抗压强度为 11.2N，满足工业生产中的最低标准。对比不同黏结剂球团强度可知，采用木质素磺酸钠制备球团时，要使球团强度满足工业生产要求，黏结剂用量只需大于 0.75%，但对于膨润土球团来说，用量需大于 2% 才能满足生产要求。与使用膨润土作为黏结剂相比，采用木质素磺酸钠作为黏结剂生产球团时，黏结剂的用量更低，生球的落下和抗压强度更好，从生球质量来看，木质素磺酸钠黏结剂性能优于膨润土。

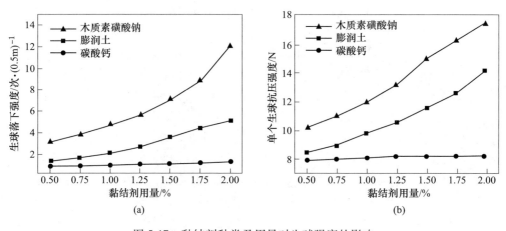

图 5-17　黏结剂种类及用量对生球强度的影响
（a）生球落下强度；（b）生球抗压强度

在黏结剂用量相同时，木质素磺酸钠球团干球抗压强度明显高于膨润土球团强度，根据行业一般要求，单个干燥球抗压强度应大于 22N，使用木质素磺酸钠作为黏结剂时，用量仅需大于 0.5% 即可满足要求，而膨润土用量需超过 1.5%。与使用膨润土作为黏结剂相比，采用木质素磺酸钠作为黏结剂生产球团时，黏结剂的用量更低，干燥球强度更佳，从干燥球质量来看，木质素磺酸钠的黏结性能优于膨润土。

根据工业生产对球团质量的要求,单个预热球强度要大于400N,单个焙烧球强度要大于2500N,才能基本满足生产要求。但是研究发现使用木质素磺酸钠作为黏结剂时,单个焙烧球的最大抗压强度为2224N,这个强度低于生产要求的标准。因此,单独使用木质素磺酸钠作为球团黏结剂,对焙烧球的强度有一定影响。

5.3.2.4 聚乙烯醇

聚乙烯醇是分子主链含"—CH$_2$—CH(OH)—"基团的高聚物,是一种水溶性的多羟基高分子聚合物,其水溶液具有一定的黏性,对纤维材料具有很好的亲和性和比较好的润湿性及黏结性。在其水溶液中添加不同助剂进行改性,可得到具有良好稳定性的黏结剂,由聚醋酸乙烯酯醇解而制得,简称PVA,图5-18为聚乙烯醇分子结构。

聚乙烯醇为白色或微带黄色粉末或粒状,密度为1.27~1.31。在100~140℃时稳定;高于150℃时慢慢变色,在170~200℃时分子间脱水,高于250℃分子内脱水,颜色很深,不溶解;玻璃化温度65~87℃,无定形聚乙烯醇玻璃化温度一般为70~80℃。分子量越低,水溶性越好,依水解度不同,产物溶于水或仅能溶胀。

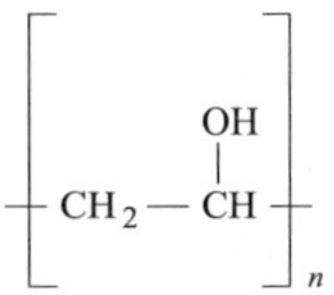

图 5-18 聚乙烯醇结构

侯静等[55]采用聚乙烯醇,对其进行改性研究,比较改性与未改性黏结剂对压团强度及爆裂性能的影响。改性剂包括:硼砂、硼酸、水玻璃。并研究改性剂种类及用量对黏结剂黏度的影响,确定出合适的改性制度,结果表明:采用0.1%的硼酸和硼砂对聚乙烯醇进行改性,黏度增加改性效果明显,添加水玻璃或过量改性剂会使黏结剂形成胶体而失去流动性和黏结性。采用0.1%的硼酸和硼砂对聚乙烯醇进行改性,相较于未改性产品,其具有更高的黏度,实验结果表明:添加0.25%改性有机黏结剂压制而成的团块具有更高的生球、干球强度及爆裂温度。

5.3.2.5 聚丙烯酰胺

聚丙烯酰胺(PAM)是丙烯酰胺均聚或与其他单体共聚而成的质量分数在50%以上的线型水溶性高分子化合物的总称。由于结构单元中含有酰胺基,易形成氢键,所以具有良好的水溶性,它易通过接枝或交联得到支链或网状结构的多种改性物,系列产品可以分为非离子型(NPAM)、阳离子型(APAM)和阴离子型(CPAM)3大类,这些聚合物可以是均聚物,也可以是共聚物,图5-19为聚丙烯酰胺分子结构。

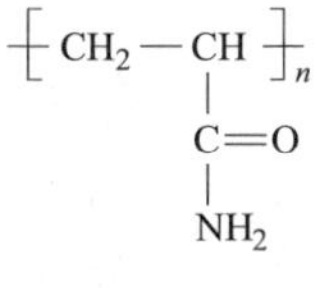

图 5-19 聚丙烯酰胺结构

聚丙烯酰胺可在许多相反作用的领域中应用。可以做絮凝剂，又可以做分散剂，即是黏结剂又是清洗剂，其用途的多重性是由于它受不同相对分子质量，不同共聚单体，不同官能团等多重因素影响的结果。高相对分子质量的聚丙烯酰胺的最重要用途之一是用作固液分离的絮凝剂和各种物料的黏结剂。聚丙烯酰胺用于球团后，球团矿粒度均匀，焙烧后强度好，所以聚丙烯酰胺是球团生产中较适宜的黏结剂。

成功用于实际生产的有阿可泰 FE 系列，阿可泰 FE 系列有机黏结剂是通过丙烯酰胺和丙烯酸的单体（异分子聚合物）接枝共聚后得到的产品。然而，该类有机黏结剂始终没有在我国获得实际应用。究其原因是国外球团矿生产多采用带式焙烧机，球团在预热过程中相对静止，因而对预热球强度没有特殊要求。而国内绝大多数球团厂采用链箅机—回转窑工艺生产球团，要求生球的热稳定性和预热球强度具有较高水平，而上述两种有机黏结剂难以满足其工艺要求。

从上述研究中可以看出，将新型黏结剂应用于球团矿工业生产，不但大大提高了产品性能，而且综合节能减排效果良好、经济效益显著。从产品实际应用的技术要点上看：（1）可以增强分散性、热稳定性，提高物料成核率；（2）可以增强生球强度和防爆裂性能；（3）可以调解原料水分，提高球团矿还原软化温度，改善球团矿的还原性，稳定造球作业；（4）可以降低了带入球团矿中 SiO_2、Al_2O_3 含量；（5）可以缩短球团矿高温焙烧时间，提高球团矿产量，降低能耗；（6）可以减少膨润土用量，提高球团矿品位，降低硅含量，实现节能减排。

5.3.3 新型复合黏结剂

虽然有机黏结剂用量低并且可以提高球团矿铁品位，但是存在以下问题：有机黏结剂多为高分子化合物，价格比较昂贵，因此采用有机黏结剂制备球团矿的成本较高。除此之外，由于有机黏结剂在较低温度条件下就可以发生分解、燃烧等化学反应，使得黏结剂的热稳定性较差，生球爆裂温度低以及预热球团和成品球团强度低。在采用链箅机—回转窑生产球团矿的工艺中，当有机黏结剂球团在回转窑中焙烧时由于回转窑的转动，与球团之间存在明显摩擦，形成大量粉末，致使回转结圈隐患增大。

由上述分析可知，无机黏结剂在球团制备中具有用量大、残留量高、球团矿铁品位低等缺点，但是其价格低廉且储量丰富，制备的干球和成品球团机械强度高；有机黏结剂具有用量小、残留量少等优点，但是价格昂贵、热稳定差、干球及预热球团抗压强度低。因此，集两种黏结剂优点于一体的复合黏结剂成为近年来研究开发的重点。

复合黏结剂同时具备有机黏结剂和无机黏结剂的双重优点，在降低黏结剂添加量的同时能最大程度的保证球团矿质量，是现阶段提高球团矿品位的有效途径。复合黏结剂制备方法可分为以下两种：物理制备和化学制备，物理制备主要是将有机黏结剂和钠化的膨润土混合，化学制备则是通过无机金属阳离子和有机阴、阳离子表面活性剂处理膨润土，从而对其进行复合，改性剂多为碳链大于12 或 18 的阳离子表面活性剂，其中包括十八烷基三甲基溴化铵、十六烷基三甲基溴化铵（CTMAB）等。

5.3.3.1 羧甲基纤维素钠/膨润土复合

为了降低铁精矿球团生产中膨润土的添加量，提高球团铁品位的同时满足生产对生球强度和预热、焙烧球强度的要求，谢小林等[56]通过向膨润土中添加适量的 CMC 和醋酸钠对膨润土进行改性，以生球、预热球和焙烧球的强度为依据，研究了制备 CMC 复合黏结剂和改性 CMC 复合黏结剂需掺加 CMC 和醋酸钠的量。

CMC 与膨润土按此质量比混合后的复合黏结剂添加量对生球性能影响如图 5-20 所示。由图可知，CMC 复合黏结剂用量由 0.8% 增至 1.2%，生球的落下强度和抗压强度均明显上升；CMC 复合黏结剂用量由 1.2% 增至 1.4%，生球的抗压强度缓慢上升，落下强度仍然显著上升。CMC 复合黏结剂用量为 1.2% 时，生球落下强度为 4.11 次，单个生球抗压强度为 14.97N，达到生球的质量要求。

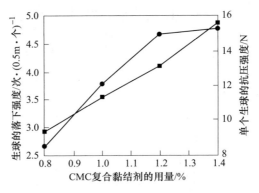

图 5-20 复合黏结剂用量对生球性能影响

通过对比添加 1.6% 膨润土的球团和添加 1.2% CMC 复合黏结剂的球团的预热和焙烧强度（表 5-12）可以看出，CMC 复合黏结剂的添加虽能提高球团铁品位，但会影响预热和焙烧球团的强度。因此，通过向 CMC 复合黏结剂中添加少量醋酸钠改善预热球团及焙烧球团抗压强度的情况。最终结果表明，采用向膨润土中添加 0.9% 的 CMC 和 0.5% 的醋酸钠所制得改性 CMC 复合黏结剂，可在保证生球、预热球及焙烧球强度的前提下，将球团生产的黏结剂用量从 1.6% 降低至 1.2%，对应的生球落下强度为 4.1 次/(0.5m·个)、单个生球抗压强度为 22.12N，单个预热球的抗压强度为 532N，单个焙烧球抗压强度为 3444N。

表 5-12　不同黏结剂对预热球团、焙烧球团强度影响

黏结剂	单个预热球团抗压强度/N	单个焙烧球团抗压强度/N
膨润土	518	3559
CMC 复合黏结剂	422	3088

5.3.3.2　腐植酸/膨润土复合

单一使用腐植酸作为黏结剂时，其持水能力较弱，受铁矿原料原始水分含量的影响较大；在物料混合过程中，腐植酸黏结剂自身易黏结，难以分散，致使球团质量不均。张元波等[57]选用钙基膨润土、腐植酸以及腐植酸改性膨润土进行铁精矿造球对比试验，考察改性膨润土在铁矿球团制备中的应用效果，并初步分析了其提高生球强度的原因。

通过红外光谱分析发现，与膨润土相比，经过腐植酸改性后的膨润土在 $1574cm^{-1}$、$1455cm^{-1}$，$1359cm^{-1}$ 等处出现了新吸收峰，其中 $1455cm^{-1}$ 为—CH_2 的变形或弯曲振动造成，如图 5-21 所示。从 MCB 谱峰与 MHA 的谱峰还能看到 MHA 中的 $1577cm^{-1}$、$1387cm^{-1}$ 移动到 $1574cm^{-1}$、$1359cm^{-1}$ 而 MHA 中的 $1193cm^{-1}$、$1107cm^{-1}$、$1033cm^{-1}$ 峰谱消失了，这说明腐植酸通过羟基、羧基官能团与膨润土发生了化学键合。由于腐植酸的长碳链、多活性官能团的结构，腐植酸与膨润土的复合也间接地强化了膨润土与铁矿颗粒之间的连接，提高了生球的强度。

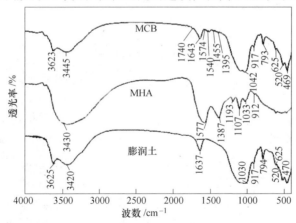

图 5-21　腐植酸与膨润土作用的红外光谱

研究结果表明：腐植酸改性膨润土中的腐植酸组分能通过羟基、羧基等含氧官能团吸附在膨润土表面，强化了膨润土与铁矿颗粒之间的连接，同时增大了磁铁精矿表面的亲水性，并改善了复合黏结剂分子在铁矿颗粒间的分散性，有利于提高生球强度。当腐植酸改性膨润土用量为 0.5% 时，生球落下强度达到 3.5 次/(0.5m)，满足链箅机—回转窑的生产要求。另外以腐植酸作改性剂时，使用钙基膨润土为原料能得到更好的改性效果，这为我国质量较差且储量大的钙基膨润

土的改性及其在球团中的应用提供了新思路。

5.3.3.3 木质素磺酸钠/膨润土复合

因为使用木质素磺酸钠黏结剂制造的生球和干燥球强度能满足生产要求，但预热球和焙烧球的强度达不到最低标准。因此，丁斌等[54]考虑将膨润土和木质素磺酸钠复合使用，在满足球团强度的基础上，降低膨润土的添加量。

通过膨润土配加木质素磺酸钠研究其对预热球和焙烧球性能的影响，结果如图 5-22 所示。从图中可以看出，当膨润土用量固定为 0.75%时，焙烧球强度随着木质素磺酸钠用量增加先增加后减少。复合黏结剂中木质素磺酸钠用量从 0.25%上升到 0.75%时，单个焙烧球强度从 2569.1N 上升到 2750.6N，当木质素磺酸钠用量进一步增加到 1.25%时，单个焙烧球强度降低到从 2485.3N。

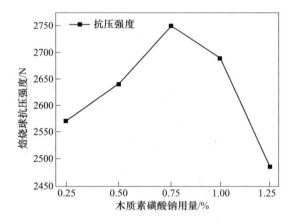

图 5-22   复合黏结剂中木质素磺酸钠用量对焙烧球强度的影响

由于木质素磺酸钠在高温条件下稳定性比其他有机黏结剂的热稳定性要高，当木质素磺酸钠用量较少时（低于 0.75%），随着其用量的增加，木质素磺酸钠残留在球团内的无机物也会增加，这些无机物可能提高铁精矿颗粒之间的黏结性，从而提高球团强度。而且木质素磺酸钠在球团矿预热、焙烧过程中产生的气体从球团内部逸出时提高了球团矿的孔隙度，促进了球团矿内 Fe_3O_4 的氧化为 Fe_2O_3，强化了 Fe_2O_3 的再结晶过程，从而提高了球团矿的强度。当木质素磺酸钠用量大于 0.75%时，木质素磺酸钠氧化或裂解产生的气体从球团内部逸出，导致球团内部结构过于疏松，预热球和焙烧球内部孔隙度过大，从而降低了球团的抗压强度。

同时还发现使用部分木质素磺酸钠和碳酸钙作为复合黏结剂完全替代膨润土时，使用 0.75%的碳酸钙和 0.5%的木质素磺酸钠生产的球团生球落下强度、生球的抗压强度、干燥球的抗压强度、预热球和焙烧球的抗压强度等均能达到生产的最低要求。在复合黏结剂中，木质素磺酸钠对生球和干燥球强度起决定性作用，而碳酸钙对预热球和焙烧球的强度起重要作用。对比单一黏结剂，复合黏结剂比单一使用黏结剂的球团强度更好。

5.3.4 新型黏结剂的应用

对于钢铁冶炼而言，提高入炉原料含铁品位可以带来巨大的后续经济效益。毫无疑问，在球团生产中降低膨润土用量或不用膨润土造球是提高球团品位最有效的途径之一。因此，冶金、化工行业的技术工作者对此进行了大量的试验研究，并取得了较好的结果。

根据实验室试验结果，在鞍钢炼铁总厂进行了工业验证试验[59]。为保证球团矿质量，不影响高炉正常生产，基准期膨润土配比定为 1.5%，试验期有机黏结剂配比定为 0.8%，铁料品种不变。基准期和试验期均为 10 天，工业造球圆盘直径为 6000mm，边高 650mm，规定生球合格粒度为 9~16mm。

球团焙烧主要工艺参数见表 5-13，试验结果列于表 5-14。试验期间，带式焙烧机机速非常接近，焙烧温度都控制在 1260℃ 左右，略低于实验室焙烧温度。生产过程中，未对工艺参数进行大的调整，无非正常停机和检修，保持了试验条件的稳定和一致。

表 5-13　工业试验工艺参数

时间	料层厚度/mm	机速/m·min^{-1}	焙烧温度/℃	抽干罩温度/℃	生球水分/%
基准期	300	2650	1257	240	9.03
试验期	300	2646	1268	250	9.11

表 5-14　工业试验结果

时间	生球指标		成品球指标			
	单球抗压强度/N	落下/次	单球抗压强度/N	转鼓/%	膨胀率/%	粉化(>6.3)/%
基准期	11.42	4.86	2416	93.49	13.20	94.90
试验期	11.40	4.99	2464	93.55	11.77	90.86

从以上数据分析，工业生产的造球指标与实验室指标相近，试验期的生球抗压强度和落下强度与基准期接近。在工艺参数基本相同的条件下，使用有机黏结剂时的每个成品球抗压强度较基准期提高了近 50N，高温膨胀率显著下降，但粉化指标有所变差，转鼓强度较为接近。工业试验期间，配加有机黏结剂后，球团矿品位从 64.83% 提高到 65.03%，提高了 0.2%，与实验室结论较一致。

以鞍钢球团生产成本为基础，按膨润土 340 元/吨，球团矿每 1% 铁品位单价 10 元计算：当球团配加 1.5% 膨润土时，每吨球团矿的膨润土成本为 15 × 340/1000 = 5.10 元；配加 0.8% 有机黏结剂时，球团矿品位升高 0.2%，经济价值增加 2.00 元；故 5.10 + 2.00 = 7.10 元，便是使用有机黏结剂的盈亏点，此时，每吨有机黏结剂的成本为 7.10 × 1000 /8 = 887.5 元。当有机黏结剂的价格低于 887.5 元/吨时，球团生产成本降低。

5.4 熔剂性球团制备技术

熔剂性球团矿泛指在混合料中添加了含 CaO 或 MgO 的物质生产的球团矿，其 CaO 或 MgO 的含量高于普通酸性球团矿，包括碱性球团（$R \geqslant 0.6$）和含镁球团（$MgO \geqslant 1.0\%$）。国外从 20 世纪 60~70 年代就开始添加白云石、石灰石、镁橄榄石等采用带式焙烧机为主生产熔剂性球团，并将其用于高炉冶炼，取得了很好的效果[58]。我国由于历史原因，目前以高碱度烧结矿配加酸性球团矿的炉料结构为主，且球团生产工艺以链箅机—回转窑为主，熔剂性球团生产实践较少。

球团法相较于烧结法工序能耗低、污染小，随着钢铁行业节能减排压力的增大，国内球团矿入炉比例必将持续增加，发展熔剂性球团的条件日趋成熟；另一方面，随着高铁低硅烧结的发展，为维持高炉生产顺行，烧结矿中的 MgO 需往球团中转移，提高烧结矿的质量、降低烧结能耗，同时改善球团矿的冶金性能。因此，我国高炉炉料结构将由"高碱度高镁烧结矿+酸性球团矿"向"高碱度低镁烧结矿+低碱度含镁球团矿"转变，为实现炼铁生产的整体优化[59]，发展熔剂性球团势在必行。

碱度（二元碱度 CaO/SiO_2 或四元碱度（$CaO+MgO$）/（$SiO_2+Al_2O_3$））是影响球团生产最关键的因素之一，直接关系到球团焙烧特性、球团矿强度和冶金性能等。比较某钢铁厂使用的熔剂性球团与酸性球团的冶金性能，结果如表 5-15 所示。可知熔剂性球团的冶金性能明显优于酸性球团矿，有利于提高高炉冶炼系数和产量，降低焦比。

表 5-15 熔剂性球团矿和酸性球团矿的冶金性能

试样名称	熔滴性能									还原粉化指数		还原度 $RI/\%$	还原膨胀指数 $PSI/\%$
	T_{10} /℃	T_{50} /℃	ΔT_1 /℃	T_s /℃	ΔH_s /mm	Δp_m/Pa	T_d /℃	ΔT_2 /℃	ΔH /mm	$RDI_{16.3}$ /%	$RDI_{13.5}$ /%		
酸性球	920	1108	188	1212	43	3430	1392	180	27	67.98	79.84	64.23	10.52
熔剂性球	1049	1309	260	1281	31	1029	1401	120	27	75.87	78.34	81.14	8.29

不同铁矿的成球性能和焙烧性能各异，各类熔剂或添加剂对球团质量的影响也不尽相同，国内外研究者开展了大量研究工作。下面将分别就 CaO、MgO 及添加剂性能对球团质量的影响规律和机理进行阐述，以期为熔剂性球团生产和应用提供技术依据。

5.4.1 MgO 影响球团质量的规律与机理

5.4.1.1 MgO 对球团质量的影响规律

球团中镁的来源很多，可以通过配加高镁的铁精矿、镁质黏结剂、含镁添加剂（镁粉、菱镁石、蛇纹石、白云石等）来改变球团矿的 MgO 含量，目前研究报道中 MgO 对球团强度和冶金性能的影响规律基本一致：MgO 含量的提高可降低还原膨胀，提高软熔温度，改善球团冶金性能，但会增加焙烧难度，降低球团强度[60,61]，如图 5-23 所示。

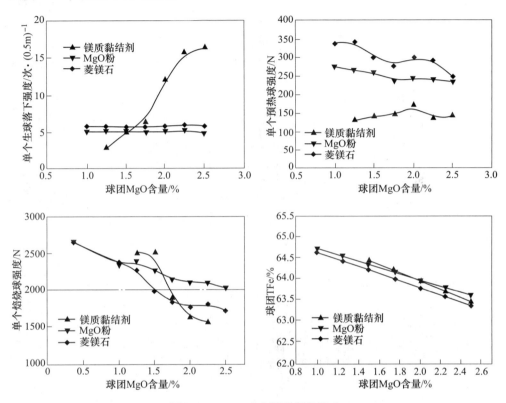

图 5-23　MgO 对球团质量的影响

由图 5-23 可以看出，配加含镁添加剂对生球强度影响不大，预热球和焙烧球强度随球团矿 MgO 含量升高而降低，球团矿 TFe 降低；添加 MgO 粉比菱镁石（$MgCO_3$，碳酸盐类）对焙烧球强度和球团矿 TFe 的影响小，但预热球强度略低；配加镁质黏结剂，因含有机成分，球团 TFe 相对高，生球强度提高，但预热球和焙烧球强度低。

5.4.1.2　MgO 影响球团质量的机理分析

我国球团生产以磁铁矿（Fe_3O_4）为主，酸性球团生产中加入 MgO 可能形成的矿物包括：铁酸镁（$MgO \cdot FeO$）、斜顽辉石（$MgO \cdot SiO_2$）、镁橄榄石（$2MgO \cdot SiO_2$），其熔点分别为 1720℃、1525℃、1890℃，均比铁橄榄石（$2FeO \cdot SiO_2$）的熔点（1205℃）高；此外，渣相中 FeO 的熔点也由于 MgO 的固溶而升高[62,63]。由于 MgO 的作用，渣相和富氏体熔点升高，球团矿的软熔温度升高，可改善球团的高温还原性和荷重软化性能。MgO-FeO-SiO$_2$ 系状态图如图 5-24 所示。

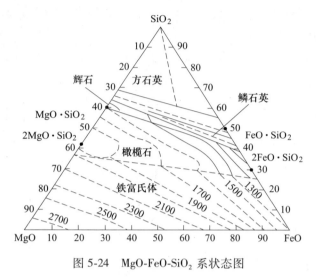

图 5-24　MgO-FeO-SiO$_2$ 系状态图

由图 5-24 中可以看出：未加入 MgO 或 MgO 加入量少时，球团矿中 FeO 没有固溶或仅固溶了很少的 MgO，其本身的熔融温度不高，渣相熔点不高。因此，在高温还原时会很快出现熔融渣，球团矿软化变形，气孔被熔渣堵塞，球表层生成一层致密的金属铁壳，影响还原的进行。但随着 MgO 含量增加，其渣相熔点向高温区移动，且位于高温区域，球团矿的软化温度和熔化温度均有所升高，使球团的高温还原性和荷重软化性能得到改善。

Mg^{2+} 与 Fe^{2+} 离子半径分别为 0.78A 和 0.84A，二者可以互相取代而形成取代型固溶体。在 MgO 和 FeO 等分子形成的固溶体中，Mg 和 Fe 可以任意地进入到氧最紧密堆积形式的骨架中。就整个结构来说，Mg 与 Fe 的数目虽相等，但不是生成相当于 MgFeO$_2$ 的一定化合物，这些离子的分布是无规律的。Mg 离子可以进入到球团矿的 Fe$_3$O$_4$ 中 FeO 的晶格内的任意位置，形成结构式为（Fe$_{0.1}$·Mg$_{0.9}$）O·Fe$_2$O$_3$ 和（Fe$_{0.4}$·Mg$_{0.6}$）O·Fe$_2$O$_3$ 的混合晶，使球团矿中 FeO 减少从而提高固相熔点。

当球团矿中 Fe$_2$O$_3$ 还原成 Fe$_3$O$_4$ 时，晶格变化产生楔形膨胀裂纹，晶格开裂产生体积膨胀，若膨胀应力大于球团矿固有的机械强度，球团矿将自行破碎与粉化[64]。球团矿中添加 MgO 后，通过氧化焙烧过程产生较多的铁酸镁，Mg^{2+} 会均匀分布在富氏体内，进而导致在还原反应过程中 Fe$_2$O$_3$ 转变为 Fe$_3$O$_4$ 晶格变化小，膨胀应力减弱，体积膨胀降低，起到稳定晶格的作用。

另一方面 MgO 与 Fe$_2$O$_3$ 相接触区域生成了 MgO·Fe$_2$O$_3$ 并且 MgO·Fe$_2$O$_3$ 沿着赤铁矿晶粒边界发展，同时部分 MgO 不能够矿化且分布集中，MgO·Fe$_2$O$_3$ 和未矿化的 MgO 分散在赤铁矿晶粒周围，阻碍了赤铁矿与赤铁矿间的接触，不利于赤铁矿结晶长大，赤铁矿晶粒变得细小[65]，使得球团球强度下降。

5.4.1.3 含镁球团的焙烧特性

对比了含镁球团（MgO 2.5%）和酸性球团的焙烧特性，如图 5-25 所示。可知，含镁球团与普通酸性球团相比，不仅预热球和焙烧球强度低，其适宜的焙烧温度和时间范围也比较窄，链箅机—回转窑生产操作难度更大，需要进行强化。

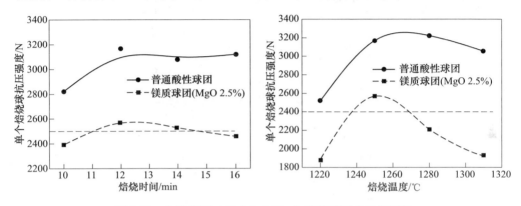

图 5-25 含镁球团（MgO 2.5%）和酸性球团的焙烧特性

有研究表明[66]：镁质球团矿加硼后，不但可以明显改善其焙烧特性，使球团矿的焙烧温度降低、焙烧温度的区间扩大，便于焙烧操作，而且有助于镁质球团矿抗压强度的增加。这是因为在焙烧过程中低熔点物质 B_2O_3 会以液相形式存在，能促进高熔点的镁铁橄榄石液相生成，少量的液相可以使颗粒聚拢、连接紧密，使球团矿致密化；并且可以使 Fe^{3+} 和 Mg^{2+} 有更强的迁移能力，加快了固体质点的扩散和高熔点物质铁酸镁的生成，提高了相邻质点间接触点的扩散速度，促进了 Fe_2O_3 晶粒的再结晶长大和互连以及 MgO 的矿化，从而有利于球团矿固结。

5.4.2 CaO 影响球团质量的规律及机理

5.4.2.1 CaO 对球团质量的影响规律

烧结球团生产添加的含钙熔剂主要有生石灰、石灰石、白云石，因白云石同时含 MgO 和 CaO，所以一般添加生石灰和石灰石来研究 CaO（碱度 R）对球团质量的影响。国内外学者开展了大量研究，含钙熔剂因铁矿及自身性能对球团质量的影响规律不尽相同[66,67]，如图 5-26 所示。一般认为[68,69]：碱度（CaO）提高，焙烧过程铁酸钙类低熔点物质的量增加，在一定范围内可改善球团强度；但液相含量过高，球团变得致密，导致气体扩散困难，对于球团还原和膨胀性能产生不利影响；同时容易加重回转窑结圈。

由图 5-26 可以看出：随着石灰石用量的增加，生球落下强度降低，爆裂温

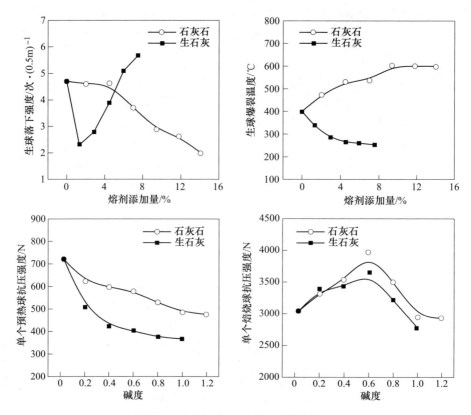

图 5-26　含钙熔剂对球团质量的影响

度提高；而随着生石灰用量的增加，生球落下强度先降后升，爆裂温度降低；随着 CaO 含量的提高，预热球强度降低，焙烧球强度先升后降，R 为 0.6 左右最佳。相比生石灰，石灰石更适合用来提高球团矿 R，碱度存在最佳范围，应避免焙烧过程产生过多的液相。

日本神户钢厂碱度对球团矿性能的影响如表 5-16 所示，可知，随着球团碱度的提高，球团矿孔隙率增加，转鼓强度呈降低趋势，还原度提高，压力降升高，

表 5-16　日本神户钢厂不同碱度球团矿性能

R (CaO/SiO$_2$)	化学成分/%					气孔率 /%	单球抗压 强度/N	转鼓强度 (+5mm)/%	还原度 /%	压力降 /Pa
	TFe	FeO	SiO$_2$	CaO	Al$_2$O$_3$					
0.15	62.3	0.4	5.9	0.9	1.0	21.7	4165	98.1	58.5	78
0.49	61.5	1.8	4.1	2.0	1.0	23.2	4008	96.5	64.0	568
1.01	60.5	1.1	4.2	4.2	0.8	23.9	4557	97.9	73.8	892
1.30	61.1	0.7	3.5	4.5	1.3	26.9	4057	97.0	77.6	2900
1.39	61.3	0.4	3.3	4.8	1.5	26.9	3900	96.3	79.0	3038

抗压强度先升后降（R 为 1.0 时最高），进一步说明球团矿碱度不是越高越好，存在最佳范围。

5.4.2.2 CaO 影响球团质量的机理分析

不同碱度物料的软熔特性如表 5-17 所示，不同碱度球团的矿相结构如图5-27 所示。

表 5-17 不同碱度物料的软熔性能

R	变形温度/℃	软化温度/℃	熔化温度/℃
0.03	1501	>1520	>1520
0.40	1502	1512	>1520
0.80	1398	1455	1511
1.30	1291	1345	1388
2.00	1289	1309	1327
2.50	1288	1296	1304

 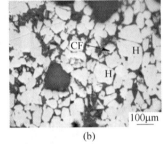 

(a) (b) (c)

图 5-27 不同碱度球团显微结构

(a) $R=0.03$；(b) $R=0.4$；(c) $R=1.0$

由表 5-17 和图 5-27 可以看出：碱性球团焙烧性能优于酸性球团，主要是因为碱度提高，球团中生成了少量铁酸钙，促进赤铁矿晶粒长大，连接紧密；碱度进一步提高，软熔温度明显降低，焙烧过程中生成较多的液相，球团固结强度反而降低。邢宏伟等采用场发射扫描电子显微镜从微观层面进一步佐证了碱度对球团强度的影响规律，如图 5-28 所示。

5.4.3 CaO 和 MgO 的交互影响

综合前述可知，MgO 可以改善球团的冶金性能，但会降低球团的强度，CaO 在一定范围内可以强化球团固结，因此可以将二者结合，通过调控球团的 CaO 和 MgO，使其在不影响现有球团生产操作的基础上，能够满足高炉对球团强度和冶金性能的要求，改善综合高炉炉料的冶炼性能，提升炼铁整体效益。

图 5-28 球团 SEM 显微图片

(a) $R=0.8$;（b) $R=1.0$;（c) $R=1.2$;（d) $R=1.4$

朱德庆等[6]研究表明 CaO 与 MgO 含量在一定范围内具有交互性，试验结果如图 5-29 所示。可知，碱度由 0.8 提高到 1.2，MgO 含量为 0.25%~1.50%的焙烧球抗压强度也随之提高，此后焙烧球团的强度则会由于碱度继续提高到 1.6~2.2 而出现下降；而 MgO 为 2.5%的焙烧球的抗压强度则会随着碱度的提高（从

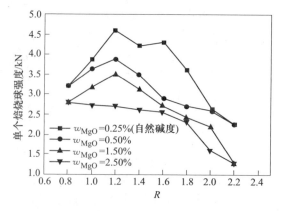

图 5-29 不同 MgO 含量的球团矿强度随碱度的变化

0.8 到 1.2）而下降，碱度一定（0.8~1.2）的焙烧球的抗压强度则会随着 MgO 含量的提高而呈下降趋势。

因此，虽然适当的提高碱度有利于镁质球团矿强度的提高，但由于镁质球团碱度与 MgO 含量对球团强度的交互作用，也给实际的工业生产增加了难度。

5.4.4 熔剂性球团生产实践

国外用带式焙烧机生产碱性球团和含镁球团已有近五十年的历史，我国由于炉料结构及设备的原因，大规模生产碱性球团和含镁球团的实践不多。

5.4.4.1 碱性球团生产实践

2002 年 6 月，首钢矿业公司采用链箅机—回转窑法生产出了碱性含镁球团矿；并通过提高环冷鼓风风量，有效解决了碱性球团环冷机板结的问题，指标对比如表 5-18 所示。

表 5-18 首钢碱性含镁球团指标对比

球团类型	化学成分/%			单球抗压强度/N	还原性能/%			软熔温度/℃		压差/kPa
	TFe	CaO	MgO		RI	$RDI_{+3.15}$	RSI	T_{10}	T_{40}	
普通球团	65.36	0.18	—	2061	63.23	79.84	10.52	920	1108	3.43
碱性球团	61.21	5.44	1.25	2978	81.14	78.34	8.29	1049	1309	1.03

宝钢湛江以赤铁精粉为主要原料（80%），通过配加石灰石采用链箅机—回转窑工艺（年产 500 万吨），生产碱度 0.8 的球团矿（CaO≈2.5%），优化配矿结构和改进原料处理方式，严格控制造球，积极完善链箅机热工制度和回转窑焙烧制度，全力攻克了链箅机—回转窑熔剂性球团的生产难点，于 2016 年 12 月实现达产稳定生产[70]。

5.4.4.2 含镁球团工业应用

首钢京唐于 2012 年 6 月开展了高镁球团工业实验，通过添加 MgO 粉，在 504m² 带式焙烧机上满负荷生产出了 MgO 1.56% 的球团矿，球团矿强度及各项冶金性能指标均有改善，高炉使用后，铁水质量提高，指标对比如表 5-19 所示。于 2014 年开展了低硅高镁含钛球团生产实践，指标对比如表 5-20 所示[71]。

表 5-19 首钢京唐高镁球团指标对比

球团类型	化学成分/%			单球抗压强度/N	还原性能/%			软熔温度		S 值/kPa·℃
	TFe	FeO	MgO		RI	$RDI_{+3.15}$	RSI	T_{10}	T_{40}	
普通球团	65.68	0.9	0.94	2800	—	98.7	26.31	1119	1286	869
高镁球团	65.54	0.61	1.56	3103	75.5	98.7	18.98	1152	1370	109

表 5-20   首钢京唐低硅高镁含钛球团指标对比

球团类型	化学成分/%				单球抗压强度/N	还原性能/%		高炉指标/kg·t^{-1}	
	TFe	SiO$_2$	MgO	TiO$_2$		RI	RSI	燃料比	渣比
普通球团	65.87	3.5	0.51	0.06	2976	66.5	18.8	498	301
复合球团	65.12	2.8	1.72	1.20	2687	72.3	19.1	493	286

2013 年 1 月开始，河北承钢[71]通过镁质添加剂，同时调整竖炉操作制度，生产出了镁质球团矿（MgO 1.0%~2.8%），降低烧结矿中 MgO 含量，优化了高炉炉料结构。工业生产结果表明，高炉软熔带厚度减薄、透气性提高、软熔带下移、炉渣流动性能良好，有利于稳定高炉壁面温度、降低热负荷以及扩大间接还原，对高炉炉况稳定和降低燃耗有明显的促进作用。

梅钢[7]在 4070m^3 大高炉进行了镁质球团应用实践，其结果表明：高炉采用镁质球团后，高炉风量（BV）、理论产量和焦比均有所提高，煤比降低；高炉使用镁质球团后平均燃料价格降低 38982 元/d，平均铁水利润增加 9779 元/d，合计总收益为 48761 元/d。此外，采用镁质球团后铁水中的 Si 含量有所降低，铁水 S 含量显著降低，由基准期的 0.026%左右降低到试验 Ⅱ 期后期的 0.020%左右。

参 考 文 献

[1] Hanish G G. Comparisor of Crushing Results Obtained by Compressive Stresses Acting upon Particle Layers. Aufbereitungs~Teehnik, 1987, 1: 582~590.

[2] 范建军，郭宇峰，臧龙，等. 碱度对细粒级铁矿粉球团性能的影响 [J]. 钢铁研究学报，2019, 31 (5): 440~445.

[3] 焦国帅，巨建涛，马杰，等. 磨矿方式对赤铁矿球团预热焙烧性能的影响 [J]. 钢铁钒钛，2017, 38 (3): 100~105.

[4] 刘承鑫，余俊杰，张泽强，等. 润磨对人工磁铁精矿球团性能的影响 [J]. 钢铁，2018, 53 (1): 17~23.

[5] 傅菊英，李云涛，姜昌伟，等. 磁铁精矿球团氧化动力学 [J]. 中南大学学报（自然科学版），2004 (6): 950~954.

[6] 朱德庆，虎训，潘建，等. 优化配矿强化西澳超细粒磁铁精矿球团焙烧研究 [J]. 工程科学学报，2017, 5 (39): 683~692.

[7] 黄柱成，张元波，朱尚朴，等. 以赤铁矿为主配加磁铁矿制备氧化球团的研究 [J]. 钢铁. 2004, 4 (39): 9~13.

[8] 王宾，李慧敏，余为，等. 以巴西赤铁矿为主配加磁铁矿、硼铁矿的球团试验 [J]. 烧结球团，2008, 2 (33): 19~22.

[9] 张金良. 熔剂性赤铁矿球团焙烧特性及高炉还原行为研究 [D]. 长沙：中南大学，2012.

[10] 高子富. 用于 COREX 的含镁熔剂性球团制备及其还原行为研究 [D]. 长沙: 中南大学, 2013.

[11] 范晓慧, 谢路奔, 甘敏, 等. 高镁球团焙烧特性及其固结强化机理 [J]. 中南大学学报 (自然科学版), 2013, 44 (2): 449~455.

[12] 吴锦文, 李贵松, 许彦斌. 氧化镁对酸性球团冶金性能的影响 [J]. 烧结球团, 1983, 9 (4): 14~22.

[13] 杨胜义, 丁少江. 提高 MgO 质酸性球团矿质量的途径 [J]. 安徽冶金, 2003 (1): 20~26.

[14] 陈世强, 储满生, 王兆才, 等. 硼镁复合添加剂对氧化球团生产工艺的影响 [J]. 中国稀土学报, 2010 (28): 611~614.

[15] 黄桂香, 甄彩玲, 张举成, 等. 配加硼镁铁矿生产镁质球团的工业试验研究 [J]. 烧结球团, 2016, 41 (6): 48~52.

[16] 汪书朝, 师学峰, 张巧荣, 等. 镁质球团矿焙烧固结及其机理研究 [J]. 钢铁钒钛, 2018, 39 (5): 79~85.

[17] 何国强. 难处理赤铁精矿制备氧化球团的基础及技术研究 [D]. 长沙: 中南大学, 2011.

[18] 梁德兰, 范军. 赤铁矿球团焙烧过程研究 [J]. 球团技术, 2006 (1): 8~11.

[19] 傅菊英. 巴西赤铁精矿球团试验研究 [J]. 球团技术, 2005 (3): 6~11.

[20] 肖琪. 球团理论与实践 [M]. 长沙: 中南大学出版社, 1991.

[21] 郑红暇, 汪琦, 潘喜峰. 磁铁矿球团氧化机理的研究 [J]. 烧结球团, 2003, 28 (5): 13~15.

[22] 陈耀明, 张元波. 氧化球团矿结晶规律的研究 [J]. 钢铁研究, 2005 (3): 10~12.

[23] 陈耀明, 李建. 氧化球团矿中 Fe_2O_3 结晶规律 [J]. 中南大学学报 (自然科学版), 2007, 38 (1): 70~73.

[24] 王筱留. 钢铁冶金学 (炼铁部分) [M]. 2 版, 北京: 冶金工业出版社, 2005.

[25] 黄柱成, 张元波, 陈耀铭, 等. 以赤铁矿为主配加磁铁矿制备的氧化球团显微结构 [J]. 中南大学学报 (自然科学版), 2003, 34 (6): 606~610.

[26] Sadrnezhaad S K, Ferdowsi A, Payab H. Comput. Mater. Sci., 2008, 44, 296~302; A. A. Hamidi and H. Payab: IJE Trans. B: Appl., 2003, 16, (3): 265~278.

[27] Fung D P C, Kim S D. Laboratory gasification study of Canadian coals: 2. Chemical reactivity and coal rank [J]. Fuel, 1983, 62 (11): 1334~1340.

[28] Miura K, Hashimoto K, Silveston P L. Factors affecting the reactivity of coal chars during gasification, and indices representing reactivity [J]. Fuel, 1989, 68 (11): 1461~1475.

[29] Kovacik G, Chamber S A, Ozum B. CO_2 gasification kinetics of two Alberta coal chars [J]. Can J Chem Eng, 1991, 69 (3): 811~815.

[30] 张卫华. 巴西某公司链箅机-回转窑全赤铁矿熔剂性球团技术研究与应用 [J]. 烧结球团, 2015, 40 (1): 23~27.

[31] 黄典冰, 孔令坛. 内燃球团矿生球性质的研究 [J]. 烧结球团. 1990, 15 (4): 5~10.

[32] 李泽岩. 全赤铁精矿粉生产氧化球团矿的实践 [J]. 陕西冶金, 2017 (2): 61~64.

[33] 张卫华. 链箅机—回转窑全赤铁矿熔剂球团技术研究与应用 [J]. 世界金属导报, 2017

（1）：B16.

［34］ Shigeru Ueda, Kentaro Watanabe, Kazunari Yanagiya, et al. Improvement of Reactivity of Carbon Iron Ore Composite with Biomass Char for Blast Furnace. ISIJ International，2009，49 （10）：1505~1512.

［35］ Kentaro Watanabe, Shigeru Ueda, Fyo Inoue et al. Enhancement of Reactivity of Carbon Iron Ore Composite Using Redox Reaction of Iron Oxide Powder ［J］. ISIJ International，2010，50 （4）：524~530.

［36］ Mathieson, John & Somerville, M. A. & Deev, et al. Sharif （2015） Utilization of biomass as an alternative fuel in ironmaking ［J］. ISIJ International，2015.

［37］ 胡正文，张建良，左海滨，等. 生物质焦粉还原赤铁矿粉的热重分析 ［C］//全国炼铁生产技术会议暨炼铁学术年会文集. 无锡，2012：636.

［38］ 汪永斌，朱国才，池汝安，等. 生物质还原磁化褐铁矿的实验研究 ［J］. 过程工程学报，2009，9（3）：508.

［39］ 罗思义，周扬民，仪垂杰，等. 生物质合成气直接还原铁矿-生物质复合球团炼铁实验研究 ［J］. 北京科技大学学报，2013，35（7）：856.

［40］ 罗思义，马晨，孙鹏鹏. 铁矿-生物质复合球团还原行为及还原动力学 ［J］. 工程科学学报，2015，37（2）：150~156.

［41］ 钟强，杨永斌，蒙飞宇，等. 铁矿球团用膨润土的流变特性 ［J］. 中南大学学报（自然科学版），2016，47（9）：2907~2913.

［42］ 任瑞晨，张孝松，白阳，等. 冶金球团用膨润土半干法钠化改性试验 ［J］. 金属矿山，2016（6）：90~92.

［43］ 李凯，龚文琪. 有机膨润土的制备及应用综述 ［J］. 科技创业月刊，2005（2）：149~151.

［44］ 张一敏. 球团理论与工艺 ［M］. 北京：冶金工业出版社，2002.

［45］ 宏煦，姜涛，邱冠周，等. 铁矿球团有机粘结剂的分子构型及选择判据 ［J］. 中南工业大学学报（自然科学版），2000（1）：17~20.

［46］ 冯惠敏，王勇华. 膨润土在铁矿球团中作用机理 ［J］. 中国非金属矿工业导刊，2009（6）：15~18.

［47］ 黄桂香. 应用新型有机粘结剂制备氧化球团的研究 ［D］. 长沙：中南大学，2007.

［48］ 魏玉霞，孙体昌，余文，等. 羧甲基纤维素钠提高赤铁矿原矿含碳球块强度的机理[J]. 北京科技大学学报，2013，35（4）：432~437.

［49］ 葛英勇，季荣，袁武谱，等. 新型有机粘结剂 GPS 用于铁矿球团的研究 ［J］. 烧结球团，2008（5）：10~14.

［50］ 张元波，周友连，姜涛，等. MHA 黏结剂在钒钛磁铁矿氧化球团制备中的应用 ［J］. 中南大学学报（自然科学版），2012，43（7）：2459~2466.

［51］ 童亚军，章祥林，苏肖. 红外光谱与热重分析法研究腐植酸改性脲醛树脂 ［J］. 中国胶粘剂，2010，19（9）：32~36.

［52］ 李永恒. 腐植酸粘结剂在粉煤成型中的特性 ［J］. 氮肥技术，2006（6）：22~26.

［53］ Qiu G Z, Jiang T, Fa K Q, et al. Interfacial characterizations of iron ore concentrates affected by binders [J]. Powder Technology, 2004, 139 (1): 1~6.

[54] 丁斌. 木质素磺酸钠在球团矿中的作用机理及试验研究 [D]. 武汉: 武汉科技大学, 2018.

[55] 侯静, 吴恩辉, 李军, 等. 改性有机粘结剂对球团性能的影响分析 [J]. 烧结球团, 2017, 42 (5): 35~38.

[56] 谢小林, 段婷, 郑富强, 等. 改性复合黏结剂制备磁铁矿氧化球团研究 [J]. 金属矿山, 2018 (1): 79~83.

[57] 张元波, 欧阳学臻, 路漫漫, 等. 腐植酸改性膨润土在铁矿球团中的应用效果 [J]. 烧结球团, 2018, 43 (4): 27~32.

[58] 嵇建国, 杨群, 谢永生. 新型有机粘结剂在球团生产中的应用 [J]. 烧结球团, 2011, 36 (5): 30~33.

[59] 叶匡吾, 冯根生. 高炉炼铁合理炉料结构新概念 [J]. 中国冶金, 2011, 21 (9): 1~3.

[60] 刘祥, 杜群力, 李响, 等. 镁质球团矿的研究现状与应用进展 [J]. 鞍钢技术, 2018 (3): 8~12.

[61] 谢路奔. 含镁球团焙烧固结强化及其机理研究 [D]. 长沙: 中南大学, 2012.

[62] Dwarapudi S, Ghosh T K, Tathavadkar V, et al. Effect of MgO in the form of magnesite on the quality and microstructure of hematite pellets [J]. International Journal of Mineral Processing, 2012, 112~113 (4): 55~62.

[63] 谢路奔. 含镁球团焙烧固结强化及其机理研究 [D]. 长沙: 中南大学, 2012.

[64] 侯恩俭, 王斌, 马文, 等. 鞍钢球团矿添加镁质复合粘结剂的研究 [J]. 鞍钢技术, 2017 (4): 10~14.

[65] 潘建, 于鸿宾, 朱德庆, 等. MgO 来源对磁铁精矿球团预热行为的影响 [J]. 中南大学学报 (自然科学版), 2016, 47 (6): 1823~1829.

[66] 张林林, 付刚华, 郭宇峰, 等. 碱度对熔剂性球团生球性能的影响 [J]. 钢铁, 2019, 54 (5): 14~18.

[67] 甘敏, 范晓慧, 陈许玲, 等. 钙和镁添加剂在氧化球团中的应用 [J]. 中南大学学报 (自然科学版), 2010, 41 (5): 1645~1651.

[68] Srinivas Dwarapudi, Banerjee P K, Pradeep Chaudhary, et al. Effect off fluxing agents on the swelling behavior of hematite pellets. International Journal of Mineral Processing, 2014, 126 (12): 76~89.

[69] 张金良. 熔剂性赤铁矿球团焙烧特性及高炉还原行为研究 [D]. 长沙: 中南大学, 2012.

[70] 梁利生, 周琦, 易陆杰. 宝钢湛江钢铁熔剂性球团稳定生产实践 [C]//第十一届中国钢铁年会论文集, 2017.

[71] 隋孝利, 王英杰, 牛宏伟, 等. 承钢圆形竖炉焙烧镁质球团的研究 [J]. 烧结球团, 2015, 40 (1): 28~31.

[72] 毕传光. 镁质铁矿球团在梅钢 $4070m^3$ 高炉应用实践 [J]. 烧结球团, 2018, 43 (3): 58~62.

6　球团过程节能减排技术

球团生产过程中由于原燃料的差异，点火方式和点火器结构的不同，焙烧温度高，以及设备自身存在的密封效果差等原因，造成废气排放量大、氮氧化物排放浓度高，为了满足严苛的球团工业排放要求，以及日益增长的绿色化制造发展需求，本章从源头和过程节能减排出发，深入阐述球团过程的节能减排原理、方式和应用效果，为科研工作者和生产企业提供参考。

6.1　低 NO_x 球团技术

根据球团工艺生产过程的特点来选择合适的低 NO_x 球团技术，实现过程控制 NO_x 的排放，主要分为燃烧前的控制技术（又称源头控制）和燃烧中的控制技术（又称过程控制）两个方面[1]。

6.1.1　等离子体低氮点火、燃烧技术

等离子体低氮燃烧技术，是利用温度很高的等离子体在燃烧器内直接点燃煤粉，在瞬间能使煤粉释放挥发分，并使煤粉颗粒破裂粉碎促使煤粉迅速燃烧。通过煤粉在等离子燃烧器内提前着火，可以在实现煤粉内燃的同时，与空气分级燃烧、燃料分级燃烧等低氮燃烧技术有效结合，这既保证了燃烧效率，实现稳定燃烧，又可大幅度降低 NO_x 排放[2]。

等离子体是区别于传统三态（固态、液态、气态）以外的第四种物质状态形式，它具有流动性，形态和性质受外加电磁场的影响很大，其密度、温度以及磁场强度都可以跨越十几个数量级。等离子体中包含大量带电粒子，在以压缩空气为介质的气体（气压 0.04~0.06MPa）条件下，利用高频或接触式引弧，再通过强磁场或气旋流等方式压缩电弧，从而在燃烧筒内部空间形成具有稳定功率的热等离子体，其温度在以 5000K 以上，能够高效地点燃煤粉。

煤粉颗粒通过该高温区时，吸收高温热量，挥发分在 0.001s 的时间内释放，并使煤粉颗粒破裂成细小微粒，二者共同作用，加速了煤粉燃烧。等离子体中的多种活性粒子在气相中进行反应，使混合物组分的粒级发生变化，加速热化学转换，促进燃料完全燃烧。其转换过程是：等离子电弧加热煤粉→可燃气体逸出→部分可燃气体氧化反应放热→温度急剧升高、加热其他煤粉→多级反应→气固混合流进入炉膛与二次风混合稳定燃烧。等离子体能够增加 20%~80% 的挥发分，可以强化煤

粉燃烧[3]。因此，燃煤等离子点火技术能够改善企业的燃料需求结构。

球团生产采用的回转窑窑体是个倾斜的长圆筒，内部空间大，且未形成独立的密闭空间，与它相连的链算机和环冷机都有管道与烟囱直通，热量容易散失，窑尾温度上升缓慢，温度场短时间内不容易建立，且窑体越长升温时间越长。回转窑点火经过三个阶段：第一阶段是喷油，不喷煤粉；第二阶段是当窑内温度达到煤粉燃烧温度时，进行油煤混喷；第三阶段是当煤粉燃烧稳定时，停止喷油，继续喷煤，完全由煤粉对窑内加热，点火过程结束。

回转窑在设备启动点火过程中需要消耗大量的燃料，多以天然气和柴油为主，每年燃油消耗大约300多万元。石油资源的日益枯竭导致石油及衍生品的价格节节攀升，工业企业为降低生产成本，都在加大对点火节能技术的研究，并取得了一定的成效。回转窑的主燃烧器大都布置在窑体头部，通过煤粉燃烧时产生的热对流和热辐射将热量传递到窑体尾部，要合理调整风粉速度，保证窑头温度与窑尾温度差值不超过焙烧工艺温度要求[4,5]。目前，工业上应用较广泛的油点火技术是少油点火技术和无油点火技术。少油点火技术中最具代表性的是微油点火技术，其经济效益可观，但仍需消耗一定量的燃油。无油点火技术中的等离子点火技术因具有经济性、安全性、高效性等优点，能够完全避免消耗燃油，应用非常广泛。

针对上述问题，2011年鞍钢集团弓长岭球团厂在回转窑中开始应用等离子点火技术。等离子点火见图6-1，该系统由等离子发生器、等离子燃烧器及辅助系统组成，辅助系统包括电气系统、控制系统、压缩空气系统、冷却水系统、监控系统等。

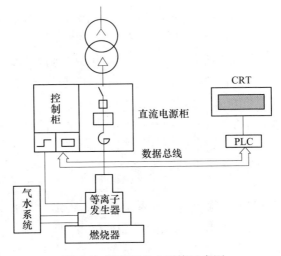

图6-1　等离子点火系统示意图

鞍钢弓长岭球团厂回转窑等离子点火系统的燃烧器是采用俄罗斯技术的热裂解型燃烧器,在燃烧器内部逐级燃烧,形成多级放大的燃烧方式,使煤粉能够在热裂解室充分地完成分解、燃烧,提高入窑煤粉的燃尽率,具有安全性和高效性[6]。等离子燃烧器由中心筒、内套筒和外套筒等部分组成,工作示意图如图6-2所示。

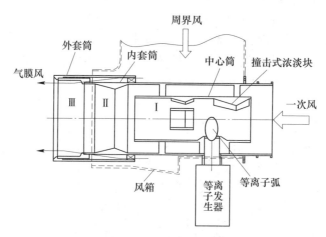

图 6-2 燃烧器工作示意图

(1) 中心筒:即一级热裂化燃烧室,经燃烧器入口处浓淡分离后的浓度较高的煤粉气流进入到中心筒,在等离子体的热效应及粒子的活化催化作用下,煤粉的挥发分析出,颗粒粉碎,共同燃烧,形成物质的异体热能转化。

(2) 内套筒:即二级燃烧室,浓度较低的煤粉气流在此燃烧,并点燃后面进入的煤粉,形成梯度分级燃烧。

(3) 外套筒:用于高速气膜风冷却二级燃烧室,同时避免筒体内壁结渣、烧损,少部分煤粉被吹入到回转窑中燃烧。

燃烧器在内燃方式的基础上,利用双筒结构将部分煤粉推至燃烧器出口,在窑内燃烧。内筒和外筒具有同心并联结构,有利于煤粉被可靠地点燃,又有利于点火安全,保护内筒筒壁,解决燃烧器在点火过程中的结渣、烧损问题。燃烧器出口处气流的动量矩和空气动力流场基本上保持不变,筒壁结渣和超温、整体燃烧效率下降等问题得到解决;在满足升温曲线的条件下,可调节燃烧器的输出大小。从节油的角度考虑,该燃烧器可实现冷态点火,且升温升压速率可控。

等离子体内部富集了大量活性物质,如离子、原子、原子团及电子等,主要通过氧化和分解两种途径分解 NO。前者是将 NO 氧化为 NO_2,进而和水分子产生的羟基自由基反应生成亚硝酸盐或硝酸盐;后者是在等离子体中,N_2 分子与电子碰撞形成 N 原子,然后 N 原子与 NO 反应产生 N_2 分子和 O 原子。将催化剂放入等离子体中,便可能通过等离子体产生的大量高温活性物质使得催化剂的低温活性提高，实现在富氧条件下高效脱除NO$_x$的目标。

6.1.2 低NO$_x$燃烧器

低NO$_x$燃烧器是一种降低NO$_x$排放的比较实用的燃烧技术。其原理：通过特殊设计的燃烧器结构，以及通过改变燃烧器的空燃比例，可以将其降低NO$_x$的原理用于燃烧器，以尽量降低着火区内的氧含量，适当降低着火区的温度，达到最大限度抑制NO$_x$生成的目的[7,8]。低氮燃烧技术的局限性体现在降低了燃烧效率，关键点是保证炉膛燃烧的安全性和稳定性。采用低氮燃烧器也可以控制NO$_x$含量的排放量，烟气余热也可以实现高效回收。低氮燃烧器常采用的形式有[9]：烟气回流型，空气、燃气两段供给型，脉冲燃烧型，富氧燃烧型，自身循环烟气与燃气混合型。根据不同的情况，可综合设计燃气低氮燃烧器[10]（图6-3）。

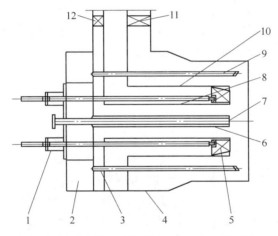

图6-3　燃气超低氮燃烧器整体设计示意图

1—旋流叶片调节装置；2—燃气环形集箱；3—外弱旋对冲燃气喷枪；4—箱壳；5—旋流叶片；
6—中心稳燃燃气喷枪；7—中心风筒；8—内风筒；9—内强旋对冲燃气喷枪；
10—外风筒；11—外风门；12—内风门

姬海明等[11]采用亚音速混合、强弱旋对冲动力学、浓淡分级燃烧技术对现有燃烧器进行改造，并通过实验研究和数值模拟的方法分析了改造后NO$_x$的排放特性。实验结果表明：对燃烧器进行改造后，NO$_x$排放量由140~220mg/m^{3}降低至40~90mg/m^3；模拟结果表明：燃料和空气采用多分级燃烧和高速超混合技术，在炉膛负荷为100%的情况下，炉膛内火焰峰值温度由2100K降至1950K，NO$_x$质量浓度由230mg/m^{3}降至85.5mg/m^3。

巴布科克-日立公司在世界上推出了以"火焰内NO$_x$还原"思想为核心自主研发的HT-NR系列新型燃烧器[12]。该技术的基本原理是通过快速点燃煤粉，在燃料充足的条件下形成低氧环境，使气相的含氮挥发分在烟气中生成的部分NO，在高温缺氧火焰中被还原性碳氢化合物还原成 N_2，从而减少了 NO_x 的产生[13]。该方法还能够维持火焰高温，避免发生延迟燃烧[14]。在不降低燃烧效率的同时，促进初级燃烧火焰中 NO_x 的分解，最大限度地降低初级燃烧中 NO_x 的生成。巴布科克-日立公司开发的几代 HT-NR 燃烧器产品都以其煤种适应性广，高效、稳燃和低 NO_x 排放的优点在全球得到了成功应用[15,16]。

在国外，克鲁斯公司的球团厂使用改进的燃烧器加强了火焰温度分布均匀性以降低 NO_x 的排放浓度；在国内，马钢和韶钢等企业在轧钢生产中轧钢加热炉就采用了烟气再循环、蓄热式燃烧等技术，实现了 NO_x 的减排[17]。马钢链箅机—回转窑生产线因为 NO_x 偏高，导致减产，对链箅机—回转窑的产能以及系统的稳定性产生较大影响[18]。其烟气中 NO_x 浓度上升的原因有：

（1）回转窑窑头密封罩通洞漏风致使焦炉煤气用量大幅度上升。

（2）回转窑燃烧器喷嘴开裂，导致燃烧火焰放散、火焰变短，造成火焰处局部高温，火焰附近温度达到 2000K 左右，为 NO_x 的大量产生创造了条件。

（3）产能受限，为保证系统温度的稳定，需要增加气体燃料喷加量，使烟气中 NO_x 浓度继续上升。

廖斌等[19]采用数值模拟方法，研究了低 NO_x 燃烧器在回转窑内的煤粉燃烧过程和温度场、气体组分分布，为控制回转窑 NO_x 的生成提供了理论依据。采用的低 NO_x 燃烧器为四通道燃烧器，其结构由内向外分别为：中心风道、煤风道、旋流风道、轴流风道。该燃烧器与先前学者们所研究的燃烧器相比其优点在于各风道均有旋流叶片，各个通道的旋流叶片的旋转方向交替相反，这样的分布方式可以加强空气和煤粉的混合，形成强烈的外回流区和中心回流区，有助于煤粉的充分燃烧和降低 NO_x 生成，其实物图和三维模型如图 6-4 所示，回转窑的尺寸为 3m×48m，示意图如图 6-5 所示。

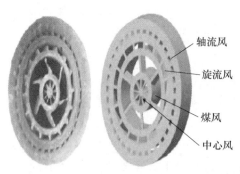

轴流风
旋流风
煤风
中心风

图 6-4 低 NO_x 四通道燃烧器

研究结果显示，回转窑内的 NO_x 主要集中于窑头区域和高温区域。图 6-6 为回转窑中心线上 NO_x 的分布曲线图，图 6-7 为回转窑窑长前 10m 区域内 D 的距

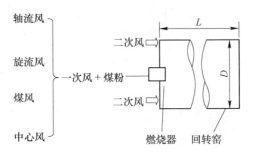

图 6-5　回转窑送风燃烧示意图

离浓度分布。窑头温度低于 1600K，在回转窑长 1~2m 区域内氧气和煤粉浓度较高，生成的氮氧化物主要为燃料型 NO$_x$，热力型只有在温度高于 1600K 时才会大量生成。窑长 3~7m 区域内 NO$_x$ 的浓度成指数增加，这是由于温度逐渐增加而引起热力型 NO$_x$ 的急剧增加，热力型 NO$_x$ 为回转窑内的主要生成方式。煤粉在窑头区域充分燃烧消耗了窑内的大部分氧气，窑尾后 NO$_x$ 的生成量很少。

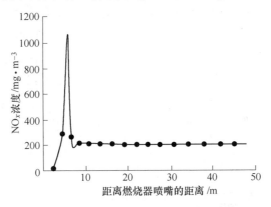

图 6-6　回转窑中心线上 NO$_x$ 的分布曲线图

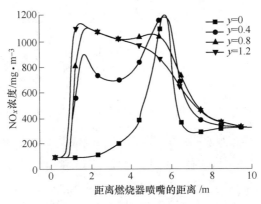

图 6-7　回转窑平行于中心轴线的不同直线上的 NO$_x$ 浓度分布曲线图

由于该燃烧器在每个通道均存在旋流片的结构特点，并且各个风道旋流叶片的旋转方向交替相反，使得在燃烧器区域附近存在着很强的回流区。该回流区能够加强空气和煤粉的混合使其燃烧更充分，通过调节各风道风速的大小可以改变回流区的大小和位置，能够防止窑内温度局部过高，最高 NO_x 浓度为 0.053% 且主要分布在火焰两侧，说明该低 NO_x 四通道燃烧器能够有效地控制 NO_x 的生成。

通过模型计算得到的窑内最高温度为 1930K，而窑内平均温度为 1450K，最高温度比先前学者的研究结果约低 200K，而平均温度相近，这既能降低热力型 NO_x 的生成，又能保证熟料的烧成质量。燃烧后窑内 O_2 含量很低，生成的 CO 量很少，出口摩尔分数为 0.23%，这说明煤粉在回转窑内燃烧很充分，表明了该低 NO_x 四通道燃烧器具有优良的燃烧性能。在相同工况下，数值模拟结果与现场测量结果基本一致，表明本工作所采用的模拟模型具有较强的可靠性，为控制回转窑 NO_x 的生成提供了理论依据。

6.1.3　NO_x 过程控制技术

预热段的热气流来源于回转窑尾气，烟罩内气体温度一般在 850~1100℃ 范围内，氧含量较低，烟气中的气体污染物 NO_x 浓度及 SO_2 浓度也明显偏高。在氧化球团预热工艺段喷入一定浓度的氨水作为还原剂，在无催化剂存在的条件下，即利用 SNCR（选择性非催化还原）脱硝原理，可达到降低球团烟气 NO_x 排放的目的，如图 6-8 所示。

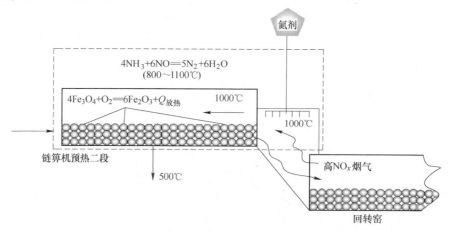

图 6-8　链箅机—回转窑预热二段喷氨脱硝简图

研究球团生产过程预热二段烟气温度对脱硝性能的影响以及查明预热段适宜的脱硝温度窗口对链箅机—回转窑生产氧化球团过程中工艺制度的调节十分必要。在氨氮摩尔比（NSR）在 1.1、NO_x 初始浓度为 520mg/m³ 的条件下，研究反应温度对脱硝率和氨逃逸的影响，结果如图 6-9 所示。可知，过高的温度不利

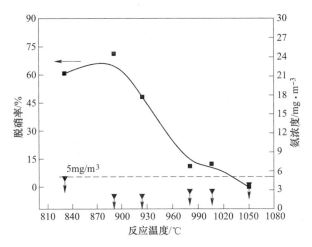

图 6-9　温度对反应脱硝率的影响

于氮氧化物的还原。随着温度从 830℃ 升至 1050℃，脱硝率先随温度的升高先略有上升。在 890℃ 时，脱硝率达到其最高值，为 71.3%；随后，脱硝率随着温度的继续上升而急剧下降。研究表明[20]，在链算机预热二段脱硝最适宜的温度范围为 900℃ 左右。当反应温度低于温度窗口时，由于停留时间的限制，往往使化学反应进行的程度较低反应不够彻底，从而造成 NO$_x$ 的还原率较低，同时未参与反应的 NH$_3$ 增加，过量的氨气会发生逃逸；而当反应温度高于温度窗口时，NH$_3$ 的氧化反应开始起主导作用，NH$_3$ 被氧化成 NO$_x$，反而使 NO$_x$ 的浓度增高。链算机 PH 段 NO$_x$ 浓度处于一个较高浓度范围，温度在 900℃ 左右时，满足喷氨的温度窗口。

　　氨剂是球团生产过程中 NO$_x$ 的还原剂，而氨氮比（NSR）是用来衡量所投入氨剂相对多少，其可以通过改变反应物浓度的方式来影响脱硝反应的平衡，而且 NSR 的相对大小也决定了系统运行时所需投入的还原剂运行成本。所以，无论从反应角度还是运行成本角度，氨氮比都将起到重要的作用。在温度为 910℃、NO$_x$ 初始浓度为 520mg/m^3 的条件下，改变氨氮比，探究氨氮比对脱硝率和氨逃逸的影响，结果如图 6-10 所示。脱硝率随 NSR 的增加而增加，在 NSR=1.0 时达到 48.4%，同时氨逃逸浓度为 2mg/m^3。当 NSR 超过 1.0 时，随着 NSR 的继续增加，脱硝率变化不大，但氨逃逸增大。

　　Per Burstrom 等[21,22] 建立 CFD 模型来模拟 SNCR 法降低链算机—回转窑烟气中 NO$_x$ 的浓度，影响因素包括温度、NO$_x$ 浓度、还原剂与烟气混合程度等，其中反应时间和反应温度尤为重要。该 SNCR 法使用尿素而不用氨气作为还原剂，更易于储存和控制，在一定程度上减少了安全隐患。其反应区域进入的气体是从回转窑出来的热气流，气体温度大约在 1080℃ 左右，气体在通道内的传输过程中有

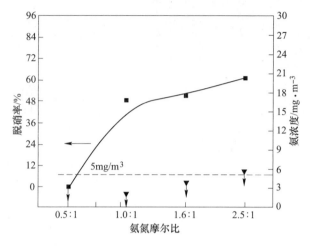

图 6-10 氨氮摩尔比对反应脱硝率的影响

一定的热量损失，到达脱硝反应时刚好在 SNCR 技术的温度区间之内，减少了烟气温度加热或者冷却的处理环节。通过对比不同的还原剂发现，氰尿酸同样适用于作为 SNCR 技术的还原剂，并且适用于更高的温度和更高的氧浓度烟气。

铜陵有色铜冠冶化分公司的年产 120 万吨球团的链箅机—回转窑生产线烟气脱硝采用了 SNCR 技术，其还原剂是稀释至 10% 的氨水，引入 SNCR 技术后，球团系统废气 NO_x 的排放浓度从 $387mg/m^3$ 下降至 $265.73mg/m^3$，NO_x 的年排放量减少了 603.31t，脱硝效率达到了 40%。先进再燃脱硝装置的工艺流程如图 6-11 所示。可见，整个装置由氨水储存和输送系统、氨水混合系统、氨水计量系统、

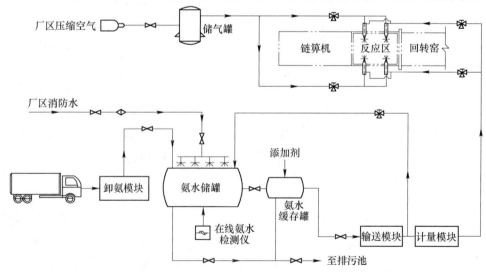

图 6-11 预热二段喷氨脱硝工艺流程图

氨水溶液喷射系统、废水排放系统等组成。通过氨水卸料泵将罐车运来的25%浓氨水卸载至氨水储罐中，把厂区消防水喷入氨水储罐中，让25%的浓氨水稀释至10%，将稀释至10%的氨水作为还原剂送到喷射区（链算机预热二段）进行喷射，喷硝枪位置在链算机预热二段与回转窑连接部位，然后由氨水雾化喷入反应区，氨气与从回转窑出来的烟气中的NO反应，进行NO_x的还原反应对烟气进行脱硝。

6.2 带式与环式焙烧机多元燃料燃烧供热技术

带式焙烧机工艺是一项十分成熟的球团生产工艺，具有工艺过程简单、布置紧凑、所需设备吨位轻等优点，在钢铁行业应用广泛[23]。环式焙烧机是在带式焙烧机技术上发展而来，其工艺与带式焙烧机基本一致，只是将带式焙烧机首尾相连成环，使设备更加紧凑，热效率更高，适合小规模球团生产[24,25]。

带式与环式焙烧机主要使用高热值燃料如天然气、焦炉煤气或重油等作为燃料来燃烧供热，少部分可使用高炉煤气+混合煤气来生产。但目前还没有能够成熟使用纯低热值燃气如高炉煤气、转炉煤气等介质或是煤粉进行供热生产的相关技术手段，其主要原因如下：

（1）无法使用低热值燃气供热：其原因除了低热值煤气燃烧温度低、烟气量较大外，最关键的是因为低热值煤气燃烧速度慢，如果没有强旋流手段辅助，很容易导致无法在燃烧室区域内燃尽，导致燃烧室喷入带式与环式焙烧机的烟气温度不均，进而破坏带式与环式焙烧机的料面供热均匀性，降低成品球焙烧质量。

（2）无法使用煤粉供热：其原因是有一部分跟低热值煤气一样需要辅以强旋流手段，另一部分是因为煤粉即使燃尽，其燃尽后的灰渣也会对带式与环式焙烧机的物料焙烧造成负面影响，只能通过外置大型燃烧室输送高温热风供热的方式来解决。

针对上述问题，可研发相关技术与配套装置，将高炉煤气、转炉煤气等纯低热值燃料和煤粉等燃料引入带式与环式焙烧系统，增强带式与环式焙烧机对于多元燃料的适应性，力求实现带式焙烧机多元燃烧供热的技术突破。

6.2.1 带式与环式焙烧机燃烧系统仿真基准模型

带式焙烧机燃烧系统中的燃烧过程涉及到流体湍流流动、不同物质的扩散混合、燃料与空气的剧烈化学反应等，是一个典型的非线性系统。对燃烧过程的数学描写，涉及到基本质量控制方程、动量守恒方程、能量守恒方程等[26,27]。对这类控制方程为强耦合、非线性方程组，几何边界又是复杂不规则边界的问题，采用解析的方法几乎是不可能的。而运用计算流体力学（CFD）的方法，则可以克服上述解析方法遇到的困难。通过建立带式与环式焙烧机燃烧系统仿真基准模型，可以将数值模拟技术引入燃烧系统的研究中。

带式焙烧机燃烧系统的过程数学模型[28]如下：

质量守恒方程：

$$\frac{\partial \rho}{\partial t} + \frac{\partial}{\partial x_i}(\rho u_i) = 0 \tag{6-1}$$

动量方程：

$$\frac{\partial}{\partial t}(\rho u_i) + \frac{\partial}{\partial x_j}(\rho u_i u_j) = -\frac{\partial p}{\partial x_i} + \frac{\partial}{\partial x_j}\left[\mu\left(\frac{\partial u_i}{\partial x_j} + \frac{\partial u_j}{\partial x_i} - \frac{2}{3}\delta_{ij}\frac{\partial u_i}{\partial x_i}\right)\right] + \frac{\partial}{\partial x_j}(-\rho\overline{u_i' u_j'})$$

$$\tag{6-2}$$

能量方程：

$$\frac{\partial}{\partial t}(\rho E) + \nabla \cdot (\boldsymbol{v}(\rho E + p)) = \nabla \cdot (k_{\text{eff}} \nabla T - \sum_j h_j \boldsymbol{J}_j + (\boldsymbol{\tau}_{\text{eff}} \cdot \boldsymbol{v})) + S_{\text{h}}$$

$$\tag{6-3}$$

$k\text{-}\varepsilon$ 方程：

$$\frac{\partial}{\partial t}(\rho k) + \frac{\partial}{\partial x_i}(\rho k u_i) = \frac{\partial}{\partial x_j}\left[\left(\mu + \frac{\mu_t}{\sigma_k}\right)\frac{\partial k}{\partial x_j}\right] + G_{\text{k}} + G_{\text{b}} - \rho\varepsilon - Y_{\text{M}} + S_{\text{K}} \tag{6-4}$$

$$\frac{\partial}{\partial t}(\rho\varepsilon) + \frac{\partial}{\partial x_i}(\rho\varepsilon u_i) = \frac{\partial}{\partial x_j}\left[\left(\mu + \frac{\mu_t}{\sigma_\varepsilon}\right)\frac{\partial\varepsilon}{\partial x_j}\right] + C_{1\varepsilon}\frac{\varepsilon}{K} + (G_{\text{K}} + C_{3\varepsilon}G_{\text{b}}) - C_{2\in}\rho\frac{\varepsilon^2}{k} + S_\varepsilon$$

$$\tag{6-5}$$

组分输运方程：

$$\frac{\partial}{\partial t}(\rho Y_i) + \nabla \cdot (\rho\boldsymbol{v}Y_i) = -\nabla \cdot (\boldsymbol{J}_i + R_i + S_i) \tag{6-6}$$

以国内某 504m^2 带式焙烧机生产线燃烧系统为对象，建立如图 6-12 所示的三维几何模型，采用混合网格技术获取其离散化网格模型（见图 6-13）。

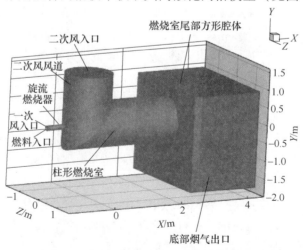

图 6-12　带式焙烧机供热单元三维几何模型

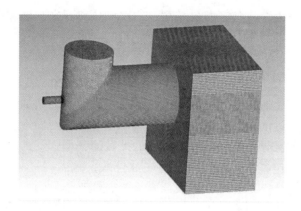

图 6-13 离散化网格模型

6.2.2 带式与环式焙烧机各参数对空煤气混匀特性的影响

在实际生产中，燃烧室二次风风量、燃料旋流强度和与燃料伴流射入的一次风风量等参数对燃烧室内空煤气的混匀特性影响很大。在基准模型基础上，本节以甲烷 CH_4 为燃气介质，运用数值模拟实验的方法，分别研究一次风量、二次风量和燃料旋流强度对空煤气混匀特性的量化影响规律。

6.2.2.1 一次风量对空煤气混匀特性的影响

图 6-14 为带式焙烧机燃烧室内不同一次风量（w_1 至 w_5）下 CH_4 体积浓度沿燃烧室轴向的变化曲线。由图 6-14 可看出：随着一次风量的增加，CH_4 浓度沿 X 轴正方向的衰减速率逐渐减弱。这表明一次伴流风风量对燃料与助燃空气间的混合呈负面影响，风量增加会导致燃料向周围流场的扩散速率减弱。这是由于常温

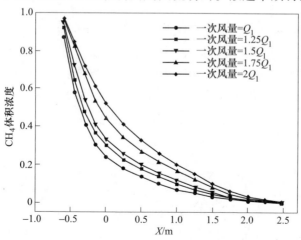

图 6-14 一次风对燃烧特性的影响规律

一次伴流风在生产中会将常温燃料与高温二次风隔离开来，增加燃料向周围扩散的阻力，其表征效果为燃烧火焰延长。

6.2.2.2　二次风量对空煤气混匀特性的影响

图 6-15 为带式焙烧机燃烧室内不同二次风量（Q_2 至 $2Q_2$）下 CH_4 体积浓度沿燃烧室轴向的变化曲线。由图可看出：随着二次风量的增加，CH_4 浓度沿 X 轴正方向的衰减速率逐渐增强。这表明二次风风量对燃料与助燃空气间的混合呈正面影响，风量增加会导致燃料向周围流场的扩散速率增强。这是因为，高温二次风的介入会使得被包裹在一次风内的燃气被打散，减少燃料向周围扩散的阻力，使其更易扩散到燃烧室内环境，其表征效果为燃烧火焰缩短。值得注意的是，当二次风自身带一定旋流角度进入时，其强化燃气混匀速率的效果更佳。

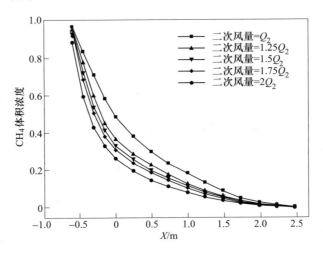

图 6-15　二次风对燃烧特性的影响规律

6.2.2.3　燃料旋流强度对空煤气混匀特性的影响

在对二次风风量和一次风风量的仿真优化实验中，可以通过直接改变对应进口边界的边界条件实现，而对燃料旋流强度则是通过改变燃烧器中燃料通道中旋流片的安装角度来实现。轴流式旋流器旋流强度的计算公式[29,30]如下：

$$S = \frac{2}{3}\left[\frac{1 - (R_1/R_2)^3}{1 - (R_1/R_2)^2}\right]\tan\alpha \tag{6-7}$$

式中　S——旋流强度，无量纲；

R_1，R_2——分别为旋流片内圆半径和外圆半径，mm；

α——旋流片安装角，(°)。

表 6-1 是根据式（6-7）计算的旋流强度对应的旋流片安装角度。

表 6-1　旋流强度与旋流片安装角对应关系

旋流强度	内外半径比	安装角/(°)
0.2	0.48	15
0.4	0.48	28
0.6	0.48	38
0.8	0.48	46
1	0.48	52

图 6-16 为带式焙烧机燃烧室内不同燃料旋流强度（S 至 $2S$）下 CH_4 体积浓度沿燃烧室轴向的变化曲线。由图可以看出，随着燃料旋流强度的增加，燃料浓度沿 X 轴正方向的衰减速率明显增大。结果表明，增加燃料旋流强度会显著地增加燃料向周围空气的扩散速率，促进燃料与助燃空气的混合。

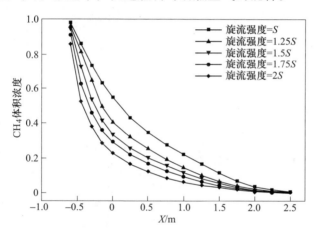

图 6-16　旋流强度对燃烧特性的影响规律

6.2.3　低热值燃气用强旋流短焰高效燃烧技术

6.2.3.1　二次风螺旋供入式短焰燃烧技术

带式焙烧工艺的工艺特点决定了送入供热系统燃烧室的二次风风量大、风温高，二次风对燃烧室中流场和温度场分布影响巨大。从提高燃烧室流场旋流强度这一关键点出发，提出了如图 6-17 所示的二次风螺旋供入式短焰燃烧技术。该技术将二次风道截面形状由传统圆形截面变为矩形截面，二次风道外壁面与底部柱形燃烧室相切，二次风道与柱形燃烧室形成一个口哨形空间，其具有如下两点优势：一方面可以增强燃烧内的旋流强度，提高燃料燃烧速率，从而缩短低热值燃料燃烧火焰；另一方面能够强化高温烟气与温度相对较低的未反应混合气体之间的传热，使烟气温度均匀，改善球团矿质量。图 6-18 带式焙烧燃烧室温度云图可看出，采用二次风螺旋供入式短焰燃烧技术后，燃烧室内高温区主要集中在燃烧室中部的柱形区域内，避免了由于二次风排挤造成的火焰偏移甚至烧边等问题。由于二次风强旋流作用，高温烟气在燃烧室内经历了强混合过程，使得离开燃烧室进入球团表面的烟气温度非常均匀，有利于球团煅烧质量的控制。

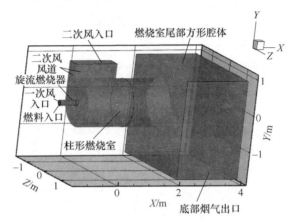

图 6-17　二次风螺旋供入式短焰燃烧技术

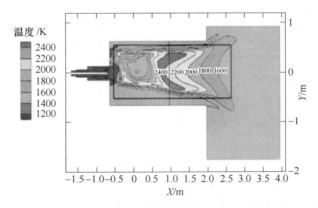

图 6-18　短焰燃烧技术燃烧室温度云图

6.2.3.2　燃气双旋流式短焰燃烧技术

带式与环式焙烧机燃烧系统运用低热值煤气燃料的主要困难在于，低热值燃气燃烧火焰长度较长，导致球团料面上的烟气温度均匀性很差，影响球团质量。影响燃料燃烧效率的因素主要有两点：（1）燃料与助燃空气的扩散混合速率；（2）燃料与氧气的化学反应速率。带式与环式焙烧机燃烧系统中，由于二次风风温非常高，燃料在高温氛围下的反应速率远大于燃料的扩散混合速率，因此燃料与空气的混合速率成为影响带式焙燃烧机燃烧速率的关键因素。

中冶长天从提高燃料与空气混合速率出发，提出了燃气双旋流式短焰燃烧技术。图 6-19 是直喷、单旋和双旋燃烧器结构图，燃气双旋式烧嘴将燃料分为两个通道喷入燃烧室，两股燃料均采用旋流方式喷入，从而增强燃料与空气之间的扩散速率。图 6-20 是三种燃烧器火焰形状图。从图上可以看出，三种燃烧器中，双旋燃烧火焰长度最短，直喷烧嘴火焰长度最长，随着旋流强度增强，燃烧室内火焰长度显著降低。采用燃料双旋流方式，可以有效提高低热值燃气与空气的混合强度，降低火焰长度，克服带式与环式焙烧机采用低热值燃料供热的困难。

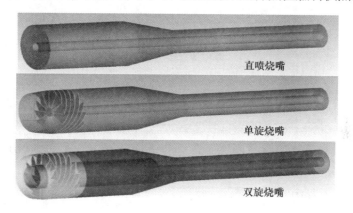

图 6-19　三种燃烧器结构

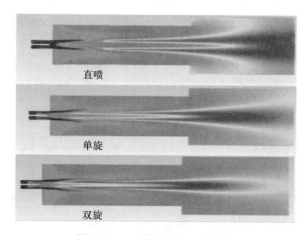

图 6-20　三种燃烧器火焰形状

6.3　球团设备漏风治理技术

6.3.1　链箅机—回转窑—环冷机漏风治理技术

6.3.1.1　链箅机漏风治理技术

链箅机主要用于生球的干燥和预热，从而实现生球中水分的蒸发并使其达到一定的强度及温度。链箅机作为可移动的干燥预热器，其结构如图 6-21 和图6-22 所示。链箅机在运行过程中，其主要漏风部位包括：炉罩与链箅装置侧板顶面间的漏风、侧板底面与侧密封座之间的漏风、上托轮轴端与侧密封座间的漏风以及风箱的漏风（包括头尾端部漏风和各工艺段之间的漏风）。链箅机漏风治理技术是指针对链箅机不同的漏风部位，采取不同的密封结构和密封材质，系统性地降低或减小各漏风部位的漏风，使得链箅机总的漏风量最少，从而降低链箅机能耗。

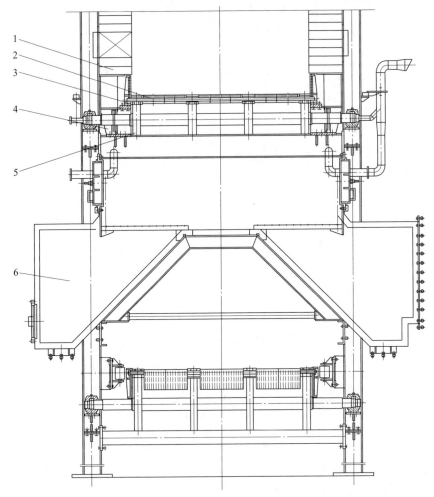

图 6-21 链箅机断面结构图

1—炉罩；2—链箅装置；3—侧板；4—侧密封座；5—上托轮；6—风箱

A 炉罩与链箅装置侧板顶面之间的漏风治理技术

链箅机的链箅装置侧板在运行过程中因制造、安装误差及热膨胀等因素的影

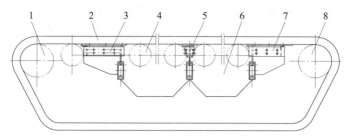

图 6-22 链算机长度方向结构图

1—尾轮装置；2—链算装置；3—尾部密封；4—上托轮；5—段间密封；

6—风箱；7—头部密封；8—头轮装置

响，其顶面标高存在一定波动而导致漏风。传统的密封形式采用非接触式密封，设计时炉罩耐火料预制块或支撑钢结构与链算装置侧板顶面之间预留一定间隙，且间隙间设置迷宫密封来减少漏风。在此基础上，为进一步消除漏风阻断炉罩内部与外部大气的连通，则在侧板外侧沿链算机运行长度方向额外设置有密封隔墙，其结构如图 6-23 所示。密封隔墙虽阻断了炉罩内部与外部大气的连通，但影响了侧板的自然散热，对侧板的使用寿命造成不利影响，同时也影响了操作人员对链算装置运行状态及滑道磨损状态的观察。

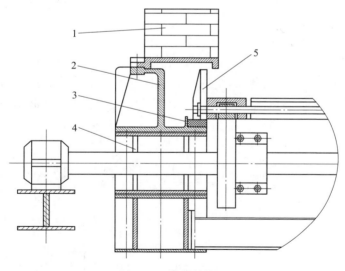

图 6-23 断面结构图

1—炉罩；2—密封隔墙；3—滑轨；4—侧密封座；5—侧板

针对传统密封结构存在的不足，开发了接触式重力密封技术，其结构如图6-24所示。在侧板上部安装有固定的重力块密封盒，密封盒与炉罩预制块之间填充密封填料，可上下活动的重力密封块安装在密封盒内，可随侧板顶面高度变化而上下移动且始终与侧板顶面接触，能够有效隔断炉罩内部与大气的连通，且侧板外侧无需额外设置密封隔墙，从而解决侧板散热和设备点检观察的问题，提高密封效果。

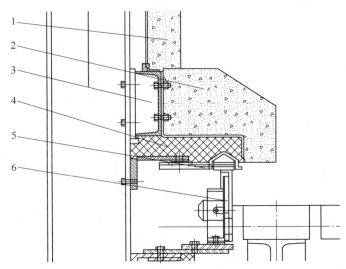

图 6-24   接触式重力密封结构图

1—炉罩；2—预制块；3—支撑钢结构；4—密封填料；5—重力密封；6—侧板

B   侧板底面与侧密封座之间的漏风治理技术

侧板底面与侧密封座滑轨在设计、制造和安装上为完全接触状态，理论上不存在漏风。实际生产中，滑轨因磨损、热膨胀等原因不能与侧板底面完全贴合造成漏风。针对滑轨的漏风问题，一方面滑轨可采用高耐磨耐热钢作为基材，提高滑轨的使用寿命；另一方面可在滑轨工作面上镶嵌有石墨柱，如图6-25所示，

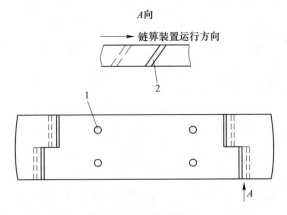

图 6-25   链算机滑轨

1—镶嵌石墨柱；2—倾斜搭口

链箅机运行时，石墨柱析出的石墨粉末在侧板底面与滑轨间起到润滑作用，进一步提高了滑轨的使用寿命；第三方面可在链箅装置回程段设置滴油润滑装置，向侧板底面上滴注耐高温润滑油，从而在侧板底面与滑轨间形成润滑油膜，减少滑轨的磨损。

针对滑轨的热膨胀问题，将滑轨设计成分段形式，各段滑轨之间的接口采用同侧伸长错位止口搭接法，前后两段滑轨在错位搭口处横向紧密贴合，从而消除滑轨接口处的漏风，搭接处纵向设有预留间隙可吸收各段滑轨的热膨胀，同时同侧伸长的错位搭接结构可在不拆除链箅装置侧板的情况下，对单根滑轨实现快速更换。

C 上托轮轴端与侧密封座间的漏风治理技术

链箅机从冷态到热态的过程中，上托轮轴在高温重载下会产生热膨胀及弯曲变形等，使上托轮轴与侧密封座在链箅机纵向方向存在相对运动而导致漏风。针对此处漏风，开发了活动填料盒密封技术和叠片式迷宫密封技术。

活动填料盒密封技术结构形式如图 6-26 所示，上下剖分式的填料密封座通过两侧的压板压紧在侧密封座上，与侧密封座保持密封状态，上下两半密封座通过螺栓连接成整体，外侧的填料密封压盖通过螺栓与密封座连接并可通过调节螺栓来调节填料压紧力的大小，使密封填料与上托轮轴之间保持密封，当上托轮轴出现热胀伸长及弯曲变形时，填料密封座在挤压力的作用下可随上托轮轴在一定范围内同步移动，从而减少漏风。这种密封形式的密封座虽然可跟随上托轮轴在一定范围内移动，但密封座与上托轮轴之间会产生较大的相互作用力，容易造成上托轮轴或填料密封的过快磨损，密封填料在高温下易失效的问题。

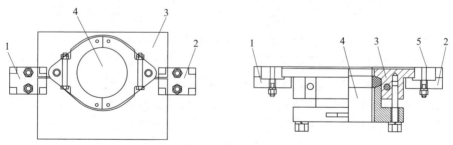

图 6-26 活动填料盒密封构图

1—第一压块；2—第二压块；3—活动密封座；4—密封压盖；5—侧密封座配合面

叠片式迷宫密封技术结构形式如图 6-27 所示，固定安装于侧密封座上的多层钢板通过大小不同的内圆形成迷宫外环，迷宫内环活动套装于上托轮轴上从而形成多道小间隙迷宫密封，当上托轮轴热胀伸长或弯曲变形及上托轮轴与侧密封座之间有相对运动时，迷宫密封的状态不会改变，从而减少侧密封座与上托轮轴端的漏风。同时在迷宫密封的外侧固定有与托轮轴紧密配合的凸缘挡圈，可防止

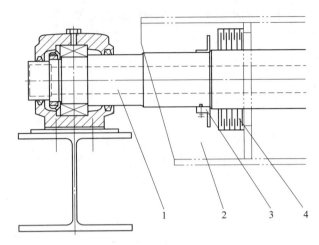

图 6-27   叠片式迷宫密封结构图

1—上托轮轴；2—侧密封座；3—凸缘挡圈；4—叠片式迷宫密封

迷宫密封少量泄露的热风对轴承座的影响。另外密封结构对托轮轴不会产生额外的负荷，且不需维护及更换。

D   风箱的漏风治理技术

风箱的密封分为端部密封和各工艺段间的密封两种。端部密封用于阻断风箱与大气之间的连通。同时各工艺段之间的风箱压力与温度不一致，在各段之间也设置有隔断密封。风箱端部密封及段间密封的下部与风箱构件固定连接，可实现完全的密封，上部与箅床之间相对运动，是密封技术的核心部位。由于箅板安装在链箅装置的小轴上且可以绕小轴转动，因此风箱密封的设置必须考虑箅板在通过风箱密封时不能因为风箱密封盖板与箅板的摩擦而造成箅板翻转。

风箱密封技术分固定式和活动式两种，固定式风箱密封结构如图 6-28 所示，由密封支架、密封滑板组成。密封滑板设置在密封支架顶部链箅装置中链节的下方，当链箅装置通过风箱密封时，密封滑板通过对链节的支撑使链箅装置保持水平状态，且箅板与其下的密封体保持合理的间隙，防止箅板翻转，为减少箅板与密封支架间隙处的漏风，在密封支架内填充一定高度的耐火材料，耐火材料的顶面低于箅板底面，利用耐火材料对箅板上落下散料的吸附作用形成松散的柔性密封，这既不会造成箅板翻转，又具有较好的密封效果，且终生不需维护。

活动式风箱密封结构如图 6-29 所示，主要由设置于链箅装置下部的浮动密封机构和设置于链箅机两侧的重锤配重系统组成。密封盖板活动支撑在密封底座上，活动密封盖板与密封底座间设置有可调节的支撑机构和导向柱，调节机构下端通过重锤配重系统拉紧，配重导向拉杆与侧密封座之间采用填料密封，拉杆与支撑机构之间设有吸收位差转杆，用来吸收导向拉杆与支撑机构之间的错位。通

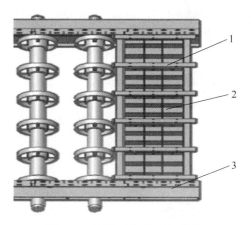

图 6-28 固定式风箱密封结构

1—密封滑板；2—密封支架；3—侧密封座

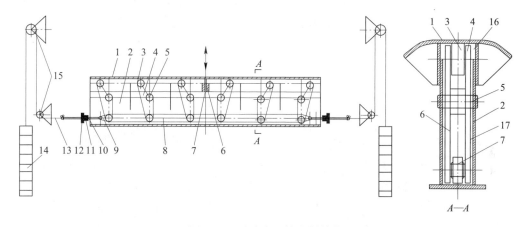

图 6-29 活动式风箱密封结构

1—浮动盖板；2—密封支座；3—支撑滚轮；4—支撑杠杆；5—支撑轴；6—导向支柱；7—滑套；
8—横向拉杆；9—吸收位差转杆；10—导向杆；11—导向套；12—填料密封组件；13—钢丝绳；
14—重锤；15—改向滑轮；16—盖板凹槽；17—支座开口凹槽

过调整重锤的配重即可保证密封盖板与箅床之间始终保持合适的压紧力。实现接触面零间隙。该技术具有优良的密封效果，又消除了因密封盖板与箅床间接触力过大造成的磨损和箅板翻转问题，但结构复杂、维护工作量较大。

6.3.1.2 回转窑漏风治理技术

回转窑主要用于生球的高温焙烧，实现生球向熟料的转变。回转窑生产时窑体筒动，窑头、窑尾罩均为固定安装，同时因筒体存在热伸长及由于制造及安装误差引起的回转摆动，使筒体与窑头、窑尾罩之间存在漏风。针对回转窑的漏风，其密封结构形式主要有非接触式密封技术和接触式密封技术两种[31]。

非接触式密封通常为迷宫式密封，迷宫式密封由多块大小不一的圆环形钢板组成，空气流经弯曲的通道产生流体阻力，使漏风量减少，根据迷宫通道的方向不同，分为轴向迷宫式和径向迷宫式，如图 6-30 所示。其结构简单，不存在磨损问题，但为了适应回转窑工作时的热伸长和窜动以及筒体的圆柱度误差，其径向和轴向间隙不可太小，因此单独使用时密封效果不理想，往往与接触式密封结合使用。如图 6-31 所示的密封结构就是在迷宫外围增加一组弹簧板或其他耐高温柔性密封材料，起双重密封防护，密封效果更好[32]。

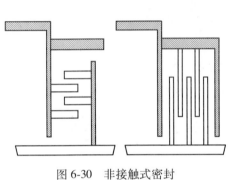

图 6-30　非接触式密封　　　　　图 6-31　密封结构

回转窑接触式密封技术一般采用鳞片式密封装置，其结构如图 6-32 所示，多块密封鳞片在圆周上均匀分布并贴附在回转窑的筒体上，各密封鳞片之间局部重叠，鳞片的一端固定在窑头或窑尾罩上，另一端与回转窑筒体之间预压紧从而起到密封作用，鳞片选用高温下弹性机械性能稳定同时具有较高耐磨性能的材料。为进一步降低对材料性能的要求，可对鳞片密封处进行鼓风冷却，降低鳞片温度；也可将鳞片密封分为两层制造，外层鳞片起弹性压紧作用，内层鳞片起耐磨作用，并在两层鳞片之间设陶瓷纤维布隔热，从而进一步降低外层弹性鳞片的工作温度。

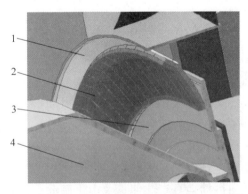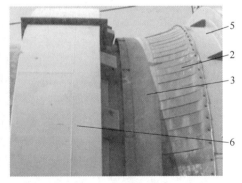

图 6-32　窑头窑尾鳞片密封

1—窑尾罩；2—鳞片密封；3—摩擦环；4—筒体；5—窑头罩；6—冷风罩

回转窑另一种接触式密封是端面型密封[33]，动摩擦块通过紧固件连接在回转窑筒体法兰上，静摩擦块通过紧固件连接在窑头或窑尾罩上。为适应动摩擦块随回转窑筒体热涨或窜动的位置变化，在动、静摩擦块之间施加一定的压力使静摩擦块始终与动摩擦块紧密贴合，从而起到密封效果。其根据施加压力的方式不同，分为气缸压紧式密封和弹簧压紧式密封。气缸压紧式密封装置的结构如图6-33所示，在圆周上分布有多个压紧气缸，推动静摩擦块支架随动摩擦块在回转窑轴向移动并始终保持贴紧状态，静摩擦块支架径向与窑头窑尾固定罩壳之间留一定间隙，间隙处填充密封填料防止冷空气进入窑体内。这种压紧方式因回转窑周边辐射温度高、粉尘大，对气缸的密封件性能要求很高。另外一种是弹簧压紧式密封装置[34]，其采用弹簧及杠杆机构实现对动静摩擦块的压紧，避免了气缸易损坏的问题，有效延长了密封装置的使用寿命，提高了设备作业率。

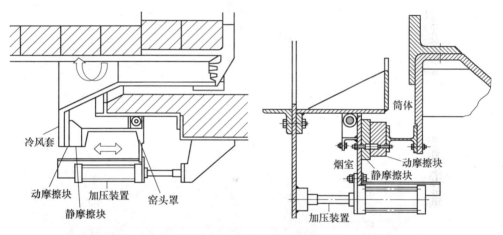

图6-33 气缸压紧式端面密封装置

6.3.1.3 环冷机漏风治理技术

环冷机主要用于将高温球团进行冷却降温，生产过程中，冷却风从风箱系统进入，在风机压力作用下穿过料层并与物料进行热交换后，一冷段热空气循环进入回转窑，二冷段热空气送往链算机预热一段，三冷段热空气送至链算机鼓风干燥段或抽风干燥段进行利用。环冷机冷却风的路径如图6-34所示，其主要漏风部位、治理技术与烧结用转臂式环冷机的相同，具体详见5.5.2.3节，本节不再叙述。

6.3.2 带式焙烧机漏风治理技术

带式焙烧机球团法是球团矿生产的主要方法之一，生球的干燥、预热、焙烧、冷却都在带式焙烧机上完成。带式焙烧机结构见图6-35，生产过程中，其主要漏风部位包括：带式焙烧机台车的漏风、风箱系统的漏风、台车和烟罩之间的漏风。带式焙烧机漏风治理技术是指针对带式焙烧机不同的漏风部位，采取不同

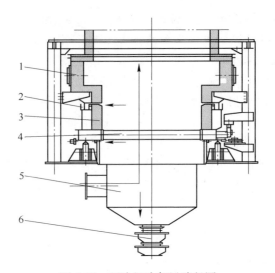

图 6-34   环冷机冷却风路径图

1—环冷罩；2—密封水槽；3—台车栏板；4—台车及回转框架；5—风箱；6—双层卸灰阀

的密封结构和密封材质，系统性地降低或减小各漏风部位的漏风，从而增加通过料层的有效风量，提高球团矿产量，节约能量。

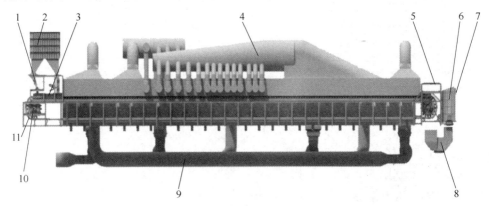

图 6-35   带式焙烧机简图

1—边底料铺料装置；2—边底料仓；3—焙烧机台车；4—炉窑及风罩；5—骨架；6—尾部装置及尾部挡料装置；7—尾部除尘口；8—卸矿斗；9—风管；10—驱动装置；11—轨道装置

6.3.2.1   带式焙烧机台车的漏风治理技术

带式焙烧机台车是非常重要的部件，其由车体、栏板、弹性密封装置、算条、卡轮、车轮及车轴组成。生产过程中，带式焙烧机台车主要漏风点包括：台车与台车之间的漏风，算条压块销孔处的漏风，台车密封板与固定滑道之间的漏风和台车密封板之间的漏风。

A　台车与台车之间的漏风治理技术

带式焙烧机是由许多个台车体组成的，由于加工制造精度原因，相邻台车之间存在一定间隙，同时生产过程中，其工作温度高低不均，速冷速热，为适应热膨胀要求，相邻台车的栏板之间在设计时保留了一定的间隙，另外台车反复热胀冷缩会出现热疲劳，导致裂纹，两者共同作用使台车与台车之间出现漏风。根据此处漏风的特点，可采用重力自适应台车栏板密封技术来降低漏风，具体在 5.5.1.2 节第 C 部分中详细叙述，本节不再赘述。

带式焙烧机台车在工作过程中是不断运动的，使得相邻台车之间相互冲击磨损而形成缝隙，导致漏风。针对此处漏风，可在台车两侧面增设防磨板结构（见图 6-36），通过数控加工控制其平面度在 0.08mm 以内，并在台车出厂前，将每两台台车在轨道上靠拢后，用塞尺检查控制其间隙在 0.2mm 以内[35]，从而减少工作过程中台车磨损造成的漏风。

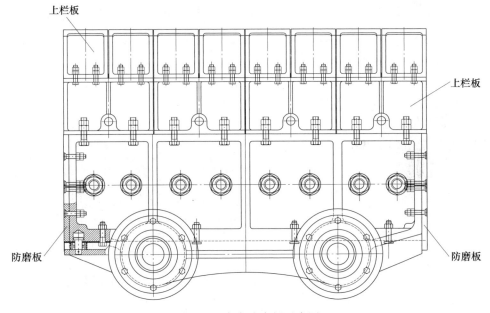

图 6-36　台车防磨板示意图

B　篦条压块销孔处的漏风治理技术

篦条压块销孔处漏风（如图 6-37 所示）一直被忽视，但事实上此部位的漏风也是十分严重，其漏风量与台车滑道间的漏风量大体相同，绝对漏风率大约为 10%。针对此处漏风，一方面可适当减小压块销与销孔之间的间隙；另一方面可将压块销由圆柱销改为锥形销，同时下栏板上的圆柱销孔亦改为圆锥销孔，从而减少篦条压块销孔处的漏风。

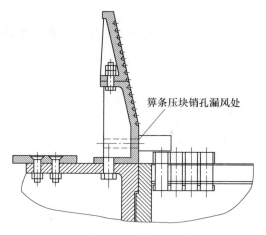

图 6-37 箅条压块销孔漏风处示意图

C 台车密封板与固定滑道之间的漏风治理技术

带式焙烧机较传统烧结机工作长度更长，整个工作长度上分为 7 个工艺段，既有抽风段也有鼓风段，因此在带式焙烧机台车两侧与风箱间均有严密的密封要求，密封结构如图 6-38 所示。台车底梁上安装弹性密封滑板，风箱侧梁安装固定滑道，弹簧的压缩使密封板与固定滑道紧密接触，实现密封。理论上，台车密封滑板底面与滑道之间无间隙，没有漏风。由于制造、装配及安装原因，刚投入使用时，台车密封滑板底面与滑道之间会出现较小的间隙。使用时间较长后，密

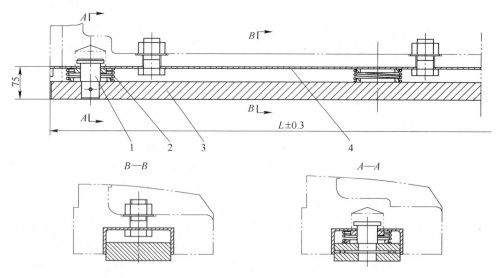

图 6-38 台车密封装置
1—销轴；2—弹簧；3—游板；4—游板槽

封滑板产生过度磨损，滑道也会出现过度磨损，导致台车密封板处的弹簧压紧力不足或失效，密封板上下不灵活，台车密封滑板底面与滑道之间出现漏风。同时密封滑板局部过度磨损，滑道局部过度磨损、滑道处润滑不良，均会使台车密封滑板底面与滑道之间出现漏风。

针对此处漏风，一方面可采用更高硬度耐磨密封滑板及更高硬度耐磨滑道，减少磨损速度，从而减少台车密封板及风箱滑道之间的磨损漏风；另一方面可采用智能润滑供脂，专用润滑脂、保证良好的润滑效果，并定期润滑，从而保证滑道上始终有润滑油；第三方面则是精心设计、制作台车密封（滑板）装置的弹簧以及精心维护、及时（或定期）更换台车密封装置及风箱固定滑道。

D 台车密封板之间的漏风治理技术

为防止台车密封板超出台车本体，其长度必须要小于台车本体，此时相邻台车密封板之间就会出现缝隙（约3mm），此缝隙数量多，是台车纵向的主要漏风部位。针对此处漏风，开发了防漏风的弹性密封技术（见图6-39）。防漏风弹性密封件被镶嵌在台车密封装置的一端的游板上，弹性密封件自身具有很好的变形特性，能够填充部分间隙，减小相邻台车之间漏风通道的面积。同时，弹性密封件的高度不会影响到游板的上下浮动，且该装置只涉及单个台车，当其损坏时可以方便及时地更换。

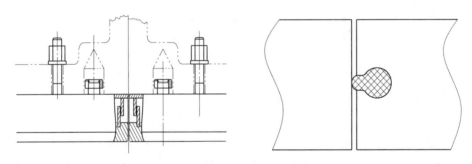

图 6-39 台车密封装置弹性密封件

6.3.2.2 风箱系统的漏风治理技术

带式焙烧机分为鼓风干燥段、抽风干燥段，抽风预热段、抽风焙烧段、抽风均热段，鼓风冷却一段，鼓风冷却二段共7段，每段对应不同数量的风箱，各段风箱的温度、压力差距很大。其主要漏风部位有：各工艺段处风箱与台车底梁间的漏风；工艺风机至风箱之间的漏风；风箱系统各法兰面之间的漏风；风箱放灰时双层卸灰阀的漏风[36]。

A 各工艺段处风箱与台车底梁间的漏风治理技术

带式焙烧机的工艺风流是两端鼓风（鼓风干燥、鼓风冷却），中间抽风（抽风干燥、抽风预热、抽风焙烧、抽风均热）。因此，各工艺段处风箱与台车底梁间（包括头尾风箱及中间两处风流反向处）通过设置隔风装置来减少漏风或窜风。隔风装置有多种，如螺旋弹簧式、四连杆式、杠杆式、重锤式、弹簧板式等，其中最常用的为配重式隔风技术，如图 6-40 所示。其密封板的支撑座固定在风箱横梁上。沿着风箱横梁方向，隔风装置由若干组密封板并排组成，每组密封板设计链条结构以保证安装及维护过程中的安全性，工作时靠配重使密封板与台车底梁接触从而实现密封。

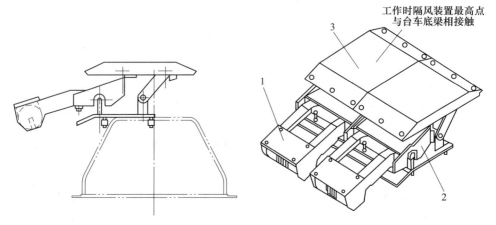

图 6-40   配重式隔风装置
1—配重；2—支架；3—密封板

B   工艺风机至风箱之间的漏风治理技术

工艺风机至风箱之间包括鼓风管道、抽风管道、热风系统、风机系统。风箱管道中的烟气含有粉尘、高浓度硫等易磨损和易腐蚀的物质，高速含尘、含硫烟气也对风箱侧面不断冲刷腐蚀和磨损，使之局部出现缝隙或漏洞而漏风，主要发生在管道弯管折弯处，其对应的漏风治理技术与烧结机风箱管道系统治理技术相同，具体在 5.5.1.2 节第 D 部分中详细叙述，本节不再叙述。

C   风箱系统各法兰面之间的漏风治理技术

风箱法兰的变形会引起漏风，密封垫损坏也会引起漏风。如果带式焙烧机中风箱法兰处的密封垫采用橡胶石棉板垫片，使用时间长了石棉会开裂并在风箱负压作用下吸走，也会在风箱正压下吹出，导致风箱漏风现象越来越严重[37]。针对此处漏风，一方面可适当增加法兰厚度，提高风箱法兰刚度，提高风箱法兰面加工精度；另一方面选用适应带式焙烧机工况的密封垫材料，如金属增强型石墨垫片或金属增强型陶瓷纤维垫片等。金属增强型石墨（或陶瓷纤维）垫片长时间使用也不会开裂，密封效果好，也不会对环境产生不利影响。

D 风箱放灰时双层卸灰阀的漏风治理技术

带式焙烧机风箱放灰时双层卸灰阀的漏风治理与烧结机、环冷机双层卸灰阀的漏风治理相同，具体在 5.5.1.2 节第 E 部分中详细叙述，本节不再叙述。

6.3.2.3 台车和烟罩之间的漏风治理技术

大型带式焙烧机工作长度长，且存在鼓风和抽风交替作用的情况，台车和烟罩之间的也存在漏风。针对此处漏风，开发了落棒式密封技术，如图 6-41 所示，即在台车两侧增设密封板，落棒自由悬挂在烟罩上，靠自重压在密封板上，为了加强密封效果和延长密封使用周期，此处采用润滑脂长期润滑。由于密封性的要求，鼓风冷却段一般采用双层落棒进行密封。

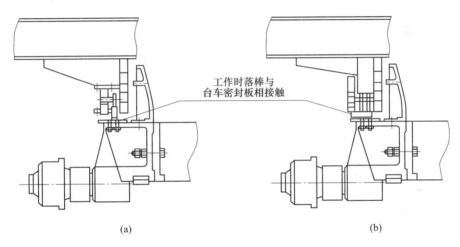

工作时落棒与
台车密封板相接触

(a)   (b)

图 6-41 落棒密封装置
(a) 单落棒；(b) 双落棒

6.3.3 漏风治理技术应用及效果

6.3.3.1 工程概况

2005 年武钢鄂州年产 500 万吨球团工程成功投产，工程采用链箅机—回转窑—环冷机工艺系统，是当时世界上单体规模最大的球团生产线。该生产线三大主机除部分零部件外，大部分实现国产化，系统自动化控制水平高，设备稳定可靠，各项技术经济指标均达到国际先进水平。

6.3.3.2 技术方案

该项目配置的链箅机、回转窑、环冷机详细技术参数及采用的漏风治理技术如表 6-2～表 6-4 所示。

表 6-2　链箅机技术参数及漏风治理技术

名　称	参数/技术措施
链箅机规格/m×m	5.666×67.259
链箅机有效尺寸/m×m	5.666×60.960
料层厚度/mm	180
链箅机正常生产能力/t·h^{-1}	715
生球粒度/mm	9~14
炉罩与侧板顶面密封	接触式重力密封技术
滑轨密封	高耐磨耐热钢材质+止口搭接快速更换技术
上拖轮轴密封	碟片式迷宫密封
风箱密封	固定式

表 6-3　回转窑技术参数及漏风治理技术

名　称	参数/技术措施
回转窑规格/m	ϕ6.858×45.72
筒体倾斜角/(°)	2.2906
支撑装置数量/个	2
正常生产能力/t·h^{-1}	635
窑头密封	径向接触鳞片密封+风冷
窑尾密封	轴向接触鳞片密封+风冷

表 6-4　环冷机技术参数及漏风治理技术

名　称	参数/技术措施
环冷机规格/m	ϕ21.946×3.75
有效冷却面积/m^2	213
料层厚度/mm	760
正常生产能力/t·h^{-1}	635
排料温度/℃	≤120
上密封	水槽密封
下密封	橡胶平面密封
风箱端部密封	固定式密封

6.3.3.3　技术效果

三大主机设备通过表 6-2~表 6-4 所列的各项密封技术的组合应用，有效降低了整个主机系统的漏风率，项目吨矿能耗及球团矿质量均达到了世界领先水平，同时设备作业率及维护成本均得到了有效控制（见图 6-42 和表 6-5 及表 6-6）。

图 6-42　主机设备图

表 6-5　吨矿能耗

燃煤/kg	水/kg	电/kW·h	天然气/m³	工序能耗/kgce
21	263	30.18	2.86	25

表 6-6　产品特征指标　　　　　　　　　　　　　　　（%）

产品合格率	转鼓指数	球团矿硫分
100	97	0.015

参 考 文 献

[1] 胡兵，叶恒棣，王兆才，等. 链算机-回转窑球团 NO_x 排放规律及控制方法 [J]. 中国冶金，2018，28（4）：66~70.

[2] 中国电力编辑部. 破解氮氧化物减排难题等离子体低氮燃烧技术助推环保事业 [J]. 中国电力，2009，42（9）：88~89.

[3] 刘振华. 用激光诱导荧光技术对等离子体与催化剂协同脱除氮氧化物反应活性的诊断 [D]. 长春：长春理工大学，2012.

[4] 王毅. 1000MW 燃煤机组微油点火技术 [J]. 东北电力技术，2010，8（9）：21~24.

[5] 樊有德. 煤粉燃料采用低温等离子体点火及稳定燃烧 [J]. 锅炉技术，1995，11（1）：18~22.

[6] 李海东. 回转窑燃煤等离子点火新技术的研究 [D]. 大连：大连理工大学，2014.

[7] Dernjatin P，Savolainen K，Heinolaiene A. 切向燃煤锅炉新型低氮燃烧器的开发 [J]. 电力科技与环保，2001，17（2）：49~54.

[8] 孟德润. 大型电站锅炉水煤浆再燃降低 NO_x 排放的试验研究及数值模拟 [D]. 杭州：浙

江大学，2007.

[9] 姜正侯，徐吉浣，章成骏，等. 燃气燃烧理论与实践 [M]. 北京：中国建筑工业出版社，1985：181~184.

[10] 刘少林，吴金星，倪硕，等. 中小型燃气锅炉 NO_x 源头控制及低氮燃烧技术研究进展 [J]. 工业锅炉，2017 (5)：17~23，27.

[11] 姬海民，李红智，姚明宇，等. 低 NO_x 燃气燃烧器结构设计及性能试验 [J]. 热力发电，2015 (2)：115~118.

[12] 杜和冲. 1000MW 超超临界锅炉八角切圆燃烧过程优化 [J]. 广东电力，2014，27 (5)：11~15.

[13] 王小华，张建华，李振欣，等. 旋流燃烧器低氮改造后的燃烧优化调整 [J]. 安徽电力，2014，31 (1)：7~11.

[14] 王文兰，王巍，崔艳艳. 600MW 超临界锅炉燃烧优化调整及试验研究 [J]. 电站系统工程，2014，30 (1)：11~15.

[15] 李爱军. 中速磨煤机动态特性与试验研究 [D]. 兰州：兰州理工大学，2014.

[16] 雷文杰. 两种"W"火焰锅炉燃烧器的对比分析 [J]. 贵州电力技术，2013，16 (1)：48~50.

[17] 兰涛，张晓瑜，武征. 钢铁企业氮氧化物减排途径和措施研究 [J]. 安全与环境工程，2014，21 (3)：51~54.

[18] 卓凤荣，黄世来，陈连发，等. 马钢链算机-回转窑烟气中 NO_x 探讨 [J]. 山东工业技术，2016，(16)：37，47.

[19] 廖斌，卿山，胡平，等. 水泥回转窑低 NO_x 燃烧器的 NO_x 的生成与控制的研究 [J]. 材料导报，2015 (2)：202~206.

[20] 陆彪，黄柱成，胡兵. 先进再燃技术在氧化球团工艺中的高效脱硝研究 [J]. 烧结球团，2018，43 (6)：7~12.

[21] Burstrom P E C, Antos D, Lundstr M T S, et al. A CFD-based evaluation of Selective Non-Catalytic Reduction of Nitric Oxide in iron ore grate-kiln plants [J]. Progress in Computational Fluid Dynamics An International Journal, 2015, 15 (1)：32~46.

[22] Burstrom P E C, Lundstrom T S, Marjavaara B D, et al. CFD-modelling of Selective Non-Catalytic Reduction of NOSUB alignrightx in grate-kiln plants [J]. Progress in Computational Fluid Dynamics An International Journal, 2010, 10 (5-6)：284~291.

[23] 利敏，王纪英，李祥. 我国带式焙烧机技术发展研究与实践 [C]//第八届 (2011) 中国钢铁年会论文集. 北京：中国金属学会，2011：1~8.

[24] 时杰，王凯琳，时帅，等. 大型球团带式焙烧机的开发与研制 [J]. 中国科技投资，2016 (7)：211.

[25] 刘胜歌. 球团带式焙烧机工艺 [C]//第 13 届全国大高炉炼铁学术年会论文集. 迁安：中国金属学会，2012：860~865.

[26] 苏浩. 烟气循环烧结热工过程数值模拟研究 [D]. 长沙：中南大学，2012.

[27] 张小辉，张家元，张建智，等. 铁矿石烧结过程传热传质数值模拟 [J]. 中南大学学报（自然科学版），2013，44 (2)：805~810.

[28] 力杰，郭宁，董辉. 烧结矿冷却过程的数值模拟 [C]//第七届工业炉学术交流会. 南昌：中国机械工程学会，2009：64~69.

[29] 史永征，郭全，潘树源. 两个轴向叶片式旋流器的旋流强度计算公式的探讨 [J]. 北京建筑工程学院学报，2007，23（2）：17~19.

[30] 步玉环，王瑞和. 旋转射流流线分析及旋流强度的计算 [J]. 中国石油大学学报（自然科学版），1998（5）：45~47.

[31] 张相斐，胡维斌，李洪伟. 国内外回转窑密封技术的开发进展 [J]. 煤炭加工与综合利用，2017（8）：9~12，47.

[32] 陈风. 三种回转窑窑尾密封结构形式及其改进和应用 [J]. 工艺装备，2010（6）：51~52.

[33] 兰广林，张忠伟. 回转窑窑头窑尾密封装置 [J]. 机械装备，2013（4）：41~44.

[34] 许芬，兰广林. 回转筒式设备进出料端密封装置：中国，201120040665.7 [P]. 2011-09-21.

[35] 蒋保珠，李秀玲，王志昊，等. 改善带式焙烧机密封性能的相关措施 [J]. 煤矿机械，2016，37（4）：104~105.

[36] 解海波. 带式焙烧机设计要点与球团矿产质量关系 [J]. 中国冶金，2015（8）：28~35.

[37] 曹立刚. 包钢带式焙烧机全密封技术的应用 [C]//2006年全国球团技术研讨会论文集. 张家界：全国球团技术协调组，2006：121~124.

7 烧结球团末端治理技术

烧结球团烟气成分复杂，排放量大，是工业大气污染物控制的重点和难点，尤其在当前超低排放的政策要求下，选择最适合的烟气治理方式显得至关重要。本章着重介绍了在烧结球团烟气净化领域具有显著优势的活性炭烟气净化技术，并充分考虑烧结球团工序的实际情形，因地制宜、一企一策，为生产企业提供了多种资源消耗最低、性价比最高的烟气深度净化技术方案。同时针对当前冶金尘泥处置的难题，提供了相关的技术解决方案。

7.1 颗粒物超低排放治理技术

7.1.1 烧结球团颗粒物污染的产生及特点

在烧结球团生产过程中，由于原料和燃料在台车上燃烧，将使抽风烟道排出大量的含尘废气。卸矿端的破碎、筛分、转运过程中也产生大量的粉尘。烧结混合料系统还会产生水汽-颗粒物共生废气。这三者是烧结球团生产过程主要颗粒物污染源。烧结球团生产过程产生的颗粒物可对人体造成严重危害，因此必须进行超低排放治理。

生态环境部《关于推进实施钢铁行业超低排放的意见》规定[1]，达到超低排放钢铁企业的烧结球团生产设施，每月至少95%以上时段满足颗粒物小时均值排放浓度不高于$10mg/m^3$的要求，具体指标如表7-1所示。同时，产尘点及车间不得有可见烟粉尘外逸。

表 7-1 烧结球团颗粒物超低排放限值

生 产 设 施	基准含氧量/%	颗粒物排放限值/mg·m^{-3}
烧结机机头、球团竖炉	16	10
链箅机—回转窑、带式球团焙烧机	18	10
烧结机机尾、其他生产设备	—	10

高温焙烧反应过后产生的粉尘真密度可达 $3.8 \sim 4.2g/cm^3$，粒径大于 $20\mu m$ 粉尘占比超过 80%，且均带有棱角。因此粉尘易沉降，且磨琢性较强。烧结部分车间粉尘特性如表7-2所示[2]。

表 7-2　烧结部分车间粉尘特性

车间部位	真密度 /kg·cm⁻³	堆积密度 /kg·cm⁻³	重量分散度/%			
			>40μm	40~30μm	30~20μm	20~5μm
机尾（磁选精矿）	3.85		20.2	56.4	18.5	4.9
返矿	3.71		23.8	35.1	21.9	19.2
机尾（浮选精矿）	3.8~4.2		10.42	47.77		41.81
成品矿槽	—		22.50	39.92		37.58
返矿胶带抽风管	—	1.5~2.6	12.53	75.74		11.73
链板机头部	—		56.93	35.27		7.8
机尾（富矿）	—		72.16	14.9		12.94
原料准备：无烟煤	—		42.0	22.8		35.2
石灰石粉尘	—		11.6	64.8		23.6
机头	3.83		66.2	9.9	7.3	16.6

由于破碎、筛分、转运等环节均会产生扬尘，烧结球团颗粒物污染另一个特点是扬尘点多，处理风量大。一台 550m² 烧结机机尾除尘风量约为 $100×10^4 m^3/h$，总管直径 4.2m；而其配料室扬尘点超过 120 个。图 7-1 是 550m² 烧结机配料室除尘管网 BIM 三维设计模型。

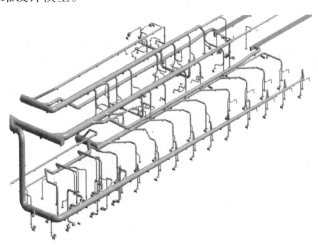

图 7-1　550m² 烧结机配料室除尘管网 BIM 三维设计模型

根据烧结球团颗粒物污染产生的特点，大型多点集中式负压除尘系统是烧结球团颗粒物超低排放治理采用的主要技术。而严格控制各除尘点运行风量和各管段运行流速是需要解决的核心难题。否则，管道流速过低，将导致粉尘沉降，管道可能堵塞甚至垮塌，带来安全隐患。管道流速过高，将导致管道严重磨损，维护十分困难。全平衡负压除尘系统技术解决了以上问题。

烧结球团颗粒物污染物超低排放处理设备包括袋式除尘器、电袋复合除尘器、塑烧板除尘器、湿式电除尘器等。高负压集中清扫和干雾抑尘作为先进的清洁环境和辅助抑尘技术，在颗粒物超低排放治理中也得到了应用。

7.1.2　全平衡负压除尘系统技术

7.1.2.1　技术原理

大型多点集中式除尘系统是以风机作为动力源的开式管网系统。一个支路数量为 n 的除尘系统，可通过联立节点流量方程组和支路阻力特征基本方程组建立 n 个独立方程。也即可以解出 n 个分支的流量；或者根据所需设计流量，求解出分支的阻力系数。

节点流量满足方程组如下：

$$q_i = \sum_{j=1}^{n} b_{ij} q_j \tag{7-1}$$

式中　b_{ij}——流动方向的符号函数；

　　　q_j——j 分支的流量；

　　　q_i——i 节点的分支流量，$i=1,2,3,\cdots$。

支路阻力特征满足基本方程组如下：

$$f_i(q_j) = \sum_{j=1}^{n} c_{ij} s_j \, |q_j|^{J-1} q_j - P_{hi} - H_i(q_j) = 0, \quad i=1,2,\cdots \tag{7-2}$$

式中　f_i——流动方向的符号函数；

　　　q_j——j 分支的流量；

　　　s_j——第 j 分支的阻抗；

　　$H_i(q_j)$——第 i 支路上风机的全压函数；

　　　c_{ij}——分支风流方向的符号函数；

　　　P_{hi}——开式管网系统中第 i 各回路的压差；

　　　J——流动损失计算公式指数，通常 $J=1\sim3$。

求解出特定流量分配比例所对应的阻力值后，根据管道阻力计算方法，结合管道设计管径、流速及局部阻力构件情况，最终可求得各支路阻力平衡器的阻力值。

管路阻力 Δp 由管路沿程阻力和局部阻力两部分构成：

$$\Delta p = \Delta p_y + \Delta p_j \tag{7-3}$$

式中　Δp_y——管路沿程阻力，Pa；

　　　Δp_j——管路局部阻力，Pa。

其中沿程阻力可以根据管道设计参数求得：

$$\Delta p_y = \frac{\lambda}{d} \frac{v^2}{2} \rho \qquad (7\text{-}4)$$

式中圆形风管摩擦阻力系数 λ 求解方程如下：

$$\frac{1}{\sqrt{\lambda}} = -2\lg\left(\frac{K}{3.71d} + \frac{2.51}{Re\sqrt{\lambda}}\right) \qquad (7\text{-}5)$$

$$Re = \frac{vd}{\nu} \qquad (7\text{-}6)$$

式中　λ——摩擦阻力系数，无量纲；

　　Re——雷诺数，无量纲；

　　ν——运动黏滞系数，m^2/s；

　　K——风管内表面当量绝对粗糙度，m；

　　ρ——风管内空气密度，kg/m^3；

　　d——风管内径，m；

　　v——风管内气流速度，m/s。

$$\Delta p_j = \sum \xi \frac{v^2}{2} \rho \qquad (7\text{-}7)$$

式中　ξ——局部阻力系数，无量纲。

综合以上计算过程，求得各支路阻力平衡器参数后，再进行非标设计和制作。在全系统应用阻力平衡器，即可实现除尘系统的全面阻力平衡。

除尘系统本质上是由抽风罩、管道、局部特型管件、除尘器、风机、电机及电气与自动化控制系统等构成的有机整体。从全系统角度考虑除尘工程的最终性能，是除尘技术发展与工程应用上的重要进步。全平衡负压除尘系统技术通过全系统的精细设计和精确计算保证系统设计平衡率达到 100%，从而使得系统运行时除尘风量、管道流速等参数与设计值保持一致，避免了风量和流速运行状态偏离带来的一系列问题，能够保证除尘系统长期稳定节能运行。通过设计和开发除尘管网阻力平衡计算软件和高耐磨阻力平衡器[4]，目前我国负压除尘系统技术已达到世界领先水平。

7.1.2.2 罩口风速控制与管道流速选取

抽风罩是除尘系统的末端和入口，罩口风速的选取直接影响到罩口抽料情况。罩口风速一般应控制在 2~4m/s。否则，由于含尘气流的磨琢性与其包含粉尘粒径成正比，罩口风速过高导致的抽料必然加剧管道和除尘设备的磨损，不利于降低排放浓度和系统稳定运行。

管道流速因气流含尘类型、管径大小等条件不同而拥有不同的最优值，烧结球团含尘烟气管道流速一般应控制在 16~20m/s，以避免沉降堵塞，减少管道磨损。

7.1.2.3　精细管网设计与管件耐磨

合流三通和弯风管是除尘管网中非常重要的管件，直接影响管网阻力、风量平衡和耐磨性能（图 7-2）。全平衡负压除尘系统技术严格采用标准三通和弯风管等管件。必要时，可以采用耐磨管壳、耐磨涂料、内衬耐磨陶瓷或采用合金钢材料制作等多种方式，使得三通和弯风管更加经久耐用。

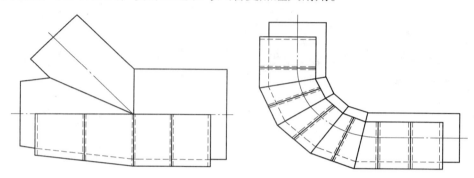

图 7-2　带耐磨管壳的骑马式合流三通管与 1.5D 弯风管

7.1.2.4　技术特点

典型的烧结机尾除尘系统如图 7-3 所示。

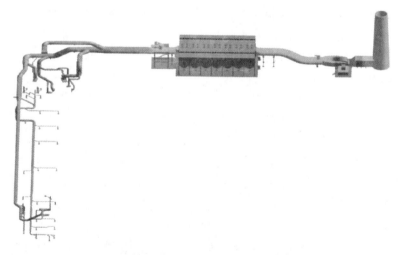

图 7-3　典型的烧结机尾除尘系统

此除尘系统具有如下特点：

（1）烟囱颗粒物排放浓度 ≤10mg/m³（标态），岗位粉尘浓度 ≤8mg/m³（标态），粉尘治理达到钢铁企业超低排放要求。

（2）除尘系统整体能耗降低 10%~20%。

（3）滤袋寿命延长 20%以上。

（4）抽风罩口流速与设计流速一致，避免抽料，降低除尘器入口浓度，有利超低排放，减轻设备磨损，降低输灰能耗。

（5）管网运行流速与设计流速一致，保证运行流速在合理区间，避免管道堵塞，减少管道磨损，系统运行稳定。

（6）阻力平衡器结构合理，耐磨性强，可以长期低维护使用。

7.1.2.5 典型应用

宝钢湛江 1 号烧结机工程机尾袋式除尘系统[3~5]具有除尘点多、部分除尘点风量大、各除尘点烟气温度不一致、高温烧结颗粒磨琢性非常强等难点。在工程设计过程中采用全平衡设计方法。系统最不利支路阻力 1450Pa，风机压头 4900Pa（20℃），实测烟囱出口排放浓度（标态）低于 10mg/m³。具体系统参数如表 7-3 所示。

表 7-3 除尘系统参数

系统设计风量/m³·h⁻¹	风机风量/m³·h⁻¹	除尘点数/个	最不利支路阻力/Pa	风机压头(20℃)/Pa	电机功率/kW	除尘器入口浓度/g·m⁻³	实测颗粒物排放浓度/mg·m⁻³
849500	920000	37	1460	4900	1800	25	≤10

宝钢湛江除尘系统运营方在 1 号烧结机工程正式投产后，组织进行了主要除尘点实际运行风量的测定，结果如表 7-4 所示。由于风系统的特殊性和施工精度、设备运行稳定性等因素的限制，即使采用全平衡设计方法，系统实际运行风量也不可能与设计风量完全一致。但从风量测点数据结果可以看出，绝大部分除尘点实际运行风量与设计风量的偏离度在 10%以内，远优于采用一般方法设计的负压除尘系统。

表 7-4 除尘点风量实测数据

设计风量/m³·h⁻¹	测量风量/m³·h⁻¹	风量偏离度/%	动压读数/Pa	静压读数/Pa
3500	3419.86	−2.29	240	600
3000	2775.07	−7.50	215	400
3000	2676.51	−10.78	200	400
3000	2676.51	−10.78	200	450
3000	2992.43	−0.25	250	500
3000	2992.43	−0.25	250	600
3000	2992.43	−0.25	250	500
3000	3138.49	4.62	275	600

续表 7-4

设计风量/m³·h⁻¹	测量风量/m³·h⁻¹	风量偏离度/%	动压读数/Pa	静压读数/Pa
3000	3411.90	13.73	325	750
3000	3138.49	4.62	275	700
3000	2931.98	−2.27	240	800
3000	2676.51	−10.78	200	800
3000	2838.87	−5.37	225	700
5000	4946.45	−1.07	225	700
3000	3278.05	9.27	300	700
6000	6205.11	3.42	250	650
30000	33003.01	10.01	290	750
30000	29391.28	−2.03	230	1300
30000	30642.53	2.14	250	1100
182000	205620.13	12.98	300	1250

7.1.3　颗粒物超低排放处理设备

7.1.3.1　袋式除尘器

A　设备结构与基本原理

袋式除尘器采用多孔滤料制成的滤袋将颗粒物从烟气中分离。滤袋由除尘器箱体上部支撑垂直吊挂。烧结球团颗粒物污染治理所用袋式除尘器主要采用滤袋外表面捕集颗粒物，并采用压缩空气脉冲喷射式清灰方法。袋式除尘器根据大小不同，一般采用多个袋室，每个袋室中布置有几十到几百个滤袋。图7-4为袋式除尘器设备结构示意图。

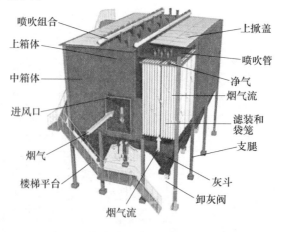

图 7-4　袋式除尘器设备结构示意图

袋式除尘包含了过滤收尘和清灰两个过程。过滤收尘是把尘粒从气流里分离出来，清灰是把已收集的尘粒从滤袋上清除下来。

通过新型滤料开发、过滤风速控制和智能喷吹等技术改进，袋式除尘器能够长期稳定实现处理后的烟气颗粒物排放浓度不高于 $10mg/m^3$，达到超低排放要求。

B　新型滤料开发

聚四氟乙烯覆膜、超细纤维面层和水刺毡技术是新型滤料开发过程中采用的新技术，这些先进技术提高了滤料表面过滤和深层过滤性能，大幅提高了袋式除尘器的过滤效率。

聚四氟乙烯覆膜滤料是由一种多微孔、极光滑、又憎水的聚四氟乙烯过滤薄膜与不同基材（如涤纶针刺毡）复合而成。覆膜滤料过滤效率不受粒径分布影响，能捕捉超细粉尘，除尘效率高。普通滤料对于 $1\mu m$ 以下的粉尘处理效率低。低排放范围内，烟囱排出的粉尘几乎全是 $PM_{2.5}$ 粉尘，覆膜滤料对 $PM_{2.5}$ 粉尘有很高的过滤效率，能够达到超低排放的要求（见图 7-5）[5]。

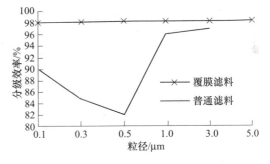

图 7-5　分级效率图

超细纤维面层滤料设计成梯度结构，由上至下依次为面层、中层、基布和底层。面层应由超细纤维构成，中层由细纤维构成，底层为相对较粗的纤维构成。超细面层滤料是精细过滤材料，其功能是有效捕集 $PM_{2.5}$ 等细颗粒物并实现超低排放。超细面层滤料在过滤精度方面稍逊于覆膜滤料，但同时也可以克服膜材料相对娇嫩、易受损伤的缺点。

水刺滤料加工工艺与针刺毡滤料相似，不同之处是水刺工艺采用极细的高压水流的穿刺力代替钢针，使纤维网中的纤维相互渗透缠结。水针的直径比钢针要细很多，因此水刺滤料几乎没有针孔，其表面比针刺毡滤料的表面要更加光洁、平整，而且其工艺简单、无污染、纤维不受损伤。水刺毡滤料的生产工艺如图7-6所示。

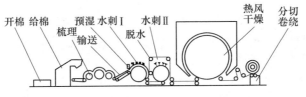

图 7-6　水刺毡工艺流程

C　过滤风速控制

过滤风速在 1.0~1.5m/min 区间，除尘效率下降是最快的（图 7-7）。因此，在做超低排放设计时，过滤风速的选择必须十分慎重。根据粉尘特性、除尘器入口浓度、附加安全系数等因素综合考虑，过滤风速应控制在 0.6~0.8m/min。

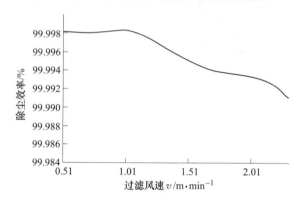

图 7-7　净化效率与过滤速度的关系

D　智能喷吹

智能喷吹是袋式除尘器实现超低排放、降低巡检和维护工作量的重要手段。智能喷吹主要通过智能脉冲配吹系统来实现。利用互联网，能实时监控电磁脉冲阀的运行状态、工作频率等信息。方便企业对除尘器进行设备维护检修实时监控。

7.1.3.2　电袋复合除尘器

A　技术原理与设备结构

广义的电袋复合除尘器种类众多，目前在烧结球团颗粒物治理中用得最多的是串联式电袋复合除尘器，其设备结构如图 7-8 所示。含尘烟气通过前级电场除尘后再缓慢进入袋式除尘区，前级电场捕集的粉尘量仅有常规袋式除尘器的1/5，这样后级滤袋的粉尘负荷大大降低，清灰周期得以大幅延长；粉尘经过前级电场电离荷电，荷电效应提高了粉尘在滤袋上的过滤特性，使滤袋的透气性能和清灰性能也得到很大改善。

电袋复合除尘器因为结构较复杂（图 7-9），气流分布起着非常关键的作用。由于喷吹频率更低，喷吹气量和喷口流速需进行优化设计，并应严格进行制造过程控制，以保证产品质量。

B　技术特点

电袋复合除尘器除尘效率一般可达 99.9% 以上，对微细粉尘分级除尘效率高，滤袋压降小，滤袋使用寿命长，滤袋对荷电粉尘更易捕获，效率稳定，适应性强，运行成本低，占地面积小。

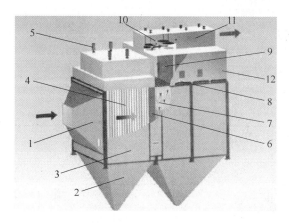

图 7-8　电袋复合除尘器

1—进口喇叭；2—灰斗；3—壳体；4—前级电场；5—振打装置；6—导流装置；7—滤袋；
8—清灰系统；9—净气室；10—提升机构；11—出风烟道；12—人孔门

图 7-9　电袋复合除尘器

7.1.3.3　湿式静电除尘器

A　技术原理与设备结构

湿式电除尘器由本体外壳、电晕线（阴极）、沉淀极、绝缘箱、固定器、高压直流控制系统、热风系统、喷淋系统和气体导流分布组成。导电玻璃钢是以碳纤维、玻璃纤维等为主体，表面复合树脂而成的材料，具有耐腐蚀性强、重量轻等优点。导电玻璃钢性能比一般塑料性能更为优越，随着技术的发展，已经成为湿式电除尘器材料的新选择，如图 7-10~图 7-12 所示[6]。

B　技术特点

湿式电除尘器对粉尘的适应能力强，能达到很高的除尘效率，同时也适用于

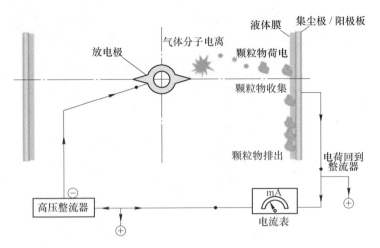

图 7-10　湿式电除尘工作原理图

图 7-11　立式湿式电除尘器

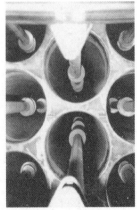

图 7-12　导电玻璃钢材料收尘器

处理高温、高湿的烟气，没有二次扬尘，没有锤击设备等易损部件，可靠性高。湿式电除尘器还能有效去除亚微米级颗粒、SO_3 气溶胶和石膏微液滴，对控制 $PM_{2.5}$ 和石膏雨效果良好。由于在除尘器内电场气流速度较高，灰斗的倾斜角减小，设备的布置紧凑。

7.1.2.4　塑烧板除尘器

A　技术原理与设备结构

塑烧板滤芯是一种新型的有多种高分子聚合物压制、烧结形成的过滤材料，是一种刚性滤材，使用过程中不需要骨架，过滤材料不会因与骨架摩擦而损坏。塑烧板除尘器具有除尘效率高，耐高温，耐腐蚀，除尘过程中压力稳定，使用寿命长，结构紧凑，保养维修方便的特点。塑烧板除尘器结构如图 7-13 所示。

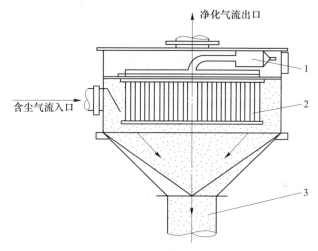

图 7-13　塑烧板除尘器示意图
1—压缩空气包；2—塑烧板；3—排灰口

如图 7-14 所示，塑烧板是由高分子树脂材料在高温、高压的环境中烧结、压制成型，基本上遍布贯穿内外的微米级细小空隙，被过滤的气体通过这些微小空隙进去塑烧板内部，而气流中的粉尘被表面捕集，达到除尘效果。塑烧板的基体是高分子树脂材料聚合而成，耐磨性好，表面附着 PTFE 涂层具有强疏水、疏油功能；同时这种新型滤料也具有较高的过滤效率。

B　技术特点

与传统的袋式除尘器相比，塑烧板除尘器可用于含油、黏结、潮湿、粉尘细的环境，不会板结，压力损失稳定，好操作，耐油耐湿性强，使用寿命长，维护保养方便。与传统的湿法电除尘器相比，塑烧板除尘器粉尘捕集率高，除尘器结构紧凑、体积小，运行费用较低，耗电量小[7]。

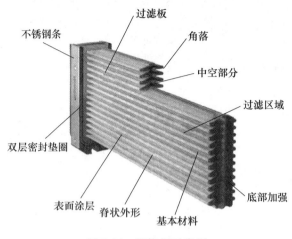

过滤板

角落

不锈钢条

中空部分

过滤区域

双层密封垫圈

表面涂层   脊状外形   基本材料   底部加强

图 7-14   塑烧板示意图

7.1.4   岗位环境清洁与抑尘技术

7.1.4.1   高负压集中清扫技术

高负压集中清扫系统是一种先进的烧结球团岗位环境清洁技术。高负压集中清扫系统的基本原理是利用罗茨风机产生高负压，并结合组合式除尘器进行尘气分离，以实现工业生产车间的环境清洁与散落物料回收。其覆盖范围可达 150m，清扫最大粒径 10mm，扫除率>90%。具有多点清扫、集中处理的特点。既能保证车间与通廊的便捷清扫，又能够实现粉尘的回收利用。高负压清扫系统配置多类型、强适应性清扫口，以满足工业生产车间复杂环境需要，实现车间内无死角环境清扫。应用于烧结和球团厂粉尘时，在高负压条件下，尘气分离设备极易磨损。新型高耐磨尘气分离设备解决了这一问题。

7.1.4.2   干雾抑尘技术

微米级干雾抑尘装置是由压缩空气驱动声波振荡器，通过高频声波的音爆作用在喷头共振室处将水高度雾化，产生 $10\mu m$ 以下的微细水雾颗粒（直径 $10\mu m$ 以下的雾称干雾）喷向起尘点，使水雾颗粒与粉尘颗粒相互碰撞、黏结、聚结增大，并在自身重力作用下沉降，达到抑尘的作用[7]。干雾抑尘原理如图 7-15 所示。

粉尘可以通过水黏结而聚结增大，但那些最细小的粉尘（如 $PM_{10} \sim PM_{2.5}$）只有当水滴很小（如干雾）或加入化学剂（如表面活性剂）减小水表面张力时才会聚结成团。如果水雾颗粒直径大于粉尘颗粒，那么粉尘仅随水雾颗粒周围气流而运动，水雾颗粒和粉尘颗粒接触很少或者根本没有机会接触，则达不到抑尘作用；如果水雾颗粒与粉尘颗粒大小接近，粉尘颗粒随气流运动时就会与水雾颗

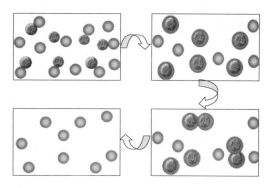

图 7-15　干雾抑尘原理

粒碰撞、接触而黏结一起。

7.2　活性炭法烟气净化技术[8]

　　我国烧结烟气净化起步较晚，1997 年才开始对烧结烟气中粉尘、SO_2 等污染物排放提出控制要求，由于中国市场庞大，包括石灰石-石膏法、氨法脱硫、循环流化床法、旋转喷雾干燥法、氧化镁法等多种脱硫工艺在烧结烟气净化市场进行了尝试并且均有应用业绩。

　　鉴于环保标准提升，烟气中 NO_x、二噁英、重金属等其他污染物也需要脱除，脱硫脱硝协同治理技术应运而生，如在现有脱硫基础上，开发同步氧化脱硫脱硝技术，包括强制氧化脱硝、催化氧化法脱硝；在传统脱硫技术上与选择性催化还原串联吸附技术，即脱硫+SCR 技术。以上两种简单的组合式脱硫脱硝技术均存在副产物难以处理，能耗高、不能实现多污染物的高效治理，如二噁英、重金属的协同脱除等问题，因此从长远角度上看，简单的组合式脱硫脱硝技术难以满足未来环保发展的要求。

　　活性炭法烟气净化技术具有多污染物协同去除效率高、能源介质利用率高、运行安全稳定、副产物可资源化利用的优点，并能实现了超大烟气量、重污染的烧结烟气净化及超低排放。2018 年 4 月 23 日，在北京召开的环保部钢铁行业超低排放研讨会上，与会的专家们根据近几年环保技术推广应用实践的经验，认为活性炭法烟气净化技术及其与 SCR 脱硝技术的组合应为钢铁领域烟气净化主流技术，《钢铁企业超低排放改造工作方案（征求意见稿）》中明确指出"鼓励采用活性炭（焦）脱硫脱硝技术"，因此本章重点阐述活性炭法烟气净化技术和 SCR 脱硝技术。

7.2.1　活性炭对不同污染物的脱除机理

7.2.1.1　除尘机理

与常规过滤集尘一样，活性炭床层通过碰撞、遮挡及扩散捕集来实现除尘功能。通常超过 $1\mu m$ 粒径的灰尘颗粒通过碰撞进行捕集，而小于 $1\mu m$ 粒径的灰尘颗粒则通过遮挡及扩散来实现捕集。

活性炭净化装置置于静电除尘系统之后，静电除尘器对烧结烟气中粗颗粒物的脱除效率可达 99%，但对 $PM_{2.5}$ 的脱除效率低至 60%。尤其碱金属氯化物的 $PM_{2.5}$，其比电阻高达 $10^{12} \sim 10^{13} \Omega \cdot cm$（图 7-16），远高于静电除尘适宜的比电阻范围（$10^4 \sim 10^{11} \Omega \cdot cm$），致使其脱除效率更低。实验研究发现，经过电除尘，外排烟气中的 PM_{10} 占总颗粒物的比例高达 95% 左右，其中 $PM_{2.5}$ 的比例高达 80% 以上，主要的物质为 KCl、NaCl、$PbCl_2$ 等氯化物。

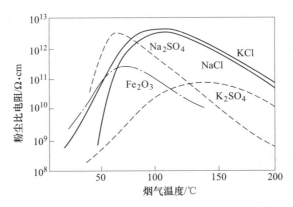

图 7-16　烧结烟气中不同组分比电阻

活性炭在制备过程中经过碳化活化工序，其表面粗糙不平，凹陷区域丰富，广泛分布 +$10\mu m$、$5 \sim 10\mu m$、$1 \sim 2\mu m$、$-1\mu m$ 孔洞（如图 7-17 所示）。烧结烟气经过活性炭床层时，烟气中 PM_{10}、$PM_{2.5}$ 被活性炭吸附，其脱除比例分别可达 70%、60%，KCl 等颗粒物主要吸附在活性炭孔隙、凹陷区等。

需指出的是活性炭烟气净化技术尽管具有较好的除尘性能，特别是对 $PM_{2.5}$ 以下粉尘效果更好，但利用活性炭装置作为除尘是不可取的，过多的粉尘，特别是可溶性碱金属物质将会显著降低活性炭的比表面积，影响吸附效果。

7.2.1.2　脱硫机理

硫氧化物大多为二氧化硫，通过物理吸附和化学吸附来脱除。首先，二氧化硫通过吸附作用力，从气相移动到活性炭粒子表面进行捕集（即物理吸附），随后，二氧化硫在活性炭细孔内氧化生成 SO_3 并与吸附 H_2O 发生反应成为 H_2SO_4 进行捕集。

$$SO_2 \longrightarrow SO_2x \tag{7-8}$$

$$SO_2x + \frac{1}{2}O_2x \longrightarrow SO_3x \tag{7-9}$$

$$SO_3x + nH_2Ox \longrightarrow H_2SO_4x(n-1)H_2O \tag{7-10}$$

式中，x 表示在活性炭细孔内的吸附状态；n 根据烧结烟气中的水分、SO_2 浓度

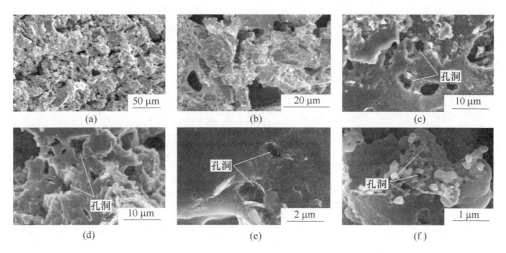

图 7-17 活性炭表面孔洞

和废气温度不同而有所不同，一般为 2。同时，为实现脱硝功能在系统中加入 NH_3，NH_3 会与 SO_2 反应生产酸性硫铵等物质。

吸附了污染物的活性炭为了循环使用，需进行再生，以热再生为例，反应如下：

（1）硫酸的分解反应：

$$H_2SO_4 \cdot H_2O \Longrightarrow SO_3 + 2H_2O \tag{7-11}$$

$$SO_3 + \frac{1}{2}C \Longrightarrow SO_2 + \frac{1}{2}CO_2 \tag{7-12}$$

$$H_2SO_4 \cdot H_2O + \frac{1}{2}C \Longrightarrow SO_2 + 2H_2O + \frac{1}{2}CO_2 \tag{7-13}$$

（2）酸性硫铵的分解反应：

$$NH_4HSO_4 \Longrightarrow SO_3 + NH_4 + H_2 \tag{7-14}$$

$$SO_3 + \frac{2}{3}NH_3 \Longrightarrow SO_2 + H_2O + \frac{1}{3}N_2 \tag{7-15}$$

$$NH_4HSO_4 \Longrightarrow SO_2 + 2H_2O + \frac{1}{3}N_2 + \frac{1}{3}NH_3 \tag{7-16}$$

活性炭再生过程中释放出的富含 SO_2 气体（体积分数 20% 左右）可作为化工原料进行回收利用，其加工工艺均已非常成熟，可根据市场需求生产出多种含硫元素的商品级产品，如硫酸、单质硫、化肥、液体 SO_2 或其他含硫化工产品，实现了副产物的资源化利用，不会对环境造成二次污染。

7.2.1.3 脱硝机理

活性炭脱除氮氧化物原理，是以活性炭为催化剂，NH_3 为还原剂的选择性催化还原反应（SCR）。在反应过程中，活性炭作为催化剂可以有效地吸附 NH_3，降低了 NO_x 与 NH_3 的反应活化能，从而降低反应温度，提高反应效率。NH_3 选择性的和 NO_x 反应生成 N_2 和 H_2O。

常规的 SCR 催化剂（如 V_2O_5/TiO_2）要在 300~400℃的中温区间才能保持较高反应活性，而活性炭在烟气温度 140℃时脱硝率即可达到 80%以上。化学反应如下：

$$4NO + 4NH_3 + O_2 \Longrightarrow 4N_2 + 6H_2O \tag{7-17}$$

$$2NO_2 + 4NH_3 + O_2 \Longrightarrow 3N_2 + 6H_2O \tag{7-18}$$

由于 SO_2 和 NO_x 在炭基材料表面上存在竞争吸附，同时 SO_2 的偶极矩大于 NO_x，所以 SO_2 脱除反应一般优先于 NO_x 的脱除反应，当烟气中 SO_2 浓度较高时，在炭基材料内进行的主要是 SO_2 脱除反应，当 SO_2 浓度较低时，NO_x 脱除反应占主导地位。

7.2.1.4　二噁英脱除机理

二噁英是 polychlorodibenzo p-dioixins（PCDDs）和 polychlorodibenzo furans（PCDFs）的总称，由于其高毒性，故成为被限制排放的对象。二噁英类物质因其氯元素的量不同，各自的沸点与熔点也不同，在废气中分别以气体、液体或固体形式存在，而气体与液体形式的二噁英类物质会被活性炭物理吸附。液体形式的二噁英类物质既有单独存在的情况，也有与废气中的尘粒冲撞吸附的情况；固体形式的二噁英类物质是极微小的颗粒，吸附性很高，吸附在废气中尘粒上的可能性很大。被废气中尘粒吸附的液体形式和固体形式二噁英类物质称为粒子状二噁英，这种粒子状二噁英会通过活性炭床层的集尘作用（冲撞捕集与扩散捕集）而去除。

在解吸过程中，吸附了二噁英的活性炭在解吸塔内加热到 400℃以上，并停留 1.5h 以上，二噁英在催化剂的作用下苯环间的氧基被破坏，发生结构转变裂解为无害物质，其分解率与加热温度、时间的关系如图 7-18 所示。

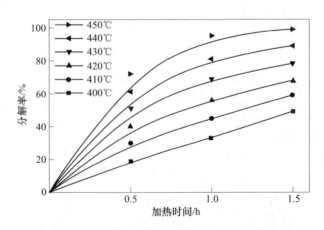

图 7-18　二噁英分解率与加热温度、时间的关系

7.2.1.5 有害金属脱除机理

煤炭等化石燃料及含铁原料中含有的少量 K、Na 等碱金属以及 Pb、Zn、As 等重金属，在烧结过程中会部分析出进入烧结烟气。活性炭具有良好的孔隙结构、丰富的表面基团，可很好的吸附碱金属及重金属。以汞为例说明，汞在烟气中一般以气态汞（Hg）、二价汞（Hg^{2+}）和颗粒态汞（Hg^p）存在，其中，气态汞占总汞的 79% 以上，气态汞可吸附于活性炭的微孔中，颗粒汞可被活性炭捕集，二价态汞会与吸附的 SO_2 后生成的硫酸反应，生成硫酸盐，表示如下：

$$Hg == Hgx \tag{7-19}$$

$$Hg^{2+} + SO_4^{2-} == HgSO_4 \tag{7-20}$$

7.2.1.6 脱除有机污染物机理

有机污染物是继颗粒物、SO_2、NO_x 之后的一种主要大气污染物，对人体和生态环境都有很大的危害，而且是光化学污染的前驱物。对于有机污染物净化，活性炭吸附技术简单有效，成本低，应用范围广，是目前有机污染物净化的主流技术之一。含有机污染物的气态混合物与多孔性固体活性炭接触时，利用活性炭表面存在的未平衡的分子吸引力或化学键力，把混合气体中的有机污染物组分吸附留在固体表面，再通过再生，将吸附的有机污染物进行处理。

7.2.2 活性炭工艺

7.2.2.1 活性炭工艺流程

A 典型活性炭法工艺流程

活性炭烟气净化工艺包括烟气系统、吸附系统、解吸系统、输送系统四大主体系统，以及配套的辅助系统如氨区、制酸等。本节仅对主体系统进行介绍。

a 烟气系统

烟气系统是指从烧结机主抽风机后的烟道引出到净化后烟气进入烟囱的整个烟道系统及设备。来自烧结机主抽风机的烟气从与烟囱相连的烟道中引出后，依次进入吸附塔，烟气在吸附塔中得到净化，净化后的烟气通过烟囱排放。净化系统的风压损失由增压风机克服。增压风机为轴流风机，安装在吸附塔前。

b 吸附系统

吸附系统是整个烟气净化工艺的重要组成部分，SO_2、NO_x、二噁英、重金属及粉尘等污染物的吸附全部在吸附塔内完成，在吸附塔内，活性炭自上而下缓慢移动，吸附随烟气进入塔内的有害物质，从而净化烟气。

c 解吸系统

解吸塔是对吸附塔中吸附了污染物的活性炭进行加热再生的场所，主要有进料段、加热段、分离段、冷却段、卸料段组成。活性炭在重力作用下向下移动，在解吸塔被加热到 400℃，使被吸附的可分解或挥发性物质分解或挥发，得到富

含 SO_2 气体；而后在分离段，在氮气的吹扫作用下，富含 SO_2 气体与活性炭分离，作为后续硫资源化装置的生产原料；活性炭解吸完毕后，进入冷却段，通过与空气间接换热的方式冷却到 150℃ 以下，再排出塔外，循环送至吸附塔。

d 活性炭输送系统

输送系统是吸附塔、解吸塔之间循环流动的活性炭和添加活性炭的运输工具，主要有吸附塔给料输送机、解吸塔给料输送机、星型阀、振动筛设备构成，系统运输过程中通过程序自动控制实现各个吸附塔内均衡卸料，以保证各个吸附单元内料位一致。活性炭筛网主要用于将由于磨损、跌落产生的细小粒径的活性炭筛除，以保证吸附塔良好的透气性和吸附效率。

B 不同吸附工艺的比较

鉴于活性炭工艺的优势及烧结烟气排放温度区间与活性炭工艺最佳运行区间基本一致的特点，活性炭法烟气净化技术在国内外大型钢铁企业烧结烟气脱硫脱硝中已取得了多项工程应用，尤其是日、韩、澳大利亚等发达国家在 2000 年后新建的钢铁烧结装置均采用活性炭工艺。如新日铁、JFE、浦项钢铁等大型钢铁企业烧结烟气净化方面，取得了良好效果。在工程应用中，移动床吸附反应器与再生塔是活性炭脱硫脱硝集成净化的核心设备，主要采用交叉流移动床，也有采用逆流床。其中交叉流是指烟气与活性炭运动方向相互垂直，逆流是指烟气从下往上，活性炭从上往下移动。

a 交叉流工艺

交叉流工艺中吸附床层厚度根据污染物浓度及脱除效率要求确定，两相（固相和气相）流场相互干扰小，即活性炭流动状态受烟气流量波动影响较小，吸附塔结构设计上容易实现活性炭整体流状态，保证烟气与活性炭接触均匀。目前已实现工业应用的交叉流吸附装置主要有分层和不分层两种。

（1）分层交叉流工艺。分层交叉流工艺中吸附塔结构形式如图 7-19 所示：活性炭床层从上到下充满吸附塔，上部连接塔顶给料仓，下部连接塔底料斗，排料采用长轴辊式排料装置，活性炭在重力作用下，依靠圆辊与活性炭间摩擦力而排出，保证在垂直气流的截面上活性炭下料速度均衡，同时根据烟气各组分浓度不同和排放要求，按与烟气接触的先后顺序，设置了前、中、后多个通道，并分别控制各通道的活性炭下料速度，实现不同污染物的高效协同脱除。

（2）不分层交叉流工艺。不分层交叉流工艺与分层交叉流工艺相比，主要区别为吸附塔内部结构，不分层交叉流吸附塔为单一通道，上部为脱硝段，下段为脱硫段，活性炭在重力作用下从上往下移动。吸附塔结构如图 7-20 所示。

从图 7-20 可知，不分层交叉流吸附塔由上下两部分组成，塔内活性炭床层不分层，活性炭在吸附塔内靠重力从脱硝段下降到脱硫段。烟气进脱硫段的进气室，在进气室内均匀流向两侧吸附层，并与自上向下、缓慢移动的活性炭接触，

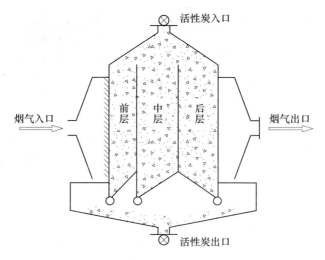

图 7-19　分层交叉流吸附塔示意图

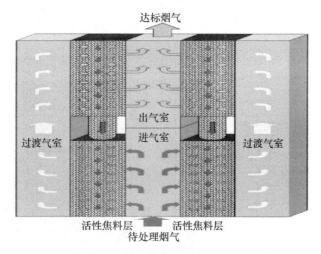

图 7-20　不分层交叉流吸附塔结构示意图（更换）

在与活性炭接触过程中，烟气中的烟尘、SO_2、NO_x 等污染物被活性炭吸附。净化后的烟气穿过出气面格栅板进入过渡气室，之后进入脱硝段，并再次与自上向下移动的活性炭接触，提高吸附塔的 SO_2 去除效率，同时可在过渡气室喷入 NH_3，实现同时脱硫、脱硝。完成两次吸附净化后的烟气穿过出气面格栅板，汇入出气室，之后通过出气室排入净烟道系统，最终通过烧结主烟囱排放。不分层交叉流吸附塔结构相对简单，但对污染物脱除效率不及分层交叉流吸附塔。

　　b　逆流工艺

　　逆流工艺中吸附塔上的料仓将活性炭装入吸附塔上方的料斗，料仓上部有若干个密封阀，若干个模块连接到一个料仓。料仓上部设有活性炭输送机，活性炭通过输送机装入料仓。料仓中的活性炭，流入每个模块上的料斗，然后装入上部的活性炭分配料仓、脱硝床层、再继续流入脱硫床层。排料装置为气动活塞驱动，安装在气体分配装置下方，该装置每次启动会降低吸附塔活性炭床层高度，不足的活性炭从料斗进入吸附塔活性炭上下床层。

逆流工艺流程图如图 7-21 所示，烟气通入吸附塔，首先，烟气通过水平入口管道，然后向上进入逆流单元到达脱硫活性炭床层。烟气离开脱硫床层后水平方向经过气体分配器进入下一个逆流单元，即脱硝活性炭床层。在进入活性炭脱硝床层前，在气体分配器前注入氨气和空气的混合气。分配器装有多个喷嘴，方便气体的注入。为维护方便，喷嘴可从外部取下。烟气在离开脱硝活性炭床层后，进入连接烟囱的气体主烟道送烟囱排放。

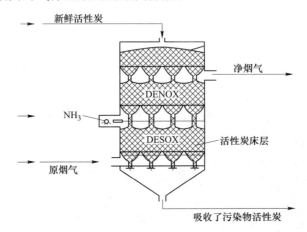

图 7-21　逆流法工艺流

7.2.2.2　工艺特点对比及国内外工程应用

如上述可知，活性炭工艺按吸附方式不同分为交叉流工艺和逆流工艺。两种塔体物质流向如图 7-22 所示。

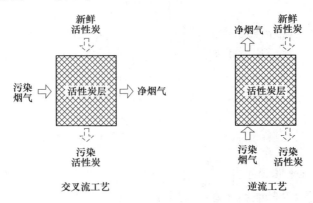

图 7-22　活性炭吸附塔物质流向示意图

由图 7-22 可看出，交叉流与逆流工艺最大的不同点在于气相流（烟气）和固相流（活性炭）的接触方式，交叉流工艺两相流垂直交叉，而逆流工艺两相流相向接触。这两种截然不同的气固接触方式，决定了两种工艺的吸附塔具有明显不同。通过系统对比两种工艺结构形式和吸附特点，结合实际运行情况，分析逆流工艺、交叉流工艺各自的优势与不足如下：

（1）在合理设计条件下，两种工艺都能获得较高脱除效率。

（2）交叉流工艺气固为独立两相，干扰较小，活性炭下料更顺畅，烟气与活性炭均匀接触，脱除效率高。交叉流工艺气流在通过活性炭床层时，气流横向穿过呈整体流的床层，烟气与活性炭均匀接触，气流对活性炭流动干扰较小；而逆流工艺气流与活性炭层流动方向相反，运行过程中气相流的波动可能影响活性炭层的流动状态，导致烟气与活性炭不能均匀接触。

（3）交叉流工艺吸附塔排料易于控制，安全性更高。活性炭脱除污染物的过程为放热过程，若吸附污染物的活性炭长期滞留在塔内，会导致热量蓄积。为避免这一现象发生，需要求烟气与活性炭均匀接触，活性炭呈整体流流动状态，没有滞留现象。交叉流工艺中，排料由长轴辊式排料，排料口少，料流易形成整体流状态，烟气垂直穿过呈整体流活性炭层时，均匀与活性炭接触，接触时间由长轴辊式排料机控制，且优先吸附 SO_2 的前部活性炭层能快速排出，没有热量积累情况，控制更稳定，安全。逆流工艺烟气由吸附塔底部进入，为使烟气均匀进入，同时使活性炭顺利排出，需设置更多个锥形下料口，烟气由活性炭下料口的锥面百叶窗进入，活性炭流动及烟气与活性炭接触状态控制相对较难。两种吸附塔结构框图如图 7-23 所示。

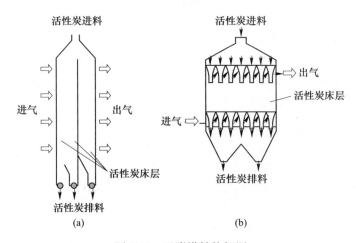

图 7-23　吸附塔结构框图

（a）交叉流工艺；（b）逆流工艺

据韩国现代统计数据，处理 $140 \times 10^4 m^3/h$（标态）烟气量，交叉流工艺吸附塔约有 72 个排料口，而逆流工艺吸附塔排料口多达约 10000 个。众所周知，排料口相对较为狭窄，若操作不当，极有可能造成堵料，降低运行的安全性。因此，较多的排料口会使操作难度及风险系数增加。

（4）交叉流工艺烟气中氟、氯等元素可及时排出，系统连续作用率高。烟气中除含有 SO_2、NO_x 外，还含有大量盐酸、氟化氢，均会被活性炭层所拦截捕获。由于硫酸酸性强于盐酸、氟化氢，因此，盐酸、氟化氢很难在高二氧化硫条件下被脱除，而会随烟气进入吸附塔的中后段。一般的，对于交叉流工艺，进入中后室的氟和氯等会随活性炭层及时排出；对于逆流工艺，吸附塔上部的烟气中氟氯被活性炭吸附，随活性炭进入吸附塔下部，在高浓度 SO_2 条件下又重新释放出来随烟气进入吸附塔上部，造成氟氯在系统内累积。逆流工艺吸附塔内氯累积过程示意图如图 7-24 所示。

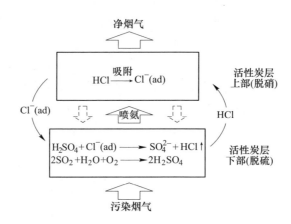

图 7-24　逆流工艺吸附塔内氯累积过程示意图

由于脱硝过程需加入一定的氨水，当氟氯累积浓度过高时，则会在吸附塔内形成 NH_4Cl。NH_4Cl 具有一定的黏结性，且结晶后难以分解，因此，会导致吸附塔内部发生结块现象，进而引起滞料等不良影响，具有一定的安全隐患。

（5）交叉流工艺吸附塔可根据各污染物脱除需要进行多个分层，最大化的提高活性炭利用率及多污染物净化效率。如前所述，活性炭具有同时脱硫、脱硝、除尘、脱重金属、脱二噁英等多污染物协同净化的特点。由于活性炭对各污染物脱除机理及能力不同，这就要求活性炭层应具有多个不同功能区，各功能区可通过设置不同的床层厚度、下料速度等，以适应各污染物的最优去除。由于交叉流工艺的活性炭流向相对独立，受烟气流干扰较小，因此，可灵活的对活性炭床层进行多功能的分层，从而提高活性炭利用率及多污染物净化效率。

综上，交叉流工艺与逆流工艺只要设计合理，均能实现超低排放目标，但交叉流工艺更经济、更安全，目前已在国内外获得了广泛应用。截至 2019 年底，投产运行两年以上的国内外大型铁矿烧结活性炭烟气净化工程情况，如表 7-5 所示。

表 7-5　国内外烧结烟气净化工程业绩

使用厂家	处理能力（标态）/×10⁴m³·h⁻¹	投产时间/年	吸附塔结构	备　注
安阳钢铁	125	2018	交叉流	
	138	2018	交叉流	
	165	2018	交叉流	
邯郸钢铁	165	2017	逆流	
	165	2016	逆流	
宝钢本部	200	2018	交叉流	
	200	2016	交叉流	
宝钢湛江	180	2016	交叉流	
	180	2015	交叉流	
日照钢铁	196	2015	交叉流	不分层
联峰钢铁	198	2015	交叉流	不分层
太原钢铁	200	2009	交叉流	
	165	2009	交叉流	
神户制铁加古川制铁所	150	2010	交叉流	
韩国浦项	135	2010	交叉流	
韩国现代	160	2007	逆流	已拆除
新日铁君津制铁所	130	2004	交叉流	
新日铁大分制铁所	170	2004	交叉流	
日本 JFE 福山厂	170	2002	交叉流	
	110	2001	交叉流	
新日铁名古屋制铁所	130	1999	交叉流	

7.2.3　关键技术及装备

目前国内活性炭多污染物吸附技术已经成功应用于烧结、焦化领域，该技术的应用对提高我国钢铁产品及冶金装备国际竞争力具有重大意义，为我国环境保护和经济可持续发展提供保障。本节主要介绍由中冶长天、宝钢、清华大学联合开发的交叉流活性炭净化技术的关键技术及装备。

7.2.3.1 双级分层整体流多位喷氨吸附技术及装备

基于活性炭对污染物催化吸附规律及吸附过程放热的特点，有必要将活性炭床层进行分层处理并实现整体流，通过调控不同床层的活性炭下料速度，实现系统的高效、安全、稳定运行。

A 分层可控整体流技术

a 床层厚度对吸附效果的影响

活性炭床层是烟气脱硫脱硝除尘等的主要反应场所，一般情况，脱硫相对容易，床层厚度主要由脱硝能力决定。若床层厚度小，脱硝率低；床层厚度大，脱除效果高，但存在压差增大，投资及运行成本高的问题。

图 7-25 为床层厚度与脱硝率的关系。可见，在烟气中加入氨，出口烟气中氮氧化物浓度随着活性炭层厚度的增加而逐步减少。

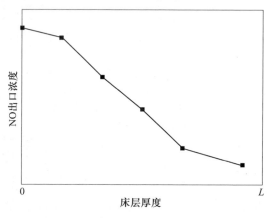

图 7-25　床层厚度与 NO 脱除效率

图 7-26 为一定条件下床层厚度与 SO_2 吸附量的关系图。可见，当活性炭从

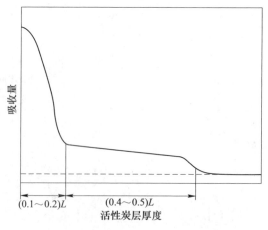

图 7-26　床层厚度与 SO_2 吸附量关系

上向下移动时，与入口烟气接触的活性炭吸收 SO_2 量最多，当与入口相距$(0.1\sim 0.2)L$ 的位置处，SO_2 吸附量显著降低，在 $(0.4\sim 0.5)L$ 之后，吸收量最低，并基本保持稳定，说明沿着气流走向，床层厚度在 L 范围内，基本上可以实现大部分脱硫。

图 7-27 为一定条件下床层厚度与除尘效率的关系。从图中可知，沿气流方向，在距入口较近位置，除尘效率就可达到 80%。床层厚度继续增加，对细颗粒去除效率影响不大。

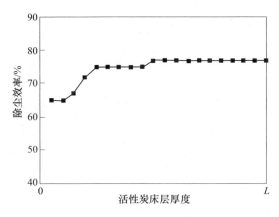

图 7-27　床层厚度与除尘效率关系

b　分层移动对吸附效果的影响

当活性炭床层以同一下料速度运行，当烟气通入净化装置时，烟气进气一侧的活性炭层会快速吸附饱和，并吸附大量的粉尘，从而造成较大的压降，此时后侧的活性炭层远未吸附饱和。为了提高烟气净化效果，减少运行成本，有必要考察活性炭床层不同位置对 SO_2、NO_x、粉尘的吸附规律，由图 7-25~图 7-27 可知：在活性炭料层中，SO_2 的反应速率大于 NO_x 的反应速率，SO_2 基本上在床层入风口前侧被吸附，且放出大量热量，烟气中粉尘也在料层入风口侧被收集，并影响料层阻力；而从图 7-28 可知，活性炭移动速度过快会加大活性炭之间的磨损，造成扬灰被烟气带出，影响外排烟气中的粉尘含量，因此将活性炭床层分为前、后两层，或者分为前、中、后三层，分别控制移动速度是合理的。分成三层时，前、中、后三层分别以 $d_前$、$d_中$、$d_后$ 表示，如图 7-29 所示。前层主要功能是 SO_2 吸附，粉尘的收集，宜快速移动确保料层中不会存在热的积聚；中层继续脱硫和脱硝，可中速移动；后层继续深度脱除 NO_x、SO_2，收集粉尘并抑制活性炭层自身产生粉尘，宜慢速移动。这样既消除了聚热升温，满足了 SO_2、粉尘、NO_x 的高效脱除，又减少了活性炭循环量。

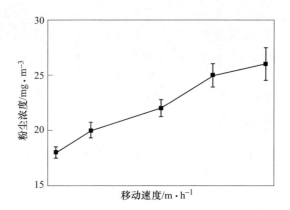

图 7-28　后层活性炭移动速度与粉尘含量关系

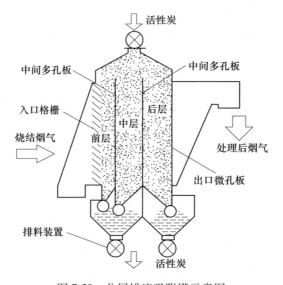

图 7-29　分层错流吸附塔示意图

c　活性炭流动状态对脱除效果的影响

保持系统高效和安全运行的前提是必须保证烟气与活性炭层的均匀接触，且活性炭从上向下流动过程中不能有滞料现象发生，因此，必须保证料流呈现整体流状态和烟气流场在进入活性炭床层时呈均压状态。如果活性炭流动不是整体流，则烟气不能与料流均匀接触，局部地方脱除率高，局部地方则脱除不净，更严重的是，料流慢甚至滞料的地方，可能产生局部高温，而影响系统安全运行。基于此，根据散粒体流动特性，工程上采用了长轴辊式给料机排料，开发了整体流排料结构，如图 7-30 所示。

如图 7-31 所示，x 轴方向上，长轴辊式给料机的有效长度、活性炭下料口长

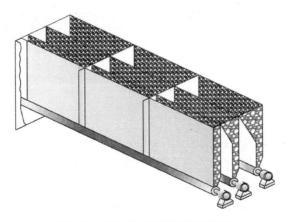

图 7-30　长轴辊式布料装置示意图

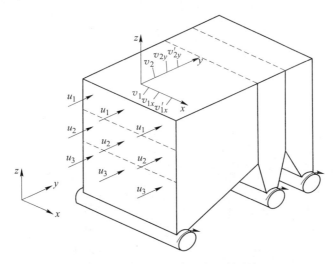

图 7-31　活性炭在床层内下料速度

度及塔体长度保持一致，并且给料机下料口高度相同，因此在同一高度 z_1、同一厚度 y_1 处，各层活性炭在 x 轴方向上下料速度相等，即前层中 $v_1 = v_{1x} = v'_{1x}$，中层中 $v_2 = v_{2x} = v'_{2x}$，后层中 $v_3 = v_{3x} = v'_{3x}$；同时在垂直长辊轴向截面，即 y 轴方向设计了渐进式排料口，保证在气固接触时，吸附塔内同一高度 z_1 处，各层活性炭在 y 轴方向上下料速度相等，即前层中 $v_1 = v_{1y} = v'_{1y}$，中层中 $v_2 = v_{2y} = v'_{2y}$，后层中 $v_3 = v_{3y} = v'_{3y}$，而活性炭依靠重力向下运动，可保证沿 z 轴方向上，活性炭下料体积流量相同，如此可以保证前层中各处活性炭料层均保持 v_1 的速度移动，中层中各处活性炭均保持 v_2 的速度移动，后层中各处活性炭均保持 v_3 的速度移动，从而实现塔内活性炭整体流运动。

　　由于机械摩擦，颗粒逐渐变小，孔隙率逐渐变小，但变化的幅度不大，对烟气流动的阻力从上到下，也由小到大，同样幅度也不大，但阻力在同一高度是一致的。这种料层阻力分布的规律，使烟气通过量从上到下，呈现由大到小的趋势，而上部活性炭相对新鲜，吸附速率高，因此，这种料层分布，也有利于强化脱除效果。烟气在活性炭床层中速度分布为同一横向截面速度相等，从上到下截面上速度逐渐降低，即使 $u_1 > u_2 > u_3$。

d 速度控制

如前所述，不同床层内活性炭的功能不同，为了高效吸附和安全运行，需根据烟气污染物成分及浓度调节各层下料速度，同时要求同一床层内活性炭均匀下料，避免活性炭滞留引发床层局部高温。

基于长轴辊式结构特点，研究了不同排料口结构参数下的活性炭下料量与圆辊转速等参数的关系，并通过理论推导和实验验证相结合的方法，得出了圆辊下料速度与圆辊转速、排料开口及其他结构尺寸之间数学关系式及各参数的取值范围与条件。

$$W = 60\pi BhnD\rho\eta \tag{7-21}$$

式中 W——活性炭层下料量，t/h；

B——圆辊给料机排料长度，m；

h——活性炭层开口高度，m；

n——圆辊给料机转速，r/min；

D——圆辊给料机圆辊直径；

ρ——活性炭密度；

η——圆辊给料机排料效率。

为进一步确定活性炭层的开口高度，研究了不同开口速度下圆辊转速与活性炭层下料速度关系，在相同圆辊排料开口高度下，活性炭下料速度随着圆辊转速的增加几乎呈直线上升，线性拟合度均大于99%。且下料速度与活性炭层开口高度呈正比关系，当圆辊转速保持不变时，活性炭层开口高度增加，下料速度明显加快。同时下料口高度需确保活性炭排除时，不会产生过大的挤压力，出现的挤压力应少于活性炭的强度值，保证活性炭在圆辊摩擦力带动下，基本上自由流出。

B 多段喷氨技术

工程中，活性炭移动床本体高度可达到 20~30m，针对活性炭层的高度和烟气流场的分布规律，通过研究喷氨位置对脱硝的影响，开发了多层喷氨技术。从喷氨口开始，将烟气管道和吸附塔原烟气室按一定比例分为上下两部分，每个部分采用单独喷氨，根据理论及实验数据分别进行喷氨量的控制，从而达到提高脱硝率和降低氨气用量的作用。

图 7-32 为某工程（单级）投运初期，采用分层喷氨技术后，吸附塔不同高

度位置 NO 检测值（烧结烟气中 NO 浓度在 200mg/m³ 左右（标态）），从图可知，在加氨量一定情况，整个塔体全部加氨，吸附塔底部检测 NO 转化率较高，中上部脱硝能力降低；单独采用上部加氨时，底部脱硝率略微低于整体加氨，上部脱硝率高于整体加氨，但平均脱硝效率高于整体加氨；系统不加氨时，脱硝率均较低，说明采用选择性多段喷氨技术可提高 NO 的脱除效率，提高氨气利用率。

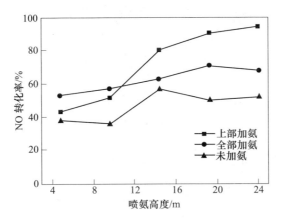

图 7-32　不同位置加氨对塔本体高度脱硝率影响

　　由活性炭在吸附塔内的分布规律及分层交叉流移动方式可知，活性炭从上到下吸附污染物能力逐渐降低，即上部脱硫脱硝能力最强，下部最弱；由烟气气流分布规律可知，烟气在上部气流量大，下部气流量较小；将以上两种规律与多段喷氨技术相耦合，能提高活性炭的利用效率，提高对烟气中 NO_x 的脱除效果，降低运行成本。

　　C　预酸化处理技术

　　活性炭烟气净化工艺中，要经历吸附-解吸循环，即活性炭先在塔内吸附烟气中的二氧化硫，生成硫酸，然后在解吸塔进行加热再生，进行完整的预酸化处理过程。而对活性炭粉进行酸化处理，发现酸化处理后，脱硝率比未酸化的活性炭粉末提高 30%，如图 7-33 所示，说明酸化处理能够提高脱硝活性。在实际工程应用中，不加氨情况下，如图 7-34 所示，运行 5 次循环过程中，脱硝率很低，脱硫率约 80%，此过程实现了对活性炭的酸化处理，5 次循环后加入氨，脱硝率与脱硫率均逐渐上升。

　　D　双级吸附塔研制

　　前述分层交叉流吸附塔虽可同步脱除 SO_2、NO_x、粉尘、二噁英、重金属等，但由于 SO_2 与 NO_x 的反应速率不一样，反应的脱除最佳环境也不一致，为了以最佳性价比实现钢铁烧结烟气超低排放的要求，开发了活性炭法双级烟气净化技术。

　　a　SO_2 对 NO_x 脱除的影响

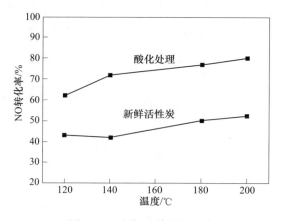

图 7-33 酸化对脱硝的影响

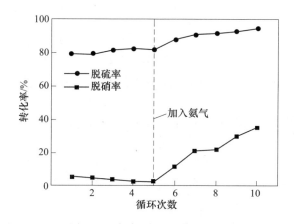

图 7-34 加氨时间对脱硝影响

如图 7-35 所示，在实验室研究中，无 SO_2、水蒸气条件下，脱硝效率很高，在通入 SO_2、水蒸气后，脱硝效率急剧降低，当停止通入 SO_2 和水蒸气后，脱硝效率可以很快恢复原值。但是随着温度的增加，SO_2 和水蒸气的抑制作用对脱硝越来越弱，在 120℃ 下，在 2h 内脱硝率从 80% 降低到 10%，在 150℃ 下，在 2h 内脱硝率从 90% 降低到 50%。

进一步实验也证明：采用分级喷氨技术，脱硝效率明显高于单级吸附塔的脱硝能力。实验简图如图 7-36 所示，将活性炭床层分为前、中、后三个区间，分别在前室与中室、中室与后室之间预留一定加氨空间，实验过程如下，加氨点选择进入吸附塔之前（曲线 3）、前室出口与中室入口空间（曲线 1）、中室出口与后室入口空间（曲线 2）。图 7-37 为采取分级喷氨时，活性炭系统的脱硝效率，从图中可知，1、2、3 三条曲线分别代表不同位置喷氨情况下的脱硝效率，在加

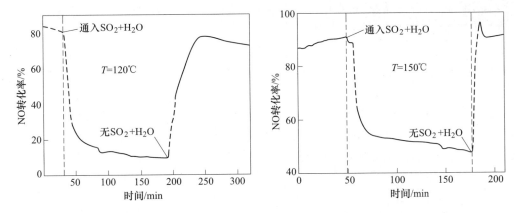

图 7-35 SO$_2$ 存在时对脱硝的影响

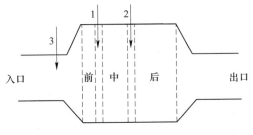

图 7-36 分级喷氨对脱硝影响

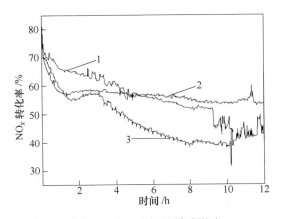

图 7-37 分级喷氨对脱硝影响

氨量一定情况下，不同位置添加氨对系统中脱硝效率影响较大，其中 NH$_3$ 在烟气入口位置加入时（曲线 3），脱硝率在 12h 内逐渐降低，从 70% 降低到 40%；一部分 NH$_3$ 在中部（曲线 1）或后部（曲线 2）加入时，脱硝率均高于烟气入口位置加入，其中后部加入脱硝率最高，在 12h 内均能保持 60%，说明采取后部加氨方式对提高脱硝率具有积极作用。

工程上，考虑到氨与烟气的混匀需要足够的空间和时间，喷氨装置的检修也需要足够的安全设施。在实验时喷氨位置"2"或位置"1"在工业应用上难以实现，于是，分级吸附塔应运而生。

b　分级吸附塔的研制

基于上述分析，把脱硫脱硝分两级处理，流程上，烟气与活性炭流动方向相反，烟气先脱硫、后脱硝、再外排；活性炭先进行脱硝、后脱硫，再进入解吸塔再生，循环使用。设计上两级处理可布置为前后两级吸附和上下两级吸附。

（1）前后组合塔的研制。图 7-38 为前后两级组合吸附示意图。由图 7-38 可知，烟气串联走向，先通过一级塔，再通过二级塔，活性炭走向相反，先进入二级塔，再进入一级塔。各级塔采用交叉流，保证塔内活性炭的整体流并与烟气充分接触，烟气经一级吸附塔脱硫后，进入二级吸附塔时，因为 SO_2 污染物浓度较低，吸附推动力较低，对脱硝影响较小，同时二级吸附塔中采用从解吸塔中解吸出来的活性炭，并在进入二级吸附塔时喷氨，重点用于脱硝；而在一级吸附塔中，SO_2、粉尘污染物浓度高，烟气侧吸附推动力高，吸附塔中采用在二级吸附塔吸附了少量污染物并残留少量 NH_3 的活性炭，重点用于脱硫，其他污染物也在这两级吸附被高效脱除。活性炭输送顺序的合理配置大大降低了活性炭的循环量，最大程度地降低解吸系统的解吸负荷。采用两级活性炭吸附工艺，一方面为选择性喷氨、选择性脱除烟气有害物质创造了有利条件，另一方面也为提高氨气利用效率、低温脱硝创造了条件。该技术已经成功应用到宝钢 $600m^2$ 烧结烟气净化工艺中，达到了烧结烟气超低排放的标准，三维效果图如图 7-39 所示。

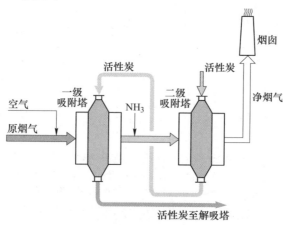

图 7-38　活性炭双塔并行组合式吸附工艺

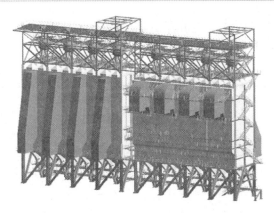

图 7-39　前后两级组合吸附塔三维图

（2）上下组合塔的研制。前后两级吸附虽然脱除效果好，检修方便，但占地较大，有时受场地等因素限制，因此需要采用上下两级组合塔，上下组合示意图如图 7-40 所示。

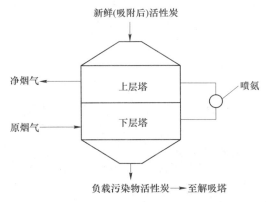

图 7-40　上下两级组合塔示意图

从图 7-40 可知，烟气首先进入下部吸附塔，经过脱硫后再进入到上部吸附塔中脱硝，氨气在二级塔入口加入；解吸后的活性炭先进入上部吸附塔，经过脱硝后，在重力的作用下进入下层吸附塔进行脱硫、除尘，然后再进入解吸塔，完成一个完整循环，上下塔同样采用分层交叉流塔型，确保 SO_2、NO_x 及其他污染物被高效脱除。该布置形式减少部分输送设备和部分钢结构，投资成本及占地面积有所降低，三维效果如图 7-41 所示。

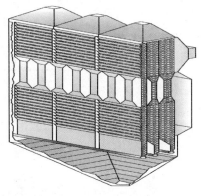

图 7-41　上下两级组合吸附塔三维图

7.2.3.2 多段可控整体流再生技术及装备

A 污染物再生规律及再生方式研究

a 再生尾气解吸规律

实验室研究发现，将吸附了污染物 SO_2、NO_x、NH_3、CO_2 的活性炭进行加热分析，根据不同温度下活性炭再生实验数据统计出各再生气体脱附峰温度范围（表7-6）。

表 7-6 再生产物的分解温度

再生产物名称	脱附峰温度范围/℃
SO_2	230~280
NO	140~160
NH_3	130~140，130~330
CO_2	230~250

从表7-6可知，SO_2 的脱附峰温度在230~280℃之间，说明活性炭对 SO_2 的分解是以 H_2SO_4 的形式存在。而 CO_2 的脱附温度与 SO_2 的脱附温度基本一致，可以验证 C 与 H_2SO_4 发生反应产生 SO_2 和 CO_2。NO 脱附峰对应的脱附温度较低，说明未参与 SCR 反应的 NO 主要以物理吸附的形式存在于活性炭的表面，当温度稍有升高时，中间产物就会分解，此部分的量极少。NH_3 有 2 个分解温度，一个是物理吸附的 NH_3 解吸，温度较低；一个是 $(NH_4)_2SO_4$ 或 NH_4HSO_4 分解，温度较高。

b 解吸温度、解吸时间工艺参数研究

考察再生温度条件为400℃、420℃、450℃，不同再生温度条件下活性炭中吸附二氧化硫解吸率，如图7-42所示。

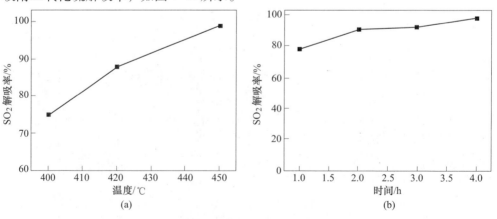

图 7-42 再生规律研究

（a）解吸温度影响；（b）解吸时间影响

从图 7-42（a）中可知，随着再生温度的增加，二氧化硫解吸率逐渐升高，结合能耗及耗材考虑，一般选择解吸温度为 430℃。确定最佳再生温度之后，考察再生时间对二氧化硫解吸率的影响；从图 7-42（b）中可知，给定再生温度为 430℃条件下，增加再生时间有利于二氧化硫解吸。初始 2h 再生时间内，二氧化硫解吸率相对较大，可达到 90%，随着时间的增加，解吸率趋于平缓。

c 热再生方式研究

再生方式如图 7-43（a）所示，解吸过程分为三部分，从上到下依次为加热段、SRG 段、冷却段，加热段温度从 100℃升高到 430℃，SRG 段温度维持在 430℃左右，冷却段温度从 430℃降低到 100℃左右，在解吸塔中完成了复杂的温度场控制。而作为解吸过程的保护气氮气从活性炭列管顶部与底部通入，从列管高温段排出，出来的气体作为 SRG 气体。从图 7-43（b）中可知，解吸气体主要是 SO_2，其他成分很少，有利于后续的资源化利用。

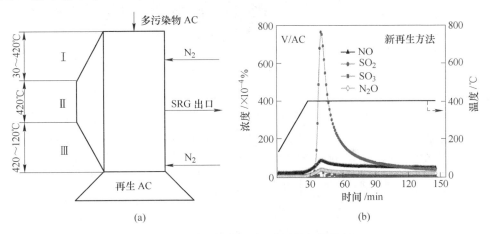

图 7-43 再生方式（2）及解吸气体分析

（a）再生方式（2）；（b）解吸后活性炭再生产物分析

B 再生解吸塔研制

基于以上研究，确定了解吸参数、再生方式。而在工程实践中，活性炭循环量大，系统必须连续稳定运行，在塔体结构设计上，必须满足以下功能要求：

（1）如前述，活性炭的再生需要在 400℃以上的高温中进行，而活性炭是一种易燃物质，因此应严格控制在再生过程氧气的渗入，并保证塔内为微负压。

（2）再生后的活性炭要通过输送机输送到吸附塔，而输送机是没有气密性的，不能够直接运输高温的活性炭，而且高温活性炭也不允许进入吸附塔，因此要求再生后的高热活性炭必须先在解吸塔中均匀冷却到 120℃才能排出。

（3）不管是加热或者冷却，都须保证活性炭的热交换充分均衡，不允许有过大的温差，以防造成解吸不充分，冷却不均匀，带来安全隐患。

（4）结构的安全性。

再生解吸塔的结构组成由颗粒输送阻氧装置、加热段、冷却段、整体流排料装置等组成。解吸塔三维结构如图 7-44 所示。

为实现解吸塔安全、稳定、高效运行，开发了如下技术。

a 颗粒输送阻氧技术

活性炭需在 430℃进行加热再生，而活性炭本身易燃，因此需要保持解吸过程中全程通入氮气，基于此，开发了颗粒输送阻氧技术，该技术包括双层旋转阀阻氧技术和塔内通氮气阻燃技术。双层旋转阀阻氧技术是防止外界氧气进入到解吸塔的技术。双层旋转阀共有两组，位于解吸塔的活性炭进口和出口，每一组双层旋转阀都由两个旋转阀和密封氮气系统组成，旋转阀具备高效密封和定量给料的功能。两个旋转阀上下相连，在连接处接入密封氮气系统。密封氮气系统向两个旋转阀之间鼓入压力氮气，此处的氮气压力高于外界大气压和解吸塔内压力，这样就保证了外界的氧气不能进入解吸塔内，还能够阻止解吸塔内的气氛泄漏到外界大气中。此处的密封氮气系统是一种压力高但流量低的系统，所以只有少量的密封氮气泄漏损失。

由此可知，除了在解吸塔上下两组旋转阀之间通入氮气密封外，在解吸塔上下部还向塔内通入氮气，使塔内活性炭全部被氮气包围，此时，氮气承担了三种功能：（1）阻燃作用。确保活性炭在 400 多摄氏度的环境下不会发生自燃现象。（2）传热功能。氮气从管壁获得加热热量或从管壁获得冷却热量，并传递到管内活性炭。（3）传输解吸气体。把在高温下解吸出来的气体带出解吸塔，成为 SRG 气体。

解吸塔氮气布置如图 7-45 所示。

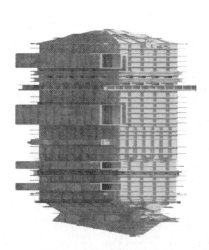

图 7-44 解吸塔三维图

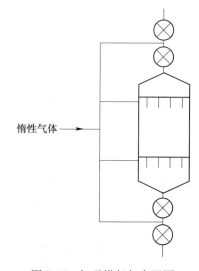

惰性气体 →

图 7-45 解吸塔氮气布置图

b　加热及冷却装置

解吸塔主要分为加热段和冷却段，如图 7-46 所示，加热段主要是对活性炭进行加热再生，冷却段主要是将再生后的活性炭进行冷却，以便于运输。

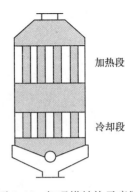

图 7-46　解吸塔结构示意图

解吸塔加热段是一种列管式换热器，在此段中，活性炭被加热到 400 多摄氏度进行再生，是解吸塔再生反应的主要场所。加热段共有两个区域，活性炭流通区域与加热气体流通区域。活性炭走管内，加热气体走管外。在流动的过程中，热空气通过列管传热而加热管内的活性炭，使之达到再生温度。达到再生温度的活性炭在换热管发生解吸过程一系列物理化学反应，解吸气体被氮气带出塔外，成为 SRG 气体。

解吸塔冷却段是一种列管式换热器，为了便于解吸完成的活性炭进行运输，在此段中，活性炭被冷却到 120℃ 以下。冷却段共有两个区域，活性炭流通区域与冷却气体流通区域，活性炭走管内，冷却气体走管外，在筒体与换热管外侧之间的区域流通，从上筒体上的冷却气体出口流出。

解吸塔中活性炭与热风/冷风的传热是一个多相流的传热过程，涉及对流换热、热传递、热辐射等多种传热方式。热风/冷风首先与管壁进行对流换热，靠近管壁还需要考虑污垢热阻，管壁自身进行热传递，列管中活性炭与列管之间传热是一个非常复杂的过程，有活性炭与管壁之间的直接热传递和管壁与活性炭中的氮气进行的对流换热，活性炭与氮气对流换热，活性炭自身热传递。总之，不管加热还是冷却，换热过程是气—固—气—固的换热过程，换热模型如图 7-47 所示。

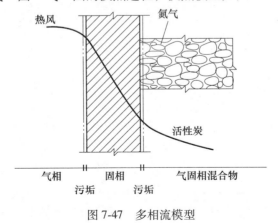

图 7-47　多相流模型

c　整体流排料装置

为适应解吸塔复杂温度场控制，解吸塔从上到下采取同管簇结构列管，列管数量由解吸循环量决定，活性炭走管程，活性炭下料过程依靠自身重力，下料量由解吸塔底部圆辊转速决定。再生过程要求整个断面的料层实现整体流，以达到活性炭的均匀加热，实现活性炭的充分再生。如出现部分管程活性炭下料速度过快，将会出现活性炭在管内停留时间过短，加热时间不足，不能充分解吸，如果冷却段部分下料过快，冷却时间不足，可能造成活性炭从解吸塔排料后呈现高温甚至红料现象，经过吸附塔给料输送机送往吸附塔后，会给吸附塔的安全运行造成极大的隐患；同时下料不均匀，也会造成解吸不完全，导致活性炭解吸在冷却段继续进行，冷却气体冷凝结露可能会腐蚀冷却段列管或管板，或者堵塞列管，造成空气泄漏，影响系统安全稳定运行。

　　基于此，为保持解吸塔下料实现整体流，通过对活性炭物料特性和排料实验研究，开发了特殊结构的整体流均匀排料技术，保证了解吸塔内活性炭下料过程中始终处于整体均匀下降状态，为系统的稳定安全运行创造了条件，图 7-48 为利用下料装置实现整体流试验照片。

图 7-48　整体流布料装置及实验效果

7.2.3.3　低耗损输送技术及装备

A　活性炭烟气协同净化装置对输送设备的要求

　　活性炭烟气协同净化装置中的运输系统主要设备是输送机。吸附塔、解吸塔都较高，一般都有 30~40m 高，同时，一般一个解吸塔对应多个吸附单元组成的吸附塔，这就需要运送从解吸塔排出的活性炭的输送设备具有向多个吸附单元供料的功能，并且，活性炭是一种消耗型吸附剂，价格较贵，故在活性炭的转运过程中要注意减少活性炭的破损。总结起来，活性炭烟气协同净化技术对输送技术具有如下需求：

　　（1）耐磨耐腐蚀性要求。活性炭是一种颗粒物料，其初始粒径约为 $\phi 9 \sim 12mm$，正常工作温度在常温~150℃之间。当负载污染物时，具有一定的腐蚀性，转运这种颗粒物料时，需注意其粒度、堆积密度、堆积角、磨琢性、含水性、黏性、温度、腐蚀性对设备的影响。

（2）输送过程中活性炭低磨损性要求。活性炭是一种炭基多孔材料，在吸附、解吸和转运过程中由于摩擦和挤压会发生磨损和破损，而粒径小于 1mm 的活性炭不再适合用于烟气净化吸附，因此在活性炭的转运过程中需注意尽量减少活性炭的倒运次数，避免活性炭之间及活性炭与设备之间的相对运动来减少活性炭的磨损。

（3）多功能条件下设备紧凑性要求。由于吸附塔一般 30~40m 高，并且水平段往往有 40m 左右长，所以活性炭在吸附塔和解吸塔之间转运时，需经过水平-垂直-水平的复杂输送路径，并且，设备还要具备多点自动供料、多点进料等功能，要求输送设备的设计、制造除满足多变向，多点供料、给料的功能外，还要求设备紧凑、减少流程、减少占地面积。

（4）输送设备的可靠性要求。根据环保要求，烧结厂生产过程中的烟气必须经过净化处理才能排出，即烟气净化装置必须与烧结生产保持同步的作业率，而现在烧结厂的作业率一般都在 95% 以上，这就要求在活性炭烟气协同净化装置中的输送设备必须具有很高的运行稳定性与可靠性。

B 活性炭烟气协同净化输送设备技术特点

根据活性炭烟气净化工艺对输送设备的要求，输送机一般采用 Z 型链斗输送机。

根据输送功能的不同，Z 型链斗式活性炭输送总机分为两种，即枢轴链斗式输送机和固定链斗式输送机，如图 7-49 所示。

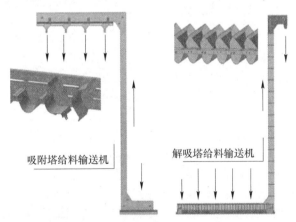

吸附塔给料输送机　　　解吸塔给料输送机

图 7-49　枢轴链斗式输送机固定链斗式输送机

a 枢轴链斗式输送机

枢轴链斗式输送机为吸附塔给料的输送机，其结构相对较为复杂，除了要完成水平—垂直—水平运行外，还需要完成多点卸料功能，该输送机主要由枢轴料斗、驱动装置、改向轮装置、尾轮装置、多点卸料装置、姿态控制装置、垂直段防晃动装置、轨道、支架等组成，其驱动装置、尾轮装置、四个改向轮装置呈 Z 形布置，两条输送链条缠绕驱动链轮、尾轮、四个改向轮一周，每两节相对的链条上都通过销轴连接一个枢轴料斗，枢轴料斗可以绕销轴转动。从解吸塔旋转阀排出的活性炭落入输送机料斗中，输送机驱动装置带动链条，链条带动料斗经过水平—垂直—水平的运动，将活性炭从解吸塔下端提升到吸附塔上端。在吸附塔上端，料斗中的活性炭在多点卸料机构的作用下排出。

（1）枢轴料斗。枢轴料斗是一种转动型料斗，由弧形底板、侧板、搭边、转动轴、卡轮等组成，如图 7-50 所示。转动轴从料斗两侧板穿过连接在料斗两侧的链条上，转动轴与料斗侧板之间具有良好的转动性能；弧形底板一般由 Q235 钢板卷制而成，侧板则按形状切割而成；卡轮安装在料斗两侧板外侧，呈反对称布置，在多点卸料时，多点卸料机构可以通过施加作用力在卡轮上，从而使料斗完成多点卸料；为了防止物料洒落，料斗与料斗之间设置有搭边。

料斗设计时要保证料斗的重心位于转动轴下方，并且保证装满料时，整体重心也要位于转动轴下方，这样才能保证在运行过程中物料不会洒落。因此，在料斗制作时，要保证料斗两侧的重量尽量一致，有助于防止料斗运动过程中的晃动。

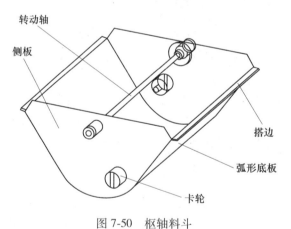

图 7-50　枢轴料斗

（2）驱动装置。链斗式输送机的运行速度一般都较低，因此传动装置的减速比较大。在设计传动装置时，常采用多级减速。在选用较大速比的减速机基础上，还要配置带传动（或链传动）及开式齿轮传动。

链斗式输送机的传动系统由驱动装置和传动链轮两大部分组成。驱动装置的结构型式由自带电机的行星摆线针轮减速机加链传动组成，传动链轮通过联轴器与驱动装置连接。驱动装置驱动链轮轴旋转，从而使传动链轮带动输送机的链条和料斗运行。电机调整配置变频器，实现无级调速。链传动的速比一般取 2~3。

传动链轮采用常规链轮的设计方法进行设计，但在活性炭烟气协同净化技术中，输送机的输送距离一般都在 100m 以上，输送距离远，因此在链轮的制造过程中，在保证单个链轮的精度的同时，还要保证配对链轮之间有相同的制造精度，因此要采用链轮齿相同步的综合加工技术进行加工[40]。

（3）改向轮装置。改向轮装置布置在输送机垂直段上下两端，通过改向轮可以使输送机完成 Z 形运动，其设计与加工制造技术与传动链轮相同。

（4）尾轮装置。链斗式输送机的尾轮装置包括尾轮和拉紧装置，尾轮的设计与加工制造技术与传动链轮相同。

拉紧装置可以采用重锤式拉紧装置、螺旋拉紧装置、弹簧拉紧装置。重锤式拉紧装置有一对拉紧杆、滑块式轴承座及支座、紧固装置、重锤、传动滑轮装置等组成。尾轮通过双滚动轴承支承在链轮轴上。这种结构型式可以降低牵引链绕过链轮式的阻力系数。同时当多条牵引链节距的累积误差不等而导致链条不同步时，可以使链轮轮齿与牵引链链关节的位置自动得到调整，保证链轮轮齿与牵引链的正确啮合，避免了多根牵引链出现张力不均、甚至悬殊很大，从而提高了牵引链条的整体性能。这种拉紧装置是目前较为先进的结构型式，链斗式输送机宜采用这种拉紧装置。

（5）多点卸料装置。出于工艺布置的要求，经解吸塔解吸后和新增的活性炭经 Z 型枢轴链斗式输送机运送至吸附塔。吸附系统通常由多个吸附单元组成，链条输送机在吸附塔塔顶水平段需要向多个吸附单元提供活性炭，出于系统的连续性要求，链条输送机必须实现连续运行状态分别向不同位置的受料点供料的功能。多点卸料技术采用一个卸料装置对应一个卸料点的布置形式，供料过程与优先秩序受塔顶仓料位信号控制。多点卸料技术必须满足吸附塔所要求的供料制度，即一塔供料时，该点的卸料装置启动，输送机内物料全部卸至此点；该点完成供料后，输送机内的物料正常通过该点，输送至其他卸料点。通过控制卸料装置实现多点卸料。

多点卸料装置通过控制料斗两侧的滚轮来控制料斗的翻转与否，其主要包括执行器、连杆机构、翻转轨道等组成，如图 7-51 所示。执行器一般采用气缸，气缸作用于连杆机构，使翻转轨道抬起或降下。当翻转轨道抬起时，料斗经过此处时进行卸料；当翻转轨道降下时，料斗经过此处时不卸料。主控室分析哪一个吸附塔需要供料，然后通过控制系统发出信号，使该塔对应的卸料装置的翻转轨道抬起，这样就可以对该吸附塔供料了。反之，如该塔不需供料时，则不发出执行信号。

（6）姿态控制装置。根据枢轴链斗式输送机多点卸料技术的要求，其料斗是每两个按照顺序搭接在一起，转弯时相邻两料斗之间会发生干涉，如果料斗在

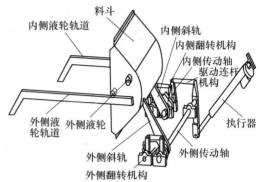

图 7-51   多点卸料装置

整个运转过程中出现搭接错误，就会造成料斗的卡死。为了防止以上现象的发生，需采用姿态控制技术来对料斗姿态进行控制。料斗姿态控制技术是建立在料斗防止干涉的姿态控制理论的基础上的，首先分析输送机 Z 形的运动路径，找出料斗容易发生干涉和搭接错误的地方，然后分析料斗通过这些地方的姿态变化及先后料斗的相互影响，找出料斗在这些地方不发生干涉的条件，然后根据这些条件来设计姿态控制装置，避免料斗在转弯时发生干涉和搭接错误。

料斗姿态的分析需根据料斗的结构尺寸、链条的节距等来进行，其原则是分析料斗在不同的转弯位置时，需要保持什么样的姿态才能保证料斗相互之间不干涉，如图 7-52 所示。

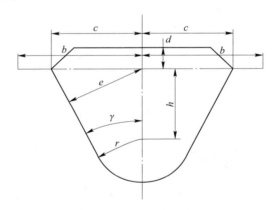

图 7-52   料斗形状示意图

b—料斗边缘宽度；c—料斗体宽度；d—料斗侧壁顶到旋转中心高度；e—料斗斜边与旋转中心距离；
h—料斗底部圆弧与旋转中心距离；r—料斗底部圆弧半径；γ—料斗斜边与竖直方向夹角

根据料斗姿态理论分析，进行姿态控制装置的转弯轨道的设计。所设计的姿态控制装置转弯轨道分为内轨道和外轨道，内轨道控制料斗内侧滚轮在其轨道上运动，外轨道控制料斗外侧滚轮在其轨道上运动，在内外轨道的共同作用下，料斗在转弯过程中就不会发生干涉和搭接错误。

结合 Z 形布置斗式输送机的要求，在分析姿态控制技术运动学的基础上，开发设计了姿态控制装置的转弯轨道（如图 7-53 所示），保证长距离多次改向的输送机结构紧凑、运行稳定。在驱动处的姿态控制中，料斗在内轨道和外轨道的共同作用下，料斗在转弯时，前后料斗搭接处错开，不发生干涉；在尾轮前姿态控制中，料斗在内轨道的作用下，料斗在转弯时，前后料斗搭接处错开，不发生干涉；在上部姿态控制中，料斗在外轨道的作用下，前后料斗按照正确的搭接顺序进入水平段，避免了由于晃动造成的搭接错误；在装料点姿态控制中，料斗在外轨道的作用下，受到装载物料的冲击也不会发生反转，从而保证了正确的搭接顺序。

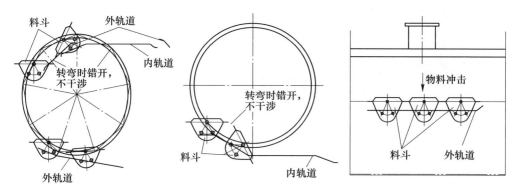

图 7-53　姿态控制技术原理图

（7）垂直段防晃动装置。料斗装载物料连接在链条上，链轮转动带动链条的运动是一个变速变位的运动，由于链斗式输送机在垂直段一般要提升几十米高，会造成料斗的剧烈晃动，甚至会造成料斗内物料的洒落。因此链条在垂直提升过程中需设置垂直段防晃动装置，来限制链条的晃动。

垂直段防晃动装置一般由防晃动轨道构成，防晃动轨道能够限制料斗卡轮的摆动，从而起到限制料斗摆动的作用。防晃动轨道设置在链斗式输送机的机壳上，在垂直段每隔一段距离设置一套防晃动轨道。

b　固定链斗式输送机

为解吸塔给料的输送机需完成水平—垂直—水平运行，并且该输送机需要适应多点给料的特点，该输送机主要由固定料斗、驱动装置、改向轮装置、尾轮装置、垂直段防晃动装置、轨道、支架等组成，其驱动装置、尾轮装置、四个改向轮装置呈 Z 形布置，两条输送链条缠绕驱动链轮、尾轮、四个改向轮一周，每两节相对的链条上都通过销轴连接一个固定料斗，固定料斗的姿态与相连的链条姿态保持一致。从吸附塔旋转阀排出的活性炭落入输送机料斗中，输送机驱动装置通过移动链轮带动链条，链条带动料斗经过水平—垂直—水平的运动，将活性炭从吸附塔下端提升到解吸塔上端。在解吸塔上端，料斗中的活性炭在料斗翻转的作用下倾倒排出。在转运物料过程中，料斗跟随链条会发生正反两次90°的翻转，固定料斗的设计要保证其内部的活性炭不会洒落。

其中的驱动装置、改向轮装置、尾轮装置、垂直段防晃动装置、轨道、支架等都与枢轴斗式输送机一样，故不在此进行赘述。这里详细说明一下固定料斗。

固定料斗顾名思义是固定在链条上的，通过链斗两端的连接装置固定在料斗两侧的链条上，其运行过程中的姿态与相连接的链条保持一致。固定料斗由底板、侧板、遮挡板、挡料板等组成。底板一般由 Q235 钢板而成，侧板则按形状切割而成；为了适应固定料斗姿态的正反两个 90° 翻转，设置了挡料板，其作用是当料斗翻转 90° 时，其内部物料不会洒落。同时，为了防止装料时物料从两个料斗之间洒落，设置了遮挡板。其结构如图 7-54 所示。

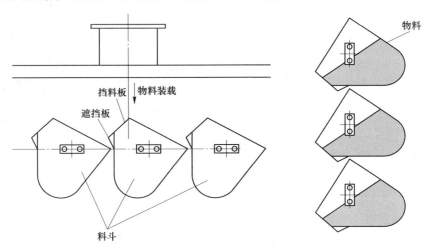

图 7-54   固定料斗示意图

7.2.3.4   系统安全运行技术

A   烟温控制系统

活性炭吸附是一个放热过程，在一定范围内床层温度高有助于脱硝反应进行，但床层温度过高，则烟气穿过床层无法带走过多的热量，导致热量累积，吸附塔内床层会出现整体超温现象，如不及时采取保护措施，活性炭床层温度会在短时间内升至 400℃ 以上，达到活性炭的着火点，从而严重影响整个系统的正常运行，为保证系统安全运行，通常在入口烟道上设置有温度自动控制系统，保证入塔烟气温度不高于设定温度。温度自动控制系统配置有两种温度调节手段，一种是雾化喷水降温，一种为补空气降温（设置有电动冷风阀），两种降温手段可单独运行，也可协同运行，可根据不同的工况灵活调节温度。当增压风机入口烟气温度在 135~150℃ 范围内时，可单独启用补空气降温，当增压风机入口烟气温度在 150~165℃ 范围内时，可联合启用喷水降温，三维效果如图 7-55 所示。

图 7-55 工程现场自动降温

补空气降温，虽简单易行，但增加烟气总量，在有条件的地方，推荐优化采用大烟道高温段余热利用方案，降低大烟道烟气温度，或采用大烟道烟气换热技术，既节能又减排，同步提高经济效益和社会效益。

B 吸附塔内温度监控及保护

分层交叉流吸附塔在结构设计上，通过提高 SO_2 吸附层（$d_{前}$）的活性炭移动速度，减少了吸附热在活性炭层积聚的安全风险，但为了确保安全，另外还设置了一套温度检测加氮气保护的安全系统。

a 温度监控系统

吸附塔内活性炭下料采用辊式下料装置，能够保证床层流动性好，不会出现死角。在吸附塔高度方向上、中、下三个合适位置，烟气出口侧设置温度监测系统，全面检测活性炭层的温度变化，报警温度设定为 150℃，温度的上限为 160℃，温度监控系统如图 7-56 所示。

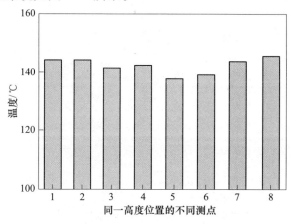

图 7-56 吸附塔内温度检测

b 氮气保护系统

为保护系统安全稳定运行，吸附单元安保氮气设计压力 20~30kPa，单塔设计氮气量不小于2000m³/h。

系统运行中，当吸附单元温度达到150℃，应立即降低烟气温度，并查明原因，当活性炭层温度达到160℃，应立即停止通烟气，并在吸附塔中通入安保氮气，氮气通入点在吸附单元底部和原烟道入口位置，保证吸附塔内处于完全氮气密封状态，隔绝氧气，如图7-57所示。

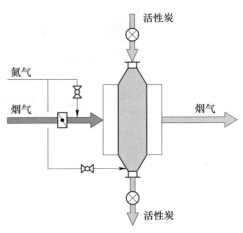

图7-57 氮气保护系统

C 解吸系统温度检测及保护

活性炭解吸是在高温环境下进行的，为了安全，解吸塔中活性炭的填充空间和移动空间均充满氮气，且在解吸塔上、下两端设有颗粒输送阻氧装置。解吸塔内的氮气不仅是保护气体，而且也是解吸过程中解吸气体外排的载气，如图7-58所示。

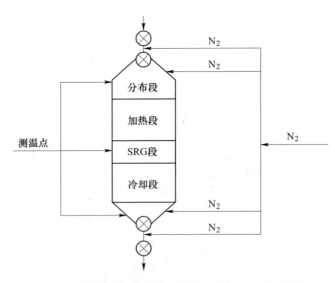

图7-58 解吸塔温度检测点及氮气进出口布置示意图

除了上述措施，还在解吸塔上设置了活性炭温度检测系统。分别在分布段、加热段出口、冷却段出口布置了多组温度测量点，同时对加热段出口空气温度（<340℃）、冷却段出口空气温度（<130℃）、SRG 气体温度（>380℃）、活性炭冷却后温度（<120℃）进行了监测，并设定了相应的温度范围。如果加热段、冷却段活性炭的温度不正常或温差较大，要检查活性炭下料是否均匀，折流板设计是否正常。

D 输送系统安全保护

活性炭输送装备的安全主要体现在高温事故的预防及控制。活性炭的燃点约400℃，有些炭粉的燃点仅 160℃，运动部件摩擦引起的高温足以点燃机槽内的活性炭粉末，如未及时防范，一旦热源进入吸附塔，引燃塔内活性炭，必将造成灾难性损失。活性炭输送装备总长超过 100m，有近 600 个料斗，1000 多个车轮，构件的状态对设备的累积影响巨大，因此装备健康是活性炭输送设备的核心问题。实时监控设备运行过程中的安全隐患与构件状态，及时发现问题，确保活性炭脱硫脱硝系统长期安全稳定运行十分重要。活性炭输送装备安全及健康跟踪评价系统如图 7-59 所示。

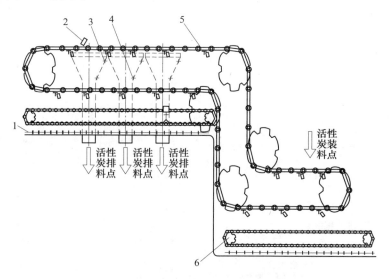

图 7-59 活性炭输送装备安全及健康评价系统图
1—连续测温传感器；2—料斗姿态及链系视觉跟踪分析系统；3—上料位开关；
4—下料位开关；5—输送机链条氮气清扫装置；6—刮板

由图 7-59 可看出，输送链条将下端的活性炭输送至上端的工作平面，图中序号 6 为两条搜集活性炭粉的刮板，在底板与刮板之间序号 1 为连续测温传感器，传感器埋在活性炭粉末当中，输送机链条与刮板之间的序号 5 为输送机链条氮气清扫装置，序号 2 为料斗姿态及链系视觉跟踪分析系统。活性炭输送装备安全及健康评价系统，持续跟踪活性炭输送机各核心构件的状态，确保设备在安全可靠的情况下运行。活性炭输送装备安全及健康评价系统包括三项关键技术，分别为输送机链条支承座氮气清扫技术，链系及料斗状态视觉分析技术，粉炭层高温灶自动觅出技术。

a 输送机链条支承座氮气清扫技术

支承座均配备氮气清扫喷嘴，每12h清扫喷吹一次，喷吹时长10s；整机支承座采用分组清扫制度，所有支承座分N（最多12）组清扫，每组清扫喷吹之间的时间间隔为$N/12$h（程序可调或界面可调）。炭粉的燃点低，支承座上的炭粉如不及时清扫，极易由于链条与支承座的摩擦引燃堆积的炭粉，诱发安全事故。采用氮气清扫，同时也降低了输送机内的氧含量，破坏了炭粉高温燃烧的条件。

b 料斗姿态及链系视觉跟踪分析技术

通过视觉分析摄像头在线监视受控区域内料斗、链条托轮、链条构件的工作状态，发现料斗姿态异常时声光报警并停机；发现链条托轮脱落、松动或卡死等故障时在主控室显示故障，故障显示30min后仍未清除故障时触发声光报警，声光报警10min后故障仍未消除时自动停机。图7-60揭示了料斗在运行过程中可能出现的几种姿态，视觉分析系统具有判断速度快、判断准确、可扩展性强的特点，结构如图7-61所示。

正常情况 反压 挤压

图 7-60 料斗运转过程姿态

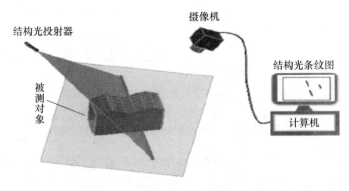

结构光投射器 摄像机 结构光条纹图 被测对象 计算机

图 7-61 监控系统组成结构示意图

线结构光（线激光）3D检测技术是一种使用三角测量原理的机器视觉技术。

把线结构光的直线光条投射在待测部分上，将待测部分表面凹凸特征转换为线结构光光条的弯曲、折断等特征，用工业相机与镜头采集线结构光光条的图像，用工控机上的智能处理软件处理光条图像、提取光条特征、判断待测部分的状态，从而实现智能化监视。

c 粉炭层高温灶自动觅出技术

粉炭的燃点温度只有160℃，输送机下部会粉炭沉积，粉炭层高温灶自动觅出技术是利用热点探测装置在线检测沉积炭的温度，检测到超过60℃的温度时在主控室报警，并显示温度值与高温点的区域或位置；检测到温度超过110℃时声光报警并停机。利用热点探测技术很好地解决了粉炭沉积层长距离连续测温的技术难题，以低廉的价格实现了活性炭输送机粉炭层连续测温和高温点定位，为输送机的安全运行提供了可靠的保障。

热点探测技术原理如图7-62所示，是利用热电效应及NTC绝缘材料制成的热点探测电缆。

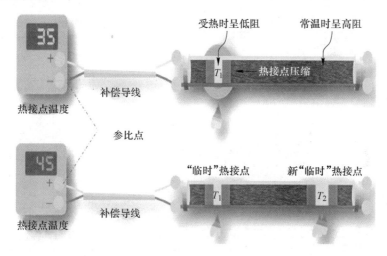

图7-62 热点探测技术原理图

图7-62的一根热点探测电缆中，当HSD-T热点探测器上任何一点（T_1）的温度高于其他部分的温度时，该处的热电偶导线之间的绝缘电阻（R）降低，从而出现"临时"热接点，其作用与普通热电偶的热接点相同。

当HSD-T热点探测器上另外一点（T_2）的温度高于（T_1）点时，该处的热电偶导线之间的绝缘电阻会变得更低，从而出现新的"临时"热接点。

在积灰沉积平台，将热点探测电缆按照图7-63方法布置，电缆上每个点可以探测周围一个小的区域，一根电缆就可以管理一个大的区域，这样就能够较好地监控到积灰沉积平台上粉炭的温度变化情况，保障设备的安全。

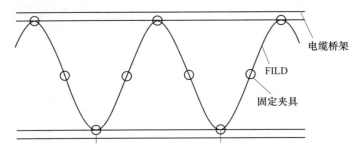

图 7-63 热点探测电缆安装示意图

7.2.4 富硫气体资源化方法

根据连续监测及理论分析，某钢厂单套 $550m^2$ 烧结机脱硫富集烟气进入制酸系统净化工序烟气量及成分，如表 7-7 所示。

表 7-7 典型烧结机烟气净化设施 SRG 烟气量及成分

内 容		数 值	备 注
烟气量（标态）/$m^3 \cdot h^{-1}$		3000	—
成分/%	SO_2	15.48	波动范围 8%~20%
	SO_3	0.17	SO_2 浓度的 2%
	NH_3	2.34	—
	HCl	1.20	—
	HF	0.08	—
	CO_2	4.07	—
	CO	0.41	—
	H_2O	40	波动范围 35%~45%
粉尘/$mg \cdot m^{-3}$		4000	—
Hg 含量/$mg \cdot m^{-3}$		51.00	参考值
N_2		余量	—
温度/℃		400	波动范围 320~400℃
压力/Pa		-300	—

如表 7-7 所示，富硫气体中二氧化硫含量达到 15%，具有较高的回收利用价值。富硫气体资源化方法为将富硫气体转化为具有较高附加值的硫产品。根据硫资源的最终状态，可以分为以下四类[1]（见图 7-64）：

（1）在催化剂作用下，将二氧化硫氧化为三氧化硫，并利用稀硫酸吸收得到浓硫酸。二氧化硫的催化氧化法研究也比较多，其产物硫酸应用广泛，常用的

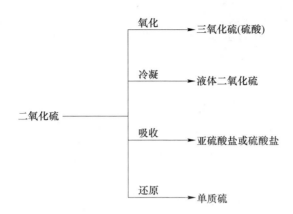

图 7-64　烟气脱硫根据二氧化硫最终状态分类

催化剂主要为 V_2O_5。

（2）利用二氧化硫气体易被液化的特点，通过物理冷凝过程，将高浓度的二氧化硫变为液体，一般液化温度控制在 -15℃ 左右。

（3）采用化学吸收剂直接吸收二氧化硫，并得到较为稳定的亚硫酸盐或硫酸盐产品。常见的吸收剂如石灰石/石膏、氨水、液碱等。

（4）利用还原性物质，在催化剂作用下，将烟气中的低浓度二氧化硫还原为单质硫，从而实现硫磺回收。常见还原物质如活性炭、一氧化碳、甲烷、硫化钙等。

下面就典型工艺进行介绍。

7.2.4.1　催化氧化法回收硫酸技术

早在 1874 年，我国就开始了硫酸生产，工业上生产硫酸的技术较为成熟。从二氧化硫制造硫酸，工业上有两种方法：硝化法（亚硝基法）和接触法。在硝化法中，二氧化硫的氧化是借助于循环酸中的二氧化氮来进行的。二氧化氮将二氧化硫氧化成硫酸，本身被还原成一氧化氮；一氧化氮再被气体中的氧气所氧化为二氧化氮，二氧化氮又再去氧化二氧化硫，形成了循环氧化。早期的硝化法用铅室作为主要生产设备，所以又称铅室法。后来因为生产规模扩大而改用填料塔为硝化设备，所以又称塔式法。硝化法的主要反应式为：

$$SO_2 + NO_2 + H_2O = H_2SO_4 + NO \tag{7-22}$$
$$2NO + O_2 = 2NO_2 \tag{7-23}$$

由于硝化法生产的硫酸浓度只有 75% 左右，浓度低，使其用途受到限制，而且在生产过程中还要消耗硝酸或硝酸盐，经济上不合算，因此，该法在 20 世纪 50 年代后就被淘汰。

目前国内外主要通过接触法生产硫酸，接触法是通过催化剂的催化作用，将二氧化硫和空气中的氧化合而成三氧化硫，再将三氧化硫吸收而成硫酸。由于接触法生产的硫酸产品浓度高，含杂质少，生产设备强度大，得到了广泛应用。目前主要采用的工艺一般为两次转化及两次吸收的"两转两吸"流程，其典型工艺流程如图 7-65 所示。

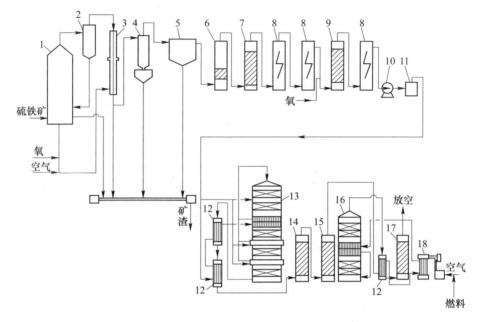

图 7-65　两转两吸接触法生产硫酸工艺流程

1—旋风返回式沸腾炉；2—返回式旋风除尘器；3—炉气冷却器；4—旋风除尘器；

5—电除尘器；6—空塔；7—洗涤塔；8—电除雾器；9—干燥塔；10—主风机；

11—除沫器；12—换热器；13—第一转化器；14—发烟硫酸吸收塔；

15—第一吸收塔；16—第二转化器；17—第二吸收塔；18—开工预热器

依据富硫气体的特殊性质，确定了富硫气体制备浓硫酸的工艺流程如下：富硫烟气首先通过净化工序除去杂质，然后进入干吸工序脱去烟气中的水分，最后通过转化工序将二氧化硫转化为浓硫酸。其中净化工序采用泡沫柱洗涤工艺；干吸工序采用了常规的一级干燥、二次吸收、循环酸泵后冷却工艺；转化工序采用"3+1"四段双接触"Ⅲ Ⅰ-Ⅳ Ⅱ"换热工艺。工艺流程如图 7-66 所示。

7.2.4.2　冷凝法回收液体二氧化硫技术

将二氧化硫转化为液体二氧化硫进行回收主要采用液化法，常规的液化方法有加压法和冷冻法两种。加压法是在常温下通过压缩机将二氧化硫液化，加压法的优点是生产工艺简单、电耗少、生产成本低，因此为大多数企业采用。冷冻法是在常压下用冷冻液将二氧化硫液化，一般采用氨作为冷冻剂。冷冻法的优点是操作条件好、不易发生泄漏，缺点是生产成本较高，附近需有液氨来源。奥托昆普公司在传统冷冻法的基础上，开发了部分冷凝法，该方法以浓度为 10%左右的

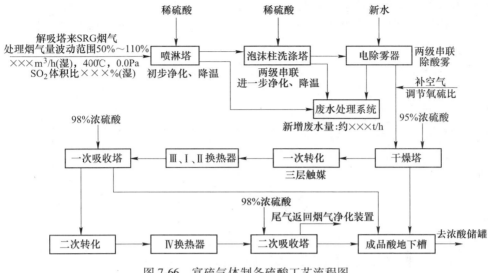

图 7-66 富硫气体制备硫酸工艺流程图

二氧化硫为处理对象,通过常压冷冻的方式将部分二氧化硫冷凝,冷凝率一般为 30%~60%,未冷凝的 SO_2 进入硫酸系统或其他装置处理。工艺流程图如图 7-67 所示。

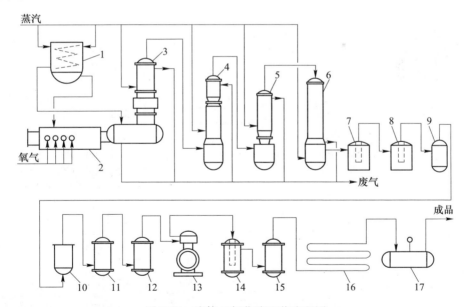

图 7-67 液体二氧化硫工艺流程图

1—熔硫罐;2—焚硫炉;3—冷却塔;4,5—滤气塔;6—气体冷却器;
7,8—焦炭过滤器;9,11—丝网过滤器;10—干燥器;12,15—毛毡过滤器;
13—压缩机;14—气油分离器;16—成品冷却器;17—成品贮槽

7.2.4.3 钠碱吸收法回收亚硫酸钠技术

高浓度二氧化硫与碳酸钠溶液反应生成亚硫酸氢钠溶液,再与氢氧化钠反应,得到高纯的亚硫酸钠溶液,浓缩得到高纯的亚硫酸钠产品。该工艺充分利用净化系统产生的二氧化硫废气,制备出高纯度的亚硫酸钠,将资源利用和环境保护一体化,产生了很大经济效益。该法工艺成熟、投资省、成本低、经济效益显著。

(1)高浓度 SO_2 烟气先后通过净化工序的喷淋塔、一级泡沫柱洗涤器、气体冷却塔、二级泡沫柱洗涤器、一级/二级电除雾器、SO_2 风机后,除去烟气中的杂质后进入吸收工序。

(2)SO_2 风机前补入适量空气,控制 SO_2 含量在 20.5%左右(体积),进入吸收塔。

(3)纯碱配成一定浓度的碱液,与二氧化硫气体反应得到亚硫酸氢钠溶液。

(4)亚硫酸氢钠溶液采用烧碱中和得到亚硫酸钠溶液。

(5)亚硫酸钠溶液进入浓缩器,采用双效连续浓缩工艺,蒸出水分,得到含亚硫酸钠结晶的悬浮液。

(6)将浓缩器合格物料放入离心机,固液分离,固体(湿品亚硫酸钠)进入气流干燥器,采用热风干燥得到成品亚硫酸钠,包装入库。

工艺流程如图 7-68 所示。

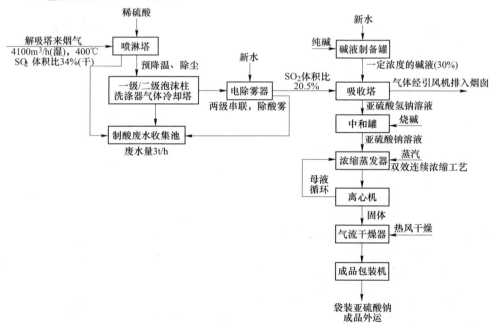

图 7-68 亚硫酸钠生产工艺流程图

涉及的反应方程式，主要有：

$$Na_2CO_3 + H_2O + 2SO_2 === 2NaHSO_3 + CO_2 \qquad (7-24)$$

$$NaHSO_3 + NaOH === Na_2SO_3 + H_2O \qquad (7-25)$$

7.2.4.4 催化还原法回收硫磺技术

目前将 SO_2 还原回收为硫磺的方法多停留在实验室研究阶段，工业化应用的仅有：俄罗斯 Gipronickel 研究院开发的甲烷催化还原二氧化硫技术[42]、中南大学开发的液相催化歧化制硫法[30]、青岛科技大学开发的硫化钙固体催化还原法[30]。

甲烷催化还原二氧化硫技术：在该工艺中，先将氧富集到指定浓度 $\varphi(O_2)$ 为 12% ~ 15%，在非催化还原反应器内于 1050 ~ 1150℃下用天然气还原 SO_2，然后在催化转化器内于 400 ~ 550℃下进行 SO_2 的最终还原，在克劳斯反应器内于 230 ~ 250℃下进行转化，在冷凝器和分离器内进行最终的硫磺回收，在尾气焚烧炉内烧掉尾气中的有毒组分。该技术的独特之处是在含硫气体一段催化转化之前不设置硫冷凝器，而这在传统克劳斯回收装置中却是必须配置的。该改良工艺的总硫回收率可达到 92% ~ 94%，总的天然气单位消耗量（包括尾气焚烧）将不会高于 560m³。工艺流程图如图 7-69 所示。

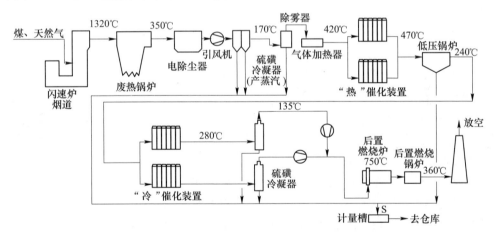

图 7-69 甲烷催化还原二氧化硫技术工艺流程图

液相催化歧化制硫法：该法首先利用碱液吸收二氧化硫生成亚硫酸氢盐溶液，然后利用硒催化亚硫酸氢盐溶液发生歧化的特性，在低温下将碱吸收液转化为硫胶体和硫酸氢盐。过滤分离催化剂硒后，再通过高温脱稳和浓缩结晶的方式分别得到硫磺和硫酸氢盐，实现二氧化硫资源的高值化回收。脱硫产物为硫磺和硫酸氢钠，两者均为重要的化工原料，国内需求量大，是许多化工领域的重要原料。工艺流程图如图 7-70 所示。

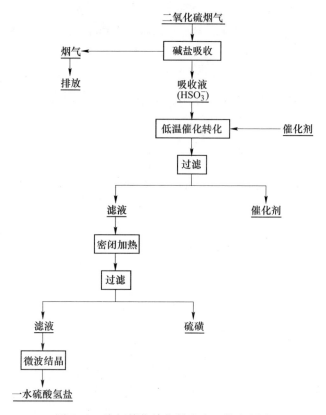

图 7-70   液相催化歧化制硫法工艺流程图

硫化钙固体催化还原法：含二氧化硫的气体通入硫化钙的流化床或填充床中，与之反应生成硫酸钙，释放出硫蒸气，硫蒸气冷凝形成元素硫。硫酸钙用焦炭重整后的天然气还原成硫化钙，硫化钙再循环反应。该法更适用于高浓度二氧化硫烟气的处理，可广泛用于有色冶炼厂、燃煤发电厂和集中气化联合循环脱硫装置的高二氧化硫浓度气体。由于该法反应温度较高，其最主要的问题在于生成的硫蒸气会黏附在反应器表面，造成设备堵塞。其工艺流程图如图 7-71 所示。

7.2.5   二次污染物综合治理技术

7.2.5.1   废弃炭粉资源化利用

活性炭烟气净化技术因具有联合脱除多种污染物、脱硫脱硝效率高、硫资源可回收等巨大优势，极大地促进了大气治理的发展。活性炭在吸附塔中吸附了污染物后，可通过在解吸塔的高温环境进行解吸再生，再生后的活性炭返回吸附塔循环使用。由于活性炭运行过程因为机械磨损和破损会产生小颗粒活性炭粉末，而这些细小炭粉不宜再进入吸附塔，可通过筛分从系统中排出并作进一步回收处理。

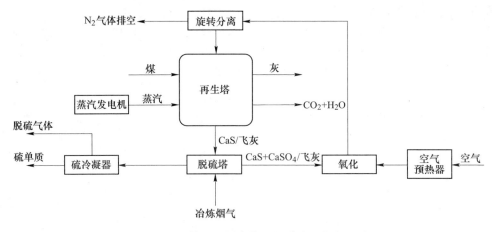

图 7-71 固体还原剂直接还原脱硫工艺流程图

A 炭粉物化性质分析

鉴于活性炭粉性质与普通煤炭类似，依据国标《煤的工业分析方法》（GB/T 212—2008）分别测试了活性炭粉中的水分、灰分和挥发分含量，结果如表 7-8 所示。

表 7-8 活性炭粉基本成分（质量分数） （%）

原　料	水分	灰分	挥发分
活性炭粉	10.61	19.50	6.81

为了解活性炭粉的基本元素组成，对比分析了活性炭粉、新鲜活性炭磨损碎料和烟气净化装置进口烟尘中 C、H、N、S 元素的组成，结果如表 7-9 所示。

表 7-9 C、H、N、S 元素比例（质量分数） （%）

项　目	C	H	N	S
活性炭粉	57.465	0.871	2.061	1.137
新鲜活性炭	78.757	0.631	1.04	0.575
进口烟尘	1.851	0.083	0.794	0.635

由上述结果可知，活性炭粉中 C 元素的含量较新鲜活性炭有所降低，原因可能是活性炭在解吸过程中化学消耗了部分 C 元素，同时可能由于新鲜活性炭吸附了含 C 量极低的进口烟尘，最后一起筛下混合成为活性炭粉；N、S 含量较新鲜活性炭略微增加，可能是吸附的 NO_x、SO_2 未完全脱附造成；以表中三种物料中 C 元素的含量折算，所测批次活性炭粉中约 70%为细颗粒活性炭，约 30%为除尘灰及其他杂质。

吸附性能是影响活性炭脱硫脱硝效率的重要因素之一，而比表面积和碘吸附值可以直观反映物料的吸附性能。为了解活性炭粉的吸附性能，使用 V-Sorb 2008P 比表面积及孔径分析仪和滴定法分别测试了活性炭粉的比表面积和碘吸附值，其中，比表面积由 BET 法计算，碘吸附值按照国标《碘吸附值的测定》（GB/T 7702.7—2008）测定，结果如表 7-10 所示。

表 7-10   活性炭粉比表面积和碘值

样 品	比表面积/m² · g⁻¹	碘吸附值/mg · g⁻¹
活性炭粉	88.10	151
活性炭指标要求	≥ 200	≥ 300

从表中数据可以看出，相对于颗粒活性炭的指标要求而言，活性炭粉的比表面积和碘吸附值均较低，可能是在反复吸脱附过程中，活性炭的孔结构受到了一定的破坏，从而也会导致吸附性能的劣化，因此，活性炭粉即使成型为颗粒炭后也难以直接使用，需要经过重新活化恢复其性能。

为进一步明确活性炭粉中除尘灰是否含有有害重金属，测量了炭粉中 Hg、As 和 Pb 的含量，结果如表 7-11 所示。

表 7-11   活性炭粉有害重金属元素含量   （mg/kg）

物 料	Hg	As	Pb
活性炭粉	33.7	2.89	305

从表中结果可以看出，炭粉中同时存在 Hg、As 和 Pb 三种重金属，因此不能随意排放，需要资源化处理。

B   炭粉资源化利用技术

对于炭粉的再利用，目前主要有两种途径：可将炭粉作为高炉燃料利用，也可将炭粉作为制备颗粒活性炭的原料使用。

a   活性炭粉末作为高炉燃料利用

高炉用燃料通常包括焦炭和喷吹燃料两大类，其中大部分钢铁企业喷吹燃料采用喷吹煤粉技术，喷吹煤种通常又包括无烟煤、烟煤或二者的混合煤。表 7-12 为常用喷吹无烟煤组分标准和某钢铁厂活性炭粉实测组分分析对比。

表 7-12   常用喷吹无烟煤组分标准和某钢铁厂活性炭粉实测组分分析对比   （%）

燃 料	挥发分	灰分	固定碳
喷吹无烟煤	<10	6~30	60~80
活性炭粉	6.81	19.50	63.08

从表 7-12 中可以看出，活性炭粉的关键指标都能达到喷吹无烟煤的要求，活性炭粉理论上能替代或部分替代喷吹无烟煤作为高炉喷吹燃料安全使用。

为进一步明确活性炭粉中影响高炉入炉燃料的有害杂质元素含量是否超标，对炭粉中相关主要元素的含量进行了测试，同时与高炉入炉燃料元素含量控制标准进行了对比，结果如表 7-13 所示，需要注意的是，表中实测值为经过与现场喷吹燃煤复配后炭粉中元素占比换算的结果。

表 7-13　活性炭粉与高炉入炉燃料有害杂质元素含量对比　（kg/t）

项　　目	P	K+Na	Zn	Pb	As
入炉燃料控制值	≤0.06	≤0.5	≤0.15	≤0.1	≤0.07
炭粉实测占比值	0.019	0.029	0.003	0.007	0.0006

从结果可以看出，通过与喷吹燃料复配，炭粉中影响高炉入炉燃料的有害杂质元素全部在控制值以内，因此可以作为高炉喷吹燃料安全使用。

b　活性炭粉末制备颗粒活性炭的研究

活性炭粉作高炉燃料的利用率虽高，但仅仅是热值利用，并没有发挥其更大的作用。对于活性炭使用用户来说，如能将活性炭粉重塑成合格颗粒脱硫脱硝活性炭，并将活性炭粉再造粒循环利用技术进行产业化，那必将大大提高活性炭粉的利用价值，同时降低活性炭法净化烧结烟气的运行成本。

传统的脱硫脱硝活性炭生产所用原材料主要以原煤、煤焦油、沥青和水为主，主要生产工艺一般都包括原料筛选、备煤（破碎、磨粉）、捏合、成型、干燥、炭化、活化、成品处理（筛分、包装）几个工序。其中原料筛选、备煤工序为预处理工艺单元；捏合、成型、炭化和活化工序为最核心的工艺单元；成品处理工序为后处理工艺单元；其具体生产工艺流程图见图 7-72。

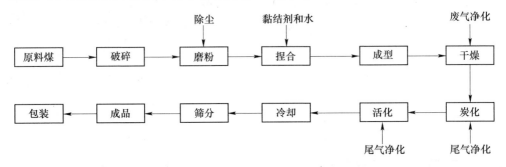

图 7-72　柱状脱硫脱硝活性炭生产工艺流程图

根据上述脱硫脱硝活性炭的生产制备流程，用活性炭粉添加煤粉制备的活性炭成型料和活化料的实物如图 7-73 所示。

为验证活性炭粉作为活性炭制备原料的可行性，实验过程中，在同一制备工艺条件下制备了不添加炭粉和添加一定比例炭粉样品，并对比了其综合性能，如表 7-14 所示。

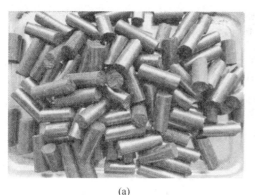

(a)   (b)

图 7-73   炭粉添加煤粉制备的活性炭成型料（a）和活化料（b）的实物图

表 7-14   活性炭粉再造活性炭性能

| 试 样 | 成分/% | | | 耐磨强度 /% | 耐压强度 /daN | 着火点 /℃ | 碘吸附值 /mg·g^{-1} | 比表面积 /m^2·g^{-1} |
	水分	灰分	挥发分					
不含炭粉样	2.56	11.90	3.16	97.86	65.26	485	294	243.81
添加炭粉样	2.73	12.91	3.14	97.40	66.57	464	408	255.24
指标要求	≤3	≤20	≤5	≥97	≥40	≥430	≥300	≥200

从表 7-14 可以看出，添加炭粉样品的水分、灰分、耐压强度、碘吸附值和比表面积较不含炭粉样品偏大；而挥发分、耐磨强度和着火点较不含炭粉样品偏小；总体而言，添加炭粉样品的关键性能指标都能达标。同时，重点对比了炭粉的添加对活性炭脱硫性能的影响，其中脱硫性能由 Gasmet DX4000 红外多组分气体分析仪测定，结果如图 7-74 所示。

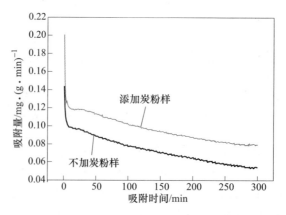

图 7-74   不同炭粉含量配比活化料脱硫性能曲线对比图

经计算，不加炭粉样的脱硫值为 21.88mg/g，添加一定炭粉样品的脱硫值为 28.92mg/g，较不加炭粉样增加了 32.18%，可见活性炭粉再造活性炭的脱硫性能较不含炭粉活性炭有较大提高，这是因为活性炭粉本是活性炭磨损后的粉状体，本身已具备活性和较大的比表面积，与原煤一起再造活性炭后，经过炭化和活化，比表面积增大，吸附 SO_2 的能力增强。

综上可知，脱硫脱硝活性炭粉作为脱硫脱硝活性炭制备原料在技术上可行，通过调整活性炭粉/煤粉/煤焦油/沥青的配比，结合脱硫脱硝活性炭制备工艺可成功制备满足工艺需要的合格的烟气净化脱硫脱硝活性炭，最终实现副产物活性炭粉的高价值资源再利用。

7.2.5.2　酸性洗涤废水深度净化技术

工业上常用的洗涤方式一般包括泡沫柱洗涤和动力波洗涤工艺等，酸性洗涤废水呈强酸性（pH<1），溶液呈无色，含有大量的黑色悬浮物，具有刺激性的 SO_2 气味。酸性洗涤废水水质受烧结配料、烧结矿品位、活性炭烟气净化工艺的影响较大。以某钢厂两套 $550m^2$ 烧结机配套单级活性炭烟气净化工程产生的制酸洗涤废水为例，其主要成分如表 7-15 所示。

表 7-15　酸性洗涤废水成分分析（单级活性炭）

成　分	氨氮	总磷	挥发酚	氟化物	（亚）硫酸根	氯化物	总铁	总汞
含量/mg·L^{-1}	15196	1	1	1077	14993	50000	139	0.05
成　分	总锌	总铜	总镉	六价铬	总铬	总铅	总镍	总砷
含量/mg·L^{-1}	1.3	0.5	0.1	0.3	0.4	6.9	0.2	0.2

以某钢厂两套 $600m^2$ 烧结机配套两级活性炭烟气净化工程产生的制酸洗涤废水为例，其主要成分如表 7-16 所示。

表 7-16　酸性洗涤废水成分分析（两级活性炭）

成　分	氨氮	总磷	挥发酚	氟化物	（亚）硫酸根	氯化物	总铁	总汞
含量/mg·L^{-1}	1140	0.5	1	580	2010	50000	31.7	1.2
成　分	总锌	总铜	总镉	六价铬	总铬	总铅	总镍	总砷
含量/mg·L^{-1}	0.2	0.1	0.003	0.2	0.3	0.2	0.3	0.02

由上述表可知，酸性废水主要为高悬浮物、高氨氮、高氟、高氯、高盐的复杂废水。对比上述两表可知，两级活性炭产生的制酸洗涤废水水质较单级活性炭产生的较好，其中氨氮浓度及（亚）硫酸根浓度发生了大幅降低，这主要与单级活性炭烟气净化工序脱硝过程引入了较多的氨气有关。而其他水质特征无较大差别。因此，酸性洗涤废水的处理技术主要参考单级活性炭制酸洗涤废水处理工艺。

根据《钢铁工业水污染物排放标准》（GB 13456—2012），废水排放应满足新建企业钢铁联合企业排放标准。因此，要使酸性洗涤废水能达标排放，需对废水中的悬浮物、氨氮、金属阳离子等进行有效处理。然而，目前国内外尚无可借鉴的工艺技术，亟须完全自主创新。

A　单质硫胶体高效去除技术

a　废水中硫来源及物化特征

在高温解吸过程中，在活性炭表面发生了催化氨气或炭粉还原二氧化硫的反应，生成的硫随着解吸烟气进入到洗涤塔中，遇水冷凝为胶体硫。涉及的反应过程如下：

$$4NH_3 + 3SO_2 \Longrightarrow 3S + 6H_2O + 2N_2 \tag{7-26}$$

$$C + SO_2 \Longrightarrow S + CO_2 \tag{7-27}$$

胶体硫为白色絮状沉淀，该沉淀过滤分离后，不溶于硫酸但微溶于强碱溶液。结合实际情况，推测其主要为单质硫胶体，由于颗粒尺寸较小，总体呈现出白色。对白色沉淀进行表征分析，采用 Raman 和 EDS 图谱分别表征了沉淀的分子结构和组成，结果如图 7-75 所示。

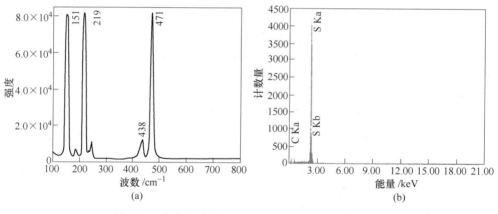

图 7-75　白色沉淀的 Raman（a）和 EDS（b）图谱

由图 7-75（a）可知，该物质在 151cm^{-1}，219cm^{-1}，438cm^{-1} 和 471cm^{-1} 出现了明显的特征峰。对比文献可知，其中 151cm^{-1} 处的峰为硫的反对称弯曲振动峰，218cm^{-1} 处的峰为硫的弯曲振动峰，471cm^{-1} 处的峰为硫的特征伸缩振动峰，438cm^{-1} 处的峰为硫的其他振动峰。另外，由图 7-75（b）可知，经 EDS 表征回收的白色沉淀中元素比结果可得主要元素为 S，其含量高达 99.63%。综上，可确定该白色絮状沉淀主要为硫磺。

b　废水中单质硫变化特征

SRG 气体洗涤除杂一般通过三段式逆流洗涤，即气体流动方向与洗涤液流动方向相反，SRG 气体首先与第一段洗涤液接触，再依次与二段、三段洗涤液接触以实现除杂，而补充水则是依次通过三段、二段向一段洗涤液进行串水，实现液位的平衡。第一段洗涤液污染物浓度较高，从系统中排出，即形成酸性洗涤废水。

某钢厂两套 $550m^2$ 烧结机配套单级活性炭烟气净化工程，SRG 气体洗涤过程中第一段洗涤液单质硫浓度及溶液 pH 值变化情况，如图 7-76 所示。

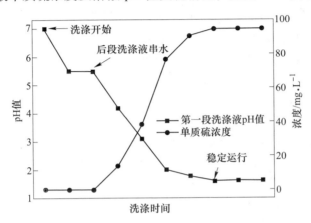

图 7-76　第一段洗涤液单质硫浓度及溶液 pH 值随洗涤时间变化关系

由图 7-76 可看出，随着洗涤时间的延长，第一段洗涤液中单质硫浓度呈 S 形增加，在洗涤初期，溶液中无单质硫，单质硫浓度接近于零，而在洗涤系统达到稳定时，单质硫浓度达到最大（单质硫最大浓度为波动值，与喷氨量、活性炭性质、烧结工序等均有关系）。而与之相反的，第一段洗涤液 pH 值呈倒 S 形变化，在洗涤刚开始时，因为补充水为工业水，pH 值接近中性。洗涤初期，SRG 气体中的酸性气体（SO_2、SO_3、CO_2、HCl 等）及碱性气体（NH_3）溶解进入水中，由于 SRG 气体中酸性气体含量大于碱性气体，因此，此时第一段洗涤液主要以 NH_4HSO_3 为主，并表现为弱酸性。随着洗涤进行，第一段洗涤液未洗涤的酸性气体进入后段，使后段洗涤液呈酸性。当后段洗涤液开始向第一段洗涤液串水时，会将第一段洗涤液酸化，并逐步稳定至 pH 值为 1.5 左右。

对比第一段洗涤液中的单质硫浓度与溶液 pH 值变化关系可知，单质硫浓度与溶液 pH 值具有较强关系，即溶液 pH 值高时，单质硫浓度小，而溶液 pH 值低时，单质硫浓度高。结合水质分析结果，推导洗涤过程中单质硫主要发生了如下反应过程：（1）在洗涤初期及刚开始时，第一段洗涤液呈中性，SRG 烟气中的单质硫被洗涤进入溶液后，会快速与溶液中溶解的 SO_3^{2-} 发生反应（式（7-28）），形成 $S_2O_3^{2-}$，因此，此时，水中单质硫浓度几乎为 0。（2）随着后段洗涤液串水，第一段洗涤液逐步变为酸性，一方面，溶液中形成的 $S_2O_3^{2-}$ 会发生酸解反应，释放出单质硫（式（7-29）），另一方面，SRG 烟气中的单质硫被洗涤进入溶液，从而导致洗涤液中单质硫浓度会迅速增加。

$$S + SO_3^{2-} \longrightarrow S_2O_3^{2-} \tag{7-28}$$

$$S_2O_3^{2-} + H^+ \longrightarrow S + SO_3^{2-} + H_2O \tag{7-29}$$

c 废弃活性炭粉对硫胶体吸附性能研究

对含硫溶液进行 Zeta 分析，确定单质硫主要带负电，电位为 -14 ~ -18mV，属于胶体的稳定区。这说明废水中的硫主要以胶体存在，且存在状态较为稳定，硫胶体难以通过重力实现自然沉降。若不进行有效处理，则会随着废水进入到后序工段，黏附于设备上，极易造成设备堵塞。

一般的，胶体破坏可通过升温、加入絮凝剂或其他电荷物质，目的在于破坏胶体的稳定性，从而实现胶体的沉淀。考虑到活性炭带正电（+5mV），可以有效中和硫胶体的负电，从而有利于硫胶体脱稳，同时活性炭粉来源广泛，在活性炭净化系统中会产生大量磨损后的活性炭。因此，我们向含硫胶体废水中添加了废弃的活性炭粉，并考察了硫胶体的去除效率。含硫胶体废水添加活性炭粉后的溶液浊度对比图如图 7-77 所示。

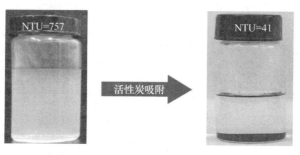

图 7-77　硫胶体添加活性炭粉前后溶液浊度对比图

如图 7-77 所示，向废水中加入炭粉是有利于硫胶体的沉降。未加入活性炭前，硫胶体溶液的浊度（NTU）值为 757，加入活性炭吸附 4h 后，溶液浊度降低到 41（接近于水溶液）。这表明溶液中的硫胶体几乎全部发生了沉降。活性炭粉有利于硫胶体的沉降主要是由于活性炭粉带正电，而硫胶体带负电，两者发生了电荷吸引，破坏了硫胶体的稳定性，从而是硫胶体与炭粉一起沉降。

为确定硫胶体被吸附于活性炭粉上，采用 EDS 和 XRD 对沉降后的炭粉进行分析，表征结果如图 7-78 所示。

由 EDS 结果表明，加入到硫胶体溶液中沉降的炭粉，主要由 C 和 S 组成，其中 C 元素占比为 86%，S 元素占比为 10%。进一步的，由图 7-78（b）所得沉降后炭粉的衍射峰可知，沉降后的炭粉主要由斜方硫和活性炭组成，例如在 $2\theta =$ 23.005°、25.752°、27.637°、31.267° 和 42.591° 较为强烈的峰与斜方硫的

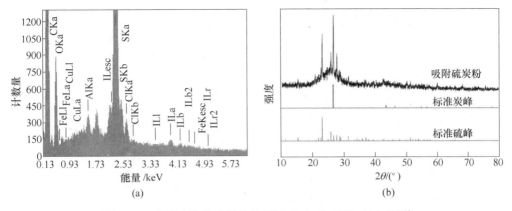

图 7-78 吸附硫胶体后炭粉的 EDS (a) 和 XRD (b) 图谱

(222)、(026)、(206)、(044) 和 (062) 特征峰吻合，在 $2\theta = 26.611°$ 较为强烈的峰与活性炭的 (111) 特征峰吻合。根据 Rietveld 精修法，确定炭和硫的量分别为 78% 和 14%。由此说明，炭粉加入到硫胶体溶液中后，会将硫胶体吸附，形成炭硫复合的物质。

　　d　含硫炭粉去除及絮凝研究

　　在废水处理过程中，由于需要将金属离子沉淀去除，需要调节废水至碱性。在调节溶液 pH 值之前，若不预先将含硫炭粉去除，单质硫则会在碱性条件下与溶液中的亚硫酸根形成 $S_2O_3^{2-}$。从而造成废水 COD 增加，同时当废水进行加酸回调时，存在酸解出胶体硫的风险。

　　因此，应避免含硫炭粉与碱接触，需在酸性条件将含硫炭粉去除。为针对性的过滤炭粉，对炭粉进行粒径分析，其结果如图 7-79 所示。

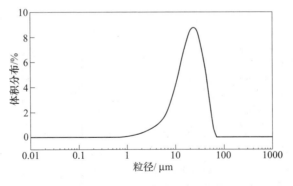

图 7-79 含硫炭粉粒径分析

　　由图 7-79 可知，含硫炭粉粒径主要集中在 $20 \sim 30\mu m$，平均粒径为 $23.5\mu m$，如此大的颗粒容易通过自然沉降去除。图 7-80 为不同初始悬浮物（含硫炭粉）浓度的上清液悬浮物浓度随时间变化。

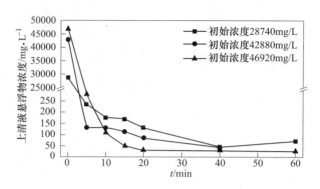

图 7-80   不同初始溶液悬浮物浓度随时间的沉降速度图

由图 7-80 可看出，含硫炭粉能快速沉降，均能在 40min 左右降低至 50mg/L 以下。特别的，在一定范围内，初始溶液悬浮物浓度越高，悬浮物沉降的速度相比较快，如当悬浮物初始浓度为 46920mg/L 时，在 20min 左右，上清液悬浮物浓度即可低于 30mg/L，而当悬浮物初始浓度为 28740mg/L 时，在 20min 左右，上清液悬浮物浓度仍有 150mg/L。这是主要是由于悬浮物中存在较大的颗粒物，自然沉降时具有携带作用。

B   含氨废水金属深度去除技术

如水质分析所述，由于废水中除含有金属阳离子外，还含有大量氨氮，若调节溶液至高碱性，则会导致大量氨气逃逸，而调节溶液至较低碱性，则不利于金属阳离子的全部沉淀。

a   金属沉淀过程配碱方案优化研究

要实现废水的深度去除，其首要为理清废水的组成，对废水进行全元素分析，结果如表 7-17 所示。

表 7-17   废水全元素分析   （mg/L）

元素	含量	元素	含量	元素	含量	元素	含量
Ag	—	Co	0.04	Mo	—	Si	252.7
Al	109.2	Cr	0.8	Na	5440	Sn	0.01
As	0.7	Cu	0.002	Nb	—	Sr	1.1
Au	—	Fe	139.4	Nd	—	Ti	2.6
B	2.9	Ga	—	Ni	0.3	V	0.06
Ba	1.6	Hg	0.3	P	1.5	W	—
Be	0.01	In	—	Pb	2.1	Y	0.05
Bi	0.01	K	25	S	1323	Zn	1.6
Ca	155.1	Li	0.3	Sb	0.001	Zr	0.3
Cd	0.01	Mg	25.6	Sc	0.02	Mn	1.9

注："—"表示未检出。

由表 7-17 可以看出，废水中除含有排放标准限定的金属阳离子外，还含有大量 Al、Ca、Mg 及多种类的金属阳离子，如 Pb、Li 等，但其他金属阳离子浓度较低，接近于排放标准，在处理过程中可忽略不计。高浓度的金属离子（Al、Ca、Mg）不仅会影响水质条件，还会对沉淀过程碱的消耗产生影响。

为实现金属阳离子的全部去除，计算了采用氢氧化钠作为碱源，沉淀主要金属阳离子的最优 pH 值，其计算过程如表 7-18 所示。

表 7-18　采用氢氧化钠沉淀废水主要金属阳离子最优 pH 值分析

阳离子类型	Fe^{2+}	Fe^{3+}	Al^{3+}	Ca^{2+}	Mg^{2+}
摩尔质量/kg·mol^{-1}	56	56	27	40	24
浓度/mg·L^{-1}	139	139	109	155	26
摩尔浓度/mol·L^{-1}	2.48×10^{-3}	2.48×10^{-3}	4.04×10^{-3}	3.88×10^{-3}	1.08×10^{-3}
K_{sp}	1.00×10^{-15}	3.20×10^{-38}	1.30×10^{-33}	5.50×10^{-6}	1.80×10^{-11}
沉淀 OH^- 浓度	6.35×10^{-7}	2.34×10^{-12}	6.85×10^{-11}	3.77×10^{-2}	1.29×10^{-4}
pH 值	7.80	2.37	3.84	12.58	10.11

由表 7-18 可以看出，由于 Fe、Al 离子的溶度积较小，当采用氢氧化钠调碱至 8 左右，即可实现 Fe、Al 离子的完全去除。但要实现 Ca、Mg 离子的去除，则需调节溶液 pH 值至 12 以上。因此，按理论计算值，采用氢氧化钠沉淀金属阳离子，应尽可能地调节溶液至高碱性。但由表 7-18 可以看出，在实际废水中，含有大量的氨氮，根据氨氮的性质可知，当溶液调节至碱性后，氨氮会转化为游离的氨分子，最终变为氨气从液相中析出，且碱性越强，氨气越容易逃逸。因此，在实际废水处理过程中，为防止大量氨气逃逸导致的车间条件恶化和氨氮资源浪费，应控制金属阳离子在弱碱性就完全沉淀。

考虑到 Ca、Mg 离子与碳酸根在中性条件及碱性条件结合后会形成难溶的碳酸盐。因此，拟采用同时添加氢氧化钠和碳酸钠组成的混合碱，实现在低碱条件下金属阳离子的全部去除。

b　NaOH 溶液和 NaOH 与 Na_2CO_3 混合溶液对金属离子去除效果的研究

分别用 NaOH 碱液和 NaOH 与 Na_2CO_3 混合碱调节溶液 pH 值后，主要金属离子去除率如表 7-19 所示。

由表 7-19 可知，不论是纯 NaOH 碱液还是 NaOH 与 Na_2CO_3 混合碱，随着溶液 pH 值的增加，金属离子去除率会逐步增大。在 pH<6 时，去除率随溶液碱性的增强的增加幅度不大，均较小；当 6<pH<8 时，去除率快速上升；而在 pH>8 时，去除率增加幅度变小，逐步趋于稳定。同时，对比可以发现，在溶液 pH<8 时，采用 NaOH 与 Na_2CO_3 混合碱时的金属离子去除率普遍较高。如当调节溶液 pH 值至 8 时，采用纯 NaOH 碱液的 Fe、Al、Ca、Mg、Pb 的去除率分别为

表 7-19   不同碱调节 pH 值后金属离子去除率   （%）

碱液类型	pH 值	Fe	Al	Ca	Mg	Pb
NaOH	4	1.89	18.74	14.66	2.27	0.00
	5	3.67	1.11	10.16	2.27	4.55
	6	6.60	35.58	26.44	5.68	13.64
	7	25.05	41.58	37.14	25.01	27.27
	8	74.74	72.45	71.76	52.84	81.82
	9	85.2	80.82	76.8	64.2	86.36
NaOH + Na$_2$CO$_3$	4	2.41	12.39	17.37	3.41	0.00
	5	9.64	26.87	20.01	10.23	4.55
	6	40.15	32.06	36.96	39.20	40.91
	7	40.78	63.02	60.67	45.91	67.82
	8	76.10	75.55	74.01	63.07	87.82
	9	85.95	75.84	75.01	65.91	87.82

74.74%、72.45%、71.76%、52.84%、81.82%，而采用 NaOH 与 Na$_2$CO$_3$ 混合碱的 Fe、Al、Ca、Mg、Pb 的去除率分别为 76.10%、75.55%、74.01%、63.07%、87.82%。

但是需注意的是，两种调碱方式均不能实现金属离子的全部去除，在 pH 值为 9 时，最高的金属离子去除率也仅能达到 87.82%。

C   金属离子弱碱高效去除研究

根据上述研究结果表明，若要提高金属离子的去除率，还需进一步提高 pH 值。但是由于废水中还含有大量氨氮，若调节溶液至高 pH 值，则会导致大量氨气逃逸，同时氨氮会在高 pH 值下与金属离子发生络合反应，反而不利于金属离子的完全去除。因此，拟通过向低 pH 值溶液中加入金属离子吸附剂，实现在较低 pH 值条件下去除金属离子。

实验研究了采用二硫代羧基改性 SiO$_2$ 作为吸附剂对低 pH 值溶液下主要金属离子（Fe、Al、Ca、Mg、Pb）的去除性能，结果如下。

a   不同去除方法对 Fe^{3+} 去除率的研究

由图 7-81 可以看出，当溶液调节至中性条件及以上后，添加吸附剂明显促进了 Fe^{3+} 的去除，如仅采用 NaOH 调节溶液 pH 值为 7 时，Fe^{3+} 去除率为 25.05%，而在同等溶液 pH 值下，额外添加吸附剂后，Fe^{3+} 去除率可提高至 63.10%；采用 NaOH/Na$_2$CO$_3$ 调节溶液 pH 值为 7 时，Fe^{3+} 去除率为 40.78%，而在同等溶液 pH 值下，额外添加吸附剂后，Fe^{3+} 去除率可提高至 88.89%；当溶液 pH 值为 8 及 9 时，采用碱液（纯 NaOH 或 NaOH/Na$_2$CO$_3$ 混合溶液）均无法实现 Fe^{3+} 的完全去除，而向溶液中加入吸附剂后，Fe^{3+} 去除率可达 99.97% 以上。这表明经二硫代羧基改性后的吸附剂能在碱性条件下通过螯合作用有效吸附 Fe^{3+}，实现 Fe^{3+} 的高效去除。然而，在溶液 pH<6 之前，Fe^{3+} 去除率均较低，且通过对比可以发现添加吸附剂对 Fe^{3+} 去除无明显影响。这可能与二硫代羧基-Fe 的螯合物在酸性不稳定，发生了酸解有关。

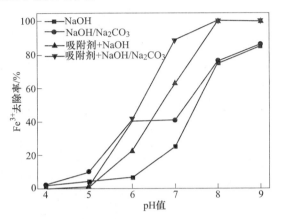

图 7-81　不同去除方法对 Fe^{3+} 去除率的影响

b　不同去除方法对 Al^{3+} 去除率的研究

由图 7-82 可知，不加入吸附剂时，Al^{3+} 去除率与溶液 pH 值正相关，即提高溶液 pH 值，有利于提高的 Al^{3+} 去除，但在考察溶液 pH 值变化范围之内，最高也仅能达到 80.82%。而加入吸附剂后，不论是采用 NaOH 或 $NaOH/Na_2CO_3$ 混合溶液为碱液，当溶液 pH>5 时，Al^{3+} 的去除率均能接近 100% 以上。这说明二硫代羧基对 Al^{3+} 的吸附能力更强，这可能与 Al 为双性金属有关。与 Fe^{3+} 去除过程类似，在酸性条件下，二硫代羧基-Al 也会发生酸解，降低 Al^{3+} 的去除率。

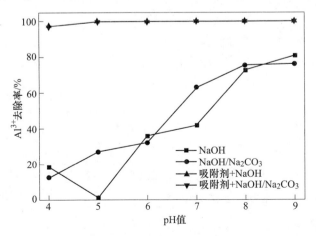

图 7-82　不同去除方法对 Al^{3+} 去除率的影响

c 不同去除方法对 Ca^{2+} 去除率的研究

由图 7-83 可知，与 Fe、Al 去除变化规律类似，在不加入吸附剂时，Ca^{2+} 去除率随溶液 pH 值的增加而升高，且采用 NaOH/Na$_2$CO$_3$ 混合溶液为碱液时的去除率要高于仅采用 NaOH 为碱液时的去除率，主要与混合碱液中的碳酸钠会与 Ca^{2+} 形成难溶沉淀，提高 Ca^{2+} 去除率。但在考察溶液 pH 值变化范围之内，Ca^{2+} 的去除率最高为 76.8%。加入吸附剂后，可以看出，Ca^{2+} 去除率明显提高，尤其是在溶液为中性以后，Ca^{2+} 去除率可达到 98% 以上。同样的，在酸性条件下，虽然加入吸附剂有利于提高 Ca^{2+} 的去除率，但由于存在螯合物酸解的情况，Ca^{2+} 的去除率在溶液 pH 值为 6 时仅能达到 94.24%，在溶液 pH 值为 4 时，为 66.19%。

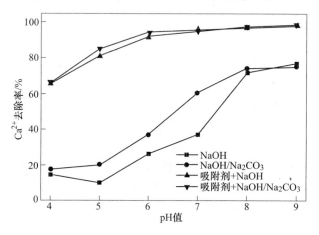

图 7-83 不同去除方法对 Ca^{2+} 去除率的影响

d 不同去除方法对 Mg^{2+} 去除率的研究

由图 7-84 可知，Mg^{2+} 的去除规律与前述一致，即提高溶液 pH 值、加入碳酸

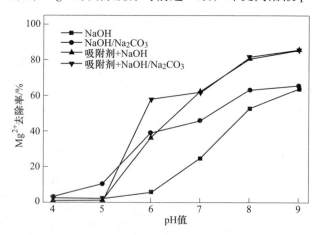

图 7-84 不同去除方法对 Mg^{2+} 去除率的影响

钠及加入吸附剂，均有利于提高的 Mg^{2+} 去除率。但于其他几类金属不一样的是，在考察溶液 pH 值变化范围之内，Mg^{2+} 的去除率最高仅能达到 85.66%（加入吸附剂，采用 $NaOH/Na_2CO_3$ 混合溶液调节溶液 pH 值至 9），与仅采用 $NaOH/Na_2CO_3$ 混合溶液调节溶液 pH 值至 9 时的去除率相比，仅增加了 19.75%。代羧基与 Mg 形成的螯合物结合力不强所导致。

e　不同去除方法对 Pb^{2+} 去除率的研究

由图 7-85 可知，吸附剂对于 Pb^{2+} 去除效果明显，加入吸附剂后，在同等溶液 pH 值下 Pb^{2+} 的去除率发生了明显增加。与其他金属去除率变化类似，即在碱性条件下有利于 Pb^{2+} 的去除，而酸性条件下去除率较低。但是需要注意的是，Pb^{2+} 的去除率会随着溶液碱性的增大而出现下降的趋势。如采用 $NaOH/Na_2CO_3$ 混合溶液调节溶液 pH 值至 8，同时加入吸附剂时，其 Pb^{2+} 的去除率为 99.09%，但是继续提高溶液 pH 值至 9 后，Pb^{2+} 的去除率会降低至 99.73%。这主要由于高碱性条件，发生了 Pb^{2+} 的浸出，从而破坏了二硫代羧基-Pb 螯合物的稳定性。

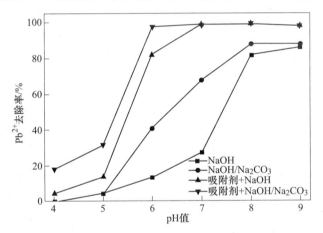

图 7-85　不同去除方法对 Pb^{2+} 去除率的影响

f　小结

综上可知，吸附剂的添加对废水中金属离子的去除具有促进作用，可以使金属离子在较低 pH 值时达到较好的去除效果。其中对 Fe^{3+}、Al^{3+}、Ca^{2+}、Pb^{2+} 的去除较为明显，在考察溶液 pH 值变化范围之内，去除率最高能达到 99% 左右。虽然加入吸附剂能提高 Mg^{2+} 的去除率，但最高仅能达到 85.66%。但是根据《钢铁工业水污染物排放标准》（GB 13456—2012）可知，Mg^{2+} 不影响出水水质，仅需在处理过程中考虑结垢问题。

基于上述研究，拟通过采用混合碱液调节溶液 pH 值至 8~9 后，添加一定吸附剂，即可实现金属阳离子的全部沉淀。当将沉淀及吸附剂过滤后，再调节溶液 pH 值至大于 11，不会再生成沉淀。所以，可在密闭空间里进行高碱析氨的过程，溶液调节至高碱后直接进入氨气析出工艺。可极大的抑制氨气的无组织排放，防止设备腐蚀及改善车间操作环境。拟采用的设备为管式混合器，即在管道内实现溶液的高碱调节，其工作原理如图 7-86 所示。

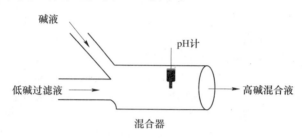

图 7-86 管式混合工作原理示意图

g 含金属沉淀处理处置建议

根据水质及去除过程，可确定通过上述过程产生的含金属沉淀主要物质为 SiO_2、$Fe(OH)_3$、$Al_2(OH)_3$、$CaCO_3$、$MgCO_3$ 及少量重金属氢氧化物，该混合沉淀物不能直接外排，需通过稳定化、固定化进行处理处置。

D 超高浓度氨氮废水处置及资源化控制技术

a 超高浓度氨氮废水预处理技术

如表 7-15 和表 7-16 所示，废水中含有大量氨氮，特别是采用单级活性炭时，氨氮浓度更是达到 15000mg/L 以上。如此高的氨氮废水，处理难度大，目前国内外无研究报道及应用案例。由于氨氮转化为氨气时，1 摩尔浓度氨氮需要消耗 1 摩尔浓度的氢氧根，因此，若直接将高浓度氨氮转化为氨气，存在碱液耗碱量大、成本高、额外增加水量等不足。一般的，对于高浓度氨氮的废水，常通过结晶沉淀法进行预处理，使部分氨氮转化为稳定结晶，并从溶液中去除，实现氨氮浓度降低。如鸟粪石结晶沉淀法。但由于鸟粪石结晶沉淀法需加入一定镁离子及磷酸根，当沉淀不完全时，会造成废水硬度增加及磷酸根含量超标。此外，在镁源不足的地方，该方法的应用也较为有限。

考虑到制酸废水中本身就含有大量亚硫酸根，以及钢铁厂中铁源充足，本单位通过自主创新，提出了将高浓度氨氮废水转化为亚硫酸亚铁铵或亚硫酸铁铵沉淀的高氨氮废水预处理方法。其工艺过程如图 7-87 所示。

该工艺过程包括以下步骤：（1）向超高浓度的氨氮废水中加入含亚硫酸根离子的溶液，混合均匀，得到混合溶液；（2）调节混合溶液至酸性（3.5~6.5）；（3）向步骤（2）中调节至酸性的混合溶液中加入含亚铁离子或者三价铁离子的溶液，搅拌反应，分离，去除沉淀后得到低浓度氨氮废水。

通过该方法不仅可以降低废水中氨氮浓度，还可以回收高纯亚硫酸亚铁铵 $(NH_4)_2Fe(SO_3)_2$ 或亚硫酸铁铵 $NH_4Fe(SO_3)_2$，图 7-88 为向超高浓度氨氮废水中加入亚硫酸亚铁后沉淀的 XRD 图谱。

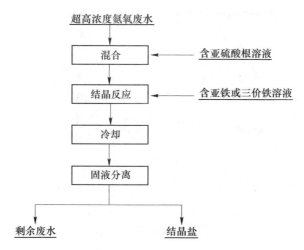

图 7-87 超高浓度氨氮废水预处理过程示意图

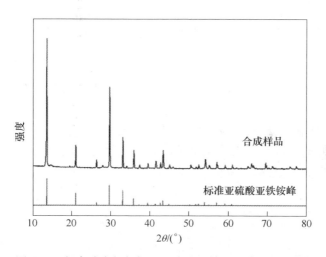

图 7-88 超高浓度氨氮加入亚硫酸亚铁后沉淀 XRD 图谱

由图 7-88 可知，向高浓度氨氮中加入亚硫酸亚铁后析出的沉淀的衍射峰峰形较尖锐，强度较高，说明沉淀具有较高结晶度。且所有衍射峰均与亚硫酸亚铁铵相符，在 $2\theta = 13.549°$、$21.034°$、$29.685°$、$33.089°$ 和 $35.891°$ 较为强烈的峰与（003）、（012）、（015）、（110）和（113）特征峰吻合。根据 Rietveld 精修法，确定亚硫酸亚铁铵含量高达 99%。由此说明，回收的亚硫酸亚铁铵沉淀纯度较高。沉淀析出的反应方程如下：

$$SO_3^{2-} + NH_4^+ + Fe^{2+} \longrightarrow (NH_4)_2Fe(SO_3)_2 \qquad (7-30)$$

由于亚硫酸亚铁铵的溶解度低于铁盐、铵盐，因此，一旦形成即会从溶液中析出，进而形成沉淀。同理也适用于亚硫酸铁铵沉淀的析出。考虑到亚硫酸亚铁铵的进一步应用，采用 SEM 对该过程回收的亚硫酸亚铁铵形貌进行分析，结果如图 7-89 所示。

图 7-89   产物亚硫酸亚铁后沉淀 SEM 图谱

回收的亚硫酸亚铁铵形貌图，如图 7-89 所示，所得亚硫酸亚铁铵以均匀圆片状分布，颗粒截面尺寸在 $5 \sim 10 \mu m$ 之间，厚度约为 $0.3 \mu m$。另外，可见颗粒的分散性较好，这表明亚硫酸亚铁铵成核过程为快速一次爆发成核。若想进一步获得形貌特殊、分散均匀的亚硫酸亚铁铵产品，需在酸沉淀阶段加入相应的表面活性剂。

b   余氨循环利用-废水蒸发补偿烟温控制技术

为了能更好地回收氨气，特别是了解氨氮转化为氨气的特性，以便进行合适的调控，计算得到氨氮挥发率随 pH 值变化关系，如图 7-90 所示。

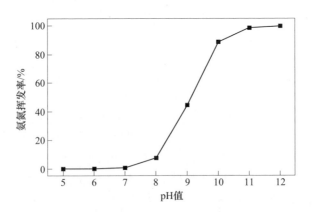

图 7-90   氨氮挥发率随 pH 值变化关系

如图 7-90 可知，在 pH<7 以上，溶液中的氨氮难以挥发，主要以氨氮的形式存在。当溶液呈碱性后，氨氮迅速转化为氨气，并从溶液中挥发。在 pH 值为 8~

10 阶段，为氨氮转化为氨气的快速转化期，氨氮挥发率随着 pH 值的增加而快速增加。当 pH>10 以后，氨氮挥发率随着 pH 值的增加变化较小，进入平台期。当 pH=11 时，氨氮挥发率几乎达到 100%，表明在溶液 pH 值为 11 时，氨氮几乎可完全转化为氨气，继续增加 pH 值对氨氮挥发率影响较小，这为氨氮的资源化提供了必要的保证。

考虑到活性炭法处理烧结烟气时，烧结烟气应降温的需求，若能利用烟气余热干燥废水，将废水转化为结晶盐，并通过除尘回收，既能实现烟气控温，又能实现废水零排放处理。

废水经烟气干燥后会形成结晶盐，其外观呈白色微黄粉末状，如图 7-91 所示。

图 7-91　废水干燥后结晶盐

结晶盐采用 MS100 自动水分测量仪测得含水率为 3.64%。同时，参考《3A 分子筛》（GB 10504—1989）上静态水吸附测定方法，测定了该结晶盐的吸水性能，取部分干燥样品与饱和氯化钠溶液置于（35±1）℃的干燥箱中，通风 24h，记录其吸水前后质量，测得样品吸水率为 47.47%。鉴于空气湿度较大，因此，在实际工程中需对干燥后的结晶盐进行保温或持续通氮气，以防止结晶盐吸水黏结。

吸水率计算公式为：

$$w = \frac{m_3 - m_2}{m_2 - m_1} \times 100\% \tag{7-31}$$

式中　m_1——测试中使用的空称量瓶重量，g；

　　　m_2——称量瓶中放入干燥后样品的重量，g；

　　　m_3——通风 24h 后，样品与称量瓶的重量，g。

为确定固态产物中物质的具体成分，取部分样品进行 XRD 分析。分析结果如图 7-92 所示。

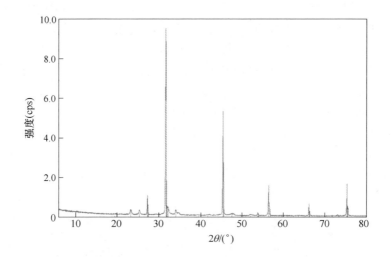

图 7-92   结晶盐 XRD 图谱

由图 7-92 可知，通过分峰拟合及半定量计算，确定结晶盐主要成分为 Na_2SO_4、Na_2CO_3 与 $NaCl$ 等无机盐，其中 $NaCl$ 占到 60% 以上。

7.2.6   活性炭法（双级）烟气净化技术工业应用

7.2.6.1   工程概括

宝钢股份炼铁厂三烧结大修改造工程于 2015 年 1 月开工建设，该项目烧结机主机规格为 $600m^2$，年产 735 万吨/烧结矿，2016 年 10 月建成投产。烧结烟气中含有 SO_2、NO_x、二噁英、重金属及粉尘等污染物，按照《钢铁烧结、球团工业大气污染物排放标准》（GB 28662—2012）及当地环保排放要求，需对烧结烟气进行综合治理。采用了"活性炭烟气净化工艺"进行烟气净化，活性炭烟气净化工艺能同时脱除 SO_2、NO_x、二噁英、重金属及粉尘等多种污染物，且能回收硫资源制得浓硫酸产品，是一种资源回收型综合烟气治理技术。按当时的环保要求，污染物排放的设计指标为：

（1）烟气中 SO_2 排放浓度（标态）：$\leqslant 50mg/m^3$。

（2）烟气中 NO_x 排放浓度（标态）：$\leqslant 110mg/m^3$。

（3）粉尘排放浓度（标态）：$\leqslant 20mg/m^3$。

（4）二噁英当量排放浓度：$\leqslant 0.5ngTEQ/m^3$

根据污染物浓度情况和烟气排放要求，该项目首先采用两级活性炭净化工艺，项目投产后，活性炭烟气净化装置达到并超过了设计指标。烟气排放可达到超低排放水平，居行业领先水平。

7.2.6.2 技术方案

A 设计参数

烧结烟气净化设计参数如表 7-20 所示。

表 7-20 烧结烟气净化设计参数

项 目	设计值
主抽铭牌风量/$m^3 \cdot min^{-1}$	—
主抽入口温度/℃	130
主抽入口负压/Pa	−19500
折算到标态风量（标态）/$m^3 \cdot h^{-1}$	2×988120
装置入口温度/℃	135
装置入口压力/Pa	0
SO_2 浓度（标态）/$mg \cdot m^{-3}$	600
NO_x 浓度（标态）/$mg \cdot m^{-3}$	450
粉尘浓度（标态）/$mg \cdot m^{-3}$	50~100
二噁英当量浓度/$ngTEQ \cdot m^{-3}$	5
烧结机作业率/h	—

烟气排放设计目标参数如下：

（1）烟气中 SO_2 排放浓度（标态）：$\leqslant 50mg/m^3$。

（2）烟气中 NO_x 排放浓度（标态）：$\leqslant 110mg/m^3$。

（3）粉尘排放浓度（标态）：$\leqslant 20mg/m^3$。

（4）二噁英当量排放浓度：$\leqslant 0.5ngTEQ/m^3$。

（5）与烧结机同步率$\geqslant 95\%$。

B 工艺流程

如图 7-93 所示，活性炭烟气净化工艺主要由烟气系统、吸附系统、解吸系统、活性炭输送系统、活性炭卸料存贮系统组成，辅助系统有制酸系统及废水处理系统等。

烟气由增压风机增压后依次送入 1、2 级吸附塔，每级吸附塔入口前喷入氨气，烟气依次经过吸附塔的前、中、后三个通道，烟气中的污染物被活性炭层吸附或催化反应生成无害物质，净化后的烟气进入烧结主烟囱排放。活性炭先经过二级塔完成脱硝作业后，再进入一级塔。活性炭由塔顶加入到吸附塔中，并在重力和塔底出料装置的作用下向下移动。吸收了 SO_2、NO_x、二噁英、重金属及粉尘等的活性炭经输送装置送往解吸塔。

解吸塔的作用是恢复活性炭的活性，同时释放或分解有害物质。在解吸塔内 SO_2 被高温解吸释放出来，同时在适宜的温度下，二噁英在活性炭内的催化剂的

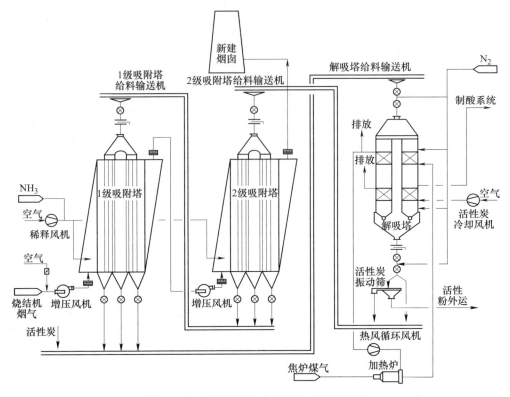

图 7-93　宝钢活性炭双级吸附工艺流程图

作用下将苯环间的氧基破坏，使之发生结构转变裂解为无害物质。解吸后的活性炭经解吸塔底端的振动筛筛分，大颗粒活性炭落入输送机输送至吸附塔循环利用，小颗粒活性炭粉送入粉仓，用吸引式罐车运输至高炉系统作为燃料使用。

7.2.6.3　技术效果

首套两级吸附塔活性炭烟气净化设备在宝钢股份 $600m^2$ 烧结机得到了成功应用，装置运行稳定，与主线烧结机的设备同步运转率达到 100%，经第三方检测，烟气出口污染物排放浓度（标态）$SO_2 < 10mg/m^3$，$NO_x < 50mg/m^3$，二噁英 $\leqslant 0.05ngTEQ/m^3$，粉尘 $< 10mg/m^3$，均低于国家特别排放限值。建成实景图如图 7-94 所示。

2017 年 3 月 2 日至 2017 年 3 月 22 日，上海宝钢工业技术服务有限公司宝钢环境监测站对 3 号烧结大修改造烟气净化设施进行性能考核。

SO_2 的脱除率（脱硫效率）、NO_x 的脱除率（脱硝效率）、烟囱出口的污染物排放（SO_2 浓度、NO_x 浓度、粉尘浓度、氨浓度、氟化物浓度、二噁英毒性当量浓度）、烟囱出口的 SO_2、NO_x、粉尘小时浓度合格率、活性炭消耗、氨气消耗、电耗、氮气、高炉煤气、焦炉煤气、蒸汽及工业水的耗量，具体结果如表 7-21 所示。

图 7-94　宝钢双级塔建成实景图

表 7-21　宝钢活性炭法大气污染物测试结果

序号	项　　目	单位	性能保证值	考核结果	评价
1	总脱硫效率	%	≥95	99.9	合格
2	总脱硝效率	%	≥80	91.2	合格
3	烟囱出口 SO_2 排放浓度（标态）	mg/m³	≤50	0.725	合格
4	烟囱出口 NO_x 排放浓度（标态）	mg/m³	≤110	29.1	合格
5	烟囱出口粉尘排放浓度（标态）	mg/m³	≤20	8.29	合格
6	烟囱出口氨逃逸率	mg/m³	≤10	1.74	合格
7	烟囱出口二噁英毒性当量浓度（标态）	ngTEQ/m³	≤0.5	0.0484	合格
8	烟囱出口氟化物排放浓度（标态）	mg/m³	≤4.0	0.06	合格
9	烟囱出口 SO_2 小时浓度合格率	%	100	100	合格
10	烟囱出口 NO_x 小时浓度合格率	%	100	100	合格
11	烟囱出口粉尘小时浓度合格率	%	100	100	合格
12	（A）脱硫效率	%	≥95	98.4	合格
13	（B）脱硫效率	%	≥95	97.7	合格
14	（A）脱硝效率	%	≥80	85.3	合格
15	（B）脱硝效率	%	≥80	85.3	合格
16	（A）出口氨逃逸率	mg/m³	≤10	6.26	合格
17	（B）出口氨逃逸率	mg/m³	≤10	3.56	合格
18	活性炭消耗	t/h	≤0.76	0.732	合格
19	氨气消耗	t/h	≤0.6	0.11	合格
20	电耗	kWh/t	≤14	8.29	合格

序号	项 目	单位	性能保证值	考核结果	评价
21	氮气	m^3/d		56647	
22	高炉煤气	$\times 10^4 m^3/d$		21.3	
23	焦炉煤气	$\times 10^4 m^3/d$		0.18	
24	蒸汽量	m^3/d		23.6	
25	工业水	t/d		43.3	
26	与烧结同步作业率	%	≥95	≥95	合格
27	系统处理烟气量	%	≥100		受烧结机主系统波动影响，不作强制要求

相关性能保证值：

(1) SO_2 脱除率（最高工况）≥95%。

(2) SO_2 排放浓度（最高工况）≤50mg/m^3（标态）。

(3) SO_2 小时浓度合格率100%。

(4) NO_x 脱除率（最高工况）≥80%。

(5) NO_x 排放浓度（最高工况）≤110mg/m^3（标态）。

(6) NO_x 小时浓度合格率100%。

(7) 二噁英排放毒性当量浓度≤0.5ngTEQ/m^3。

(8) 粉尘排放浓度（最高工况）≤20mg/m^3（标态）。

(9) 粉尘小时浓度合格率100%。

(10) 氟化物排放浓度（最高工况）≤4.0mg/m^3（标态）。

(11) 氨逃逸率（最高工况）≤10mg/m^3。

(12) 活性炭消耗量≤0.76t/h。

(13) 氨气消耗量≤0.6t/h。

(14) 电耗≤14kWh/t。

(15) 装置与烧结机同步投运率≥95%。

考核结果表明：宝山钢铁股份有限公司炼铁厂三烧结大修改造烟气净化设施的脱硫效率、脱硝效率、烟囱出口的 SO_2 排放浓度、NO_x 排放浓度、粉尘排放浓度、氟化物排放浓度、氨逃逸率、二噁英排放毒性当量浓度、烟囱出口的 SO_2 小时浓度合格率、NO_x 小时浓度合格率、粉尘小时浓度合格率、活性炭消耗量、氨气消耗量、电耗均达到了性能保证值，考核合格。

2017年1~3月正常运行期间，运行成本10~12元/吨烧结矿（不含折旧）、含折旧14~16元。

7.3 SCR 脱硝技术及组合式脱硫脱硝技术

7.3.1 SCR 脱硝技术

在钢铁行业全面推进超低排放的背景下，就目前烧结球团烟气净化技术而言，以静电除尘、电袋复合除尘、石灰石-石膏湿法、循环流化床半干法、活性炭干法工艺为代表的除尘脱硫工艺已趋于成熟，实现颗粒物及二氧化硫超低排放指标压力较小，而低成本脱硝技术仍需不断探索[9]，实现脱硝超低排放，企业将承受较大压力。第一，由于过去几年，脱硝排放标准宽松，钢铁行业长期执行 300mg/m³ 的排放限值，无脱硝设施也能基本满足排放标准，导致脱硫装置已投运，而脱硝设施覆盖率低[10]。第二，由于烧结烟气排放温度处于 90～150℃ 范围内，而目前电力行业使用的中高温脱硝催化剂的工作温度通常为 300～400℃，钢铁行业难以直接进行技术移植[11]，而烟气再加热将大大增加投资及运行成本。第三，目前以两级活性炭（设置独立的脱硝段）为主的脱硝工艺，虽能实现 NO_x 超低排放，但仍存在一定问题，如两级活性炭法一次性投资偏高、占地面积较大[12]；另外，完全把原脱硫设施拆除而新建脱硫脱硝一体化装置会造成浪费。从烧结烟气实际排烟温度来看，能够直接匹配现有脱硫工艺实现稳定脱硝的低温（<200℃）甚至超低温（<150℃）SCR 工艺是实现钢铁烧结烟气脱硝超低排放最有前景的发展方向之一[13]。烧结烟气低温 SCR 脱硝具有以下几个优点：

（1）低温下可实现脱硝，烧结烟气仅需少量或无需设置再加热装置，设备体积大幅缩减，能耗大大降低。

（2）脱硝设施布置不受温度限制，可布置于除尘、脱硫后，无需对原烟气净化系统进行改动，安装简便，适应性强。

（3）脱硝设施布置于低尘、低硫的原烟气净化系统尾部，无催化剂堵塞、磨损、微量金属元素污染、SO_2 中毒等问题，维护成本低，使用寿命长。

低温 SCR 脱硝技术应用前景广阔，钢铁企业超低排放改造成功与否直接关系到企业的生存与发展，而超低排放改造的重点是脱硝，因此，低温 SCR 脱硝技术的开发及应用紧迫且意义显著。

7.3.1.1 中高温、高温 SCR 脱硝技术

没有催化剂的情况下，NO_x 和 NH_3 的氧化还原反应在 980℃ 左右温度范围内，即选择性非催化还原（SNCR）技术。采用催化剂可以大幅度降低反应温度，目前已广泛应用于电力行业脱硝领域，反应温度可控制在 300～400℃ 下进行。

选择性催化还原法（selective catalytic reduction，SCR）是目前国际上应用最为广泛的烟气脱硝技术，目前常见的 SCR 脱硝技术实质上是中高温或高温（常温）SCR 脱硝技术。20 世纪 50 年代美国 Eegelhard 公司发明了 SCR 烟气脱硝技

术，20世纪60~70年代日本 Shimoneski 电厂首先成功将 SCR 法用于锅炉烟气脱硝示范工程，随后，第一个工业规模的 SCR 脱硝装置在日本 Kudamatsu 电厂投入运行，SCR 技术得到广泛认可并在日本大规模应用开来，目前，日本约有93%以上的烟气脱硝采用此技术，运行装置超过300套。德国于20世纪80年代引进 SCR 技术，并在多座电厂试验采用不同的方法脱硝，结果表明 SCR 法是最好的方法。美国为了应对1995年实施的 NO_x 州执行计划，从1997年起燃煤电厂安装了 SCR 并投入运行。我国在 SCR 技术方面的研究和应用相对较晚，最早在2004年，福建漳州后石电厂 600MW 机组投运第一台烟气脱硝 SCR 装置，标志着我国工业化 SCR 技术应用的全面推广[14]。2007年1月，SCR 烟气脱硝技术已被列入国家发展和改革委员会、科学技术部、商务部和国家知识产权局联合发布的《当前优先发展的高技术产业化重点领域指南（2007年度）》[15]。"十二五"以来，SCR 技术全面运用于我国燃煤电厂大部分的烟气脱硝装置，运行效果良好，为我国 NO_x 减排做出来了突出的贡献。SCR 反应具有无副产物，不形成二次污染，装置结构简单，脱硝效率高，运行可靠，便于维护等优点。SCR 目前已成为世界上应用最多、最为成熟且最有成效的一种烟气脱硝技术。

SCR 的技术原理是通过氨作还原剂，在催化剂作用下选择性的将烟气中的 NO_x 还原为无毒无害的 N_2，反应式如下[16]：

$$4NH_3 + 4NO + O_2 \longrightarrow 4N_2 + 6H_2O \tag{7-32}$$

$$4NH_3 + 2NO_2 + O_2 \longrightarrow 3N_2 + 6H_2O \tag{7-33}$$

一般的烟道气中 NO 的含量占总氮氧化物的95%以上，因此会以化学方程式 $4NH_3+4NO+O_2 \rightarrow 4N_2+6H_2O$ 为主，催化剂的选择性是指在有氧气的参与下，还原剂 NH_3 优先与 NO_x 发生氧化还原反应生成 H_2O 和 N_2，而并不与烟气中的氧气进行氧化反应，NO_x 被还原生成 N_2，而不是其他的含氮化合物，如 NO_2、NO 和 N_2O 等。

在实际反应过程中，还原剂 NH_3 还会与烟气中的 SO_2、H_2O 发生副反应，导致催化剂活性的下降以及催化剂堵塞等，主要的副反应如下[17]：

$$2SO_2 + O_2 \longrightarrow 2SO_3 \tag{7-34}$$

$$NH_3 + SO_3 + H_2O \longrightarrow NH_4HSO_4 \tag{7-35}$$

$$2NH_3 + SO_3 + H_2O \longrightarrow (NH_4)_2SO_4 \tag{7-36}$$

目前，关于以 NH_3 为还原剂的 SCR 反应机理存在争论，但广泛应用的经典理论有两种：一种观点认为以 NH_3 为还原剂的 SCR 反应机理遵从 Lamgmuir-Hinshelwood 机理，即参加脱硝反应的氮氧化物首先均被催化剂吸附在表面，与表面的活性位点结合进而发生化学反应；另外一种观点认为该反应应遵从 Eley-Rideal 机理，该机理表明多相均质的反应应该是某一气相物质与固体催化剂表面的活性位点结合，然后与气相中的另一反应物发生化学反应，而不是多种反应物质均吸附于催化剂表面的活性位点[18]。

SCR 脱硝工艺装置的主要组成部分包括：还原剂储罐及注入系统、烟气加热装置、SCR 反应器，核心装置是反应器。

SCR 的分类一般有三种：其一是依据 SCR 装置所布设的位置进行分类[19]，分为高粉尘 SCR、低粉尘 SCR 和尾部 SCR；其二是按照 SCR 所使用的催化剂种类而分，分为负载贵金属催化剂、金属氧化物催化剂和其他高活性载体催化剂[20~22]；其三是依据 SCR 反应器内填装的催化剂所适用的烟气温度条件不同进行分类，分为高温、中温、低温三种不同的 SCR 工艺，高温 SCR 一般指的是催化剂的适用温度在 300~450℃，中温 SCR 是指催化剂的适用温度在 200~300℃，而低温 SCR 是指催化剂的适用温度在 120~200℃。目前电厂使用比较广泛的以 300~400℃ 的中高温催化剂为主，该催化剂以 TiO_2 为载体[23]，上面负载钒、钨和钼等主催化剂或助催化剂[24]。

7.3.1.2　低温 SCR 脱硝技术

SCR 法因其技术成熟、脱硝效率高和价格相对低廉等特点，已成为火电厂 NO_x 排放控制的主流技术。电厂燃煤锅炉省煤器后空气预热器前，烟气温度窗口介于 300~400℃ 之间，为常见的商用催化剂 V_2O_5-WO_3/TiO_2 最适宜的工作温度，而烧结球团烟气在 120~180℃ 温度范围内，常规的中高温 SCR 技术难以满足在如此低温下 NO_x 高脱除效率的要求，低温 SCR 工艺最为核心的问题是低温 SCR 催化剂研制及其结构的设计，因此，研发高活性、高抗毒性的低温 SCR 催化剂具有重要的经济和实用价值。低温 SCR 工艺通常是指 SCR 反应器内采用的催化剂的适用温度在 120~200℃ 温度范围内，布置于除尘、脱硫之后，因此，催化剂工作于低硫、低尘环境下，很好的避免了飞灰对催化剂的磨损和 SO_2 对催化剂的毒化，催化剂的使用寿命大大延长。同时，低温 SCR 脱硝装置置于脱硫装置之后，可以较为方便的对原有装置进行改造，削减设备改造费用。

以 NH_3 为还原剂的低温 SCR 催化反应主要遵循以下两种机理：一种是 Lamgmuir-Hinshelwood 机理，即 NH_3 和 NO 同时吸附在相邻的活性位中心上发生反应；另一种是 Eley-Rideal 机理，即 NH_3 先在催化剂的活性中心上吸附，然后与气相的 NO 或者 NO_2 反应。

在 Lamgmuir-Hinshelwood 机理中，NO 分子和 NH_3 分子，在发生反应前均须吸附在催化剂的相邻活性位上，可以用如下反应式说明：

$$NO(g) \longrightarrow NO(ads)$$
$$NH_3(g) \longrightarrow NH_x(ads)$$
$$NO(ads) + NH_x(ads) \longrightarrow N_2(g) + H_2O(g)$$

Eley-Rideal 机理，即吸附态的 NH_3 分子与气态的 NO 发生反应，可以用如下反应式说明：

$$NH_3(g) \longrightarrow NH_x(ads)$$
$$NO(g) + NH_x(ads) \longrightarrow N_2(g) + H_2O(g)$$

最早见诸报道的低温 SCR 脱硝案例是壳牌公司（Shell）于 20 世纪 90 年代开发出了低温 DENO$_x$ 系统（SDS），它包括一种专有的 V/Ti 颗粒催化剂和一个低压降的测流反应器（LFR）。典型的商业应用级 SDS，操作温度在 120℃～350℃；空速在 2500～4000h^{-1}；可以在很小的氨逃逸下达到高于 95% 的 NO$_x$ 转化率。SDS 较适用于处理燃气或天然气在加热器、窑炉、锅炉、燃气发动机和燃气轮机中燃烧产生的不含（或含量极低）SO$_2$ 的烟气，当烟气中 SO$_2$ 存在时，催化剂短时间内便会发生不可逆中毒。

催化剂是低温 SCR 研究的重点，目前，得到广泛研究的催化剂有：铁基、锰基、铈基和铜基分子筛催化剂。随着研究的深入，具有较优活性的稀土基、改性钒基等低温催化剂逐步得到应用，如 2018 年 11 月，唐山瑞丰钢铁（集团）有限公司 1 号、3 号 2 台烧结机烟气 180℃ 低温 SCR 脱硝项目成功达标投运；2019 年 8 月，中冶长天国际工程有限责任公司与宝钢湛江钢铁有限公司签订了湛江钢铁炼铁厂球团烟气脱硝设施工程 EP 合同，本项目采用 150℃ 低温 SCR 工艺，与常规的烧结球团中高温 SCR 脱硝工艺相比，选用 150℃ 低温 SCR 工艺可以降低 50% 以上的加热成本，在项目运营上具有相当大的优势，同时，该项目也是应用于烧结球团领域国内首套 150℃ 低温催化剂脱硝工程案例，本项目的顺利实施将对低温 SCR 烟气脱硝技术工程应用发挥重大的示范效应。

然而，能够直接匹配脱硫后低温烟气（<150℃）的超低温 SCR 技术仍属空白，这主要是接近露点的低温环境下催化剂的脱硝活性大打折扣，同时，硫氨生成的问题难以避免，催化剂稳定应用的周期大大缩短，催化剂活性降低甚至中毒大大降低了系统稳定性及经济性。因此，针对目前低温 SCR 催化剂的开发和应用情况，应在以下一些方面作进一步的研究，以期开发出适合工业应用的低温催化剂：

（1）提高催化剂的活性和选择性，使之在较低的温度和较宽的温度窗口内具有较高的 NO$_x$ 转化率。

（2）使催化剂在低温下具有良好的 SO$_2$ 和水等物质毒化的性质，延长其使用寿命。

（3）提高催化剂的机械强度和热稳定性，减少压力损失，降低成本，使其具有适宜的商品性。

（4）制备环境友好型的催化剂体系，并充分考量催化剂退役后回收再利用及处置的问题。

7.3.2 组合式脱硫脱硝技术[8]

活性炭烟气净化技术在多污染物协同治理及副产物资源化方面具有独特的优

势，但对于不同工况条件，不同地理及资源条件，活性炭法烟气净化技术很难说是唯一的最佳选择。针对目前已经在烧结烟气治理中得到成功应用的湿法脱硫、半干法脱硫、活性炭脱硫等工艺，为实现超低排放，在借鉴燃煤电厂烟气超低排放技术的基础上，推荐四种组合式脱硫脱硝技术，为在不同条件下，资源消耗最低、性价比最高的烟气深度净化技术提供方案。

7.3.2.1　单级活性炭法+SCR 技术

活性炭工艺对多种污染物的去除原理已经进行了介绍，在烧结烟气净化领域得到了成功应用，其中单级活性炭工艺可以实现 SO_2 超低排放，具备一定的脱硝功能，并能实现副产物 SO_2 的资源化处理。

SCR 技术是目前应用最为广泛的烟气脱硝技术，SCR 技术的核心是催化剂，在催化剂的催化作用下，还原剂选择性还原 NO_x。烧结烟气净化难点是对 NO_x 的脱除，目前，中温 SCR 脱硝技术，在火电燃煤锅炉烟气脱硝中应用十分成熟，基于此，可以结合烧结烟气特点，将中温 SCR 脱硝技术改进、移植至烧结烟气净化中。

烧结烟气温度在 120~180℃，为适应中温脱硝催化剂的最佳活性温度窗口，在系统启动时，需将烧结烟气加热到 280℃以上，能耗较大，在正常运行过程中，通过 GGH 换热器回收热量再利用，只需要额外再补充 30℃左右温升即可。

单级活性炭法+SCR 技术是综合利用活性炭法的脱硫、脱二噁英及其他有机物效率高和 SCR 的脱硝效率高的优点的组合工艺方案。烟气先经过一级活性炭装置，再至 SCR 反应器，实现超低排放。

典型的烟气净化流程图如图 7-95 所示。

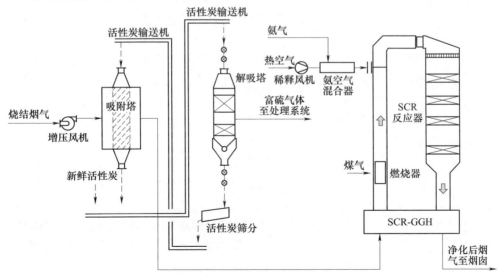

图 7-95　活性炭法+SCR 工艺流程

烟气在进入活性炭净化装置中，少量喷氨，主要脱除烟气中二氧化硫、二噁英及其他有机物，吸附了污染物的活性炭通过输送系统送往解吸塔进行加热再生，解吸后的富硫气体送至资源化处理装置，制成硫酸或其他产品；经过活性炭系统初步净化后的烟气送入 SCR 反应器，在入口前加入 NH_3 进行脱硝。由于此时烟气温度一般不超过 150℃，需在 SCR 反应器的入口，采取 GGH 装置把温度升高至 180℃以上（如果是低温 SCR 反应，可以不用 GGH，而用简单的加热升温装置），深度净化后的烟气达到超低排放标准再排入大气。

早期的活性炭烟气净化工程中，环保要求较低，活性炭烟气净化装置一般采用单级塔，NO_x 排放难以达到 $50mg/m^3$（标态）以下。同时工程现场中，往往场地受限，总图位置上不具备增加二级吸附塔的空间。此时，要进行超低排放环保升级改造，可以利用 SCR 脱硝效果很高，占地较小的优点，在活性炭烟气净化后串联 SCR 脱硝反应装置，进一步降低 NO_x 排放浓度。

值得注意的是，因为 SCR 反应器没有脱硫及除尘功能，所以采用此方法时，活性炭烟气净化装置必须保证 SO_2、粉尘排放浓度分别小于 $35mg/m^3$（标态）、$10mg/m^3$（标态），同时二噁英的脱除效率也应达到较低水平。否则，难以达到超低排放。

该技术具有如下优势：

（1）能深度协同脱除 SO_2、NO、二噁英、粉尘、重金属及其他有机污染物，并实现 SO_2 的资源化。

（2）由于进入 SCR 反应器的烟气 SO_2 及粉尘浓度低，催化剂具有较高的效率和较长的寿命。

该技术具有如下不足：

（1）当采用高温 SCR 技术时，运行成本偏高，能耗较大（工序能耗预计折合 4~5kgce/t）。

（2）采用低温 SCR 技术时，如果未来二噁英的排放限值大幅下调，二噁英的排放可能超标，同时低温催化剂的脱硝效果、寿命，还没有经过实际工程实践的考验。

（3）新增了废弃物，催化剂寿命一般为三年，废气的催化剂作为危废，处理的难度较高，成本较大。

7.3.2.2　半干法脱硫+单级活性炭法技术

半干法烟气脱硫已应用的技术主要有循环流化床法（CFB）和旋转喷雾干燥法（SDA），其技术原理如下：

半干法烟气脱硫常利用 CaO 加水制成的 $Ca(OH)_2$ 悬浮物或直接采用成品 $Ca(OH)_2$ 粉与烟气接触反应，去除烟气中的 SO_2、HCl、HF、SO_3 等气态污染物的方法，具体见式（7-37）~式（7-42）。

（1）生石灰消化：

$$CaO + H_2O == Ca(OH)_2 \qquad (7\text{-}37)$$

（2）SO_2 被液滴吸收：

$$SO_2(g) + H_2O == H_2SO_3 \qquad (7\text{-}38)$$

（3）吸收剂与 SO_2 反应：

$$Ca(OH)_2 + H_2SO_3 == CaSO_3 + 2H_2O \qquad (7\text{-}39)$$

（4）液滴中 $CaSO_3$ 过饱和沉淀析出：

$$CaSO_3 == CaSO_3(g) \qquad (7\text{-}40)$$

（5）被溶于液滴中的氧气所氧化生成硫酸钙：

$$CaSO_3 + O_2 == CaSO_4 \qquad (7\text{-}41)$$

（6）$CaSO_4$ 难溶于水，便会迅速沉淀析出固态 $CaSO_4$：

$$CaSO_4 == CaSO_4(g) \qquad (7\text{-}42)$$

半干法脱硫+单级活性炭法技术，是利用半干法的脱硫+活性炭脱硝脱二噁英来组合的一种工艺方案。

典型的烟气净化流程图如图 7-96 所示。

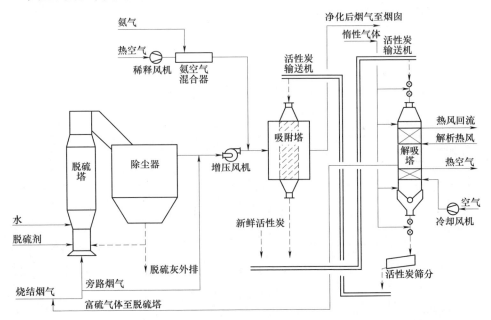

图 7-96　半干法+活性炭工艺流程

原烟气经半干法脱硫除尘后，低硫低尘烟气进入活性炭烟气净化装置。由于从脱硫塔出来的烟气温度太低（≈90℃），不利于后续脱硝反应，故从原烟气中引入一部分烟气（最好是大烟道尾部高温经多管除尘后的低硫烟气）与脱硫塔出来的烟气混匀，把进入活性炭装置中的烟气温度提高到 120℃以上，并在活性炭烟气净化装置入口喷氨，提高脱硝效率。解吸后的富硫气体（量较小）再循环到原烟气,以便其中的 SO_2 统一制成脱硫石膏。因为此系统中解吸塔解吸出来 SO_2 量太少,单独设 SO_2 资源化装置没有意义,所以不单独设 SO_2 资源化装置。而解吸塔的主要功能是活性炭的再生活化及二噁英的无害化分解。

该方法主要适应于已经建成的半干法脱硫装置,且半干法脱硫装置运行良好,脱硫副产物有出路,不会成为环境负担的场合。

值得注意的是,要保证原烟气系统中能够引出部分高温低硫烟气,以便确保活性炭装置入口的烟气温度不会太低,同时,要保证进入活性炭装置中的烟气粉尘不宜太高,小于 $30mg/m^3$(标态)为宜。

该组合技术具有如下优势:

(1)为已建成的半干法脱硫装置改造升级为深度净化提供了一条路径,且能实现 SO_2、NO、二噁英、粉尘及其他有机污染物协同治理。

(2)升级改造后,不会产生新的有害副产物。

(3)投资较省,运行成本适中、能耗低。

该组合技术具有如下不足:此方法没有产生新的有害副产物,但也没有解决原半干法中存在的脱硫灰副产物问题,由于脱硫灰中亚硫酸钙含量较高,处置和利用困难,目前尚无较好的资源化利用途径,如果整体环保标准提高,导致原半干法的副产物不允许产生,那么采用此方法将存在风险。

7.3.2.3   半干法脱硫+SCR 技术

半干法脱硫+SCR 技术,是利用半干法的脱硫+SCR 脱硝来组合的一种工艺,其工艺流程如图 7-97 所示。

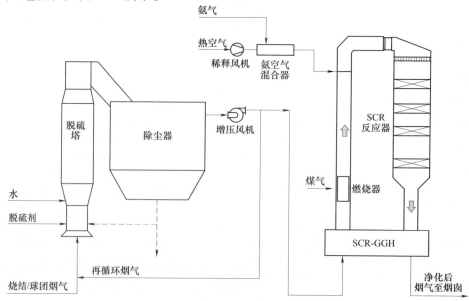

图 7-97   半干法+SCR 工艺流程

原烟气经脱硫塔、除尘器后进入 SCR 反应器，由于脱硫后，烟气温度较低（约90℃），不论采用中温 SCR 还是低温 SCR，都要在烟气进入 SCR 及反应器前进行升温。常用的升温方法是设置 GGH 装置。烟气经 SCR 反应器后，达标排入大气。

该方法适用于已建成半干脱硫装置，且运行良好，现场场地条件较紧张，原烟气中 NO_x 浓度偏高的工况条件。需要注意的是，前段脱硫工序必须保证 SO_2 的排放浓度小于 $35mg/m^3$（标态），粉尘排放浓度小于 $10mg/m^3$（标态），因为 SCR 反应器没有脱除 SO_2 和粉尘的功能，如果脱硝工序采用低温 SCR 的话，前段脱硫工序还须加入适量的活性炭粉来脱除二噁英，以保证二噁英及其他有机污染物被同步脱除。

该组合技术优势如下：

（1）能够实现 SO_2、NO_x、粉尘、二噁英等多种污染物协同脱除，烟气排放能达到超低排放标准。

（2）投资成本较低。

该组合技术不足如下：

（1）副产物包括烧结烟气半干法产生的脱硫灰与废弃的 SCR 催化剂，其中脱硫灰成分复杂，亚硫酸钙含量较高，这导致了脱硫灰处置和利用困难，目前尚无较好的资源化利用途径，而 SCR 法定期废弃的催化剂，处理工艺较为复杂；总之该组合式技术副产物处理难度大，当整体环保标准提升时，有环境风险。

（2）运行成本较高，能耗高；此方法需把烟气整体升温，预计工序能耗增加 4~6kgce/t。

（3）如果后续采用低温 SCR 时，前段需加入活性炭吸附二噁英，半干法的脱硫副产物可能会进一步恶化成为危废，因此当未来二噁英排放标准提高时，原则上不宜采用此方法。

7.3.2.4　湿法脱硫 + SCR 技术

湿法脱硫工艺常用的有石灰石-石膏法，氨-硫酸铵法、镁法等，技术原理均是利用润湿的碱性吸附剂在水溶液中与酸性 SO_2、氧气反应生产相应的硫酸盐，达到去除 SO_2 的目的。

湿法脱硫 + SCR 技术，是利用湿法脱硫效率高及 SCR 的脱硝效率高组合的一种工艺方案，工艺流程有两种类型。

（1）工艺流程一：SCR 反应器前置如图 7-98 所示。

由于湿法脱硫后，烟气温度低且湿度大，为了充分利用原烟气中的热能，把 SCR 反应器前置，原烟气先通过 SCR 反应器。如果采用中高温催化剂，原烟气还需要加热升温，如果采用低温催化剂，原烟气可能不需加热或采用简单加热装置就可。脱硝后再进入湿法脱硫装置脱硫，脱硫后的烟气湿度大，温度低，还需再加热升温脱白后才能排入大气。

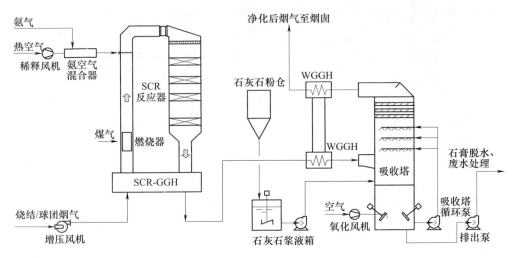

图 7-98   SCR+湿法脱硫工艺流程

（2）工艺流程二：SCR 反应器后置如图 7-99 所示。

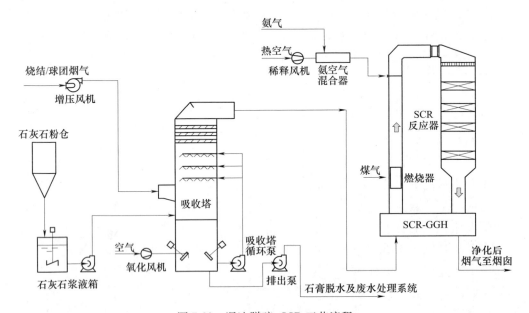

图 7-99   湿法脱硫+SCR 工艺流程

原烟气先经脱硫装置脱硫，再进入 SCR 反应器脱硝。由于脱硫后，烟气湿度大，温度过低，不论 SCR 反应催化剂采用中高温型还是低温型催化剂，烟气都必须加热升温，才能进入 SCR 反应器。净化后的烟气可直接排入大气。

此方法实用于烧结烟气已建好的湿法脱硫装置，运行良好，且当地对湿法脱硫产生的副产物有消纳能力，或者是特殊的原料条件下，烧结烟气 SO_2 浓度极高，用别的方法脱硫性价比都远高于湿法。

采用湿法+SCR 组合方案时，湿法脱硫装置中出来的烟气颗粒物排放浓度一定要保证低于 $10mg/m^3$（标态）。另外，当未来二噁英排放指标趋严时，湿法必须组合中高温 SCR 技术，才有可能达到超低排放要求。

该组合技术优势如下：

（1）能对烟气中 SO_2、NO_x、粉尘、二噁英等多污染物协同治理，并达到超低排放标准。

（2）整体来说，投资较低。

该组合技术不足如下：

（1）除原湿法产生的脱硫副产物外，还增加了 SCR 法定期废弃的催化剂，如环保标准进一步提高，可能有风险。

（2）运行成本高，能耗高，工序能耗可能大于 5kgce/t，当脱硫装置后置时，还要增加脱白装置，流程长，占地面积大。外排烟气处置不当，可能产生次生 $PM_{2.5}$。

（3）当采用 SCR 前置时，由于烟气中粉尘多，催化剂的寿命可能较短。

（4）颗粒物排放控制难度大。

7.3.3　失效及废弃 SCR 催化剂的综合利用

催化剂是 SCR 脱硝系统的重要组成部分，它的性能将直接影响脱硝效果。催化剂通常 1~2 年就要更换一次，置换费用约占系统总价的 60%~70%。因此，催化剂的使用寿命决定着 SCR 系统的运行成本。影响 SCR 催化剂使用寿命的因素有很多，如催化剂的生产配方及选型、硬化液的成分及硬化长度、脱硝运行工况以及烟气中各种有害有毒化学成分等，其中烟气中有害有毒物质对催化剂的化学寿命影响最大。中毒导致催化剂失活，可逆的失活可以通过再生技术恢复活性，而不可逆的失活只能更换催化剂，在增加投资成本的同时，也增加了废弃催化剂处置的环境问题。

SCR 烟气脱硝催化反应共分 4 步进行。第一步，烟气中的氨气扩散到催化剂的活性位上，生成络合物。第二步，烟气中的 NO 和络合了氨的催化剂发生进一步络合反应。第三步，N_2 和 H_2O 从催化剂上脱附。第四步，烟气中 O_2 扩散到催化剂活性位上，置换出氢，使催化剂复原。虽然导致 SCR 烟气脱硝催化剂失活的原因很多，但是催化剂失活机理研究离不开 SCR 烟气脱硝催化反应机理，如果某种因素阻碍了 SCR 烟气脱硝催化反应机理中某一步或者多步反应的进行，就会导致催化剂失活。

A　热烧结失活

烧结是催化剂失活的重要原因之一，而且催化剂的烧结过程是不可逆的，烧结导致的催化剂活性降低，不能通过催化剂再生的方式恢复。一般在烟气温度高于400℃时，烧结就开始发生。按照常规催化剂的设计，烟气温度低于420~430℃，催化剂烧结速度处于可以接受的范围。烟气温度高于450℃，催化剂的寿命就会在较短时间内大幅降低。目前商用SCR烟气脱硝催化剂多为V_2O_5-WO_3-TiO_2系催化剂，其中V_2O_5为活性成分，WO_3为稳定成分，TiO_2为载体物质。用于SCR烟气脱硝催化剂的TiO_2的晶型为锐钛型，被烧结后会转化成金红石型，从而导致晶体粒径成倍增大，以及催化剂的微孔数量锐减，催化剂活性位数量锐减，催化剂失活。适当提高催化剂中WO_3的含量，可以提高催化剂的热稳定性，从而提高其抗烧结能力。

目前国内SCR烟气脱硝系统基本不设旁路，即使进入SCR烟气脱硝系统的烟气温度超出了催化剂所能承受的最高温度，烟气也只能流经催化剂。因此，在锅炉炉膛吹灰器不能正常吹灰、脱硝系统入口烟气温度大幅度上升等故障工况下，为了避免催化剂的烧结失活，应当果断降低锅炉负荷，以保护脱硝催化剂。

B　碱金属中毒

碱金属是对催化剂毒性最大的一类元素，毒性强度与其碱性大小呈正比[25]。碱金属引起催化剂中毒包括物理中毒和化学中毒。物理中毒：因为燃煤锅炉SCR脱硝系统中，碱金属通常不是以液态形式存在，它的盐颗粒只是沉积在催化剂表面或堵塞催化剂的部分孔洞，阻碍NO和NH_3向催化剂内部扩散，从而使催化剂中毒失活[26]。若有水蒸气在催化剂上凝结，碱金属将引起化学中毒，中毒机理如图7-100所示。

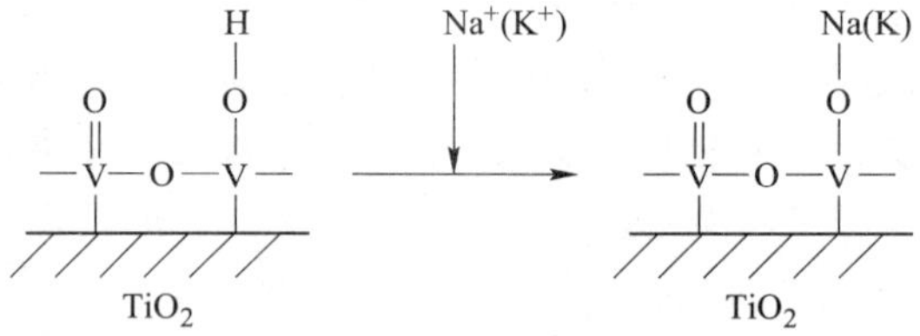

图7-100　催化剂碱金属中毒

SCR催化剂的活性物质为V_2O_5，它既有B酸位（V—OH），又有L酸位（V＝O）。研究发现，催化剂活性与B酸位的数量呈正比。碱金属离子的存在会减少催化剂B酸位的数量，生成无活性的KVO_3；还会降低B酸位的稳定性，使钒和钨的催化还原能力下降[27]。B酸位数量的减少和稳定性的降低将直接导致NH_3及表面氧吸附量的下降，从而使催化剂的活性降低。碱金属对催化剂中毒的影响程度一方面与碱金属的碱性大小有关，另一方面还与碱金属离子结合的阴离子种类有关[28]。催化剂的碱金属中毒在所难免，但可以采取一些措施来延长催化剂的使用寿命。具体的措施有：（1）对催化剂表面引起的碱金属堵塞，可通过及时清灰，保持催化剂表面的清洁来减轻中毒[29]；（2）制备硫酸化 SCR 催化剂，硫酸盐可强化催化剂表面的酸位，还可优先于碱金属反应从而保护活性组分[30]；（3）通过改变烟气成分来防止中毒，主要是通过加入 P-K-Ca 混合物，但此种方法若 P 和 Ca 的浓度控制不当，就会引起 P 中毒和 Ca 中毒；（4）相比于传统的 V_2O_5-WO_3/TiO_2 催化剂，V_2O_5-WO_3/ZrO_2 由于具有较强酸性，表现出较高的抗碱金属中毒能力[31]；（5）提高钒负载量，但高钒负载量会使催化剂的选择性下降，SO_2 转化率升高，因此需综合考虑[32]；（6）相同钒负载量下，提高钨负载量，在增强抗碱金属中毒性能的同时，不会对催化剂选择性产生影响；（7）使用整体式蜂窝陶瓷催化剂，因为碱金属离子的流动性可被蜂窝陶瓷催化剂所稀释，从而降低中毒速率。

C　碱土金属中毒

生物质燃料以及燃煤烟气飞灰中含有少量的碱土金属，也能导致催化剂中毒。Na_2O 是中和 B 酸的酸性位，而 CaO 只是轻微影响 B 酸的酸性位，且 Ca^{2+} 对钒物种的结合程度远远低于 Na^+，相比碱金属中毒的催化剂，碱土金属中毒的催化剂上的钒物种具有较高的还原性[33]。在实际应用中，碱土金属引起的主要问题是生成 $CaSO_4$，堵塞催化剂的微孔。该中毒机理为[34]CaO 主要富集在粒径小于 $5\mu m$ 的颗粒上（因为细小的飞灰粒径具有较强的黏附特性），这些细小颗粒易迁移进入催化剂的微孔上，并与烟气中的 SO_3 反应形成硫酸钙。由于产生的硫酸钙会使颗粒体积增大 14%，从而把催化剂微孔堵死，使得 NH_3 和 NO 无法在催化剂微孔内进行 SCR 反应。碱土金属主要富集在细小飞灰上，因此，只要能够保证催化剂表面的清洁度，就能防止碱土金属中毒。目前防止这种黏性飞灰的措施有[35]：（1）通过数值模拟与物理模型试验优化烟气流场，提高催化剂内的烟气流速；（2）改进反应器，反应器采用垂直放置，使烟气由上而下流动；（3）保证吹灰器正常运行和吹灰效果，并适当增加吹灰频率；（4）设置灰斗，降低进入催化剂区域烟气的飞灰量；（5）选用节距相对较大的催化剂，并增加催化剂表面的光滑度，从而减缓飞灰在催化剂表面的沉积；（6）选择合适的催化剂量增加催化剂的体积和表面积；（7）混煤掺烧，当煤中 CaO 和 As_2O_3 同时存在时，这两种物质会生成热稳定性非常高的 $Ca_3(AsO_4)_2$，且不会导致催化剂中毒。

D　重金属中毒

催化剂重金属中毒的元素主要有砷、铅、汞、锌等。煤中的砷多数以硫化砷或硫砷铁矿（$FeS_2\cdot FeAs_2$）等形式存在，且含量变化比较大，我国煤中砷的含量为 $0.5\times10^{-6}\sim80\times10^{-6}$ 不等，而铅、汞、锌等主要是由垃圾焚烧产生。重金属元素主要分布在电除尘器飞灰和烟气中，且含量与灰飞的粒度呈反比。砷中毒是由气态砷的化合物（主要形态为 As_2O_3）不断聚积，堵塞进入催化剂活性位的通道造成的。经研究，气态 As_2O_3 分子远小于催化剂的微孔尺寸，可以进入催化剂微孔发生凝结形成一个砷的饱和层，该饱和层几乎没有活性，从而阻挡了反应物扩散到催化剂内部进行催化反应[36]。As 对催化剂表面的酸性位有一定影响，而对酸的强度和催化反应途径的影响不显著，其中毒机理如图 7-101 所示。砷中毒会使钒物种出现多样化，但 W 和 Ti 的化学形态不受影响，说明催化剂表面钒形态的改变是导致催化剂活性降低的一个主要原因[37]。

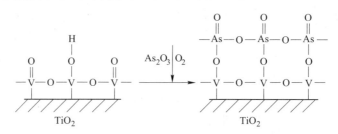

图 7-101　催化剂砷中毒

铅中毒可能是由于毒物在催化剂酸性位上与 NH_3 的竞争性化学吸附导致，而不是由催化剂微孔堵塞引起。研究发现，PbO 对催化剂脱硝活性的影响介于 K_2O 和 Na_2O 之间，且不同形态的铅的沉积对催化剂的毒性影响不同，$PbCl_2$ 比 PbO 的毒性更强[38]。目前防止重金属中毒的措施有：（1）采用物理化学方法减少原煤中的重金属含量；（2）燃烧过程中，向炉内喷钙（石灰石、白云石及高岭土等添加剂）抑制气态砷的形成[39]（3）改变催化剂表面的酸位点，使催化剂对重金属不具有活性；（4）采用钒和钼的混合氧化物制得的 TiO_2-V_2O_5-MoO_3 催化剂具有较强的抗砷中毒能力[40]；（5）优化催化剂的孔结构，减少毒物的沉积；（6）使用蜂窝式催化剂可有效降低表面重金属的浓度；（7）降低反应炉温度，用除尘器捕集自然凝聚成核的气态 As。

E　卤素中毒

一般焚烧垃圾的电厂，产生的灰除含有大量的重金属、碱金属外，还有卤化氢。当烟气温度低于 340℃ 时，HCl 会与 NH_3 反应生成 NH_4Cl，黏附在催化剂表面，导致活性位的表面积降低；另外，氯离子还会与钒结合生成挥发性的 VCl_2 和 VCl_4，从而使活性物质钒流失。不仅如此，HCl 还能够与一些金属氧化物（碱金属或重金属）反应生成盐，如 KCl 和 $PdCl_2$，生成的盐的毒性比单独的碱金属或重金属氧化物的毒性要大。要防止卤素中毒，就要防止 NH_4Cl 在催化剂表面的黏附和挥发性氯化钒的生成，前者可以通过控制烟气温度避免发生，后者则可通过增加催化剂的活性物质钒含量来延缓中毒的速率。

F　P 中毒

有时电厂为了降低成本，会掺烧一些污泥和肉骨粉，这样就会释放出大量的挥发性磷化合物。研究发现，磷化合物（如 H_3PO_4、P_2O_5 及磷酸盐）对催化剂有钝化作用，但相比碱金属的影响要小很多。磷中毒机理被认为是 P 取代了 V—OH 和 W—OH 中的 V 和 W，生成了 P—OH 基团，由于 P—OH 的酸性不如 V—OH 和 W—OH，从而对 NH_3 的吸附能力下降，进而降低了脱硝活性；另外，P 也可以和催化剂表面的 VO 活性位发生反应，生成 $VOPO_4$ 等物质，从而减少了活性位的数量[41]。也有研究者认为磷化合物的形成以及孔凝聚是造成 SCR 催化剂中毒的原因[42]。少量磷中毒对催化剂的活性影响不大，但为了避免大量磷中毒，可以从降低燃料中 P 含量、保持催化剂清洁度以及使用抗磷中毒的催化剂配方等方面考虑。

G　H_2O 中毒

在实际应用中，烟气中含有 2% ~ 18% 的水蒸气。当反应温度低于 350℃ 时，由于水在活性位上与 NH_3 发生竞争吸附，对催化剂 NO 的还原活性具有一定的抑制作用；而当反应温度较高时，NO 转化率几乎不受水含量的影响。水蒸气若在催化剂表面凝结，一方面会加剧碱金属可溶性盐对催化剂的毒化，另一方面凝结在催化剂毛细孔中的水蒸气会气化膨胀，损害催化剂细微结构。一般催化剂水中毒主要发生在停炉过程中，因此在停炉阶段做好催化剂的防水中毒至关重要。

H　SO_3 中毒

研究发现，当催化剂上 V_2O_5 的负载量少于单层覆盖所需量的一半时，SO_2 的出现对催化剂的活性具有促进作用，这是因为 SO_2 促进了催化剂表面 SO_4^{2-} 的形成，从而加强了表面 B 酸性位的酸性[43]；而当催化剂上 V_2O_5 的负载量大于单层覆盖所需量的一半时，SO_2 对催化剂的活性没有影响。烟气中的 SO_2 一旦被催化氧化为 SO_3，就会和烟气中的水蒸气、NH_3 及金属氧化物反应，生成一系列的硫酸铵盐 [$(NH_4)_2SO_4$ 和 NH_4HSO_4] 和硫酸盐。这些硫酸铵盐和硫酸盐颗粒会造成催化剂大孔道堵塞、微孔消失及总孔容下降。由于 SO_3 中毒生成的盐受温度影响明显，因此可以通过升高 SCR 反应温度（至少要高于 300℃）来降低催化剂表面的硫酸铵盐和硫酸盐堵塞，从而使中毒作用减弱。另外对于 V_2O_5 类催化剂，钒的担载量不能太高，通常在 1% 左右以防止 SO_2 的氧化。

I　催化剂堵塞

煤燃烧后所产生的飞灰绝大部分为细小灰粒，由于烟气流经催化反应器的流速较小，一般为 6m/s 左右，气流呈层流状态，细小灰粒聚集于 SCR 反应器上游，到一定程度后掉落到催化剂表面。由此，聚集在催化剂表面的飞灰就会越来越多，最终形成搭桥造成催化剂堵塞。烟气中除了细小灰粒，也可能存在部分粒径较大的爆米花状飞灰，颗粒一般大于催化剂孔道的尺寸，会直接造成催化剂孔道的堵塞。为了防止飞灰搭桥堵塞催化剂孔道，可在每层催化剂上方安装吹灰器，还可在第一层催化剂上方安装格栅网，用于拦阻、破碎大尺寸的爆米花状飞灰。另外，飞灰中的 CaO 和 SO_3 反应生成 $CaSO_4$，从而导致催化剂微孔堵塞。该中毒机理分 4 步进行：第一步，CaO 颗粒附在催化剂的微孔上；第二步，SO_3 从烟气流中扩散到 CaO 颗粒并且将其包裹；第三步，SO_3 渗透到 CaO 颗粒内部；第四步，SO_3 扩散到 CaO 颗粒内部后，与 CaO 反应生成 $CaSO_4$，使颗粒体积增大 14%，从而把催化剂微孔堵死，使 NH_3 和 NO 无法扩散到微孔内部，导致催化剂失活。第四步反应速率大于第二步和第三步反应速率，第二步和第三步反应速率远远大于第一步反应速率，因此第一步是速率控制步骤。这说明催化剂微孔堵塞主要受烟气中的 CaO 浓度影响。烟气中的 CaO 可以将气态 As_2O_3 固化，从而缓解催化剂砷中毒的影响，但是 CaO 浓度过高又会加剧催化剂的 $CaSO_4$ 堵塞。

J 催化剂磨损

催化剂磨损是由于飞灰冲刷催化剂表面造成的。活性成分均匀分布的催化剂，受磨损的影响较小，而活性成分主要集中在表面的催化剂，受磨损的影响较大。催化剂磨损程度的影响因素有烟气流速、飞灰特性、冲击角度和催化剂本身特性等。一般来说烟气流速越大，磨损越严重；冲击角度越大，磨损越严重。通过合理设计脱硝反应器流场，避免在反应器局部出现高流速区，可以避免催化剂出现较严重的磨损。此外带硬边的催化剂也可以有效减少飞灰对催化剂的磨损。

SCR 催化剂失活不可避免，催化剂失活不仅会增加 SCR 系统的运行成本，还会带来环境问题。从 SCR 运行成本和失活催化剂的处理方面考虑，对失活催化剂进行再生处理将是不错的选择。催化剂再生方法主要有以下几种：

（1）水洗再生。通过压缩空气冲刷吹去催化剂表面的灰尘，然后用去离子水冲洗以洗涤掉在催化剂表面的尘土和盐，最后置于空气中干燥。该方法能使失活催化剂的活性从 50% 恢复至新鲜催化剂的 83% 左右。

清洗催化剂表面和孔道中沉积的粉尘，$CaSO_4$ 等是 SCR 催化剂再生的最为基础，也最简单有效的方法。一般可以通过压缩空气冲刷、去离子水冲洗等实现。必要的还可以使用超声等辅助措施。水冲洗不仅可以去除催化剂表面的浮尘，还可以溶解不少催化剂上附着的可溶性物质，如碱金属氧化物，硫酸铵类物质等。实验表明，仅用冲洗就能使失活催化剂活性大幅上升。吴凡等[44]对国华太仓电厂的 SCR 脱硝失活催化剂分析发现 $CaSO_4$ 和 SiO_2 等杂质的堵塞是其失活的主要原因，经过超声清洗等步骤后，催化剂的活性由 NO 转化率 40.7% 上升至 94.1%。

（2）酸碱处理再生。一般是将失活催化剂浸泡在酸溶液中一段时间，然后用清水洗至 pH 值为 7，将洗涤过后的催化剂置于 100℃ 下的环境中干燥[45]。经过酸洗再生后的催化剂恢复效果比水洗要好的多，催化剂经酸洗后，沉积在催化剂表面的碱金属离子被完全洗涤，还在催化剂表面掺入了SO_4^{2-}离子，使得再生后的催化剂脱硝活性在350~500℃内高于中毒前[46]。碱液处理则一般用于催化剂的磷、砷等物质中毒处理。通常的做法是将催化剂先用碱液处理除去磷、砷等毒物；然后采用去离子水清洗残留的碱液并接着进行酸处理，除去碱金属毒物并恢复催化剂的表面酸性位点；最后，用去离子水将催化剂洗涤至接近中性并干燥。

（3）SO_2酸化热再生。首先用去离子水中清洗失活催化剂，然后置于100℃环境下烘焙1h，最后于350~420℃的SO_2气体环境中煅烧，冷却至室温得到再生的催化剂。SO_2酸化热再生的再生原理与酸洗再生类似，都是依靠活化催化剂表面的酸性位点。Zheng等[47]以钾中毒的催化剂为研究对象，对中毒催化剂进行了SO_2酸化热再生实验，测试结果表明，催化剂在250~450℃时活性可以恢复至新鲜催化剂的50%~72%。

（4）热再生。将催化剂置于惰性气体环境中，保持一定的速率提高温度，一段时间后降温，惰性气体主要是防止再生过程中氧化反应的发生。热再生的原理主要是分解沉积在催化剂表面的铵盐。

（5）还原再生。将还原性气体按一定的比例加入到惰性气体中，催化剂置于该混合气体中，并升高到一定温度。还原再生主要是依靠还原性气体还原催化剂表面的硫酸盐，来实现催化剂的再生。

失活的催化剂不能通过再生重新恢复催化活性时，或失活的催化剂经过反复多次再生循环利用后，其各方面物理化学性质发生较大的改变，再生成本逐渐升高且寿命变短。这时，该催化剂便不适宜再生利用，而应对其进行回收处理。随着SCR工艺的广泛应用，废催化剂将会越来越多。有效回收废催化剂的有用金属元素，将其资源化利用、变废为宝必定是SCR催化剂循环利用的发展方向。

烟气脱硝催化剂的组成主要是TiO_2、WO_3、V_2O_5，同时含有其他Si，Al，Ca，Fe，Sr，Zr，K，Na等离子和金属氧化物。脱硝催化剂的主要活性组分为V_2O_5，提供脱硝活性位。V_2O_5是有毒物质，国家危险废弃物名录中V_2O_5的序号方式412，CAS号是1314-62-1，UN号是2862。

钒化合物毒性及生命效应的大小除同钒的总量有关外，更重要的是受钒的化合特性及赋存形态的影响。金属钒的毒性很低，但其化合物对动植物体有中等毒性，且毒性随钒化合态升高而增大，五价钒的毒性最大；VO_2^+为生物无效，而VO_3^-却容易被吸收。钒的累积对动物具有中~高等毒性，可引起呼吸系统、神经系统、肠胃系统、造血系统的损害及新陈代谢的改变，降低对食物的摄入、引起腹泻并使体重减轻；改变新陈代谢及生化机能；抑制繁殖能力和生长发育；降低动物的抗外界压力、毒素及致癌物的能力；甚至致死。同时脱硝催化剂中含有W、Zr、Nb等重金属及其金属氧化物。脱硝催化剂废弃后其中的重金属元素可能会进入环境和水体，通过生物富集等的方式进入人体，对人造成危害。

除脱硝催化剂本身含有的有毒元素钒（V），重金属钨（W）、锆（Zr）、铌（Nb）外，经过24000h使用后，催化剂表面和孔道里面会富集大量飞灰。飞灰中含有重金属铜（Cu）、钴（Co）、钯（Pb）、镍（Ni）、镉（Cd）、铬（Cr）和砷（As）等。如果直接填埋会造成包括重金属在内的其他金属元素渗入到土壤和地下水，造成土壤和地下水污染，所以对废旧脱硝催化剂进行再生和资源化回收不仅可以减少资源的浪费，而且可以减小重金属等造成环境污染的可能性。

废SCR催化剂中大约含有1%~5%的钒，5%~10%的钨和钼。对这些金属的回收主要有干法回收，湿法回收，干湿结合法和不分离法等。

干法回收是指选择合适的助熔剂和还原剂，使金属组分经还原熔融后以金属或合金的形式回收。如将废钒催化剂直接进行高温活化，焙烧，然后采用碳酸氢钠和氯酸钾溶液浸出并氧化，接着过滤、浓缩浸出液，再加入氯化铵得到偏钒酸铵沉淀，干燥、煅烧得到五氧化二钒。

湿法回收指的是利用酸、碱及其他溶剂，借助还原、水解及络合等反应的化学作用，对废旧脱硝催化剂中的金属进行提取和分离。可以综合利用萃取法、反萃取法、沉淀法和离子交换法等对浸液中不同组分分离和提纯。

使用后SCR催化剂其钒元素主要以V_2O_5和$VOSO_4$的形式存在，后者所占比例接近一半（取决于催化剂在反应器中的位置和使用时间的长短）。$VOSO_4$可溶于水，V_2O_5难溶于水，但易溶于强酸强碱。因此，从废催化剂中提取钒元素的关键步骤就是钒的浸出。用盐酸或硫酸溶液升温浸出，同时加入氧化剂氯酸钾氧化四价钒为五价钒，V_2O_5的浸出率可达95%~98%。由于V_2O_5为两性氧化物，因此也可以采取碱液加以浸出回收。用NaOH或碳酸钠溶液在90℃下浸出，溶液过滤后调整pH值为1.6~1.8，煮沸得到V_2O_5沉淀。

干湿结合法则是同时使用上述干法和湿法回收。由于脱硝催化剂含有多种组分，采用干湿结合法，有利于对催化剂中不同组分进行有效分离回收。不分离法则是针对具有相似性质的元素，统一回收不再分离。由于镧系收缩效应的影响，使得同一族的金属元素钨（W）、钼（Mo）的原子半径、化学价态、在水溶液中化学性质都极其相近，从而造成分离的困难。研究WO_3和进行MoO_3合并回收，以降低分离能耗。

总之，废旧催化剂的回收需要根据催化剂的组成、含量、种类以及回收物的价值、性能、收率、二次污染等因素加以综合选择决定。通常对不同种类脱硝催化剂有价金属的种类、含量及物相构成的进行分析后决定采用哪种脱硝催化剂。

7.4 冶金尘泥回收利用技术

2018年中国粗钢产量已达9.28亿吨，占世界钢铁产量的51.3%左右。钢铁

生产过程中不可避免的会产生 8%～12% 的含铁尘泥，按每生产 1 吨钢平均排放
10kg 尘泥计算，则全国钢铁冶炼 2018 年已产生含铁尘泥达 9280 万吨。钢铁厂尘
泥种类繁多，数量大，产生于钢铁冶炼流程的多个环节，同时随原料条件、工艺
流程、装备水平及管理模式的差异有较大区别。由于含锌铁矿和镀锌废钢的使
用，大部分钢铁厂尘泥中除了含有较高的铁、碳之外，还含有 Zn、Pb、Cr、Ni
等金属元素，处理起来较为困难。若直接将其以传统方式弃置和填埋，不仅占据
了大量土地、严重污染了环境，又浪费了其中的有价组元。回收利用尘泥中的铁
和碳有助于节约铁矿资源和煤炭资源，而锌和铅又可用来制作电池、导电材料。
面对能源紧张和生态环保的态势，以"废物就是资源"为理念，从钢铁企业长
远发展着眼，开发高效经济的冶金尘泥处置工艺是实现"资源化再利用"及钢
铁行业可持续发展的重大需求。

7.4.1 含铁尘泥的物化特性

不同来源的含铁尘泥成分存在差异，部分含铁尘泥的典型成分如表 7-22 所
示。可以看出，粉尘中铁的含量比较高，除了烧结机头除尘灰外，多数粉尘的全
铁含量接近或超过 50%，有利于回收利用，同时也含有一定量的重、碱金属
元素。

表 7-22　含铁尘泥的典型成分（质量分数）　　　　　　（%）

粉尘种类	TFe	FeO	SiO$_2$	CaO	MgO	Al$_2$O$_3$	K	Na	C	Pb	Zn
烧结一电场灰	39.42	—	4.63	8.53	1.95	1.92	6.93	1.39	—	2.27	0.16
烧结二电场灰	23.3	—	3.13	7.10	1.32	1.48	16.50	1.29	—	5.83	0.34
烧结三电场灰	12.38	—	1.54	4.70	0.63	0.89	21.41	1.91	—	7.24	0.39
烧结四电场灰	2.69	—	0.40	1.90	0.21	0.23	32.70	2.54	—	9.49	0.43
高炉瓦斯灰	55.20	8.00	8.21	6.67	1.12	4.49	0.17	0.06	17	0.08	3.49
转炉二次灰	~51	—	2~4	~9	~3	—	—	—	3~5	0.42	2~4
电炉灰	44.73	8.91	2.06	2.92	1.38	0.56	1.32	1.32	1.14	—	2.61
转炉污泥	58.19	59.58	1.98	10.28	3.47	1.83	0.19	0.21	1.65	—	0.25
高炉槽灰	51.50	5.16	4.68	3.86	0.91	1.78	0.20	0.11	3.66	—	0.02
氧化铁皮	~70	—	—	—	—	—	—	—	—	—	—

不同来源的含铁尘泥粒度组成也有所不同，部分含铁尘泥的粒度分布如图

7-102所示[48]。可以看出，烧结电场除尘灰大于90%的颗粒在2.508μm以下，粒度最细，转炉灰与电炉灰次之，转炉污泥与轧钢污泥粒度相对较粗。

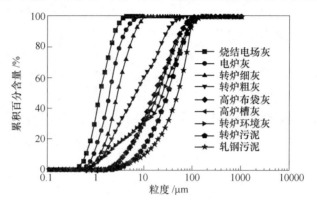

图7-102　含铁尘泥的粒度组成

7.4.2　含铁尘泥主要处理工艺[49]

7.4.2.1　直接循环利用

直接循环利用是将钢铁厂回收的含铁尘泥返回至原料场，以原料的形式配入烧结混合料或球团混合料中，对铁元素进行回收利用。

A　烧结法

该方法简单实用，能利用现有烧结机，基本不增加额外投资。但是，由于含铁尘泥成分波动大、粒度细及疏水性强，返回烧结会增加精确配料的困难，降低混合料的混匀度，恶化烧结料层的透气性，最终降低烧结矿质量和产量，因此含铁尘泥的配比不宜过多。此外，尘泥中易挥发的锌、铅等元素，还会在高炉内循环富集，导致高炉上部结瘤，煤气管道堵塞，影响高炉的顺行。

B　球团法

球团法是一种较早被国内外钢铁厂采用的工艺，将含铁尘泥和一定比例的黏结剂混合后，圆盘造球或冷压成球。圆盘造球所得的生球经氧化后可作为高炉炉料，该方法同样仅限于处理重碱金属含量较低的含铁尘泥，而且对尘泥的粒度和比表面积有较高的要求。冷压成球所得的团块经干燥后返回炼钢转炉作为冷却剂或化渣剂，该方法适用于炼钢系统产生的高铁尘泥，不适合处理高炉系统高碳尘泥，但限于转炉炼钢的钢种限制和工艺操作等因素，冷压球团的返回使用量也有限制。

7.4.2.2　物理法

物理法是利用粉尘中钾、钠、铅、锌等易富集在细粒级中、磁性较弱和碳的良好可浮性等特性，采用重选、磁选、浮选或几种工艺的联合将铁回收料初步富集、回收的工艺，从而回收粉尘中的铁和碳，降低铁精矿中重、碱金属的含量。

A 磁选

含铁尘泥的主要矿物为强磁性的磁铁矿、中磁性的赤铁矿（铁矿物单体解离度高），存在于粗粒级中，而含铁粉尘中 ZnO、Na_2O、K_2O 等有害杂质基本上无磁性，富集于细粒级中，故用"弱磁－强磁"梯度磁选方法回收粉尘中铁矿物，降低铁精矿中有害成分的含量。

B 水力旋流器

水力旋流器能够将泥浆中的物质按照颗粒尺寸进行分离，采用其处理高含锌尘泥，富含锌的细颗粒物质从旋流器顶部逸出，而含锌较低的粗颗粒物质则从旋流器的底部流出，达到分离锌的目的。高锌泥可用作深度提锌的原料，而低锌泥则返回用于烧结工序。在这种处理工艺下，仍有部分低锌尘泥需通过烧结工序消纳，锌循环富集的问题没有彻底解决，而且过程中产生的废水需再处理。该方式处理规模小，通常不被大型钢企采用。

物理法工艺流程简单，但仅限于处理重碱金属富集程度高、物相粒度大且以单独形式存在的尘泥，对于相互固溶形式存在尘泥，锌、铅有价元素富集程度有限，部分尾渣仍无法返回烧结、球团循环利用，因此，一般都将物理分选作为湿法浸出的预处理工艺。

7.4.2.3 湿法

湿法工艺一般用于中锌和高锌粉尘的处理，对于低锌粉尘，则要经过富集后，再采用湿法处理。ZnO 是两性氧化物，不溶于水或乙醇可溶于酸、氢氧化钠或氯化铵等溶液。湿法工艺就是利用氧化锌的这种性质，采用不同的浸取液，将锌从混合物中分离出来，一般有焙烧、酸浸、碱浸以及氨与 CO 联合浸出等方法。

A 酸浸法

酸浸法主要是用硫酸、盐酸、醋酸等作浸出剂，粉尘中的锌化合物在酸中溶解，对浸出液过滤除杂后，电积回收锌，部分化学反应如下：

$$ZnO + H_2SO_4 === ZnSO_4 + H_2O \tag{7-43}$$

$$ZnO \cdot SiO_2 + H_2SO_4 === ZnSO_4 + H_2SiO_3 \tag{7-44}$$

$$ZnO + 2HCl === ZnCl_2 + H_2O \tag{7-45}$$

$$ZnO \cdot Fe_2O_3 + 2HCl === ZnCl_2 + Fe_2O_3 + H_2O \tag{7-46}$$

采用强酸（硫酸、盐酸等）浸出工艺，锌的浸出率较高，在常温常压下为80%以上，在高温、加压条件下可提高到90%以上，但大量铁及其他硅、铝等杂质也易被浸出，加重了后序净化负担，影响产品质量。弱酸（碳酸、醋酸等）浸出工艺能耗较低，氧化锌产品质量较高，但锌浸出率低，特别是当其主要以铁酸锌形式存在时，锌浸出率更低。

B　碱浸法

碱浸法主要是用氢氧化钠等强碱作浸出剂，还有用氨溶液或氨与铵盐的混合溶液作浸出剂，锌氧化物溶于碱中转入溶液，部分化学反应如下：

$$ZnO + 2NaOH = Na_2ZnO_2 + H_2O \tag{7-47}$$

$$ZnO + 2NH_4Cl = Zn(NH_3)2Cl + H_2O \tag{7-48}$$

碱浸法相对选择性好，得到的浸出液更纯，可制取纯度较高的氧化锌产品，但锌浸出率相对较低，铁酸锌形式的锌难被浸出。

总体而言，湿法工艺相对能耗小、设备投资少，但存在以下不足：（1）锌、铅的浸出率较低，浸渣难以作为钢厂原料循环使用，不能满足环保法提出的堆放要求；（2）单元操作过多，浸出剂消耗量较大，成本较高；（3）设备腐蚀严重，大多数操作条件较恶劣；（4）对原料比较敏感，使工艺难以优化；（5）处理过程中引入的硫、氯等易造成新的环境污染；（6）与钢厂现有技术不配套；（7）浸出效率低。

7.4.2.4　火法

采用火法工艺处理钢铁厂含锌尘泥的研究已开展多年，相关成果已有不少被推广应用，主要有直接还原法或熔融还原法。

A　直接还原法

直接还原法又包括循环流化床工艺、回转窑工艺、竖炉工艺、转底炉工艺等。其中，循环流化床工艺虽可抑制粉尘中绝大部分铁的还原，减少还原剂和热量的消耗，且反应动力学条件较好，但操作状态不易控制，动力消耗较大，温度低虽对避免炉料黏结有利，却降低了生产效率；竖炉工艺以天然气为还原剂，若用于天然气资源匮乏和价格昂贵的地区，直接还原生产成本过高，加之该技术投资过大，设备性能要求较高，推广受到了极大影响；煤基链算机—回转窑工艺以煤为还原剂，对煤资源丰富的地区有很大的吸引力，具有工艺成熟、投资低、运行简单的显著优点，在国内通常被炼锌企业用来处理浸出渣，而处理钢铁粉尘的较少，而且该技术对温度控制精度要求较高，生产中极易结窑、作业率较低，其推广和应用处于停滞状态。煤基转底炉直接还原工艺因转底炉设备构造简单、原料适应性强、技术成熟度高、炉况运行可靠、经济性好等优点，是目前相对最理想的冶金尘泥处置方法。

B　熔融还原法

熔融还原法有富氧竖工艺炉、小高炉工艺等。以太钢的 Oxycup 富氧竖炉工艺为例，该工艺将含铁尘泥与碳素等其他原料进行混合造块、晾干养护或者烘干后纳入熔分炉处理，生产铁水，湿法除尘收集的富锌粉尘污泥外销给炼锌厂，脱锌率达到 95% 以上。该工艺对炉料种类适应性广、炉料强度要求低、生产率高，能够处理钢铁企业含锌粉尘以及钢渣类的大块废料，其缺点是能耗较高，一次性投资及生产维护费用较高，经济性不好。熔融还原处理冶金尘泥工艺在国内并不常见，在大规模推广应用前尚需进一步研究。

根据重碱金属含量的不同，钢铁厂含铁尘泥可分为重碱金属含量较低的普通类含铁尘泥和重碱金属含量较高的难处理含铁尘泥两种。经过不断的摸索和实践，普通类含铁尘泥普遍采用的处理方法是配入烧结混合料直接回收利用，难处理含铁尘泥则通常采用转底炉工艺单独处置。

7.4.3　基于预制粒的烧结法处理尘泥技术

7.4.3.1　技术原理[50]

以宝钢烧结原料以及高炉二次灰、出铁场灰、原料灰、EP 灰、矿槽灰、成品除尘灰、ESCS 回收系统灰七种含铁粉尘为试验原料条件，将含铁粉尘直接配入烧结料中经混匀、制粒后进行烧结杯试验，考察含铁粉尘添加量（含铁粉尘占铁矿粉质量的百分比）对烧结指标的影响。其中，固定混合料水分 8.0%，燃料总量一定（相当于焦粉用量为 5.0%），碱度 1.8，生石灰用量 4.5%。由于含铁粉尘中含有一定量的燃料型碳，可以降低烧结过程中的焦粉用量，试验过程中保证燃料用量固定（以固定碳计算），即焦粉的配比随粉尘配加增加而降低。含铁粉尘组成为，高炉二次灰：高炉出铁场灰：原料灰：EP 灰：成品灰：储矿槽灰：ESCS 灰的比例为 21：7：6：32：17：16：1。

由表 7-23 可以看出，随着粉尘配加量的增大，焦粉用量逐步将低，烧结速度明显变慢。当粉尘添加量为 20% 时，焦粉用量降低到了 2.90%，但是此时烧结速度仅为 14.96mm/min，利用系数降低至 $1.037t/(m^2 \cdot h)$，与未配加粉尘时相比，利用系数降低了 29.55%。当粉尘配加量高于 7% 时，烧结矿的各项指标明显下降。

表 7-23　含铁粉尘添加量对常规烧结指标的影响

粉尘配加量/%	焦粉用量/%	烧结速度/mm·min^{-1}	成品率/%	转鼓强度/%	利用系数/t·(m²·h)$^{-1}$	透气性指数/J.P.U
0	5.00	21.14	75.64	65.80	1.472	0.273
2	4.84	20.55	74.27	65.35	1.415	0.265
4	4.60	20.36	74.15	64.47	1.389	0.259
7	4.30	19.47	73.63	62.80	1.321	0.245
10	4.00	18.99	73.36	62.63	1.306	0.232
15	3.45	18.24	73.07	62.24	1.239	0.205
20	2.90	14.96	72.71	61.60	1.037	0.187

将含铁粉尘配入适量膨润土在圆盘造球机内制备成球团料，其余的匀矿及其他原料按照传统的混合、制粒工艺进行混匀，然后将制备好的球团料和混匀料进

行再次混匀后进行烧结杯试验，分别考察预制粒后球团料配比、球团料粒径、球团料偏析及料层高度对烧结指标的影响。其中，球团料膨润土含量固定为2%（按外配计算，占造球原料的质量百分比，下同），碱度为1.43，生球水分控制为11%，球团料含碳量为6.57%，总混合料的碱度固定为1.80，生石灰用量固定为4.0%，焦粉用量2.9%（折算总焦粉量4.6%）。

由表7-24可见，随着球团料配比的提高（球团粒径8~10mm），烧结速度呈现先升高后降低的趋势，烧结矿的成品率、转鼓强度及利用系数随着粉尘球团料配比的提高而逐渐降低。当粉尘球团的添加量超过20%时，烧结矿的成品率、转鼓强度和利用系数大幅度下降。综合考虑，采用预制粒新工艺，含铁粉尘球团料的配比可由常规烧结时的7%提高至20%，此时，烧结速度和利用系数为21.62mm/min和1.463t/（m² · h），明显高于常规烧结中直接配加7%含铁粉尘时的烧结速度19.47mm/min和利用系数1.321t/（m² · h）。

表7-24   球团料配比对烧结指标的影响

球团料配比 /%	焦粉用量 /%	烧结速度 /mm · min⁻¹	成品率 /%	转鼓强度 /%	利用系数 /t · (m² · h)⁻¹	透气性指数 /J. P. U
0	5.0	21.14	75.64	65.80	1.472	0.273
5	4.5	21.27	75.21	65.38	1.471	0.276
10	4.0	21.36	74.57	64.73	1.468	0.282
15	3.5	21.55	73.93	64.52	1.469	0.296
20	2.9	21.62	72.82	64.28	1.463	0.305
25	2.4	21.38	71.06	62.85	1.378	0.313
30	1.8	20.71	66.52	60.42	1.267	0.318
35	1.3	20.23	61.29	57.59	1.141	0.322
40	0.8	19.64	54.37	53.54	0.991	0.325

粉尘预制粒可改善烧结料层透气性，有助于实施厚料层烧结。由表7-25可知，随着料层厚度的增加（球团料配比20%，球团粒径8~10mm），烧结速度、转鼓强度和利用系数呈现先增大后减小的趋势，成品率持续增加，当料层为870mm时，成品率达到79.26%。

表7-25   料层高度对烧结指标的影响

料高/mm	烧结速度/mm · min⁻¹	成品率/%	转鼓强度/%	利用系数/t · (m² · h)⁻¹
700	21.62	72.82	64.28	1.463
750	21.87	74.20	65.30	1.510
810	20.52	78.78	63.07	1.525
870	19.83	79.26	62.84	1.506

由表 7-26 可知，随着球团粒径的增大（球团料配比 20%），烧结速度、成品率和利用系数均呈现先提高后降低的趋势，而转鼓强度指标逐渐降低。球团料粒径在 8~12mm 之间获得的试验指标相对较为理想。当球团料粒径较大时（12~15mm），部分球团内部由于含有大量的碳，由于烧结焙烧高温停留时间短，导致粉尘球团内部的碳燃烧不充分，这一定程度上影响产品强度的提高。因此，适宜的球团料直径为 8~12mm。

表 7-26　球团料粒径对烧结指标的影响

球团粒径/mm	烧结速度/mm·min^{-1}	成品率/%	转鼓强度/%	利用系数/t·(m²·h)$^{-1}$
5~8	20.92	72.52	66.00	1.416
8~10	21.62	72.82	64.28	1.463
10~12	21.85	73.69	64.83	1.476
12~15	21.05	70.18	62.20	1.359

7.4.3.2　工艺流程

粉尘预制粒采用配料—混合—润磨—造球工艺流程（如图 7-103 所示）。从原料、黏结剂的接受贮备开始至粉尘生球输送到烧结混匀料的胶带机为止，包括含铁粉尘、黏结剂的接受、配料、混合及润磨、造球以及粉尘生球的输出等工序。预制粒后含铁粉尘球团不再参与二次制粒。

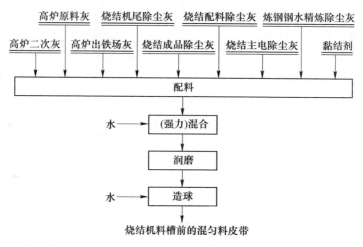

图 7-103　粉尘预制粒工艺流程图

A　含铁粉尘、黏结剂的接受

含铁粉尘通过气力输送系统送入粉尘制粒系统配料室的相应矿槽。自产和外购的黏结剂经由密封罐车运至烧结厂，再用气力输送进粉尘制粒系统配料室的黏结剂矿槽。

B　配料

为了保证配料精确，含铁粉尘和黏结剂均集中在配料室采用重量配料，配料后排入粉尘配料混合室的刮板机上。

C　混合和润磨

采用立式强力混合机将各种含铁粉尘和黏结剂充分混匀，并加入少量水分。经过混合的物料通过皮带机输送进入润磨机，使物料提高细度和比表面积，改善物料的成球性能，并进一步混匀。

D　造球

经过混合与润磨的物料通过胶带机卸至造球前的缓冲槽内，由定量给料机分别送至多个造球盘制粒，在造球过程中添加水使生球水分达到 11%～12%，最终生球粒径控制在 5～10mm。

E　成品交接

经过造球好的生球，通过胶带机运输交料到混匀料皮带上，与其余经混匀制粒的烧结混匀料一并送往烧结机料槽，成品运输时需充分考虑到减少转运及转运时的冲击以减少产品破碎。

7.4.3.3　工程应用

钢铁厂每年产生大量的含铁粉尘，其中低锌部分直接返烧结利用。原先宝钢本部对高炉和烧结内部粉尘的利用方式为高炉一、二次灰配入混匀矿，高炉出铁场灰和原料灰直接加湿后进二混，烧结内部除尘灰中部分由气力输送并加湿进二混，部分则参与配料。由于高炉和烧结内部粉尘粒度较细、成分杂，直接配入烧结的方式，不仅带来原烧全流程粉尘污染加重，而且对烧结过程透气性、产质量及生产组织产生较大影响。因此，采用了封闭和相对集中处理含铁粉尘的"粉尘预制粒"技术（设备链接示意图如图 7-104 所示），即将高炉二次灰、高炉出铁

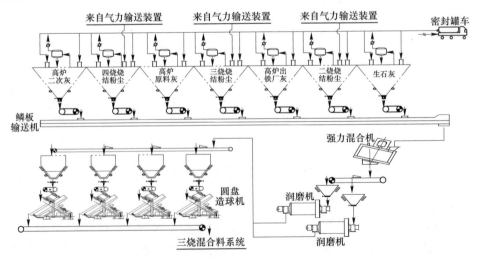

图 7-104　粉尘预制粒设备连接示意图

场灰、高炉原料灰、烧结机尾除尘灰、烧结成品除尘灰、烧结配料除尘灰、烧结主电除尘灰（回收系）和钢水精炼除尘灰等 8 个品种粉尘经造球处理后送入烧结系统。粉尘预制粒系统年处理相关粉尘约 101 万吨，年产生球 116 万吨，粒度为 3~10mm，含铁约 43%，预制粒后小球经分料器分流后可送至 2 号烧结机或 3 号烧结机混合制粒后皮带。

7.4.4 转底炉法处理尘泥技术

转底炉技术在含铁尘泥处理方面的可行性已得到工程实践的验证，2008 年，世界最大的年产能 31 万吨铁尘回收转底炉在君津厂投产，这是新日铁安装的第三座转底炉装置，新日铁是转底炉回收钢铁厂含锌尘泥技术的世界领先者。韩国浦项、光阳钢铁公司在 2009 年也建起了 20 万吨的转底炉，用于粉尘处理。鉴于国外在转底炉技术处理钢铁厂尘泥方面取得的成就，中冶赛迪、中冶长天、宝武环科、北京科技大学、北京神雾等单位相继投入转底炉技术的研发。目前，国内已采用转底炉技术处理尘泥的钢铁公司已有马钢（20 万吨/年）、莱钢（30 万吨/年）、沙钢（30 万吨/年）、宝钢湛江（20 万吨/年）等[51]。

7.4.4.1 技术原理

转底炉技术处理含锌含铁粉尘的基本原理是以固态还原的形式，利用锌沸点较低，高温易挥发的性质，先在高温中将含锌铁尘泥中的锌还原挥发，再在空气或者二氧化碳中将气态锌氧化，从而以氧化锌的形式回收，同时铁氧化物被还原成金属铁，实现锌铁分离。转底炉内的主要化学反应为：

$$Fe_xO_y + C = Fe_xO_{y-1} + CO \tag{7-49}$$

$$Fe_xO_y + CO = Fe_xO_{y-1} + CO_2 \tag{7-50}$$

$$ZnO + C = Zn + CO \tag{7-51}$$

$$ZnO + CO = Zn + CO_2 \tag{7-52}$$

$$ZnO \cdot Fe_2O_3 + 4C = Zn + 2Fe + 4CO \tag{7-53}$$

$$ZnO \cdot Fe_2O_3 + 2CO = Zn + 2CO_2 + 2FeO \tag{7-54}$$

$$C + CO_2 = 2CO \tag{7-55}$$

对于含铁尘泥球团在转底炉中的还原反应，其热源多为高温燃气燃烧放热，燃烧后的气氛多为弱氧化性气氛。当在弱氧化性气氛中（体积比 N_2：CO_2 = 93：7），尘泥含碳球团的还原过程为双向气-固相反应，即球团内部的气-固反应与气体与球团间的气-固反应同时发生，主要反应过程包括：（1）外界气体通过气固相边界层向颗粒表面扩散；（2）气体通过多孔固体产物铁层向 Fe_xO_y 和 ZnO 界面扩散；（3）CO 气体在反应界面与 Fe_xO_y 和 ZnO 发生反应，生成 CO_2 气体；（4）CO_2 气体与固体中 Fe_xO_y 发生再氧化；（5）CO_2 气体与固体中的碳发生反应，产生 CO 气体；（6）CO_2 气体通过多孔的固体产物铁层到达其表面；（7）

CO_2 气体通过气固相边界层到达气相内，如图 7-105 所示。

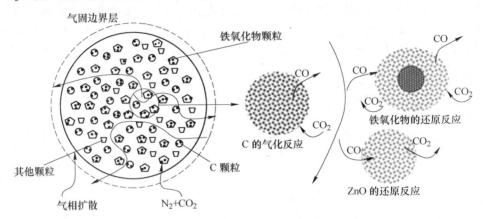

图 7-105　弱氧化性气氛下尘泥含碳球团的还原机理

7.4.4.2　工艺流程

转底炉工艺流程见图 7-106，自原料接受开始至成品球团矿输出为止，包括原料接受、配料、混匀、球团制备、生球干燥、还原焙烧、冷却、成品交付、烟气处理等主要工序。

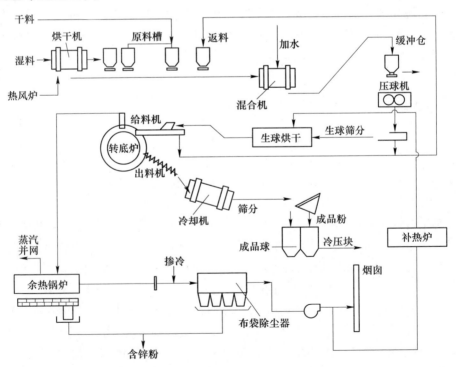

图 7-106　转底炉处理冶金粉尘工艺流程

A　原料接受与贮存

各种含铁粉尘、黏结剂、煤粉由输送管输送到原燃料仓；污泥经翻斗车送至车间受泥槽，再通过污泥泵送至圆筒干燥机，烘干后的污泥采用仓式泵输送到配料仓。

B　配料

通过定量给料装置对粉尘、污泥、黏结剂、煤粉按比例配料。为保证配料准确，参与配料的物料均采用重量配料。

C　混匀

采用立式强力混合机将各种粉尘、污泥、黏结剂和煤粉充分混匀，并加入少量水分。

D　球团制备

球团制备既可采用圆盘造球、也可采用对辊压球。其中，圆盘造球对原料要求比较严格，要求原料粒度细和粒度组成合理（小于 0.074mm 粒级的比例在90%以上），因此需增设润磨工序来提高物料的比表面积和表面活性。对辊压球工艺是在一定压力下，使粉状物料在模型中受压成为具有一定形状、尺寸、密度和强度的块状物料，它对原料粒度要求较低，无需润磨工序。

E　生球干燥

筛除小于 8mm 的不合格球，不合格球经转运过程中的粉碎后重新返回造球系统。合格的生球由辊式布料机均匀布到生球干燥机上，干燥后的球团水分小于1%。干燥机由热风炉供热，热风循环利用。

F　转底炉还原

转底炉以原料冶炼行为划分为装料区、加热区、还原区、排放区，部分资料将熔化区归于还原区内。图 7-107 为转底炉从装料入炉部位到排出段的展开图。从装料入口区装入的球团随着炉床的前进，装入的含碳球团均匀的布于炉底，该

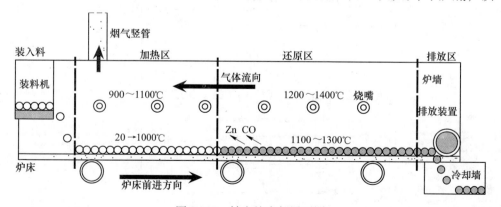

图 7-107　转底炉内部展开图

薄料层一般厚度为 15~40mm。首先在加热区被加热到 1000℃ 以上，然后在高温的还原区，球团达到反应所需 1100℃ 以上的温度，并通过氧化锌和氧化铁中所含的碳进行还原反应。在还原区，锌以气态形式从球团中分离出来而被脱除，金属锌在高温下易于升华，熔点和沸点分别为 419.58℃ 和 907℃。另外，燃烧及反应所生成的气体沿着与炉床前进的相反方向流入废气系统中。整个过程中物料在炉内的停留时间只有几十分钟，脱锌并还原后的球团物料为金属化球团产品。

G　冷却

还原后的产品从转底炉排出进入冷却筒冷却。冷却筒为密闭结构，物料在高温下与外界空气严密隔绝。通过对筒体表面打水带走筒体内物料的热量，使物料间接冷却至 300℃ 以下，以防止产品的再氧化。

H　成品

冷却筒卸下的冷却后的球团矿，用链斗机直接运往成品仓。成品仓可储 800t 成品球团矿。

I　烟气处理及余热回收

从转底炉出来的尾气除含主要的 ZnO 粉尘、少量原料粉尘、低熔点的钾、钠等碱金属硅酸盐外，由于转底炉中烟气气氛主要为还原性气氛，还含有未完全燃烧碳粉及未完全氧化金属 Zn，及少量 CO 气体。经复燃室燃烧，使烟气中 CO 气体、粉尘中 C 燃烧完全，进一步提高烟气热焓，并将金属 Zn 充分氧化，提高系统最终的 Zn 收集率。同时利用重力粉尘可自然尘降的原理，除去烟尘中一部分大颗粒的粉尘，一方面减低余热锅炉烟尘堵塞压力，另一方面提高后段收集的 ZnO 粉收集品位。复燃后的烟气通过热管回收余热，将烟气温度降到 500℃ 左右后再进入换热器预热空气，预热的空气作为转底炉烧嘴的助燃风，助燃风可加热到 300℃ 左右，经过换热后的烟气温度降到 200℃，再进入布袋除尘器净化后由引风机排入大气。布袋除尘器收集的粉尘作为次氧化锌产品。

转底炉的断面简图和平面图分别如图 7-108 和图 7-109 所示。转底炉床与固

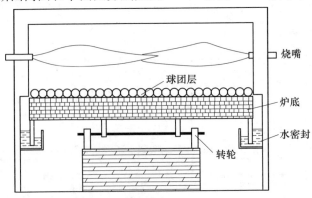

图 7-108　转底炉断面图

定的炉壁内侧有水封以保持气密性。炉壁两侧设置若干烧嘴喷入燃气燃烧加热炉料，固体炉料与烟气逆流运动一周，完成还原和挥发反应。

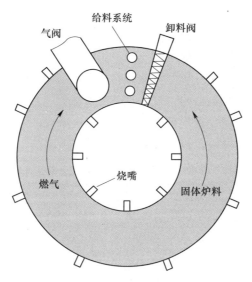

图 7-109 转底炉平面图

7.4.4.3 工程应用

为了加强含铁尘泥的综合利用，最大限度的利用铁素资源和降低环境污染，宝钢湛江采用了由中冶赛迪设计的转底炉处理含铁尘泥技术，设计年处理含锌含铁尘泥为 20 万吨，该工程随宝钢湛江钢铁 2 高炉于 2016 年同步投产，确保含铁尘泥类固废在钢厂内部进行循环利用。工程的技术效果如下：日处理尘泥量 640 吨；蒸汽产量 430 吨；粗锌粉产量 15 吨；金属化球团金属化率 70%；冷却后金属化球团送高炉炼铁使用；脱锌率 85%；焚化率 20%。该工程有效解决了宝钢湛江钢铁含锌尘泥的循环资源化利用难题，降低二次污染、优化资源利用，变废为宝，具有较高的经济和环保价值。

7.4.5 回转窑法处理尘泥技术

7.4.5.1 技术现状

目前，按照重金属元素锌含量的高低，钢铁厂含锌尘泥被分为：低锌尘泥（<1%），如烧结厂灰、高炉槽灰及转炉污泥等；中、高锌尘泥（>1%），如高炉瓦斯灰、转炉二次灰及电炉灰等。通常低锌尘泥直接返烧结利用，中、高锌尘泥采用转底炉、回转窑等火法工艺处理。

回转窑法处理含锌尘泥因投资成本较转底炉低，同时运行成本低，在世界范围内被广泛应用。当前，在我国的新钢、昆钢、湘钢、邯钢、马钢等代表性钢铁企业采用了该技术处理高炉瓦斯灰、转炉二次灰及电炉除尘灰等含锌尘泥，实现了尘泥的高附加值资源化利用[52]。

7.4.5.2　技术原理

回转窑法处理含锌尘泥技术原理与转底炉一致，也是在高温还原过程中，利用锌等金属沸点较低的特性，使其在高温还原下以蒸汽形式挥发进入烟气中，从而实现锌与固相主体的有效分离。锌蒸汽在气相中重新被氧化成氧化锌烟尘，随后被收集在烟道及布袋收尘器内，成为次氧化锌粉。

含锌尘泥中锌的可能存在形式主要包括 ZnO、ZnS、$ZnSO_4$、$ZnO \cdot Fe_2O_3$ 等，在回转窑内发生的还原反应及理论反应温度，如表 7-27 所示[53]。

表 7-27　钢铁粉尘中 Zn 的存在形式及其还原反应

锌的存在形式	反应方程式	理论反应温度/℃
ZnO	$ZnO+C \Longrightarrow Zn+CO$	900
	$ZnO+CO \Longrightarrow Zn+CO_2$	
ZnS	$ZnS+3CO_2 \Longrightarrow ZnO+SO_2+3CO$	750℃时开始，900~1000℃时迅速反应
	$ZnS+CaO+CO \Longrightarrow Zn+CaS+CO_2$	
$ZnSO_4$	$ZnSO_4+CO \Longrightarrow ZnO+SO_2+CO_2$	900
$ZnO \cdot Fe_2O_3$	$ZnO \cdot Fe_2O_3+CO \Longrightarrow ZnO+2FeO+CO_2$	1050

7.4.5.3　工艺流程

回转窑法处理含锌尘泥的工艺流程，如图 7-110 所示。在回转窑内，根据窑内各区间温度变化，一般从窑尾至窑头按温度从高到低划分为三段，依次为干燥段、预热段、高温段。其中，窑尾进料干燥预热段温度为 650~1000℃，高温段是锌被还原析出的主要反应段，高温段温度为 1100~1200℃，高温段长度以窑身总长的 1/3~2/3 为宜。含锌尘泥可以压球进回转窑，也可以直接添加到回转窑，还原后的产物分为次氧化锌粉和富铁窑渣。富铁窑渣的利用途径较多，例如窑渣经干磁选脱炭后进入烧结、高炉等进行配料；或者窑渣经破碎磁选分离后得到铁精粉和尾渣，尾渣可用于水泥厂配料或制作陶粒。

回转窑工艺能充分利用尘泥中的铁、碳资源，还能有效地回收铅、锌等有价元素；工艺所需的燃料结构简单，不需要高品质燃气或预热空气，可直接用高炉布袋灰或其他含碳原料；工艺流程简单、投资成本低、生产操作人员配置少、人工成本低。但是，回转窑法处理含锌尘泥的过程中，存在产品金属化率低、易结圈、生产不稳定等问题。其中，结圈会造成料层不均匀、系统阻力增大，炉体有效截面积缩小，严重影响回转窑的产能，缩短窑衬的使用寿命。为此，应坚决贯彻"均匀准点、低温控熔"原则，通过强化含锌尘泥的合理配料与混匀制粒来避免因混合不均造成局部区域物料过烧过熔而结圈，通过严格控制窑内高温带温

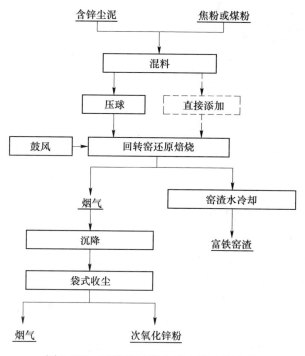

图 7-110　回转窑处理含锌尘泥工艺流程

度小于 1200℃来避免高温区集中，通过观察窑头火焰与造渣情况，精准控制焙烧终点来避免高温带整体后移。最终，通过采取上述措施解决回转窑高温区结圈问题[54~56]。

7.4.5.4　工程应用

2016 年 9 月，马钢为进一步提高含锌尘泥的处理能力，与转底炉系统形成互补，投产一条 3.5m×54m 的回转窑脱锌生产线，设计年处理能力为 15 万吨。回转窑生产线得到的产品包括粗锌粉和富铁窑渣：粗锌粉中 ZnO 质量分数为 42%~65%；富铁窑渣中 ZnO 含量低于 1%，经两级磁选后可得到副产品铁精粉和尾渣，尾渣返水泥厂配料使用[57]。马钢采用回转窑处理含锌尘泥的工艺流程图如图7-111 所示。

马钢通过回转窑处理含锌尘泥技术高效回收了 Fe、Zn、Cu、Mg 等有价元素，实现了资源的清洁化利用，具有较好的市场前景和示范效应。

7.4.6　冶金尘泥有价组元的资源化利用技术简介

冶金尘泥中除了含有 Fe 和 C 元素外，还含有 K、Na、Cu、Zn、Pb 等有价组元，通过转底炉直接还原等火法工艺处理后，收集所得的二次粉尘中有价组元得以富集，再联合适宜的湿法冶金可有效分离和回收部分有价组元，得到高纯度的产品。

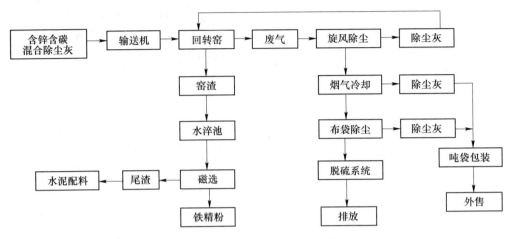

图 7-111   回转窑工艺流程图

7.4.6.1   钾的利用

有研究者进行了利用烧结除尘灰制备氯化钾肥料的实验研究。首先将烧结除尘灰进行水浸，浸出液经过滤分离后加入 NaS 或 Na_2CO_3 以沉淀溶液中的重金属离子，再通过蒸发、分步结晶得到纯度超过 90% 的氯化钾，结晶后的母液可作为浸出溶剂循环利用。该工艺的流程简单，无废水、废气排放，产品能够弥补我国钾资源紧缺的现状[58,59]。但如果残留的重金属铅、铜等含量过高，达不到农业用钾肥的标准，就只能作为生产钾肥的原料。

相对于氯化钾肥，硫酸钾肥具有更高的使用价值，因此一些研究者提出了利用烧结机头除尘灰生产硫酸钾的工艺。钾是以氯化钾的形式存在于烧结机头除尘灰中的，首先通过水洗进行脱钾，再加入碳酸氢铵除杂，然后加入硫酸铵进行复分解反应生成 K_2SO_4，溶液经蒸发浓缩结晶后，可制得硫酸钾和（K，NH_4）Cl 农用复合肥[60,61]。蒋新民等[62]，采用水洗—除杂—脱色净化—复分解—蒸发结晶的工艺处理某钢厂烧结灰，以制备硫酸钾及氯化钾铵复合肥，钾的脱除率达到98.70%，总回收率达 95.54%。目前已有企业建成了烧结机头电除尘灰处理18000t/a 的生产线，每年可生产氯化钾 3000t，实现了资源的综合化利用。

7.4.6.2   钠的利用

和钾元素类似，烧结灰中的钠元素通常也以氯化物的形式存在，在采用水洗—除杂—脱色净化工艺回收除尘灰中钾元素的过程中，可得到含 K^+、Na^+ 的溶液，再利用氯化钾、氯化钠在水溶液中的溶解度差异，采用真空蒸发—常温冷却结晶工艺，以实现氯化钾和氯化钠的分离回收，涉及到的主要生产设备有离心机、压滤机、多效浓缩器和结晶罐等[63]。

也有研究者在采用酸浸—除杂—脱色净化工艺，提取铅、铜和银等有价金属之后，向含氯离子、钠离子和钾离子的溶液中加入氯酸钠反应生成氯酸钾沉淀，再过滤分离，当滤液中的钠离子浓度大于 280g/L 时，蒸发浓缩、结晶得到氯化钠[64]。

7.4.6.3　铅的利用

一些学者对粉尘中铅的分离提取进行了研究，首先将粉尘进行水洗，以脱除其中的钾、钠、镁、钙等碱金属离子，同时实现钾的回收利用，再通过磁选回收铁精矿并使铅得到富集，然后通过盐酸-氯化钠法或者醋酸-醋酸钠法在磁选后的尾泥中提铅。盐酸-氯化钠法即利用盐酸与尾泥中的铅反应生成 $PbCl_2$，过滤分离后将氯化铅加热溶解于氯化钠溶液，趁热向溶液中加入碳酸钠反应生成碳酸铅沉淀，经洗涤干燥，在一定温度下加热分解，得到氧化铅产物[65]。醋酸-醋酸钠法则是利用醋酸-醋酸钠溶液作为氯化处理后烧结灰的浸取剂。即将 $PbCl_2$ 转变成 Pb（Ac）$_2$ 溶解在溶液中，经固液分离将铅分离出来。再利用碳酸铅在醋酸钠溶液中溶解度非常小的原理，加入碳酸钠将铅沉淀分离出来，然后通过碳酸铅的热分解反应得到 PbO 产物。

7.4.6.4　其他有价金属的利用

有研究者利用氨水易与 Ag、Cu、Zn 的化合物形成络合物的特性，得到含银氨、铜氨和锌氨络合物的溶液，来提取粉尘中的 Ag、Cu、Zn 元素，即先通过水洗以脱除粉尘中的 K、Na、Ca、Mg 等碱金属离子，再加入氨水进行络合提取。通过在络合溶液中加入醛类，于加热条件下发生银氨反应得到银单质；再利用锌粉还原置换出铜单质，以实现铜的回收分离；最后加热蒸发掉络合液中的大量氨，再加入碳酸盐生成碱式碳酸锌沉淀，煅烧制备氧化锌。在最佳的实验条件下，Ag、Cu、Zn 的总回收率分别为 70.1%、49.4% 和 45.3%、该工艺具有操作简单、回收成本低等优点，较为适合规模化生产。根据初步估算，Ag、Cu、Zn 回收工艺每年的成本约为 2500 万元，每年回收的 Ag、Cu 和 ZnO 产品价值约为 3300 万元，利润约为 800 万元，具有较高的经济效益[66]。

也有研究者将粉尘进行酸浸得到铅渣和浸出液后，将浸出液进行萃取，得到含铜萃取有机相和萃余液，再加入溴化钠生成溴化银沉淀，洗涤干燥后得到溴化银产品，Cu、Ag 的浸出提取率都分别大于 90%[64]。

参 考 文 献

[1] 生态环境部. 关于推进实施钢铁行业超低排放的意见 [L]. 2019-04-28.

[2] 冶金工业部建设协调司, 中国冶金建设协会. 钢铁企业采暖通风设计手册 [M]. 北京: 冶金工业出版社, 1996.

[3] 李准，黎前程. 全平衡负压除尘系统技术研究及工程应用 [J]. 烧结球团，2017，42 (3)：75~78.

[4] 乐文毅，李准，刘贵云，等. 用于除尘管路的高耐磨阻力平衡器：中国，201320465840.6 [P]. 2013-08-01.

[5] 刘再新，陈添乐. 烧结环境除尘超低排放技术研究及生产应用 [J]. 烧结球团，2016，41 (3)：57~61.

[6] 李清. 钢铁行业生产工艺除尘超净排放用滤料特性的试验研究 [D]. 北京：华东大学，2015.

[7] 瞿仁静，刘晓红，王贤，等. 塑烧板除尘器在粉末冶金上的应用 [J]. 环境科学导刊，2012，31 (1)：54~56.

[8] 叶恒棣. 钢铁烧结烟气全流程减排技术 [M]. 北京：冶金工业出版社，2019.

[9] 史夏逸，董艳苹，崔岩. 烧结烟气脱硝技术分析及比较 [J]. 中国冶金，2017，27 (8)：56~59.

[10] 王旭. 烧结烟气脱硝工艺的探讨 [J]. 资源节约与环保，2017 (9)：7~8.

[11] 闫武装，谢桂龙，周景伟，等. 低温氧化法用于烧结烟气脱硝的可行性探析 [J]. 中国冶金，2018，28 (5)：1~6.

[12] 魏进超，李俊杰，康建刚. 基于生命周期评价的烧结烟气净化技术比较 [J]. 环境工程技术学报，2017，7 (4)：424~432.

[13] 冀岗，董卫杰，李强，等. 太钢烧结烟气氮氧化物超低排放技术研究[J]. 烧结球团，2018，43 (2)：67~71.

[14] 喻成龙. 新型 Mn/SAPO-34 系列催化剂的低温 SCR 性能与反应机理研究 [D]. 广州：华南理工大学，2016.

[15] 李群，李彩亭，罗瑶，等. V_2O_5/CeO_2 催化剂用于低温 NH_3-SCR 的性能研究 [J]. 环境科学学报，2009，29 (7)：1480~1484.

[16] 李俊华，郝吉明，傅立新，等. 富氧条件下贵金属催化剂上丙烯选择性还原 NO 研究 [J]. 高等学校化学学报，2003，24 (11)：2060-2064.

[17] Liu F，He H. Selective catalytic reduction of NO with NH_3 over manganese substituted iron titanate catalyst：Reaction mechanism and H_2O/SO_2 inhibition mechanism study [J]. Catalysis Today，2010，153 (3)：70~76.

[18] 庄沙丽，王学涛. V_2O_5 催化剂 NH_3-SCR 脱硝机理研究综述 [J]. 能源技术与管理，2012 (5)：1~3.

[19] 刘慷，张强，虞宏，等. 火电厂脱 NO_x 用 SCR 催化剂种类及工程应用[J]. 电力科技与环保，2009，25 (4)：9~12.

[20] 袁长富，张忠营，李微. 国内外 SCR 脱硝催化剂专利技术研究进展 [J]. 当代石油石化，2015，23 (10)：22~27.

[21] 李群，李彩亭，罗瑶，等. V_2O_5/CeO_2 催化剂用于低温 NH_3-SCR 的性能研究 [J]. 环境科学学报，2009，29 (7)：1480~1484.

[22] 杨卫娟，周俊虎，刘建忠，等. 选择催化还原 SCR 脱硝技术在电站锅炉的应用 [J]. 热力发电，2005，34 (9)：10~14.

［23］ Busca G，Lietti L，Ramis G，et al. Chemical and mechanistic aspects of the selective catalytic reduction of NO$_x$ by ammonia over oxide catalysts：A review ［J］. Applied Catalysis B Environmental，1998，18 (1-2)：1~36.

［24］ Schmitz P J，Kudla R J，Drews A R，et al. NO oxidation over supported Pt：Impact of precursor，support，loading，and processing conditions evaluated via high throughput experimentation ［J］. Applied Catalysis B Environmental，2006，67 (3)：246~256.

［25］ Lisi L ，Lasorella G ，Malloggi S ，et al. Single and combined deactivating effect of alkali metals and HCl on commercial SCR catalysts ［J］. Applied Catalysis B Environmental，2004，50 (4)：251~258.

［26］ Castellino F，Jensen A D，Johnsson J E，et al. Influence of reaction products of K-getter fuel additives on commercial vanadia-based SCR catalysts：Part I. Potassium phosphate ［J］. Applied Catalysis B：Environmental，2009，86 (3-4)：196~205.

［27］ Chen L，Li J，Ge M. The poisoning effect of alkali metals doping over nano V$_2$O$_5$-WO$_3$/TiO$_2$ catalysts on selective catalytic reduction of NO$_x$ by NH$_3$ ［J］. Chemical Engineering Journal，2011，170 (2-3)：531~537.

［28］ 姜烨. 钛基 SCR 催化剂及其钾、铅中毒机理研究 ［D］. 杭州：浙江大学，2010.

［29］ 王静，沈伯雄，刘亭，等. 钒钛基 SCR 催化剂中毒及再生研究进展 ［J］. 环境科学与技术，2010，33 (9)：97~101.

［30］ Kustov A L，Rasmussen S B，Fehrmann R，et al. Activity and deactivation of sulphated TiO$_2$- and ZrO$_2$-based V，Cu，and Fe oxide catalysts for NO abatement in alkali containing flue gases ［J］. Applied Catalysis B Environmental，2007，76 (1)：9~14.

［31］ Due-Hansen J，Kustov A L，Rasmussen S B，et al. Tungstated zirconia as promising carrier for DeNO$_x$ catalysts with improved resistance towards alkali poisoning ［J］. Applied Catalysis B Environmental，2006，66 (3-4)：161~167.

［32］ 石晓燕，丁世鹏，贺泓，等. 改进钒基 SCR 脱硝催化剂的抗碱金属中毒性能 ［J］. 环境工程学报，2014，1 (5)：2031~2034.

［33］ Fushun Tang，Bolian Xu，Jinheng Qiu，et al. The poisoning effect of Na$^+$ and Ca^{2+} ions doped on the V$_2$O$_5$/TiO$_2$ catalysts for selective catalytic reduction of NO by NH$_3$ ［J］. Applied Catalysis B Environmental，2010，94 (1)：71~76.

［34］ Benson S A，Laumb J D，Crocker C R，et al. SCR catalyst performance in flue gases derived from subbituminous and lignite coals ［J］. Fuel Processing Technology，2005，86 (5)：577~613.

［35］ 强华松，刘清才. 燃煤电厂 SCR 脱硝催化剂的失活与再生 ［J］. 材料导报，2008，22 (s3)：285~287.

［36］ 孙克勤，钟秦，于爱华. SCR 催化剂的砷中毒研究 ［J］. 中国环保产业，2008 (1)：40~42.

［37］ 阮东亮，盘思伟，韦正乐，等. 砷对商业 V$_2$O$_5$-WO$_3$/TiO$_2$ 催化剂脱硝性能的影响 ［J］. 化工进展，2014，33 (4)：925~929.

［38］ 云端，宋蔷，姚强. V$_2$O$_5$-WO$_3$/TiO$_2$ SCR 催化剂的失活机理及分析 ［J］. 煤炭转化，

2009, 32 (1): 91~96.

[39] 沈伯雄, 施建伟, 杨婷婷. 选择性催化还原脱氮催化剂的再生及其应用评述 [J]. 化工进展, 2008, 27 (1): 64~67.

[40] 张烨, 徐晓亮, 缪明烽. SCR 脱硝催化剂失活机理研究进展 [J]. 能源环境保护, 2011, 25 (4): 14~18.

[41] 商雪松, 陈进生, 赵金平, 等. SCR 脱硝催化剂失活及其原因研究 [J]. 燃料化学学报, 2011, 39 (6): 465~470.

[42] Beck J, Robert Müller, Jürgen Brandenstein, et al. The behaviour of phosphorus in flue gases from coal and secondary fuel co-combustion [J]. Fuel, 1911, 84 (14): 1911~1919.

[43] 杜振, 付银成, 朱跃. V_2O_5/TiO_2 催化剂中毒机理的试验研究 [J]. 环境科学学报, 2013, 33 (1): 216~223.

[44] 吴凡, 段竞芳, 夏启斌, 等. SCR 脱硝失活催化剂的清洗再生技术 [J]. 热力发电, 2012, 41 (5): 95~98.

[45] Yoshiaki O, Toshio K, Masanori D. Denitrification catalyst regeneration method [J]. United States Patent Application Publication, 2005 (9): 54.

[46] 云端, 邓斯理, 宋蔷, 等. V_2O_5-WO_3/TiO_2 系 SCR 催化剂的钾中毒及再生方法 [J]. 环境科学研究, 2009 (6): 730~735.

[47] Zheng Y, Jensen D A, et al. Laboratory investigation of selective catalytic reduction catalysts: Deactivation by potassium compounds and catalyst regeneration [J]. Industrial & Engineering Chemistry Research, 2004, 43 (4): 941~947.

[48] 佘雪峰. 转底炉直接还原处理钢铁厂含锌尘泥工艺基础研究 [D]. 北京: 北京科技大学, 2011.

[49] 郭秀键, 舒型武, 梁广, 等. 钢铁企业含铁尘泥处理与利用工艺 [J]. 环境工程, 2011 (2): 96~98.

[50] Zhang Y B, Liu B B, Xiong L, et al. Recycling of carbonaceous iron-bearing dusts from iron & steel plants by composite agglomeration process (CAP) [J]. Ironmaking & Steelmaking, 2017, 44 (7): 532~543.

[51] 张鲁芳. 我国转底炉处理钢铁厂含锌粉尘技术研究 [J]. 烧结球团, 2012, 37 (3): 61~64.

[52] 刘平, 曹克. 钢铁厂含锌含铁尘泥资源化利用途径探讨 [J]. 世界钢铁, 2013 (4): 20~26.

[53] 王天才. 回转窑处理钢铁含锌粉尘关键技术探析 [J]. 中国资源综合利用, 2019, 37 (7): 181~184.

[54] 张建良, 李洋, 袁骧, 等. 中国钢铁企业尘泥处理现状及展望 [J]. 钢铁, 2018, 53 (6): 1~10.

[55] 尚海霞, 李海铭, 魏汝飞, 等. 钢铁尘泥的利用技术现状及展望 [J]. 钢铁, 2019, 54 (3): 9~17.

[56] 时越, 金永龙, 李宝成. 钢铁含锌固废处置工艺 [J]. 河北冶金, 2019, 增刊1: 77~79.

[57] 刘自民，饶磊，桂满城，等. 马钢含铁尘泥综合利用研究与实践 [J]. 中国冶金，2018，28 (9)：71~76.

[58] 郭占成，彭翠，张福利，等. 利用钢铁企业烧结电除尘灰生产氯化钾的方法：中国，200810101269.3 [P]. 2008-03-03.

[59] 张福利，彭翠，郭占成. 烧结电除尘灰提取氯化钾实验研究 [J]. 环境工程，2009，27 (S)：337.

[60] 郭玉华，马忠民，王东锋，等. 烧结除尘灰资源化利用新进展 [J]. 烧结球团，2014 (1)：56~59.

[61] 刘宪，杨运泉，杨帆，等. 从钢铁厂烧结灰中回收钾元素及制备硫酸钾的方法：中国，200910227180.6 [P]. 2009-12-10.

[62] 蒋新民. 钢铁厂烧结机头电除尘灰综合利用 [D]. 湘潭：湘潭大学，2010.

[63] 唐卫军，张德国，武国平，等. 烧结机头电除尘灰资源化利用技术 [J]. 现代矿业，2017 (9)：195~198.

[64] 易德华，苏毅，郑仁和. 铁矿烧结烟尘灰有价元素的提取工艺：中国，201410734654.7 [P]. 2014-12-05.

[65] 刘宪. 烧结机头电除尘灰制取一氧化铅试验研究 [J]. 烧结球团，2012，37 (4)：71~74.

[66] 吴滨. 烧结机头电除尘灰中银、铜、锌等有价元素的回收 [D]. 湘潭：湘潭大学，2014.

8 烧结球团节能减排新工艺与发展方向

本章主要介绍了复合造块法、预还原烧结工艺与技术、金属化球团工艺、烧结竖式冷却技术等代表行业发展趋势的新工艺和新方法;并介绍了冶金及市政难处理固废协同处置并资源化技术、烧结烟气脱硝脱 CO 一体化及 CO_2 捕集技术等前沿环保技术;同时介绍了烧结球团智能控制的现状和趋势,对行业绿色化、智能化的发展前景进行了展望。

8.1 复合造块法

传统铁矿造块有烧结法、球团法和压团法三种。压团法由于产能小、难以满足现代钢铁工业大规模生产的需要,目前在工业上很少采用。长期的研究与实践表明,高碱度烧结矿和酸性球团矿具有优良的机械和冶金性能,因而成为现代烧结、球团生产的主流产品。

由于高碱度烧结矿或酸性氧化球团矿都不能独立入炉冶炼,目前除欧洲和北美少数高炉采用全部熔剂性球团的炉料结构外,其他大部分高炉均采用高碱度烧结矿与酸性氧化球团矿搭配的炉料结构。但从炼铁生产控制、企业整体经济效益、炼铁炉料生产现状以及资源的最新变化等方面考虑,这样的炉料结构并不是最佳的,烧结法和球团法本身也遇到了挑战。

首先是炉料的偏析问题。由于烧结矿和球团矿形状和密度不同,它们在高炉内易发生偏析,导致高炉操作波动、产量和质量下降和能耗上升。尽管多年来炼铁工作者进行了大量的研究,开发和采用新的高炉布料设备和方法,可以一定程度上减轻由于炉料偏析带来的不良影响,但还不能从根本上消除炉料偏析的影响。

其次,这样的炉料结构不是轻易可以实现的。由于历史的原因,主要产钢大国尤其是我国,球团矿的产量远低于烧结矿。商品球团矿生产主要集中在巴西等少数国家,进口球团矿不仅运距远、成本高,而且其数量也无法满足全世界的巨大需求。新建球团厂不但增加基建投资,而且还受到球团原料(铁精矿)来源、供料稳定性和建厂场地的限制。在全球尤其是我钢铁生产规模如此大的今天,酸性炼铁炉料的短缺成为困扰许多钢铁企业的普遍性问题。

此外,细粒高铁低硅铁精矿的合理利用问题在我国十分突出。为解决炼铁原料短缺、越来越依赖进口的矛盾,近年来我国加大了铁矿选矿攻关力度,部分钢铁生产基地如鞍钢、太钢、包钢等，精矿的产能不断增大，铁品位提高到67%～69%，SiO_2含量也逐渐降低至4.0%甚至3%左右。传统上这种精矿粉适宜采用球团法处理，但由于我国自产铁矿几乎全部是磨选的精矿，生产球团矿尚不足以完全消化这部分原料，而用作烧结原料时，严重恶化了烧结过程，显著降低烧结矿产质量。一些烧结厂不得不配加酸性熔剂组织生产，这不仅使优质铁原料的优势得不到发挥，而且对选矿技术的发展和进步也极为不利。

最后是非传统含铁资源的利用问题。随着钢铁工业的快速发展，传统优质铁矿资源不断枯竭，人类对自身生存的环境也日益关切。各种非传统含铁原料，如低品位、难处理以及复杂共生铁矿，钢铁厂内的各种含铁废料、尘泥，化工厂和有色冶炼厂产生的含铁渣尘等的利用和处理日益迫切。这些原料大部分采用现行的烧结法或球团法无法有效处理，即使少量作为配料加入烧结和球团料中，也会显著影响造块生产过程和产量、质量。

8.1.1 复合造块的原理

基于以上背景，中南大学烧结球团与直接还原研究所在多年探索和研究的基础上，开发出铁矿粉复合造块法[1]（composite agglomeration process）。该方法基于不同含铁原料制粒、造球、烧结与焙烧性能的差异，提出了原料分类、分别处理、联合焙烧的技术思想[2~4]：将造块用全部原料分为造球料（pelletizing materials）和基体料（matrix materials）两大类，造球料包括传统的铁精矿、难处理和复杂矿经磨选获得的精矿、各种细粒含铁二次资源等与黏结剂；基体料则是除上述原料以外的其他原料，包括全部粒度较粗的铁粉矿、熔剂、燃料、返矿，当含铁原料中细精矿为主（比例超过60%）时，基体料也包括部分细粒铁精矿。在工艺路线上[5~7]，该方法将质量比占20%～60%（具体比例视不同企业的具体情况而定）的造球料制备成直径为8～16mm的酸性球团，而将基体料在圆筒混合机中混匀并制成3~8mm高碱度颗粒料，然后再将这两种料混合，并将混合料布料到带式烧结或焙烧机上，采用新的布料方法优化球团在混合料中的分布，通过点火和抽风烧结、焙烧，制成由酸性球团嵌入高碱度基体组成的人造复合块矿。在成矿机制方面[8]，混合料中的酸性球团以固相固结获得强度，基体料则以熔融的液相黏结获得强度。这种方法既不同于单一烧结法又不同于单一球团法，但同时兼具两者的优点，故称为复合造块法（见图8-1）。

当同时使用烧结矿和球团矿时，由于二者运动速度不同，在高炉内会产生物料偏析，降低炉料透气性，恶化高炉指标。而通过调整复合造块工艺中酸性球团料的比例，就可以调整产品的总碱度，使得复合造块法可在总碱度由1.2～2.2的广泛范围内，制备兼具高碱度烧结矿和酸性球团矿性能的复合炼铁炉料，并且二者成为一个整体。这样不仅从根本上解决了炼铁过程中因炉料偏析带来的问题

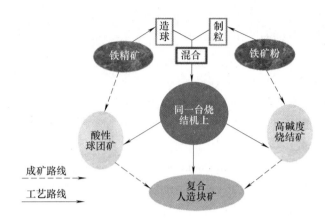

图 8-1　复合造块工艺基本思路

（见图 8-2），而且也为现行生产企业解决高碱度烧结矿过剩但酸性料不足的矛盾提供一条有效途径，新建联合钢厂如原料结构具备，则可不必同时建设烧结和球团两类造块工厂（车间），从而简化钢铁制造流程，降低生产成本。

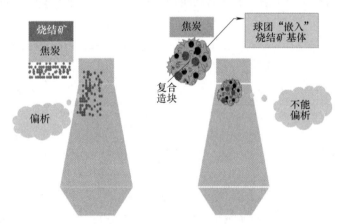

图 8-2　复合造块解决高炉偏析问题

　　此外，将高铁低硅精矿的全部或部分制备成酸性球团，采用复合造块法生产低硅复合块矿，可完全避免高铁低硅精矿烧结的困难和问题，为高铁低硅精矿的合理利用提供了新途径。特殊的原料准备和焙烧固结方法，允许复合造块法中用于造球成型的细粒物料既可以是传统的细粒铁精矿，也可以是球团法难以造球和焙烧的镜铁矿、复杂共生铁矿的精矿、冶金与化工厂的二次含铁原料等，可有效扩大钢铁生产可利用的资源范围[9,10]。并且复合造块新工艺克服了传统烧结工艺中精矿制粒效果差导致料层透气性差的缺点，显著改善了料层透气性，进而大幅度提高垂直烧结速度和利用系数。

8.1.2　复合造块的工艺特点

复合造块法是一种不同于传统方法的新造块方法。该方法的工艺特点及其与烧结法、球团法以及小球团/小球团烧结法的比较如表 8-1 所示。

表 8-1　复合造块法与其他造块方法的比较

比较项目	烧结法	球团法	小球团/小球烧结法	复合造块法
原料粒度范围	小于 10mm	-0.045mm 80%~90%	0~5mm	造球料-0.075mm 60%~90%；粗粒料小于 10mm
原料种类	粉矿、精矿	精矿	精矿、细粒粉矿	粉矿、精矿、含铁尘泥等
制粒/造球准备	所有原料制粒，至 3~10mm	所有原料造球，至 15~16mm	所有原料造球，至 5~10mm	粗粒制粒至 3~10mm；细粒造球至 8~16mm；总粒级 3~16mm
燃料添加方式	全部内配	外部供热	内配+外滚	全部内配
干燥段	不需设干燥段	需设干燥段	需设干燥段	不需设干燥段
边料的需要	不需要	视焙烧设备而定	需要铺边料	不需铺边料
强度机理	熔融相黏结	固相固结	固相固结	熔融相黏结+固相固结
产品外观	不规则块状	球形	以点状连接的"葡萄状"小球聚集体	酸性球团嵌入高碱度基体的不规则块状
产品碱度	1.8~2.2	一般<0.2	<1.2 或 > 2.0	1.2~2.2

与烧结法相比，复合造块法可大量处理各类细粒物料而保持较高技术经济指标。与球团法相比，复合造块法适应的原料粒级范围更宽，可以处理一些传统上认为难造球、难焙烧的原料。与小球团/小球烧结法相比，在原料适应性方面，小球团法要求原料粒度为 0~5mm，因而主要用来处理铁精矿；复合造块法可以处理 0~8mm 的原料，在粒级上既涵盖烧结法和球团法适应的原料范围，在种类上还可以处理一些难以造球、难焙烧的物料；在原料准备方面，小球团法将全部原料制备成 5~10mm 球团；复合造块法则将球团料制备成直径 8~16mm 的球团，基体料制成 3~10mm 的颗粒群，进入焙烧作业的总粒级范围 3~16mm；在燃料添加方面，小球团以部分内配、部分外滚的方式加入；复合造块法将全部燃料以内配方式加入；在布料方面，小球团烧结法要设移动带式台车铺边料，以防止气流偏析；符合造块法无需铺边料；小球团法需在烧结前设干燥段对生球团进行干燥；复合造块法不需设干燥段；小球团法产品强度靠扩散（固相）黏结获得；复合造块法产品强度由扩散（固相）黏结和熔融相黏结的复合作用获得；小球团法产品外观为"葡萄状"小球聚集体，单球易于从聚集体中脱落；复合造块法产品中，球团被嵌入基体料中，不会脱落。

日本小球团法产品的碱度大于 2.0[11,12]，我国安阳钢铁公司报道的小球团烧结的产品碱度为 2.0~2.2[13]左右，酒泉钢铁公司报道的小球团烧结矿碱度小于

0.6，同时也有碱度为 1.2 的一组数据[12~14]，很少见到小球团或小球烧结法制备碱度 1.2~2.0 产品的报道。从工艺原理和生产实践看，小球团法不适宜制备中等碱度产品；复合造块法则可在碱度 1.2~2.2 的范围，制备兼具高碱度烧结矿和酸性球团矿性能的炼铁炉料。

8.1.3   复合造块法的应用

研究与实践表明，复合造块法不仅具有解决炼铁炉料偏析、生产中低碱度炉料、制备高铁低硅产品、利用难处理资源的作用与功能，而且与烧结法相比，在相同料层高度下，复合造块法可大幅提高烧结机生产率，在相同的烧结速度下，复合造块法可实现超高料层操作，从而节约固体燃料消耗、提高产品质量。

A   制备中低碱度炼铁炉料

以涟钢原料为对象，在实验室中开展复合造块法制备中低碱度炼铁炉料的研究，并与相同原料结构和相同碱度条件下烧结法获得的结果进行对比。表 8-2 是在两种方法各自优化的焙烧条件（负压、水分、焦粉配比等）下获得的结果，料层厚度均为 600mm。为方便比较，复合造块法的各项指标参照烧结法的检测方法获得。

表 8-2 的结果表明，在常规烧结工艺下，随着碱度的降低烧结矿产质量指标明显恶化，当碱度由 2.0 降低至 1.5 时，烧结矿转鼓强度由 63.0% 下降为 52.7%，利用系数从 $1.65t/(m^2 \cdot h)$ 降至 $1.47t/(m^2 \cdot h)$，当碱度进一步降至 1.2 时，转鼓强度则降至 45.9%，利用系数降至 $1.37t/(m^2 \cdot h)$。

表 8-2   不同碱度造块试验结果

造块方法	主要试验条件			主要试验结果		
	碱度 R	烧结负压 /kPa	焦粉用量/%	垂直烧结速度 /mm·min^{-1}	利用系数 /t·(m^2·h)$^{-1}$	转鼓强度 (+6.3mm)/%
烧结法	2.0	10	4.5	19.85	1.65	63.0
复合造块法		8	4.0	23.41	2.16	67.3
烧结法	1.6	10	4.5	19.75	1.46	54.2
复合造块法		8	4.0	21.69	1.95	63.1
烧结法	1.5	10	4.5	19.70	1.47	52.7
复合造块法		8	4.0	23.13	2.01	62.3
烧结法	1.4	10	4.5	20.75	1.42	50.0
复合造块法		8	4.0	23.30	1.85	61.8
烧结法	1.2	10	4.5	20.87	1.37	45.9
复合造块法		8	4.0	23.04	1.80	58.7

而采用复合造块法，在全部碱度范围内，产品转鼓强度和利用系数均明显高于烧结法，其利用系数高出 25%~30%，虽然随碱度的降低，复合块矿的转鼓强度矿有所下降，但在碱度为 1.2 时仍获得 59.7% 的好指标。复合造块产品显微结构研究表明：当综合碱度为 1.5 时，球团料部分主要为 Fe_2O_3 物相，且 Fe_2O_3 结晶较完善；基体料部分主要为复合针状铁酸钙物相；过渡带中的主要物相为结晶良好的赤铁矿和铁酸钙物相，铁酸钙与赤铁矿交织成矿，将球团料部分与基体料部分紧密的联合在一起，因此，复合造块产品具有良好的强度[15]。

另外，由表 8-2 还可以看出，采用复合造块法还可以降低焦粉用量和烧结抽风负压，具有明显的节能减排效果。

B 制备高铁低硅炼铁炉料

将高铁低硅原料制备成球团，开展复合造块工艺制备低硅炼铁炉料的研究，在宝钢烧结原料结构条件下获得的结果如表 8-3 所示，试验中各组原料的总碱度固定为 1.9。表 8-3 表明，采用复合造块工艺，随着球团配比增加，造块产品中 SiO_2 的含量逐渐降低，而产品产质量指标则相反逐渐改善。当球团配比达到 40%、SiO_2 含量降低至 4.06% 时，烧结利用系数 1.710t/（$m^2 \cdot h$），转鼓强度 71.15%。与 SiO_2 含量为 4.51% 时常规烧结法结果相比，利用系数提高了 23%，转鼓强度提高了近 7%。研究结果表明，复合造块法是制备高铁低硅炼铁原料的有效方法。

表 8-3 低硅造块试验结果（R=1.9）

造块方法	主要试验条件			主要试验结果		
	球团配比/%	含量/%		垂直烧结速度	利用系数	转鼓强度
		SiO_2	TFe	/mm·min^{-1}	/t·（$m^2 \cdot h$）$^{-1}$	（+6.3 mm）/%
烧结法	0	4.51	57.66	21.10	1.390	64.17
复合造块法	10	4.37	59.01	21.54	1.419	65.24
复合造块法	20	4.26	59.28	23.73	1.572	66.47
复合造块法	40	4.06	59.77	24.98	1.710	71.15

同时，复合造块是高铁低硅生产的客观需要，已知铁酸钙的生成反应：$CaO + Fe_2O_3 = CaO \cdot Fe_2O_3$，当 $SiO_2 = 5.0\%$、碱度 $R = 2.0$ 时，设 CaO 均与 Fe_2O_3 反应生成铁酸钙 CF，则烧结矿中 CF 的理论最大生成量为 CF% = $R \times SiO_2\% \times$（$CaO \cdot Fe_2O_3/CaO$）= 2.0×5.0%×（216/56）= 39.57%，当烧结矿 SiO_2 降至 4.0%，若 R 维持 2.0 不变，同样可得烧结矿中 CF 的理论最大生成量为：CF% = $R \times SiO_2\% \times$（$CaO \cdot Fe_2O_3/CaO$）= 2.0×4.0%×（216/56）= 30.86%，显然，烧结矿 SiO_2 由 5.0% 降至 4.0% 时，CF 的理论生成量减少了：39.57%－30.86% = 7.71%，为此，若在 $SiO_2 = 4.0\%$ 的条件下，使烧结矿中 CF 的理论生成量达到与 $SiO_2 = 5.0\%$、

$R=2.0$ 条件相同的情况，须将烧结矿碱度 R 至少提高至 2.5。传统上高铁低硅精矿粉适宜球团法，但生产球团矿不足以完全消化这部分原料，用作烧结原料时严重恶化了烧结过程，显著降低烧结矿的产量、质量，而将高铁低硅精矿的全部或部分制备成酸性球团，采用复合造块法生产低硅复合块矿，可完全避免高铁低硅烧结的困难和问题，为高铁低硅的合理利用提供了新途径[16]。

C　超高料层造块

在涟钢原料结构条件下，以实验室抽风烧结装置为主要设备，研究了料层高度对复合造块产质量的影响，抽风负压均为 10kPa，碱度为 1.9。试验结果如表 8-4 所示。

表 8-4　不同料层高度下的造块试验结果

造块方法	料层高度/mm	垂直烧结速度/mm·min^{-1}	利用系数/t·(m^2·h)$^{-1}$	转鼓强度（+6.3mm）/%
烧结法	600	19.85	1.65	63.0
复合造块法	600	24.56	2.23	60.9
复合造块法	700	23.33	1.97	63.0
复合造块法	800	21.45	1.80	65.2
复合造块法	900	20.98	1.73	65.9

从表 8-4 中数据可以看出，在烧结负压相同的情况下，采用复合造块工艺可大幅度提高料层高度。

料层增厚使料层透气性变差，在负压不变的情况下空气流速减慢，而且燃烧带和过湿带增厚，透气性进一步恶化，导致垂直烧结速度变慢。而另一方面，随着料层增厚，烧结过程蓄热作用增强，高温保持时间延长，烧结过程反应充分，有利于黏结相发展，成品率提高。但如果料层超过 800mm，底部的烧结矿会由于热量过多出现"过熔"现象，导致烧结矿强度降低。总体来看，常规烧结的利用系数偏低且成品率和转鼓强度较差。复合造块工艺的利用系数虽然在 700mm 以上随料层厚度提高略有下降，但料高 900mm 时的利用系数仍高于料高 600mm 时常规烧结的利用系数，而转鼓强度则比 600mm 常规烧结法高近 3%。

D　难处理铁矿资源的造块

a　镜铁矿的利用

随着钢铁工业的快速发展，品位高、制粒性能好、高温反应性好的优质铁矿资源日益减少。国际市场上镜铁矿资源较丰富。镜铁矿具有铁品位高（大于67%）、价格便宜、铁氧化度高等优点，但由于镜铁矿结晶完好、结构致密，亲水性和成球性较差，自身难以成球，也难以黏附在其他矿物颗粒之上，而且高温反应性差，难以形成低熔点化合物或互连。这些特点使得烧结法和球团法处理镜铁矿都存在较大困难。

应用复合造块法研究了宝钢烧结原料结构条件下，使用高配比镜铁矿的可行性及效果，试验结果如表 8-5 所示。研究表明：采用常规烧结工艺，当镜铁矿配比达到 20% 时，烧结矿产质量指标显著下降，其中利用系数降低 30% 以上；把镜铁矿制备成球团后，采用复合造块工艺处理，其产质量指标不仅没有下降，而且在研究的配比范围内（40%）随着镜铁矿配比的增加，产质量指标呈现逐步提高的趋势。

表 8-5　镜铁矿配比对造块的影响

造块方法	镜铁矿配比 /%	垂直烧结速度 /mm·min^{-1}	成品率 /%	利用系数 /t·(m^2·h)$^{-1}$	转鼓强度 (+6.3mm)/%
烧结法	0	21.10	79.45	1.390	64.17
烧结法	20	15.85	69.92	0.929	63.45
复合造块法	20	23.73	79.32	1.572	66.47
复合造块法	25	23.90	79.81	1.604	67.08
复合造块法	40	24.98	81.33	1.710	71.15

复合造块产品具有比常规烧结矿更好的显微结构强度，强度得以改善的原因主要有以下几点：（1）对于匀矿基材料，由于其具有超高碱度，针状铁酸钙可大量生成，结晶互连后具有优良的强度；（2）对于镜铁矿球团料，在高温制度下诱导原生 Fe_2O_3 发生物相转变，分解、再氧化后生成次生 Fe_2O_3（原生 Fe_2O_3 → Fe_3O_4 → 次生 Fe_2O_3），次生 Fe_2O_3 由于具备更高活性，进而可以促进球团料的固结；（3）造块产品中的酸性球团料镶嵌在高碱度基体料中，两者依靠烧结过程中高碱度基体料产生的液相紧密相连，形成复合造块产品的整体强度，其主要矿物有铁酸钙，还含有部分赤铁矿和少量橄榄石等[17]。

b　含氟铁精矿的造块

当铁矿石中含 CaF_2 时，烧结过程中 CaF_2 与 CaO 和 SiO_2 发生反应生成枪晶石（$Ca_4Si_2O_7F_2$），枪晶石作为一种较早形成的产物，夺取混合料中的 CaO，抑制 $CaFe_2O_4$ 和 Ca_2SiO_4 生成，造成烧结矿中液相不足，另外枪晶石的增加还会使烧结矿宏观上呈现薄壁多孔结构，导致烧结矿强度下降，冶金性能变差[18]。用于球团生产时由于液相的生成导致球团强度低、适宜的焙烧温度区间窄，是一种难处理料。在包钢原料结构条件下，开展了含氟精矿的复合造块研究，试验中将占总铁原料 40%、含氟 0.34% 的含氟精矿制备成球团，结果如表 8-6 所示。与常规烧结工艺相比，即使把烧结矿碱度由 2.2 降低至 1.6，采用复合造块法仍可显著改善产质量指标，转鼓强度由 57.71% 提高到 64.05%，利用系数由 1.395t/(m^2·h) 提高到 1.504t/(m^2·h)。这是由于复合造块工艺改善了料层透气性，并且球团在复合造块工艺中可以达到较高的强度，含氟磁铁矿焙烧球团为双层结构，外层固

结以 Fe_2O_3 再结晶互连为主,内层则以 Fe_3O_4 再结晶为主,在复合造块过程中球团外层的这种固结形式有利于在球团表面与高碱度烧结矿基体中的铁酸钙黏结起来并形成有机整体,提高了复合团矿的强度[19]。

表 8-6   含氟铁精矿复合造块试验研究结果

造块方法	碱度	烧结速度/mm·min⁻¹	利用系数/t·(m²·h)⁻¹	转鼓强度(+6.3mm)/%
烧结法	2.2	21.52	1.395	57.71
烧结法	1.6	19.32	1.420	51.45
复合造块法	1.6	20.08	1.504	64.05

c   含铁尘泥的利用

钢铁生产过程会产生大量含铁尘泥,主要来源于烧结和球团、高炉炼铁、转炉和电炉炼钢等过程中。由于这些冶金尘泥性质差异大,具有亲水性差、难造球、难烧结焙烧等特点,其合理高效利用的问题一直未得到很好解决。

以宝钢含铁粉尘(包括高炉二次灰、电除尘灰、高炉出铁场灰、原料灰、转运站储矿槽灰等)为原料,研究了采用复合造块法处理含铁粉尘的可行性,试验结果如表 8-7 所示。为方便对比,表 8-7 同时列出不配加粉尘和将粉尘直接配入混合料中烧结的结果。

表 8-7   含铁粉尘造块试验结果

造块方法	粉尘处理方式	垂直烧结速度 /mm·min⁻¹	利用系数 /t·(m²·h)⁻¹	转鼓强度 (+6.3mm)/%
烧结法	不配加粉尘	23.87	1.475	65.20
烧结法	粉尘配入烧结料中	21.65	1.355	63.41
复合造块法	粉尘制备成球团	23.73	1.580	65.93

从表 8-7 可以看出,将粉尘直接加入烧结料中,明显降低了垂直烧结速度和烧结矿产量、质量,这是由于含铁尘泥的粒度细,大大影响了烧结料层的透气性,进而影响了烧结矿的强度。而在含铁粉尘配比相同的条件下,采用复合造块法产量、质量指标不仅没有降低,而且有所升高。利用复合造块可以实现含铁粉尘的有效利用。

铁矿粉复合造块法于 2008 年 4 月起率先在我国包头钢铁公司投入应用[20]。工业试验期以含氟精矿为主要原料,在碱度为 1.53 的条件下,采用复合造块工艺使烧结机作业率提高 2.81%,平均产量提高 210t/d,固体燃耗降低 7.87kg/t。高炉使用复合块矿后,入炉铁品位提高 0.19%,矽石量添加量由原来的 25.87kg/t 降低至 13.6kg/t;高炉利用系数提高 0.209t/(m³·d),焦比降低 13.41kg/t,煤比增加 6.77kg/t,渣比降低 41.0kg/t,综合经济效益十分显著。

研究与生产实践表明，复合造块法集烧结法和球团法的优点于一体，与烧结法相比，可在相同料高下大幅提高烧结机生产率，在相同的烧结速度下可实现超高料层（>800mm）操作，获得提高产品质量和节约燃料消耗的显著效果。与球团法相比，复合造块法对原料的适应范围更广，不仅可以处理细粒铁矿，而且可以处理用球团法难以处理的钢铁厂含铁尘泥、黄铁矿烧渣等，扩大了钢铁生产可利用的资源范围。

8.2　预还原烧结工艺与技术

高炉炼铁炉料结构最佳的模式：富矿粉烧结矿+细精矿球团矿+预还原金属化炉料+高品位块矿[21]。在高炉冶炼过程，增加部分预还原炉料，有利于提高高炉冶炼的经济技术指标。

预还原烧结工艺是一种制备预还原炉料的主要方法，是在烧结过程中使铁矿石发生部分还原的生产工艺。预还原烧结矿可以将铁矿石的一部分还原转移到烧结过程中，降低高炉还原负荷，因而对降低高炉还原剂具有显著作用。通过国内外科研工作者们的大量基础研究，证实了采用预还原烧结矿炼铁工艺较传统烧结矿炼铁工艺不仅总能耗降低和 CO_2 排放减少，而且预还原烧结矿的组织结构和冶金性能更好，符合高炉炼铁高效、低耗、低碳、低排放发展的方向，其新型炉料结构见图8-3。

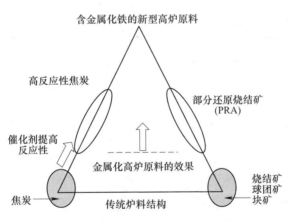

图 8-3　含预还原炉料的新型炉料结构

此外，预还原烧结过程可有效脱除锌、锡、铅、钾、钠等有害元素，对处理有害元素含量高的低品质铁矿、二次含铁固废等，具有独特的优势。通过预还原烧结能有效减小高炉有害元素负荷，降低有害元素导致的侵蚀炉衬、循环富集结瘤、破坏焦炭质量、破坏高炉顺行等负面作用，实现复杂铁矿资源的高效利用。

8.2.1　预还原烧结工艺

还原烧结法最初应用于铝土矿的铁铝分离，该工艺通过将高铁含铝物料与一定量的碱石灰、还原剂混合并进行高温烧结，获得金属铁和铝酸盐化合物，再使用磁选和浸出的方法分别回收烧结矿中的金属铁和铝酸盐，从而达到综合提取铁和铝的目的。进入 20 世纪 60 年代，国际上开始了铁矿石预还原烧结工艺的研究，美国、加拿大、日本和苏联先后进行了金属化炉料高炉炼铁的工业试验[22]。

预还原烧结是在现有烧结工艺的基础上，将铁矿粉制成块并进行预还原的烧结新工艺（见图 8-4）。预还原烧结的基本理论依据是：在预还原烧结过程中，铁矿石的还原主要是在还原剂为固态下进行的直接还原，不受气体平衡的限制，还原剂的利用率较高。因此，将铁矿石的一部分还原由高炉工序转移到烧结工序，可以提高还原剂的使用效率。

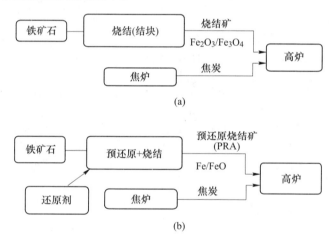

图 8-4　传统炼铁工艺流程和预还原烧结工艺流程
（a）传统炼铁工艺；（b）新工艺

在混合料水分适宜、碱度 1.73、制粒时间 4.5min、料层高度 350mm、点火负压 4kPa、烧结负压 8kPa 的条件下，燃料配比对烧结矿产质量指标的影响如图 8-5 所示。可知：随着 C/Fe 比从 0.088 增加至 0.4，烧结成品率由 64.53% 提升至 74.70%，当燃料配比继续增加，成品率有所降低；随着 C/Fe 比从 0.088 增加至 0.5，烧结矿的转鼓强度从 50.41% 逐渐提升至 76.62%，当燃料配比继续增加，转鼓强度有所降低；当 C/Fe 比为 0.088 时，烧结利用系数为 1.64t/（m² · h），随着燃料用量的增加，烧结利用系数大幅下降，当 C/Fe 比为 0.5 时，烧结利用系数仅为 0.47t/（m² · h），燃料用量继续增加，利用系数变化不明显。

烧结矿还原度的变化见表 8-8。随着 C/Fe 比的增加，烧结矿还原度不断提

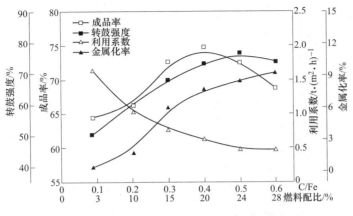

图 8-5 燃料配比（C/Fe 比）对烧结矿产质量的影响

升，C/Fe 比为 0.2 时，烧结矿还原度为 25.5%，当 C/Fe 比继续提高至 0.3 时，烧结矿还原度达到 37.0%，继续增加燃料配比，还原度的提高程度较小；而随着燃料用量的增加，烧结矿中残碳量不断提升，当 C/Fe 比为 0.6 时，烧结矿中的残碳量达到 5.26%。

表 8-8 燃料配比对烧结矿还原度和残碳的影响

C/Fe	燃料配比/%	还原度/%	残碳/%
0.088（常规烧结）	2	3.7	0.27
0.2	10	20.5	0.96
0.3	15	37.0	0.98
0.4	20	39.1	1.21
0.5	24	39.7	2.66
0.6	28	39.2	5.26

综合燃料配比对烧结指标和烧结矿还原度、残碳量的影响，当燃料配比为 15%（C/Fe 比为 0.3）时，可以获得相当较好的综合指标。但由于在烧结矿的冷却过程，由于从料面抽入的空气，已被还原的含铁矿物又重新被氧化，导致烧结矿的还原度较低，需要通过强化措施，抑制含铁矿物的再度氧化，提高烧结矿的还原度和金属化率。

预还原烧结过程，矿物组成的形成过程见图 8-6。可知，在固相反应阶段，烧结混合料主要成分 Fe_2O_3、Fe_3O_4、CaO、SiO_2 在低温条件下虽然 CaO 与 SiO_2 亲和性强，但 CaO 与 Fe_2O_3 接触机会多，首先形成铁酸一钙，然后形成硅酸二钙及少量钙铁橄榄石等。温度进一步升高，燃料充分燃烧，还原进一步加强，固相反应生成的铁酸一钙，硅酸二钙，钙铁橄榄石进入熔体，为液相反应阶段。到烧结终点后，随着温度降低，液相中矿物按其熔点高低相继析晶。由于热量充足，所以析晶较完全。因此，预还原烧结矿中极少或无硅酸盐玻璃相存在。由此可以看出，金属铁的来源主要有固相反应中的铁、熔体中还原的铁及熔体中化合物进一步还原得到的铁[23]。

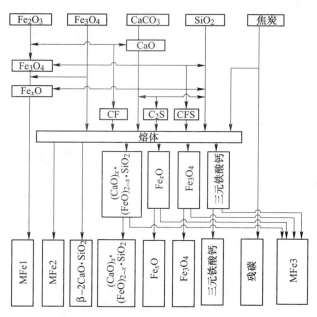

图 8-6 预还原烧结矿矿物组成的形成过程

研究了不同工艺条件下预还原烧结矿的矿物组成、含量和显微结构，阐明了预还原烧结矿的形成机理，及矿物组成对其性能的影响，结果如图8-7和图8-8

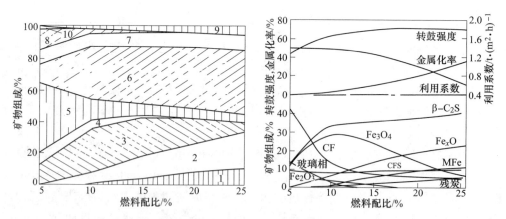

图 8-7 不同燃料配比对预还原烧结矿矿物组成、产量和质量的影响

1—MFe；2—FeO；3—磁铁矿；4—赤铁矿；5—铁酸钙；6—硅酸二钙；
7—钙铁橄榄石；8—硅酸盐玻璃相；9—残碳；10—其他

所示。研究表明，预还原烧结矿的矿物组成主要为：浮氏体、金属铁、少量磁铁矿和三元铁酸钙及少量残碳；硅酸盐渣相矿物有硅酸二钙、钙铁橄榄石和极少量硅酸盐玻璃相。烧结矿中金属铁联结和硅酸盐渣相固结为其主要的固结方式[23]。

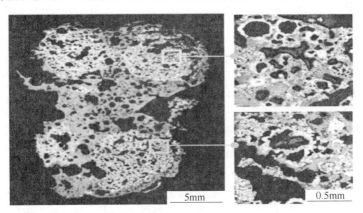

图 8-8　预还原烧结矿显微结构

预还原烧结由于高温条件、气氛等相比常规烧结发生了巨大的变化，其预还原过程存在以下问题：

（1）还原过程无法脱除 S。作为一种复杂含铁资源的处理技术，预还原烧结原料中不仅含有重金属、碱金属有害物，还可能含有 S。S 在氧化气氛中容易脱除，而在还原气氛中很难脱除。常规铁矿石烧结过程在氧化气氛下进行，可脱除烧结矿中大部分的 S，但预还原烧结过程以还原性气氛为主，会阻碍 S 的脱除。

（2）预还原烧结矿易过熔。预还原烧结原料中配入了大量的含碳燃料，其烧结过程的温度高于常规烧结，容易造成烧结矿过熔，并增加设备的高温损耗。

（3）预还原产品还原度低。在同样的 C/Fe 比下，烧结矿的还原度越高，整个炼铁工序的能耗就越低。而预还原烧结实际能达到的还原度仅为 40%～45%，远低于同样 C/Fe 比下的传统直接还原工艺。

（4）烟气中 CO 的利用及安全。生产预还原烧结矿，会使烧结工艺及炼铁工艺废气中 CO/CO_2 的比例增加，C 的利用效率降低，实现预还原烟气的循环利用有助于提高 C 的利用效率；烟气中的 CO 对现场操作人员的生命安全有危害，并存在爆炸的隐患，如何防止预还原过程 CO 的泄漏有待研究。

（5）增加烟气中有害物质的排放。常规烧结条件下，原料中的重金属和碱金属物质不易被脱除，而在预还原烧结过程中，较强的还原性气氛有助于上述杂质的脱除，但也增大了烧结烟气中有害元素的排放量。因此，在使用预还原烧结工艺处理复杂原料时，需要解决烟气的处理问题。

（6）预还原烧结生产率低。与常规烧结相比，预还原烧结过程的温度更高，烧结时间更长，相应的烧结生产效率更低。

8.2.2　预还原烧结强化关键技术

提高烧结矿的还原度是预还原烧结需要解决的重点问题。最初，提高预还原烧结矿还原度主要方法是提高配碳量，但燃料用量过高会导致烧结矿过熔，FeO熔渣量增加和微气孔减少，反而对还原度提高不利。因此，针对如何提高预还原度、防止烧结矿过熔，国内外学者进行了大量研究。Hideaki Sato 发现，在生产预还原烧结矿时，要获得足够的还原度必须要有足够的高温保持时间。日本学者研究了提高预还原度、防止过熔的方法[22]。

（1）燃料粒度优化。在增加燃料和铁矿石的接触面积的同时，保证准颗粒不因细小的焦粉在急剧燃烧而过熔。研究焦粉粒度对生产率和还原度的影响表明（见图 8-9），焦粉的适宜粒度在 125μm 和 44μm 之间。

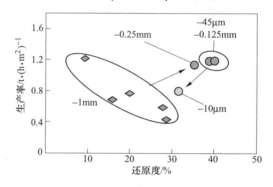

图 8-9　焦粉尺寸对预还原烧结生产率和还原度的影响

（2）使用含 MgO 添加剂。通过提高液相生成温度来防止烧结矿过熔，研究表明，当粒度小于 1mm 的白云石在准颗粒内分散时，抑制液相生成的效果最好，此时还原率超过了 40%。

（3）控制烧结过程氧分压。由图 8-10 的研究表明，当氧气分压在 9%～15%时，能抑制焦粉燃烧，获得高生产率和高还原度。另外，当氧气分压超过 15%

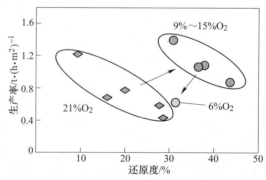

图 8-10　氧含量对预还原烧结生产率和还原度的影响

时，会发生过分熔融，低于9%时，焦粉无法持续燃烧，有未烧成燃料残余。因此燃烧气氛中氧气分压9%~15%为宜。

（4）构建适宜的准颗粒结构。结构A为普通的均匀混料造球，这种球如果烧结温度过高容易发生熔化；结构B、结构C分别是在小球表面加了一层生石灰和铁矿粉等，目的是在烧结温度高时，在球团表层形成一个坚硬且比较致密的保护层，如石灰层（B）和再结晶保护层（C）等，见图8-11。由于在小球表层形成了这种保护层，既可以防止小球内部熔化，又可以防止氧化性气氛进入小球内部对已还原的铁氧化物再氧化[23]。

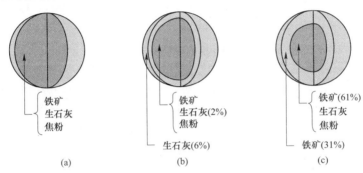

图 8-11　预还原烧结小球结构示意图

（a）常规（基准）；（b）生石灰包裹；（c）铁矿包裹

（5）添加预压成型颗粒。为了防止小球颗粒在还原时由于产生 CO 和 CO_2 气体造成裂隙，在试验时，用模子把原料压制成具有一定强度的压块，在实际生产中，可以把压块颗粒与传统小球混在一起进行烧结，见图8-12。通过此方法可使压块颗粒的还原率达到60%以上。在压块颗粒外再涂以镍渣来防过熔融时，可把还原率提高到70%左右。

日本钢铁工业在现有烧结工艺的基础上开发出预还原烧结新技术，并确立了高炉使用预还原烧结矿的生产操作方法，见图8-13。

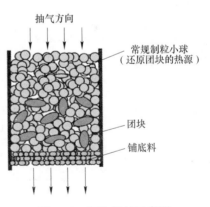

图 8-12　压块烧结示意图

该项研究已经完成了小规模的连续烧结生产试验。研究结果表明：可以在普通烧结机上生产预还原度40%~60%的人造块矿，其冶金性能较好。

国内外针对预还原烧结存在的问题，通过开发新工艺或新技术，解决还原度低、能源利用率低的问题。

印度研究出一种称为复合预还原球团矿（CPR）的高炉预还原炉料，产品为外包烧结壳的金属化海绵铁，烧结设备为回转炉，用煤粉和煤气提供热量和还原剂。复合

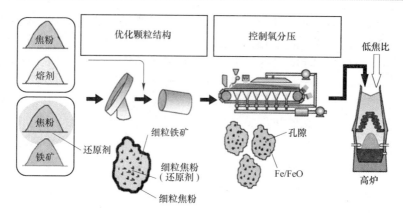

图 8-13　预还原烧结新工艺

预还原球团矿使用的原料为铁矿粉、萤石粉、焦炭粉、煤粉、石灰粉和铁鳞等。首先铁矿粉和煤粉、焦粉混合，将其造球加工成球团芯，然后在球团芯上外裹铁矿粉，形成双层的复合球团，并通过烧结获得预还原炉料：球芯含铁 81%、金属化率达 70%，涂层含铁 73%、预还原率约 10%，球团平均含铁 76%、金属化率 30%。

苏联开发了铁矿烧结矿金属化工艺：先将铁精矿与固体燃料混合，将其高温烧结；然后将未破碎的高温烧结饼用温度为 1100℃、压力为 0.2MPa 的气体还原剂进行还原，产品的金属化率达到了 92%。

鞍钢为了克服现有的预还原烧结技术问题，进行了大量研究，并对预还原烧结工艺进行了改进，通过在台车上直接向烧结矿喷吹还原性气体[24]，以防止烧结矿被氧化（见图 8-14），并将台车尾段尾气与焦炉煤气混合，充分利用烧结尾

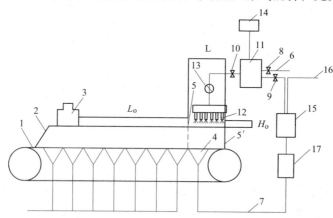

图 8-14　鞍钢烧结机尾部预还原方法

1—台车；2—烧结料面；3—点火器；4—抽风机；5，5′—烧结终点层；6—外接气源管道；
7—尾气引出管道；8~10—流量计；11—气体混合器；12—喷嘴；13—压力表；
14—高温还原气体测温控温仪；15—气体成分分析仪；16—外送气体管道；17—测温仪；
L_0—烧结有效段；L—喷吹焦炉煤气的炽热烧结段；H_0—喷嘴距烧结料面的高度

气的余热，达到节能减排的目的；通过分层布置不同含碳量和粒度的烧结球团，且在球团中添加低温反应性好而高温反应性降低的石油焦，达到了防止烧结过程中料层过熔，提高预还原烧结矿金属化率的目的。

　　针对预还原烧结工艺在生产过程中存在的上述问题，中冶长天和中南大学联合开发了如图8-15所示的预还原烧结工艺[25]。与传统烧结工艺相比，预还原烧结新工艺主要有以下三方面的改变。

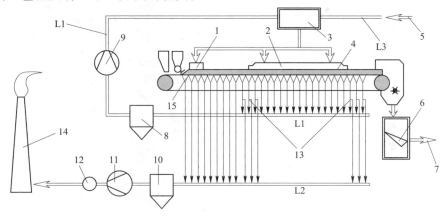

图 8-15　烟气循环预还原烧结新工艺

1—点火罩；2—密封罩；3—混气室；4—烧结机；5—补氧；6—热矿筛；7—后续处理；
8, 10—除尘；9, 11—风机；12—脱硫装置；14—烟囱；15—风箱；
L1—循环烟道；L2—脱硫烟道；L3—热风管（环冷机过来的热风）

　　（1）增加单独配料混合和制粒系统制备预还原烧结料（如内配碳小球），同时采用双层布料系统实现预还原烧结料和普通烧结料的选择性分层布料，使得内配碳小球外裹燃料和石灰后布在台车下部，烧结混合料布在台车上部。

　　（2）烧结机前面部分普通烧结混合料烧结后产生的烟气净化后外排，中后部预还原烧结料烧结后的高 CO 烟气进行循环利用，尾部一到两个风箱烟气则用来调节大烟道温度。

　　（3）预还原烧结矿的后续处理需要防止预还原烧结矿的再氧化以及提高余能的利用效率，因此考虑采用低氧条件下的竖罐冷却，或者直接在密封状态下进行热矿输送入炉。在传统烧结工艺的基础上，通过上述工艺过程的改变，能够从根本上解决预还原烧结过程再氧化和过熔化、高 CO 烟气难以处理等技术难题，为该工艺的工业化运行提供保障。

8.2.3　预还原烧结矿对高炉冶炼的影响

　　A　对铁前系统能耗的影响

　　烧结矿预先还原，使得在高炉中还原量减少，降低了高炉的还原负荷，可以减小焦比、降低钢铁冶炼能耗、减少 CO_2 的排放。苏联研究认为，烧结矿金属化率每提高 10%，高炉焦比下降 5.0% ~ 7.75%；加拿大研究表明焦比下降 6.8%；AK Steel 认为燃料比（kg/t）= 512.64 − 0.34HBI（kg/Mt）；Lake Eric Steelworks 认为焦比下降 37kg/（100kgHBI）。但相比普通烧结矿，使用预还原烧结矿时煤气中 CO/CO_2 的比例将大幅度上升，加拿大有试验表明，采用 30% 的金属化炉料，炉顶煤气 CO/CO_2 的比例由 1.05 上升到 1.33，煤气利用效率降低。

预还原烧结相比常规的烧结，其能耗升高，因此，应从预还原烧结矿生产能耗、预还原烧结矿应用到高炉的冶炼能耗、炼焦工序能耗三个工序考察预还原烧结矿对炼铁系统能耗的影响，见图 8-16。总体上，与传统烧结工艺相比，配加预还原烧结矿可以降低钢铁冶炼能耗，减少 CO_2 的排放。此外，还原剂可以使用非焦煤，从而减少对优质炼焦煤的依赖。

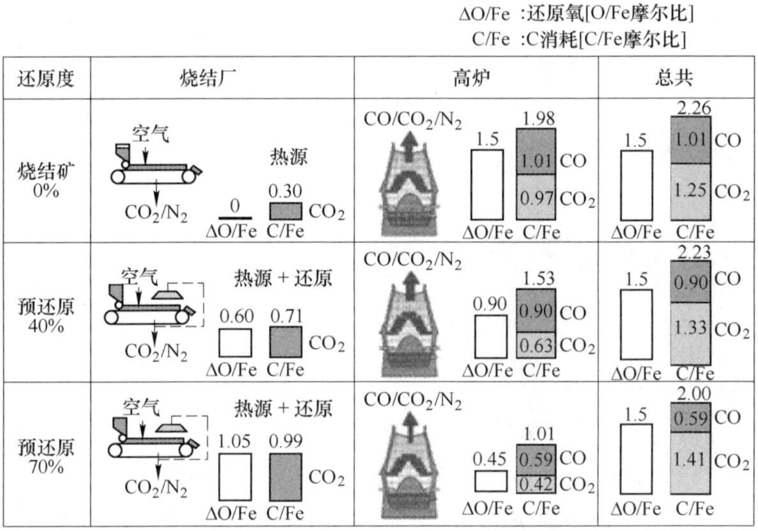

图 8-16 碳消耗与预还原烧结矿还原度的关系

图 8-17 显示了烧结矿预还原率与高炉炼铁、烧结和炼焦过程总碳耗之间的关系[26]。如果预还原率超过 40%，高炉炼铁、烧结和炼焦过程总碳耗明显降低。研发的目标是能够工业化生产预还原率达 40% ~ 70% 的预还原烧结矿（图 8-16 中"目标"所指部分）。

B 对铁前系统产量的影响

预还原烧结，生产的金属化烧结矿增大了高炉的产量，但降低了烧结工艺的产量，这将引起工艺结构的变化。苏联研究认为，金属化率每提高 10%，高炉产量提高 7.7% ~ 7.8%，而加拿大认为产量提高 7.5%；海钢研究认为烧结矿金属化率提高到 45.7%，烧结利用系数降低到 0.58t/（$m^2 \cdot h$）。因此，预还原烧结

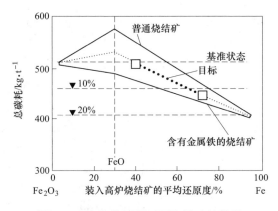

图 8-17　高炉使用预还原烧结矿的效果

替代普通烧结矿，如果保持生铁产量不变，高炉生产能力有富余，而烧结机数量应增加 1~2 倍。

C　对炉料冶炼性能的影响

预还原烧结矿的低温还原粉化和软熔性能得到改善。日本学者对预还原烧结矿的还原粉化率（RDI）和还原率（RI）进行了测定，结果表明，RDI 的大幅度改善没有导致 RI 的下降，这是因为普通烧结矿中含有大量的 Fe_2O_3，进入高炉之后在 550℃ 发生低温还原，由赤铁矿转为磁铁矿过程体积膨胀而导致粉化，严重恶化了高炉的透气性；而预还原烧结矿赤铁矿含量大幅降低，低温还原粉化性能好，可改善高炉透气性。此外，日本学者还对预还原烧结矿的高炉冶炼性能进行了评价，与使用普通烧结矿相比，在使用预还原烧结矿时，在 1400℃ 之前的收缩相对小，炉压差也小，但在 1400℃ 时会迅速收缩，并完全熔化，高温性状好（见图 8-18）。因此，高炉使用预还原烧结矿时，高炉软融带厚度减薄、炉压差

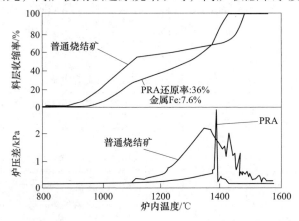

图 8-18　普通烧结矿和预还原烧结矿还原过程收缩行为比较

减小,可有效提高高炉生产率。另外,随着还原率的提高,高炉内的透气阻力减小[22]。

北科大的吴胜利教授研究了预还原含铁炉料在高炉内的软熔滴落行为。研究表明:与未还原含铁炉料相比,预还原含铁炉料的软化温度区间或软熔温度区间虽然较大,但温度区间内的料柱压差较小;熔滴温度区间内,熔化开始温度随着金属化率的增加而升高,滴落温度随铁水碳含量的增加而降低,料柱的最大压差随着金属化率的增加而减小;软熔滴落性能特征值(SD)随着金属化率和碳含量的增加而减小。由此推测,高炉使用具有一定碳含量的预还原含铁炉料将有利于增大软化层空隙、降低熔融层厚度,从而改善软熔带的透气性。

海钢和北京科技大学共同开展了海南高品位精粉和富矿粉配加澳矿生产预还原烧结矿的试验研究。在其最佳工艺参数条件下,所得的预还原烧结矿指标较好,转鼓强度达73%、成品率87.17%、还原度76.5%,低温还原粉化率小于3.15mm仅2.4%,软化温度1279℃、熔化温度1400℃、熔滴温度小于1525℃。

8.2.4 预还原烧结处理复杂含铁原料

为提高企业竞争力,使用非传统和低品质铁矿石,加大二次资源的循环利用率成为国内铁企业降低原料成本主要手段,但这些高杂质铁矿石和含铁二次资源的实用,是钢铁生产过程中Pb、Zn、Sn、As、Hg、K、Na、Cl、F等有害元素的主要来源。因此,钢铁生产过程中产生的、数量不少的含铁尘泥和必须使用的低品位铁料和矿粉,应生产成金属化率高、有害金属元素残存率低、粒度均匀的块状炉料供高炉使用,达到铁资源的回收和综合利用,实现循环经济的目的。20世纪80年代,德国克哈德公司与法国钢铁研究院合作将预还原烧结技术应用于含铁回收料的回收利用,开始了预还原烧结脱除有害元素的研究。

有害元素不但会影响钢铁冶炼过程,导致钢铁产品质量下降,因而在利用上受到了限制。非传统铁矿和低品质铁矿资源中的Pb、Zn、Sn、As、Hg、K、Na、Cl、F等有害元素的危害主要体现在以下方面,见表8-9。

表8-9 有害元素对钢铁冶炼过程的危害

工艺环节	有害元素对冶炼和产品质量的危害
烧结	K、Na、F抑制铁酸钙生成,影响烧结矿质量;As与CaO反应生成砷酸钙,消耗熔剂并影响烧结矿强度
炼铁	K、Na催化焦炭的气化反应,造成焦炭粉化;使烧结矿还原粉化率升高,球团矿产生异常膨胀;侵蚀高炉内衬影响高炉寿命,影响高炉顺行;Zn在高炉中、高温区易被还原进入炉气,在上升过程中重新被氧化在高炉内循环富集,影响高炉热量分布,导致结瘤,影响高炉顺行;Pb密度大、熔点低,渗透性极强,易沉于炉底,渗入砖缝,降低高炉寿命;氯化物促进高炉风口结渣,腐蚀设备

续表 8-9

工艺环节	有害元素对冶炼和产品质量的危害
炼钢	可以部分脱除 P、S、Ti 等杂质，但投入的脱除剂量增大，处理时间延长，导致工序能耗升高等问题；Cu、As、Sn 等杂质元素，炼钢过程中无法脱除
铸造	S、P 增加了铸坯的裂纹敏感性；Cu、Sn、As 等增加铸坯脆性

德国克哈德公司与法国钢铁研究院采用预还原烧结处理钢铁粉尘，将含铅锌尘泥配加焦末造球，布与铺底料上层，烧结混合料底部，烧结后脱 Zn 效率大于 94%、脱铅效率大于 99%、脱 K_2O 效率大于 60%。

中南大学朱德庆教授开发了一种含铁回收料球团金属化烧结新工艺[27]，将瓦斯灰、干法灰、转炉污泥和硫酸渣配煤制备含碳小球，使用料层底部点火，鼓风烧结的方法进行预还原烧结，获得 TFe 60.53%，金属化率 45.23% 的高炉炉料。Zn、Pb、As 的脱除率分别达到 92.78%、96.37%、62.45%，且避免了传统抽风烧结中存在的箅条损耗、烟气中 CO 浓度过高，预还原产品易被氧化等问题。

谢长江采用磁选-还原烧结法对湖南黄沙坪矽卡岩型铁锡矿的综合利用进行了探索，发现将锡铁矿磨矿弱磁选后所得铁精矿（Fe 品位 61.40%，Sn 品位 0.21%）外配一定量焦粉和生石灰制粒后（颗粒粒径 3~6 mm），在烧结杯模拟装置中进行点火烧结，过程中维持系统为还原性气氛，可使物料 Sn 含量降至 0.08% 以下，满足炼铁炉料对 Sn 含量的要求。

中南大学范晓慧教授等[29,30]，研究了燃料配比对有害元素脱除的影响，见图 8-19，其规律如下：

（1）在 C/Fe 比为 0.088 时，K 和 Pb 的脱除率较高分别达到 27.44% 和 51.09%，而 Na 和 Zn 难以被脱除，脱除率分别仅为 6.65% 和 9.17%。在常规烧

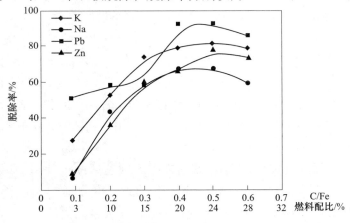

图 8-19 燃料配比对有害元素脱除率的影响

结条件下，当原料中含有大量低品质矿石及含铁尘泥时会导致烧结成品率低、转鼓强度差，且有害元素脱除率低，多残留在烧结矿中，会对后续冶炼过程产生危害，因此常规烧结不适合处理高杂原料。

（2）随着 C/Fe 比从 0.088 提高到 0.3，Pb 的脱除率变化不大，当 C/Fe 比增至 0.4，脱 Pb 率迅速提高到 92.71%，并在 C/Fe 比为 0.5 时达到最高值 92.87%。

（3）随着燃料用量的增加，烧结过程 K、Na、Zn 的脱除率均呈先上升后降低的趋势，在 C/Fe 比为 0.3 时，三种元素的脱除率分别达到 73.86%、59.44% 和 60.08% 的较高水平，从节能增产的角度考虑，若原料中 K 含量低于 0.2%、Na 含量低于 0.1%、Pb 含量低于 0.05%、Zn 含量低于 0.05% 时，C/Fe 比为 0.3 时即可生产满足高炉入炉有害元素要求的预还原烧结矿。

（4）当 C/Fe 比为 0.5 时，K、Na、Zn 的脱除率均达到了最高值，分别为 82.62%、67.69% 和 77.72%。

当燃料配比为 20%（C/Fe 比 0.4）时，有害元素的脱除率才能达到较高的程度，其燃耗高。为在较低燃料消耗的前提下，达到较高的有害元素脱除率，开发双层布料的预还原烧结方法。在配矿过程中，依据原料中有害元素的含量高低将含铁原料分为低有害元素铁料、高有害元素铁料两类。两类含铁原料分别与熔剂、燃料混合制粒，其中低有害元素混匀料燃料配比为 6%，碱度 1.73，布于料层上部；高有害元素混匀料燃料配比为 15%，碱度 1.73，布于料层下部；物料整体燃料配比为 9.21%。作为对比，试验研究了低有害元素铁料与高有害元素铁料均匀分布于料层，燃料配比为 10% 及 24% 两种情况下有害元素脱除率。分层烧结与均匀布料试验有害元素脱除率如表 8-10 所示，其中分层烧结试验通过原燃料的分段混匀制粒将高有害元素原料分别制备成内配燃料小球、外配燃料小球和燃料内配 50% 外配 50% 的小球。

有害元素集中分布于下层试验即为分层烧结试验，分层烧结试验燃料配比为 9.21%，分层烧结试验 K、Na、Pb、Zn 分别超过 82%、67%、86%、72%，较燃料配比为 10% 的有害元素均匀分布试验中 K、Na、Pb、Zn 脱除率分别提高约 30%、25%、30%、35%；与燃料配比为 24% 的有害元素均匀分布试验中 K、Na、Pb、Zn 脱除率相当。因此采用分层烧结技术提高高有害元素含铁原料燃料配比，并布于烧结料层底部，充分利用料层蓄热作用为有害元素的脱除提供高温、强还原环境，同时减少下部料层对有害元素的截留作用，在物料整体燃料配比较低的条件下获得较高的 K、Na、Pb、Zn 脱除率。

表 8-10 中下层高有害元素小球燃料内配比例越高，K、Na、Zn、Pb 的脱除率越高，燃料全部内配时，K、Na、Pb、Zn 的脱除率分别为 89.23%、70.43%、77.97%、91.78%；小球燃料内配比例越高，有害元素与燃料接触面积越大，越易发生还原反应被脱除。

表 8-10　分层预还原烧结试验有害元素脱除率　　　　（%）

烧结布料类型		燃料配比	K	Na	Pb	Zn
不分层		10	52.88	43.69	59.12	35.50
		24	82.62	67.69	92.87	77.72
分层	内配0%	9.21	82.59	67.30	91.81	72.53
	内配50%		82.75	67.89	86.47	74.38
	内配100%		89.23	70.43	91.78	77.97

上部料层不变，研究下部料层燃料配比对有害元素整体脱除率的影响，如图 8-20 所示。可知：下部料层燃料配比由 6% 增加至 15% 时，K、Na、Pb、Zn 脱除率均不断增加，且燃料配比由 6% 增加至 9%，四种元素脱除率增幅最大，接着增加下部料层燃料配比，四种元素脱除率增加趋势变缓。下部料层燃料配比为 15% 时，K、Na、Pb、Zn 脱除率分别为 89.23%、70.43%、91.8%、77.97%。燃料配比增加，燃料配比升高，燃料燃烧放热量增大，CO 生成量增加，下部料层温度升高、还原气氛增强，K、Na、Pb、Zn 的化合物还原反应增强、气化速率加快，脱除率上升。

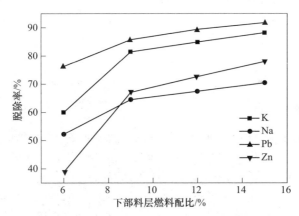

图 8-20　下部料层燃料配比对料层整体有害元素脱除率的影响

上部料层不变，研究下部料层碱度对烧结过程有害元素脱除率的影响，如图 8-21 所示。由图 8-21 可知：碱度由 0.6 增加至 1.73 时，K 的脱除率呈上升趋势，Na 的脱除率先上升后下降。碱度为 1.73 时，K、Na 的脱除率分别为 89.23% 和 70.43%；碱度由 0.6 增加至 1.73 过程中，Pb 的脱除率均保持较高水平，变化幅度不大，碱度为 1.73 时，Pb 的脱除率最大，为 91.78%；碱度为 0.6 时，Zn 的脱除率最大，为 80.16%，碱度由 0.6 增加至 1.5 时，Zn 的脱除率下降，碱度为 1.73 时，Zn 的脱除率又增加至 77.97%；综合来看，碱度为 1.73 时，K、Na、Pb、Zn 脱除率均位于较高水平。由热力学计算可知，CaO 参与碱金属铝硅酸盐

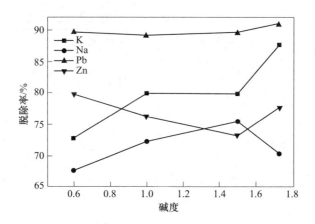

图 8-21   下部料层碱度对料层整体有害元素脱除率的影响

间接还原反应，抑制碱金属氯化物向碱金属硫酸盐的转化，因此提高碱度，K、Na 脱除率上升，但碱度为 1.73 时，铁酸钙等化合物增加，料层中液相量增加，Na 的脱除率下降。铅的化合物间接还原反应在烧结过程中易于发生，CaO 促进作用不那么明显，碱度对 Pb 的脱除率影响不大。Zn 主要通过锌化合物直接还原反应被脱除，CaO 对其影响主要表现为液相生成量及矿相结构，碱度为 0.6 时液相量较少，碱度为 1.73 时矿相结构较好，料层透气性好，Zn 的脱除率均较高。

8.3   金属化球团工艺

8.3.1   金属化球团的原理

用还原剂在铁矿石软化温度以下将铁的氧化物还原为金属铁的工艺方法称为直接还原法或称为金属化法，其产品统称为直接还原铁。当用这种方法生产金属化程度低的产品时，又称为预还原法，所得产品则通常称为预还原铁。直接还原铁（或预还原铁）由于是在低温固态条件下获得的，这种产品未经熔化仍保持矿石外形，但因还原失氧形成大量气孔，在显微镜下观察形似海绵，因此通常又称为海绵铁[31]。

海绵铁的特点是含碳低（<1%），不含 Si、Mn 等元素，而保存了矿石中的脉石，这些特性使其不宜大规模用于转炉炼钢，而只适于代替废钢作为电炉炼钢的原料或用于高炉炼铁。通常用于炼铁的多为金属化程度低（40%~70%）和酸性脉石较高（$SiO_2>5\%$）的海绵铁。冶炼结果证明：当炉料中金属化铁每增加 10% 时，焦比可降低 5%~6%，生产率可提高 5%~9% 左右。而用于电炉炼钢的多为金属化程度较高（80%~95%），脉石含量低（$SiO_2<5\%$）的海绵铁，国外认为采取海绵铁进行电炉炼钢时冶炼周期能缩短一半，产量可提高 45%，而耐火材料、电极和氧气消耗都能相应降低。

　　电炉炼钢实际上是废钢回炉重熔过程、由于废钢多为废旧报废设备解体物，其含有多种合金元素，进行炼钢时其杂质成分难于控制，成分波动大，要获得理想成分的优质钢就较困难；再加上废钢市场供应紧张，其价格日益上涨，因此具有含铁品位高，有害杂质含量少，成分稳定的海绵铁，就成为代替废钢来源和调节废钢化学成分的重要手段，从而促进了世界直接还原技术的发展，形成了一个有别于传统生产过程的钢铁生产流程[32]。

　　而传统的钢铁生产流程则：

$$直接还原 \xrightarrow{海绵铁} 电炉$$

$$高炉 \xrightarrow{生铁} 氧气转炉$$

　　直接还原法改变了将含铁粉料经过造块再行炼铁然后炼钢传统工艺，去掉消耗大量优质焦炭且主要靠碳直接还原成金属铁的炼铁过程，从冶炼原理上分析，新流程具有生产环节少、能耗低、环境污染轻等优点，显然比传统流程合理。

　　我国有关铁矿石直接还原的研究自 1957 年开始，先后建立了一定数量试验装置和中间试验车间，完成了一系列研究工作，其中东北大学、浙江冶金研究所和中南大学为促进直接还原铁在我国应用做出了重要贡献，特别是中南大学开发的"复合黏结剂球团直接还原法"[33]先后在山东、北京、新疆等地建厂，天津从英国引进了一套完整直接还原生产设备，使直接还原法在我国实现了工业应用。

　　目前国内外已开发和工业应用的直接还原法可分为两大类：

　　（1）使用气体还原剂的直接还原法。在这种方法中煤气兼作还原剂与热载体，但需要另外补加能源加热煤气。

　　（2）使用固体还原剂的直接还原法。还原碳先用作还原剂，产生的 CO 燃烧可提供反应过程需要的部分热量。过程需要的热量不足部分则另外补充。

　　在直接还原反应过程中，能源消耗于两个方面，一是夺取矿石氧量的还原剂，二是提供热量的燃料。在气体还原法中，煤气兼有两者的作用，对还原煤气有一定的要求，符合要求的天然气体燃料是没有的。用天然气、石油气、石油及煤炭都可以制造这种冶金还原煤气，但以天然气转化法最方便最容易。因此，天然气就成为直接还原法最重要的一次能源。但由于石油及天然气缺乏，开发使用固体还原剂（煤炭）的直接还原法则成为当前国内外研究的重要课题。

　　用于生产直接还原铁的含铁原料，目前包括有块矿、粉矿，个别还有精矿，随着球团技术的发展，采用球团矿作原料已成为重要趋势。如果采用球团矿作为原料，其产品则称为金属化球团矿或预还原球团矿。据统计目前直接还原铁中已有55%以上用球团矿生产金属化球团矿，并有逐步增加的趋势。

　　目前基于直接还原铁法开发的重点在于生产作为电炉炼钢的炉料，为此皆选用经细磨深选后获得的高品位铁精矿（TFe 在 66% 以上）并制成球团矿再行还原。用于生产直接还原铁的球团矿，目前世界上流行三种，即：

（1）高温固结氧化球团矿，其固结相主要靠 Fe_2O_3 再结晶，需建设完整的高温固结设备，投资高和能耗大，如美国直接还原公司等。

（2）预热球团矿，在 900~1000℃ 温度下仅发生初步赤铁矿微晶固结且多发生在球团矿表层。虽球团强度不高，但可节省一套高温氧化焙烧设备、投资少，能耗少，如日本川崎制钢千叶直还厂等。

（3）采用黏结剂干燥固结球团矿，仅在 200~400℃ 温度下干燥，靠黏结剂低温固结，保持制造原矿化学成分不变，能耗最省，投资更少，如日本住友重型工业公司铁矿石还原示范厂（用重油残渣做黏结剂）。

用上述三种球团矿制造直接还原铁时，无论供电炉炼钢或高炉炼铁，其球团矿强度在还原过程中因存在的铁氧化物状态不同而具显著差异。通常氧化度高的球团矿还原时因发生相变过程，其体积发生膨胀，导致强度降低甚至粉化，严重地影响直接还原过程进行。因此，良好的球团矿具有良好的机械强度，特别是还原过程中的热态强度是保证直接还原铁生产过程顺利操作的重要因素。非高炉炼铁中，铁氧化物的还原对任何颗粒（包括球体），都是在还原剂作用下呈逐级性和带状发展的，即还原经过 Fe_2O_3—Fe_3O_4—FeO—Fe（>570℃）或 Fe_2O_3—Fe_3O_4—Fe（<570℃）诸阶段完成的，并沿颗粒表面遵循先接触还原剂先还原使还原逐渐向

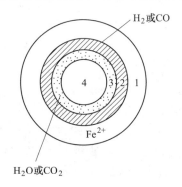

图 8-22 Fe_2O_3 还原过程示意图
1—Fe；2—Fe_xO；3—Fe_3O_4；4—Fe_2O_3

核心推进的原则（图 8-22）。若为球团矿时，则先还原的外层金属铁层及次层低价氧化铁层厚度不断增加，而内层较高价氧化铁核则依次缩小。当球体较小及气体还原剂能穿透整个球体时，其还原仅具有逐级性而没有明显的呈带性。

对于气体还原剂，铁氧化物还原有两种反应机理起决定性作用：

（1）在固体和气体间的相界上产生相界反应。

（2）在固体反应物相界上及其内部由于金属铁离子向较高含氧量区域扩散而产生固相反应。

当还原速度较快时，外表层形成多孔的金属铁壳。此时，还原气体可以在固相层内扩散；在 Fe_xO/Fe 界面上，浮氏体被还原为金属铁，其反应式：

$$Fe_xO + CO（或 H_2）\longrightarrow Fe + CO_2（或 H_2O） \tag{8-1}$$

铁离子向被还原的铁氧物内扩散，使较高级铁氧化物转变为较低级铁氧化物，其反应式如下。

$$Fe_3O_4 + Fe^{2+} + 2e \longrightarrow 4Fe_xO \tag{8-2}$$

$$4Fe_2O_3 + Fe^{2+} + 2e \longrightarrow 3Fe_3O_4 \tag{8-3}$$

上述反应受 Fe_xO/Fe 界面反应控制。

若外表面形成一层比较致密的金属铁层时，还原气体无法向球体核心扩散，则仅能在表层发生脱氧反应。

当还原剂为固体燃料时，其对铁氧化物还原反应视固体燃料中碳燃烧情况而有所不同。如向回转窑内，将煤粉以单独方式喷射入高温区域，则燃料将受高温作用而氧化成还原气体，此时，铁氧化物的还原过程基本上与上述反应式（8-1）相同，即以间接还原为主体，被还原的固体颗粒呈带状从表层向核心发展，这即称之为未反应核模型机理。若将细磨后的固体还原剂（包括含碳类黏结剂）混匀到制成的球团内，当还原时仍喷固体燃料到高温区域并燃烧成煤气，则此种球团的还原必受到两种还原剂的作用，即球团外部的还原剂提供间接还原，球团内部的还原剂提供碳直接还原，这种能增加还原反应速率的方式被称之为体积反应模型机理，此时球团的还原反应在外层和核心同时进行。铁氧化物与碳直接发生反应式如下。

$$3Fe_2O_3 + C \longrightarrow 2Fe_3O_4 + CO \tag{8-4}$$

$$Fe_3O_4 + C \longrightarrow 3FeO + CO \tag{8-5}$$

$$FeO + C \longrightarrow Fe + CO \tag{8-6}$$

$$Fe_3O_4 + 4C \longrightarrow 3Fe + 4CO \tag{8-7}$$

上述反应产物中之一即为气体还原剂，且可起实质性还原作用。当然也可能反应生成 CO_2 气体，但反应温度高于 $900℃$ 以上时，这种反应的作用极小。

通常，只要球团矿内有足够数量的固体还原剂，则直接还原产生的 CO 浓度，从球团中心到外表都超过 Fe_2O_3 和 CO 反应生成 Fe 和 CO_2 所需的 CO 平衡浓度，即接近固体碳气化反应的平衡值时，这样不仅可保证铁氧化物顺利还原，还可防止外表生成的金属铁被气氛中 CO_2 再度氧化[31]。

8.3.2 金属化球团工艺

已开发的球团矿直接还原工艺有很多，在此仅介绍几种比较成功地应用于生产的主要工艺与设备，如气基还原法的固定床还原法和竖炉法工艺，煤基直接还原法的回转窑法和转底炉法工艺。

8.3.2.1 固定床还原法

固定床还原法是墨西哥第二大钢铁企业希尔（Hojaiata YLamian）公司首创和逐步完善的一种直接还原方法，又称希尔法或竖罐法，这种方法在全世界有相当规模的发展，其生产量约占直接还原法总产量的 26% 以上。

该法所使用的还原剂为天然（煤）气或石脑油，使用前都要加蒸汽进行转化，即：

天然气 $\qquad CH_4 + H_2O \longrightarrow 4CO + 3H_2$ $\qquad$ (8-8)

石脑油 $C_7H_{16} + 7H_2O \longrightarrow 7CO + 15H_2$ (8-9)

经转化后的煤气需进行脱水，使 H_2 的含量相应增加。标准天然气转化后的组成为 $14\%CO$，$75\%H_2$，$8\%CO_2$，$3\%CH_4$。

需进行还原的球团矿间断装入反应罐内，金属化球团矿产品间断从反应罐内卸出，还原时球团矿在反应罐内保持静止状态。还原气体从反应罐上部进入；由下部排出，这样就可以避免移动床所遇到的还原时间不一致，形成煤气通道，球团易磨损成粉，产生局部高温结块等问题。

希尔法还原设备由四个竖式反应罐组成，在操作过程中有三个运行（初还原、终还原、冷却渗碳各一个），一个装料，每个罐运行了 3h，整个循环需要的总时间为 12h。图 8-23 为希尔法工艺流程图。在各循环中，球团矿逐步接触到逆流的还原气体。还原气体在串联的反应罐中得到反复利用。最后排出的煤气可作燃料，不再循环。

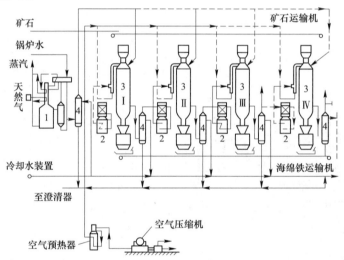

图 8-23 竖罐法生产金属化球团工艺流程
1—天然气转换炉；2—煤气预热器；3—反应器；4—水冷

在主反应罐中还原温度可达 1000℃ 以上，这对含 H_2 多的还原气体的还原效率可明显提高，而在冷却渗碳反应罐中温度可在 550℃ 条件下进行，使金属化球团外壳形成以 Fe_3C 形式的"渗碳体外壳"，以防止金属铁再氧化，并保护产品质量。通常，金属化球团矿中 95% 以上沉碳是以渗碳体的碳存在，并且约 80% 的沉碳都集中在近 2mm

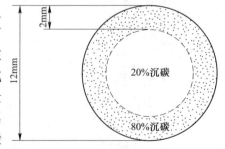

图 8-24 金属化球团渗碳示意图

厚的外壳表面（见图 8-24）。渗碳是可根据炼钢需要常控制在 1.0%~2.5%范围，这可以通过控制在渗碳温度下的停留时间即冷却速度以及控制气体组成来实现[34]。

8.3.2.2 竖炉法

竖炉法的典型代表是米德雷克斯法，由美国 Midrex 公司创立和发展。全世界所供应直接还原铁的一半以上是用该公司技术建厂生产的，是目前应用最广及发展最快的直接还原法。该法具有操作简单、能耗低、工艺成熟、生产率高等优点[35]。

米德雷克斯法生产工艺流程见图 8-25。主要设备有：竖炉、重整炉和换热器。竖炉内还原作用是连续进行的，经氧化焙烧后的球团矿从炉顶装入，靠自重向下移动、金属化产品从底部排出。

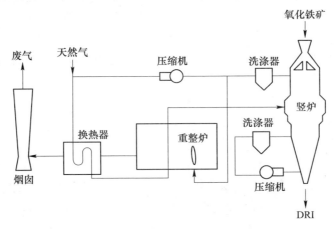

图 8-25 米德雷克斯法标准生产流程

竖炉内部实际具有两层独立的工艺带，两带都使用各自独立的循环气体。在上层工艺带，球团矿被含有 H_2 和 CO 的对流还原气体预热和还原（近于1000℃）；在下层工艺带，已还原的金属化球团矿由对流的冷还原气渗碳并被冷却（近于 550℃以下），直到卸出[36]。

用天然气作为主要还原剂，在实际生产中由新的天然气和从竖炉顶来的循环气组成入炉还原用的混合气。

Midrex 式重整炉是一台衬有耐火砖的气封式竖炉，炉内装有充填了催化剂的合金管。经换热器预热后的混合气通过催化剂层向上流动，同时被重整和加热。离开重整炉的热还原气含 H_2 和 90%~92%CO。成为高质量的热还原气后立即被送入竖炉的还原带，对铁氧化物进行还原[37]。

米德雷克斯法还原和还原气化学反应如下：

还原带： $$Fe_2O_3 + 3H_2 \longrightarrow 2Fe + 3H_2O \tag{8-10}$$

$$Fe_2O_3 + 3CO \longrightarrow 2Fe + 3CO_2 \tag{8-11}$$

渗碳冷却带：
$$3Fe + CO + H_2 \longrightarrow Fe_3C + H_2O \tag{8-12}$$

$$3Fe + CH_4 \longrightarrow Fe_3C + 2H_2 \tag{8-13}$$

混合气重整：
$$CH_4 + CO_2 \longrightarrow 2CO + 2H_2 \tag{8-14}$$

$$CH_4 + H_2O \longrightarrow CO + 3H_2 \tag{8-15}$$

由上述反应式可知，重整炉的作用主要在于使还原带生成的 H_2O 和 CO_2 重新转变成可用的还原气，提高了对还原气的利用效率。

米德雷克斯法因设有显热回收装置而使热利用率大大提高。热回收装置包括重整炉内的气体通道和具管型结构的热交换器。这样还原过程气体带出的显热，用于预热助燃空气（即重整炉燃烧器，可预热至 675℃）和炉料气（炉顶气和送入重整炉管道的混合气，可预热至 540℃），该热回收装置将工艺单位（吨）热耗从 1969 年大于 14.63GJ，降到现在的 9.85GJ。

该法所用含铁原料可为纯块矿或球团矿，也可二者以任何比例配合使用，其设备生产能力因能连续生产比希尔法大得多，且易于实现还原过程的自动控制。

8.3.2.3　回转窑法

回转窑法具有代表性的工艺是 SL/RN 法。SL 法是加拿大钢铁公司和德国鲁尔基化学冶金公司所使用的方法，RN 法是美国共和钢铁公司和国家铅公司所使用的方法。两种方法合作并取出各自特点组成本法。本法主要使用回转窑设备并用固体还原剂，能对低品位铁矿石进行直接还原，因而深受缺少富铁矿和天然气作还原剂的国家或地区重视，实际上经广泛开发和深入研究后，该法可适用于多种原料的处理[38]。

若入窑含铁原料是粉矿、块矿或氧化球团矿，其生产流程完全与图 8-26 一

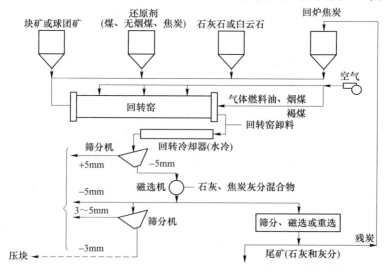

图 8-26　SL/RN 法工艺流程

致。从窑尾进入的原料包括含铁原料（块矿或氧化球团矿）、还原剂（返炭，无烟煤、焦炭，最好是褐煤）和脱硫剂（石灰石或白云石，用于含高硫的铁料或燃料脱硫）。沿回转窑全长的周边装设有随窑体转动的助燃风机以鼓入空气，提高还原气体温度。从窑头（排料端）喷煤粉或煤气。喷入的煤粉既作还原剂又作热源，现主要喷入褐煤或烟煤。从窑头卸出物料经分选，分别得到尾矿（主要是灰分和石灰石）、磁性粉（细粒含铁物料）、海绵铁或金属化球团。进入窑内的含铁原料在窑内先进行干燥和预热，然后再进行还原，因此窑体长度较其他长些。若含铁原料为细磨精矿，制成生球后，不经高温氧化焙烧制成氧化球团，可节约工艺能耗。根据目前世界和我国开发出的已有成熟经验，可以将细磨精矿先制成生球，然后再将生球经干燥和预热处理，一般预热到 900～1000℃ 使球团发生 Fe_2O_3 微晶连接，使入窑球团的单球抗压强度提高到近 500N 以上，为此应专门设置一台链箅机设备完成此任务，该设备应装设在回转窑前，与回转窑连接，这样可利用窑尾热废气进行预热。中南大学开发的"复合黏结剂球团直接还原法"采用的即是此种工艺。

值得注意的是，从窑尾进入和窑头喷入的固体燃料，不仅作还原剂，而且是产生热量的主要来源。当单纯使用无烟煤或焦炭（包括返炭）作还原剂时，必须添加天然气或重油作辅助燃料来提高窑体内温度，当用大量或单纯用烟煤或褐煤这类含高挥发分煤作还原剂时，因自身热分解出大量可燃气体，故可不加辅助燃料。

采用回转窑进行直接还原时十分关心的问题是如何避免"结圈"，一旦结圈发生就得停产待修。为了避免这一事故发生，主要从以下几个方面着手，即提高入窑球团的冷强度和还原强度；减少并防止粉末入窑；选用低灰分和高灰分熔点的煤作还原剂[39]；同时还应严格控制还原适宜温度最佳波动范围。但是，在实际操作中，往往由于管理人员疏忽而出现这种事故迹象或者处于结圈形成初期，可以从以下三方面着手处理：即对窑体从窑头加大空气返吹风量，吹出窑体残存的细粒粉末；往复调节喷枪深入窑体内程度，使高温区在窑体内来回移动以"烧掉"初始结圈物；在万不得已情况下且在调节喷枪深入窑体内程度不见效时，可同时加大供料量以配合冲击初始结圈物脱离窑壁。

回转窑生产的金属化球团矿的金属化率，可根据产品用途控制在 40%～95% 之内。结合我国非焦煤资源的特点，国内外研究者普遍认为，我国直接还原铁的生产应以回转窑煤基球团法为首选方案[40]。

8.3.2.4 氢冶金法

在全球发展低碳循环经济潮流下，钢铁行业越来越重视利用氢气取代一氧化碳作为还原剂的氢冶金技术研究。氢冶金和碳冶金的化学反应方程式如式（8-10）和式（8-11）所示，从化学反应方程式可知：氢冶金的最终产物是 H_2O，真

正做到了 CO_2 零排放，所以将碳冶金改为氢冶金是钢铁工业发展低碳经济的最佳选择；并且氢作为一种高化学能的还原剂，氢气的还原潜能是一氧化碳的 14 倍，因此氢冶金的能耗大大低于碳冶金；一氧化碳气体的分子直径大，难以渗透到铁矿石内部，氢气的分子直径小，在铁矿石中的渗透速度是一氧化碳气体的 5 倍，能够大大提高反应速度，降低反应温度，气体氢可以直接参与还原反应，铁矿石可以不经过相变直接还原成纯铁[41]。由此可见，大力发展氢冶金，可以成倍地提高金属冶炼生产能力和效率，同时可以大大减少冶炼过程中碳还原剂的消耗，减少钢铁生产中的煤耗。

从 2008 年开始，日本为减少钢铁行业中 CO_2 的排放，不断推动 COURSE50 项目的发展。COURSE50 项目主要由两部分组成：一是从高炉废气中捕获、分离和回收二氧化碳技术；二是在高炉内控制利用富氢还原剂（例如焦炉煤气或改进型焦炉煤气）的还原技术[42]。

瑞典多公司联合开发的 HYBRIT 项目将用氢气完全取代煤炭，旨在 2045 年达到 CO_2 零排放，该项目目前还处于早期阶段[43]，到 2030 年，直接还原铁的 H_2 需求量会增加 1 倍，到 2050 年使用 HYBRIT 项目会使 H_2 需求量增加 15 倍[44]。

我国各大院校、机构早在 20 世纪 60~70 年代就已经开始研发直接还原炼铁技术，积累了丰富的技术知识和经验，但因我国天然气资源短缺而缺少快速发展机会。尽管我国天然气短缺，但我国钢铁制造流程以长流程为主，在长流程中产生的大量具有高化学能的焦炉煤气能够为氢冶金提供充足的氢源。焦炉煤气含有 $60\% H_2$，是宝贵的氢资源，将焦炉煤气用作燃料是低效率的，应该将它用作直接还原铁的还原剂[41]。它为我国发展直接还原短流程工艺解决了气体资源紧缺的难题。中国今后可以充分利用两种流程的优势，用长流程中产生的焦炉煤气生产直接还原铁，形成与电炉炼钢整合的短流程新工艺，做到长流程与短流程并存，合理融合，科学整合，充分发挥两种工艺的最大潜力。国内钢铁企业进行了直接还原铁的生产和开发，山西中晋太行矿业有限公司在 2019 年 10 月对年产 30 万吨直接还原铁项目（CSDRI）投产运营。该装置投产后，是我国第一套用焦炉煤气气基竖炉生产直接还原铁的工业化试验装置，将引领我国直接还原铁新发展[45]。

如图 8-27 和图 8-28[45] 所示，全氢直接还原工艺中 H_2 含量高达 90% 以上；而在以天然气为原料的传统直接还原工艺氢增幅中，H_2 含量只能达到 55%~60% 左右，为了提高工艺效率降低能耗，需要另外通入焦炉煤气或纯氢。在全氢直接还原工艺中原料气加热重整过程产生的 CO_2，能够被重整或回收，实现 CO_2 零排放；而在传统直接还原工艺氢增幅中只能选择性地回收 CO_2。不难看出钢铁企业有很多可以与氢冶金相结合的生产方式。

钢铁行业是去产能、调结构、促转型的重点行业，而氢冶金能够帮助钢铁行

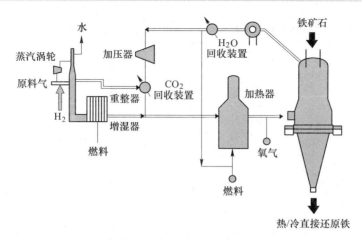

图 8-27　全氢直接还原工艺流程

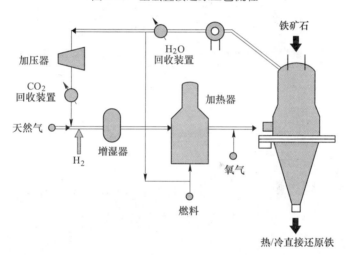

图 8-28　传统直接还原工艺氢增幅流程

业尽快完成钢铁转型、节能减排，促进钢铁行业可持续发展。目前世界各国纷纷对氢冶金进行战略研究，中国也应该审时度势，把氢能加入到钢铁行业的产业链中，充分利用两种流程的优势，做到长流程与短流程并存，充分融合，科学整合，升级传统钢铁行业，为我国钢铁行业提供新思路、新方向。

8.3.3　金属化球团发展

8.3.3.1　世界直接还原生产概况

近年来，全球直接还原铁产量持续增加（见表 8-11[46]）。据米德雷克斯技术公司统计的数据，2017 年全球直接还原铁产量同比增加超过 1400 万吨，全年产量超过 8710 万吨。

表 8-11　2015～2017 年各地区直接还原铁产量　　　　（万吨）

地　区	2015 年	2016 年	2017 年
中东/北非地区	3214	3419	4053
亚太地区	1869	1918	2291
拉美地区	1210	919	1051
独联体/东欧	544	570	699
北美	260	320	460
撒哈拉以南地区	112	70	93
西欧	55	60	63

表 8-12[46] 是 2017 年全球 5 大直接还原铁生产国直接还原铁产量，2017 年全球直接还原铁产量的大幅增长可归因于伊朗，俄罗斯和美国新直接还原铁产能投产的影响，以及埃及和印度直接还原铁生产环境的改善。

表 8-12　2017 年全球 5 大直接还原铁生产国直接还原铁产量　　　（万吨）

国　别	产　量
印度	2234
伊朗	2055
俄罗斯	699
墨西哥	601
沙特阿拉伯	574

表 8-13[46] 所示为世界各地区生产直接还原铁各工艺的产量比例。由表可见，气基竖炉是直接还原铁生产工艺中比较成熟、单机产能较大（最高可达 250 万吨/年）的工艺，是业内公认的占据主导地位的直接还原工艺。气基竖炉的产量约可达到世界直接还原铁总产量的 80%。2017 年世界直接还原铁的总产量超过8710 万吨，气基竖炉产量占 82.4%，煤基仅占约 17.6%。

表 8-13　2015～2017 年生产直接还原铁各种工艺产量占比　　　（%）

项　目	2015 年	2016 年	2017 年
MIDREX	63.1	64.8	64.8
HYL/ENERGIRON	16.0	17.4	16.9
其他气基	0.7	0.3	0.7
煤基回转窑	20.2	17.5	17.6

中国是世界钢铁生产第一大国，粗钢产量已超过 10 亿吨，图 8-29[47] 为近年

来世界和中国 DRI 的产量占比,由图可见,直接还原铁产量与中国粗钢产量第一大国的地位极不相称。DRI 极低严重影响了中国洁净钢和优质钢的生产和装备制造业的发展。

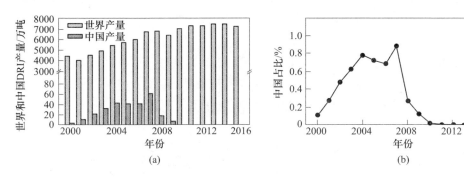

图 8-29　近年来世界和中国 DRI 产量

8.3.3.2　我国直接还原技术发展展望

结合目前直接还原生产工艺及全球直接还原铁的生产现状,我国直接还原技术的发展需要关注以下几个方面:

(1) 直接还原改善我国钢铁行业能源结构。中国钢铁工业的发展长期受到铁矿资源、焦煤资源、废钢资源短缺、环境保护压力的困扰。发展低能耗、环境友好的废钢+DRI→电炉炼钢的钢铁生产短流程是中国钢铁工业的发展方向[48]。中国目前直接还原铁的年需求量约为 1500~2000 万吨[49],并且需求量日益增长,而中国直接还原铁的产量不足 100 万吨,因此,高品质的直接还原铁在中国具有广阔的使用前景。发展非高炉炼铁技术,减少钢铁生产对焦煤的依赖,改变钢铁行业的能源结构、减少对焦煤资源的依赖是钢铁行业发展的重要课题。

(2) 直接还原工艺是节能减排的重要手段。表 8-14 为非高炉炼铁工艺污染物排放情况与高炉对比[50]。几种工艺对比可以发现天然气基的 Midrex 和 HYL 工

表 8-14　非高炉炼铁工艺的污染物排放情况及与高炉对比　（kg/t）

炼铁工艺	SO_2	NO_x	粉尘	CO_2
高炉	1.410	1.090	1.220	1400
天然气基 Midrex	0.025	0.21~0.51	0.0508	530
天然气基 HYL	0.1063	0.1173	0.00271	650
煤气化气基 Midrex	—	—	—	1165.7
ITmk3	0.19	0.90	—	比同规模高炉减少 30% 以上

艺排放污染物的情况最佳，其次是 ITmk3。气基 Midrex 竖炉工艺即使使用煤气化技术，其生产直接还原铁的工艺与高炉相比，排放的污染物仍然较少。

非高炉炼铁之所以可以大幅降低污染物的排放量，主要是因为大幅度降低了焦煤的使用量，并且减少了球团、烧结以及焦化工序等高炉炼铁流程中生成的污染物。

以天然气为能源的气基竖炉直接还原铁生产能耗从理论计算和实际生产结果均低于高炉炼铁；以煤制气为还原气的竖炉生产能耗从理论计算仍低于高炉炼铁。竖炉直接还原-DRI 热装入电炉炼钢的能耗可进一步降低。具体数据见表8-15[51]。

表 8-15   非高炉炼铁工艺的能耗情况与高炉对比

炼铁工艺	能源实物消耗	折合能耗/kg·t^{-1}
高炉	300~420kg 冶金焦+200~135kg 煤粉/t	481.0~589.5
天然气基 Midrex	350~400Nm^3 天然气/t，11.0~12.5GJ/t	375.8~427.1
天然气基 HYL	300~350Nm^3 天然气/t，10.4~11.5GJ/t	355.3~392.9
煤制气-竖炉	600~750kg 动力煤/t，11.0~12.5GJ/t	375.8~427.1
回转窑	850~950kg 褐煤/t，17.8~21.3GJ/t	650.0~750.0
隧道窑	250~400kg 燃烧煤+400~600kg 还原煤/t	700.0~800.0

隧道窑和回转窑生产工艺能耗高且难以大幅度降低，这说明隧道窑、回转窑工艺也不可能成为生产直接还原铁的主要途径。我国发展直接还原应选择气基竖炉工艺，竖炉流程的竖炉尾气中的 CO_2 约60%作为天然气、煤制气的氧化剂部分回收利用，尾气中的 S 通常以硫磺的形式回收，天然气和制气用煤中的 S 在天然气重整或煤制气过程中脱除，不向大气排放。因此，竖炉直接还原 CO_2 和 SO_2 的排放比高炉炼铁低。对于中国来说，"贫矿多、组分杂"的铁矿资源特点和"多煤少气"的能源结构，并不适合发展天然气气基竖炉直接还原工艺。但是，煤制气和选矿新技术的发展为气基竖炉技术在中国的推广应用提供了成熟条件，同时也为发展短流程竖炉-电炉炼钢工艺提供了可行性保障。钢铁生产短流程尤其是"DRI（30%~50%）+废钢（50%~70%）+电炉"短流程将有更强的竞争力，其生产率可提高 10%~20%，作业率可提高 25%~30%，比高炉-转炉流程 CO_2 排放量可降低 40%~65%[52]。所以，发展适合的直接还原工艺是我国钢铁工业节能、减排的重要手段和途径。

（3）建设大型化直接还原铁生产线和生产基地是中国直接还原发展的重要内容[53]。国内对直接还原铁的需求旺盛，市场容量大。从钢铁工业的发展及市场需求看，由于中国废钢短缺，电炉钢产量占总钢产量的比例低，钢铁产品结构调整和升级换代以及钢铁生产能源结构调整的需要等因素，决定了中国在一个相当长的时期内对直接还原铁的需求旺盛。按世界直接还原铁产量占粗钢产量的5.5%，或直接还原铁产量占生铁产量的6.5%计算，中国直接还原铁的年产量应超过2000万吨。同时，中国废钢资源短缺，尤其是优质废钢短缺，而依靠进口DRI/HBI解决中国废钢短缺问题是不现实也是不可能的。因此，发挥中国丰富的非焦煤资源优势，同时利用国内及国外铁矿资源，在国内发展直接还原铁生产十分必要，它是中国钢铁工业持续发展，实现循环经济，保护环境的重要环节之一。建设大型直接还原铁生产线，在资源和运输条件适宜地区建设大型化商品DRI生产基地，产品满足合理销售半径内特钢生产及装备制造业对DRI的需求，将是中国今后发展直接还原的重要内容之一。

8.4 烧结竖式冷却技术

8.4.1 烧结竖式冷却技术概述发展现状

8.4.1.1 国外厚料层冷却技术发展

烧结竖式冷却采用的是小风慢冷厚料层的原理，目前，国外关于烧结矿厚料层冷却的技术主要有格式冷却机、盘式冷却机、竖式冷却等技术。

格式冷却机（图8-30）在法国、日本、比利时和德国等国家的一些烧结厂中使用，其中法国使用较多，规格也较大。格式冷却机是一环形旋转式厚料层冷却装置，目前最大的格式冷却机是1970年投产的法国隆巴 No.2 机，直径为34.9m，容积大约为1400m³。格式冷却机的主要优点是相比环冷机体积小、占地面积小，但是，由于气流分布不够均匀，冷却空气流程较短，内衬磨损快，底门卡矿，漏矿多等，新建的烧结厂很少采用这种冷却机。

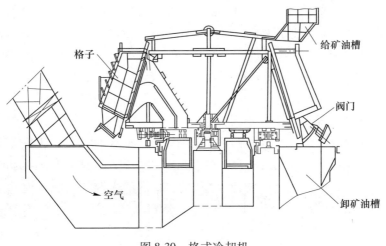

图 8-30　格式冷却机

　　盘式冷却机（图8-31）兴起于20世纪70年代，德国应用较多，日本已投产的600m² 烧结机中，一台配套有盘式冷却机。盘式冷却机是一种环形旋转式厚料层冷却装置，料层厚度达到4m，废气温度可达400℃，余热回收效果较好。但是，盘式冷却机由于料重和设备重量大幅增加，造成支承辊子增多，支承系统、驱动系统复杂，辊子易磨损等问题，目前，盘式冷却机应用也不很广泛。

图8-31　盘式冷却机

　　普锐特冶金技术有限公司进行了竖式冷却技术的研究，并在鞍钢265m² 烧结机旁建立了一套竖式冷却系统，竖式冷却炉为圆形炉型。该竖式冷却系统还未投入运行，其效果有待考察。

8.4.1.2　国内竖式冷却技术发展

　　21世纪初，东北大学蔡九菊教授提出了采用干熄焦原理冷却烧结矿这一理念，并做了大量的试验室研究，得出了采用厚料层逆流冷却烧结矿，可大幅提高烧结矿显热回收率的结论[54,55]。自此之后的十几年里，国内从高校到行业内企业单位掀起了一股烧结竖式冷却的研究热潮，相继有东北大学、北京科技大学、中南大学、武汉理工大学等高校，以及中冶东方（秦皇岛设计院）、中信重工、中冶长天、钢铁研究总院、首钢国际等，相继投入人力物力进行竖式冷却的研究。

　　目前，烧结竖式冷却技术在国内已有几家应用的案例，比如天津天丰钢铁、梅山钢铁、兴澄特钢等，并且正在建设的有鞍钢、瑞丰钢铁等。天津某钢厂将原来的152m² 平烧冷却段改为烧结段，增加竖式冷却系统来进行物料冷却与余热回收，其竖式冷却炉由某设计院设计。经过近20次的大改，其竖式冷却系统基本达到顺行的效果。但还存在热风温度（约350℃）低于设计值，排料温度过高（200℃）等问题。由于上一套竖冷系统没有达到理想水平，该设计院在南京某钢铁厂的竖式冷却系统上进行了改进，将圆形炉型改为了方形炉型。但由于竖式冷却炉炉型设计不合理，热风温度不到 300℃，远远低于设计值[56]。中信重工投资建造的江阴某钢铁厂 360m² 烧结配套竖式冷却系统，由于设计参数不合理，导致其竖式冷却系统基本未顺利运行，效果也不理想。其余如鞍钢、瑞丰钢铁等几家的竖式冷却系统还未投入运行，其应用效果有待考察。

本书给出了一种烧结矿抽风式热风循环竖式冷却技术及装备，采用抽风式热风循环工艺，相比市场上的鼓风式竖式冷却技术，具有炉内物流均匀、气流均匀，气固换热效率更高、料层阻力小，自耗电低等特点，并且粉尘无外泄环保指标好，与其他竖冷炉相比具有明显的优势。

8.4.2 竖式冷却技术概述

8.4.2.1 竖式冷却技术原理

烧结矿竖式冷却技术是一种采用小风慢冷厚料层原理来对烧结矿进行冷却的钢铁冶金生产节能技术（图 8-32）。相比现有烧结矿环冷机的大风快冷错流冷却，烧结矿竖式冷却技术采用较小的冷却风（约为环冷机冷却风量的 30%~40%），垂直穿过烧结矿，与烧结矿形成逆流热交换，增加冷却时间（约为环冷机冷却时间的 2~3 倍），提高冷却料层厚度，对烧结矿进行冷却。

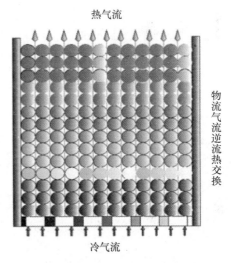

热气流

物流气流逆流热交换

冷气流

图 8-32 竖式冷却基本原理

竖式冷却技术工艺流程如图 8-33 所示。可见，烧结竖式冷却技术主要有竖式冷却炉、物料输送系统、余热锅炉系统、除尘系统、循环风机等组成。其中，竖式冷却炉是气固换热的场所，是整个竖式冷却系统的关键核心所在。

烧结矿经单辊破碎机破碎后，通过物料输送装置将其提升至竖式冷却炉顶部，再通过炉顶布料装置将物料装入竖式冷却炉内，使烧结矿充满炉膛。物料在炉膛内自上而下缓慢流动，与自下而上流动的冷却风进行充分的热交换实现烧结矿的冷却。冷却后的低温烧结矿通过下部的排料装置使炉内烧结矿有序定量排出。循环引风机在竖式冷却炉上部形成高负压，冷却风从竖式冷却炉下部自下而上流动穿过热烧结矿料层，然后从竖式冷却炉上部的出风口进入余热锅炉，经过锅炉的热废气再经过除尘及循环风机重新引入竖式冷却炉下部，作为冷却循环介质使用。余热锅炉产生的蒸汽可以用于发电，也可以用于拖动风机，或者用于其他用途。

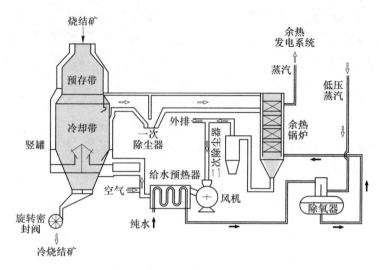

图 8-33   竖式冷却技术工艺流程

8.4.2.2   竖式冷却技术优势

A   传统烧结冷却设备技术分析

传统的烧结余热回收方式（图 8-34），是基于目前环式冷却机（即环冷机）或带式冷却机（带冷机）的结构形式，采用鼓风式冷却或抽风式冷却，对烧结矿携带的余热进行回收。环冷机或带冷机结构形式、结构和操作参数的设置，更多是基于烧结矿的冷却，而不是基于烧结矿显热的回收，这种形式的余热回收存在着以下难以克服的弊端（以环冷机为例来阐述）。

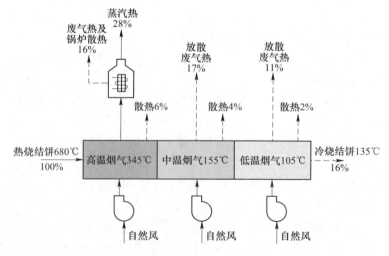

图 8-34   传统环冷机余热回收分析

（1）环冷机上部和下部漏风，使得工序能耗增加 3%～4%。在现有余热回收系统中，环冷机上部为集风罩，用于收集完成冷却的冷却风，下部为鼓风室，用于鼓风的分配；在静止的集风罩与鼓风室之间，是穿行的冷却台车；为了保证穿行的冷却台车顺行，必须使穿行的冷却台车与静止的集风罩和鼓风室之间留有空隙。尽管采用了钢刷等软密封形式减小了空隙，但仍不能避免这种空隙的存在。经热工测试与计算，冷却系统上部漏风造成了完成冷却的冷却风 10%～15% 的损失，下部漏风造成了鼓风机能耗的增加，折合增加了 3%～4% 的烧结工序能耗。

（2）环冷机的现有结构，使得余热部分得以回收。目前，国内外采用分段冷却，或者确切而言，是分段收集冷却风的热量。比如，国内某 360m² 大型烧结机配套的环冷机，其冷却机面积为 405m²，沿着环冷机的运行方向，从冷却开始到冷却终了的一个环形内，大体可分为 5 个集风罩，这样，冷却段依次分为环冷一段、二段，至五段。目前，中国烧结余热回收主要是针对环冷一段和二段，其中，一段是全部回收，二段或者全回收，或者部分回收，导致了烧结矿余热中的35% 被放散。

（3）热载体品质低。由于冷却机的结构形式、结构和操作参数，多是基于烧结矿的冷却。但从烧结矿冷却和余热回收角度综合来看，目前的冷却风流量设置过大，包括目前的相关设计手册中，更多的是基于烧结矿冷却而设置的冷却风量。目前，热载体即冷却风的温度采用热风再循环技术（即通俗而言的烟气再循环技术），可使得冷却风的温度达 310～360℃。

B　竖式冷却技术分析

竖式冷却技术是一种高效的气固换热技术，在固定的热交换场所——竖式冷却炉内，冷却气体和热烧结矿逆流高效换热，能大大提高换热效率，即采用少量的冷却风，就可以把烧结矿冷却到标准排矿温度（图 8-35）。按照热量平衡的原

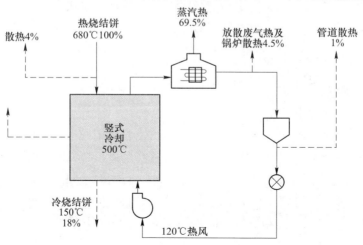

图 8-35　竖式冷却技术余热回收效率分析

理,少量的冷却风带走了大量的烧结矿显热,所以整体热气温度都非常高,余热利用效率也大大提高。因此,相比传统烧结冷却技术,竖式冷却技术具有如下优势:

(1) 冷却设备漏风率大大降低。常规烧结矿冷却装置的漏风率高 40%~50%,较大的漏风率使得风机的电耗增加、烧结矿层透气性差。新型烧结矿冷却机采用密闭的腔室对烧结矿进行冷却,良好的气密性使其漏风率接近于零。

(2) 冷却设备气固换热效率提高。常规烧结矿冷却装置中,烧结矿水平运动,冷却气体由冷却装置的底部送入,二者的热量交换方式为错流换热。而新型烧结矿冷却器采用逆流换热,烧结矿从换热器的上部进入,下部排出;冷却空气从冷却器的下部布风板送入,上部抽出,这样就实现了逆向换热,使散料床换热装置效率得到较大提高。

(3) 热废气品位提高。常规烧结矿冷却装置热废气的温度分布较宽(150~450℃),这给余热回收带来了较大困难。如果将所有换热后的热废气混合后使用,热废气品位将会大大降低,导致余热利用率更低。如果只利用温度较高的热废气,则冷却机余热资源回收率较低。新型烧结矿冷却机的逆向换热方式使得热废气温度趋于稳定,全面提高了回收烧结矿显热的质量,同时使得所有冷却机出口热废气温度保持在 450~550℃这样一个较高的水平上,比常规冷却机出口热废气温度高 150℃左右。

(4) 有利于提高余热利用率。新型烧结矿冷却机占地面积较小,可配套先进的检测装置用于检测预存室烧结矿的高度、热废气温度、烧结矿排出温度等。同时可对热废气流量进行反馈调节,从而有效减少热废气温度的波动。热废气参数的稳定使得与之配套的余热锅炉运行稳定,余热利用率大大提高。

采用竖式冷却技术烧结矿显热回收率可以提高到 70%以上。按全国年产烧结矿 10 亿吨计算,一年多回收的显热相当于 630 万吨标煤。

8.4.3 抽风式热风循环竖式冷却技术

A 鼓风式竖式冷却技术

鼓风式竖式冷却技术与干熄焦技术相似,主要采用鼓风风机将冷却风通过风帽鼓入竖式冷却炉内,冷却气流自下而上通过料层进行冷却,风帽处风压高,物料上层热风处风压低。风帽下边一般采用料封进行密封,料封下边采用振动给料机进行排料。物料上方的热风进入余热锅炉进行余热回收。

该冷却方式对竖式冷却装置的内部结构要求不高,系统相对简单一些。但该冷却方式存在如下不足:

(1) 该冷却方式冷却装置内为正压,而风帽下端采用料封进行密封,会有大量的冷却风从风帽处向下流通，然后从排料装置出鼓出，会带出大量的粉尘，产生大量的无组织外排，环境差。

（2）鼓风式竖式冷却装置采用风帽布风，容易造成物料内气流偏析和短路，物料内气流均匀性差，冷却效率低，产出热风温度低。

B　抽风式热风循环竖式冷却技术

抽风式热风循环竖式冷却技术是通过循环风机，在竖式冷却炉内物料上方形成高负压区，迫使冷却气流从物料下方的均布式进风口自下而上穿过料层对物料进行冷却。物料上方的热风经余热锅炉回收热能后，再经过除尘，进入循环风机入口，然后再送入到竖式冷却炉下部，经进风口进入冷却装置进行循环利用，竖式冷却炉内呈负压状态，无气流外冒。该技术采用抽风式热风循环工艺、旋转防偏析布料技术、多点排料技术、多点供风技术等，与其他竖式冷却炉相比，具有如下特点：

（1）竖式冷却炉内基本形成了物料的整体流及气流的均匀分布。

（2）气固换热效率更高，有利于烧结矿冷却和获取高温风。

（3）料层阻力小，自耗电低。

（4）粉尘无外泄，环保指标好。

与其他竖冷炉相比具有明显的优势，其主要技术参数如表 8-16 所示，其工艺与炉体示意图分别如图 8-36 和图 8-37 所示。

表 8-16　抽风式热风循环竖冷炉技术参数

参 数 名 称	范 围 值
烧结饼温度/℃	650~750
排矿温度/℃	<150
吨矿冷却风量（标态）/m³	700~900
回热风风温/℃	约 100
热废气温度/℃	450~500
系统阻力/Pa	8000~9000
吨矿发电量/kW·h	28~35
吨矿冷却及余热回收系统自耗电/kW·h	7~8
显热回收率/%	≥70

该竖冷炉非常符合国家绿色发展的战略要求，烧结矿显热回收率≥70%，竖式冷却炉本体无废气外排，环保指标好，具备广阔的市场应用前景。

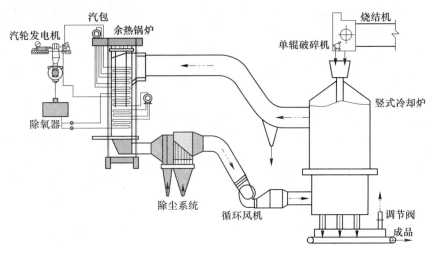

图 8-36　抽风式热风循环竖式冷却工艺

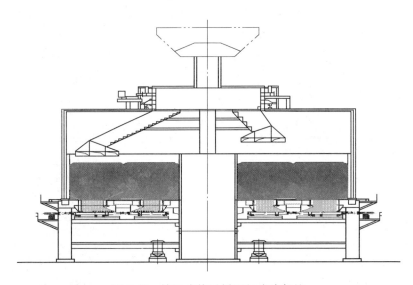

图 8-37　抽风式热风循环竖式冷却炉

8.5　冶金及市政难处理固废协同处置并资源化技术

我国工业化的高速发展和城镇化程度的不断提升，使得国民经济高速增长，但同样也带来了一系列环境污染问题。其中，固体废弃污染物的治理值得重点关注。

固体废物的分类方法很多，参考中华人民共和国生态环境部发布的《2018年全国大、中城市固体废弃物污染环境防治年报》[57]，多将其分为一般工业固体废弃物、工业危险废弃物、医疗废物和城市生活垃圾，其中工业固体废弃物和城市生活垃圾产量巨大。

8.5.1 冶金难处理固废的特征

近年来我国工业固体废物的生产量不断增加，工业固体废弃物中以冶金行业产出量为最大，其中又以钢铁冶金行业产生的固体废弃物为主。钢铁冶金固废主要包括钢铁冶金尘泥和钢渣两大类。钢铁冶金尘泥产量一般是钢产量的 8% ~ 12%，若以我国近 3 年钢铁产量的平均水平 8.56 亿吨计，我国钢铁冶金行业的尘泥年产量约为 0.9 亿吨；钢渣产量一般是粗钢产量的 10% ~ 15%，其年产量一般为 1 亿吨左右。对于钢渣的处理和利用，技术相对成熟，多集中在钢渣回收铁，钢渣用作建材等方面。

对于钢铁冶金尘泥的处理和利用[58]，多是回收利用其中的 Fe 和 C，通常直接返回钢铁冶炼流程进行自循环利用，但是由于钢铁冶金尘泥中通常含有较多的重金属（Pb、Zn 等）和碱金属（K、Na 等），如烧结机头灰、高炉瓦斯灰等，在自循环过程中会产生富集，引起产品指标的恶化，造成生产过程的不顺。由于自循环回用的方式处理量有限，冶金尘泥大量堆存，未得有效处理，造成环境的污染。

对于钢铁冶金生产过程而言，重金属、碱金属是有害组分，但是对于有色冶金生产而言，它们却是有价组元，如何将钢铁冶金尘泥中的 Fe、C 与重金属和碱金属有效分离是其高效回收利用的关键。目前，重碱金属含量较高的钢铁冶金尘泥处理工艺主要有回转窑法和转底炉法[59]。回转窑工艺具有工艺成熟、投资低、运行简单的优点，但铁料金属化率也低，生产过程中常发生结圈现象，大都用于处理含锌大于 15% 的电炉粉尘，否则经济效益不佳。炼锌企业通常用回转窑处理浸出渣，而处理钢铁粉尘的较少。转底炉是目前钢铁企业应用最广泛的尘泥处理工艺[60,61]，脱锌率较高，其优点在于对原燃料的要求比较灵活，工艺设备简单易于制造，转底炉本体类似于轧钢环形加热炉，一些辅助设施也与传统球团厂相似，污染也相对较小。缺点是由于转底炉主要依靠辐射传热，炉底只铺 1 ~ 3 层球团，普遍存在能耗高、生产率低的问题；另外由于处理的粉尘成分复杂，烟气中易凝结物质较多，使余热回收系统容易出现堵塞黏结。

8.5.2 市政难处理固废-垃圾飞灰的特征

随着人民生活水平的不断提高，我国城市生活垃圾的产量也逐年递增，据统计，2017 年，202 个大、中城市生活垃圾产量为 20194.4 万吨[57]。

目前，对于生活垃圾的处理主要有填埋、焚烧、堆肥三种方式。垃圾填埋方式操作简单、处理费用低，是目前我国城市垃圾集中处置的主要方式，但填埋的垃圾并没有进行无害化处理，残留着大量的细菌、病毒；还潜伏着沼气重金属污染等隐患；其垃圾渗漏液还会长久地污染地下水资源，所以，这种方法潜在危害极大，不仅没有实现垃圾的资源化处理，而且侵占了大量的土地资源，不具备可持续发展性。许多发达国家明令禁止填埋垃圾。我国政府的各级主管部门对这种处理技术存在的问题也逐步有了认识，势必禁止或淘汰。

垃圾焚烧发电法是近年来兴起的一种高效处理垃圾的方法，具有减容、减量和能量利用的优点。截至 2018 年 10 月底，我国 25 家重点企业生活垃圾焚烧总规模达 82.86 万吨/日，新增焚烧总规模达 13.63 万吨/日。此外，我国 2018 年全年新中标（签约）的垃圾焚烧项目数量达 102 个，总投资逾 600 亿元，垃圾焚烧市场蓬勃发展。

但是，垃圾焚烧过程会产生副产物垃圾焚烧飞灰，垃圾焚烧飞灰是一种危险废弃物（HW18），其含有大量二噁英和重金属等有害有毒物质，对人类健康有巨大的潜在威胁，因此，要保障垃圾焚烧发电法的良好发展，必须保证垃圾焚烧飞灰的无害化处理。

目前，处理垃圾焚烧飞灰的方式主要有高温熔融固化法和水泥固化-填埋法。单独采用高温熔融固化法处理垃圾焚烧飞灰具备处理量大、无害化程度高的优势，但是其投资大、能耗高、无经济效益产生的缺点制约了其规模化发展。水泥固化-填埋法是目前各大垃圾焚烧发电厂应用较为广泛的垃圾焚烧飞灰处理方法，操作简便，处理成本相对较低，但是将垃圾焚烧飞灰固化后填埋，不仅增容较大，还需占用大量土地，此外，由于垃圾焚烧飞灰中的二噁英未能得到有效降解，仍存在二次释放的风险。

近年来，对于垃圾焚烧飞灰资源化利用的处理方式也逐渐兴起，其中水泥窑协同处置飞灰技术是主要代表，受到了国家的鼓励。其主要优势在于将飞灰组分中总占比达 70% 的 Ca、Si、Al、Fe 等无机组分代替优质石灰石烧制水泥，可在水泥窑高温下将二噁英彻底去除、重金属进入水泥熟料完全固化不溶出。但在此工艺中，为了避免垃圾焚烧飞灰带入的 Cl 对水泥质量造成不利影响，需将飞灰中占比达 10%~15% 的氯水洗脱除至 0.4% 以下，由此产生的废水污染大、处理难等问题同样制约着垃圾焚烧飞灰的规模化处理。

8.5.3 冶金及市政难处理固废协同资源化利用新技术

由 8.5.1 和 8.5.2 节可知，对钢铁冶金尘泥中 Fe、C 的有效利用在于高效脱除对钢铁冶炼过程不利的有色有价组元，即 K、Na、Pb、Zn 等；对垃圾焚烧飞灰的利用难点主要在于保证二噁英降解的同时实现其 Cl 的高效利用。

对此中冶长天和中南大学共同提出将氯含量较高的垃圾焚烧飞灰作为氯化剂与钢铁冶金尘泥协同配合，在高温条件下将体系中的重金属、碱金属转变为易于挥发的氯化物，挥发至烟气中得到可用于有色冶金的有价烟尘，同时，钢铁冶金尘泥中的含铁组分与垃圾焚烧飞灰中的含钙组分相结合并在高温下反应生成铁酸钙类物质，可返回炼铁流程。此外，在高温条件下垃圾焚烧飞灰中的二噁英也得以高温降解。该技术不仅实现了垃圾焚烧飞灰的无害化处理，还获得杂质含量低的含铁原料和富含有价金属的烟尘，实现难处理冶金尘泥与市垃圾焚烧飞灰的资源化利用。

该技术目前正处于技术研发阶段，通过已有的高炉瓦斯灰与垃圾焚烧飞灰协同处理的效果来看，相较于高炉瓦斯灰和垃圾焚烧飞灰各自单独处理（K、Na、Pb、Zn 的挥发率不足 90%），实现了原料中 K、Na、Pb、Zn 等元素 90% 以上的挥发，收集所得粉尘的主要化学成分及形貌，分别如表 8-17 和图 8-38 所示，可见所得粉尘中各有价组分基本以氯化物的形式存在。同步所得的含铁炉料成分完全满足高炉炉料的入炉要求（表 8-18）。

表 8-17 资源化处置技术获得的烟尘化学成分（质量分数）   （%）

K	Na	Zn	Pb	Cl
8~18	14~20	>8	>6	>40

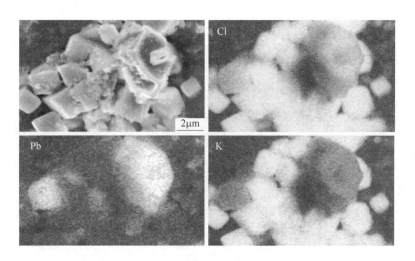

图 8-38 协同资源化处置技术烟尘中重/碱金属分布

表 8-18 协同资源化处置技术获得的含铁炉料化学成分（质量分数）   （%）

TFe	SiO$_2$	MgO	Al$_2$O$_3$	CaO	Cl	K$_2$O+ Na$_2$O	Zn	Pb	S
52.54	7.98	1.37	3.65	14.03	0.078	0.20	0.086	0.05	0.072

注：炉料有害杂质要求，K$_2$O+Na$_2$O≤0.5%，Zn≤0.15%，Pb≤0.1%，Cl≤0.1%，S≤0.2%。

8.5.4 铁矿烧结协同处理垃圾焚烧飞灰技术

铁矿烧结工序可将细粒物料在高温条件下固结成块，为细粒飞灰的处理提供了基础；烧结过程升温速率快，最高可达 300℃/min，最高温度接近 1400℃，烧结过程焙烧气氛可控，可使垃圾焚烧飞灰中的二噁英得以高温降解；烧结过程中产生的污染物种类与飞灰中的污染物种类类似，飞灰加入烧结过程不会新增污染物种类，可不用改变现有的烧结烟气净化工艺。

研究了添加垃圾焚烧飞灰对烧结过程的影响，表 8-19 和表 8-20 为添加 0.5% 和 1% 飞灰后烧结混合料制粒效果和烧结指标。可知，随着飞灰添加比例的增加，对平均粒度和透气性有一定改善，成品率呈递增趋势，烧结速度、转鼓强度、利用系数均先增大后降低，但飞灰添加比例为 1.0% 的烧结指标较未添加时有一定提升。

表 8-19 不同飞灰添加比例对烧结混合料制粒效果的影响

飞灰添加比例/%	粒度组成/%							平均粒度/mm	料层透气性/J.P.U
	+8 mm	5~8 mm	3~5 mm	1~3 mm	0.5~1 mm	0.25~0.5 mm	-0.25 mm		
0	10.54	25.34	28.86	29.48	4.74	1.03	0.00	4.27	3.65
0.5	10.30	21.82	33.60	30.96	3.33	0.00	0.00	4.23	3.90
1.0	10.34	27.62	33.10	26.16	2.74	0.03	0.00	4.49	3.96

表 8-20 不同飞灰添加比例对烧结矿指标的影响

飞灰添加比例/%	烧结速度/mm·min^{-1}	成品率/%	转鼓强度/%	利用系数/t·(m^2·h)$^{-1}$
0	21.66	76.22	63.67	1.46
0.5	22.44	76.54	66.13	1.51
1.0	21.87	76.90	64.93	1.49

研究了添加垃圾焚烧飞灰前后，烧结矿中有害元素含量变化情况，如表 8-21 所示。可知，当垃圾焚烧飞灰不经预处理直接添加时，烧结矿中的 Cl 含量由 0.0347% 降至 0.0292%，降低了 15.85%，除 Pb 外，Zn、K、Na 的含量都有一定程度的降低，其中以 Na 降幅最大，为 38.99%。

表 8-21 烧结矿中有害元素含量 (%)

添加方式	Cl	Zn	Pb	Na$_2$O	K$_2$O
未添加	3.47×10^{-2}	1.41×10^{-2}	6.7×10^{-4}	6.59×10^{-2}	4.43×10^{-2}
添加1%	2.92×10^{-2}	1.36×10^{-2}	6.7×10^{-4}	4.02×10^{-2}	3.80×10^{-2}

当不添加垃圾焚烧飞灰时，烧结原料中的 78.39%K、85.43%Na、97.52%Zn、48.30%Pb 都继续存在于烧结矿中；原料中的 Cl 能够被有效脱除，脱除率可达 63.85%。当垃圾焚烧飞灰直接添加时，由于 Cl 元素的增多，对有害元素的脱除有促进作用，提高了 K、Na、Pb、Zn 的脱除率，较未添加垃圾焚烧飞灰时分别提升至 60.73%、65.92%、81.26%、37.92%。因此，垃圾焚烧飞灰的加入不会引起烧结矿中有害元素的增多。

分析了垃圾焚烧飞灰添加前后的烧结烟气，尽管垃圾焚烧飞灰直接引入的二噁英有 93.03% 在烧结过程中降解，仍有部分二噁英进入烧结烟气中，引起二噁英排放量的增加，即由常规的 3.13ng（I-TEQ）$/m^3$ 增加至添加后的 5.61ng（I-TEQ）$/m^3$。对于烟气中增加的二噁英，经过现有的电除尘（脱除率约 70%）和活性炭（脱除率不低于 95%）净化处理后，烟气中二噁英浓度可降至 0.083ng（I-TEQ）$/m^3$，满足超低排放要求。同时，由于垃圾焚烧飞灰中硫酸盐的分解，烟气中 SO_x 的平均排放也有所增加，即由常规的 1112mg$/m^3$ 增至添加后的 1170mg$/m^3$，通过现有的烟气处理仍可对其进行净化处理，达标排放。

综合上述可知，采用铁矿烧结协同处理垃圾焚烧飞灰是可行的，该技术不仅实现了垃圾焚烧飞灰的无害化处理，还实现了其资源化利用。尽管处理过程中，垃圾焚烧飞灰的添加对烟气排放造成了一定的负面影响，但是通过现有烟气处理系统，仍可对其进行有效净化处理，使烟气达标排放。

8.6 烧结烟气脱硝、脱 CO 一体化及 CO₂ 捕集技术

8.6.1 烧结烟气脱硝、脱 CO 一体化技术

CO 是大气中最常见、分布最广的主要污染物。机动车尾气、化学工业废气、热解和生物质的自然分解、含碳燃料的不完全燃烧均会造成 CO 向大气环境中排放，导致大气环境中 CO 的浓度升高。CO 是一种无色、无臭、无味的气体，故易于被人们忽略而致吸入中毒，对人体产生很大的危害。CO 是一种能夺取人体组织氧的有毒吸入物。人体暴露于高浓度（$>750 \times 10^{-6}$）的 CO 就会导致死亡。CO 中毒是因为血红蛋白对 CO 的亲和力大于对氧的亲和力，大约是对氧的亲和力的 210 倍。因此血红蛋白优先于 CO 结合，降低血液的载氧能力，从而引起人体组织缺氧，称为血缺氧。CO 中毒的症状包括头痛头晕、恶心呕吐、虚弱乏力等。因此，对大气中 CO 浓度的控制十分重要。

8.6.1.1 CO 的脱除方法

由 2.4 节可知，烧结烟气排放量大，烧结球团烟气净化领域研究最多的主要是 NO_x、SO_2 和粉尘等污染物的脱除，而含量更高的 CO（约 6000~10000mg$/m^3$）由于缺乏相应的处理技术及排放标准，呈无组织排放。作为一种主要的空气污染物，烧结球团烟气 CO 排放带来的污染问题不容忽视。

对于 CO 的去除主要分为物理方法和化学方法。

物理方法主要包括膜分离法、变压吸附法、多孔材料吸附法。膜分离法是在压力的驱动下，通过 CO 气体在高分子膜上面与其他气体组分拥有不同的吸附能力以及 CO 在膜内的不同的溶解扩散能力，将 CO 分离出来。虽然膜分离法去除 CO 拥有价格低廉、操作简单等优点，但是会在一定程度上影响其他气体组分在高分子膜上的透过，同时因为膜容易破裂还需要定期更换等缺点。变压吸附（PSA）一般包括加压吸附和降压脱附两个过程，以此来提高吸附剂的吸附效率，此工艺对高浓度 CO 工业废气（体积分数>20%）有较好的回收利用价值，可适用于工厂的集中制氢。但 PSA 技术吸附剂需要定期处理和更换，使用的设备庞大，不仅初期投资大而且运行管理成本也很高，回收低浓度（体积分数低于20%）气体 CO 产生的经济价值很低。多孔材料（如活性炭）吸附法在室内小范围低浓度 CO 的处理中用的比较多，其缺点是需要定期更换吸附饱和的吸附剂，且对吸附剂的回收处理难度大、成本高。

化学方法主要包括铜氨溶液吸收法、水煤气变换法、甲烷化法和高效催化氧化（催化燃烧）法。铜氨溶液吸收工艺吸收产品分离难度大，产生的经济价值低，废液的处理需额外投资，很难适用于 CO 浓度大、持续排放时间长的行业。水煤气变换法是将 CO 和水蒸气在催化剂作用下生成 CO_2 和 H_2 的方法，该方法优点是能去除高浓度 CO，缺点是对低浓度 CO 去除效果不理想。甲烷化法是利用催化剂催化 CO 和 CO_2 与 H_2 反应生成甲烷的一种方法[62]，这个过程会消耗大量的氢气，且容易与水煤气变换反应同时发生而影响 CO 的去除。CO 催化氧化法是指在催化剂作用下，CO 和空气中的 O_2 在一定的条件下生成 CO_2，该方法同时适用于高浓度和低浓度的 CO 尾气处理，催化氧化法不仅可使尾气 CO 排放浓度低于 0.01%，广泛应用于工业低热值 CO 废气的节能减排，还可回收尾气热量作为工业生产的能源，具有高效、直接、廉价等特点。因此，CO 催化氧化被认为是最经济有效也是研究最多的方法之一[63]。

8.6.1.2 CO 催化氧化的催化剂

CO 催化氧化法最核心的部分是催化剂的选择，因此寻找和制备去除 CO 的催化剂是该领域研究的重点。目前，应用于 CO 催化氧化的催化剂主要分为贵金属催化剂和非贵金属催化剂两类。

（1）贵金属催化剂。贵金属主要指 Au、Ag 和 Pt 族金属（Ru、Rh、Pd、Ir、Pt）等 8 种金属元素，都已经被用于 CO 的催化氧化应用中。这与贵金属的理化性质有关，这些贵金属大多有空置的 d 电子轨道，很容易与载体或反应物配位，形成活性中间体，从而具有较高的催化活性。贵金属稳定性好，一般不参与化学反应，具有耐高温、抗氧化、耐腐蚀、活性高等优良特性，因而被广泛应用于催化材料中。虽然贵金属催化剂具有很好的活性和稳定性，但是它们昂贵的价格使得越来越多的研究者考虑使用非贵金属催化剂。

（2）非贵金属催化剂。目前，过渡金属 Co、Cu、Fe、Ni、Mn 等可变氧化价的单金属氧化物和复合金属氧化物均被用于 CO 催化氧化研究中。氧化物的理化性质对 CO 催化氧化活性影响很大。

Co 系催化剂用于 CO 催化氧化，以尖晶石的 Co_3O_4 活性最佳，Co_3O_4 具有极好的 CO 低温催化活性，能在较低的温度下实现 CO 完全转化，但是，如果有水汽存在的条件下，碳酸盐易沉积在催化剂表面，单金属 Co_3O_4 催化剂活性存在明显下降的现象，说明单金属 Co_3O_4 催化剂抗水性能较差。为了提高其抗水性能，研究发现加入合适的第二种氧化物形成复合氧化物，如将 Ce 负载到 Co_3O_4 上，催化剂的低温活性和抗水性能都有明显增强。

Mn 是常见的典型氧化还原型催化剂的活性组分，Mn 基氧化物如 MnO、MnO_2、Mn_2O_3、Mn_3O_4、Mn_5O_8 等均对 CO 催化氧化具有良好的活性。Ranesh 等人比较了非负载型的 MnO、MnO_2、Mn_2O_3 对 CO 的氧化性能，其活性顺序为 $MnO < MnO_2 < Mn_2O_3$。Liang 等[64]用 $\alpha\text{-}MnO_2$、$\beta\text{-}MnO_2$、$\gamma\text{-}MnO_2$、$\delta\text{-}MnO_2$ 进行了 CO 的催化氧化试验，其催化活性按下列顺序依次降低 $\alpha\text{-}MnO_2 > \delta\text{-}MnO_2 > \gamma\text{-}MnO_2 > \beta\text{-}MnO_2$。被吸附的 CO 被晶格氧氧化，$MnO_2$ 部分被还原为 Mn_2O_3 和 Mn_3O_4，之后 Mn_2O_3 和 Mn_3O_4 又被空气中的氧氧化为 MnO_2。

Cu 基催化剂是研究最多的非贵金属催化剂，Cu 基催化剂因 CuO 的晶格氧有较好的移动性，所以在低温对 CO 有较高的催化性能。铜氧化物系列催化剂通过比表面积的扩大和 CeO_2 等助剂组分的添加，表现出 100℃ 以下将 CO 完全转化的低温催化活性，有望成为取代贵金属的贱金属催化剂。CeO_2 是一种具有萤石结构的氧化物，通常具有阳离子迁移和在较高温度下对 CO 具有良好的催化氧化活性的性质。CeO_2 已经作为添加组分广发应用于净化汽车尾气的三效催化剂中，其中 CeO_2 的主要作用是：（1）在贫氧条件下促进 CO 氧化；（2）稳定和分散负载的活性组分；（3）在氧化还原环境下储氧和释氧。Cu 作为主要的活性物种，通常能和 CeO_2 形成铜铈协同效应，从而大幅度提高催化剂的催化性能。

8.6.1.3　CO 催化氧化机理

目前常见的 CO 催化氧化机理主要包括 Langmuir-Hinshelwood 机理，Eley-Rideal 机理，氧化还原机理，金属-载体相互作用（IMSI）机理等。

A　Langmuir-Hinshelwood（L-H）机理和 Eley-Rideal（E-R）机理

Langmuir-Hinshelwood（L-H）机理：金属表面吸附 CO 分子，当 CO 分子脱附时为 O_2 分子打开吸附位点，从而使部分 O_2 分子同时吸附在金属表面，吸附的 O_2 分子解离为吸附态 O 原子，与化学吸附在金属表面的 CO 分子反应生成 CO_2，此类反应无需晶格氧的参与[65]。Eley-Rideal（E-R）机理：在氧化性的条件下（即 $CO/O_2 \approx 1$），金属表面以氧气分子的吸附为主，抑制了 CO 分子的吸附。吸

附在金属表面的 O_2 解离为吸附态 O 原子和吸附性弱的 CO 进行的反应。在氧化性的条件下，金属 Ru 催化 CO 氧化表现为 Eley-Rideal（E-R）机理[66]。Langmuir-Hinshelwood（L-H）机理和 Eley-Rideal（E-R）机理是绝大多数气-固相催化反应最常见的机理。

B Mars-Van Krevelen（MVK）机理

Mars-Van Krevelen（MVK）机理又称氧化还原机理。典型的反应路径为：CO 吸附在催化剂表面且被活化，与催化剂表面的晶格氧发生反应，消耗掉的晶格氧由气相中的氧补充，形成气相氧—吸附态氧—晶格氧的循环，实现 CO 的持续氧化[67]。

C 金属-载体相互作用（IMSI）机理

负载在活性载体（如 CeO_2）上的金属氧化物，其 CO 催化氧化活性往往较高。这是因为对于这类催化剂，载体和金属之间存在相互作用。O_2 在界面（金属-载体接触面）的吸附起到了非常重要的作用。在金属和载体的界面处，由于载体上产生氧空穴，形成了非常活跃的活性中心，从而有利于提高催化活性。CeO_2 存在 Ce^{4+}/Ce^{3+} 氧化还原循环，能够将气相氧活化成为 CO 氧化所需的氧，使 CO 氧化持续快速进行。

8.6.1.4 CO 催化氧化技术的应用

近年来，低温催化氧化 CO 脱除技术的研究日益成熟，其研究成果在消防工业、国防工业、能源、环境等众多领域都具有重要的应用价值。目前，CO 的脱除技术已经成功地运用到以下几个方面：封闭式内循环 CO_2 激光器中气体的纯化；汽车尾气领域中冷启动条件下 CO 的迅速消除；空气净化器用于密闭空间时气体的净化，如潜水艇、太空飞船中累积的 CO 的消除；采煤业中，井下气体含有一定量的 CO，为此专门设计的专用防毒面具用于紧急情况下的逃生；石油化工中，催化剂氧化再生过程中涉及 CO 的催化氧化，为防止后续工艺中 CO 燃烧损毁设备，要求在烧焦过程中使 CO 完全氧化；此外，在以氢气为燃料的质子交换膜燃料电池（PEMFC）领域，电池对 CO 具有极高的敏感性，CO 催化氧化技术用于重整气中微量 CO 的消除。

8.6.1.5 CO 催化氧化技术耦合 SCR 脱硝技术

同时，烧结球团烟气超低排放面临的一个难题是 NO_x 脱除缺乏经济可行的有效手段，目前常采用的方法为升温 SCR，即 70~150℃ 的原烟气经外来热源加热升温达到 SCR 反应需要的 200~300℃，烟气加热过程需要消耗大量的能源介质，脱硝成本居高不下。CO 催化氧化技术为同时解决 CO 脱除和 SCR 脱硝的问题带来了可能，当采用市场上较为成熟的低温 SCR 脱硝技术时，CO 催化氧化过程放热使烟气升温约 30~50℃，CO 脱除的同时为 SCR 脱硝创造了合适的温度条件，为烧结烟气进一步深度减排提供了解决方案，具有极其重要的社会和经济价值。

钢铁烧结烟气脱硝常见的方案为升温 SCR，即低温原烟气经热风炉加热升温至合适温度，NO_x 在催化剂作用下与 NH_3 反应得以脱除，从 SCR 反应器排出的热烟气经 GGH 传递热量加热入口冷烟气，此时，出口烟气余热得到充分利用，热风炉仅需为入口冷烟气补少量热即可满足 SCR 脱硝温度的要求。当 CO 催化氧化技术与中高温 SCR 组合时，CO 催化氧化过程放热也能为烟气补充一定热量，减少或完全避免了热风炉补热，大大降低了升温 SCR 能耗，为中高温 SCR 技术应用于烧结烟气脱硝创造了条件。中高温 SCR 组合 CO 催化氧化技术有如下优点：（1）中高温 SCR 已经在电力行业得到广泛应用，技术成熟度高；（2）中高温催化剂催化效率高，价格便宜，不易失活，寿命长，环保改造综合效益高；（3）中高温环境下 CO 催化氧化催化剂可选组分宽，且不易中毒失活，经济可行；（4）充分利用了 CO 催化氧化反应放出的热量，去除 CO 污染物的同时，解决了烟气升温带来的巨大能耗的问题。图 8-39 和图 8-40 为 CO 催化氧化耦合中高温 SCR 脱硝时常规的两种工艺布置方案。

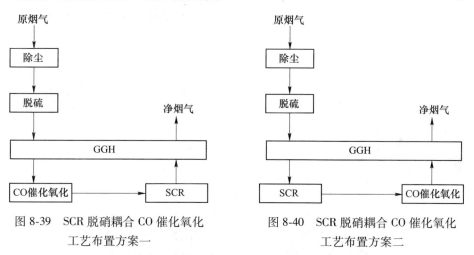

图 8-39 SCR 脱硝耦合 CO 催化氧化
工艺布置方案一

图 8-40 SCR 脱硝耦合 CO 催化氧化
工艺布置方案二

烧结烟气脱硝最有前景的技术低温 SCR，即原烟气在少加热或不加热的情况下实现脱硝。目前，低温 SCR 脱硝技术仍在起步阶段，低温下硫氨生成的问题仍不可避免，因此，尽量提高烟气入口温度将有利于低温 SCR 脱硝，CO 催化氧化组合低温 SCR 可以为烟气补充一定热量，在不增加补热成本的前提下，为低温 SCR 创造了较为有利的工况，CO 催化氧化组合低温 SCR 技术无需设置加热源和 GGH 即可实现烟气升温，是低温 SCR 最有前景的技术方案之一。常见的 CO 催化氧化组合低温 SCR 技术路线如图 8-41 所示。

图 8-41 S 低温 CR 脱硝耦合 CO 催化氧化工艺布置方案一

8.6.2 CO_2 捕集技术

在 2009 年哥本哈根世界气候大会召开之后，中国开始逐步建设碳排放管理及运行体系，当前最重要的碳排放交易体系已经逐步完善，即将开始全面实施，而 2014 年《中美气候变化联合声明》以及 2016 年《巴黎协定》的签署，也意味着碳排放交易市场潜力巨大，从而必然衍生出巨大的二氧化碳减排市场，2017年 12 月国家发展改革委下发正式通知组织开展 2016 年、2017 年度碳排放数据报告与核查及排放监测计划制定有关工作，范围涵盖石化、化工、建材、钢铁、有色、造纸、电力、航空等重点排放行业中，2013~2017 年任一年温室气体排放量达 2.6 万吨 CO_2 当量（综合能源消费量约 1 万吨标准煤）及以上的企业或者其他经济组织。

针对钢铁行业而言，碳排放量约占全国排放量的 15%，是最大的减排技术市场之一。另外，随着超低排放在钢铁行业逐步实施，几年后钢铁行业传统环保市场必然会像电力行业一样逐步减小，因此 CO_2 减排必将是未来大气环境治理的发展方向。

8.6.2.1 CO_2 捕集技术概述

CO_2 的减排近年来一直是国际关注的焦点，目前较为成熟的为碳捕集与封存（CCS）技术，它是利用吸附、吸收、低温及膜系统等现已较为成熟的工艺技术将废弃中的 CO_2 捕集下来，并进行长期或永久性储存。该技术被认为是减少 CO_2 排放具有前景的方法之一[68]。一般而言，有三种基本的 CO_2 捕集路线，即燃烧后脱碳、燃烧前脱碳和富氧燃烧技术[69]。

燃烧前脱碳主要应用在以气化炉为基础（如联合循环技术）的发电厂，首先化石燃料与氧或空气发生反应，产生由 CO 和 H_2 组成的混合气体。混合气体冷却后，在催化转化器中与蒸汽发生反应，使混合气体中的 CO 转化为 CO_2，并产生更多的氢气，其中 CO_2 从混合气体中分离并被捕获和储存，氢气被作为燃气联合循环的燃料送入燃气轮机，这一过程即碳的捕获和存储的煤气化联合循环发电（IGCG），该技术能投资成本较高，并且该工艺对现有设备的兼容性较差，不利于设备改造；富氧燃烧技术是指燃料在氧气和 CO_2 的混合气体中燃烧，燃烧产物主要是 CO_2、水蒸气以及少量其他成分，经过冷却后 CO_2 含量在 80%~98%。该技术原理为将锅炉尾部排出的部分烟气经再循环系统送至炉前，与空气分离器制取的高浓度氧气混合，使用 O_2 和 CO_2 混合器的目的是控制火焰温度，如果燃烧发生在纯氧中，火焰温度就会过高，在富氧燃烧系统中，由于 CO_2 浓度较高，因此捕获分离的成本较低，该技术是一项高效节能的燃烧技术，但该技术面临的最大问题是制氧技术的投资和能耗太大；燃烧后捕集是将化石燃料燃烧产生的烟气经过脱硫脱硝除尘之后的干净烟气中的 CO_2 进行捕集。该技术较为成熟，能够

捕获大量的 CO_2，是近几十年的研究和工业化的热点，但由于烟气体积大，CO_2 分压小，因此捕集设备庞大，捕集过程中需要消耗大量的能量。上述三类技术中，燃烧后捕集技术能够直接应用于现有生产设施，且最适用于钢铁企业，因此本节主要进行燃烧后捕集技术介绍。

8.6.2.2 燃烧后 CO₂ 收集技术

燃烧后 CO_2 捕集技术主要有化学溶剂吸收法、吸附法、膜分离、深冷分离和微藻生物固定法等方法。

A 物理吸收法

物理吸收法的基本原理是在高压、低温下利用酸性溶剂吸收、脱除混合气体中的 CO_2，再通过降压实现溶剂的再生。物理吸收法关键是吸收剂的选择，吸收剂必须对 CO_2 溶解度大、选择性好、无腐蚀、性能稳定。常用吸收剂有丙烯酸酯、甲醇、乙醇、聚乙二醇等高沸点有机溶剂。目前工业上常用的吸收工艺有加压水洗法、Selexol 法、Rectiso（低温甲醇法）法、以及国内开发的类似于 Selexol 法的 NHD 法。这些方法的主要区别在于所用溶剂不同，原料气从吸收塔底部进入，与塔顶喷下的吸收剂逆流接触，CO_2 被吸收，净化气由塔顶引出，吸收气体后的富液经闪蒸器减压释放出闪蒸气，送往再生塔顶部放出 CO_2 气体，则可循环使用。CO_2 可进行液化等做进一步处理。

由于不发生化学反应，所以消耗能量较少。在我国物理吸收法已在合成氨厂原料气脱碳工艺中广泛使用。其优点是吸收在低温、高压下进行，吸收能力大，吸收剂用量少，吸收剂再生不需要加热，耗能低。但由于 CO_2 在溶剂中的溶解服从亨特定律，因此这种方法仅使用于 CO_2 分压较高的条件[70]。

B 化学溶剂吸收法

吸收法主要应用于化学和石油工业的 CO_2 捕捉体系，化学吸附中最好的溶剂为胺吸附法，胺与 CO_2 发生化学反应后形成一种含 CO_2 的化合物，然后对溶剂加热、化合物分解、分理处溶剂和高纯度的 CO_2，由于燃烧产生的烟气中含有很多杂质，而杂质的存在会增加捕集成本，因此烟气进行吸收处理前要进行预处理（水洗冷却、除水、静电除尘、脱硫与脱硝等），去除其中的硫、氮氧化物、颗粒物等，否则这些杂志会优先于溶剂发生化学反应，消耗大量的溶剂并腐蚀设备[71]。

C 吸附法

传统的湿法工艺溶剂已经开始使用，并行了试点规模，但这种方法成本高，需要预先处理，并从溶剂生产过程产生大量废水和污泥，效率不高，因此目前开发了以氧化铝、活性炭纤维为固定床的复合吸附剂的 CO_2 捕捉技术，它是一种新型的干燥，不同于传统的溶剂过程。目前大量研究者进行了碳纤维复合材料吸附剂用于 CO_2 捕捉研究，并探讨了吸附剂的制程参数和他们的 CO_2 吸附性能，并提出了此工业化的应用前景[72]。

D   膜分离技术

膜用于气体分离是基于气体和膜之间不同物理或化学作用，即允许一种物质比另一种物质通过该膜的速度更高。膜模块即可以用作为常规膜分离装置又可以用作气体吸附塔，对于常规膜分离装置，脱碳是通过 CO_2 和其他气体对膜的内在选择性不同进行的，而在后一种情况下，脱碳是由通过膜对气体吸收进行的，通常是多微孔、疏水性和废选择性的膜被用为固定的 CO_2 传输界面[73,74]。

E   其他方式

其他脱碳还有深冷分离及微藻固定化技术。深冷分离是基于冷却和冷凝的分离原理，适用于含有高 CO_2 浓度的气体捕获，目前并未应用于具有较低 CO_2 浓度的气体上，如典型的发电厂产生的烟道气之中；微藻生物固定化是利用 CO_2 在光生物反应器的微藻生物固定化现象。

8.6.2.3   燃烧后 CO_2 收集技术比较

上述几种 CO_2 的分离回收方法各有特点，物理吸收法和化学吸收法对 CO_2 的吸收效果好，分离回收的 CO_2 的纯度高达 99.9% 以上，但其缺点是成本较高。PSA 法工艺过程简单、能耗低，但吸附剂容量有限，需大量吸附剂，且吸附解吸频繁，要求自动化程度高。膜分离法装置简单、操作方便，投资费用低（成本比吸收法低 25% 左右），是当今世界上发展迅速的一项节能型 CO_2 分离回收技术，但是膜分离法难以得到高纯度 CO_2，因此可将膜法和溶剂吸收法结合起来，前者做粗分离，后者做精分离。

在非高炉炼铁生产时，如何有效而经济地处理 CO_2 可视原料气的不同和出口产品还原气纯度要求的不同，可以选用一种方法，也可以两种方法联合使用。当然，经济可行且具工业化规模的 CO_2 处理技术仍在深入研究和试验中。

8.7 烧结球团智能控制

8.7.1 烧结智能控制

随着我国烧结工艺和装备技术的成熟，烧结过程智能控制技术逐步成为进一步挖掘烧结生产节能减排潜力的重要手段。水分、层厚、风量、固体燃料配比和烧透点等操作参数的控制影响烧结能耗，固体燃料粒度与配比控制还直接影响烧结过程 SO_2 和 NO_x 的排放。21 世纪以来，电子信息技术快速发展，我国烧结企业自动化水平得到不断提升，目前基础自动化控制系统配置率高，常规检测仪表配置齐全，对配料采用了自动配料装置和系统，对混合料水分、料层厚度、点火温度、烧结终点等也采用了自动监测装置。过程控制方面，我国相关技术人员基于过程机理、数据驱动以及专家经验，应用数值分析、数理统计、时间序列、神经网络、模糊理论、专家系统等方法，建立了大量过程模拟、参数优化、过程控制等模型。烧结过程优化控制、烧结综合控制专家系统、主抽自适应变频等技术在国内大型烧结机得到了比较普遍的应用，在提高产质量和节能减排方面均有明显效果。党的十九大以来，随着《中国制造2025》的提出，智能制造上升至国家战略层面，烧结智能制造正成为我国烧结生产新的发展趋势。在烧结生产绿色化过程中，如何将绿色化与智能化紧密结合，是行业面临的新课题，以实时感知、优化决策、动态诊断为特征的智能制造将有效提升企业绿色制造水平，绿色化是智能化的重要目标，而智能化也是实现绿色化的必要途径。

8.7.1.1 烧结生产智能感知

目前大多数烧结生产智能模型只能作为工艺生产的参考工具，生产过程尚无法实现闭环智能优化控制，主要原因在于智能检测手段和技术的不完善，无法准确快速的感知生产过程参数，如混合料的水分与粒度、烧结矿FeO含量等，这成为实现烧结智能制造的主要障碍。随着工业机器人、工业相机、红外热像仪、计算机视觉、大数据、深度学习等技术的发展，结合新技术开发烧结过程新的检测装置与系统，准确快速稳定获取原来难以获取的某些关键参数信息，实现烧结生产工艺过程全方位智能感知，为烧结生产智能决策提供关键基础数据，是当下迫切需要解决的问题。

A 混合料水分粒度智能感知系统

基于微波干燥绝对法测水分和智能筛分称重测粒度组成的原理，采用机器人系统的方式，研制烧结混合料粒度及水分智能检测系统（图8-42），可以智能检测混合料水分。该系统包括机器人本体、自动取样系统、微波智能干燥子系统、混合料振动筛分子系统、混合料自动称重、自动排料子系统、筛网自动清洗等子系统。如图8-42所示，系统主机包括微波装置、机器人及附属部件、振动筛、料盘及支架、物料接收平台及弃料箱、弃料皮带等部件。

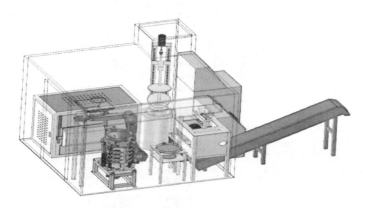

图 8-42 系统主机结构框图

B 混合料化学成分在线感知系统

在烧结原料配料和混合后，在线检测混合料的化学成分，是解决烧结矿检化验滞后的关键技术手段。该成分在线分析仪是基于瞬发伽玛中子活化分析（PGNAA）技术来进行成分检测的，快中子经慢化后产生热中子轰击原料原子核，使原子核处于激发态，激发态的原子核在趋向稳定的过程中放出与核素对应的特征伽玛射线，分析仪通过检测放出的伽玛射线能量识别相应的核素，并根据特征射线数量来分析核素的含量。整个检测过程不需取样，不接触物料，不影响皮带运行，同时分析皮带上物料中的 Ca、Si、Fe、Al、Mg、K、Na、S 等多种元素，可为工业自动控制提供实时分析数据，优化生产控制，其结构如图 8-43 所示。

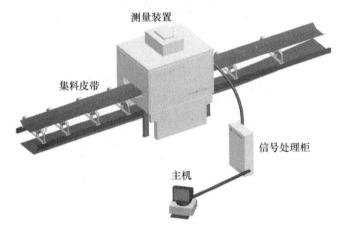

图 8-43 皮带上在线分析仪安装示意图

C 燃料水分粒度智能感知系统

如图 8-44 和图 8-45 所示，燃料水分及粒度组成智能检测系统，运用工业机

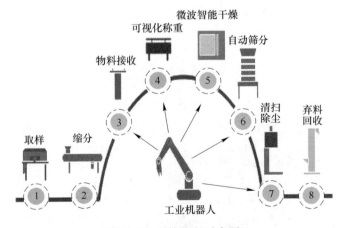

图 8-44 系统流程示意图

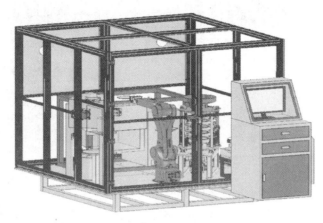

图 8-45　系统外观

器人系统、在线取样自适应缩分、微波智能快速干燥、自动高效筛分系统、智能定位夹具、系统数据分析自诊断、3D 虚拟仿真、移动互联等 8 大核心技术，实现燃料水分及粒度组成在线无人化快速连续检测，有效提高数据准确性与代表性，显著缩短检测周期，大幅增加检测样本量，为智能制造大数据系统提供准确、及时、可靠的基础数据。

D　机尾热状态智能感知系统

如图 8-46 所示，烧结机机尾热成像系统是在烧结机尾安装全球先进的红外热像仪实时获取烧结机尾发射的红外线，通过热像仪中的信号处理系统将红外线转换成温度和视频信号，并经过传输网络传送至计算机系统进行实时分析显示（如图 8-47 所示）。根据现场调试经验，在烧结饼断面出现位置固定一块与烧结饼断面大小相同的矩形目标区域，分析该区域的温度变化自动识别机尾断面是否出现，当识别到烧结饼断裂断面露出时，根据该目标区域的温度分布特征，计算更新亚铁、垂直烧结速度、边缘效应、各温度区占比等数值和曲线图。

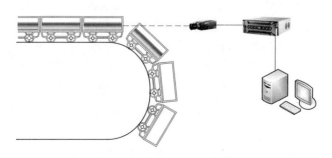

图 8-46　机尾红外热图像采集装置示意图

图 8-47   机尾热状态

8.7.1.2   烧结生产智能决策

烧结生产智能决策系统是烧结生产智能化的核心，是决定烧结智能制造水平的关键。烧结生产是十分复杂的物理化学过程，具有复杂性、非线性、时变性和不确定性，属于典型的复杂被控对象，难以建立精确的数学模型与系统。如何实现烧结生产智能化，减少人为干预、稳定烧结工艺参数、提高烧结矿产质量降低能耗，始终是困扰行业的难题。烧结工艺过程机理的复杂性、领域知识的多样性、生产环境的恶劣性，决定了烧结生产控制问题的解决单纯依靠人或计算机都难以完成，必须把人、工艺、设备、知识、数据、人工智能技术和计算机有机地结合起来，以烧结过程在线智能感知为基础，将人的知识变成数字化的知识，进而实现烧结生产智能决策。

A   烧结生产配料智能决策

烧结矿化学成分主要包括 R（碱度）、TFe、SiO_2、CaO、MgO、FeO、P 和 S 等，其稳定性直接影响高炉生产操作。影响烧结矿化学成分稳定性的主要因素是原料，而原料来源广、品种复杂、成分波动，且从下料到成品矿，再经取样化验得到烧结矿化学成分，存在长时间滞后。实际生产中，大部分烧结厂采用基于生产经验的验算法来决定物料配比，该方法需要生产经验丰富，且计算量较大、准确性不够高，对化学成分的波动不能作出及时反应，在实际烧结过程中难以准确实时的调整配比。在一混、二混之间皮带上安装混合料成分分析仪[75]，在线获取烧结混合料成分分析结果，智能配料系统根据混合料成分分析结果与生产控制目标的差值，计算各物料调整配比，并提供下料调整指令，通过闭环控制，最终减小烧结矿碱度 R 波动。配料智能决策系统通过烧结混合料成分的在线实时检测，实现闭环智能配料，解决成品矿成分检化验滞后时间过长的问题，提高成品烧结矿质量的稳定性。

B   烧结生产水分智能决策

水分是影响烧结过程至关重要的因素，对透气性有很大的影响[76]。烧结混合料加水后，由于水表面的张力，使混合料小颗粒成球，从而改善烧结的透气性。在一定范围内随着水分的增加，混合料的制粒效果增大，混合料的透气性即而增大，当达到最佳值后，透气性将随着水分的增大，混合料的制粒效果反而降低，从而混合料的透气性也下降。为了在混合料加水成球时能有效改善混合料透气性提高烧结生产率，对混合料水分进行决策就显得十分重要[77]。在二混后安装混合料水分粒度感知机器人系统，在线感知混合料水分和粒度组成数据并输入水分智能决策系统。水分智能决策系统根据混合料水分和粒度数据，调整目标水分与加水量，并根据调整后的制粒效果及变化趋势进行自适应优化控制，实现烧结生产过程混合料水分智能决策。

C　烧结生产配碳智能决策

固体燃料是烧结过程物理化学变化的关键因素，不仅直接影响烧结矿的 FeO、转鼓强度、BTP 温度，还影响烧结过程中 NO_x 和 SO_2 的排放。燃料粒度组成是控制烧结矿产质量、固体燃耗、NO_x 排放的关键参数，粒度过粗或过细，不利于燃烧速度与传热速度，降低燃料利用率，进而影响产质量与固体燃耗[78]。通过在燃料配料槽安装燃料水分粒度智能检测机器人系统，在机尾平台安装机尾热状态感知系统，分别在线实时感知燃料水分粒度组成参数与机尾烧结饼断面热状态，并将感知的信息接入配碳智能决策系统。配碳智能决策系统通过分析烧结饼热状态信息，结合当前燃料配比和粒度数据，实现燃料粒度和配碳量的智能优化决策。

D　烧结生产风量智能决策

烧结机生产率同垂直烧结速度成正比关系，垂直烧结速度与单位时间内通过料层的风量成正比。通过台车速度、垂直烧结速度、风箱有效风量、风箱烟气成分等参数的在线感知计算，研究主抽风机频率、烧结风量、烧结机速和垂直烧结速度之间相关关系，控制主抽风机变频调速来调节负压及风量以控制烧结终点，使风机变频控制结果与工况基本吻合，实现基于主抽风机变频调控的烧结生产风量智能优化决策，提升烧结生产节能减排水平[79,80]。

8.7.1.3　烧结设备智能诊断

烧结工艺流程长、设备大型化、工作连续且生产环境恶劣复杂，长期以来现场设备主要采用人工巡检和定期检修的方式进行维护，具有成本高、检修冗余或不足等特点[81,82]。随着设备价值越来越高，检修成本的不断上升，以及传感器、计算机视觉、深度学习等新技术的发展，以设备状态监测和智能诊断为基础的设备预防性维修逐渐成为设备检修的发展趋势。通过监测分析烧结设备状态信息，进行烧结设备检修决策，实现烧结设备按需维护，提升烧结设备稳定性，减少检修次数，缩短检修时间，对烧结节能减排具有十分重要的意义。

A　算条状态监测与智能诊断

算条是烧结台车上的主要配件，其作用是与台车栏板构成槽型空间，容纳、承载矿料，并保证烧结反应透气性。生产过程中，算条常与水蒸气、CO_2、O_2 等热废气接触，并且要长期经受高温、冷却的冷热循环，因此容易损坏，其常见故障有：箅条脱落、箅条糊堵、箅条蠕变[83,84]。

通过在台车空载区域安装高清工业相机在线获取箅条图像，基于计算机视觉、大数据、深度学习、三维可视化等技术，识别最佳箅条图像、分割箅条有效区域、提取分析箅条图像特征，完成箅条数目、箅条倾斜角度、箅条间隙宽度、箅条糊堵程度等参数的感知计算，实现烧结台车箅条状态监测与智能诊断，如图8-48和图8-49所示。

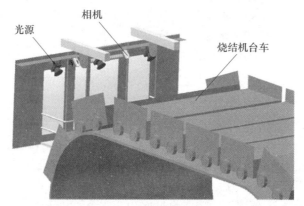

图 8-48　烧结台车箅条图像采集装置安装示意图

图 8-49　烧结台车箅条原始图像

B　台车车轮状态监测与智能诊断

车轮是支撑烧结机与环冷机台车运行的关键部件，其运行环境恶劣，不仅承受本体及物料重量，同时还受到高温、多粉尘、振动冲击等因素影响[85]，长期连续生产运行故障率较高，故障主要表现形式为：窜轴和倾斜，如图8-50所示。

以台车车轮生产设计参数构建的三维模型为基础，结合多类型高精度传感器获取台车生产运行过程的状态信息，将台车车轮数字化，建立台车运行过程数字孪生体，完成车轮整体与局部状态变化及趋势实时在线分析，实现车轮状态监测与智能诊断，如图 8-51 所示。

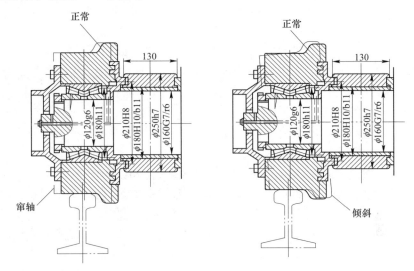

图 8-50 车轮的故障表现形式

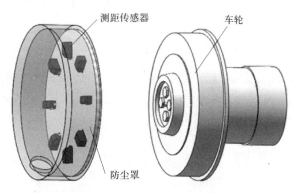

图 8-51 车轮状态高精度感知系统

C 主抽风机状态监测与智能诊断

烧结主抽风机主要包含机壳、叶轮组、轴承组、联轴器，系统正常运行时在烧结机内部形成负压，将料面空气吸入烧结机内部，使烧结的氧气含量达到烧结工艺标准，保持烧结生产持续运行，长时间的高速运转容易发生动不平衡、不对中、转子零部件部分松动或脱落等故障[86]。不同的风机，不同的故障及不同的故障程度所表现的特性不同，且一般是由多种因素共同作用，这大大增加了诊断分析的复杂性[87,88]。传统采用时频分析的故障诊断技术存在一定的缺陷，误诊和漏诊现象较频繁，利用机器学习算法与大数据技术，结合生产经验知识，通过多类型传感器获取风机大量温度、音频与振动信号数据，经过信号处理、特征提取及数据挖掘分析，实现主抽风机状态监测与智能诊断将成为未来发展趋势。

8.7.1.4　烧结综合控制专家系统工程应用

铁矿烧结过程是一个工艺流程长、影响因素多、机理复杂的动态过程，并且存在大滞后、大时延、原料的水分及成分波动等诸多不确定因素，采用传统的控制理论和方法难以解决全局控制问题。在分析烧结过程特点和总结烧结过程控制方法和控制策略的基础上，将复杂的烧结全局控制分解为烧结矿质量优化控制、烧结矿产量控制以及烧结过程能源消耗控制等3大指标方向，综合运用专家系统理论、现代优化控制理论、人工智能技术、管理科学方法以及数据挖掘等前沿的多学科知识，对烧结生产系统的优化及控制的理论和方法进行了深入的研究，开发了烧结综合控制专家系统。

烧结综合控制专家系统（见图8-52）于2008年5月正式在广东韶钢松山股份有限公司烧结厂6号360m^{2}烧结机投入生产运行。投产后，烧结机操作实现全自动化、智能化，劳动生产率大大提高，人员数量大大减少，员工工作强度大大降低，生产的烧结矿合格品率、一级品率大大提高，烧结矿产量得到提升，烧结矿的单位能耗得到降低，具有显著的经济效益和推广价值。

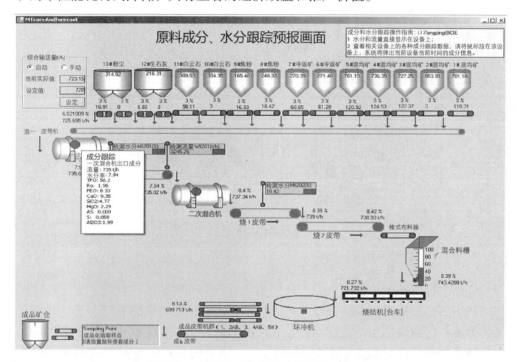

图8-52　烧结综合控制专家系统操作界面

8.7.2　球团智能控制

球团矿具有诸多优良的物化特性与冶炼性能，既是"长流程"钢铁制备工艺中重要的高炉炉料，也是"短流程"工艺中制备直接还原铁的优质原料，发展球团生产对炼铁节能减排具有重要价值。目前球团生产调控主要依赖于人工操作或经验指导，导致工况频繁波动，产品质量与能耗指标的稳定性不高，尤其在原燃料条件、生产计划发生重大变化时。因此，开发功能完善的优化控制系统，使球团生产操作标准化、规范化，有利于最大限度地实现球团生产节能减排。可从以下三方面入手：

（1）智能检测：基于球团热工过程反应机理，通过数值模拟、机理模型、智能算法等技术手段，多维度展示温度场、水分场、气体流场等状态参数，实现生产过程的可视化、透明化。

（2）智能控制：采用专家系统、模糊控制、预测控制、强化学习等多种算法，实现球团热工参数的智能控制。

（3）智能决策：基于大量的生产历史数据，采用深度学习、神经网络、群智能优化等人工智能技术，实现球团生产的决策优化。

8.7.2.1 球团生产智能感知

大量精确有效的数据是实现智能制造的基础，采用机器视觉、图像识别、3D仿真、数值模拟等技术可以代替人眼直观全面地掌握生产动态。

A 基于机器视觉的球团粒径识别

粒度是球团质量的重要指标之一，20世纪90年代国内外学者就开始将机器视觉技术应用于球团的粒度检测。Harayama M 和 Uesugi M[89]利用图像处理技术检测并反馈颗粒尺寸信息，将该系统应用到铁合金厂的造球机系统，实现了造球过程生球粒径的自动控制；张国华[90]提出了一种基于模糊C-均值聚类（FCM）的快速霍夫变换（CHT）算法，解决了对于不规则球体圆心的准确定位问题；高国伟等[91]提出了一种基于小波变换的堆积小球边缘检测方法；秦长泽[92]采用了基于改进的自适应标记分水岭算法对球团图像进行分割，同时采用了Hough变换方法对不完整球团进行边缘拟合；叶邦志[93]采用巴特沃斯滤波方法对球团图像进行了预处理，采用基于线标记方法和FUR圆形度度量指标，实现了球团粒径的在线检测（见图8-53和图8-54）。

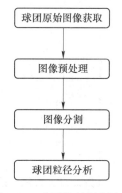

图 8-53　球团粒径识别流程

B 红外热成像技术

国内外很多球团厂在回转窑窑头、窑外及链算机卸料端配备了红外成像仪（见图8-55和图8-56），以检测回转窑内温度场、窑皮温度场以及链算机球团温度等；应用高温成像系统，操作人员能可视化地监视锅炉、窑、燃烧炉内部工况

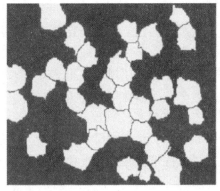

图 8-54　球团粒径识别效果图

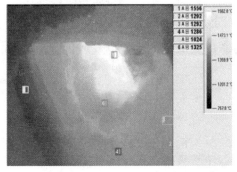

图 8-55　红外成像示意图

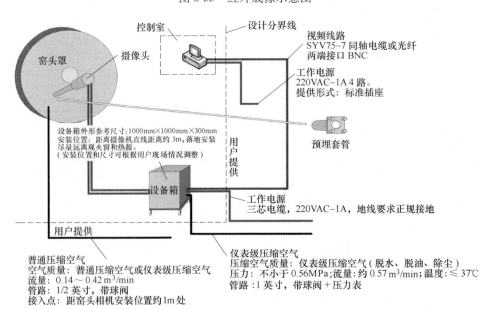

图 8-56　高温红外成像仪安装示意图

以及其他高温生产过程的工况。操作人员在成像仪的监视器上任意定义多个温度目标区，从而对该区的平均温度进行显示，同时以标准的模拟量信号输出至 DCS 或其他数据采集系统。

C　热工过程数值模拟

随着科学计算的普及，以计算流体力学 CFD 为代表的仿真软件在铁矿高温处理工艺的优化中得到应用。潘姝静[94]以鼓干段为研究对象，采用 Fluent 软件进行了数值模拟，获得干燥过程中球团的温度和水分含量变化规律。Marias[95]构建了回转窑的煅烧模型，模型分为两部分：一部分是物理化学反应模型，另一部分采用 CFD 模拟窑内和烧嘴处的湍流、燃烧、辐射等现象。马爱纯[96,97]采用 CFX 平台，研究了煤种和粒度对回转窑内火焰的影响，仿真结果表明：燃料为无烟煤时，无烟煤的粒径为 $30\mu m$ 可获得良好的活泼型火焰，随着无烟煤粒径的增大，高温区域在径向和轴向逐渐减少，燃烧效率逐步降低；燃料为烟煤时，适宜的烟煤粒径为 $86.4\mu m$。

通过模拟模型可以直观展示热工参数对料层水分、氧化率及温度分布的影响，实现球团热工状态的透明化。链算机内部的传热属于典型的"错流"传热，具体的物理-化学现象包括（因原料成分而有所差异）：生球水分的干燥与冷凝、结晶水的脱除、磁铁矿的氧化、硫的脱除、碳酸盐的分解、内配燃料的燃烧、球团温度升高等。回转窑是化工冶金行业的传统设备，传热过程属于典型的"对流"传热，其过程数学模型通常涉及物料运动[98]、传热模式[99]、内部化学反应动力学如热解、煅烧、成渣和燃料燃烧[100]，回转窑的整体模型则是结合上述子模型与传热-传质方程[101]。环冷机的传热过程与链算机相似，也属于"错流"传热，只是需要考虑的物化现象比链算机少。

8.7.2.2　球团过程智能决策

球团生产工艺具有多变量、大滞后、非线性、强耦合等特点，基于单一工序或多阶段的 PID 控制、先进过程控制或智能控制可在一定程度上减少异常工况，实现生产的相对稳定。徐少川等[102]分析研究了链算机—回转窑温度场中的耦合因素，结合现场 PLC 提出了模糊解耦控制方法；果乃涛[103]利用链算机—回转窑的系统仿真模型，分析了各影响因素与球团温度之间的对应关系，建立了以球团温度为目标的机速、风量以及燃料供给量调控模型等。林秀强[104]利用模糊控制与回路控制，实时动态地控制物料配比，利用扰动前馈 PID 算法实现了链算机温度自优化控制以及三大机速度联调控制，实现了回转窑温度的自适应模糊控制。吴同刚[105]提出了一种基于粗糙集属性约简与减法聚类的神经模糊推理系统，对球团矿质量进行在线预测。朱丛笑[106,107]以首钢京唐钢铁公司 400 万吨/年带式焙烧机为对象，设计了焙烧温度串级控制系统，实现了快速、准确及稳定调节。刘丕亮[108]对带式机焙烧温度的相关量进行了数据挖掘和回归分析，设计了基于烟罩温度和风箱温度的焙烧温度优化控制系统。根据球团生产过程特点和控制目标要求，智能控制系统框架如图 8-57 所示。

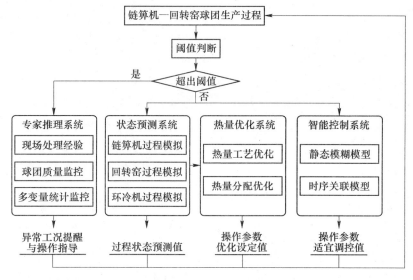

图 8-57 球团智能控制系统框架

8.7.2.3 球团生产智能诊断

当生产计划、原燃料条件发生重大变化后，基于数据驱动的控制模型需要利用新体系下的生产数据重新辨识模型参数，而基于过程模拟的工艺参数优化，可以提供合理的操作参数初始设定值。根据球团生产特点，结合数值模拟和大数据技术，分析操作参数与给料量、球团热状态、球团矿产质量指标的内在关系，采用多目标优化算法，获得成品球产质量优、工序能耗与环境负荷低的最优操作参数，如图 8-58 所示。

球团热工参数的优化属于典型的多目标优化，需要充分考虑技术、经济、环保指标以及操作约束范围，包括燃耗、产量和球团质量（某些情况下还要考虑环境负荷）。这些指标在某种程度上是相互冲突的，如增加燃料量可改善球团质量，但会增加燃耗。目前工业过程多目标优化通常采用智能预测的方法构建过程模型[109]，可降低系统建模难度，同时确保优化结果适用于实际生产。但这类模型缺乏外延性，基于球团物理化学反应与传热传质机理的模拟模型，具有外延性和拓展性，适用于不同原料以及不同规模的球团厂。因此，基于球团过程模拟模型，采用 Pareto 优化与 VIKOR 评价相结合的方法优化热工参数。

8.7.2.4 球团热工过程智能化工程应用

2019 年 1 月，由中南大学和中冶长天联合开发的球团智能控制系统在国内某

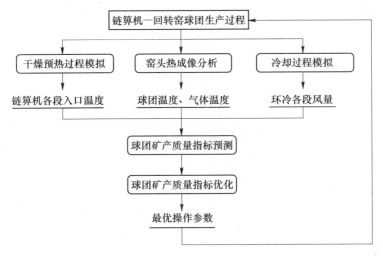

图 8-58 球团生产智能决策系统框架

链算机—回转窑球团上成功投运。通过调试与优化,实现了球团生产热工状态的透明化、可视化,完成了链算机各段入口温度的闭环控制,系统控制效果明显优于人工控制,目标参数标准偏差减小,球团热工能耗降低。

该球团厂生产工序主要包括原料准备(干燥、高压辊磨)、配料、混合、造球、布料、干燥预热(链算机)、焙烧(回转窑)、冷却(球团矿),其中热工系统如图 8-59 所示。

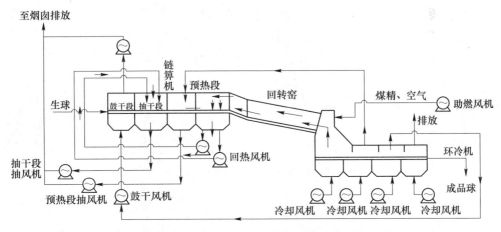

图 8-59 湛江球团厂链算机—回转窑—环冷机系统示意图

链算机—回转窑球团生产过程智能控制系统主要由过程模拟、热平衡计算和智能控制三部分组成,系统的主体框架如图 8-60 所示。开发的球团智能控制系统主界面如图 8-61 所示。

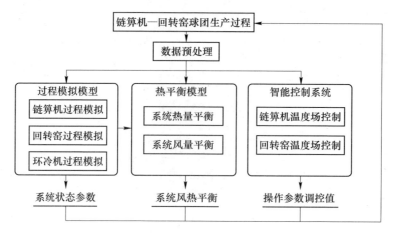

图 8-60 球团智能控制系统主体框架

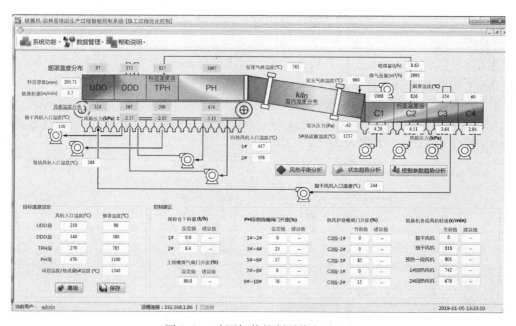

图 8-61 球团智能控制系统主界面

参 考 文 献

[1] 姜涛,李光辉,胡友明,等.铁矿粉复合造块工艺:中国,200510032095.6 [P].2005-09-01.

［2］ Jiang T, Li G H, Wang H T, et al. Composite agglomeration process（CAP）for preparing blast furnace burden［J］. Ironmaking & Steelmaking, 2010, 37（1）: 1~7.

［3］ 姜涛, 陈文忠, 朱德庆, 等. 一种酸性球团矿制造方法: 中国, 99115416. 9［P］. 1999-06-14.

［4］ 姜涛, 李光辉, 刘素丽, 等. 铁矿粉复合造块新工艺［C］//2006 年度全国球团技术研论会论文集. 张家界: 全国球团技术协调组, 2006（9）: 52~56.

［5］ Li G H, Zeng J H, Jiang T, et al. Study and application of composite agglomeration process of fluoric iron concentrate［C］//Proceeding of 5th International Congress on the Science and Technology of Ironmaking. Shanghai: The Chinese Society for Metals, 2009: 149~153.

［6］ 姜涛. 铁矿粉复合造块新工艺的概念与研究［C］//2006 年度全国烧结球团技术交流年会论文集. 呼和浩特: 全国烧结球团信息网, 2006（6）: 1~6.

［7］ 姜涛, 李光辉, 郭宇峰, 等. 一种铁矿粉复合造块的布料方法: 中国, 200910303235. 7［P］. 2009-06-15.

［8］ 姜涛, 张克诚, 胡友明. 铁矿粉复合造块工艺成矿机理研究［C］//2006 年国际铁矿造块学术研讨会论文集. 长沙: 中南大学, 2006: 36~41.

［9］ 李光辉, 姜涛, 范晓慧, 等. 一种中低碱度烧结矿制备方法: 中国, 200710034842. 9［P］. 2006-03-14.

［10］ 李光, 姜涛, 李骞, 等. 一种高配比镜铁精矿的烧结方法: 中国, 2009103032342. 2［P］. 2009-06-15.

［11］ Sakamoto N, Kumasaka A, Komatsu O, et al. Development of new iron ore agglomeration process［C］//5th International Symposium on Agglomeration. Philadelphia, 1989: 269~278.

［12］ 闻玉胜, 李玉琴, 曾节胜. 小球烧结工艺的发展及应用［J］. 安徽冶金, 2004（3）: 40~44.

［13］ 吴庆恒. 安钢新建烧结机小球团烧结生产［J］. 烧结球团, 1997, 22（4）: 17~21.

［14］ 张志民, 石国星. 小球团烧结法与普通造块方法的差异［J］. 烧结球团, 1998, 23（5）: 9~12.

［15］ 张荣华, 刘兵兵, 张元波, 等. 高镁铁精矿复合造块法制备中低碱度炉料研究［J］. 烧结球团, 2017, 42（6）: 27~33.

［16］ 姜涛. 铁矿粉复合造块法［C］//2010 年全国炼铁生产技术会议暨炼铁学术年会文集（上）. 北京: 中国金属学会, 2009: 6.

［17］ 张贺雷. 宝钢高配比镜铁矿与含铁粉尘的复合造块工艺研究［D］. 长沙: 中南大学, 2014.

［18］ 孙敬焘, 郭兴敏. 含氟铁矿石烧结过程中枪晶石的生成及其与铁酸钙的作用［J］. 过程工程学报, 2017（3）: 565~570.

［19］ 于恒. 铁矿粉复合造块过程中的气体力学及成矿行为研究［D］. 长沙: 中南大学, 2011.

［20］ 姜涛, 李光辉, 郭宇峰, 等. 铁矿粉复合造块法研究与应用进展［C］//2010 年度全国烧结球团技术交流年会. 长沙: 全国烧结球团信息网, 2010: 5~10.

［21］ 叶匡吾, 冯根生. 高炉炼铁合理炉料结构新概念［J］. 中国冶金, 2011, 21（9）: 1~3.

[22] Machida S, Sato H, Takeda K. Development of the process for producing pre-reduced agglomerates [J]. JFE Technical Report, 2009 (13): 7~13.

[23] 范德增, 任允芙. 海南铁矿粉预还原烧结矿的矿物组成与其性能的关系 [J]. 钢铁, 1997, 32 (8): 6~10.

[24] 李金莲, 任伟. 一种金属化烧结矿的烧结装置及其生产方法: 中国, 201210205325.4 [P]. 2012-06-20.

[25] 胡兵, 甘敏, 王兆才. 预还原烧结技术的研究现状与新技术的开发 [J]. 烧结球团, 2017, 42 (6): 22~26.

[26] Tatsuro A, Michitaka S. Optimization of ironmaking process for reducing CO_2 emissions in the integrated steel works [J]. ISIJ Inter National, 2006, 46 (12): 1736~1744.

[27] 春铁军. 含铁回收料球团金属化烧结新工艺研究 [D]. 长沙: 中南大学, 2014.

[28] Fan X H, Wang Y N, Gan M, et al. Thermodynamic analysis and reaction behaviors of alkali metal elements during iron ore sintering [J]. Journal of Iron & Steel Research International, 2018 (10): 1~9.

[29] 王燕南. 含铁尘泥中有害元素在烧结过程的转化行为及脱除技术 [D]. 长沙: 中南大学, 2014.

[30] 范晓慧, 吕薇, 甘敏, 等. 一种资源化利用含锌冶金粉尘生产炼铁炉料的方法: 中国, 201811082844X [P]. 2018-09-17.

[31] 张一敏. 球团理论与工艺 [M]. 北京: 冶金工业出版社, 2005.

[32] 范晓慧, 邱冠周, 姜涛, 等. 我国直接还原铁生产的现状与发展前景[J]. 炼铁, 2002 (3): 53~55.

[33] 邱冠周. 铁精矿复合黏结剂球团煤基直接还原工艺的研究 [C]//中国工程院化工、冶金与材料工学部第七届学术会议. 天津: 中国工程院, 2009: 796~802.

[34] 杨双平, 冯燕波, 曹维成, 等. 直接还原技术的发展及前景 [J]. 甘肃冶金, 2006 (1): 7~10.

[35] 南铁玲. Midrex 气基直接还原工艺的发展 [J]. 工业加热, 2011, 40 (6): 13~16.

[36] 翟华伟. 非高炉炼铁工艺的分析与思考 [J]. 科技信息, 2014 (10): 296~297.

[37] 胡俊鸽, 毛艳丽, 赵小燕. 气基竖炉直接还原技术的发展 [J]. 鞍钢技术, 2008 (4): 9~12.

[38] 路朝晖, 陈煜, 陈代明, 等. 回转窑一步法直接还原铁生产的试验研究 [J]. 钢铁研究学报, 2011, 23 (5): 11~14.

[39] 齐渊洪, 钱晖, 周渝生. 中国直接还原铁技术发展的现状及方向 [J]. 中国冶金, 2013 (1): 9~14.

[40] 刘国根, 王淀佐, 邱冠周. 国内外直接还原现状及发展 [J]. 矿产综合利用, 2001 (5): 20~25.

[41] 王文骥, 王少立, 王太炎. 对我国钢铁流程未来发展趋势的思考 [J]. 天津冶金, 2019 (1): 9, 17.

[42] Koki N, Yutaka U, Shigeaki T, et al. Sustainable aspects of CO_2 ultimate reduction in the steelmaking process (COURSE50 Project), Part 1: Hydrogen Reduction in the Blast Furnace

［J］. Journal of Sustainable Metallurgy, 2016, 2 (3): 200~208.

［43］ Emrah K, Cali N, Linda A. Potential transitions in the iron and steel industry in sweden: To-wards a hydrogen-based future? ［J］. Journal of Cleaner Production, 2018, 195: 651~663.

［44］ Andrew C, Kenshi I, Katsuhiko H. A Review of four case studies assessing the potential for hy-drogen penetration of the future energy system ［J］. International Journal of Hydrogen Energy, 2019, 44 (13): 6371~6382.

［45］ 王文骥. 迎接氢能时代拥抱未来 ［N］. 世界金属导报, 2019-07-09 (B01).

［46］ 袁伟刚. 2017 年全球直接还原铁产量大幅增长 ［J］. 冶金管理, 2018 (6): 29~31.

［47］ 沈峰满, 姜鑫, 高强健, 等. 直接还原铁生产技术的现状及展望 ［J］. 钢铁, 2017, 52 (1): 7~12.

［48］ 徐永华. 浅谈我国直接还原铁技术的市场状况和发展前景 ［J］. 中国废钢铁, 2015 (4): 35~41.

［49］ 王岩, 郝素菊. 我国直接还原工艺的发展及评述 ［J］. 南方金属, 2016 (2): 4~6.

［50］ 胡俊鸽, 周文涛, 郭艳玲, 等. 先进非高炉炼铁工艺技术经济分析 ［J］. 鞍钢技术, 2012 (3): 7~13.

［51］ 赵庆杰, 李艳军, 储满生, 等. 直接还原铁在我国钢铁工业中的作用及前景展望 ［J］. 攀枝花科技与信息, 2010, 35 (4): 1~10.

［52］ 应自伟, 储满生, 唐珏, 等. 非高炉炼铁工艺现状及未来适应性分析［J］. 河北冶金, 2019 (6): 1~7, 31.

［53］ 储满生, 赵庆杰. 中国发展非高炉炼铁的现状及展望 ［J］. 中国冶金, 2008 (9): 1~9.

［54］ 蔡九菊, 董辉. 烧结过程余热资源的竖罐式回收与利用方法及其装置: 中国, 200910187381.8 ［P］. 2009-09-15.

［55］ 董辉, 李磊, 刘文军, 等. 烧结矿余热竖罐式回收利用工艺流程 ［J］. 中国冶金, 2012, 22 (1): 6~11.

［56］ 毕传光, 孙俊杰. 竖式冷却回收烧结矿显热工艺在梅钢的应用 ［J］. 烧结球团, 2018 (4): 69~72.

［57］ 生态环境部. 2018 年全国大、中城市固体废物污染环境防治年报 ［R］. 北京: 中华人民共和国生态环境部, 2018.

［58］ 于先坤, 杨洪, 华绍广. 冶金固废资源化利用现状及发展 ［J］. 金属矿山, 2015, 464 (2): 177~179.

［59］ 郭秀键, 舒型武, 梁广, 等. 钢铁企业含铁尘泥处理与利用工艺 ［J］. 环境工程, 2011 (2): 96~98.

［60］ 佘雪峰, 孔令坛. 转底炉的发展及其功能 ［J］. 山东冶金, 2015 (6): 1~5.

［61］ 张鲁芳. 我国转底炉处理钢铁厂含锌粉尘技术研究 ［J］. 烧结球团, 2012, 37 (3): 61~64.

［62］ Eschemann T O, Jong K P D. Deactivation behavior of Co/TiO$_2$ catalystsduring fischer-tropsch synthesis ［J］. ACS Catalysis, 2015, 5 (6): 3181~3188.

［63］ Freund H J, Meijer G, Scheffler M, et al. CO oxidation as a prototypical reaction for heteroge-neous processes ［J］. Angewandte Chemie, 2011, 50 (43): 10064~10094.

［64］ Liang S, Teng F, Bulgan G, et al. Effect of phase structure of MnO_2 nanorod catalyst on the activity for CO oxidation ［J］. Journal of Physical Chemistry C, 2010, 112 (14): 5307~5315.

［65］ Oh S H, Fisher G B, Carpenter J E, et al. Comparative kinetic studies of CO/O_2 and CO/NO reactions over single crystal and supported rhodium catalysts ［J］. Journal of Catalysis, 1986, 100 (2): 360~376.

［66］ Hoffmann F M, Weisel M D, Peden C H F. In-situ FT-IRAS study of the CO oxidation reaction over Ru(001). Ⅱ. Coadsorption of carbon monoxide and oxygen ［J］. Surface Science, 1991, 253 (1-3): 59~71.

［67］ Jernigan G G, Somorjai G A. Carbon monoxide oxidation over three different oxidation states of copper: Metallic copper, copper (Ⅰ) oxide, and copper (Ⅱ) oxide-A surface science and kinetic study ［J］. Journal of Catalysis, 1994, 147 (2): 567~577.

［68］ 李洪, 赵淑芳, 刘长岩, 等. CO_2 捕集技术的研究进展 ［J］. 天津科技, 2010, 37 (5): 73~77.

［69］ Buhre B J P, Elliott L K, Sheng C D, et al. Oxy-fuel combustion technology for coal-fired power generation ［J］. Progress in Energy and Combustion Science, 2005, 31 (4): 283~307.

［70］ 李天成, 冯霞, 李鑫钢. 二氧化碳处理技术现状及其发展趋势 ［J］. 化学工业与工程, 2002, 19 (2): 191~195.

［71］ 闫志勇, 张虹, 陈昌和, 等. CO_2 排放导致的地球温升问题及基本技术对策 ［J］. 环境科学进展, 1999, 7 (6): 175~181.

［72］ Thiruvenkatachari R, Su S, An H, et al. Post combustion CO_2 capture by carbon fibre monolithic adsorbents ［J］. Progress in Energy & Combustion Science, 2009, 35 (5): 438~455.

［73］ Bounaceur R, Lape N, Roizard D, et al. Membrane processes for post-combustion carbon dioxide capture: A parametric study ［J］. Energy, 2006, 31 (14): 2556~2570.

［74］ Corti A, Fiaschi D, Lombardi L. Carbon dioxide removal in power generation using membrane technology ［J］. Energy, 2004, 29 (12-15): 2025~2043.

［75］ 甘牧原, 李宗社, 刘巍, 等. 在线成分测控系统在柳钢烧结生产的应用实践 ［J］. 烧结球团, 2018, 43 (3): 32~36.

［76］ 李宗平, 孙英, 陈猛胜, 等. 烧结混合加水专家控制模型研究和实现 ［J］. 烧结球团, 2010, 35 (2): 26~29.

［77］ 刘道林, 彭志强, 李宗平. 新钢烧结综合控制专家系统应用实践 ［C］//2010 年度烧结球团技术交流年会论文集. 长沙: 烧结球团编辑部, 2010: 15~18.

［78］ 祝维刚, 李宗平, 孙英. 一种新的烧结固体燃料优化模型的研究与实现 ［J］. 烧结球团, 2011, 36 (4): 5~11.

［79］ 胡冬梅, 卢杨权, 张卫东. 主抽变频自动控制的烧结过程建模与仿真 ［J］. 包钢科技, 2015, 41 (2): 53~55.

［80］ 袁立新. 关于烧结主抽风机节能及同步或异步电机变频调速 ［J］. 烧结球团, 2010, 35 (2): 10~13.

［81］ 马王君. 在线智能监测技术在钢铁行业的应用 ［J］. 设备管理与维修, 2018(1):

119~120.

[82] 谢斌, 杨世球. 带式烧结设备的检修技术 [J]. 四川冶金, 2009, 31 (5): 37~40.

[83] 李强, 元玉辉, 查丽萍, 等. 解决烧结机箅条糊堵问题的实践 [J]. 烧结球团, 2008, 33 (3): 50~54.

[84] 高丙寅, 陈伟, 臧国军, 等. 烧结机糊堵箅条现象的原因分析及预防措施 [J]. 河南冶金, 2010, 18 (6): 36~39.

[85] 谢鑫, 陆松年, 叶恒棣, 等. 烧结机台车体应力分析及优化设计 [J]. 机械设计与研究, 2013, 29 (3): 131~138.

[86] 尹志刚. 振动状态监测及故障诊断系统在大功率风机上的应用 [J]. 辽宁科技学院学报, 2009, 11 (1): 48~49.

[87] 黄海明. 烧结主抽风机振动故障诊断 [J]. 中国设备工程, 2007 (3): 39~40.

[88] 王全. 基于极限学习机的烧结风机故障诊断技术研究 [D]. 湘潭: 湘潭大学, 2017.

[89] Harayama M, Uesugi M. On-line measurement of average pellet size with spatial frequency analysis [J]. Proceedings of the 1992 International Conference on Industrial Electronics Control Instrumentation and Automation, 1992, 1: 1613~1618.

[90] 张国华, 张学东. 基于 FCM 的快速 CHT 算法在球团矿粒度检测中的应用 [J]. 烧结球团, 2005, 30 (2): 13~15.

[91] 高国伟, 谢元旦, 汪琦. 基于小波变换的堆积小球图像边缘检测 [J]. 计算机应用研究, 2006, 23 (7): 254~255.

[92] 秦长泽. 球团颗粒粒度检测系统研究 [D]. 武汉: 武汉科技大学, 2015.

[93] 叶邦志. 基于机器视觉的球团矿粒度检测方法研究 [D]. 沈阳: 东北大学, 2017.

[94] 潘姝静. 链算机球团矿干燥过程多场耦合数值模拟与优化 [D]. 长沙: 中南大学, 2012.

[95] Marias F. A model of a rotary kiln incinerator including processes occurring within the solid and the gaseous phases [J]. Computers and Chemical Engineering, 2003, 27: 813~825.

[96] 马爱纯, 周孑民, 欧俭平, 等. 煤种和粒度对回转窑内火焰影响的数值研究 [J]. 武汉理工大学学报, 2006, 28 (10): 114~117.

[97] 马爱纯, 周孑民, 李旺兴. 回转窑内烟气温度分布的数值研究 [J]. 金属材料与冶金工程, 2007, 35 (3): 19~22.

[98] D R V. Simulating the mixing and segregation of solids in the transverse section of a rotating kiln [J]. Powder Technology, 2006, 164: 1~12.

[99] Shi D, Vargas W L, McCarthy J J. Heat transfer in rotary kilns with interstitial gases [J]. Chemical Engineering Science, 2008, 63: 4506~4516.

[100] Mujumdar K S, Ganesh K V, Kulkarni S B, et al. Rotary cement kiln simulator (RoCKS): Integrated modeling of pre-heater, calciner, kiln and clinker cooler [J]. Chemical Engineering Science, 2007, 62: 2590~2607.

[101] Mujumdar K S, Ranade V V. Simulation of rotary cement kilns using a one-dimensional model [J]. Chemical Engineering Research and Design, 2006, 84: 165~177.

[102] 徐少川, 王斌, 井元伟. 链算机—回转窑温度场模糊解耦控制设计 [J]. 烧结球团,

2010, 35 (4)：25~29.

[103] 果乃涛. 链算机—回转窑球团生产系统优化控制研究 [C] // 2011 年全国冶金节能减排与低碳技术发展研讨会文集. 唐山：中国金属学会，2011：208~213.

[104] 林秀强. 莱钢型钢链算机—回转窑智能控制系统及其应用 [J]. 烧结球团，2012，37 (3)：41~43.

[105] 吴同刚. 链算机—回转窑专家系统应用研究 [D]. 沈阳：东北大学，2007.

[106] 朱丛笑. 球团焙烧机温度控制的设计与实现 [D]. 沈阳：东北大学，2014.

[107] 朱丛笑，张诗诗. 球团带式焙烧机温度控制设计 [J]. 设备管理与维修，2018 (4)：83~85.

[108] 刘丕亮，臧日浩，崔桂梅，等. 带式焙烧机焙烧温度分析研究 [J]. 烧结球团，2018 (2)：33~36，40.

[109] Badrnezhad R，Mirza B. Modeling and optimization of cross-flow ultrafiltration using hybrid neural network-genetic algorithm approach [J]. Journal of Industrial and Engineering Chemistry，2014，20：528~543.

索　引

后　记

本书在钢铁工业超低排放的时代背景下，围绕制约钢铁绿色制造的重点环节——烧结球团工序，着重阐述了烧结球团能源消耗与污染物产生机理、排放规律，系统总结了烧结球团源头节能减排技术、过程节能减排技术、污染物末端治理技术的研究进展和应用现状，对推动钢铁工业绿色发展和实施超低排放改造具有重要的参考价值。本书获得如下重要结论：

（1）原燃料的优化和新能源的开发利用是烧结球团源头节能减排的关键，尤其应用生物质、焦炉煤气、天然气等富氢燃料对传统燃料结构进行优化，是污染物源头减量生成最重要的途径。

（2）从烧结球团过程降低能源消耗、抑制污染物生成是节能减排的核心，低碳低能耗技术、低 NO_x 技术、烟气循环技术、漏风治理技术等的开发与应用，为污染物过程控制提供了众多途径。

（3）论述了全平衡负压除尘系统技术、电袋复合除尘器、岗位环境清洁与抑尘技术等先进的颗粒物超低排放治理技术；对活性炭一体化净化技术，单级活性炭法+SCR 技术、半干法脱硫+单级活性炭法技术、半干法脱硫+SCR 技术、湿法脱硫+SCR 技术等组合式脱硫脱硝技术进行了系统评价，为企业选择合适的末端治理路线提供了依据。

本书的大部分节能减排技术都经过生产实践的检验，技术效果各具特点，这些技术成果根据各厂的实际情况，可以单独采用，更值得集成应用。当全流程控制集成应用源头、过程、末端技术时，最佳路线和适宜参数的匹配还须根据各企业条件优化组合。

针对烧结球团行业深度减排和非常规污染物控制，本书展望了烧结球团节能减排新工艺和发展方向。烧结球团全流程无组织近"零"排放的要求、非常规污染物治理的要求将会越来越严格，超低温 SCR 技术（120~150℃）亟须突破，低浓度 CO 的转化与 SCR 技术的融合，既是低价值余能的充分利用，也是大气质量控制技术走向尽善尽美的标志；除多污染物全流程协同控制外，治理过程产生的脱硫灰、废催化剂、废气活性炭等固废的资源化利用值得开展更多的基础性研究，烧结球团行业的绿色清洁生产还有最后一公里路程。

烧结球团作为钢铁长流程的关键工序，在我国城镇化、工业化尚未完成的前提下，还会持续拥有旺盛的生命力。因此，持续开展烧结球团行业节能减排技术的研究和开发，仍是钢铁工业高质量绿色发展的持久性任务。

本书编委会

2019 年 4 月